U0313701

现代数学基础丛书 170

自然边界积分方法及其应用

余德浩 著

科学出版社

北 京

内 容 简 介

本书系统地介绍了自然边界积分方法的数学理论及其应用, 总结了作者在这一方向三十余年的研究成果, 包括椭圆边值问题的自然边界归化原理、超奇异积分的数值计算、对调和方程边值问题、重调和方程边值问题、平面弹性问题和 Stokes 问题的应用、自然边界元与有限元耦合法, 以及基于自然边界归化的无界区域分解算法等内容.

本书可供高校计算数学、计算力学、应用数学专业的师生, 从事数值计算的科研人员和工程技术人员阅读参考.

图书在版编目(CIP)数据

自然边界积分方法及其应用/余德浩著. —北京：科学出版社, 2017.6
(现代数学基础丛书; 170)
ISBN 978-7-03-049629-4

I. ①自… II. ①余… III. ①边界积分法–研究 IV. ①O241.82

中国版本图书馆 CIP 数据核字(2016) 第 200496 号

责任编辑: 王丽平 / 责任校对: 彭 涛
责任印制: 张 伟 / 封面设计: 陈 敬

科 学 出 版 社 出版
北京东黄城根北街 16 号
邮政编码: 100717
http://www.sciencep.com

北京京华虎彩印刷有限公司 印刷
科学出版社发行 各地新华书店经销

*

2017 年 6 月第 一 版   开本: B5(720×1000)
2018 年 4 月第二次印刷   印张: 32
字数: 650 000

定价: 168.00 元
(如有印装质量问题, 我社负责调换)

《现代数学基础丛书》序

对于数学研究与培养青年数学人才而言, 书籍与期刊起着特殊重要的作用. 许多成就卓越的数学家在青年时代都曾钻研或参考过一些优秀书籍, 从中汲取营养, 获得教益.

20世纪70年代后期, 我国的数学研究与数学书刊的出版由于文化大革命的浩劫已经破坏与中断了 10 余年, 而在这期间国际上数学研究却在迅猛地发展着. 1978 年以后, 我国青年学子重新获得了学习、钻研与深造的机会. 当时他们的参考书籍大多还是 50 年代甚至更早期的著述. 据此, 科学出版社陆续推出了多套数学丛书, 其中《纯粹数学与应用数学专著》丛书与《现代数学基础丛书》更为突出, 前者出版约 40 卷, 后者则逾 80 卷. 它们质量甚高, 影响颇大, 对我国数学研究、交流与人才培养发挥了显著效用.

《现代数学基础丛书》的宗旨是面向大学数学专业的高年级学生、研究生以及青年学者, 针对一些重要的数学领域与研究方向, 作较系统的介绍. 既注意该领域的基础知识, 又反映其新发展, 力求深入浅出, 简明扼要, 注重创新.

近年来, 数学在各门科学、高新技术、经济、管理等方面取得了更加广泛与深入的应用, 还形成了一些交叉学科. 我们希望这套丛书的内容由基础数学拓展到应用数学、计算数学以及数学交叉学科的各个领域.

这套丛书得到了许多数学家长期的大力支持, 编辑人员也为其付出了艰辛的劳动. 它获得了广大读者的喜爱. 我们诚挚地希望大家更加关心与支持它的发展, 使它越办越好, 为我国数学研究与教育水平的进一步提高做出贡献.

杨 乐

2003 年 8 月

前　言

科学与工程计算中的许多问题可以归结为数值求解偏微分方程, 有限元法及有限差分法就是数值求解偏微分方程的标准方法. 这些方法通常适于求解有界区域内的偏微分方程问题. 但许多实际计算问题涉及无界区域, 而对无界区域问题, 仅应用上述方法必然遇到本质性的困难, 也就是说, 即使付出很大的计算代价, 往往也难以获得满意的计算结果. 于是, 为了有效地数值求解无界区域上的偏微分方程以及其他一些有奇异性的问题, 各类边界积分方程法与人工边界方法便应运而生.

我国已故著名数学家、作者的老师冯康先生 (1920—1993) 早在 20 世纪 70 年代后期, 就从 "同一物理问题可以有不同的数学形式, 它们在理论上等价, 但在实践中未必等效" 这一著名观点出发, 深刻地总结了有限元法对有界区域问题成功的原因, 进而探索无界区域问题的更适宜的数学形式及更有效的计算方法. 他于 1980 年发表了题为 "论微分与积分方程以及有限与无限元" 的短文, 提出了正则边界归化的思想, 又在 1982 年与作者联名在中法有限元会议上发表了论文 "椭圆边值问题的正则积分方程及其数值解", 系统论述了这一思想, 推导出一系列超奇异的边界积分方程. 该文还应用作者提出的积分核级数展开等方法, 实现了这些超奇异积分方程的数值求解. 在随后的 1983 年国际数学家大会上, 冯康院士做了题为 "有限元方法与自然边界归化" 的 45 分钟邀请报告[1-6].

对微分方程边值问题实现边界归化的思想实际上早在 19 世纪就已出现, 但真正应用于数值计算却是从 20 世纪 60 年代才开始的. 到 20 世纪 70 年代后期, 边界积分方程法也被称为边界元方法. 当时国际流行的边界元法包括直接法和间接法两大类. 中国学者首创的自然边界元法则与这些方法完全不同, 有很多独特的优点. 它保持了原问题的一些基本特性, 又可以与有限元法自然直接地耦合.

作者从事边界元法研究始于 1978 年. 那一年国家恢复研究生制度, 使作者在大学毕业工作 11 年后又成为中国科学院的研究生, 并有幸师从著名数学家冯康院士攻读硕士及博士学位. 当时国际上刚兴起边界元法研究, 基于经典的边界积分方程理论已开始发展直接边界元法和间接边界元法. 冯康先生为作者选定的研究课题则是: 提出并发展与西方流行方法完全不同的新的边界元法. 作者的硕士论文与博士论文都是关于这一课题的 [7,8]. 我们的新方法后来被冯康先生定名为自然边界元方法.

在这些工作的基础上, 作者发表了一系列论文 [9-21], 于 1989 年独立获得了中国科学院自然科学一等奖, 并于 1993 年在科学出版社出版了专著《自然边界元方法的数学理论》[22]. 该书的主要内容取自我 1984 年的博士学位论文, 但因此后我相继到美国和德国访问工作, 该书推迟到我回国后才完成并出版. 1991 年冯康先生亲自为该书定名并向科学出版社推荐出版. 他在推荐信中写道: "该书系统介绍了由我国学者首创并发展的、有许多独特优点的一种新型边界元方法, 完全不同于国内外现有的同类书籍, 是一本具有国际领先水平的、极有特色并反映我国学者研究成果的学术专著, 很有出版价值." 冯康先生不幸于 1993 年 8 月去世. 让作者感到欣慰的是, 在冯先生去世前几个月, 该专著出版了. 当我把该书的精装本送到他手里时, 能感觉到他异常兴奋的心情.

在冯康先生的影响下, 清华大学韩厚德教授在相关方向也做了大量的研究工作, 并获得了国家教委和北京市的多项奖励 [23-28]. 由于我们的研究方向接近, 且在这些研究方向都做出了一系列有意义的研究成果, 作者与韩教授一起联合申报了国家科技奖励. 2008 年我们的研究成果 "人工边界方法与偏微分方程数值解" 获得了国家自然科学奖二等奖.

美国著名学者 J.B. Keller 等自 1989 年起也致力于这一方向的研究, 他们称这一方法为准确的人工边界条件法, 或 Dirichlet to Neumann 方法, 即 DtN 法. 尽管他们强调 DtN 法是他们 "在西方独立发展的", 但还是在公开论著中承认了该方法 "类似于" 中国学者更早提出的 "自然边界元与有限元耦合法". 当然, 正是由于他们的参与和推动, 以及国内外众多计算数学和科学工程计算专家的大量后继工作, 该方法获得了更迅速的发展和更广泛的应用. 大量的研究成果已经说明, 自然边界积分方法不仅有重要的理论意义, 也有非常广阔的应用前景 [29-38].

本书的第一版是在 1993 年由科学出版社出版的. 由于颇受读者欢迎, 两三年间即告售罄. 随后科学出版社要求作者将该书译为英文, 并和国际著名出版社 Kluwer Academic Publishers 合作于 2002 年出版了英文版专著 *The Natural Boundary Integral Method and Its Applications*[39]. 又因供不应求, 科学出版社于 2006 年又重印一次, 但很快也告售罄. 正是由于科学出版社认为该书有较高学术价值, 且至今仍有读者需求, 才鼓励作者对原书做修订, 使本书新版得以问世. 与 1993 年版《自然边界元方法的数学理论》相比, 本版增加了第 7 章, 并在第 2 章中增加了部分内容, 又补充了很多参考文献, 包括作者及学生们近年发表的相关论文 [40-102]. 为了与英文版的书名相一致, 本版将书名改为《自然边界积分方法及其应用》.

本书是作者数十年研究成果的系统总结. 有感于数十年来提出并发展自然边界元及相关计算方法, 特别是该方法具有化繁为简、化无界为有限、保持原问题基本特征等独特优点, 作者曾以 "研究杂感" 为题赋得七绝二首, 今录于此作为本序言的结尾.

其一为:

化整为零简驭繁, 裁弯取直裂单元.

人工边界自然妙, 返朴归真索本源.

其二为:

分解合成简或繁, 研究探索几多番.
欲知界外无穷事, 先解域中有限元.

这两首诗或许可帮助读者理解自然边界积分方法及其与有限元的耦合算法和区域分解算法的真谛.

作者感谢中国科学院对国家自然科学奖获得者给予的后续研究经费支持, 使本书有足够的出版经费保证. 感谢厦门大学在我退休后又聘我三年, 使我得以在非常优美的环境和适宜的气候条件下完成本书的部分工作. 也再次感谢科学出版社诸位同仁为本书再版所付出的辛勤劳动.

余德浩

2014 年 9 月于北京

2002年英文版前言译文

边界积分方程法即边界元方法作为求解偏微分方程的一类重要数值方法，近二十年来得到了迅速发展，并在科学和工程计算的许多领域获得了广泛应用．迄今已有大量关于这类方法及其应用的论文．本书介绍了由中国数学家首先提出并发展的自然边界积分法，也即自然边界元方法．该方法完全不同于国际上流行的经典边界元方法，有许多独特的优点．早在20世纪70年代后期，我的博士生导师冯康教授就已提出了自然边界归化的思想，当时曾称之为正则边界归化．正是他的开创性工作和直接指导将我带进了这一研究领域，并鼓励我系统发展了这一方法．现在自然边界积分法已得到国内外同行的广泛关注，成为边界积分法新的重要分支．这里自然应该强调冯康教授对此做出的重要贡献．

本书是为学习或从事计算数学、计算力学、应用数学或其他相关领域工作的研究生、大学高年级学生、大学教师及科学工作者编写的．此外，也可供对应用边界元方法感兴趣的工程技术人员参考．本书共分七章．第一章概述自然边界积分法，包括自然边界归化的基本思想、超奇异积分的数值计算，以及自然边界积分法的误差估计．第二至第五章分别讨论调和边值问题、重调和边值问题、平面弹性问题和Stokes问题的自然边界归化和自然边界积分法，包括解的复变函数表示、若干典型区域上的自然积分方程和Poisson积分公式、自然积分算子的性质，以及自然积分方程的数值解法．第六章阐述自然边界元和有限元的耦合，以及无穷远边界条件的近似．第七章介绍基于自然边界归化的区域分解算法．

本书系统总结了本人二十余年来关于自然边界积分法的研究成果，包括已发表的一系列论文和若干未发表的结果．其中许多内容1988年后曾在中国科学院研究生院及其他一些大学讲授．本书不追求完备，因此关于流行的经典边界元法及其应用的许多内容仅在1.2节一带而过，读者可以从其他书籍中读到相关内容．

本书中文版《自然边界元方法的数学理论》于1993年由科学出版社首次在北京出版，至今已过去八年了．在那年春天，我的导师、中国科学院冯康院士还健在．当我把刚收到的崭新的精装本送到他手里时，他非常高兴和激动．自然边界归化和自然边界积分法正是他亲手开创的研究方向，我的书也正是他创造性思想的发展和实现．为了该书的成功出版，他和我的另一位老师、中国科学院石钟慈院士都推荐我申请科学出版基金．他们在推荐信中写道："本书完全不同于现有的其他同类书籍．这是一本具有国际先进水平的极具特色的学术专著，反映了中国数学家在该方向的研究成果⋯⋯该书的学术思想是全新的．其内容包括了作者十余年来在该方向的研究成果, 有很大的出版价值." 得益于他们的支持, 我的书被科学出版社这一中国最权威的学术出版机构列入 "纯粹数学与应用数学专著" 丛书出版了.

该书出版后深受海内外华人读者欢迎, 随后也引起一些并不懂中文的外国数学家的兴趣. 来信向我索要该书的包括德国的 W.L. Wendland 教授, 日本的 H. Fujita 教授, T. Ushijima 教授和 K. Onishi 教授, 以及其他一些外国学者. H. Fujita 教授曾任日本数学会会长, 他在 1996 年 10 月 11 日的来信中对我的书说了如下一些赞美之词: "尽管我需要加一点想象才能阅读中文数学论著, 我还是能够读懂并欣赏你的书. 确实, 你的书同时包含了关于基础分析和应用分析的重要课题的基本的及高级的事实和结果. 带着对你的老师和我的朋友冯康教授的怀念, 我重温了对你们学派的思想和方法的尊敬. 这是我看你的书的第一印象……我特别高兴地发现, 你我能通过你们的 'K' 算子即我们的 'S' 算子, 共享对边值问题应用算子理论方法的兴趣, 这是位势理论的现代版本." 当然, 绝大多数外国朋友即使利用他们的想象也读不了我的中文书. 因此我相信, 确实需要将该书由中文译成英文. 事实上, 自该书以中文出版以来, 该书的责任编辑、科学出版社的林鹏先生就曾多次要求我翻译该书, 并为出版其英文版而努力. 只是因为我当时忙于其他工作, 这一英文版才推迟到今天问世.

此外, 自 1993 年以来, 自然边界积分法已有了一些新的发展和应用, 其理论上及实践中的重要性也已被越来越多的相关领域的科学家所认识. 特别是近年来在有限元和边界元方法的研究中, 发展耦合法及区域分解算法已形成主要趋势, 从而使自然边界归化的优越性愈加显著. 耦合法的许多理论分析基于自然边界归化. 自然边界积分算子, 即 Dirichlet-Neumann 算子, 或 Steklov-Poincaré 算子, 在区域分解算法中也起着关键作用.

冯康教授对自然边界归化和自然边界积分法的创始、发展和应用做出了重大贡献. 我们可以在 1982 年中法有限元会议上他与余德浩联名的主题报告中, 以及在 1983 年国际数学家大会的邀请报告中, 发现他的原创性思想. 尽管此后十年他的学术兴趣转向提出和发展 Hamilton 系统的辛几何算法, 但他仍多次强调自然边界归化的优越性. 他曾在 1991 年说: "自然边界归化和区域上的变分原理完全相容, 边界有限元也与区域有限元完全相容. 因此得到区域有限元加上边界元的求解方法高度灵活, 并且因区域和边界间自然而相容的耦合适用于大规模问题. 事实上, 这正是现今因为与并行计算相关而迅猛发展的所谓区域分解算法的先驱性贡献."[1] 在1993 年他又写道 "求解边值问题的标准技术是有限元方法. 然而对包含无界及/或断裂子区域、凹角、交界面等的复杂问题, 计算代价可能很大. 可以设想与边界元耦合的完整的有限元体系. 有许多不同的边界归化途径. 最好的途径看来是自然边界归化: 利用第一类 Green 函数得到带 Hadamard 有限部分的超奇异积分的人工边界条件, 以删除引起麻烦的子区域. 其实际好处是: 首先, 边界归化保持变分泛函不变, 从而边界元和剩下的良态区域上的有限元的耦合是直接而自然的; 其次, 超奇异性实际上改善了稳定性, 并更利于有效求解. 自然边界归化能直接应用于区域分解和删除, 也能间接应用于预条件问题.''[1]

在冯康教授上述论断的指导下, 作者提出并发展了基于自然边界归化的新的区域分解算法 [103−115], 这些方法完全不同于标准的有界区域上的区域分解算法, 特别适用于无界区域. 这些新的结果作为自然边界积分算子理论的发展和应用, 已被写进本书. 这就是本英文版增加的第七章: ''基于自然边界归化的区域分解算法'', 其内容取自作者近年发表的相关论文. 本书的书名也因此改为《自然边界积分方法及其应用》. 此外, 在第二章中还增加了一节, 题为 ''关于一般单连通区域的一个定理'', 内容则取自作者与冯康先生联名于 1994 年发表的一篇论文 [116].

本书仅讨论二维问题. 实际上, 发展三维问题的自然边界归化理论是更有意义但也更困难的工作. 此外, 也需要发展 Helmholtz 方程、各向异性问题、抛物型方程、应用椭圆人工边界的自然边界归化和区域分解算法, 以及自适应计算方法等. 然而, 尽管在这些方向已得到许多结果, 但相关内容尚未写进本书. 有兴趣的读者可以看我们近期的一些论文 [117−159].

冯康教授已于 1993 年 8 月 17 日不幸去世了, 享年 73 岁. 他再也不能阅读本书的英文版. 但我相信, 若他仍然在世, 他会为本英文版的出版, 以及自然边界归化得到越来越多的发展和应用而非常高兴, 因为其中的许多成果都是以他的创造性思想为基础的. 本英文版正是我对冯康先生深切怀念的最好表达.

科学出版社科学出版中心的林鹏主任对本书英文版始终给予非常密切的关注. 科学出版社的刘嘉善先生、计算数学研究所的葛向阳先生, 以及 Kluwer 学术出版社的编辑们都为本英文版付出了辛勤劳动. 我谨在此向他们致以深切感谢. 我也愿感谢我的儿子、美国加州理工学院的博士生余歆炜, 是他在北京大学学习时为我的书稿以 LaTex 输入了全部数学公式.

余德浩

2001 年 3 月于北京

1993 年版前言

边界元方法作为一种重要的数值计算方法近 20 年来得到了迅速发展, 并在科学和工程计算的众多领域获得了广泛应用. 国内外已有关于边界元方法及其应用的大量文献问世. 本书介绍的自然边界元方法则是与国际流行的边界元方法完全不同的、有许多独特优点的一种新型边界元方法. 这一方法是由我国学者首创并发展的. 早在 70 年代中期, 作者的导师冯康教授就已明确提出了自然边界归化的思想, 当时这类边界归化被称为正则边界归化. 作者正是基于他的开创性的工作及在他的直接指导下开始从事这一方向的研究并系统地发展了这一方法的. 现在自然边界元方法已成为边界元方法的一个新的分支, 引起了国内外同行广泛的关注和兴趣, 这里自然应强调冯康教授对此作出的重要贡献.

本书的读者对象主要是学习或从事计算数学、计算力学、应用数学及其他相关专业工作的研究生、大学高年级学生、大学教师及科学工作者, 也可供对应用边界元方法感兴趣的工程技术人员参考. 全书共分六章. 第一章概述自然边界归化的一般原理、强奇异积分的数值计算方法以及自然边界元方法的收敛性与误差估计. 第二章至第五章分别讨论了调和方程边值问题、重调和方程边值问题、平面弹性问题及 Stokes 问题的自然边界归化和自然边界元方法, 包括解的复变函数表示、典型域上的自然积分方程和 Poisson 积分公式、自然积分算子的性质、自然积分方程的数值解法等内容. 第六章介绍了自然边界元与有限元耦合法, 以及无穷远边界条件的近似.

本书系统总结了作者本人十余年来研究自然边界元方法所取得的一系列已发表的以及许多从未发表过的成果. 书中的部分内容近年来也曾在中国科学院研究生院及其他一些高等院校讲授过. 由于迄今为止, 自然边界归化仅有关于二维问题的结果, 故本书也仅限于讨论二维区域上的自然边界元方法. 本书并不追求完备, 因此对国际流行的一般的边界元方法及其应用方面的许多内容, 只在第一章中一带而过, 并不作详述. 读者完全可以从其他书籍中读到那些内容.

本书的撰写从一开始就得到我国计算数学界冯康、周毓麟、石钟慈三位学部委员以及林群、韩厚德等教授的关心和鼓励. 早在 1984 年夏包括上述 5 位教授在内的博士学位论文答辩委员会就已建议作者将有关成果写成专著出版, 并认为这"将是一件很有价值的工作". 也正是根据冯康教授的建议, 本书的书名由原定的"正则边界元方法的数学理论"改为"自然边界元方法的数学理论", 因为"自然边界元方法"这一术语更能反映这一方法的本质特性, 从而冯康教授为这一方法也为本书确定了一个更为恰当的名称. 清华大学韩厚德教授曾仔细审阅了本书初稿, 并提出了许多富有建设性的意见. 作者谨在此向他们表示衷心的感谢.

作者的研究工作及本书的出版得到国家自然科学基金、中国科学院数学特别支持费和中国科学院科学出版基金的支持. 科学出版社第一编辑室对本书的撰写始终给予殷切关注并为本书的出版付出了辛勤劳动, 谨此深表谢忱.

余德浩

1992 年 3 月于北京

目　　录

第 1 章　自然边界元方法的一般原理

1.1　引　　言

许多物理问题可通过不同途径归结为不同形式的数学模型. 它们或是表现为偏微分方程的边值问题, 或是表现为区域上的变分问题, 或是归结为边界上的积分方程[1−8,160−183]. 这些不同的数学形式在理论上是等价的, 但在实践中并不等效, 它们分别导致有限差分法、有限元方法和边界元方法等不同的数值计算方法[1,184−199].

边界元方法是在经典的边界积分方程法的基础上吸取了有限元离散化技术而发展起来的一种偏微分方程的数值解法. 它把微分方程的边值问题归化为边界上的积分方程然后利用各种离散化技术求解. 对微分方程作边界归化的思想早在 19 世纪就已出现, 但将边界归化应用于数值计算并为此目的深入研究边界归化理论则是从 20 世纪 60 年代才开始的. 随着电子计算机的广泛应用, 以及有限元方法的蓬勃发展, 人们将有限元技术与经典的边界归化理论相结合, 为边界积分方程法在工程技术和科学计算中的应用打开了新局面. 于是到 70 年代后期, 边界积分方程法开始被称为边界元方法, 并被许多数学家和工程师看作继有限元方法之后出现的一种新的、重要的数值计算方法. 大量的理论和应用研究正是在此期间开始的. C. A. Brebbia, G. C. Hsiao, W. L. Wendland, J. C. Nedelec 以及我国的冯康、杜庆华、祝家麟、韩厚德和作者本人对这一方法的发展与推广都做了大量的工作[200−275]. 边界元方法已被广泛应用于弹性力学、断裂力学、流体力学、电磁场和热传导等领域的科学研究和工程技术的数值计算.

边界元方法的主要优点是将所处理问题的空间维数降低一维. 它只需对边界进行单元剖分, 只要求出边界节点上的解函数值就可计算区域内任意点的解函数值. 这对于无界区域上的问题特别有意义. 边界元方法也有其局限性. 由于数学分析的复杂性, 边界元方法对变系数、非线性问题的应用受到了限制. 在数值计算方面, 也由于得到的刚度矩阵的非稀疏性而增加了一些困难. 尽管如此, 用边界元方法计算许多工程问题的成功仍引起人们对这一方法的充分重视. 三十余年来边界元方法的研究和应用不断取得新的成果, 每年都有大量文献出版. 这一方法与有限元法的结合也为进一步开拓其应用范围提供了可能.

边界归化有很多途径. 我们可以从同一边值问题得到许多不同的边界积分方程. 这些积分方程可能是非奇异的, 可能是弱奇异的, 可能是 Cauchy 型奇异的, 也可能是超奇异的. 这些差异是因边界归化途径不同而产生的. 不同的边界归化途径可能导致不同的边界元方法. 国际流行的边界元方法通常被分为间接法与直接法两大类. 间接法从基本解及位势理论出发得到 Fredholm 积分方程, 它引入了新变量. 直接法则从 Green 公式及基本解出发, 并不引入新变量. 这两类边界归化得到的边界积分方程通常并不保持原问题的自伴性等有用的性质.

本书介绍的自然边界积分方法则不同. 它是由 Green 函数和 Green 公式出发, 将微分方程边值问题归化为边界上的超奇异积分方程, 然后化成相应的变分形式在边界上离散化求解的一种数值计算方法. 该方法也称自然边界元方法. 由于自然边界归化保持能量不变, 原边值问题的许多有用的性质, 例如双线性型的对称性、强制性等均被保持, 从而自然积分方程的解的存在唯一性及稳定性等结果也就随之而得. 这一优点也保证了自然边界元方法与经典有限元方法能自然而直接地耦合. 这正是自然边界元与有限元耦合法与其他类型的耦合法相比所具有的最根本的优越性. 与一般边界归化得到的边界积分方程也取决于归化途径及所选择的基本解不同, 自然积分方程是由原边值问题唯一确定的, 它准确地反映此边值问题的解的互补的微分边值之间的本质的关系. 我们可以通过各种不同的途径, 如本书中使用的 Green 函数法、Fourier 变换或 Fourier 级数法及复变函数论方法等来推求自然积分方程, 但殊途同归, 对同一边值问题只能得到同一个自然积分方程. 因此可以说, 自然边界归化在各种边界归化中占有特殊的地位并具有许多优越性. 至于积分核的超奇异性今天已不成为困难. 本章给出了求解超奇异积分方程及计算超奇异积分的一些简单易行的数值方法. 通过分部积分将超奇异积分化为只有较低奇异性的积分来处理则是另一类自然而适用的方法. 自然积分算子产生光滑性降阶即作为正数阶拟微分算子的特性恰好保证了积分方程的解的很好的稳定性.

从数值计算的角度也将看到自然边界元方法的许多优点, 如刚度矩阵的对称正定性、近似解的稳定性, 以及在处理无穷区域及断裂区域时仍保持理想的精度, 等等. 特别是对于圆周边界的情况, 自然边界元刚度矩阵还有某种循环性, 于是我们并不需要计算全部矩阵系数, 而只要计算大约半行系数就可以了. 这样, 与一般边界元方法由于刚度矩阵系数计算的复杂性使得边界元降维的优点在很大程度上被抵消不同, 自然边界元方法确实使计算量大为减少.

自然边界元方法也有其明显的局限性. 其困难主要是解析上的. 因为对一般区域而言, Green 函数往往难以求得. 其他可用以求得自然积分方程的途径也有同样的局限性. 因此我们仅对少数典型区域应用自然边界元方法, 而对一般区域则应用自然边界元与有限元耦合法. 其实, 所有边界元方法都有局限性. 与有限元方法耦合对于所有边界元方法都是极其重要的. 从这个观点看, 自然边界元方法的优越性就极为明显了, 因为唯有自然边界元与有限元的耦合是基于同一变分原理的自然而直接的耦合. 这种耦合综合了自然边界元方法与经典有限元方法的优点, 既克服了自然边界元方法对区域的局限性, 又使经典有限元方法能适用于无界区域及裂缝区域. 正如冯康教授所指出的, 边界元方法应作为有限元方法的一个组成部分, 完全适合在有限元方法的框架内发展 (见文献 [1], [5]). 这正是我们研究自然边界元方法的出发点.

本章将首先概述通常的边界归化方法及基于这些边界归化的边界元方法, 以便使读者对一般的间接法和直接法也有所了解. 1.3 节起即转入本书主题, 依次介绍自然边界归化的基本思想、超奇异积分的数值计算、自然边界元解的收敛性及误差估计等内容.

1.2 边界归化与边界元方法

边界元方法是将区域内的微分方程边值问题归化到边界上然后在边界上离散化求解的一种数值计算方法, 其基础在于边界归化, 即将区域内的微分方程边值问题归化为在数学上等价的边界上的积分方程. 边界归化的途径很多, 可以从同一边值问题得到许多不同的边界积分方程. 不同的边界归化途径可能导致不同的边界元方法. 下面简要介绍通常采用的两种边界归化方法, 即间接边界归化法及直接边界归化法.

1.2.1 间接边界归化

间接边界归化方法是从基本解及位势理论出发得到 Fredholm 积分方程. 这是经典的边界归化方法. 此时积分方程的未知量不是原问题的解的边值而是引入的新变量, 因此这种归化被称为间接归化. 今以二维调和方程边值问题为例来说明之.

考察以逐段光滑的简单 (无自交点) 闭曲线 Γ 为边界的平面有界区域 $\Omega \subset \mathbb{R}^2$ 内的调和方程第一边值问题

$$\begin{cases} \Delta u = 0, & \Omega \text{内}, \\ u = u_0, & \Gamma \text{上} \end{cases} \tag{1.1}$$

及第二边值问题

$$\begin{cases} \Delta u = 0, & \Omega \text{内}, \\ \dfrac{\partial u}{\partial n} = g, & \Gamma \text{上}, \end{cases} \tag{1.2}$$

其中 n 为 Γ 上的外法线方向. 边值问题 (1.1) 存在唯一解. 而边值问题 (1.2) 在满足相容性条件

$$\int_{\Gamma} g\,ds = 0$$

时, 在差一个任意常数的意义下有唯一解.

类似地考察 Ω 的补集的内部 Ω' 上的调和方程的第一边值问题

$$\begin{cases} \Delta u = 0, & \Omega'内, \\ u = u_0, & \Gamma 上 \end{cases} \tag{1.3}$$

及第二边值问题

$$\begin{cases} \Delta u = 0, & \Omega'内, \\ \dfrac{\partial u}{\partial n} = g, & \Gamma 上. \end{cases} \tag{1.4}$$

边值问题 (1.3) 及 (1.4) 的解的唯一性依赖于 u 在无穷远的性态, 即必须对解在无穷远处的性态作一定的限制才能保证解的唯一性.

为了建立解的积分表达式, 要用到如下 Green 公式:

$$\iint\limits_{\Omega} v\Delta u dx_1 dx_2 = \int_{\Gamma} v\frac{\partial u}{\partial n}ds - \iint\limits_{\Omega} \nabla u \cdot \nabla v dx_1 dx_2 \tag{1.5}$$

及由此推出的 Green 第二公式

$$\iint\limits_{\Omega} (v\Delta u - u\Delta v)dx_1 dx_2 = \int_{\Gamma} \left(v\frac{\partial u}{\partial n} - u\frac{\partial v}{\partial n} \right)ds. \tag{1.6}$$

今后常简记 $x = (x_1, x_2), dx = dx_1 dx_2$. 又已知二维调和方程的基本解为

$$E = -\frac{1}{2\pi}\ln r, \tag{1.7}$$

其中 $r = |x - y| = \sqrt{(x_1 - y_1)^2 + (x_2 - y_2)^2}, y = (y_1, y_2)$ 为平面上某定点. 基本解 E 满足

$$-\Delta E = \delta(x - y), \tag{1.8}$$

这里 $\delta(\cdot)$ 为二维 Dirac-δ 函数, 其定义如下:

$$\delta(x) = \begin{cases} 0, & x \neq 0, \\ \infty, & x = 0, \end{cases}$$

且

$$\iint\limits_{\mathbb{R}^2} \delta(x)dx = 1.$$

它是一个广义函数, 对任意连续函数 $\varphi(x)$, 满足

$$\iint\limits_{\mathbb{R}^2} \delta(x)\varphi(x)dx = \varphi(0).$$

(参见文献 [161, 276].)

下面的定理给出了上述边值问题的解的积分表达式.

定理 1.1 设 u 为 Ω 和 Ω' 中二次可微函数, 分别有边值

$$u|_{\mathrm{int}\,\Gamma}, u|_{\mathrm{ext}\,\Gamma}, \left.\frac{\partial u}{\partial n}\right|_{\mathrm{int}\,\Gamma}, \left.\frac{\partial u}{\partial n}\right|_{\mathrm{ext}\,\Gamma},$$

且满足

$$\begin{cases} \Delta u = 0, & \Omega \cup \Omega' \text{内}, \\ \text{当} |x| \text{大时}, & u(x) = O\left(\frac{1}{|x|}\right), |\mathrm{grad}\, u(x)| = O\left(\frac{1}{|x|^2}\right), \end{cases} \tag{1.9}$$

于是, 若 $y \in \Omega \cup \Omega'$, 则

$$\begin{aligned} u(y) = &\frac{1}{2\pi} \int_{\Gamma} \left\{ [u(x)] \frac{\partial}{\partial n_x} \ln|x - y| \right. \\ &\left. - \left[\frac{\partial u(x)}{\partial n}\right] \ln|x - y| \right\} ds(x), \end{aligned} \tag{1.10}$$

若 $y \in \Gamma$, 则

$$\begin{aligned} \frac{1}{2}\{u(y)|_{\mathrm{int}\,\Gamma} + u(y)|_{\mathrm{ext}\,\Gamma}\} = &\frac{1}{2\pi} \int_{\Gamma} \left\{ [u(x)] \frac{\partial}{\partial n_x} \ln|x - y| \right. \\ &\left. - \left[\frac{\partial u(x)}{\partial n}\right] \ln|x - y| \right\} ds(x), \end{aligned} \tag{1.11}$$

其中规定法线方向总是指向 Ω 的外部, 即由 Ω 指向 Ω', $\mathrm{int}\,\Gamma$ 及 $\mathrm{ext}\,\Gamma$ 分别表示 Γ 的内侧及外侧,

$$\begin{aligned} \left[\frac{\partial u}{\partial n}\right] = &\left.\frac{\partial u}{\partial n}\right|_{\mathrm{int}\,\Gamma} - \left.\frac{\partial u}{\partial n}\right|_{\mathrm{ext}\,\Gamma}, \\ [u] = &u|_{\mathrm{int}\,\Gamma} - u|_{\mathrm{ext}\,\Gamma} \end{aligned}$$

分别表示 $\dfrac{\partial u}{\partial n}$ 及 u 越过 Γ 的跃度.

定理的证明可见文献 [266] 或 [241].

上述结果是对光滑边界而言的. 若边界 Γ 上有角点 y_0, 则式 (1.10) 依然成立, 而式 (1.11) 左边在 y_0 处应作改变, 即代之以

$$\begin{aligned} \frac{\theta}{2\pi} u(y_0)|_{\mathrm{int}\,\Gamma} + \frac{2\pi - \theta}{2\pi} u(y_0)|_{\mathrm{ext}\,\Gamma} = &\frac{1}{2\pi} \int_{\Gamma} \left\{ [u(x)] \frac{\partial}{\partial n_x} \ln|x - y_0| \right. \\ &\left. - \left[\frac{\partial u(x)}{\partial n}\right] \ln|x - y_0| \right\} ds(x), \end{aligned} \tag{1.12}$$

其中 θ 为在 y_0 点 Γ 的两条切线在 Ω 内的夹角的弧度数.

若分别考虑 Ω 内及 Ω' 内的调和方程边值问题, 可以从 (1.10)~(1.12) 得到

$$-\int_{\Gamma}\left\{u(x)|_{\mathrm{int}\,\Gamma}\frac{\partial}{\partial n}\ln|x-y|-\frac{\partial u(x)}{\partial n}\bigg|_{\mathrm{int}\,\Gamma}\ln|x-y|\right\}ds(x)$$

$$=\begin{cases}2\pi u(y), & y\in\Omega,\\ \theta u(y)|_{\mathrm{int}\,\Gamma}, & y\in\Gamma,\\ 0, & y\in\Omega'.\end{cases}\tag{1.13}$$

及

$$\int_{\Gamma}\left\{u(x)|_{\mathrm{ext}\,\Gamma}\frac{\partial}{\partial n}\ln|x-y|-\frac{\partial u(x)}{\partial n}\bigg|_{\mathrm{ext}\,\Gamma}\ln|x-y|\right\}ds(x)$$

$$=\begin{cases}2\pi u(y), & y\in\Omega',\\ (2\pi-\theta)u(y)|_{\mathrm{ext}\,\Gamma}, & y\in\Gamma,\\ 0, & y\in\Omega.\end{cases}\tag{1.14}$$

下面讨论如何得到边界积分方程. 引入两个辅助变量

$$\varphi=[u]=u|_{\mathrm{int}\,\Gamma}-u|_{\mathrm{ext}\,\Gamma}\tag{1.15}$$

及

$$q=\left[\frac{\partial u}{\partial n}\right]=\frac{\partial u}{\partial n}\bigg|_{\mathrm{int}\,\Gamma}-\frac{\partial u}{\partial n}\bigg|_{\mathrm{ext}\,\Gamma}.\tag{1.16}$$

这里, 当调和方程的解 u 被解释为物理学中静电场的电位分布时, φ 表示在 Γ 两侧的电位的跃度, 相当于在 Γ 内侧分布着负电荷, 而在 Γ 外侧分布着等量的正电荷从而形成的电偶极子的矩在 Γ 上的分布密度; q 则表示 Γ 两侧电场强度法向分量的跃度, 相当于在 Γ 上分布的电荷密度.

在 u 连续通过 Γ 的情况下, 也即当 $[u(x)]=0$ 时, 解的积分表达式 (1.10) 变成

$$u(y)=-\frac{1}{2\pi}\int_{\Gamma}q(x)\ln|x-y|ds(x),\quad y\in\mathbb{R}^2.\tag{1.17}$$

这一表达式被称为单层位势, 其物理意义为当在 Γ 上分布密度为 q 的电荷时在空间产生的电势场.

现在利用单层位势作边界归化. 对 Ω 内或 Ω' 内的第一边值问题, 边值 $u|_{\mathrm{int}\,\Gamma}$ 或 $u|_{\mathrm{ext}\,\Gamma}$ 为已知函数 u_0. 若解 u 可用单层位势 (1.17) 表示, 则 $q(x)$ 应为如下第一类 Fredholm 积分方程之解:

$$-\frac{1}{2\pi}\int_{\Gamma}q(x)\ln|x-y|ds(x)=u_0(y),\quad y\in\Gamma.\tag{1.18}$$

由 (1.18) 解出 $q(x)$ 后再代入 (1.17) 便可得 Ω 内或 Ω' 内的解 u. 这里需要指出的是, 由于定理 1.1 对 u 在无穷远的性态作了较强的限制, 实际上对 u 的边值 u_0 也有了某种限制, 于是并非所有的解函数 u 可用单层位势 (1.17) 表示. 但可以证明, 若 u 不能用单层位势表示, 则必可表示为

$$u(y) = -\frac{1}{2\pi} \int_\Gamma q(x) \ln|x-y| ds(x) + C, \tag{1.19}$$

其中 C 为某常数. 由 (1.19) 仍得第一类 Fredholm 积分方程

$$-\frac{1}{2\pi} \int_\Gamma q(x) \ln|x-y| ds(x) = u_0(y) - C, \quad y \in \Gamma. \tag{1.20}$$

由 (1.20) 解出 $q(x)$ 后再利用 (1.19) 即得解函数 u.

对第二边值问题, 假定相容性条件

$$\int_\Gamma g(x) ds(x) = 0$$

被满足. 有如下定理.

定理 1.2   若 u 满足定理 1.1 的假设, 且 $[u] = 0$, 则对 $y \in \Gamma$, 有

$$\frac{\partial u(y)}{\partial n}\bigg|_{\text{ext}\Gamma} = -\frac{1}{2}q(y) - \frac{1}{2\pi} \int_\Gamma q(x) \frac{\partial}{\partial n_y} \ln|x-y| ds(x), \tag{1.21}$$

$$\frac{\partial u(y)}{\partial n}\bigg|_{\text{int}\Gamma} = \frac{1}{2}q(y) - \frac{1}{2\pi} \int_\Gamma q(x) \frac{\partial}{\partial n_y} \ln|x-y| ds(x). \tag{1.22}$$

其证明可参见文献 [241]. 于是由此定理, 可得关于第二边值外问题的 Γ 上的积分方程

$$-\frac{1}{2}q(y) - \frac{1}{2\pi} \int_\Gamma q(x) \frac{\partial}{\partial n_y} \ln|x-y| ds(x) = g(y). \tag{1.23}$$

这是一个第二类 Fredholm 积分方程. 而对于第二边值内问题, 则有如下第二类 Fredholm 积分方程:

$$\frac{1}{2}q(y) - \frac{1}{2\pi} \int_\Gamma q(x) \frac{\partial}{\partial n_y} \ln|x-y| ds(x) = g(y). \tag{1.24}$$

解出 $q(y)$ 后仍可由单层位势表示式 (1.17) 得到原问题的解 u.

今假设 $\dfrac{\partial u}{\partial n}$ 在边界连续, 即 $\left[\dfrac{\partial u}{\partial n}\right] = 0$, 并利用辅助变量 $\varphi = [u]$. 此时由定理 1.1 给出

$$u(y) = \frac{1}{2\pi} \int_\Gamma \varphi(x) \frac{\partial}{\partial n_x} \ln|x-y| ds(x), \quad y \in \Omega \cup \Omega'. \tag{1.25}$$

由于它相应于在 Γ 上分布密度为 φ 的电偶极子矩时在 $\mathbb{R}^2$ 中产生的电势场, 被称为双层位势.

考虑第一边值内问题, $u|_{\text{int}\Gamma} = u_0$. 作 u 在 Ω' 在延拓使 $\left[\dfrac{\partial u}{\partial n}\right] = 0$. 于是 u 有双层位势表示 (1.25). 可由定理 1.1 的式 (1.11) 得到联系 φ 和 u_0 的方程

$$\frac{1}{2}\varphi(y) + \frac{1}{2\pi}\int_\Gamma \varphi(x)\frac{\partial}{\partial n_x}\ln|x-y|ds(x) = u_0(y). \tag{1.26}$$

这是 Γ 上的第二类 Fredholm 积分方程. 由 (1.26) 解出 $\varphi(x)$ 后即可由 (1.25) 得到解函数 u. 对于第一边值外问题, 同样可得

$$-\frac{1}{2}\varphi(y) + \frac{1}{2\pi}\int_\Gamma \varphi(x)\frac{\partial}{\partial n_x}\ln|x-y|ds(x) = u_0(y). \tag{1.27}$$

这也是 Γ 上的第二类 Fredholm 积分方程.

综上所述, 对于二维区域 Ω 或 Ω' 内的调和方程的边值问题, 有如下结果:

1) 用单层位势表示

$$u(y) = -\frac{1}{2\pi}\int_\Gamma q(x)\ln|x-y|ds(x), \quad y \in \mathbb{R}^2.$$

对第一边值问题即 Dirichlet 问题, 得含 log 型弱奇异核的第一类 Fredholm 积分方程

$$-\frac{1}{2\pi}\int_\Gamma q(x)\ln|x-y|ds(x) = u_0(y), \quad y \in \Gamma.$$

对第二边值问题即 Neumann 问题, 得含 Cauchy 型奇异核的第二类 Fredholm 积分方程

$$\pm\frac{1}{2}q(y) - \frac{1}{2\pi}\int_\Gamma q(x)\frac{\partial}{\partial n_y}\ln|x-y|ds(x) = g(y), \quad y \in \begin{array}{c}\text{int}\Gamma \\ \text{ext}\Gamma.\end{array}$$

上式左端第一项的 + 号及 − 号分别相应于内问题及外问题.

2) 用双层位势表示

$$u(y) = \frac{1}{2\pi}\int_\Gamma \varphi(x)\frac{\partial}{\partial n_x}\ln|x-y|ds(x), \quad y \in \Omega \cup \Omega'.$$

对第一边值问题即 Dirichlet 问题, 得含 Cauchy 型奇异核的第二类 Fredholm 积分方程

$$\pm\frac{1}{2}\varphi(y) + \frac{1}{2\pi}\int_\Gamma \varphi(x)\frac{\partial}{\partial n_x}\ln|x-y|ds(x) = u_0(y), \quad y \in \begin{array}{c}\text{int}\Gamma \\ \text{ext}\Gamma.\end{array}$$

上式左端第一项的 + 号及 − 号分别相应于内问题及外问题.

上述边界归化方法同样可应用于三维问题. 对于三维区域 Ω 或 Ω' 内的调和方程边值问题, 有类似的结果:

1) 用单层位势表示

$$u(y) = \frac{1}{4\pi} \int_\Gamma \frac{q(x)}{|x-y|} ds(x), \quad y \in \mathbb{R}^3.$$

对第一边值问题即 Dirichlet 问题, 得含弱奇异核的第一类 Fredholm 积分方程

$$\frac{1}{4\pi} \int_\Gamma \frac{q(x)}{|x-y|} ds(x) = u_0(y), \quad y \in \Gamma.$$

对第二边值问题即 Neumann 问题, 得含 Gauchy 型奇异核的第二类 Fredholm 积分方程

$$\pm \frac{1}{2} q(y) + \frac{1}{4\pi} \int_\Gamma q(x) \frac{\partial}{\partial n_y} \left(\frac{1}{|x-y|} \right) ds(x) = g(y), \quad y \in \begin{array}{c} \text{int } \Gamma \\ \text{ext } \Gamma \end{array}$$

上式左端第一项的 + 号及 − 号分别相应于内问题及外问题.

2) 用双层位势表示

$$u(y) = -\frac{1}{4\pi} \int_\Gamma \varphi(x) \frac{\partial}{\partial n_x} \left(\frac{1}{|x-y|} \right) ds(x), \quad y \in \Omega \cup \Omega'.$$

对第一边值问题即 Dirichlet 问题, 得含 Cauchy 型奇异核的第二类 Fredholm 积分方程

$$\pm \frac{1}{2} \varphi(y) - \frac{1}{4\pi} \int_\Gamma \varphi(x) \frac{\partial}{\partial n_x} \left(\frac{1}{|x-y|} \right) ds(x) = u_0(y), \quad y \in \begin{array}{c} \text{int } \Gamma \\ \text{ext } \Gamma. \end{array}$$

上式左端第一项的 + 号及 − 号分别相应于内问题及外问题.

可以看出, 三维情况与二维情况的差别仅在于以三维调和方程的基本解

$$E(x,y) = \frac{1}{4\pi|x-y|}$$

代替二维调和方程的基本解

$$E(x,y) = \frac{1}{2\pi} \ln \frac{1}{|x-y|}.$$

当然, 在 Ω 及 Ω' 为三维区域时, 其边界 Γ 为二维曲面.

无论对二维问题还是对三维问题, 经典的边界积分方程法常用双层位势表示 Dirichlet 问题的解而用单层位势表示 Neumann 问题的解. 这样导致第二类 Fredholm 积分方程. 对这类积分方程迄今已有大量研究及成熟的数值解法. 然而这种边界归化失去了原问题的自伴性等有用的性质. 于是近十年来越来越多的研究转向利用单层位势表示 Dirichlet 问题的解及利用双层位势表示 Neumann 问题的解从而得到含弱奇异核或超奇异核的第一类积分方程的归化方法.

1.2.2   直接边界归化

直接边界归化方法则是从基本解和 Green 公式出发将微分方程边值问题化为边界上的积分方程. 工程界常用的所谓 "加权余量法" 也可归入这一类型. 这种归化一般也失去了原问题的自伴性等性质, 从而离散化后得到的线性代数方程组的系数矩阵一般是非对称的. 与间接法不同的是, 直接法并不引入新的变量, 积分方程的未知量就是原问题未知量的边值或边界上的法向导数值. 由于这一方法在使用上比较方便且易于理解, 故更受工程界欢迎.

仍考察以逐段光滑简单闭曲线 Γ 为边界的二维区域 Ω 内的调和方程的边值问题. Green 第二公式为

$$\int_{\Omega}(v\Delta u - u\Delta v)dx = \int_{\Gamma}\left(v\frac{\partial u}{\partial n} - u\frac{\partial v}{\partial n}\right)ds. \tag{1.28}$$

取 u 为所考察边值问题的解, $v = E(x,y)$ 为调和方程的基本解, 通常取为

$$E(x,y) = -\frac{1}{2\pi}\ln|x-y|.$$

由于

$$-\Delta E = \delta(x-y),$$

其中 $\delta(\cdot)$ 仍为二维 Dirac-δ 函数, 由 (1.28) 即得解的积分表达式:

$$u(y) = \frac{1}{2\pi}\int_{\Gamma}\left\{u(x)\frac{\partial}{\partial n_x}\ln|x-y| - \frac{\partial u(x)}{\partial n}\ln|x-y|\right\}ds(x), \quad y \in \Omega, \tag{1.29}$$

以及

$$-\frac{1}{2\pi}\int_{\Gamma}u_n(x)\ln|x-y|ds(x)$$
$$= \frac{1}{2}u_0(y) - \frac{1}{2\pi}\int_{\Gamma}u_0(x)\frac{\partial}{\partial n_x}\ln|x-y|ds(x), \quad y \in \Gamma. \tag{1.30}$$

这一以 $u_n = \left.\dfrac{\partial u}{\partial n}\right|_{\Gamma}$ 为未知量的含 log 型弱奇异核的第一类 Fredholm 积分方程正是对调和方程的 Dirichlet 问题归化得到的边界积分方程. 而对 Neumann 问题, u_n 已知, 则可将此式改写为以 u_0 为变量的含 Cauchy 型奇异核的第二类 Fredholm 积分方程:

$$\frac{1}{2}u_0(y) + \int_{\Gamma}u_0(x)\frac{\partial}{\partial n_x}\left(-\frac{1}{2\pi}\ln|x-y|\right)ds(x)$$
$$= -\frac{1}{2\pi}\int_{\Gamma}u_n(x)\ln|x-y|ds(x), \quad y \in \Gamma. \tag{1.31}$$

对 (1.29) 两边求法向导数可得

$$\frac{\partial u(y)}{\partial n} = \frac{1}{2\pi} \int_\Gamma \left\{ u(x) \frac{\partial^2}{\partial n_y \partial n_x} \ln |x-y| \right.$$
$$\left. - \frac{\partial u(x)}{\partial n} \frac{\partial}{\partial n_y} \ln |x-y| \right\} ds(x), \quad y \in \Omega. \tag{1.32}$$

由此出发并注意到单层位势法向导数趋向边界时的跳跃性, 则对 Dirichlet 问题得如下含 Cauchy 型奇异核的第二类 Fredholm 积分方程:

$$\frac{1}{2} u_n(y) + \frac{1}{2\pi} \int_\Gamma u_n(x) \frac{\partial}{\partial n_y} \ln |x-y| ds(x)$$
$$= \frac{1}{2\pi} \int_\Gamma u_0(x) \frac{\partial^2}{\partial n_y \partial n_x} \ln |x-y| ds(x), \quad y \in \Gamma. \tag{1.33}$$

对 Neumann 问题则为以 u_0 为变量的含超奇异核的第一类积分方程

$$\frac{1}{2\pi} \int_\Gamma u_0(x) \frac{\partial}{\partial n_y \partial n_x} \ln |x-y| ds(x)$$
$$= \frac{1}{2} u_n(y) + \frac{1}{2\pi} \int_\Gamma u_n(x) \frac{\partial}{\partial n_y} \ln |x-y| ds(x), \quad y \in \Gamma. \tag{1.34}$$

由于调和方程的基本解 $E(x,y)$ 并不唯一, 例如 $E(x,y)$ 加上任意一个调和函数仍为基本解, 故可以从任意一个基本解出发实现边界归化, 这样便可得到无穷多个不同的边界积分方程. 当然, 我们希望得到的边界积分方程能较好地保持原问题的性质, 有尽可能简单的形式, 并易于数值求解. 自然边界归化方法正是沿这一方向进行探索获得的研究成果.

1.2.3 边界积分方程的数值解法

在通过边界归化得到边界上的积分方程后, 接下来的问题便是如何求解之. 下面简要介绍两种最常用的方法.

1. 配置法

首先把边界剖分为单元, 在二维情况下取直线段或弧段单元. 在每个单元上根据插值约束条件确定一定数目的节点, 然后在节点上配置插值, 得到一个以节点处有关量为未知值的线性代数方程组. 这样得到的方程组的系数矩阵是不对称的满矩阵.

例如对边界积分方程

$$\int_\Gamma K(x,y) q(x) ds(x) = f(y), \quad y \in \Gamma, \tag{1.35}$$

设 $\{L_j(x)\}_{j=1,\cdots,N}$ 为 Γ 上插值基函数全体,

$$q(x) \approx \sum_{j=1}^{N} q_j L_j(x),$$

可以用配置法将上述方程离散化为如下线性代数方程组:

$$\sum_{j=1}^{N} \left\{ \int_{\Gamma} K(x, y_i) L_j(x) ds(x) \right\} q_j = f(y_i),$$
$$i = 1, 2, \cdots, N. \tag{1.36}$$

在求得边界上未知量 $q(x)$ 的节点值 $q_j, j = 1, \cdots, N$ 后, 将它代入解的积分表达式的离散化公式, 便可求得区域内任意点处的解函数值.

配置法简单易行、计算量小, 因此常被工程界使用, 但对它不便于进行理论分析.

2. Galerkin 方法

将边界积分方程再写成等价的变分形式, 便可用 Galerkin 方法即有限元方法来求解. 由于关于 Galerkin 方法的收敛性及误差估计已有成熟的理论, 容易对此方法理行理论分析. 不过在使用这一方法时求线性方程组的每个系数都需要在边界上计算二重积分, 所以一般说来要花费较多的计算时间, 以致解线性代数方程组所用的时间与计算矩阵系数的时间相比都显得不足道. 当然用 Galerkin 方法求解典型域上自然积分方程是一个例外, 在那里只需要计算很少部分系数, 且每个系数的计算量也很小 (参见 1.4 节及以后各章).

考察由间接边界归化导出的第一类 Fredholm 积分方程

$$-\frac{1}{2\pi} \int_{\Gamma} q(x) \ln |x - y| ds(x) = u_0(y), \quad y \in \Gamma. \tag{1.37}$$

令

$$Q(q, p) = -\frac{1}{2\pi} \int_{\Gamma} \int_{\Gamma} \ln|x - y| q(x) p(y) ds(x) ds(y).$$

于是 (1.37) 等价于变分问题

$$\begin{cases} 求 q(x) \in H^{-\frac{1}{2}}(\Gamma), \quad 使得 \\ Q(q, p) = \int_{\Gamma} u_0 p ds, \quad \forall p \in H^{-\frac{1}{2}}(\Gamma). \end{cases} \tag{1.38}$$

其相应的离散化变分问题为

$$\begin{cases} 求 q_h(x) \in S_h, \quad 使得 \\ Q(q_h, p_h) = \int_{\Gamma} u_0 p_h ds, \quad \forall p_h \in S_h, \end{cases} \tag{1.39}$$

其中 $S_h \subset H^{-\frac{1}{2}}(\Gamma)$, 例如可取为 Γ 上分段常数函数空间或分段线性函数空间. 设 $\{L_j(s)\}_{j=1,\cdots,N}$ 为 S_h 的基函数, 令

$$q_h(x) = \sum_{j=1}^{N} q_j L_j(s(x)),$$

便可由 (1.39) 得到如下线性代数方程组:

$$\sum_{j=1}^{N} Q(L_j, L_i) q_j = \int_{\Gamma} u_0 L_i ds. \tag{1.40}$$

这里每一个系数 $Q(L_j, L_i)$ 是一个二重积分. 由于积分算子为非局部算子, 系数 $Q(L_j, L_i)$ 均非零, 故 Galerkin 边界元刚度矩阵也是满矩阵.

此外, 萧家驹 (G. C. Hsiao) 和 W. L. Wendland 提出了 Galerkin 配置法, 有兴趣的读者可参见 [229], 这里不再介绍.

1.3 自然边界归化的基本思想

1.2 节已简单介绍了国际流行的两种经典的边界归化方法, 即直接法与间接法, 以及相应的边界元计算方法. 从本节起便转入本书主题, 即介绍我国学者首创并发展的自然边界元方法. 我们首先概述椭圆型微分方程边值问题的自然边界归化的基本思想. 这一思想的明确提出至今不过三十余年时间, 但最早注意到调和方程边值问题可以归化为 $\frac{\partial \phi}{\partial n} = \mathscr{K}\phi$ 型超奇异积分方程则可追溯到 J. Hadamard[170]. 正是由于这一原因, 这一类比 Cauchy 型积分方程有更强奇异性的积分方程常被称为 Hadamard 型积分方程. 但这一超奇异性带来的困难却使得数十年来很少有人对它进行更深入的研究. 人们通常着眼于避免超奇异性, 将这一类积分方程写成其逆形式 $\phi = \mathscr{N}\frac{\partial \phi}{\partial n}$, 这里积分算子 $\mathscr{N}$ 只有弱奇异性. G. Birkhoff 曾在一个注记中写道: "这就是用 $\frac{\partial \phi}{\partial n}$ 而不是用 ϕ 来表示双线性型的原因. Friedrichs 曾说过, 要是核也是正则的, 一个按 ϕ 表示的表达式将导致更顺当地定义的纯变分问题" [174]. 当然很可惜, 这样的核并不是正则的, 而是超奇异的. 于是这样定义的变分问题也就未被采用. 直至 20 世纪 70 年代中后期, 我国学者冯康才又注意到这一类超奇异积分方程及其相应的变分形式, 并从数值计算及应用的角度开始进行研究, 提出了自然边界归化的基本思想. 这一思想最早发表于论文 [2] 中, 当时称这种边界归化为正则边界归化. 然后在论文 [3] 及与作者本人合作的 [4] 中, 这一思想又得到了较详尽的阐述和较系统的发展.

1.3.1　椭圆边值问题的自然边界归化

设 Ω 为以逐片光滑简单闭曲面 Γ 为边界的 n 维有界区域. 考察 Ω 上 $2m$ 阶正常椭圆型微分算子

$$Au = A(x, \partial)u = \sum_{|p|, |q| \leqslant m} (-1)^{|p|} \partial^p (a_{pq}(x) \partial^q u), \tag{1.41}$$

其中 $a_{pq}(x) \in C^{\infty}(\bar{\Omega})$ 为实函数, $x = (x_1, \cdots, x_n) \in \Omega, p, q$ 均为多重指标, $p = (p_1, \cdots, p_n), |p| = p_1 + \cdots + p_n, \partial^p = \dfrac{\partial^{|p|}}{\partial x_1^{p_1} \cdots \partial x_n^{p_n}}, A: H^s(\Omega) \to H^{s-2m}(\Omega)$. 易见算子 A 关联于如下双线性泛函:

$$D(u, v) = \sum_{|p|, |q| \leqslant m} \int_{\Omega} a_{pq}(x) \partial^q u \partial^p v \, dx. \tag{1.42}$$

设 n 为 Γ 上单位外法向矢量, 定义如下微分边值算子:

$$\gamma = (\gamma_0, \gamma_1, \cdots, \gamma_{m-1}), \quad \gamma_i u = (\partial_n)^i u|_{\Gamma},$$
$$i = 0, 1, \cdots, m - 1. \tag{1.43}$$

通常称 γ 为 $2m$ 阶微分方程的 Dirichlet 微分边值算子, 或称之为 Dirichlet 迹算子, 而称微分方程边值问题

$$\begin{cases} Au = 0, & \Omega \text{内}, \\ \gamma u = u_0, & \Gamma \text{上} \end{cases} \tag{1.44}$$

为 Dirichlet 边值问题, 或第一类边值问题. 由微分方程的基本理论 (见文献 [177]), 存在唯一的一组与 Dirichlet 边值算子相对应的、并与之互补的微分边值算子

$$\beta = (\beta_0, \beta_1, \cdots, \beta_{m-1}), \quad \beta_i u = \beta_i(x, n(x), \partial)u|_{\Gamma},$$
$$i = 0, 1, \cdots, m - 1, \tag{1.45}$$

β_i 的阶为 $2m - 1 - i$, 使得如下 Green 公式对所有 $u, v \in C^{\infty}(\bar{\Omega})$ 成立:

$$D(u, v) = \int_{\Omega} v Au \, dx + \sum_{i=0}^{m-1} \int_{\Gamma} \beta_i u \cdot \gamma_i v \, ds. \tag{1.46}$$

β 被称为 Neumann 微分边值算子, 或 Neumann 迹算子. $\beta_j u$ 是与 Dirichlet 边值 $\gamma_j u$ 互补的 Neumann 边值. Green 公式 (1.46) 可以毫无困难地被推广到对所有 $u, v \in H^{2m}(\Omega)$ 成立. 称微分方程边值问题

$$\begin{cases} Au = 0, & \Omega \text{内}, \\ \beta u = g, & \Gamma \text{上} \end{cases} \tag{1.47}$$

为 Neumann 边值问题, 或第二类边值问题.

考察如下 Sobolev 空间及其迹空间:

$$V(\Omega) = H^m(\Omega), \quad V_0(\Omega) = \{u \in V(\Omega)|_{\gamma u = 0}\} = H_0^m(\Omega),$$

$$V_A(\Omega) = \{u \in V(\Omega)|_{Au = 0}\}, \quad T(\Gamma) = \prod_{i=0}^{m-1} H^{m-i-\frac{1}{2}}(\Gamma),$$

并将线性算子 A, γ, β 连续延拓为

$$A : V(\Omega) \to H^{-m}(\Omega) = V_0(\Omega)',$$

$$\gamma : V(\Omega) \to T(\Gamma), \quad \gamma_i : V(\Omega) \to H^{m-i-\frac{1}{2}}(\Gamma),$$

$$\beta : V(\Omega) \to T(\Gamma)',$$

$$\beta_i : V(\Omega) \to H^{-(m-i-\frac{1}{2})}(\Gamma) = H^{m-i-\frac{1}{2}}(\Gamma)'.$$

今对边值问题 (1.44) 作如下基本假设：当 $u_0 \in T(\Gamma)$ 时, Dirichlet 边值问题 (1.44) 在 $V(\Omega)$ 中存在唯一解, 且解 $u \in V(\Omega)$ 连续依赖于给定边值 $u_0 \in T(\Gamma)$.

从上述基本假设出发, 迹算子 $\gamma : V_A(\Omega) \to T(\Gamma)$ 是一个同构映射, 它存在逆算子

$$\gamma^{-1} = P = (P_0, P_1, \cdots, P_{m-1}) : T(\Gamma) \to V_A(\Omega),$$

$$P_j : H^{m-j-\frac{1}{2}}(\Gamma) \to V_A(\Omega).$$

算子 P 被称为 Poisson 积分算子, 它将 Γ 上的解函数的边值映为 Ω 中的解函数, 给出了 $T(\Gamma) \to V_A(\Omega)$ 间的同构. 于是积算子 βP 定义了如下连续线性算子:

$$\mathscr{K} = \beta P : T(\Gamma) \to T(\Gamma)', \mathscr{K} = [\mathscr{K}_{ij}],$$

$$\mathscr{K}_{ij} = \beta_i P_j : H^{m-j-\frac{1}{2}}(\Gamma) \to H^{-(m-i-\frac{1}{2})}(\Gamma),$$

$$i, j = 0, 1, \cdots, m-1.$$

算子 $\mathscr{K} = \mathscr{K}(A)$ 称为由 Ω 上微分算子 A 导出的 Γ 上的自然积分算子. 由于算子 $\mathscr{K}_{ij}$ 至少降低了边值函数一阶光滑性, 因此均为超奇异积分算子. 以后将看到, $\mathscr{K}_{ij}$ 实际上是边界 Γ 上的 $2m - i - j - 1$ 阶的微分算子或拟微分算子. 由算子 $\mathscr{K}$ 及 P 的定义立即得到自然边界归化理论中的两个基本关系

$$\beta u = \mathscr{K} \gamma u, \quad \forall u \in V_A(\Omega), \tag{1.48}$$

即

$$\beta_i u = \sum_{j=0}^{m-1} \mathscr{K}_{ij} \gamma_j u, \quad i = 0, 1, \cdots, m-1$$

及

$$u = P\gamma u, \quad \forall u \in V_A(\Omega), \tag{1.49}$$

即

$$u = \sum_{i=0}^{m-1} P_i \gamma_i u.$$

它们分别称为 Ω 中微分方程 $Au = 0$ 的边值问题的自然积分方程及 Poisson 积分公式, 于是椭圆型微分方程或方程组的自然积分方程正是该方程或方程组的解的 Neumann 边值通过其 Dirichlet 边值表示的一组积分表达式, 因此也被称为 Dirichlet-Neumann 算子, 而其 Poisson 积分公式则是该方程或方程组的解通过其 Dirichlet 边值表示的一组积分表达式.

自然积分算子 $\mathscr{K}$ 导出如下迹空间 $T(\Gamma)$ 上的连续双线性型:

$$\hat{D}(\phi, \psi) = (\mathscr{K}\phi, \psi), \quad \phi, \psi \in T(\Gamma), \tag{1.50}$$

其中 $(\cdot, \cdot)$ 表示 $T(\Gamma)'$ 与 $T(\Gamma)$ 间的对偶积,

$$(\mathscr{K}\phi, \psi) = \sum_{i,j=0}^{m-1} \int_\Gamma \psi_i \mathscr{K}_{ij} \phi_j ds.$$

下面给出的两个定理是自然边界归化的重要性质, 也是其区别于其他类型的边界归化的主要特征.

定理 1.3   若在自然边界归化下区域 Ω 上的微分算子 A 化为边界 Γ 上的自然积分算子 $\mathscr{K}$, 则由 $\mathscr{K}$ 导出的 $T(\Gamma)$ 上的双线性泛函与由 A 导出的原问题的双线性泛函有相同的值, 即

$$\hat{D}(\gamma u, \gamma v) = D(u, v), \quad \forall u \in V_A(\Omega), v \in V(\Omega). \tag{1.51}$$

证   对任意 $u \in V_A(\Omega), v \in V(\Omega)$, 由 Green 公式 (1.46) 即得

$$D(u, v) = \int_\Omega vAu dx + \int_\Gamma \beta u \cdot \gamma v ds = \int_\Gamma \beta u \cdot \gamma v ds,$$

其中

$$\int_\Gamma \beta u \cdot \gamma v ds = \sum_{i=0}^{m-1} \beta_i u \gamma_i v ds.$$

又由自然积分方程 (1.48), 便有

$$D(u, v) = \int_\Gamma \mathscr{K}\gamma u \cdot \gamma v ds = \hat{D}(\gamma u, \gamma v).$$

证毕.

设 $J(v)$ 及 $\hat{J}(\psi)$ 分别为区域 Ω 上及边界 Γ 上的能量泛函, 即

$$J(v) = \frac{1}{2}D(v,v) - (g,v),$$

$$\hat{J}(\psi) = \frac{1}{2}\hat{D}(\psi,\psi) - (g,\psi).$$

于是由定理 1.3 可直接得到

推论 1.1   在自然边界归化下, 能量泛函值保持不变, 即

$$\hat{J}(\gamma v) = J(v), \quad \forall v \in V_A(\Omega).$$

今设 A^* 为 A 的伴随算子, 即满足

$$\int_\Omega Au \cdot v dx = \int_\Omega u A^* v dx, \quad \forall u,v \in V(\Omega).$$

$\mathscr{K}(A)$ 及 $\mathscr{K}(A^*)$ 分别为在同一区域 Ω 上算子 A 及 A^* 经过自然边界归化得到的自然积分算子, D^* 为关联于 A^* 的双线性型, $\widehat{D^*}$ 及 $\hat{D}^*$ 分别为关联于 $\mathscr{K}(A^*)$ 及 $\mathscr{K}(A)^*$ 的双线性型. 易验证

$$A^* u = \sum_{|p|,|q| \leqslant m} (-1)^p \partial^p (a_{qp}(x)\partial^q u),$$

$$D^*(u,v) = \sum_{|p|,|q| \leqslant m} \int_\Omega a_{qp}(x)\partial^q u \partial^p v dx = D(v,u).$$

A^* 为正常椭圆型算子当且仅当 A 为正常椭圆型算子. 由定理 1.3 可进一步得到, 在自然边界归化下, A 的自伴性及强制性等重要的基本性质均被保持.

定理 1.4

(1) $\mathscr{K}(A^*) = \mathscr{K}(A)^*, \widehat{D^*} = \hat{D}^*$;

(2) $A^* = A$ 当且仅当 $\mathscr{K}(A)^* = \mathscr{K}(A)$;

(3) $D(u,v)$ 为 $V_A(\Omega)$ 椭圆双线性型, 当且仅当 $\hat{D}(\phi,\psi)$ 为 $T(\Gamma)$ 椭圆双线性型.

证   (1) 对任意 $\phi,\psi \in T(\Gamma)$, 由关于 Dirichlet 问题 (1.44) 的基本假设, 必有 $u,v \in V_A(\Omega)$, 使得 $\phi = \gamma u, \psi = \gamma v$, 于是, 由定理 1.3,

$$(\mathscr{K}(A^*)\phi,\psi) = \widehat{D^*}(\phi,\psi) = D^*(u,v) = D(v,u)$$
$$= \hat{D}(\psi,\phi) = (\mathscr{K}(A)\psi,\phi) = (\mathscr{K}(A)^*\phi,\psi)$$
$$= \hat{D}^*(\phi,\psi), \quad \forall \phi,\psi \in T(\Gamma).$$

从而 $\mathscr{K}(A^*) = \mathscr{K}(A)^*, \widehat{D^*} = \hat{D}^*$.

(2) 若 $A^* = A$, 则由 (1) 即得

$$\mathscr{K}(A)^* = \mathscr{K}(A^*) = \mathscr{K}(A).$$

反之, 若 $\mathscr{K}(A)^* = \mathscr{K}(A)$, 则对任意 $u, v \in V_A(\Omega)$,

$$
\begin{aligned}
D(u, v) &= \hat{D}(\gamma u, \gamma v) = (\mathscr{K}(A)\gamma u, \gamma v) \\
&= (\mathscr{K}(A)^* \gamma v, \gamma u) = (\mathscr{K}(A)\gamma v, \gamma u) \\
&= \hat{D}(\gamma v, \gamma u) = D(v, u),
\end{aligned}
$$

于是 $a_{pq} = a_{qp}, \forall |p|, |q| \leqslant m$, 从而 $A^* = A$.

(3) 若 $D(u, v)$ 为 $V_A(\Omega)$ 椭圆, 即存在常数 $C > 0$, 使得

$$D(v, v) \geqslant C\|v\|_{V(\Omega)}^2, \quad \forall v \in V_{A(\Omega)}.$$

对任意 $\psi \in T(\Gamma)$, 由关于 Dirichlet 问题 (1.44) 的基本假设, 有 $v \in V_{A(\Omega)}$, 使得 $\psi = \gamma v$. 由迹定理, 存在常数 $\alpha > 0$, 使得

$$\|\psi\|_{T(\Gamma)} \leqslant \alpha \|v\|_{V(\Omega)}.$$

于是, 由定理 1.3,

$$\hat{D}(\psi, \psi) = D(v, v) \geqslant C\|v\|_{V(\Omega)}^2 \geqslant \frac{C}{\alpha^2}\|\psi\|_{T(\Gamma)}^2, \quad \forall \psi \in T(\Gamma),$$

其中 $\dfrac{C}{\alpha^2} > 0$, 即得 $\hat{D}(\phi, \psi)$ 为 $T(\Gamma)$ 椭圆.

反之, 若 $\hat{D}(\phi, \psi)$ 为 $T(\Gamma)$ 椭圆, 即存在常数 $C > 0$, 使得

$$\hat{D}(\psi, \psi) \geqslant C\|\psi\|_{T(\Gamma)}^2, \quad \forall \psi \in T(\Gamma),$$

则对任意 $v \in V_A(\Omega)$,

$$D(v, v) = \hat{D}(\gamma v, \gamma v) \geqslant C\|\gamma v\|_{T(\Gamma)}^2.$$

由关于 Dirichlet 问题 (1.44) 的基本假设, 存在常数 $M > 0$, 使得

$$\|v\|_{V(\Omega)} \leqslant M\|\gamma v\|_{T(\Gamma)}.$$

于是

$$D(v, v) \geqslant \frac{C}{M^2}\|v\|_{V(\Omega)}^2, \quad \forall v \in V_A(\Omega),$$

其中 $\dfrac{C}{M^2} > 0$, 即得 $D(u, v)$ 为 $V_A(\Omega)$ 椭圆. 证毕.

1.3.2 Neumann 问题的等价变分问题

考察 Neumann 问题 (1.47) 及等价的变分形式

$$\begin{cases} 求 u \in V(\Omega), \quad 使得 \\ D(u,v) = (g, \gamma v), \quad \forall v \in V(\Omega). \end{cases} \tag{1.52}$$

使 (1.47) 或 (1.52) 有解的充要条件是 g 必须满足如下相容性条件:

$$(g, \gamma v) = 0, \quad \forall v \in V_{A^*, \beta}(\Omega),$$

其中 $V_{A^*, \beta}(\Omega) = \{v \in V(\Omega)|_{A^*v=0, \beta v=0}\}$.

由 1.3.1 小节可知, 应用自然边界归化, 问题 (1.47) 可以归化为边界 Γ 上的如下自然积分方程:

$$\mathscr{K}\phi = g, \tag{1.53}$$

即

$$\sum_{j=0}^{m-1} \mathscr{K}_{ij}\phi_j = g_i, \quad i = 0, 1, \cdots, m-1.$$

它有相应的变分形式

$$\begin{cases} 求 \phi \in T(\Gamma), \quad 使得 \\ \hat{D}(\phi, \psi) = (g, \psi), \quad \forall \psi \in T(\Gamma). \end{cases} \tag{1.54}$$

其相容性条件可表述为

$$(g, \psi) = 0, \quad \forall \psi \in T_{\mathscr{K}^*}(\Gamma),$$

其中

$$T_{\mathscr{K}^*}(\Gamma) = \{\psi \in T(\Gamma)|\mathscr{K}^*\psi = 0\}.$$

于是定理 1.3 立即导致如下等价性定理.

定理 1.5 若关于边值问题 (1.44) 的解的存在唯一性的基本假设成立, 则边界上的变分问题 (1.54) 等价于区域上的变分问题 (1.52), 也就是说, 若 ϕ 为变分问题 (1.54) 的解, 则 $u = P\phi$ 为变分问题 (1.52) 的解, 反之, 若 u 为变分问题 (1.52) 的解, 则 $\phi = \gamma u$ 为变分问题 (1.54) 的解, 其中 P 为 Poisson 积分算子, γ 为 Dirichlet 迹算子.

证 若 ϕ 为变分问题 (1.54) 的解, 即 $\phi \in T(\gamma)$, 且

$$\hat{D}(\phi, \psi) = (g, \psi), \quad \forall \psi \in T(\Gamma),$$

则由关于 Dirichlet 边值问题 (1.44) 的解的基本假设, 可取 $u = P\phi$, 使得 $u \in V(\Omega), Au = 0$, 且 $\gamma u = \phi$. 于是利用定理 1.3, 得

$$D(u,v) = \hat{D}(\gamma u, \gamma v) = \hat{D}(\phi, \gamma v) = (g, \gamma v), \quad \forall v \in V(\Omega),$$

即得 u 为变分问题 (1.52) 的解. 反之, 若 u 为变分问题 (1.52) 的解, 即 $u \in V(\Omega)$, 且

$$D(u,v) = (g, \gamma v), \quad \forall v \in V(\Omega),$$

则取 $\phi = \gamma u$, 有 $\phi \in T(\Gamma)$. 对任意 $\psi \in T(\Gamma)$, 由关于边值问题 (1.44) 的解的基本假设, 可取 $v = P\psi$, 满足 $v \in V(\Omega), Av = 0$ 且 $\gamma v = \psi$. 于是再利用定理 1.3, 得

$$\hat{D}(\phi, \psi) = \hat{D}(\gamma u, \gamma v) = D(u,v) = (g, \gamma v) = (g, \psi), \quad \forall \psi \in T(\Gamma),$$

即得 ϕ 为变分问题 (1.54) 的解. 证毕.

一旦求出 (1.53) 或 (1.54) 的解 $\phi = \gamma u$, Poisson 积分公式 (1.49) 便给出原边值问题 (1.47) 的解. 而 Dirichlet 问题的解则可由 Poisson 积分公式直接得到. 至于混合边值问题, 即在一部分边界上给定 Dirichlet 条件而在另一部分边界上给定 Neumann 条件, 例如 $\Gamma = \Gamma_0 \cup \Gamma_1, \Gamma_0 \cap \Gamma_1 = \varnothing$, 在 Γ_0 上: $\gamma u = u_0$ 已知, 在 Γ_1 上: $\beta u = g$ 已知, 则可设

$$\gamma u = \varphi_1 + \varphi_0,$$

其中

$$\varphi_0 = \begin{cases} u_0, & \Gamma_0 \text{上}, \\ 0, & \Gamma_1 \text{上}, \end{cases}$$

$$\varphi_1 = \begin{cases} 0, & \Gamma_0 \text{上}, \\ \gamma u, & \Gamma_1 \text{上}. \end{cases}$$

于是由自然积分方程 (1.53), 只需在 Γ_1 上求解积分方程

$$\mathscr{K}\varphi_1 = g - \mathscr{K}\varphi_0$$

即可. 解得 φ_1 后, 便可由 $\gamma u = \varphi_1 + \varphi_0$ 利用 Poisson 积分公式求得原混合边值问题的解 u.

自然边界归化也可用于区域 Ω 的某一子区域. 设对 Neumann 问题 (1.47), Ω 被分割成 Ω_1 及 Ω_2 两部分. 今仅对以 Γ' 为边界的区域 Ω_2 实施自然边界归化 (图 1.1). 于是由定理 1.3 得

$$D(u,v) = D_1(u,v) + D_2(u,v)$$

$$=D_1(u,v)+\hat{D}_2(\gamma'u,\gamma'v),$$

这里 γ' 为 Ω_2 上函数到 Γ' 上的 Dirichlet 迹算子, 而

$$D_i(u,v)=\sum_{|p|,|q|\leqslant m}\int_{\Omega_i}a_{pq}(x)\partial^q u\partial^p v dx,\quad i=1,2,$$

分别为相应于 Ω_1 及 Ω_2 的双线性型, $\mathscr{K}'$ 为由 Ω_2 上算子 A 归化到 Γ' 上的自然积分算子, 而

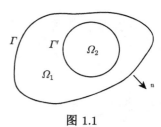

图 1.1

$$\hat{D}_2(\gamma'u,\gamma'v)=(\mathscr{K}'\gamma'u,\gamma'v).$$

设 β' 为 Ω_2 上函数到 Γ' 上的 Neumann 迹算子, 于是 Ω 上的 Neumann 边值问题 (1.47) 等价于

$$\begin{cases}Au=0, & \Omega_1\text{内},\\ \beta u=g, & \Gamma\text{上},\\ \beta'u=\mathscr{K}'\gamma'u, & \Gamma'\text{上}.\end{cases}\qquad(1.55)$$

其等价的变分形式为

$$\begin{cases}\text{求}u\in H^m(\Omega_1),\quad\text{使得}\\ D_1(u,v)+\hat{D}_2(\gamma'u,\gamma'v)=(g,\gamma v),\forall v\in H^m(\Omega_1).\end{cases}\qquad(1.56)$$

这样只需解子区域 Ω_1 上的边值问题 (1.55), 其中除了原有的 Γ 上的边界条件外, 又附加了人为边界 Γ' 上的一个非局部的积分边界条件, 变分形式 (1.56) 则说明, 自然边界归化在交界线 Γ' 提供了自然而直接的耦合, 有限元技术对于变分问题 (1.56) 依然有效, 这正是自然边界元与有限元耦合法的基本原理, 第 6 章将详细介绍这一耦合法.

1.3.3 自然积分算子的表达式

下面利用 Green 公式及 Green 函数写出自然积分算子的表达式. 今设 A 为带实常系数 a_{pq} 的自伴强椭圆算子, 即 $A^*=A$, 且存在常数 $\alpha>0$, 使得

$$A_0(\xi)\geqslant\alpha|\xi|^{2m},\quad\forall\xi\in\mathbb{R}^n,$$

其中

$$A_0(\xi)=\sum_{|p|,|q|=m}(-1)^m a_{pq}\xi^{p+q},\quad\xi^{p+q}=\xi_1^{p_1+q_1}\cdots\xi_n^{p_n+q_n}.$$

于是由 Green 公式 (1.46) 可得 Green 第二公式

$$\int_\Omega (Av \cdot u - Au \cdot v)dx = \sum_{j=0}^{m-1} \int_\Gamma (\beta_j u \gamma_j v - \beta_j v \gamma_j u)ds(x). \tag{1.57}$$

设 $G(x,x')$ 为算子 A 关于区域 Ω 的 Green 函数, 即满足

$$\begin{cases} AG(x,x') = \delta(x-x'), \\ \gamma G(x,x') = 0. \end{cases} \tag{1.58}$$

由此定义易得

$$G(x,x') = G(x',x), \tag{1.59}$$

即若 Green 函数 $G(x,x')$ 存在, 则必关于其两组变量 x 及 x' 对称. 为此只要在 Green 第二公式中取 $u = G(x,y), v = G(x,z)$, 便可得

$$\int_\Omega [\delta(x-z)G(x,y) - \delta(x-y)G(x,z)]dx = 0,$$

也即 $G(z,y) = G(y,z)$. 下面为了应用方便, 常将公式 (1.57) 中的积分变量换为 x' 而将 x 留作 Green 函数中的参变量. 取 u 满足 $Au = 0, v = G(x,x')$ 为 Green 函数, 则由 Green 第二公式 (1.57) 可得

$$u(x) = -\sum_{j=0}^{m-1} \int_\Gamma \beta_j' G(x,x')\gamma_j' u(x')ds(x'), \quad x \in \Omega, \tag{1.60}$$

其中 γ_j' 及 β_j' 表示关于变量 x' 的相应的 Dirichlet 及 Neumann 微分边值算子. 公式 (1.60) 正是 Poisson 积分公式的表达式, 其积分核

$$p_j(x,x') = -\beta_j' G(x,x'), \quad j = 0,1,\cdots,m-1, x \in \Omega, x' \in \Gamma$$

称为 Poisson 核. 再以微分算子 β_i 作用于 (1.60) 两边, 于是在边界 Γ 附近有

$$\beta_i u(x) = -\sum_{j=0}^{m-1} \int_\Gamma \beta_i \beta_j' G(x,x')\gamma_j' u(x')ds(x'),$$
$$x \in \Omega, i = 0,1,\cdots,m-1.$$

令 $x \in \Omega$ 趋向边界 Γ, 可得

$$\beta_i u(x) = -\sum_{j=0}^{m-1} \int_\Gamma [\beta_i \beta_j G(x,x')]^{(-0)} \gamma_j' u(x')ds(x'),$$
$$x \in \Gamma, i = 0,1,\cdots,m-1. \tag{1.61}$$

其中上标 (-0) 表示从 Γ 的内侧取极限. 由自然积分方程 (1.61) 即得到积分算子 $\mathscr{K}_{ij}$ 的表达式

$$
\begin{aligned}
\mathscr{K}_{ij}\gamma_j u = -\int_{\Gamma}[\beta_i\beta_j'G(x,x')]^{(-0)}\gamma_j'u(x')ds(x'), \\
x \in \Gamma, i,j = 0,1,\cdots,m-1,
\end{aligned}
\tag{1.62}
$$

其积分核

$$
\begin{aligned}
K_{ij}(x,x') = -[\beta_i\beta_j'G(x,x')]^{(-0)}, \quad x,x' \in \Gamma, \\
i,j = 0,1,\cdots,m-1
\end{aligned}
$$

称为自然积分核.

必须注意, 积分核 $[\beta_i\beta_j'G(x,x')]^{(-0)}$ 与 $[\beta_i\beta_j'G(x,x')]^{(0)}$ 一般并不相等, 但有

$$
[\beta_i\beta_j'G(x,x')]^{(-0)} = [\beta_i\beta_j'G(x,x')]^{(0)} + R_{ij}(x,x'),
$$

其右端第一项是形式地在 Γ 上求值, 而第二项 $R_{ij}(x,x')$ 可能为零, 也可能是以 $\Gamma \times \Gamma$ 空间的 "对角线" $x = x'$ 为支集的奇异函数, 即 Dirac-δ 函数 $\delta(x-x')$ 及其导数的线性组合. 这恰好相应于位势理论中越过边界时的跳跃公式. 这就是说, 既使为了书写简便而略去上标 (-0), 仍应将 (1.62) 中的 β_i 理解为从 Γ 内侧取极限的微分边值算子, 否则便可能导致错误的结果. 在后面几章中可以看到很多这样的例子. 此外, 由于 $\mathscr{K}_{ij}$ 为 $2m-i-j-1 \geqslant 1$ 阶拟微分算子, $i,j = 0,1,\cdots,m-1$, 故自然积分核 $K_{ij}(x,x')$ 均为超奇异积分核, 积分表达式 (1.62) 也正是在 Hadamard 有限部分积分的意义下才成立.

若原微分方程右端非零, 即

$$
Au = f,
$$

其中 $f \not\equiv 0$, 则由 Green 第二公式 (1.57) 可得 Poisson 积分公式

$$
u(x) = -\sum_{j=0}^{m-1}\int_{\Gamma}\beta_j'G(x,x')\gamma_j'u(x')dx' + \int_{\Omega}G(x,x')f(x')dx', \quad x \in \Omega
\tag{1.63}
$$

及自然积分方程

$$
\begin{aligned}
\beta_i u = \sum_{j=0}^{m-1}\mathscr{K}_{ij}\gamma_j u + \int_{\Omega}\beta_i G(x,x')f(x')dx', \\
x \in \Gamma, i = 0,1,\cdots,m-1.
\end{aligned}
\tag{1.64}
$$

1.4　超奇异积分的数值计算

由前几节已知, 区域上的许多微分方程边值问题常可通过多种途径归化为边界上的积分方程. 这些积分方程往往是奇异积分方程. 它们可能是弱奇异的, 可能是 Cauchy 型奇异的, 也可能是超奇异的. 由于超奇异积分方程曾在 J. Hadamard 的著作中出现过, 故也称为 Hadamard 型奇异积分方程. 但是因为积分核的超奇异性带来了理论上及计算上的困难, 过去很少有人对此类积分方程进行深入研究. 在边界归化理论及边界元方法的研究中, 数十年来人们的注意力集中于经典的第二类 Fredholm 积分方程及仅含弱奇异核即可积奇异核的第一类 Fredholm 积分方程, 其原因之一也在于避免处理超奇异积分. 但近三十年来, 超奇异积分方程在边界归化理论和边界元方法的研究中已占有越来越重要的地位. 特别地, 由自然边界归化得到的自然积分方程无一例外都是超奇异积分方程. 这就使得研究超奇异积分方程的数值解法成为近年来受到广泛重视的重要课题. 由于无论应用配置法还是应用 Galerkin 法, 超奇异积分方程都可离散化为线性代数方程组, 而求解这样的方程组通常并无困难, 于是问题的关键便在于如何得到这一代数方程组的系数, 也就是说, 必须解决超奇异积分的数值计算问题.

Hadamard 型超奇异积分比 Cauchy 型奇异积分有更高阶的奇异性. 按经典微积分学的概念, 这些积分是发散的、没有意义的, 当然也无法用经典的数值积分公式计算出其具有一定精度的近似值. 即使是对弱奇异积分行之有效的一些数值方法, 例如 Gauss 型积分法及在奇点附近细分积分区间的方法, 对超奇异积分也无能为力. 事实上, 边界积分方程中出现的超奇异积分是在广义函数意义下定义的 Hadamard 有限部分积分. 这是经典 Riemann 积分的进一步推广. 为了近似计算这样的积分, 必须发展相应的数值计算方法. 近三十年来已有多种计算这类积分的数值方法[277−284]. 这些方法在边界元计算中已被应用并被证明是切实可行的. 下面将简要介绍这些方法.

1.4.1　积分核级数展开法

为了发展自然边界元方法, 克服积分核超奇异性产生的困难以落实自然积分方程的数值解法, 本书作者在 20 世纪 80 年代初提出了积分核级数展开法, 并在论文 [10] 中首先应用了此方法.

由本书的后几章可知, 当 Ω 为圆内或圆外区域时, 二维调和方程、重调和方程、平面弹性方程及 Stokes 方程组等典型方程或方程组通过自然边界归化得到含超奇异积分核的自然积分方程, 且这些积分核都含有且仅含有 $-\dfrac{1}{4\pi\sin^2\dfrac{\theta-\theta'}{2}}$ 这样

的超奇异项. 设边界上的基函数为 $L_i(\theta), i = 1, 2, \cdots, N$, 则只需计算

$$q_{ij} = \int_\Gamma \int_\Gamma \left(-\frac{1}{4\pi \sin^2 \dfrac{\theta - \theta'}{2}} \right) L_j(\theta') L_i(\theta) d\theta' d\theta$$

$$= \left(-\frac{1}{4\pi \sin^2 \dfrac{\theta}{2}} * L_j(\theta), L_i(\theta) \right) \tag{1.65}$$

形式的积分, 其中卷积 * 可通过 Fourier 级数定义, $(\cdot, \cdot)$ 为 $\{L_i(\theta)\}$ 所属函数空间与其对偶空间之间的对偶积. 利用广义函数论中的重要公式 (见文献 [276])

$$\frac{1}{\pi} \ln \left| 2 \sin \frac{\theta}{2} \right| = -\frac{1}{2\pi} \sum_{\substack{-\infty \\ n \neq 0}}^{\infty} \frac{1}{|n|} e^{in\theta}$$

$$= -\frac{1}{\pi} \sum_{n=1}^{\infty} \frac{1}{n} \cos n\theta, \tag{1.66}$$

$$\frac{1}{2\pi} \cot \frac{\theta}{2} = \frac{1}{2\pi i} \sum_{-\infty}^{\infty} (\text{sgn } n) e^{in\theta}$$

$$= \frac{1}{\pi} \sum_{n=1}^{\infty} \sin n\theta, \tag{1.67}$$

$$-\frac{1}{4\pi \sin^2 \dfrac{\theta}{2}} = \frac{1}{2\pi} \sum_{-\infty}^{\infty} |n| e^{in\theta} = \frac{1}{\pi} \sum_{n=1}^{\infty} n \cos n\theta, \tag{1.68}$$

其中式 (1.66) 为收敛的 Fourier 级数 $-\dfrac{1}{\pi} \displaystyle\sum_{n=1}^{\infty} \dfrac{1}{n^2} \sin n\theta$(其和是一个 $\Gamma = [-\pi, \pi]$ 上的连续函数) 的广义导数, 式 (1.67) 可由式 (1.66) 逐项微分得到, 式 (1.68) 又可由式 (1.67) 逐项微分得到, 可得

$$q_{ij} = \frac{1}{\pi} \sum_{n=1}^{\infty} n \int_0^{2n} \int_0^{2n} \cos n(\theta - \theta') L_j(\theta') L_i(\theta) d\theta' d\theta.$$

求和号下的每一项积分都是容易准确算出的. 例如, 当 $L_i(\theta), i = 1, \cdots, N$ 为分段线性基函数时, $\{L_i(\theta)\} \subset H^{\frac{1}{2}}(\Gamma)$. 设插值节点在 Γ 上均匀分布, 经计算可得 (见 2.8 节)

$$q_{ij} = \frac{4N^2}{\pi^3} \sum_{n=1}^{\infty} \frac{1}{n^3} \sin^4 \frac{n\pi}{N} \cos \frac{i-j}{N} 2n\pi, \quad i, j = 1, \cdots, N,$$

或写作

$$q_{ij} = a_{|i-j|}, \quad i, j = 1, \cdots, N,$$

其中

$$a_k = \frac{4N^2}{\pi^3} \sum_{n=1}^{\infty} \frac{1}{n^3} \sin^4 \frac{n\pi}{N} \cos \frac{nk}{N} 2\pi, \quad k = 0, 1, \cdots, N-1. \tag{1.69}$$

这显然是一个收敛级数. 于是尽管积分核有超奇异性, 其级数展开形式也为发散级数, 但积分 (1.65) 却确实可以算出, 其值是一个收敛级数的和, 是一个确定的实数. 从而自然边界元刚度矩阵可利用此法计算得到. 例如对单位圆内调和边值问题, 当采用上述分段线性基函数时, 自然边界元刚度矩阵即是由 $a_0, a_1, \cdots, a_{N-1}$ 生成的循环矩阵

$$Q = (q_{ij})_{N \times N} = \begin{bmatrix} a_0 & a_1 & \cdots & a_{N-2} & a_{N-1} \\ a_{N-1} & a_0 & \cdots & a_{N-3} & a_{N-2} \\ \vdots & \vdots & & \vdots & \vdots \\ a_2 & a_3 & \cdots & a_0 & a_1 \\ a_1 & a_2 & \cdots & a_{N-1} & a_0 \end{bmatrix}$$

$$\equiv ((a_0, a_1, \cdots, a_{N-1})).$$

今后将以 $((\alpha_1, \cdots, \alpha_N))$ 表示由 $\alpha_1, \cdots, \alpha_N$ 生成的循环矩阵. 因为由公式 (1.69) 易得 $a_i = a_{N-i}$, 故 Q 为对称循环矩阵. 可以用直接法或迭代法, 也可用快速 Fourier 变换等方法求解得到的线性代数方程组 (见 2.8 节).

对于分段二次元及三次元, 也可得到刚度矩阵系数的收敛级数表达式, 但对分段常数元则不然, 得到的系数表达式当 $|i-j| \leqslant 1$ 时是一个发散级数

$$\frac{4}{\pi} \sum_{n=1}^{\infty} \frac{1}{n} \sin^2 \frac{n}{N} \pi \cos \frac{n}{N}(i-j)2\pi,$$

从而刚度矩阵无法求出. 这是因为卷积算子

$$-\frac{1}{4\pi \sin^2 \dfrac{\theta}{2}} * : H^s(\Gamma) \to H^{s-1}(\Gamma)$$

为 1 阶拟微分算子, 若 $L_i, L_j \in H^s(\Gamma)$, 为使对偶积 (1.65) 有意义, 必须 $H^{s-1}(\Gamma) \subset H^s(\Gamma)' = H^{-s}(\Gamma)$, 从而必须 $s-1 \geqslant -s$, 也即 $s \geqslant 1/2$. 由于分段常数基函数不属于 $H^{\frac{1}{2}}(\Gamma)$, 对偶积 (1.65) 无意义, 故此单元不可用也是理所当然的.

以后几章的数值计算实践表明, 用本节所述积分核级数展开法求解含 $-\dfrac{1}{4\pi \sin^2 \dfrac{\theta-\theta'}{2}}$ 型核的超奇异积分方程是切实可行的, 其详情见本书以后几章的有关各节.

积分核级数展开法虽然是为求解自然边界归化得到的超奇异积分方程才提出的, 但实际上, 这一方法对于求解 Cauchy 型或弱奇异型积分方程同样有效, 只要该积分方程的积分核有适当的级数展开式. 例如计算

$$q_{ij} = \int_0^{2\pi} \int_0^{2\pi} \left(-\frac{1}{\pi}\ln\left|2\sin\frac{\theta-\theta'}{2}\right| \right) L_j(\theta')L_i(\theta)d\theta'd\theta,$$

其中 $L_i(\theta), i = 1, \cdots, N$, 仍为分片线性基函数. 这里的积分核是弱奇异的, 该积分当然可以利用 Gauss 积分法或在奇点处细分积分区间的方法进行计算. 但若要得到高精度的结果, 则可应用积分核级数展开法. 利用公式 (1.66), 经简单演算便得

$$q_{ij} = \sum_{n=1}^{\infty} \frac{1}{\pi} \int_0^{2\pi}\int_0^{2\pi} \frac{1}{n}\cos n(\theta-\theta')L_j(\theta)L_i(\theta)d\theta'd\theta$$

$$= \sum_{n=1}^{\infty} \frac{4N^2}{\pi^3 n^5}\sin^4\frac{n\pi}{N}\cos\frac{i-j}{N}2n\pi, \quad i,j = 1,\cdots,N. \tag{1.70}$$

显然这一级数收敛得很快, 从而用很少的计算量便可得高精度的结果.

1.4.2 奇异部分分离计算法

所谓奇异积分是指其积分核属于这样的函数类, 它使得该积分不可能在通常的 Riemann 或 Lebesgue 意义下定义. 在一维情况下, 常见的奇异积分核有 $\log|t-s|$ 型、$\frac{1}{t-s}$ 型及 $\frac{1}{(t-s)^2}$ 型等类型. 带 $\log|t-s|$ 型核的积分为弱奇异积分, 这一积分在广义 Riemann 积分的意义下仍是可积的. 带 $\frac{1}{t-s}$ 型核的积分为 Cauchy 型奇异积分, 这一积分虽在广义 Riemann 意义下仍无定义, 但可定义其 Cauchy 主值. 例如, 当积分核为 $\frac{1}{t-s}$, 函数 $f(t) \in C^1(a,b)$ 时, 则对 $s \in (a,b)$, Cauchy 主值积分定义为

$$\mathrm{p.\,v.} \int_a^b \frac{f(t)}{t-s}dt = \lim_{\varepsilon\to 0}\left\{ \int_a^{s-\varepsilon}\frac{f(t)}{t-s}dt + \int_{s+\varepsilon}^b\frac{f(t)}{t-s}dt \right\}. \tag{1.71}$$

带 $\frac{1}{(t-s)^2}$ 型核的积分则为 Hadamard 型超奇异积分. 例如, 当区域为半平面时, 自然边界归化导致计算直线上的带 $-\frac{1}{\pi(x-x')^2}$ 核的超奇异积分, 而当区域为圆域时, 则导致计算圆周上的带 $-\dfrac{1}{4\pi\sin^2\dfrac{\theta-\theta'}{2}}$ 核的超奇异积分. 这一类积分无论在广义 Riemann 积分意义下, 还是在 Cauchy 主值积分意义下都是发散的. 事实上, 在边界归化中得到的这类超奇异积分应该在广义函数意义下理解为有限部分积分. 当

积分核为 $\dfrac{1}{(t-s)^2}$, 函数 $f(t) \in C^2(a,b)$ 时, 对 $s \in (a,b)$, Hadamard 有限部分积分定义为

$$\text{f. p.} \int_a^b \frac{f(t)}{(t-s)^2}dt = \lim_{\varepsilon \to 0} \left\{ \int_a^{s-\varepsilon} \frac{f(t)}{(t-s)^2}dt + \int_{s+\varepsilon}^b \frac{f(t)}{(t-s)^2}dt - \frac{2f(s)}{\varepsilon} \right\}. \tag{1.72}$$

这一定义是有意义的, 据此可以计算出确定的积分值. 例如, 当 $f(t) = 1$ 时有

$$\begin{aligned} \text{f. p.} \int_a^b \frac{1}{(t-s)^2}dt &= \lim_{\varepsilon \to 0} \left\{ \int_a^{s-\varepsilon} \frac{1}{(t-s)^2}dt + \int_{s+\varepsilon}^b \frac{1}{(t-s)^2}dt - \frac{2}{\varepsilon} \right\} \\ &= \lim_{\varepsilon \to 0} \left\{ \left(\frac{1}{\varepsilon} - \frac{1}{s-a} \right) + \left(\frac{1}{s-b} + \frac{1}{\varepsilon} \right) - \frac{2}{\varepsilon} \right\} \\ &= -\left(\frac{1}{b-s} + \frac{1}{s-a} \right). \end{aligned}$$

对于一般的 $f(t) \in C^2(a,b)$, 有 Taylor 展开式

$$f(t) = f(s) + f'(s)(t-s) + \frac{1}{2}f''(s + \theta(t-s))(t-s)^2,$$

其中 $0 < \theta < 1$. 于是

$$\begin{aligned} \text{f. p.} \int_a^b \frac{f(t)}{(t-s)^2}dt = &f(s)\text{f. p.} \int_a^b \frac{1}{(t-s)^2}dt + f'(s)\text{p. v.} \int_a^b \frac{1}{t-s}dt \\ &+ \int_a^b \frac{1}{(t-s)^2}[f(t) - f(s) - f'(s)(t-s)]dt, \end{aligned}$$

其右端第一项为 Hadamard 有限部分积分, 第二项简化为 Cauchy 主值积分, 第三项则进一步简化为经典 Riemann 积分, 其被积函数已不含奇异性. 于是在一定意义下也可以说, 有限部分积分正是经典 Riemann 积分及 Cauchy 主值积分的推广, 而经典 Riemann 积分或 Cauchy 主值积分则是有限部分积分 (1.72) 当 $f(s) = f'(s) = 0$ 或 $f(s) = 0$ 时的特例. 今后为简单起见, 也常用通常的积分号表示 Cauchy 主值积分及有限部分积分, 即略去记号 p. v. 或 f. p., 因为这样并不会引起误解. 由于有限部分积分

$$\text{f. p.} \int_a^b \frac{1}{(t-s)^2}dt = -\left(\frac{1}{b-s} + \frac{1}{s-a} \right)$$

及 Cauchy 主值积分

$$\text{p. v.} \int_a^b \frac{1}{t-s}dt = \ln \frac{b-s}{s-a},$$

便得

$$\text{f. p.} \int_a^b \frac{f(t)}{(t-s)^2} dt = -\left(\frac{1}{b-s} + \frac{1}{s-a}\right) f(s) + \left(\ln \frac{b-s}{s-a}\right) f'(s)$$

$$+ \int_a^b \frac{1}{(t-s)^2} [f(t) - f(s) - f'(s)(t-s)] dt, \qquad (1.73)$$

其右端最后一项可以利用通常 Riemann 积分的数值积分公式进行计算. 注意到利用分部积分可得

$$\int_s^t (t-x) f''(x) dx = f(t) - f(s) - f'(s)(t-s),$$

式 (1.73) 也可写作

$$\text{f. p.} \int_a^b \frac{f(t)}{(t-s)^2} dt = -\left(\frac{1}{b-s} + \frac{1}{s-a}\right) f(s) + \ln \frac{b-s}{s-a} f'(s)$$

$$+ \int_a^b \frac{1}{(t-s)^2} \int_s^t (t-x) f''(x) dx dt.$$

若 $f(t) \notin C^2(a,b)$, 但 $f(t) \in C^2(a,s^-) \cap C^2(s^+,b)$, 则 Hadamard 有限部分积分的定义应修改为 (见文献 [221])

$$\text{f. p.} \int_a^b \frac{f(t)}{(t-s)^2} dt = \lim_{\varepsilon \to 0} \left\{ \int_a^{s-\varepsilon} \frac{f(t)}{(t-s)^2} dt - \frac{f(s^-)}{\varepsilon} \right.$$

$$- f'(s^-) \ln \varepsilon + \int_{s+\varepsilon}^b \frac{f(t)}{(t-s)^2} dt$$

$$\left. - \frac{f(s^+)}{\varepsilon} + f'(s^+) \ln \varepsilon \right\}. \qquad (1.74)$$

当 $f(t) \in C^2(a,b)$ 时, (1.74) 即化为 (1.72). 当奇点 s 为积分区间端点时, (1.74) 则化为

$$\text{f. p.} \int_a^s \frac{f(t)}{(t-s)^2} dt = \lim_{\varepsilon \to 0} \left\{ \int_a^{s-\varepsilon} \frac{f(t)}{(t-s)^2} dt \right.$$

$$\left. - \frac{f(s^-)}{\varepsilon} - f'(s^-) \ln \varepsilon \right\} \qquad (1.75)$$

或

$$\text{f. p.} \int_s^b \frac{f(t)}{(t-s)^2} dt = \lim_{\varepsilon \to 0} \left\{ \int_{s+\varepsilon}^b \frac{f(t)}{(t-s)^2} dt \right.$$

$$\left. - \frac{f(s^+)}{\varepsilon} + f'(s^+) \ln \varepsilon \right\}. \qquad (1.76)$$

上面 $f(s^-)$ 及 $f(s^+)$ 分别表示当 $t \to s$ 时 $f(t)$ 的左极限及右极限. 特别取 $f(t) = 1$, 可得

$$\mathrm{f.\,p.} \int_a^s \frac{1}{(t-s)^2} dt = \lim_{\varepsilon \to 0} \left\{ \int_a^{s-\varepsilon} \frac{1}{(t-s)^2} dt - \frac{1}{\varepsilon} \right\}$$

$$= \lim_{\varepsilon \to 0} \left\{ \frac{1}{\varepsilon} - \frac{1}{s-a} - \frac{1}{\varepsilon} \right\} = -\frac{1}{s-a},$$

$$\mathrm{f.\,p.} \int_s^b \frac{1}{(t-s)^2} dt = \lim_{\varepsilon \to 0} \left\{ \int_{s+\varepsilon}^b \frac{1}{(t-s)^2} dt - \frac{1}{\varepsilon} \right\}$$

$$= \lim_{\varepsilon \to 0} \left\{ \frac{1}{\varepsilon} - \frac{1}{b-s} - \frac{1}{\varepsilon} \right\} = -\frac{1}{b-s}.$$

又由

$$\mathrm{f.\,p.} \int_a^s \frac{1}{t-s} dt = \lim_{\varepsilon \to 0} \left\{ \int_a^{s-\varepsilon} \frac{1}{t-s} dt - \ln\varepsilon \right\}$$

$$= \lim_{\varepsilon \to 0} \{ \ln\varepsilon - \ln(s-a) - \ln\varepsilon \} = -\ln(s-a),$$

$$\mathrm{f.\,p.} \int_s^b \frac{1}{t-s} dt = \lim_{\varepsilon \to 0} \left\{ \int_{s+\varepsilon}^b \frac{1}{t-s} dt + \ln\varepsilon \right\}$$

$$= \lim_{\varepsilon \to 0} \{ \ln(b-s) - \ln\varepsilon + \ln\varepsilon \} = \ln(b-s),$$

可得对一般的 $f(t) \in C^2(a, s^-) \cap C^2(s^+, b)$ 的 Hadamard 有限部分积分的计算公式

$$\begin{aligned}
\mathrm{f.\,p.} \int_a^b \frac{f(t)}{(t-s)^2} dt = & -\frac{1}{s-a} f(s^-) - \frac{1}{b-s} f(s^+) + \ln\frac{(b-s)f'(s^+)}{(s-a)f'(s^-)} \\
& + \int_a^s \frac{1}{(t-s)^2} [f(t) - f(s^-) - f'(s^-)(t-s)] dt \\
& + \int_s^b \frac{1}{(t-s)^2} [f(t) - f(s^+) - f'(s^+)(t-s)] dt, \quad (1.77)
\end{aligned}$$

其右端最后二项已不再是奇异积分. 容易看出, 当 $f(s^+) = f(s^-)$ 且 $f'(s^+) = f'(s^-)$ 时, (1.77) 即为 (1.73).

上述方法利用函数 $f(t)$ 的 Taylor 展开, 分离出被积函数 $\dfrac{f(t)}{(t-s)^2}$ 的奇异部分, 根据定义计算出奇异部分的有限部分积分的准确值, 再对剩余的非奇异积分应用通常的方法求值. 这是一类奇异部分分离计算法.

上述定义下的有限部分积分显然满足如下一些通常的运算规则:

$$\mathrm{f.\,p.} \int_a^b \frac{f(t) + g(t)}{(t-s)^2} dt = \mathrm{f.\,p.} \int_a^b \frac{f(t)}{(t-s)^2} dt + \mathrm{f.\,p.} \int_a^b \frac{g(t)}{(t-s)^2} dt, \qquad (1.78)$$

$$\text{f. p.} \int_a^b \frac{Cf(t)}{(t-s)^2} dt = C \text{ f. p.} \int_a^b \frac{f(t)}{(t-s)^2} dt, \tag{1.79}$$

$$\text{f. p.} \int_a^b \frac{f(t)}{(t-s)^2} dt = \text{f. p.} \int_a^s \frac{f(t)}{(t-s)^2} dt + \text{f. p.} \int_s^b \frac{f(t)}{(t-s)^2} dt, \quad a < s < b, \tag{1.80}$$

$$\text{f. p.} \int_a^b \frac{f(t)}{(t-s)^2} dt = \text{f. p.} \int_a^c \frac{f(t)}{(t-s)^2} dt + \int_c^b \frac{f(t)}{(t-s)^2} dt, \quad a < s < c \leqslant b, \tag{1.81}$$

等等.

有限部分积分与 Cauchy 主值积分之间存在如下关系.

定理 1.6 若 $f \in C^2[a, b], s \in (a, b)$, 则

$$\frac{d}{ds} \text{p. v.} \int_a^b \frac{f(t)}{t-s} dt = \text{f. p.} \int_a^b \frac{f(t)}{(t-s)^2} dt; \tag{1.82}$$

若 f 为有限部分可积且 $f \in C^1[a, b], s \in (a, b)$, 则

$$\text{f. p.} \int_a^b \frac{f(t)}{(t-s)^2} dt = -\frac{f(b)}{b-s} - \frac{f(a)}{s-a}$$
$$+ \text{p. v.} \int_a^b \frac{f'(t)}{t-s} dt. \tag{1.83}$$

证 由 Cauchy 主值积分及 Hadamard 有限部分积分的定义即得

$$\frac{d}{ds} \text{p. v.} \int_a^b \frac{f(t)}{t-s} dt = \frac{d}{ds} \lim_{\varepsilon \to 0} \left\{ \int_a^{s-\varepsilon} \frac{f(t)}{t-s} dt + \int_{s+\varepsilon}^b \frac{f(t)}{t-s} dt \right\}$$

$$= \lim_{\varepsilon \to 0} \left\{ -\frac{f(s-\varepsilon)}{\varepsilon} + \int_a^{s-\varepsilon} \frac{f(t)}{(t-s)^2} dt \right.$$
$$\left. + \int_{s+\varepsilon}^b \frac{f(t)}{(t-s)^2} dt - \frac{f(s+\varepsilon)}{\varepsilon} \right\}$$

$$= \lim_{\varepsilon \to 0} \left\{ \int_a^{s-\varepsilon} \frac{f(t)}{(t-s)^2} dt + \int_{s+\varepsilon}^b \frac{f(t)}{(t-s)^2} dt - \frac{2f(s)}{\varepsilon} \right\}$$
$$+ \lim_{\varepsilon \to 0} \left\{ \frac{f(s) - f(s-\varepsilon)}{\varepsilon} - \frac{f(s+\varepsilon) - f(s)}{\varepsilon} \right\}$$

$$= \text{f. p.} \int_a^b \frac{f(t)}{(t-s)^2} dt + [f'(s) - f'(s)]$$

$$= \text{f. p.} \int_a^b \frac{f(t)}{(t-s)^2} dt,$$

以及

$$-\frac{f(b)}{b-s} - \frac{f(a)}{s-a} + \text{p. v.} \int_a^b \frac{f'(t)}{t-s} dt$$

$$= -\frac{f(b)}{b-s} - \frac{f(a)}{s-a} + \lim_{\varepsilon \to 0} \left\{ \int_a^{s-\varepsilon} \frac{f'(t)}{t-s}dt + \int_{s+\varepsilon}^b \frac{f'(t)}{t-s}dt \right\}$$

$$= -\frac{f(b)}{b-s} - \frac{f(a)}{s-a} + \lim_{\varepsilon \to 0} \left\{ -\frac{f(s-\varepsilon)}{\varepsilon} - \frac{f(a)}{a-s} \right.$$

$$\left. + \int_a^{s-\varepsilon} \frac{f(t)}{(t-s)^2}dt + \frac{f(b)}{b-s} - \frac{f(s+\varepsilon)}{\varepsilon} + \int_{s+\varepsilon}^b \frac{f(t)}{(t-s)^2}dt \right\}$$

$$= \lim_{\varepsilon \to 0} \left\{ \int_a^{s-\varepsilon} \frac{f(t)}{(t-s)^2}dt + \int_{s+\varepsilon}^b \frac{f(t)}{(t-s)^2}dt - \frac{2f(s)}{\varepsilon} \right\}$$

$$+ \lim_{\varepsilon \to 0} \left\{ \frac{f(s) - f(s-\varepsilon)}{\varepsilon} - \frac{f(s+\varepsilon) - f(s)}{\varepsilon} \right\}$$

$$= \text{f. p.} \int_a^b \frac{f(t)}{(t-s)^2}dt + [f'(s) - f'(s)]$$

$$= \text{f. p.} \int_a^b \frac{f(t)}{(t-s)^2}dt.$$

证毕.

从形式上看, (1.83) 相当于直接对左端进行分部积分, 并主动略去在 $t = s$ 时导致无穷大的那些项.

此外需要指出的是, 由于积分核的超奇异性, 有限部分积分又有完全不同于通常 Riemann 积分及 Cauchy 主值积分的性质. 几乎令人无法相信的最奇特的现象是, 即使被积函数在积分区间内恒为正值 (或负值), 其有限部分积分却可以是负值 (或正值). 例如前面已提到

$$\text{f. p.} \int_a^s \frac{1}{(t-s)^2}dt = -\frac{1}{s-a},$$

$$\text{f. p.} \int_s^b \frac{1}{(t-s)^2}dt = -\frac{1}{b-s},$$

其中 $a < s < b$. 这两个积分的被积函数均取正值, 但积分值却为负数. 这一奇特现象从上一小节关于圆周上的 Hadamard 型超奇异积分的计算中也已见到, 例如当 $\{L_i(\theta)\}$ 为 Γ 上分段线性基函数时,

$$q_{00} = \int_\Gamma \int_\Gamma \left(-\frac{1}{4\pi \sin^2 \dfrac{\theta - \theta'}{2}} \right) L_0(\theta') L_0(\theta) d\theta' d\theta$$

的被积函数处处取负值或零, 但其积分值

$$a_0 = \frac{4N^2}{\pi^3} \sum_{n=1}^\infty \frac{1}{n^3} \sin^4 \frac{n\pi}{N}$$

却为正值.

有限部分积分与通常 Riemann 积分的另一个显著的差别表现在积分变量的替换上. 当奇异点位于积分上限或下限时, 即使只对变量作简单的线性替换, 换算公式也应作修正. 例如, 作替换 $x = (b-s)t + s$, 并令 $g(t) = f[(b-s)t + s]$, 则根据有限部分积分的定义可得

$$\text{f. p.} \int_s^b \frac{f(x)}{(x-s)^2} dx = \lim_{\varepsilon \to 0} \left\{ \int_{s+\varepsilon}^b \frac{f(x)}{(x-s)^2} dx - \frac{f(s)}{\varepsilon} + f'(s)\ln \varepsilon \right\}$$

$$= \lim_{\varepsilon \to 0} \left\{ \int_{\frac{\varepsilon}{b-s}}^1 \frac{f((b-s)t+s)}{(b-s)t^2} dt - \frac{f(s)}{\varepsilon} + f'(s)\ln \varepsilon \right\}$$

$$= \lim_{\delta \to 0} \left\{ \int_\delta^1 \frac{g(t)}{(b-s)t^2} dt - \frac{g(0)}{(b-s)\delta} + \frac{g'(0)}{b-s}[\ln \delta + \ln |b-s|] \right\}$$

$$= \frac{1}{b-s}\text{f. p.} \int_0^1 \frac{g(t)}{t^2} dt + \frac{g'(0)}{b-s}\ln|b-s|,$$

$$\text{f. p.} \int_s^b \frac{f(x)}{x-s} dx = \lim_{\varepsilon \to 0} \left\{ \int_{s+\varepsilon}^b \frac{f(x)}{x-s} dx + f(s)\ln \varepsilon \right\}$$

$$= \lim_{\varepsilon \to 0} \left\{ \int_{\frac{\varepsilon}{b-s}}^1 \frac{f((b-s)t+s)}{t} dt + f(s)\ln \varepsilon \right\}$$

$$= \lim_{\delta \to 0} \left\{ \int_\delta^1 \frac{g(t)}{t} dt + g(0)[\ln\delta + \ln |b-s|] \right\}$$

$$= \text{f. p.} \int_0^1 \frac{g(t)}{t} dt + g(0) \ln |b-s|,$$

或写作

$$\text{f. p.} \int_s^b \frac{f(x)}{(x-s)^2} dx = \frac{1}{b-s}\text{f. p.} \int_0^1 \frac{f[(b-s)t+s]}{t^2} dt + f'(s) \ln |b-s|,$$

$$\text{f. p.} \int_s^b \frac{f(x)}{x-s} dx = \text{f. p.} \int_0^1 \frac{f[(b-s)t+s]}{t} dt + f(s)\ln|b-s|.$$

与通常的积分变量替换公式相比, 右端多了一项. 但若变量仅作平移, 或奇异点位于积分区间内部, 则并无附加项, 仍保持通常的积分变量替换规则.

奇异部分分离计算的思想也可将上一小节介绍的积分核级数展开法从 $-\dfrac{1}{4\pi \sin^2 \dfrac{\theta - \theta'}{2}}$ 型超奇异核推广到更一般的情况. 例如, 超奇异积分核 $K(s,t)$ 与 $K_0(s,t)$ 有相同的奇异部分, 即

$$K(s,t) = K_0(s,t) + K_1(s,t),$$

其中 $K_1(s,t)$ 为没有奇异性的积分核, 而以 $K_0(s,t)$ 为核的超奇异积分则可用积分核级数展开法得到准确的易于计算的级数表达式, 于是

$$\int_\Gamma \int_\Gamma K(s,t)L_j(t)L_i(s)dtds$$
$$= \int_\Gamma \int_\Gamma K_0(s,t)L_j(t)L_i(s)dtds$$
$$+ \int_\Gamma \int_\Gamma K_1(s,t)L_j(t)L_i(s)dtds,$$

其第二项即为通常的 Riemann 积分.

1.4.3　有限部分积分的近似求积公式

对于 Riemann 积分, 已有很多行之有效的数值计算方法, 其中最基本的一类方法便是利用 Newton-Cotes 型求积公式. 这些公式是通过对被积函数 $f(t)$ 在积分区间 $[a,b]$ 上作分段多项式函数插值逼近得到的. 最简单也最常用的当然是通过分段线性多项式逼近得到的梯形公式, 以及通过分段二次多项式逼近得到的 Simpson 公式. 这一逼近思想同样可用于推导关于有限部分积分

$$I(a,b,s) = \text{f. p.} \int_a^b \frac{f(t)}{(t-s)^2}dt \tag{1.84}$$

的 Newton-Cotes 型近似求积公式, 其中 $a < s < b$. 这里仍基于函数 $f(t)$ 的分段线性逼近, 以便将梯形公式推广到有限部分积分的计算.

将区间 $[a,b]$ 以节点 $a = t_0 < t_1 < \cdots < t_n = b$ 分为 n 个子区间, 记 $h_i = t_i - t_{i-1}$ 为子区间长. 于是 $f(t)$ 可以被其 Lagrange 插值函数

$$f_n(t) = \sum_{i=0}^n \phi_i(t)f(t_i) \tag{1.85}$$

逼近, 其中插值基函数

$$\phi_i(t) = \begin{cases} \dfrac{1}{h_i}(t-t_{i-1}), & t_{i-1} \leqslant t \leqslant t_i, \\ \dfrac{1}{h_{i+1}}(t_{i+1}-t), & t_i \leqslant t \leqslant t_{i+1}, \quad i=1,2,\cdots,n-1, \\ 0, & \text{其他}, \end{cases}$$

$$\phi_0(t) = \begin{cases} \dfrac{1}{h_1}(t_1-t), & t_0 \leqslant t \leqslant t_1, \\ 0, & \text{其他}, \end{cases}$$

$$\phi_n(t) = \begin{cases} \dfrac{1}{h_n}(t - t_{n-1}), & t_{n-1} \leqslant t \leqslant t_n, \\ 0, & \text{其他}, \end{cases}$$

将 $f_n(t)$ 代替 (1.84) 中的 $f(t)$, 便得有限部分积分 $I(a,b,s)$ 的近似计算公式

$$\begin{aligned} I_n(a,b,s) &= \text{f. p.} \int_a^b \frac{f_{n(t)}}{(t-s)^2} dt \\ &= \sum_{i=0}^n \left[\text{f. p.} \int_a^b \frac{\phi_i(t)}{(t-s)^2} dt \right] f(t_i) \\ &= \sum_{i=0}^n w_i(s) f(t_i), \end{aligned} \tag{1.86}$$

其中

$$w_i(s) = \text{f. p.} \int_a^b \frac{\phi_i(t)}{(t-s)^2} dt \tag{1.87}$$

为 Cotes 系数. 将 $\phi_i(t)$ 的表达式代入 (1.87), 并设 s 不是插值节点, 即 $s \neq t_j, j = 0, 1, \cdots, n$, 便可得

$$\begin{aligned} w_i(s) =& \left\{ \frac{1}{h_i} \ln \left| \frac{t_i - s}{t_{i-1} - s} \right| + \frac{1}{s - t_i} \right\} \\ &- \left\{ \frac{1}{h_{i+1}} \ln \left| \frac{t_{i+1} - s}{t_i - s} \right| + \frac{1}{s - t_i} \right\} \\ =& \frac{1}{h_i} \ln \left| \frac{t_i - s}{t_{i-1} - s} \right| - \frac{1}{h_{i+1}} \ln \left| \frac{t_{i+1} - s}{t_i - s} \right|, \\ & i = 1, 2, \cdots, n-1, \end{aligned} \tag{1.88}$$

$$w_0(s) = -\left\{ \frac{1}{h_1} \ln \left| \frac{t_1 - s}{t_0 - s} \right| + \frac{1}{s - t_0} \right\}, \tag{1.89}$$

$$w_n(s) = \frac{1}{h_n} \ln \left| \frac{t_n - s}{t_{n-1} - s} \right| + \frac{1}{s - t_n}. \tag{1.90}$$

此外, 在 (1.86) 中取 $f(t) = f_n(t) \equiv 1$ 还可得到这些 Cotes 系数之和满足

$$\sum_{i=0}^n w_i(s) = -\left(\frac{1}{b - s} + \frac{1}{s - a} \right). \tag{1.91}$$

使用上述 Cotes 系数计算有限部分积分时, 有如下误差估计.

定理 1.7 假定 $f \in C^2[a, b], I_n(a, b, s)$ 为利用梯形公式 (1.86) 及 (1.88)~(1.90) 计算得到的超奇异积分 $I(a, b, s)$ 的近似值. 设所选用的剖分为一致剖分, 即 $h_i =$

$h = \dfrac{1}{n}(b-a)$, 且奇异点 s 不是插值节点,

$$\gamma(h,s) = \min_{0 \leqslant i \leqslant n} |s - t_i|/h > 0, \qquad (1.92)$$

则存在正常数 C, 使得

$$|I(a,b,s) - I_n(a,b,s)| \leqslant C\gamma^{-2}(h,s)h. \qquad (1.93)$$

其证明见文献 [280]. 需要注意的是, 尽管 $f(t)$ 用分片线性插值函数 $f_n(t)$ 逼近有 $O(h^2)$ 阶精度, 通常 Riemann 积分的梯形公式也有 $O(h^2)$ 阶精度, 但由于超奇异积分核的作用, 有限部分积分 $I(a,b,s)$ 用 $I_n(a,b,s)$ 逼近却只有 $O(h)$ 阶精度. 此外, 估计式 (1.93) 中的 $\gamma(h,s)$ 表示奇异点 s 离最近的节点的距离与 h 的比值. 由 (1.93) 可见, 此值应取得尽可能大些. [280] 给出的数值例子表明, 应选节点使得 s 落在一个子区间的中心附近, 否则结果便不理想, 尤其当 $s = t_j$ 时或当舍入误差使得 s 与其相邻节点难以显著区别时, 此方法便失效. 其原因在于所使用的 Cotes 系数的计算公式 (1.88)~(1.90) 并不适用于 $s = t_j$ 的情况. 其实, 文献 [280] 提出的这一困难并不难克服. 完全可以取奇异点 s 为一插值节点, 由式 (1.87) 易见, 此时将影响相应于 s 点及其左右邻节点的 Cotes 系数的计算, 因此必须根据有限部分积分的定义重新推导这三个系数的计算公式. 下列诸式分别为当 $s = t_j$, 或 t_{i-1}, 或 t_{i+1} 时 $w_i(s)(i = 1, \cdots, n-1)$ 的计算公式

$$w_i(s) = \begin{cases} -\dfrac{1}{h_i}(\ln h_i + 1) - \dfrac{1}{h_{i+1}}(\ln h_{i+1} + 1), & s = t_i, \\[2mm] \dfrac{1}{h_i}(\ln h_i + 1) - \dfrac{1}{h_{i+1}}\ln\dfrac{h_{i+1} + h_i}{h_i}, & s = t_{i-1}, \\[2mm] \dfrac{1}{h_{i+1}}(\ln h_{i+1} + 1) + \dfrac{1}{h_i}\ln\dfrac{h_{i+1}}{h_{i+1} + h_i}, & s = t_{i+1}, \end{cases} \qquad (1.94)$$

当 $s = t_0$, 或 t_1 时 $w_0(s)$ 的计算公式

$$w_0(s) = \begin{cases} -\dfrac{1}{h_1}(\ln h_1 + 1), & s = t_0, \\[2mm] \dfrac{1}{h_1}\ln h_1, & s = t_1. \end{cases} \qquad (1.95)$$

及当 $s = t_{n-1}$, 或 t_n 时 $w_n(s)$ 的计算公式

$$w_n(s) = \begin{cases} \dfrac{1}{h_n}\ln h_n, & s = t_{n-1}, \\[2mm] -\dfrac{1}{h_n}(\ln h_n + 1), & s = t_n. \end{cases} \qquad (1.96)$$

利用这些公式对有关的 Cotes 系数作必要的修正后, 便可在选奇异点为插值节点的情况下使用上述近似求积公式, 但这样做的结果是使精度有所降低. 此时有如下误差估计.

定理 1.8 假定 $f \in C^2[a,b]$, $I_n(a,b,s)$ 为利用梯形公式 (1.86), (1.88)∼(1.90) 及 (1.94)∼(1.96) 计算得到的超奇异积分 $I(a,b,s)$ 的近似值, 设所选用的剖分为一致剖分, $h_i = h = \dfrac{1}{n}(b-a)$, 奇异点 $s = t_k \in (a,b)$ 为某节点, 则存在正常数 C, 使得

$$|I(a,b,s) - I_n(a,b,s)| \leqslant C|\ln h|h. \tag{1.97}$$

其证明见作者的论文[19]. 比较误差估计 (1.97) 与 (1.93) 可见, 将 s 选作节点不如将 s 选作子区间中点收敛得快.

同样可以推出使用分段二次多项式逼近时的 Cotes 系数的计算公式并得到如下误差估计.

定理 1.9 假定 $f \in C^3[a,b]$, $I_{2n}(a,b,s)$ 为利用文献 [280] 给出的相应于分段二次插值的 Simpson 公式计算得到的超奇异积分 $I(a,b,s)$ 的近似值. 设所选用的剖分为一致剖分: $a = t_0 < t_2 < \cdots < t_{2n} = b$, $h = \dfrac{1}{n}(b-a)$, $s \in (a,b)$, $s \neq t_{2i}$, $i = 0,1,\cdots,n$,

$$\gamma(h,s) = \min_{0 \leqslant i \leqslant n} |s - t_{2i}|/h > 0,$$

则存在正常数 C, 使得

$$|I(a,b,s) - I_{2n}(a,b,s)| \leqslant C\gamma^{-2}(h,s)h^2. \tag{1.98}$$

其证明与定理 1.7 的证明类似, 见文献 [280]. 与通常 Riemann 积分的 Simpson 公式有 $O(h^4)$ 阶精度相比, 其精度显然已大为降低.

定理 1.7∼ 定理 1.9 表明, 上述关于超奇异积分的 Newton-Cotes 型计算公式确实可以用来数值计算有限部分积分, 但由于积分核超奇异性的影响, 其精度均比关于通常 Riemann 积分的相应计算公式的精度低. 改善这一方法的有效途径之一是在奇点附近采用几何分级节点. 这样改进后的数值方法将大大提高收敛速率. 这一改进正体现了近年来已有效地应用于有限元及边界元计算的自适应网格的思想 (如文献 [146-159]).

取初始网格为一致或拟一致网格: $a = t_0 < t_1 < \cdots < t_{n_0} = b$, 并使得奇点 s 恰为某子区间的中点, 即 $s \in (t_i, t_{i+1}) = (s-l, s+l)$, $0 \leqslant i \leqslant n_0 - 1$. 再依次取几何分级节点 $s - \sigma l, s + \sigma l; s - \sigma^2 l, s + \sigma^2 l; \cdots; s - \sigma^k l, s + \sigma^k l$, 等等, 其中 $0 < \sigma < 1$, 例如可取 $\sigma = \dfrac{1}{2}$. 而所谓 $h \to 0$ 则是指将各子区间均不断细分. 设 $\Pi_1 f(t)$ 为 $f(t)$

在上述剖分下的分段线性插值函数. 则有如下结果.

定理 1.10　假定 $f \in C^2[a,b]$, $I_{n,k}(a,b,s)$ 为应用上述在奇点附近取比例为 $\sigma \in (0,1)$ 的几何分级节点的相应于分段线性插值的梯形公式计算得到的超奇异积分 $I(a,b,s)$ 的近似值, 则存在正常数 C_1 及 C_2, 使得

$$|I(a,b,s) - I_{n,k}(a,b,s)| \leqslant C_1 h^2 + C_2 \sigma^k. \tag{1.99}$$

又若取初始网格为一致或拟一致网格: $a = t_0 < t_2 < \cdots < t_{2n_0} = b$, 奇点 $s = t_{2i+1}$ 为子区间 $(t_{2i}, t_{2i+2}) = (s-l, s+l)$ 的中点, $0 \leqslant i \leqslant n_0 - 1$. 再依次取几何分级节点: $s - \sigma l, s + \sigma l; s - \sigma^2 l, s + \sigma^2 l; \cdots; s - \sigma^k l, s + \sigma^k l$, 等等, 其中 $0 < \sigma < 1$, 例如取 $\sigma = \dfrac{1}{2}$. 各子区间内的二次插值节点为其两端点及中点. 所谓 $h \to 0$ 是指将各子区间均不断细分, 于是又有如下结果.

定理 1.11　假定 $f \in C^4[a,b]$, $I_{2n,k}(a,b,s)$ 为应用上述在奇点附近取比例为 $\sigma \in (0,1)$ 的几何分级节点的相应于分段二次插值的 Simpson 公式计算得到的强奇异积分 $I(a,b,s)$ 的近似值, 则存在正常数 C_1 及 C_2, 使得

$$|I(a,b,s) - I_{2n,k}(a,b,s)| \leqslant C_1 h^4 + c_2 \sigma^{3k}. \tag{1.100}$$

定理 1.10 及定理 1.11 的证明见作者的论文[19]. 这两个定理表明, 近似积分的误差包括两部分, 当 k 较小时, 第二部分为误差的主要部分, 此时误差随 k 增大而呈指数衰减, 于是第一部分很快便成为误差的主要部分, 其阶正与通常 Riemann 积分的梯形公式或 Simpson 公式的误差阶相同. 将 (1.99) 及 (1.100) 分别与 (1.93) 及 (1.98) 相比较, 充分显示了在奇点附近取几何分级节点有极大的优越性. 而将 (1.100) 与 (1.99) 相比, 也可见用 Simpson 公式代替梯形公式可大大提高计算精度.

注　(1) 由于通过变量替换总可将超奇异积分 (1.84) 化为标准区间 $[-1,1]$ 上的以原点 o 为奇点的超奇异积分及一个通常 Riemann 积分之和, 故不失一般性, 只要写出关于超奇异积分

$$I(-1,1,0) = \text{f. p.} \int_{-1}^{1} \frac{f(t)}{t^2} dt \tag{1.101}$$

的数值求积公式的 Cotes 系数即可, 特别对于均匀剖分

$$t_{-n} < t_{-n+1} < \cdots < t_{-1} < t_1 < \cdots < t_{n-1} < t_n,$$

其中 $t_i = \dfrac{i}{n}, i = \pm 1, \cdots, \pm n, N = 2n$ 为节点数 (注意, 这里 $t_0 = 0$ 并非节点), 则相应的梯形公式的 Cotes 系数的计算公式简化为

$$\begin{cases} w_1 = w_{-1} = -n \ln 2, \\ w_i = w_{-i} = n \ln \dfrac{i^2}{i^2-1}, & i = 2,3,\cdots,n-1, \\ w_n = w_{-n} = n \ln \dfrac{n}{n-1} - 1. \end{cases} \tag{1.102}$$

易见

$$\sum_{\substack{i=-n \\ i\neq 0}}^{n} w_i = 2\sum_{i=1}^{n} w_i = -2.$$

此时积分 (1.101) 的近似值为

$$I_N(-1,1,0) = \sum_{\substack{i=-n \\ i\neq 0}}^{n} w_i f(t_i). \tag{1.103}$$

利用公式 (1.102), 可以很容易地算出相应于给定的 $N=2n$ 的梯形公式的 Cotes 系数.

(2) 再由上述 N 节点均匀网格出发, 在奇点附近依次取比例为 $\sigma = \dfrac{1}{2}$ 的几何分级节点, 则可得

$$I_{N+2}(-1,1,0) = I_N(-1,1,0)$$
$$+ N\ln 2\left[f\left(\frac{2}{N}\right) + f\left(-\frac{2}{N}\right) - f\left(\frac{1}{N}\right) - f\left(-\frac{1}{N}\right)\right],$$
$$\cdots\cdots$$
$$I_{N+2k}(-1,1,0) = I_{N+2(k-1)}(-1,1,0)$$
$$+ 2^{k-1}N\ln 2\left[f\left(\frac{1}{2^{k-2}N}\right) + f\left(-\frac{1}{2^{k-2}N}\right)\right.$$
$$\left.- f\left(\frac{1}{2^{k-1}N}\right) - f\left(-\frac{1}{2^{k-1}N}\right)\right], \quad k=1,2,\cdots. \tag{1.104}$$

由递推公式 (1.104) 立即可得 $I_N(-1,1,0)$ 的一系列修正结果, 其计算显然十分简便.

下面的数值例子清楚地表明了在奇点附近取几何分级节点的优越性. 这里仅以利用梯形公式的情况为例进行比较. 为便于计算误差, 选择一个容易由定义算得其准确值的简单例子.

例 1.1

$$I(0,2,1) = \text{f. p.}\int_0^2 (t-1)^{-2} f(t)dt,$$

其中 $f(t) = t^2 - 0.8$, 易得其准确值为 $I(0,2,1) = 1.6$.

从表 1.1 易见误差为 $O(h^{-1})$ 阶, 计算结果完全不可用.

表 1.1 利用经典梯形公式 (奇点不作为节点)

节点数	4	8	16	32
计算值	3.30000	5.02778	8.46275	15.32732
误差	1.70000	3.42778	6.86275	13.72732
比例	0.49595	0.49948	0.49993	

从表 1.2 易见误差为 $O(h)$ 阶, 与定理 1.7 的结论一致.

表 1.2　利用 P. Linz 的梯形公式 (奇点不作为节点)

节点数	4	8	16	32
计算值	−0.32056	0.66027	1.13533	1.36896
误差	1.92056	0.93973	0.46467	0.23104
比例		2.04374	2.02234	2.01126

从表 1.3 可见误差与定理 1.8 的估计基本一致.

表 1.3　利用取奇点为节点的修正梯形公式

节点数	5	9	17	33
计算值	−0.01371	0.46712	0.86546	1.14739
误差	1.61371	1.13288	0.73454	0.45261
比例		1.42443	1.54230	1.62289

从表 1.4 及表 1.5 可见误差约呈指数衰减, 与定理 1.10 的结论基本一致.

表 1.4　利用奇点附近取几何分级节点的修正梯形公式, 从 8 节点均匀网格出发

节点数	8	10	12	14
计算值	0.66027	1.18013	1.44006	1.57003
误差	0.93973	0.41987	0.15994	0.02997
比例		2.23815	2.62519	5.33600

表 1.5　从 16 节点均匀网格出发

节点数	16	18	20	22
计算值	1.13533	1.39526	1.52522	1.59020
误差	0.46467	0.20474	0.07478	0.00980
比例		2.26953	2.73798	7.63290

本小节介绍的方法适用于区间 $[a, b]$ 上的超奇异积分的数值计算. 类似地, 对于圆周 $\Gamma = [0, 2\pi]$ 上的超奇异积分

$$\mathrm{f.\,p.} \int_\Gamma \left(-\frac{1}{4\pi \sin^2 \dfrac{t-s}{2}} \right) f(t) dt$$

也可发展相应的数值方法并获得误差估计 (见作者的论文 [126]). 至于有限部分积分的 Gauss 型求积法的探索性工作则可见文献 [279].

近年来关于超奇异积分的近似求积公式又有了许多进一步的研究成果, 例如文献 [89-102, 277-284].

1.4.4 正则化方法及间接计算法

边界元研究中处理超奇异积分的另一种常用方法便是通过广义函数意义下的分部积分或其他途径将这一积分化为仅有较低奇异性的积分, 然后用通常的数值求积公式计算之. 这时求导运算往往被加到被积式中的光滑函数上. 这一方法被称为奇异积分正则化方法.

例如, 单位圆内或圆外区域的调和方程 Neumann 边值问题在自然边界归化下导致以 $u_0(\theta)$ 为未知量的如下超奇异积分方程:

$$\int_0^{2\pi} \left(-\frac{1}{4\pi \sin^2 \frac{\theta-\theta'}{2}} \right) u_0(\theta')d\theta' = g(\theta), \tag{1.105}$$

或写作

$$\left(-\frac{1}{4\pi \sin^2 \frac{\theta}{2}} \right) * u_0(\theta) = g(\theta),$$

其中 * 表示在 $[0,2\pi]$ 上关于变量 θ 的卷积. 积分算子

$$\left(-\frac{1}{4\pi \sin^2 \frac{\theta}{2}} \right) *$$

为 +1 阶拟微分算子. 由于在广义函数意义下成立

$$-\frac{1}{4\pi \sin^2 \frac{\theta}{2}} * u_0(\theta) = \frac{d}{d\theta}\left(\frac{1}{2\pi}\cot\frac{\theta}{2} \right) * u_0(\theta)$$

$$= \frac{1}{2\pi}\cot\frac{\theta}{2} * u_0'(\theta),$$

积分方程 (1.105) 便可化为 Cauchy 型奇异积分方程

$$\int_0^{2\pi} \left(\frac{1}{2\pi}\cot\frac{\theta-\theta'}{2} \right) u_0'(\theta')d\theta' = g(\theta), \tag{1.106}$$

其中积分算子 $\left(\frac{1}{2\pi}\cot\frac{\theta}{2} \right) *$ 为 0 阶拟微分算子. 这一结果也可看作通过分部积分将 Hadamard 有限部分积分化成了 Cauchy 主值积分. 若进一步注意到

$$\frac{1}{2\pi}\cot\frac{\theta}{2} * u_0'(\theta) = \frac{d}{d\theta}\left(\frac{1}{\pi}\ln\left|2\sin\frac{\theta}{2}\right|\right) * u_0'(\theta)$$

$$= \left(\frac{1}{\pi}\ln\left|2\sin\frac{\theta}{2}\right|\right) * u_0''(\theta),$$

则方程 (1.106) 还可化为弱奇异积分方程

$$\int_0^{2\pi}\left(\frac{1}{\pi}\ln\left|2\sin\frac{\theta-\theta'}{2}\right|\right)u_0''(\theta')d\theta' = g(\theta). \tag{1.107}$$

与方程 (1.105) 相比, 积分算子已由 $+1$ 阶拟微分算子被正则化为 -1 阶拟微分算子, 但光滑函数 $u_0(\theta)$ 也同时被求了两次导数. 为利用 Galerkin 边界元方法求解方程 (1.105), 写出其相应的双线性型

$$\hat{D}(u_0, v_0) = \int_0^{2\pi}\int_0^{2\pi}\left(-\frac{1}{4\pi\sin^2\dfrac{\theta-\theta'}{2}}\right)u_0(\theta')v_0(\theta)d\theta'd\theta. \tag{1.108}$$

它也可化为

$$\hat{D}(u_0, v_0) = \int_0^{2\pi}\int_0^{2\pi}\left\{-\frac{1}{2\pi}\ln[1-\cos(\theta-\theta')]\right\}u_0'(\theta')v_0'(\theta)d\theta'd\theta. \tag{1.109}$$

(1.108) 中的超奇异积分核被化为 (1.109) 中的弱奇异积分核. 可以应用 1.4.1 小节介绍的积分核级数展开法直接从 (1.108) 出发求解相应的离散变分问题 (见文献 [10]), 也可应用正则化方法将 (1.108) 化为 (1.109) 后再求解相应的问题 (见文献 [23]).

又如, 解三维调和方程 Neumann 边值问题导出如下积分方程:

$$-\frac{1}{4\pi}\int_\Gamma \varphi(x)\frac{\partial^2}{\partial n_x \partial n_y}\left(\frac{1}{|x-y|}\right)ds_x = g(y), \tag{1.110}$$

其积分核有 $\dfrac{1}{|x-y|^3}$ 的超奇异性, 相应的积分算子为 $+1$ 阶拟微分算子. 仍用 Galerkin 边界元方法求解之, 其关联的双线性型为

$$a(\varphi, \psi) = -\frac{1}{4\pi}\int_\Gamma\int_\Gamma \psi(y)\varphi(x)\frac{\partial^2}{\partial n_x \partial n_y}\left(\frac{1}{|x-y|}\right)ds_x dx_y. \tag{1.111}$$

应用正则化方法将 (1.111) 化为等价的双线性型 (见文献 [241])

$$a(\varphi, \psi) = \frac{1}{8\pi}\int_\Gamma\int_\Gamma (\psi(y)-\psi(x))(\varphi(y)-\varphi(x))$$

$$\times \frac{\partial^2}{\partial n_x \partial n_y}\left(\frac{1}{|x-y|}\right) ds_x ds_y. \tag{1.112}$$

后者由于在 x 与 y 很接近时, $(\psi(y)-\psi(x))(\varphi(y)-\varphi(x))$ 相当于 $-\psi'(y)\varphi'(x)|x-y|^2$, 使得其积分仅含 $\dfrac{1}{|x-y|}$ 型的弱奇异核, 于是可用通常的数值积分方法处理.

最后简略介绍一种间接计算法. 由于在某些情况下, 边界元刚度矩阵中只有对角线上的系数涉及奇异积分的计算, 且每一行的系数间又因原问题的物理、力学特性满足某些已知的关系, 于是只要用通常的数值积分公式计算出非对角线上的系数, 然后利用系数间这些已知的关系便可得对角线上的系数. 而完全不必计算奇异积分. 例如当采用分段常数基函数时, 便只有对角线上的系数涉及奇异积分计算. 至于矩阵每一行的系数间存在某种关系则是经常遇到的. 如在求解 Neumann 问题时, 由均匀场或刚性位移为齐次线性代数方程组的解, 便可导出刚度矩阵的每一行的系数和为零. 此时对角线上的系数等于同一行中所有其他系数的和的反号.

若使用在边界元计算中最常用的分段线性基函数, 则相应的刚度矩阵的主对角线及相邻的两条次对角线上的系数均涉及奇异积分. 于是需要已知每一行系数间的三个线性无关的关系式. 这只需求出原微分方程的三个线性无关的特解即可. 将这三个特解代入边界元离散方程组, 便得到刚度矩阵的每一行系数间的三个关系式, 从而可间接求出所涉及的全部奇异部分. 例如, 对于二维调和方程, 易知

$$u = 1, \quad u = x, \quad u = y,$$

即为其三个特解.

若采用更高阶的分段多项式基函数, 则可能需要计算更多的奇异积分, 因此也就需要已知原方程更多的特解. 本书第 2~5 章均有专节分别给出调和方程、重调和方程、平面弹性方程及 Stokes 方程组的解的复变函数表示, 利用这些表示公式可以很容易地构造这些方程或方程组的特解.

1.5 自然边界元解的收敛性与误差估计

由 1.3 节已知, 许多平面区域内的椭圆型微分方程边值问题可以通过自然边界归化方法归结为边界上的超奇异积分方程. 这些积分方程又可化为等价的变分形式, 然后利用 1.4 节提供的一些方法求其边界元近似解. 本节的目的则是应用泛函分析和 Sobolev 空间理论[285-288], 在统一的框架下对自然边界元解进行收敛性分析和误差估计, 并由这些边界上的误差估计出发, 进而得到区域上的误差估计.

今后除非特别说明, 边界元解都是指用 Galerkin 边界元方法求得的近似解.

1.5.1　近似变分问题及其解的收敛性

与 1.3 节相同, 考察 Ω 上 $2m$ 阶正常椭圆型微分算子

$$Au = \sum_{|p|,|q|\leqslant m} (-1)^{|p|}\partial^p(a_{pq}(x)\partial^q u)$$

及其关联的双线性型

$$D(u,v) = \sum_{|p|,|q|\leqslant m} \int_\Omega a_{pq}(x)\partial^q u\partial^p v dx,$$

并假定

(H1) $D(u,v)$ 为商空间 $V(\Omega)/V_{A,\beta}(\Omega)$ 上对称、V 椭圆、连续双线性型, 其中

$$V_{A,\beta}(\Omega) = \{v \in V(\Omega)|_{Av=0,\beta v=0}\}.$$

于是 $A^* = A$. 若 g 满足相容性条件

$$(g, \gamma v) = 0, \quad \forall v \in V_{A,\beta}(\Omega),$$

则由著名的 Lax-Milgram 定理 (见文献 [285, 287]), 即得变分问题

$$\begin{cases} \text{求} u \in V(\Omega), & \text{使得} \\ D(u,v) = (g, \gamma v), & \forall v \in V(\Omega) \end{cases} \tag{1.113}$$

在商空间 $V(\Omega)/V_{A,\beta}(\Omega)$ 中的解的存在唯一性. 又设在自然边界归化下, 区域 Ω 内微分算子 A 的边值问题化为边界 Γ 上的自然积分方程

$$\mathscr{K}\phi = g,$$

关联于 $\mathscr{K}$ 的 $T(\Gamma)$ 上的双线性型为

$$\hat{D}(\phi,\psi) = (\mathscr{K}\phi, \psi),$$

则由定理 1.4 知, $\mathscr{K}^* = \mathscr{K}$, 并易得

引理 1.1　若假设 (H1) 成立, 则 $\hat{D}(\phi,\psi)$ 为商空间 $T(\Gamma)/T_{\mathscr{K}}(\Gamma)$ 上对称、V 椭圆、连续双线性型, 其中

$$T_{\mathscr{K}}(\Gamma) = \{\psi \in T(\Gamma)|_{\mathscr{K}\phi=0}\}.$$

证　这里仅证其 V 椭圆性. 由假设 (H1), 存在常数 $C > 0$, 使得

$$D(v,v) \geqslant C\|v\|^2_{V(\Omega)/V_{A,\beta}(\Omega)} = C\min_{w\in V_{A,\beta}(\Omega)} \|v - w\|^2_{V(\Omega)}, \quad \forall v \in V(\Omega).$$

又由关于 Dirichlet 问题的基本假设 (见 1.3 节), 对 $\psi \in T(\Gamma)$, 存在 $v \in V_A(\Omega)$, 使得 $\gamma v = \psi$. 根据迹定理, 有

$$\|\psi - \gamma w\|_{T(\Gamma)} \leqslant \alpha \|v - w\|_{V(\Omega)},$$

其中 $\alpha > 0$ 为常数. 于是对 $\psi \in T(\Gamma)$, 利用定理 1.3, 有

$$\hat{D}(\psi, \psi) = D(v, v) \geqslant C \min_{w \in V_{A,\beta}(\Omega)} \|v - w\|_{V(\Omega)}^2$$

$$\geqslant \frac{C}{\alpha^2} \min_{w \in V_{A,\beta}(\Omega)} \|\psi - \gamma w\|_{T(\Gamma)}^2.$$

注意到当 $w \in V_{A,\beta}(\Omega)$ 时, $\gamma w \in T_{\mathcal{K}}(\Gamma)$, 便有

$$\hat{D}(\psi, \psi) \geqslant \frac{C}{\alpha^2} \min_{\varphi \in T_{\mathcal{K}}(\Gamma)} \|\psi - \varphi\|_{T(\Gamma)}^2 = \frac{C}{\alpha^2} \|\psi\|_{T(\Gamma)/T_{\mathcal{K}}(\Gamma)}^2,$$

其中 $\frac{C}{\alpha^2} > 0$. 证毕.

由此引理及 Lax-Milgram 定理即得如下结果.

定理 1.12 若假设 (H1) 成立, 且 g 满足相容性条件

$$(g, \psi) = 0, \quad \forall \psi \in T_{\mathcal{K}}(\Gamma),$$

则变分问题

$$\begin{cases} \text{求} \phi \in T(\Gamma), \quad \text{使得} \\ \hat{D}(\phi, \psi) = (g, \psi), \quad \forall \psi \in T(\Gamma) \end{cases} \tag{1.114}$$

在商空间 $T(\Gamma)/T_{\mathcal{K}}(\Gamma)$ 中存在唯一解.

容易验证, 对许多椭圆型微分方程的边值问题, 上述关于 $D(u, v)$ 的假设 (H1) 均成立, 于是对这些边值问题, 变分问题 (1.113) 及 (1.114) 分别在相应的商空间中存在唯一解.

今对边界 Γ 进行正规的有限元剖分, 并设 $T_h(\Gamma) \subset T(\Gamma)$ 为相应的边界元解空间,

$$\Pi = (\Pi_0, \Pi_1, \cdots, \Pi_{m-1}) : T(\Gamma) \to T_h(\Gamma)$$

为分段多项式插值算子, 满足如下误差估计公式:

$$\|\psi_i - \Pi_i \psi_i\|_{s,\Gamma} \leqslant C h^{k_i+1-s} |\psi_i|_{k_i+1,\Gamma}, \quad \forall \psi_i \in H^{k_i+1}(\Gamma),$$

$$0 \leqslant s < k_i + 1, k_i \geqslant m - i, i = 0, 1, \cdots, m-1, \tag{1.115}$$

其中 k_i 为 Π_i 所采用的插值多项式次数, h 为该剖分的最大单元长, C 为正常数.

考察变分问题 (1.114) 在 $T_h(\Gamma)$ 上的近似变分问题

$$\begin{cases} 求 \phi_h \in T_h(\Gamma), & 使得 \\ \hat{D}(\phi_h, \psi_h) = (g, \psi_h), & \forall \psi_h \in T_h(\Gamma) \end{cases} \tag{1.116}$$

由于 $T_h(\Gamma)$ 为 $T(\Gamma)$ 的子空间, Lax-Milgram 定理依然保证了变分问题 (1.116) 的解在商空间 $T_h(\Gamma)/T_{h,\mathscr{K}}(\Gamma)$ 中的存在唯一性, 其中

$$T_{h,\mathscr{K}}(\Gamma) = \{\psi_h \in T_h(\Gamma)| \mathscr{K}\psi_h = 0\}.$$

设 ϕ 及 ϕ_h 分别为变分问题 (1.114) 及近似变分问题 (1.116) 的解, 易得如下抽象误差估计.

定理 1.13(投影定理)

$$\hat{D}(\phi - \phi_h, \psi_h) = 0, \quad \forall \psi_h \in T_h(\Gamma), \tag{1.117}$$

$$\|\phi - \phi_h\|_{\hat{D}} = \inf_{\psi_h \in T_h(\Gamma)} \|\phi - \psi_h\|_{\hat{D}}, \tag{1.118}$$

其中 $\|\cdot\|_{\hat{D}}$ 为由双线性型 $\hat{D}(\phi, \psi)$ 导出的商空间 $T(\Gamma)/T_{\mathscr{K}}(\Gamma)$ 上的能量模, $\|\psi\|_{\hat{D}} = \hat{D}(\psi, \psi)^{\frac{1}{2}}$.

证　由 (1.114)、(1.116) 及 $T_h(\Gamma) \subset T(\Gamma)$ 即得 (1.117). 又由

$$\begin{aligned} \|\phi - \phi_h\|_{\hat{D}}^2 &= \hat{D}(\phi - \phi_h, \phi - \phi_h) \\ &= \hat{D}(\phi - \phi_h, \phi - \psi_h) \\ &\leqslant \|\phi - \phi_h\|_{\hat{D}} \|\phi - \psi_h\|_{\hat{D}}, \end{aligned}$$

可得

$$\|\phi - \phi_h\|_{\hat{D}} \leqslant \|\phi - \psi_h\|_{\hat{D}}, \quad \forall \psi_h \in T_h(\Gamma),$$

从而有 (1.118). 证毕.

由双线性型 $\hat{D}(\phi, \psi)$ 的连续性和 $T(\Gamma)/T_{\mathscr{K}}(\Gamma)$ 椭圆性可知, 能量模 $\|\cdot\|_{\hat{D}}$ 等价于商模 $\|\cdot\|_{T(\Gamma)/T_{\mathscr{K}}(\Gamma)}$. 故若将 (1.118) 中的能量模换成商模, 则有

$$\|\phi - \phi_h\|_{T(\Gamma)/T_{\mathscr{K}}(\Gamma)} \leqslant C \inf_{\psi_h \in T_h(\Gamma)} \|\phi - \psi_h\|_{T(\Gamma)/T_{\mathscr{K}}(\Gamma)}, \tag{1.119}$$

其中 C 为不依赖于 $T_h(\Gamma)$ 的常数.

利用定理 1.13 可得如下定理:

定理 1.14(收敛性)　若 $S(\Gamma)$ 为 $T(\Gamma)$ 的某一稠子集, 构成边界元解空间 $T_h(\Gamma)$ 的插值算子 $\Pi = \Pi_h : T(\Gamma) \to T_h(\Gamma)$ 满足逼近性

$$\lim_{h \to 0} \|\psi - \Pi_h \psi\|_{T(\Gamma)} = 0, \quad \forall \psi \in S(\Gamma),$$

则边界元近似解 ϕ_h 按能量模收敛于准确解 ϕ:

$$\lim_{h\to 0}\|\phi-\phi_h\|_{\hat{D}}=0.$$

证 由定理 1.13 及双线性型 $\hat{D}(\phi,\psi)$ 的连续性, 有

$$\|\phi-\phi_h\|_{\hat{D}}=\inf_{\psi_h\in T_h(\Gamma)}\|\phi-\psi_h\|_{\hat{D}}\leqslant C\inf_{\psi_h\in T_h(\Gamma)}\|\phi-\psi_h\|_{T(\Gamma)}.$$

对任意 $\varepsilon>0$, 由 $S(\Gamma)$ 为 $T(\Gamma)$ 的稠子集及插值 Π_h 的逼近性, 知存在 $\psi\in S(\Gamma)$ 使得 $\|\phi-\psi\|_{T(\Gamma)}\leqslant\dfrac{\varepsilon}{2C}$, 以及对 $\psi\in S(\Gamma)$, 存在 $h_0>0$, 当 $0<h\leqslant h_0$ 时, $\|\psi-\Pi_h\psi\|_{T(\Gamma)}\leqslant\dfrac{\varepsilon}{2C}$. 于是

$$\begin{aligned}\|\phi-\phi_h\|_{\hat{D}}&\leqslant C\|\phi-\Pi_h\psi\|_{T(\Gamma)}\\&\leqslant C(\|\phi-\psi\|_{T(\Gamma)}+\|\psi-\Pi_h\psi\|_{T(\Gamma)})\leqslant\varepsilon.\end{aligned}$$

证毕.

这一定理说明, 只要自然积分方程的解 ϕ 存在且唯一, 则不论它有无更高阶的光滑性, 边界元解都收敛.

1.5.2 边界上的误差估计

若自然积分方程的解 $\phi\in T(\Gamma)$ 有更高阶的光滑性, 则还可得到误差估计, 其中 C 为正常数.

定理 1.15(能量模估计) 若插值算子 $\Pi:T(\Gamma)\to T_h(\Gamma)$ 满足误差估计 (1.115), 且 $\phi=(\phi_0,\cdots,\phi_{m-1})\in H^{k_0+1}(\Gamma)\times\cdots\times H^{k_{m-1}+1}(\Gamma)$, 则

$$\|\phi-\phi_h\|_{\hat{D}}\leqslant C\sum_{i=0}^{m-1}h^{k_i-m+i+\frac{3}{2}}|\phi_i|_{k_i+1,\Gamma}.\tag{1.120}$$

特别地, 若 $k_i=k_0-i, i=0,1,\cdots,m-1$, 则有

$$\|\phi-\phi_h\|_{\hat{D}}\leqslant Ch^{k_0-m+\frac{3}{2}}\sum_{i=0}^{m-1}|\phi_i|_{k_i+1,\Gamma}.\tag{1.121}$$

证 由定理 1.13 及插值不等式 (见文献 [177]), 有

$$\begin{aligned}\|\phi-\phi_h\|_{\hat{D}}^2&\leqslant\|\phi-\Pi\phi\|_{\hat{D}}^2\leqslant C\|\phi-\Pi\phi\|_{T(\Gamma)}^2\\&=C\sum_{i=0}^{m-1}\|\phi_i-\Pi_i\phi_i\|_{H^{m-i-\frac{1}{2}}(\Gamma)}^2\end{aligned}$$

$$\leqslant C \sum_{i=0}^{m-1} \|\phi_i - \Pi_i \phi_i\|_{H^{m-1-i}(\Gamma)} \|\phi_i - \Pi_i \phi_i\|_{H^{m-i}(\Gamma)}$$

$$\leqslant C \sum_{i=0}^{m-1} h^{2(k_i-m+i)+3} |\phi_i|_{k_i+1,\Gamma}^2,$$

由此即可得 (1.120) 及 (1.121). 证毕.

这一估计是最优的.

为了得到 L^2 模估计, 需要如下正则性假设:

(H2) 若 $g \in L^2(\Gamma)^m$ 并满足相容性条件, 则自然积分方程 $\mathscr{K}\phi = g$ 的解 $\phi \in H^m(\Gamma) \times \cdots \times H^1(\Gamma)$, 且存在 $C > 0$, 使得

$$\|\phi\|_{[H^m(\Gamma) \times \cdots \times H^1(\Gamma)]/T_\mathscr{K}(\Gamma)} \leqslant C\|g\|_{L^2(\Gamma)^m}.$$

已知对于许多椭圆边值问题, 假设 (H2) 都是成立的.

定理 1.16(L^2 模估计)　若 (H2) 及定理 1.15 的条件均被满足, 且

$$(\phi - \phi_h, \psi) = 0, \quad \forall \psi \in T_\mathscr{K}(\Gamma),$$

则

$$\|\phi - \phi_h\|_{L^2(\Gamma)^m} \leqslant C \sum_{i=0}^{m-1} h^{k_i-m+i+2} |\phi_i|_{k_i+1,\Gamma}, \tag{1.122}$$

特别当 $k_i = k_0 - i, i = 0, 1, \cdots, m-1$, 时, 则有

$$\|\phi - \phi_h\|_{L^2(\Gamma)^m} \leqslant C h^{k_0-m+2} \sum_{i=0}^{m-1} |\phi_i|_{k_i+1,\Gamma}. \tag{1.123}$$

证　由于 $\phi - \phi_h \in T(\Gamma) \subset L^2(\Gamma)^m$ 并满足相容性条件, 知自然积分方程 $\mathscr{K}\rho = \phi - \phi_h$ 的解 ρ 存在, 并满足

$$\hat{D}(\rho, \psi) = (\phi - \phi_h, \psi), \quad \forall \psi \in T(\Gamma).$$

根据假设 (H2), $\rho \in H^m(\Gamma) \times \cdots \times H^1(\Gamma)$, 且

$$\|\rho\|_{[H^m(\Gamma) \times \cdots \times H^1(\Gamma)]/T_\mathscr{K}(\Gamma)} \leqslant C\|\phi - \phi_h\|_{L^2(\Gamma)^m}.$$

取 $\psi = \phi - \phi_h$ 并利用定理 1.13 可得

$$\|\phi - \phi_h\|_{L^2(\Gamma)^m}^2 = (\phi - \phi_h, \phi - \phi_h)$$
$$= \hat{D}(\rho, \phi - \phi_h) = \hat{D}(\rho - \Pi\rho, \phi - \phi_h)$$

$$\leqslant C\|\rho - \Pi\rho\|_{T(\Gamma)/T_{\mathscr{K}}(\Gamma)}\|\phi - \phi_h\|_{\hat{D}}$$

$$\leqslant Ch^{\frac{1}{2}}\|\rho\|_{[H^m(\Gamma)\times\cdots\times H^1(\Gamma)]/T_{\mathscr{K}}(\Gamma)}\|\phi - \phi_h\|_{\hat{D}}$$

$$\leqslant Ch^{\frac{1}{2}}\|\phi - \phi_h\|_{L^2(\Gamma)^m}\|\phi - \phi_h\|_{\hat{D}},$$

也即

$$\|\phi - \phi_h\|_{L^2(\Gamma)^m} \leqslant Ch^{\frac{1}{2}}\|\phi - \phi_h\|_{\hat{D}}.$$

再利用定理 1.15 便得式 (1.122) 及 (1.123). 证毕.

这一估计也是最佳的.

最后, 欲得自然边界元解的连续模即 L^∞ 模误差估计. 为简单起见, 这里仅对圆内或圆外区域的自然边界元解给出并非最优的结果. 为此先证明几个引理.

引理 1.2 若 $S_1(\Gamma) \subset H^{\frac{1}{2}}(\Gamma)$ 为圆周 Γ 上分段线性插值基函数所生成的函数空间, $v_0 \in S_1(\Gamma)$, 则

$$\max_{[\theta_i,\theta_{i+1}]} |v_0| \leqslant \sqrt{\frac{6}{h}}\|v_0\|_{L^2[\theta_i,\theta_{i+1}]}, \tag{1.124}$$

其中 $h = \theta_{i+1} - \theta_i$.

证 由插值公式

$$v_0(\theta) = \frac{v_0(\theta_{i+1})}{h}(\theta - \theta_i) + \frac{v_0(\theta_i)}{h}(\theta_{i+1} - \theta), \quad \theta_i \leqslant \theta \leqslant \theta_{i+1},$$

可得

$$\begin{aligned}
\|v_0\|^2_{L^2[\theta_i,\theta_{i+1}]} &= \frac{1}{h^2}\int_0^h [v_0(\theta_{i+1})\theta + v_0(\theta_i)(h-\theta)]^2 d\theta \\
&= \frac{h}{3}[v_0(\theta_{i+1})^2 + v_0(\theta_i)^2 + v_0(\theta_{i+1})v_0(\theta_i)] \\
&\geqslant \frac{h}{6}[v_0(\theta_{i+1})^2 + v_0(\theta_i)^2] \\
&\geqslant \frac{h}{6}\{\max(|v_0(\theta_{i+1})|, |v_0(\theta_i)|)\}^2,
\end{aligned}$$

从而

$$\max_{[\theta_i,\theta_{i+1}]} |v_0| = \max(|v_0(\theta_i)|, |v_0(\theta_{i+1})|) \leqslant \sqrt{\frac{6}{h}}\|v_0\|_{L^2[\theta_i,\theta_{i+1}]}.$$

证毕.

引理 1.3 若 $S_2(\Gamma) \subset H^{\frac{1}{2}}(\Gamma)$ 为圆周 Γ 上分段二次插值基函数所生成的函数空间, $v_0 \in S_2(\Gamma)$, 则

$$\max_{[\alpha_j,\alpha_{j+1}]} |v_0| \leqslant \frac{7}{\sqrt{h}}\|v_0\|_{L^2[\alpha_j,\alpha_{j+1}]}, \tag{1.125}$$

其中 $\alpha_j = \dfrac{j}{N} 2\pi, h = \dfrac{2\pi}{N}$.

证　设 $\{\varphi_{2i}(\theta)\} \cup \{\varphi_{2i-1}(\theta)\}_{i=1,\cdots,N}$ 为分段二次插值基函数 (见 2.8 节)，$\theta_k = \dfrac{k}{N}\pi, k = 1, \cdots, 2N, h = \dfrac{2\pi}{N} = \theta_{2i+2} - \theta_{2i}$，考察区间 $[\alpha_i, \alpha_{i+1}] = [\theta_{2i}, \theta_{2i+2}]$，则有

$$v_0(\theta) = v_0(\theta_{2i})\varphi_{2i}(\theta) + v_0(\theta_{2i+1})\varphi_{2i+1} + v_0(\theta_{2i+2})\varphi_{2i+2},$$
$$\forall \theta \in [\theta_{2i}, \theta_{2i+2}].$$

经计算可得

$$\begin{aligned}
\|v_0(\theta)\|^2_{L^2[\alpha_i,\alpha_{i+1}]} &= \int_{\theta_{2i}}^{\theta_{2i+2}} v_0(\theta)^2 d\theta \\
&= \frac{h}{15}\{2v_0(\theta_{2i})^2 + 8v_0(\theta_{2i+1})^2 + 2v_0(\theta_{2i+2})^2 \\
&\quad + 2v_0(\theta_{2i})v_0(\theta_{2i+1}) - v_0(\theta_{2i})v_0(\theta_{2i+2}) \\
&\quad + 2v_0(\theta_{2i+1})v_0(\theta_{2i+2})\} \\
&\geqslant \frac{h}{15}\left\{\frac{7}{6}v_0(\theta_{2i})^2 + 2v_0(\theta_{2i+1})^2 + \frac{7}{6}v_0(\theta_{2i+2})^2 \right. \\
&\quad + \frac{1}{2}[v_0(\theta_{2i}) - v_0(\theta_{2i+2})]^2 \\
&\quad + \left[\frac{1}{\sqrt{3}}v_0(\theta_{2i}) + \sqrt{3}\,v_0(\theta_{2i+1})\right]^2 \\
&\quad \left. + \left[\frac{1}{\sqrt{3}}v_0(\theta_{2i+2}) + \sqrt{3}\,v_0(\theta_{2i+1})\right]^2\right\} \\
&\geqslant \frac{7}{90}h\{v_0(\theta_{2i})^2 + v_0(\theta_{2i+1})^2 + v_0(\theta_{2i+2})^2\}.
\end{aligned}$$

从而

$$\begin{aligned}
\max_{[\alpha_i,\alpha_{i+1}]} |v_0(\theta)| &\leqslant |v_0(\theta_{2i})| + |v_0(\theta_{2i+1})| + |v_0(\theta_{2i+2})| \\
&\leqslant \sqrt{3[v_0(\theta_{2i})^2 + v_0(\theta_{2i+1})^2 + v_0(\theta_{2i+2})^2]} \\
&\leqslant \sqrt{\frac{270}{7h}}\|v_0(\theta)\|_{L^2[\alpha_i,\alpha_{i+1}]} \leqslant \frac{7}{\sqrt{h}}\|v_0(\theta)\|_{L^2[\alpha_i,\alpha_{i+1}]}.
\end{aligned}$$

证毕.

引理 1.4　若 $S_3(\Gamma) \subset H^{\frac{3}{2}}(\Gamma)$ 为圆周 Γ 上分段三次 Hermite 插值基函数所生成的函数空间，$v_0 \in S_3(\Gamma)$，则

$$\max_{[\alpha_i,\alpha_{i+1}]} |v_0| \leqslant \frac{18}{\sqrt{h}}\|v_0\|_{L^2[\theta_i,\theta_{i+1}]}, \tag{1.126}$$

其中 $\theta_i = \dfrac{i}{N}2\pi, h = \dfrac{2\pi}{N}$.

证 设 $\{\lambda_i(\theta)\} \cup \{\mu_i(\theta)\}_{i=1,\cdots,N}$ 为分段三次 Hermite 插值基函数 (见 2.8 节), 则当 $\theta \in [\theta_i, \theta_{i+1}]$ 时, 有

$$
\begin{aligned}
v_0(\theta) =& v_0(\theta_i)\lambda_i(\theta) + v_0(\theta_{i+1})\lambda_{i+1}(\theta) \\
& + v_0'(\theta_i)\mu_i(\theta) + v_0'(\theta_{i+1})\mu_{i+1}(\theta).
\end{aligned}
$$

经计算可得

$$
\begin{aligned}
\|v_0(\theta)\|_{L^2[\theta_i,\theta_{i+1}]}^2 =& \int_{\theta_i}^{\theta_{i+1}} v_0(\theta)^2 d\theta \\
=& \frac{h}{420}\{156v_0(\theta_i)^2 + 156v_0(\theta_{i+1})^2 + 4h^2v_0'(\theta_i)^2 \\
& + 4h^2v_0'(\theta_{i+1})^2 + 108v_0(\theta_i)v_0(\theta_{i+1}) \\
& + 44v_0(\theta_i)v_0'(\theta_i)h - 26v_0(\theta_i)v_0'(\theta_{i+1})h \\
& + 26v_0(\theta_{i+1})v_0'(\theta_i)h - 44v_0(\theta_{i+1})v_0'(\theta_{i+1})h \\
& - 6h^2v_0'(\theta_i)v_0'(\theta_{i+1})\}.
\end{aligned}
$$

由此可以推出

$$
v_0(\theta_i)^2 + v_0(\theta_{i+1})^2 \leqslant \frac{180}{7h}\|v_0(\theta)\|_{L^2[\theta_i,\theta_{i+1}]}^2,
$$

以及

$$
[v_0'(\theta_i)]^2 + [v_0'(\theta_{i+1})]^2 \leqslant \frac{17520}{7h^3}\|v_0(\theta)\|_{L^2[\theta_i,\theta_{i+1}]}^2.
$$

由于

$$
\begin{aligned}
\max_{[\theta_i,\theta_{i+1}]} |v_0(\theta)| \leqslant& |v_0(\theta_i)| + |v_0(\theta_{i+1})| \\
& + \frac{4}{27}h(|v_0'(\theta_i)| + |v_0'(\theta_{i+1})|),
\end{aligned}
$$

故有

$$
\begin{aligned}
\max_{[\theta_i,\theta_{i+1}]} |v_0(\theta)| \leqslant& \sqrt{\frac{360}{7h}}\|v_0(\theta)\|_{L^2[\theta_i,\theta_{i+1}]} \\
& + \frac{4}{27}h\sqrt{\frac{35040}{7h^3}}\|v_0(\theta)\|_{L^2[\theta_i,\theta_{i+1}]} \\
\leqslant& \frac{18}{\sqrt{h}}\|v_0(\theta)\|_{L^2[\theta_i,\theta_{i+1}]}.
\end{aligned}
$$

证毕.

利用上述引理可以证明如下连续模估计, 但这一估计显然不是最佳的.

定理 1.17(连续模估计)　若定理 1.16 的条件被满足, 且插值算子 $\Pi = (\Pi_0, \cdots, \Pi_{m-1}) : T(\Gamma) \to T_h(\Gamma) \subset T(\Gamma)$, 其中 Π_i 或为分段线性, 或为分段二次, 或为分段三次 Hermite 插值算子, 则

$$\|\phi - \phi_h\|_{L^\infty(\Gamma)^m} \leqslant C \sum_{i=0}^{m-1} h^{k_i - m + i + \frac{3}{2}} |\phi_i|_{k_i+1, \Gamma}, \tag{1.127}$$

特别若 $k_i = k_0 - i, i = 0, 1, \cdots, m-1$, 则有

$$\|\phi - \phi_h\|_{L^\infty(\Gamma)^m} \leqslant C h^{k_0 - m + \frac{3}{2}} \sum_{i=1}^{m-1} |\phi_i|_{k_i+1, \Gamma}. \tag{1.128}$$

证　为简单起见, 仅对 $m = 1$ 及均匀剖分的情况证明之. 设近似解空间 $T_h(\Gamma)$ 取为前述引理 1.2～ 引理 1.4 中的分段 k 次多项式函数空间 $S_k(\Gamma)$, 其中 $k = 1, 2, 3$. 把剖分 $[0, 2\pi] = \bigcup\limits_{i=1}^{N} e_i^{(0)}$ 的每个单元 $e_i^{(0)} = (\theta_{i-1}, \theta_i)$ 细分为二, 得 $\Gamma = \bigcup\limits_{i=1}^{2N} e_i^{(1)}$, 再将此剖分的每个单元细分为二, 如此下去, 便得一串剖分

$$\Gamma = \bigcup_{i=1}^{N} e_i^{(0)} = \bigcup_{i=1}^{2N} e_i^{(1)} = \cdots = \bigcup_{i=1}^{2^j N} e_i^{(j)} = \cdots,$$

$h_j = \dfrac{1}{2^j} h$. 设对应每一剖分的分段 k 次多项式近似解为 $\psi^{(j)}(\theta)$, 则 $\psi^{(0)}(\theta) = \phi_h(\theta)$. 由引理 1.2～ 引理 1.4, 有

$$\max_{e_i^{(j)}} |\psi^{(j)}(\theta) - \psi^{(j-1)}(\theta)| \leqslant \frac{C_k}{\sqrt{h_j}} \|\psi^{(j)}(\theta) - \psi^{(j-1)}(\theta)\|_{L^2(e_i^{(j)})}$$

$$\leqslant \frac{C_k}{\sqrt{h_j}} \|\psi^{(j)}(\theta) - \psi^{(j-1)}(\theta)\|_{L^2(\Gamma)},$$

从而

$$\max_{[0,2\pi]} |\psi^{(j)}(\theta) - \psi^{(j-1)}(\theta)| \leqslant \frac{C_k}{\sqrt{h_j}} \|\psi^{(j)}(\theta) - \psi^{(j-1)}(\theta)\|_{L^2(\Gamma)}$$

$$\leqslant \frac{C_k}{\sqrt{h_j}} (\|\psi^{(j)}(\theta) - \phi(\theta)\|_{L^2(\Gamma)} + \|\phi^{(j-1)}(\theta)$$

$$- \phi(\theta)\|_{L^2(\Gamma)}), \quad k = 1, 2, 3,$$

其中 $C_1 = \sqrt{6}, C_2 = 7, C_3 = 18$. 利用定理 1.16, 有

$$\max_{[0,2\pi]} |\psi^{(j)}(\theta) - \psi^{(j-1)}(\theta)| \leqslant \frac{C_k}{\sqrt{h_j}} C(h_j^{k+1} + h_{j-1}^{k+1}) \|\phi\|_{k+1, \Gamma}$$

$$= (1 + 2^{k+1}) C_k C h_j^{k+\frac{1}{2}} \|\phi\|_{k+1, \Gamma}.$$

将常数 $(1 + 2^{k+1})C_k C$ 仍记为 C, 则可得

$$\max_{[0,2\pi]} |\psi^{(j)}(\theta) - \psi^{(j-1)}(\theta)|$$

$$\leqslant C h_j^{k+\frac{1}{2}} \|\phi\|_{k+1,\Gamma} = \frac{C}{2^{(k+\frac{1}{2})j}} h^{k+\frac{1}{2}} \|\phi\|_{k+1,\Gamma}$$

$$\leqslant C \left(\frac{1}{2}\right)^j h^{k+\frac{1}{2}} \|\phi\|_{k+1,\Gamma}.$$

由于 $\displaystyle\sum_{j=1}^{\infty} \left(\frac{1}{2}\right)^j$ 为收敛级数, 故序列

$$\psi^{(n)}(\theta) = \sum_{j=1}^{n} (\phi^{(j)}(\theta) - \phi^{(j-1)}(\theta)) + \phi_h(\theta)$$

一致收敛. 但由定理 1.16 可知 $\psi^{(n)}(\theta)$ 按 L^2 模收敛于 ϕ, 故 $\psi^{(n)}(\theta)$ 必一致收敛于同一极限 $\phi \in C(\Gamma)$, 即

$$\phi(\theta) = \sum_{j=1}^{\infty} [\psi^{(j)}(\theta) - \psi^{(j-1)}(\theta)] + \phi_h(\theta).$$

从而

$$\max_{[0,2\pi]} |\phi(\theta) - \phi_h(\theta)| \leqslant \sum_{j=1}^{\infty} \max_{[0,2\pi]} |\psi^{(j)}(\theta) - \psi^{(j-1)}(\theta)|$$

$$\leqslant C h^{k+\frac{1}{2}} \|\phi\|_{k+1,\Gamma},$$

其中 C 为与 h 无关的常数. 证毕.

1.5.3 区域内的误差估计

在 1.5.2 小节中已给出了边界上的自然边界元解的误差估计. 若不考虑利用 Poisson 积分公式求区域内解函数时数值积分产生的误差, 还可进而得到区域内的误差估计.

设 P 为 Poisson 积分算子, $u = P\phi$ 为原边值问题的解, $u_h = P\phi_h$ 为由自然边界元解 ϕ_h 得到的区域内的近似解. 我们有如下结果, 其中 C 为与 h 无关的正常数.

定理 1.18(能量模估计)   若定理 1.15 的条件被满足, 则

$$\|u - u_h\|_{H^m(\Omega)/V_{A,\beta}(\Omega)} \leqslant C \sum_{i=0}^{m-1} h^{k_i - m + i + \frac{3}{2}} |\phi_i|_{k_i+1,\Gamma}, \tag{1.129}$$

特别当 $k_i = k_0 - i, \quad i = 0, 1, \cdots, m-1$ 时, 则有

$$\|u - u_h\|_{H^m(\Omega)/V_{A,\beta}(\Omega)} \leqslant Ch^{k_0 - m + \frac{3}{2}} \sum_{i=0}^{m-1} |\phi_i|_{k_i+1,\Gamma}$$

$$\leqslant Ch^{k_0 - m + \frac{3}{2}} \|u\|_{k_0 + \frac{3}{2}, \Omega}. \tag{1.130}$$

证　定理 1.3 即 Poisson 积分算子的保能量模性

$$\|P\psi\|_D = \|\psi\|_{\hat{D}}, \quad \forall \psi \in T(\Gamma). \tag{1.131}$$

又由假设 (H1), 即得

$$\|u - u_h\|_{H^m(\Omega)/V_{A,\beta}(\Omega)} \leqslant C\|u - u_h\|_D$$

$$= C\|P(\phi - \phi_h)\|_D = C\|\phi - \phi_h\|_{\hat{D}}.$$

于是利用定理 1.15 及迹定理, 便可得式 (1.129) 及 (1.130). 证毕.

由于分片 k_0 次多项式插值在 $H^m(\Omega)$ 模下仅有 $O(h^{k_0+1-m})$ 阶精度, 故利用自然边界元法得到的区域内的近似解实现了按能量模的超收敛, 即精度提高了 $h^{\frac{1}{2}}$ 阶. 这一精度也比 Ω 内分片 k_0 次有限元解的精度高 $h^{\frac{1}{2}}$ 阶.

为了得到区域上的 L^2 模估计, 假定 Poisson 积分算子 P 满足如下连续性:

(H3) 存在常数 $C > 0$, 使得

$$\|P\psi\|_{L^2(\Omega)} \leqslant C\|\psi\|_{L^2(\Gamma)^m}, \quad \forall \psi \in T(\Gamma). \tag{1.132}$$

于是由定理 1.16 立即得到

定理 1.19(L^2 模估计)　若 (H3) 及定理 1.16 的条件被满足, 则

$$\|u - u_h\|_{L^2(\Omega)} \leqslant C \sum_{i=0}^{m-1} h^{k_i - m + i + 2} |\phi_i|_{k_i+1,\Gamma}, \tag{1.133}$$

特别当 $k_i = k_0 - i, i = 0, 1, \cdots, m-1$, 时, 有

$$\|u - u_h\|_{L^2(\Omega)} \leqslant Ch^{k_0 - m + 2} \sum_{i=0}^{m-1} |\phi_i|_{k_i+1,\Gamma}$$

$$\leqslant Ch^{k_0 - m + 2} \|u\|_{k_0 + \frac{3}{2}, \Omega}. \tag{1.134}$$

由于分片 k_{m-1} 次多项式插值在 L^2 模下至多有 $O(h^{k_{m-1}+1}) = O(h^{k_0-m+2})$ 阶精度, 故这一估计是最优的.

最后假定 Poisson 积分算子 P 满足 L^∞ 模下的连续性:

(H4) 存在常数 $C > 0$, 使得

$$\|P\psi\|_{L^\infty(\Omega)} \leqslant C\|\psi\|_{L^\infty(\Gamma)^m}, \quad \forall \psi \in T(\Gamma) \cap L^\infty(\Gamma)^m. \tag{1.135}$$

从而由定理 1.17 立即得到:

定理 1.20(连续模估计)   若 (H4) 及定理 1.17 的条件被满足, 则

$$\|u - u_h\|_{L^\infty(\Omega)} \leqslant C \sum_{i=0}^{m-1} h^{k_i-m+i+\frac{3}{2}} |\phi_i|_{k_i+1,(\Gamma)}, \tag{1.136}$$

特别若 $k_i = k_0 - i, i = 0, 1, \cdots, m-1$, 则有

$$\|u - u_h\|_{L^\infty(\Omega)} \leqslant C h^{k_0-m+\frac{3}{2}} \sum_{i=0}^{m-1} |\phi_i|_{k_i+1,\Gamma}$$

$$\leqslant C h^{k_0-m+\frac{3}{2}} \|u\|_{k_0+\frac{3}{2},\Omega}. \tag{1.137}$$

此结果并非最优.

综上所述, 自然边界元法使区域内的近似解按能量模提高了 $h^{\frac{1}{2}}$ 阶精度, 而按 L^2 模的精度则与经典有限元法相同.

1.6   关于 Poisson 积分公式的计算

在应用自然边界元方法求得边界上的解函数 $\phi = \gamma u$ 的近似函数 ϕ_h 后, 常常还需要求区域内某些点的解函数值 u 或解的某个导数值. 区域内的解函数 u 可以利用 Poisson 积分公式由边值函数 ϕ_h 近似求得, 而区域内解的导数的近似值则可利用对 Poisson 积分公式求导得到的公式由 ϕ_h 计算得到. 如果要求值的点并非离边界很近, 则利用通常的数值积分公式即可计算上述积分. 但当该点离边界很近, 甚至其距离远小于边界单元长度时, 则 Poisson 积分核便显示出奇异性, 直接应用通常的数值积分方法便难以获得满意的结果. 为此需要克服积分核奇异性带来的困难, 发展相应的数值计算方法. 1.4 节已提供了多种求奇异及超奇异积分的方法. 下面介绍的一种方法便可归入该节所述的间接计算法.

1.6.1   利用特解求近边界点的解函数值

这一方法首先被力学界提出, 并被应用于弹性力学问题的经典边界元计算中 (见文献 [236]).

为简单起见, 今仅以二维区域 Ω 内的二阶椭圆型微分方程的边值问题为例说明之. 设该边值问题已归化为边界 Γ 上的自然积分方程, 并已用自然边界元方法求出其边值 u_0 的近似函数

$$u_{0h} = \sum_{i=1}^N U_i L_i(s(x)),$$

其中 $\{L_i(s)\}_{i=1,\cdots,N}$ 为边界元解空间的基函数. 设 Poisson 积分公式由

$$u(y) = \int_\Gamma P(x,y)u_0(x)ds(x), \quad y \in \Omega \tag{1.138}$$

给出, 于是区域内某点 y 处的解函数的近似值可由下式计算得到:

$$\begin{aligned}
u_h(y) &= \int_\Gamma P(x,y)u_{0h}(x)ds(x) \\
&= \sum_{i=1}^N U_i \int_\Gamma P(x,y)L_i(s(x))ds(x) \\
&= \sum_{i=1}^N U_i P_i(y), \quad y \in \Omega,
\end{aligned} \tag{1.139}$$

其中

$$P_i(y) = \int_\Gamma P(x,y)L_i(s(x))ds(x), \quad i = 1, \cdots, N.$$

若 y 点离 Γ 较远, 计算这些积分应无困难. 但若 y 点离 Γ 很近, 设与其相邻的 Γ 上的单元为 Γ_i, 且 $\mathrm{supp}L_j(s) \cap \Gamma_j \neq \varnothing$, 则积分

$$p_j(y) = \int_{\mathrm{supp}L_j(s)} P(x,y)L_j(s(x))ds(x)$$

便接近于奇异积分, 此时积分核显示 $\dfrac{1}{|x-y|}$ 型奇异性. 例如, 当 $\{L_i(s)\}$ 为分段线性基函数时, 设 Γ 上与 y 点距离最近的两个节点为 s_{i-1} 及 s_i, 则上述积分中仅有 $P_{i-1}(y)$ 及 $P_i(y)$ 接近于奇异积分, 而其他 $N-2$ 个 $P_j(y), j \neq i-1, i$, 均可用通常的数值积分方法求出. 由于对一些典型微分方程常已知其若干特解, 这些特解应满足 Poisson 积分公式 (1.138), 将它们代入其离散形式 (1.139), 便可得 $P_i(y)(i=1,\cdots,N)$ 间的若干关系式. 在上述 $\{L_i(s)\}$ 为分段线性基函数的情况, 只需要已知原方程的两个特解, 设为 u_1 及 u_2, 代入 (1.139) 可得

$$\begin{cases}
u_1(s_{i-1})P_{i-1}(y) + u_1(s_i)P_i(y) = u_1(y) - \displaystyle\sum_{j\neq i-1,i} u_1(s_j)P_j(y), \\
u_2(s_{i-1})P_{i-1}(y) + u_2(s_i)P_i(y) = u_2(y) - \displaystyle\sum_{j\neq i-1,i} u_2(s_j)P_j(y).
\end{cases} \tag{1.140}$$

只要

$$u_1(s_{i-1})u_2(s_i) - u_1(s_i)u_2(s_{i-1}) \neq 0,$$

便可由 (1.140) 解出 $P_{i-1}(y)$ 及 $P_i(y)$. 这样, 由于所有的 $P_i(y)$ 都已得到, (1.139) 便可用来计算在边界上的近似解为 u_{0h} 的函数 u 在区域内近边界点 y 的近似值 $u_h(y)$.

若不是应用自然边界归化方法, 而是应用经典的直接法, 则取代 Poisson 积分公式的通常是同时含有 Dirichlet 边值及 Neumann 边值的解的积分表达式. 例如对二维调和方程, 有

$$u(y) = \frac{1}{2\pi} \int_\Gamma \left\{ u_0(x) \frac{\partial}{\partial n_x} \ln|x - y| - u_n(x) \ln|x - y| \right\} ds(x), \quad y \in \Omega. \qquad (1.141)$$

若已求得 $u_0(x)$ 及 $u_n(x)$ 在边界 Γ 上的近似函数

$$u_{0h}(x) = \sum_{i=1}^N U_i L_i(s), \quad u_{nh}(x) = \sum_{i=1}^N V_i N_i(s),$$

则可由 (1.141) 得

$$u_h(y) = \sum_{i=1}^N \{ U_i Q_i(y) + V_i R_i(y) \}, \qquad (1.142)$$

其中

$$Q_i(y) = \frac{1}{2\pi} \int_\Gamma L_i(s) \frac{\partial}{\partial n_x} \ln|x - y| ds(x),$$
$$\qquad\qquad\qquad\qquad i = 1, \cdots, N.$$
$$R_i(y) = -\frac{1}{2\pi} \int_\Gamma N_i(s) \ln|x - y| ds(x),$$

当 y 为近边界点时, $Q_i(y)$ 及 $R_i(y)$ 中有若干积分接近于奇异积分. 例如, 设 $\{L_i(s)\}$ 及 $\{N_i(s)\}$ 均为分段线性基函数, 与 y 相邻的 Γ 上的节点为 s_{i-1} 及 s_i, 则上述积分中有四个接近奇异积分, 即 $Q_{i-1}(y)$, $Q_i(y)$, $R_{i-1}(y)$ 及 $R_i(y)$. 只要已知原方程的 4 个特解 $u_k, k = 1, \cdots, 4$, 便可得如下 4 元线性代数方程组:

$$u_k(s_{i-1}) Q_{i-1}(y) + u_k(s_i) Q_i(y) + \frac{\partial u_k}{\partial n}(s_{i-1}) R_{i-1}(y) + \frac{\partial u_k}{\partial n}(s_i) R_i(y)$$
$$= u_k(y) - \sum_{j \neq i-1, i} \left\{ u_k(s_j) Q_j(y) + \frac{\partial u_k}{\partial n}(s_J) R_j(y) \right\}, \quad k = 1, \cdots, 4. \qquad (1.143)$$

若其系数行列式非零, 则 $Q_{i-1}(y), Q_i(y), R_{i-1}(y)$ 及 $R_i(y)$ 便可解出, (1.142) 也便可用于求区域内近边界点 y 处的解函数的近似值.

用此方法也可求边界点或近边界点解函数的导数的近似值. 这样计算得到的结果将比对近似解直接求导数有更高的精度.

在后面第 2~5 章中均有专节分别介绍调和方程、重调和方程、平面弹性方程及 Stokes 方程组的解的复变函数表示, 利用这些表示公式可以极其简便地得到这些方程或方程组的特解.

1.6.2   误差估计

用上述方法计算近边界点解函数值时, 误差主要有两部分来源. 一部分是由边界元离散化产生, 另一部分则由数值积分产生. 至于为求接近奇异的若干积分值而求解一个低阶代数方程组时可能产生的误差通常很小, 可以忽略不计. 于是由

$$u(y) = \int_\Gamma P(x,y)u_0(x)ds(x),$$

$$u_h(y) = \int_\Gamma P(x,y)u_{0h}(x)ds(x) = \sum_{j=1}^N U_j P_j(y),$$

其中

$$u_{0h} = \sum_{j=1}^N U_j L_j(s), \quad P_j(y) = \int_\Gamma P(x,y)L_j(s)ds(x),$$

并设 $\tilde{P}_i(y)$ 为利用通常数值积分公式及本节所述方法求得的 $P_i(y)$ 的近似值, 则利用

$$\tilde{u}_h(y) = \sum_{j=1}^N U_i \tilde{P}_j(y) \tag{1.144}$$

得到的 $u(y)$ 的近似值有如下误差估计:

$$\begin{aligned}
|u(y) - \tilde{u}_h(y)| &\leqslant |u(y) - u_h(y)| + |u_h(y) - \tilde{u}_h(y)| \\
&= \left| \int_\Gamma P(x,y)[u_0(x) - u_{0h}(x)]ds(x) \right| \\
&\quad + \left| \sum_{j=1}^N U_j(P_j(y) - \tilde{P}_j(y)) \right|.
\end{aligned}$$

若 Poisson 积分算子保持对 L^∞ 模的连续性, 即存在常数 $C > 0$, 使得

$$\max_{y \in \Omega} \left| \int_\Gamma P(x,y)\psi(x)ds(x) \right| \leqslant C \max_{x \in \Gamma} |\psi(x)|, \quad \forall \psi \in T(\Gamma),$$

例如, 对调和方程边值问题, 由熟知的极值原理即知 C 可取为 1, 便有

$$|u(y) - \tilde{u}_h(y)| \leqslant C\|u_0 - u_{0h}\|_{L^\infty(\Gamma)} + \left| \sum_{j=1}^N U_j(P_j(y) - \tilde{P}_j(y)) \right|. \tag{1.145}$$

为估计第二项误差, 设 $P_j(y)$ 中仅少数几个接近奇异积分, 例如仅 $\tilde{P}_{i-1}(y)$ 及 $\tilde{P}_i(y)$ 由前述间接计算法利用特解求出, 而其余 $\tilde{P}_i(y)$ 均利用通常的数值积分公式算得, 并有误差估计

$$|P_j(y) - \tilde{P}_j(y)| \leqslant Ch^{l+1}, \quad j \neq i-1, i,$$

其中 $l \geqslant 1$. 于是由 (1.140) 可得

$$|P_j(y) - \tilde{P}_j(y)| \leqslant Ch^l, \quad j = i-1, i.$$

从而

$$\left| \sum_{j=1}^{N} U_j[P_j(y) - \tilde{P}_j(y)] \right|$$

$$\leqslant \sum_{j=1}^{N} |U_j||P_j(y) - \tilde{P}_j(y)| \leqslant Ch^l \|u_{0h}\|_{L^\infty(\Gamma)}$$

$$\leqslant Ch^l(\|u_0\|_{L^\infty(\Gamma)} + \|u_0 - u_{0h}\|_{L^\infty(\Gamma)}).$$

代入 (1.145) 即得

$$|u(y) - \tilde{u}_h(y)| \leqslant C(\|u_0 - u_{0h}\|_{L^\infty(\Gamma)} + h^l\|u_0\|_{L^\infty(\Gamma)}), \qquad (1.146)$$

其右端第一项的估计见 1.5 节自然边界元解的 L^∞ 模误差估计.

由 (1.146) 可见, 用本节介绍的方法计算区域内近边界点的解函数值与用通常数值积分方法计算区域内离边界较远的点的解函数值有相同阶的精度, 从而成功地克服了通常方法不能较好地求得区域内近边界点函数值的困难.

第 2 章   调和方程边值问题

2.1 引   言

最典型也最简单的椭圆型偏微分方程是调和方程, 又称为 Laplace 方程

$$-\Delta u = 0. \tag{2.1}$$

若方程式右端非零, 则为 Poisson 方程

$$-\Delta u = f. \tag{2.2}$$

这里的 Laplace 算子 Δ 在二维情况下为

$$\Delta = \frac{\partial^2}{\partial x^2} + \frac{\partial^2}{\partial y^2}.$$

力学和物理学中研究的许多问题归结为调和方程或 Poisson 方程的边值问题. 例如, 弹性膜的平衡问题便可归结为 Poisson 方程的边值问题, 其边界条件通常有以下几种提法:

(i) 边界固定, 即

$$u(x,y)|_\Gamma = u_0(x,y)$$

为边界上已知函数, 这种边界条件称为第一类边界条件或 Dirichlet 边界条件.

(ii) 边界可以在一个光滑柱面上自由滑动, 即

$$\frac{\partial u}{\partial n}(x,y)|_\Gamma = 0,$$

这种边界称自由边界, 或更一般些,

$$\frac{\partial u}{\partial n}(x,y)|_\Gamma = g(x,y)$$

为边界上的已知函数, 这种边界条件称为第二类边界条件或 Neumann 边界条件.

(iii) 边界固定在弹性支承上, 即

$$\left[\frac{\partial}{\partial n}u(x,y) + \alpha u(x,y)\right]_\Gamma = 0,$$

或更一般些,

$$\left[\frac{\partial}{\partial n}u(x,y) + \alpha u(x,y)\right]_{\Gamma} = g(x,y),$$

其中 α 为已知正数, $g(x,y)$ 为边界上已知函数, 这种边界条件称为第三类边界条件.

此外, 稳定状态的热传导问题、不可压缩具势流问题、静电场问题及静磁场问题等也均可归结为 Laplace 方程或 Poisson 方程的边值问题. 这些问题虽然有完全不同的物理背景, 却往往导致完全相同的数学型式. 有关详情可参阅文献 [163]~[169]. 这些边值问题统称为调和方程边值问题.

在本章以下各节中, 将依次介绍调和方程的解的复变函数表示, 自然边界归化原理, 典型域上的自然积分方程及 Poisson 积分公式, 一般单连通域上的自然边界归化, 自然积分算子及其逆算子, 自然积分方程的直接研究, 自然积分方程的数值解法, 刚度矩阵的条件数, 并给出断裂及凹角扇形域上自然积分方程的数值解法.

2.2　解的复变函数表示

调和方程 $\Delta u = 0$ 的解称为调和函数. 二维调和函数可以通过复变函数来表示[289,290]. 这一表示公式实质上给出了调和方程的通解表达式, 为研究调和方程边值问题及其自然边界归化提供了强有力的工具. 本书首先证明调和函数的复变函数表示定理, 然后举例说明其应用. 至于它在调和方程边值问题的自然边界归化中的重要作用则将见于本章后面几节中.

2.2.1　定理及其证明

考察平面区域 Ω 上的调和方程

$$\frac{\partial^2 u}{\partial x^2} + \frac{\partial^2 u}{\partial y^2} = 0. \tag{2.3}$$

设两个实变数 x 及 y 的实函数 $u = u(x,y)$ 在 Ω 内有连续的直至二阶的偏导数, 且满足二维调和方程 (2.3), 则 u 为二维调和函数.

定理 2.1　平面单连通区域 Ω 上的任意调和函数 $u(x,y)$ 必可表示成一个在 Ω 上解析的复变函数 $\varphi(z)$ 的实部, 即

$$u = \mathrm{Re}\,\varphi(z), \tag{2.4}$$

其中 $z = x + iy$; 反之, 任取 Ω 上的一个解析函数 $\varphi(z)$, 则由式 (2.4) 得出的函数 $u(x,y)$ 必为 Ω 上的调和函数.

证　若二元实函数 $u(x,y)$ 为 Ω 上的调和函数, 则

$$\frac{\partial}{\partial x}\left(\frac{\partial u}{\partial x}\right) = \frac{\partial}{\partial y}\left(-\frac{\partial u}{\partial y}\right),$$

也即 $-\dfrac{\partial u}{\partial y}dx + \dfrac{\partial u}{\partial x}dy$ 为全微分. 于是可定义实函数

$$v(x,y) = \int_{(x_0,y_0)}^{(x,y)} \left(-\frac{\partial u}{\partial y}dx + \frac{\partial u}{\partial x}dy \right) + C, \tag{2.5}$$

其中积分与途径无关, C 可为任意实常数. 显然, 与 $u(x,y)$ 一样, $v(x,y)$ 在 Ω 内也有连续的一阶及二阶偏导数, 且满足如下关系式:

$$\begin{cases} \dfrac{\partial u}{\partial x} = \dfrac{\partial v}{\partial y}, \\[2mm] \dfrac{\partial v}{\partial x} = -\dfrac{\partial u}{\partial y}. \end{cases} \tag{2.6}$$

今取 $\varphi(z) = u(x,y) + iv(x,y)$, 则由复变函数论中关于解析函数的充分必要条件的著名定理, 由 Cauchy-Riemann 条件 (2.6) 即得 $\varphi(z)$ 为 Ω 上解析函数.

反之, 若 $\varphi(z) = u(x,y) + iv(x,y)$ 为 Ω 上解析函数, 则 $u(x,y)$ 及 $v(x,y)$ 满足 Cauchy-Riemann 条件 (2.6). 由此易得

$$\begin{aligned} \frac{\partial^2 u}{\partial x^2} + \frac{\partial^2 u}{\partial y^2} &= \frac{\partial}{\partial x}\left(\frac{\partial v}{\partial y} \right) + \frac{\partial}{\partial y}\left(-\frac{\partial v}{\partial x} \right) \\ &= \frac{\partial^2 v}{\partial x\partial y} - \frac{\partial^2 v}{\partial y\partial x} = 0, \end{aligned}$$

即 u 为调和函数. 证毕.

定理中的 $\mathrm{Re}\varphi(z)$ 也可换成 $\mathrm{Im}\varphi(z)$. 即调和函数也可表示成解析函数的虚部. 事实上, 复变函数 $\varphi(z) = u(x,y) + iv(x,y)$ 在单连通区域 Ω 上解析的必要且充分的条件便是: $u(x,y)$ 及 $v(x,y)$ 是 Ω 上的共轭调和函数. 已知 $u(x,y)$ 及 $v(x,y)$ 之一, 就可确定 $\varphi(z)$, 只是可能差一个实数或纯虚数.

定理中的区域 Ω 也可以是多连通区域, 只是此时证明中通过积分定义的 $v(x,y)$ 一般是多值函数, 从而相应的复变函数也是多值解析函数.

由于调和函数是解析函数的实部或虚部, 而解析函数有任意阶导数, 因此, 调和函数的任意阶偏导数仍为调和函数.

2.2.2　简单应用实例

调和函数的复变函数表示有很多重要的应用, 这里仅介绍几个简单的例子.

1. 构造调和方程的特解

在很多场合, 需要已知调和方程的某些特解, 即需要给出若干简单的调和函数. 例如, 在求得边界上的函数值后再用 Poisson 积分公式求该调和函数在近边界点的

函数值或导数值时, 由于积分核接近奇异, 以致用通常的数值积分方法难以得到较好的结果. 此时若已知调和方程的若干特解, 便可应用 1.6 节提供的方法克服这一困难.

若 Ω 为平面有界区域, 为得到一系列最简单的调和函数, 可取 $\varphi(z)$ 为 z 的多项式, 然后取实部或虚部. 例如:

(1) 取 $\varphi(z) = 1$,   得 $u = \mathrm{Re}\varphi(z) = 1$;

(2) 取 $\varphi(z) = z$,   得 $u = \mathrm{Re}\varphi(z) = x$;

(3) 取 $\varphi(z) = -iz$,   得 $u = \mathrm{Re}\varphi(z) = y$;

(4) 取 $\varphi(z) = z^2$,   得 $u = \mathrm{Re}\varphi(z) = x^2 - y^2$;

(5) 取 $\varphi(z) = -iz^2$,   得 $u = \mathrm{Re}\varphi(z) = 2xy$;

(6) 取 $\varphi(z) = z^3$,   得 $u = \mathrm{Re}\varphi(z) = x^3 - 3xy^2$;

(7) 取 $\varphi(z) = -iz^3$,   得 $u = \mathrm{Re}\varphi(z) = 3x^2y - y^3$;

(8) 取 $\varphi(z) = z^4$,   得 $u = \mathrm{Re}\varphi(z) = x^4 - 6x^2y^2 + y^4$;

(9) 取 $\varphi(z) = -iz^4$,   得 $u = \mathrm{Re}\varphi(z) = 4x^3y - 4xy^3$;

等等. 容易验证, 上述诸函数 $u(x,y)$ 均为调和方程的解, 且这些解是互相独立的. 由于调和方程是线性方程, 这些解的任意线性组合仍为调和方程的解.

若 Ω 为含坐标原点在内的某有界区域的外部区域, 则 $\varphi(z)$ 可取为 $\dfrac{1}{z}$ 的任意多项式, 因为这样的函数均为外部区域 Ω 上的解析函数.

2. 构造调和方程边值问题

调和方程边值问题常被用来作为检验某种求解微分方程边值问题的数值方法的有效性和可靠性的模型问题. 如果这一边值问题是随意选定的, 则通常难以求得其准确解, 从而也就无法将计算得到的近似解与准确解相比较, 更无法验证误差估计等理论分析结果. 因此, 需要构造已知准确解的模型问题. 调和方程的解的复变函数表示便提供了一种简单的方法.

例如, 设 $\Omega = \{(x,y) | x^2 + y^2 \geqslant 1\}$ 为单位圆外部区域, Γ 为其边界. 在定理 2.1 中取 $\varphi(z) = \dfrac{1}{z^2}$, 则可得

$$u = \mathrm{Re}\left(\frac{1}{z^2}\right) = \mathrm{Re}\left(\frac{1}{r^2}e^{-i2\theta}\right) = \frac{1}{r^2}\cos 2\theta,$$

它即为如下第二边值问题的准确解:

$$\begin{cases} -\Delta u = 0, & \Omega\text{内}, \\ \dfrac{\partial u}{\partial n} = 2\cos 2\theta, & \Gamma\text{上}. \end{cases}$$

又如, 设 $\Omega = \{(x,y)||x|, |y| \leqslant 1\}$ 为正方形区域, $\Gamma = \bigcup\limits_{i=1}^{4} \Gamma_i$ 为其边界, 在定理 2.1 中取 $\varphi(z) = -iz^2$, 则可得

$$u = \mathrm{Re}(-iz^2) = 2xy,$$

它即为如下混合边值问题的准确解:

$$\begin{cases} -\Delta u = 0, & \Omega\text{内}, \\ u = 2y, & \Gamma_1 = \{(1,y)||y| \leqslant 1\}\text{上}, \\ \dfrac{\partial u}{\partial n} = 2x, & \Gamma_2 = \{(x,1)||x| < 1\}\text{上}, \\ u = -2y, & \Gamma_3 = \{(-1,y)||y| \leqslant 1\}\text{上}, \\ \dfrac{\partial u}{\partial n} = -2x, & \Gamma_4 = \{(x,-1)||x| < 1\}\text{上}, \end{cases}$$

3. 构造有指定奇异性的调和函数

在用有限元方法或其他方法数值求解微分方程边值问题时, 经常在得到近似解后还要求得到解的导数的近似值. 近年来发展起来的自适应计算方法中也有应用解的高阶导数作后验误差指示值的 (见文献 [244]). 但如果直接对近似解求导数, 必然会损失相当部分精度, 不能得到满意的结果. 于是, 如何对近似解进行后处理也是当前计算数学发展的一个重要方向. 所谓的提取法便是这类后处理方法之一 (见文献 [152, 153, 214]). 这一方法利用推导出来的提取公式求得解的各阶导数的近似值, 而后者具有与近似解本身同阶的精度. 提取公式在很多情况下是一些积分表达式. 为了推导这些表达式, 常需要利用微分方程的有指定奇异性的若干特解. 这里将构造调和方程的在给定点 (x_0, y_0) 有 $\dfrac{1}{r^k}$ 阶奇异性的特解. 为简单起见, 选取 (x_0, y_0) 为极坐标的极点, 复变量 $z = x + iy = re^{i\theta}$.

(1) 将定理 2.1 中的解析函数分别取为

$$\varphi(z) = \frac{1}{z} \qquad \text{及} \qquad \varphi(z) = \frac{i}{z},$$

则可得到在极点有 $\dfrac{1}{r}$ 阶奇异性的两个互相独立的调和函数

$$u = \mathrm{Re}\frac{1}{z} = \mathrm{Re}\left(\frac{1}{r}e^{-i\theta}\right) = \frac{1}{r}\cos\theta$$

及

$$u = \mathrm{Re}\frac{i}{z} = \mathrm{Re}\left(\frac{i}{r}e^{-i\theta}\right) = \frac{1}{r}\sin\theta.$$

(2) 将定理 2.1 中的解析函数分别取为

$$\varphi(z) = \frac{1}{z^2} \quad 及 \quad \varphi(z) = \frac{i}{z^2},$$

则可得到在极点有 $\dfrac{1}{r^2}$ 阶奇异性的两个互相独立的调和函数

$$u = \text{Re}\frac{1}{z^2} = \text{Re}\left(\frac{1}{r^2}e^{-i2\theta}\right) = \frac{1}{r^2}\cos 2\theta$$

及

$$u = \text{Re}\frac{i}{z^2} = \text{Re}\left(\frac{i}{r^2}e^{-i2\theta}\right) = \frac{1}{r^2}\sin 2\theta.$$

(3) 一般地, 将定理 2.1 中的解析函数分别取为

$$\varphi(z) = \frac{1}{z^k} \quad 及 \quad \varphi(z) = \frac{i}{z^k},$$

则可得到在极点有 $\dfrac{1}{r^k}$ 阶奇异性的两个互相独立的调和函数

$$u = \text{Re}\frac{1}{z^k} = \text{Re}\left(\frac{1}{r^k}e^{-ik\theta}\right) = \frac{1}{r^k}\cos k\theta,$$

及

$$u = \text{Re}\frac{i}{z^k} = \text{Re}\left(\frac{i}{r^k}e^{-ik\theta}\right) = \frac{1}{r^k}\sin k\theta,$$

其中 k 可取任意正整数.

这些结果已被应用于推求调和方程边值问题的解的各阶导数的近似值的提取公式 (见文献 [152]).

4. 其他重要应用

调和方程的解的复变函数表示还有许多重要的应用, 例如, 可直接用于求解某些调和方程边值问题及发展相应的数值方法. 但这一方面的丰富内容将不在这里介绍. 本书研究若干典型偏微分方程或方程组的解的复变函数表示的目的仅在于它对边值问题的自然边界归化所起的重要作用. 在后面的一些章节中将可以看到这一重要作用.

2.3　自然边界归化原理

本节将自然边界归化方法应用于调和方程边值问题, 并研究得到的边界上的变分问题的解的存在唯一性.

考察有光滑边界 Γ 的平面有界区域 Ω 上的调和方程第一边值问题, 即 Dirichlet 边值问题

$$
\begin{cases}
-\Delta u = 0, & \Omega 内, \\
u = u_0, & \Gamma 上
\end{cases}
\tag{2.7}
$$

及第二边值问题, 即 Neumann 边值问题

$$
\begin{cases}
-\Delta u = 0, & \Omega 内, \\
\dfrac{\partial u}{\partial n} = u_n, & \Gamma 上,
\end{cases}
\tag{2.8}
$$

其中 $\dfrac{\partial}{\partial n}$ 为边界 Γ 上的外法向导数, $u_0 \in H^{\frac{1}{2}}(\Gamma)$ 及 $u_n \in H^{-\frac{1}{2}}(\Gamma)$ 为 Γ 上的给定函数. 为保证 Neumann 问题 (2.8) 有解. u_n 必须满足相容性条件

$$
\int_{\Gamma} u_n ds = 0.
\tag{2.9}
$$

令 $\mathring{H}^{-\frac{1}{2}}(\Gamma) = \left\{ v_n \in H^{-\frac{1}{2}}(\Gamma) \,\middle|\, \int_{\Gamma} v_n ds = 0 \right\}$, 则 $u_n \in \mathring{H}^{-\frac{1}{2}}(\Gamma)$.

2.3.1　区域上的变分问题

在 Sobolev 空间 $H^1(\Omega)$ 上定义双线性型

$$
D(u,v) = \iint_{\Omega} \nabla u \cdot \nabla v dx dy = \iint_{\Omega} \left(\frac{\partial u}{\partial x}\frac{\partial v}{\partial x} + \frac{\partial u}{\partial y}\frac{\partial v}{\partial y} \right) dx dy
$$

及线性泛函

$$
F(v) = \int_{\Gamma} u_n v ds,
$$

则调和方程 Neumann 边值问题 (2.8) 等价于如下变分问题:

$$
\begin{cases}
求 u \in H^1(\Omega), & 使得 \\
D(u,v) = F(v), & \forall v \in H^1(\Omega).
\end{cases}
\tag{2.10}
$$

再令相应的能量泛函为

$$
J(v) = \frac{1}{2}D(v,v) - F(v),
$$

则上述变分问题又等价于能量泛函的极小化问题

$$
\begin{cases}
求 u \in H^1(\Omega), & 使得 \\
J(u) = \min_{v \in H^1(\Omega)} J(v).
\end{cases}
\tag{2.11}
$$

这些等价性的证明可以在常见的关于微分方程边值问题或有限元方法的数学基础的著作中找到.

为研究变分问题 (2.10) 的解的存在唯一性, 需要泛函分析中的一个重要定理, 即 Lax-Milgram 定理. 这一定理将在本书中被多次应用, 故在此列出此定理. 其证明可见文献 [285].

定理 2.2(Lax-Milgram) 设 H 是一个 Hilbert 空间, $B(w,v)$ 是 H 上的双线性泛函, 且满足连续性

$$|B(w,v)| \leqslant M\|w\|_H\|v\|_H$$

及 V 椭圆性

$$B(v,v) \geqslant \alpha\|v\|_H^2,$$

其中 M, α 均为正常数, 又 $F(v)$ 为 H 上的有界线性泛函, 则存在唯一的 $u \in H$, 使得

$$B(u,v) = F(v), \quad \forall v \in H$$

成立, 且有估计

$$\|u\|_H \leqslant \frac{1}{\alpha}\|F\|_{H'}.$$

引理 2.1(Poincaré不等式) 若 $u \in H^1(\Omega)$, 则存在常数 $C > 0$, 使得

$$\|u\|_{1,\Omega} \leqslant C\left(|u|_{1,\Omega} + \left|\iint\limits_{\Omega} u dxdy\right|\right).$$

其证明可见文献 [197].

引理 2.2 $D(u,v)$ 为 $V(\Omega) = H^1(\Omega)/P_0$ 上的 V 椭圆对称连续双线性型, 即存在常数 $\alpha > 0$, 使得

$$D(v,v) \geqslant \alpha\|v\|_{V(\Omega)}^2, \quad \forall v \in V(\Omega). \tag{2.12}$$

证 易证 $D(u,v)$ 为 $V(\Omega)$ 上的对称连续双线性型. 今证其 V 椭圆性. 利用引理 2.1, 得

$$\|v\|_{V(\Omega)}^2 = \|v\|_{H^1(\Omega)/P_0}^2 = \inf_{w \in P_0} \|v - w\|_{H^1(\Omega)}^2$$

$$\leqslant C \inf_{w \in P_0} \left(|v - w|_{1,\Omega} + \left|\iint\limits_{\Omega}(v - w)dxdy\right|\right)^2$$

$$= C \inf_{w \in P_0} \left(|v|_{1,\Omega} + \left|\iint\limits_{\Omega}(v - w)dxdy\right|\right)^2.$$

取 $w = \iint\limits_{\Omega} vdxdy \bigg/ \iint\limits_{\Omega} dxdy$, 即得

$$\|v\|_{V(\Omega)}^2 \leqslant C|v|_{1,\Omega}^2.$$

于是

$$D(v,v) = \iint\limits_{\Omega} \left[\left(\frac{\partial v}{\partial x} \right)^2 + \left(\frac{\partial v}{\partial y} \right)^2 \right] dxdy = |v|_{1,\Omega}^2 \geqslant \alpha \|v\|_{V(\Omega)}^2,$$

其中 $\alpha = \dfrac{1}{C} > 0$. 证毕.

现在可以证明

定理 2.3 若 $u_n \in H^{-\frac{1}{2}}(\Gamma)$ 且满足相容性条件 (2.9), 则变分问题 (2.10) 在商空间 $V(\Omega) = H^1(\Omega)/P_0$ 中存在唯一解 u, 且解 u 连续依赖于给定边值 u_n.

证 由于 u_n 满足相容性条件 (2.9), 故变分问题 (2.10) 可在商空间 $V(\Omega)$ 中考虑. 利用引理 2.2 及定理 2.2, 即得变分问题 (2.10) 在商空间 $V(\Omega)$ 中存在唯一解, 且

$$\begin{aligned}
\alpha \|u\|_{V(\Omega)}^2 &\leqslant D(u,u) = F(u) = \int_{\Gamma} u_n u ds = \inf_{v \in P_0} \int_{\Gamma} u_n(u-v) ds \\
&\leqslant \|u_n\|_{-\frac{1}{2},\Gamma} \inf_{v \in P_0} \|u-v\|_{\frac{1}{2},\Gamma} \leqslant T \|u_n\|_{-\frac{1}{2},\Gamma} \inf_{v \in P_0} \|u-v\|_{1,\Omega} \\
&= T \|u_n\|_{-\frac{1}{2},\Gamma} \|u\|_{V(\Omega)},
\end{aligned}$$

即

$$\|u\|_{V(\Omega)} \leqslant \frac{T}{\alpha} \|u_n\|_{-\frac{1}{2},\Gamma}, \tag{2.13}$$

其中 T 为迹定理中出现的常数, $\dfrac{T}{\alpha} > 0$. 证毕.

所谓在商空间 $H^1(\Omega)/P_0$ 中存在唯一解是指在 $H^1(\Omega)$ 中存在解, 且解在可差一 P_0 中函数的意义下唯一. 这里 P_0 为常数函数全体.

对于右端项 $f \neq 0$ 的 Poisson 方程, Neumann 问题的相容性条件为

$$\iint\limits_{\Omega} f dxdy + \int_{\Gamma} u_n ds = 0. \tag{2.14}$$

当这一条件被满足时, 同样有相应的变分问题在商空间 $V(\Omega)$ 的解的存在唯一性.

若 Ω 为无界区域, 则变分问题的解函数空间 $H^1(\Omega)$ 应换为 (见文献 [241,266])

$$W_0^1(\Omega) = \left\{ u \,\middle|\, \frac{u}{\sqrt{x^2+y^2+1}\ln(x^2+y^2+2)}, \frac{\partial u}{\partial x}, \frac{\partial u}{\partial y} \in L^2(\Omega) \right\}.$$

2.3.2 自然边界归化及边界上的变分问题

取调和方程关于区域 Ω 的 Green 函数, 即满足

$$\begin{cases} -\Delta G(p,p') = \delta(p-p'), \\ G(p,p')|_{p \in \Gamma} = 0 \end{cases} \tag{2.15}$$

的函数 $G(p, p')$, 由熟知的 Green 第二公式

$$\iint_{\Omega} (v\Delta u - u\Delta v)dp = \int_{\Gamma} \left(v\frac{\partial u}{\partial n} - u\frac{\partial v}{\partial n} \right)ds \tag{2.16}$$

可得 Poisson 积分公式

$$u(p) = -\int_{\Gamma} \frac{\partial}{\partial n'} G(p, p') \cdot u_0(p')ds', \quad p \in \Omega. \tag{2.17}$$

上式对任意满足 $\Delta u = 0$ 的函数 $u(p)$ 及其 Dirichlet 边值 $u_0(p) = u(p)|_{\Gamma}$ 成立. 这里为简单起见, 记 $p = (x, y), p' = (x', y'), dp' = dx'dy'$. 对式 (2.17) 取法向导数并令 p 由 Ω 内部趋向边界 Γ, 便得到自然积分方程的表达式

$$u_n(p) = -\int_{\Gamma} \left[\frac{\partial^2}{\partial n \partial n'} G(p, p') \right]^{(-0)} u_0(p')ds', \quad p \in \Gamma, \tag{2.18}$$

其中积分核的上标 (-0) 表示当 p 由 Ω 内部趋向边界 Γ 时取极限. 令

$$\hat{D}(u_0, v_0) = -\int_{\Gamma}\int_{\Gamma} \left[\frac{\partial^2}{\partial n \partial n'} G(p, p') \right]^{(-0)} u_0(p')v_0(p)ds'ds,$$

$$\hat{F}(v_0) = \int_{\Gamma} u_n v_0 ds,$$

$$\hat{J}(v_0) = \frac{1}{2}\hat{D}(v_0, v_0) - \hat{F}(v_0).$$

与前面 $F(v)$ 被看作 $v \in H^1(\Omega)$ 上的线性连续泛函不同, 这里 $\hat{F}(v_0)$ 为 $v_0 \in H^{\frac{1}{2}}(\Gamma)$ 上的线性连续泛函. 于是 (2.18) 等价于变分问题

$$\begin{cases} 求 u_0 \in H^{\frac{1}{2}}(\Gamma), \quad 使得 \\ \hat{D}(u_0, v_0) = \hat{F}(v_0), \quad \forall v_0 \in H^{\frac{1}{2}}(\Gamma), \end{cases} \tag{2.19}$$

或能量泛函的极小化问题

$$\begin{cases} 求 u_0 \in H^{\frac{1}{2}}(\Gamma), \quad 使得 \\ \hat{J}(u_0) = \min_{v_0 \in H^{1/2}(\Gamma)} \hat{J}(v_0). \end{cases} \tag{2.20}$$

由定理 1.5 立即得到边界上的变分问题 (2.19) 与区域上的变分问题 (2.10) 之间的如下等价性.

定理 2.4 边界上的变分问题 (2.19) 等价于区域上的变分问题 (2.10). 也就是说, 若 u_0 为变分问题 (2.19) 的解, 则 $u = Pu_0$ 必为变分问题 (2.10) 的解; 反之, 若 u 为变分问题 (2.10) 的解, 则 $u_0 = \gamma u$ 必为变分问题 (2.19) 的解; 其中 P 为 Poisson 积分算子, γ 为 Dirichlet 迹算子.

由于 $\hat{F}(v_0)$ 与 $F(v)$ 有相同的表达式, 且通常并不会产生误解, 以后也常将 $\hat{F}$ 简记为 F.

此外, 由引理 2.2 及定理 1.3 容易得到

引理 2.3 $\hat{D}(u_0, v_0)$ 为商空间 $V_0(\Gamma) = H^{\frac{1}{2}}(\Gamma)/P_0$ 上的 V 椭圆对称双线性型, 即存在常数 $\alpha > 0$, 使得

$$\hat{D}(v_0, v_0) \geqslant \alpha \|v_0\|^2_{V_0(\Gamma)}, \quad \forall v_0 \in V_0(\Gamma). \tag{2.21}$$

证   对任意 $v_0 \in V_0(\Gamma)$, 取 $v = Pv_0$, 则 $v \in V(\Omega), \Delta v = 0, \gamma v = v_0$. 由定理 1.3 及引理 2.2, 得

$$\hat{D}(v_0, v_0) = D(v, v) \geqslant \alpha' \|v\|^2_{V(\Omega)}.$$

又由迹定理,

$$\|v_0\|_{V_0(\Gamma)} \leqslant T \|v\|_{V(\Omega)},$$

从而

$$\hat{D}(v_0, v_0) \geqslant \alpha \|v_0\|^2_{V_0(\Gamma)},$$

其中 $\alpha = \dfrac{\alpha'}{T^2} > 0$. 证毕.

最后由定理 2.3 及定理 2.4 可得本节的主要结果.

定理 2.5   若 $u_n \in H^{-\frac{1}{2}}(\Gamma)$ 且满足相容性条件 (2.9), 则变分问题 (2.19) 在商空间 $V_0(\Gamma) = H^{\frac{1}{2}}(\Gamma)/P_0$ 中存在唯一解, 且解 u_0 连续依赖于给定边值 u_n.

证   由定理 2.3 知变分问题 (2.10) 存在解 $u \in H^1(\Omega)$, 且解在可差一任意常数的意义下唯一. 于是由定理 2.4, $u_0 = \gamma u \in H^{\frac{1}{2}}(\Gamma)$ 必为变分问题 (2.19) 的解. 又若 (2.19) 又有解 w_0, 则由定理 2.4 知 $w = Pw_0$ 必为变分问题 (2.10) 之解, 而由定理 2.3, $w - u \in P_0$. 于是 $w_0 - u_0 = \gamma(w - u) \in P_0$, 也即变分问题 (2.19) 在商空间 $V_0(\Gamma)$ 中存在唯一解. 此外, 由迹定理及定理 2.3 可得

$$\|u_0\|_{V_0(\Gamma)} \leqslant T \|u\|_{V(\Omega)} \leqslant \frac{T^2}{\alpha'} \|u_n\|_{-\frac{1}{2}, \Gamma} = \alpha^{-1} \|u_n\|_{-\frac{1}{2}, \Gamma},$$

其中 $\alpha = \dfrac{\alpha'}{T^2} > 0$. 证毕.

此定理也可利用引理 2.3 及 Lax-Milgram 定理直接证明, 其中 $\hat{D}(u_0, v_0)$ 在 $V_0(\Gamma)$ 上的连续性可以由 $D(u, v)$ 在 $V(\Omega)$ 上的连续性及调和方程的解对 Dirichlet 边值的连续依赖性得到. 而边界上的变分问题 (2.19) 的解对给定的 Neumann 边值的连续依赖性则可由引理 2.3 推出:

$$\alpha \|u_0\|^2_{V_0(\Gamma)} \leqslant \hat{D}(u_0, u_0) = \hat{F}(u_0) = \int_\Gamma u_n u_0 ds$$

$$= \inf_{v_0 \in P_0} \int_\Gamma u_n(u_0 - v_0)ds$$

$$\leqslant \|u_n\|_{-\frac{1}{2},\Gamma} \inf_{v_0 \in P_0} \|u_0 - v_0\|_{\frac{1}{2},\Gamma}$$

$$= \|u_n\|_{-\frac{1}{2},\Gamma} \|u_0\|_{V_0(\Gamma)},$$

也即

$$\|u_0\|_{V_0(\Gamma)} \leqslant \frac{1}{\alpha} \|u_n\|_{-\frac{1}{2},\Gamma}. \tag{2.22}$$

对于 Poisson 方程的 Neumann 边值问题

$$\begin{cases} -\Delta u = f, & \Omega\text{内}, \\ \dfrac{\partial u}{\partial n} = u_n, & \Gamma\text{上}, \end{cases} \tag{2.23}$$

同样可由 Green 函数 (2.15) 及 Green 第二公式 (2.16) 得到 Poisson 积分公式

$$u(p) = -\int_\Gamma \left[\frac{\partial}{\partial n'} G(p,p')\right] u_0(p')ds'$$

$$+ \iint_\Omega G(p,p')f(p')dp', \quad p \in \Omega \tag{2.24}$$

及自然积分方程

$$u_n(p) = -\int_\Gamma \left[\frac{\partial^2}{\partial n \partial n'} G(p,p')\right]^{(-0)} u_0(p')ds'$$

$$+ \iint_\Omega \left[\frac{\partial}{\partial n} G(p,p')\right] f(p')dp', \quad p \in \Gamma. \tag{2.25}$$

将上式写作

$$u_n(p) - \iint_\Omega \left[\frac{\partial}{\partial n} G(p,p')\right] f(p')dp'$$

$$= -\int_\Gamma \left[\frac{\partial^2}{\partial n \partial n'} G(p,p')\right]^{(-0)} u_0(p')ds', \quad p \in \Gamma,$$

便可见, 它与由 Laplace 方程的 Neumann 问题导出的边界积分方程有相同的自然积分算子, 只是左端已知项有所改变. 于是利用定理 2.5 即可得到, 当

$$g(p) = u_n(p) - \iint_\Omega \left[\frac{\partial}{\partial n} G(p,p')\right] f(p')dp'$$

满足相容性条件

$$\int_\Gamma g(p)ds = 0 \tag{2.26}$$

时, 相应的边界上的变分问题

$$
\begin{cases}
求 u_0 \in H^{\frac{1}{2}}(\Gamma), \quad 使得 \\
\hat{D}(u_0, v_0) = \int_{\Gamma} g v_0 ds, \quad \forall v_0 \in H^{\frac{1}{2}}(\Gamma).
\end{cases}
\tag{2.27}
$$

在商空间 $V_0(\Gamma) = H^{\frac{1}{2}}(\Gamma)/P_0$ 中存在唯一解, 也即自然积分方程 (2.25) 在 $V_0(\Gamma)$ 中存在唯一解. 由于在 Green 第二公式 (2.16) 中取 $v = G(p, p')$ 及 $u = 1$ 可得当 $p' \in \Omega$ 时,

$$
\begin{aligned}
-\int_{\Gamma} \frac{\partial}{\partial n} G(p, p') ds &= -\iint_{\Omega} \Delta G(p, p') dp \\
&= \iint_{\Omega} \delta(p - p') dp = 1,
\end{aligned}
$$

便有

$$
\begin{aligned}
\int_{\Gamma} g(p) ds &= \int_{\Gamma} u_n(p) ds - \iint_{\Omega} \left\{ \int_{\Gamma} \left[\frac{\partial}{\partial n} G(p, p') \right] ds \right\} f(p') dp' \\
&= \int_{\Gamma} u_n(p) ds + \iint_{\Omega} f(p) dp,
\end{aligned}
$$

故相容性条件 (2.26) 正是 Poisson 方程 Neumann 边值问题的相容性条件 (2.14).

后面几节将只讨论 $f = 0$ 时的调和方程边值问题的自然边界归化.

2.4 典型域上的自然积分方程及 Poisson 积分公式

通过 Green 函数法、Fourier 变换或 Fourier 级数法及复变函数论方法等三种不同的途径可得到上半平面、圆内部区域及圆外部区域的自然积分方程及 Poisson 积分公式.

2.4.1 Ω 为上半平面

上半平面区域 Ω 的边界 Γ 为 x 轴, 也即直线 $y = 0$. Γ 上的外法线方向即 y 轴的负向.

1. Green 函数法

由熟知的二维调和方程的基本解

$$
E(p, p') = -\frac{1}{4\pi} \ln[(x - x')^2 + (y - y')^2],
\tag{2.28}
$$

容易求得调和方程关于上半平面区域的 Green 函数为

$$G(p, p') = \frac{1}{4\pi}\ln\frac{(x - x')^2 + (y + y')^2}{(x - x')^2 + (y - y')^2}.$$ (2.29)

由此可得

$$-\frac{\partial}{\partial n'}G(p, p')\bigg|_{y'=0} = \frac{\partial}{\partial y'}G(p, p')\bigg|_{y'=0}$$

$$= \frac{y}{\pi[(x - x')^2 + y^2]}, \quad y > 0$$

及

$$\left[\frac{\partial^2}{\partial n \partial n'}G(p, p')\right]_{y'=0}^{(-0)} = \lim_{y \to 0_+}\frac{\partial^2}{\partial n \partial n'}G(p, p')\bigg|_{y'=0}$$

$$= \lim_{y \to 0_+}\frac{\partial}{\partial y}\frac{y}{\pi[(x - x')^2 + y^2]}$$

$$= \lim_{y \to 0_+}\frac{1}{\pi[(x - x')^2 + y^2]} = \frac{1}{\pi(x - x')^2}.$$

于是得到上半平面内调和方程边值问题的 Poisson 积分公式

$$u(x, y) = \frac{1}{\pi}\int_{-\infty}^{\infty}\frac{y}{(x - x')^2 + y^2}u(x', 0)dx', \quad y > 0$$ (2.30)

及自然积分方程

$$\frac{\partial u}{\partial n}(x, 0) = -\frac{1}{\pi}\int_{-\infty}^{\infty}\frac{u(x', 0)}{(x - x')^2}dx',$$ (2.31)

或写作

$$u(x, y) = \frac{y}{\pi(x^2 + y^2)} * u_0(x), \quad y > 0$$ (2.32)

及

$$u_n(x) = -\frac{1}{\pi x^2} * u_0(x).$$ (2.33)

这里 $*$ 表示关于变量 x 的卷积. 由于卷积积分 (2.31) 的积分核为超奇异积分核, 这一积分应在广义函数意义下理解为 Hadamard 有限部分积分. 事实上, 在前面由 Poisson 积分核求自然积分核的过程中出现的极限正是广义函数意义下的极限, 在那里已经应用了广义函数论中的一个基本极限公式 (见文献 [276])

$$\lim_{y \to 0_+}\frac{1}{x + iy} = (x + i0)^{-1} = \frac{1}{x} - i\pi\delta(x),$$

因为对此式两边取实部即是

$$\lim_{y \to 0_+}\frac{x}{x^2 + y^2} = \frac{1}{x},$$

也即

$$\lim_{y \to 0_+} \frac{1}{x^2 + y^2} = \frac{1}{x^2}.$$

由第 1 章已知, 有限部分积分有完全不同于经典 Riemann 积分的一些奇特的性质. 例如, 一个恒为正值、甚至在接近奇点时趋向正无穷大的函数 $\frac{1}{x^2}$ 在 $(-\infty, \infty)$ 上的有限部分积分居然为

$$\text{f. p.} \int_{-\infty}^{\infty} \frac{1}{x^2} dx = \lim_{\varepsilon \to 0} \left\{ \int_{-\infty}^{-\varepsilon} \frac{1}{x^2} dx + \int_{\varepsilon}^{\infty} \frac{1}{x^2} dx - \frac{2}{\varepsilon} \right\}$$
$$= \lim_{\varepsilon \to 0} \left\{ \frac{1}{\varepsilon} + \frac{1}{\varepsilon} - \frac{2}{\varepsilon} \right\} = 0.$$

今后, 为简单起见, 除了在特别强调时用有限部分积分记号 $\text{f. p.} \int_a^b$ 外, 在自然积分方程的表达式中仍使用通常的积分号 $\int_a^b$. 注意到在本书中出现的所有超奇异积分都是在广义函数意义下导出的, 都应理解为 Hadamard 有限部分积分, 故这样表示并不会引起误解.

若函数 $u_0(x)$ 有紧支集, 则广义函数卷积满足结合律, 于是自然积分方程 (2.33) 也可化为

$$u_n(x) = -\frac{1}{\pi x^2} * u_0(x) = \left[\frac{1}{\pi x} * \delta'(x) \right] * u_0(x)$$
$$= \frac{1}{\pi x} * [\delta'(x) * u_0(x)] = \frac{1}{\pi x} * u_0'(x), \tag{2.34}$$

其右端的积分核仅含 Cauchy 型奇异性.

2. Fourier 变换法

Fourier 变换有多种定义. 例如至少有五种不同的定义分别见于 [291-294]. 这些定义大同小异. 本书采用如下定义:

$$F(\xi) = \mathscr{F}[f(x)] = \int_{-\infty}^{\infty} e^{-ix\xi} f(x) dx, \tag{2.35}$$

其逆变换为

$$f(x) = \mathscr{F}^{-1}[F(\xi)] = \frac{1}{2\pi} \int_{-\infty}^{\infty} e^{ix\xi} F(\xi) d\xi. \tag{2.36}$$

例如, $\mathscr{F}[1] = 2\pi\delta(\xi), \mathscr{F}[\delta(x)] = 1, \mathscr{F}\left[-\frac{1}{\pi x^2} \right] = |\xi|,$ 等等. 在此定义下成立:

$$\mathscr{F}[f * g] = \mathscr{F}[f] \cdot \mathscr{F}[g],$$

$$\mathscr{F}[f \cdot g] = \frac{1}{2\pi} \mathscr{F}[f] * \mathscr{F}[g], \tag{2.37}$$

$$\mathscr{F}\left[\frac{d}{dx} f\right] = i\xi \mathscr{F}[f],$$

$$\frac{d}{d\xi} \mathscr{F}[f] = \mathscr{F}[-ixf], \tag{2.38}$$

以及 Parseval 等式

$$\int_{-\infty}^{\infty} |f(x)|^2 dx = \frac{1}{2\pi} \int_{-\infty}^{\infty} |F(\xi)|^2 d\xi, \tag{2.39}$$

其中 $F(\xi) = \mathscr{F}[f(x)]$.

对调和方程

$$\frac{\partial^2 u}{\partial x^2} + \frac{\partial^z u}{\partial y^2} = 0$$

关于变量 x 取 Fourier 变换, 得到

$$\frac{d^2 U}{dy^2} - \xi^2 U = 0,$$

其中

$$U(\xi, y) = \mathscr{F}[u(x, y)] = \int_{-\infty}^{\infty} e^{-ix\xi} u(x, y) dx$$

为 $u(x, y)$ 的 Fourier 变换. 于是可解得

$$U(\xi, y) = e^{-|\xi|y} U(\xi, 0). \tag{2.40}$$

这里应用了熟知的常微分方程的求解公式. 由于 Ω 为上半平面, $y > 0$, 故通解中含有 $e^{|\xi|y}$ 的项已被舍去. 将式 (2.40) 再对变量 y 求导数, 便有

$$-\frac{\partial}{\partial y} U(\xi, 0) = |\xi| U(\xi, 0). \tag{2.41}$$

又由于

$$\mathscr{F}\left[\frac{y}{\pi(x^2 + y^2)}\right] = e^{-|\xi|y} \tag{2.42}$$

及

$$\mathscr{F}\left[-\frac{1}{\pi x^2}\right] = |\xi|, \tag{2.43}$$

分别对 (2.40) 及 (2.41) 两式取 Fourier 逆变换即可得 Poisson 积分公式 (2.32) 及自然积分方程 (2.33).

上面用到的 Fourier 变换公式 (2.42) 可以证明如下:

$$\mathscr{F}^{-1}[e^{-|\xi|y}] = \frac{1}{2\pi} \int_{-\infty}^{\infty} e^{ix\xi} e^{-|\xi|y} d\xi$$

$$= \frac{1}{2\pi} \left\{ \int_{-\infty}^{0} e^{\xi(ix+y)} d\xi + \int_{0}^{\infty} e^{\xi(ix-y)} d\xi \right\}$$

$$= \frac{1}{2\pi} \left(\frac{1}{ix+y} - \frac{1}{ix-y} \right) = \frac{y}{\pi(x^2+y^2)},$$

其中用到了当 $y > 0$ 时,

$$\lim_{\xi \to -\infty} e^{\xi y} = \lim_{\xi \to +\infty} e^{-\xi y} = 0.$$

而式 (2.43) 可以这样得到: 设 $\mathscr{F}[f(x)] = |\xi|$, 则

$$\mathscr{F}[(-ix)^2 f(x)] = \frac{d^2}{d\xi^2} \mathscr{F}[f(x)] = \frac{d^2}{d\xi^2} |\xi|$$

$$= 2\delta(\xi) = \mathscr{F}\left[\frac{1}{\pi}\right],$$

从而

$$f(x) = -\frac{1}{\pi x^2}.$$

3. 复变函数论方法

由 2.2 节给出的调和方程的解的复变函数表示, 设 $u(x,y) = \mathrm{Re}\varphi(z)$, 其中 $\varphi(z) = u(x,y) + iv(x,y)$ 为上半平面的解析函数, $z = x + iy$. 取 Cauchy 积分公式

$$\varphi(x,0) = \frac{1}{\pi i} \int_{-\infty}^{\infty} \frac{\varphi(x',0)}{x'-x} dx'$$

的虚部, 可得

$$v(x,0) = -\frac{1}{\pi} \int_{-\infty}^{\infty} \frac{u(x',0)}{x'-x} dx' = \frac{1}{\pi x} * u_0(x).$$

于是由 Cauchy-Riemann 条件[289,290],

$$u_n(x) = -\frac{\partial u}{\partial y}(x,0) = \frac{\partial v}{\partial x}(x,0)$$

$$= -\frac{1}{\pi x^2} * u_0(x),$$

此即自然积分方程 (2.33).

当 Ω 为下半平面区域时, 边界 Γ 仍为 x 轴, 但 Γ 上的外法线方向为 y 轴的正向, $\frac{\partial}{\partial n} = \frac{\partial}{\partial y}$. 同样可通过上述三种途径得到相应的 Poisson 积分公式

$$u(x,y) = -\frac{y}{\pi(x^2+y^2)} * u_0(x), \quad y < 0 \tag{2.44}$$

及自然积分方程

$$u_n(x) = -\frac{1}{\pi x^2} * u_0(x). \tag{2.45}$$

后者与 Ω 为上半平面时的结果 (2.33) 有完全相同的表达式.

2.4.2 Ω 为圆内区域

半径为 R 的圆内部区域 Ω 的边界在极坐标 (r, θ) 下即为 $\Gamma = \{(r, \theta)|_{r=R}\}$, 而 Γ 上的外法线方向正是 r 方向,

$$\frac{\partial}{\partial n} = \frac{\partial}{\partial r}.$$

先设 $R = 1$, 即考察单位圆内部区域.

1. Green 函数法

由基本解出发容易求得调和方程关于单位圆内部区域的 Green 函数为

$$G(p, p') = \frac{1}{4\pi} \ln \frac{1 + r^2 r'^2 - 2rr' \cos(\theta - \theta')}{r^2 + r'^2 - 2rr' \cos(\theta - \theta')}, \tag{2.46}$$

其中 (r, θ) 及 (r', θ') 分别为 p 及 p' 点的极坐标. 由 (2.46) 可得

$$-\frac{\partial G}{\partial n'}\bigg|_{r'=1} = \frac{1 - r^2}{2\pi[1 + r^2 - 2r \cos(\theta - \theta')]}$$

及

$$-\left[\frac{\partial^2 G}{\partial n \partial n'}\right]_{r'=1}^{(-0)} = \lim_{r \to 1-0} \left[-\frac{\partial^2 G}{\partial n \partial n'}\right]_{r'=1}$$

$$= -\frac{1}{4\pi \sin^2 \dfrac{\theta - \theta'}{2}}.$$

于是便得到单位圆内调和方程边值问题的 Poisson 积分公式

$$u(r, \theta) = \frac{1}{2\pi} \int_0^{2\pi} \frac{(1 - r^2)u(1, \theta')}{1 + r^2 - 2r \cos(\theta - \theta')} d\theta', \quad 0 \leqslant r < 1 \tag{2.47}$$

及自然积分方程

$$u_n(1, \theta) = -\frac{1}{4\pi} \int_0^{2\pi} \frac{u(1, \theta')}{\sin^2 \dfrac{\theta - \theta'}{2}} d\theta', \tag{2.48}$$

或写作卷积形式

$$u(r, \theta) = \frac{1 - r^2}{2\pi(1 + r^2 - 2r \cos \theta)} * u_0(\theta), \quad 0 \leqslant r < 1 \tag{2.49}$$

及

$$u_n(\theta) = -\frac{1}{4\pi \sin^2 \dfrac{\theta}{2}} * u_0(\theta), \tag{2.50}$$

其中 $*$ 表示关于变量 θ 的卷积. 卷积积分 (2.48) 的积分核为超奇异积分核, 故这一积分定义为广义函数意义下的 Hadamard 有限部分积分. 由于

$$-\frac{1}{4\pi \sin^2 \dfrac{\theta}{2}} = \frac{d}{d\theta}\left(\frac{1}{2\pi}\cot\frac{\theta}{2}\right) = \frac{1}{2\pi}\cot\frac{\theta}{2} * \delta'(\theta),$$

利用卷积的结合律, 超奇异积分 (2.50) 也可化为

$$\begin{aligned}
u_n(\theta) &= \left[\frac{1}{2\pi}\cot\frac{\theta}{2} * \delta'(\theta)\right] * u_0(\theta)\\
&= \frac{1}{2\pi}\cot\frac{\theta}{2} * [\delta'(\theta) * u_0(\theta)]\\
&= \frac{1}{2\pi}\cot\frac{\theta}{2} * u_0'(\theta),
\end{aligned} \tag{2.51}$$

其右端的积分核仅含 Cauchy 型奇异性.

2. Fourier 级数法

已知单位圆内调和函数可表示为如下级数形式:

$$u = \sum_{-\infty}^{\infty} a_n r^{|n|} e^{in\theta},$$

其中 $a_{-n} = a_n, n = 0, 1, 2, \cdots$. 于是

$$u_0(\theta) = u(1, \theta) = \sum_{-\infty}^{\infty} a_n e^{in\theta},$$

$$u_n(\theta) = \frac{\partial u}{\partial r}(1, \theta) = \sum_{-\infty}^{\infty} |n| a_n e^{in\theta}.$$

令 $u = P * u_0, u_n = K * u_0, P = \sum_{-\infty}^{\infty} p_n e^{in\theta}, K = \sum_{-\infty}^{\infty} k_n e^{in\theta}$, 便得

$$a_n r^{|n|} = 2\pi p_n a_n, \quad |n| a_n = 2\pi k_n a_n.$$

从而由 $p_n = \dfrac{1}{2\pi} r^{|n|}$ 及 $k_n = \dfrac{|n|}{2\pi}$ 可得

$$P = \sum_{-\infty}^{\infty} \frac{1}{2\pi} r^{|n|} e^{in\theta} = \frac{1}{2\pi}\left(\sum_{n=0}^{\infty} r^n e^{in\theta} + \sum_{n=1}^{\infty} r^n e^{-in\theta}\right)$$

$$= \frac{1}{2\pi}\left(\frac{1}{1-re^{i\theta}} + \frac{re^{-i\theta}}{1-re^{-i\theta}}\right)$$

$$= \frac{1-r^2}{2\pi(1-re^{i\theta})(1-re^{-i\theta})}$$

$$= \frac{1-r^2}{2\pi(1+r^2-2r\cos\theta)}, \quad 0 \leqslant r < 1,$$

及

$$K = \sum_{-\infty}^{\infty} \frac{1}{2\pi}|n|e^{in\theta} = -\frac{1}{4\pi\sin^2\frac{\theta}{2}}.$$

其最后一步将在下面证明. 于是立即得到 Poisson 积分公式 (2.49) 及自然积分方程 (2.50).

在上面的推导中用到了如下两个引理, 今证明之.

引理 2.4　若 $u = \sum_{-\infty}^{\infty} a_n e^{in\theta}, v = \sum_{-\infty}^{\infty} b_n e^{in\theta}$, 则

$$u * v = \sum_{-\infty}^{\infty}(2\pi a_n b_n)e^{in\theta},$$

即 $u * v$ 的 Fourier 展开系数为 u 与 v 各自的 Fourier 系数的积的 2π 倍.

证

$$u * v = \int_0^{2\pi} u(\theta - \theta')v(\theta')d\theta'$$

$$= \int_0^{2\pi} \sum_{-\infty}^{\infty} a_n e^{in(\theta-\theta')} \sum_{-\infty}^{\infty} b_k e^{ik\theta'} d\theta'$$

$$= \sum_{-\infty}^{\infty} a_n e^{in\theta} \sum_{-\infty}^{\infty} b_k \int_0^{2\pi} e^{i(k-n)\theta'} d\theta'$$

$$= \sum_{-\infty}^{\infty} a_n e^{in\theta} \sum_{-\infty}^{\infty} 2\pi b_k \delta_{kn} = 2\pi \sum_{-\infty}^{\infty} a_n b_n e^{in\theta},$$

其中

$$\int_0^{2\pi} e^{i(k-n)\theta'} d\theta' = 2\pi\delta_{kn} = \begin{cases} 2\pi, & k = n, \\ 0, & k \neq n. \end{cases}$$

引理 2.5　在广义函数意义下,

$$\sum_{-\infty}^{\infty} \frac{1}{2\pi}|n|e^{in\theta} = -\frac{1}{4\pi\sin^2\frac{\theta}{2}}. \tag{2.52}$$

证   由广义函数论[276], 若广义函数级数收敛:

$$h_1 + h_2 + \cdots + h_n + \cdots = g,$$

其中 g 仍为一广义函数, 则根据广义函数导数及广义函数列收敛的定义, 对任意基本函数 φ, 成立

$$(h_1' + h_2' + \cdots + h_n', \varphi) = (h_1 + h_2 + \cdots + h_n, -\varphi')$$
$$\to (g, -\varphi') = (g', \varphi),$$

也即广义函数级数可逐项求导数:

$$h_1' + h_2' + \cdots + h_n' + \cdots = g'.$$

于是将微积分学中熟知的收敛级数

$$\cos\theta + \frac{1}{2}\cos 2\theta + \frac{1}{3}\cos 3\theta + \cdots$$
$$= \sum_{n=1}^{\infty} \frac{1}{n}\cos n\theta = \operatorname{Re}\sum_{n=1}^{\infty}\frac{1}{n}e^{in\theta}$$
$$= \operatorname{Re}\left(\ln\frac{1}{1-e^{i\theta}}\right) = -\ln\left|2\sin\frac{\theta}{2}\right|,$$

其中 $0 < \theta < 2\pi$, 看作广义函数级数逐项求导数, 可以得到

$$\sin\theta + \sin 2\theta + \sin 3\theta + \cdots = \frac{1}{2}\cot\frac{\theta}{2}.$$

再逐项求一次导数, 便得广义函数意义下的级数公式

$$\cos\theta + 2\cos 2\theta + 3\cos 3\theta + \cdots = -\frac{1}{4\sin^2\dfrac{\theta}{2}}.$$

由此即得式 (2.52). 证毕.

注意, 尽管式 (2.52) 可以很容易地由如下演算得到:

$$\sum_{-\infty}^{\infty} \frac{1}{2\pi}|n|e^{in\theta} = \frac{1}{2\pi}\sum_{n=1}^{\infty}2n\cos n\theta$$
$$= \frac{1}{2\pi(1-\cos\theta)}\sum_{n=1}^{\infty}n[2\cos n\theta - 2\cos n\theta\cos\theta]$$
$$= \frac{1}{2\pi(1-\cos\theta)}\sum_{n=1}^{\infty}n[2\cos n\theta - \cos(n+1)\theta - \cos(n-1)\theta]$$

$$= \frac{1}{2\pi(1-\cos\theta)}\left\{\sum_{n=1}^{\infty} 2n\cos n\theta - \sum_{n=2}^{\infty}(n-1)\cos n\theta - \sum_{n=0}^{\infty}(n+1)\cos n\theta\right\}$$
$$= -\frac{1}{2\pi(1-\cos\theta)} = -\frac{1}{4\pi\sin^2\dfrac{\theta}{2}},$$

但由于 $\displaystyle\sum_{n=1}^{\infty} n\cos n\theta$ 并非收敛级数, 故上述演算只是形式上的. 事实上, 式 (2.52) 左端是一个发散级数, 在经典意义下并无定义.

3. 复变函数论方法

设调和方程的解为 $u = \mathrm{Re}\varphi(z), \varphi(z) = u + iv$ 是单位圆内解析函数. 从 Cauchy 积分公式

$$\frac{1}{2\pi i}\oint_\Gamma \frac{\varphi(z')}{z'-z}dz' = \frac{1}{2}f(z),$$

其中 $z = e^{i\theta}, z' = e^{i\theta'}$, 可得

$$u_0(\theta) + iv_0(\theta) = \frac{1}{2\pi}\int_0^{2\pi}[u_0(\theta') + iv_0(\theta')]\left(1 + i\cot\frac{\theta-\theta'}{2}\right)d\theta'.$$

取虚部便有

$$v_0(\theta) = \frac{1}{2\pi}\int_0^{2\pi}\left[v_0(\theta') + u_0(\theta')\cot\frac{\theta-\theta'}{2}\right]d\theta'.$$

再利用 Cauchy-Riemann 条件便得到

$$u_n(\theta) = \frac{\partial u}{\partial r}(\theta) = \frac{\partial v}{\partial \theta}(\theta) = -\frac{1}{4\pi}\int_0^{2\pi}\frac{u_0(\theta')}{\sin^2\dfrac{\theta-\theta'}{2}}d\theta'.$$

此即自然积分方程 (2.50).

4. 半径为 R 时的结果

可以很容易地把单位圆内区域的结果推广到半径为 R 的圆内部区域. 此时有 Poisson 积分公式

$$u(r,\theta) = \frac{R^2-r^2}{2\pi}\int_0^{2\pi}\frac{u_0(\theta')}{R^2+r^2-2Rr\cos(\theta-\theta')}d\theta', \quad 0 \leqslant r < R \tag{2.53}$$

及自然积分方程

$$u_n(\theta) = -\frac{1}{4\pi R}\int_0^{2\pi}\frac{u_0(\theta')}{\sin^2\dfrac{\theta-\theta'}{2}}d\theta'. \tag{2.54}$$

2.4.3 Ω 为圆外区域

圆外区域的边界仍为圆周 $\Gamma = \{(r,\theta)|r = R\}$. 但应注意, 此时 Γ 上的外法向导数为 $\dfrac{\partial}{\partial n} = -\dfrac{\partial}{\partial r}$. 先设 $R = 1$, 即考察单位圆外部区域, 同样可以通过三种不同的途径得到单位圆外调和方程边值问题的 Poisson 积分公式

$$u(r,\theta) = \frac{r^2 - 1}{2\pi(1 + r^2 - 2r\cos\theta)} * u_0(\theta), \quad r > 1 \tag{2.55}$$

及自然积分方程

$$u_n(\theta) = -\frac{1}{4\pi\sin^2\dfrac{\theta}{2}} * u_0(\theta). \tag{2.56}$$

后者与关于单位圆内区域的相应结果 (2.50) 有完全相同的表达式.

当 Ω 为半径为 R 的圆外部区域时, 则 Poisson 积分公式及自然积分方程为

$$u(r,\theta) = \frac{r^2 - R^2}{2\pi}\int_0^{2\pi}\frac{u_0(\theta')}{R^2 + r^2 - 2Rr\cos(\theta - \theta')}d\theta', \quad r > R \tag{2.57}$$

及

$$u_n(\theta) = -\frac{1}{4\pi R}\int_0^{2\pi}\frac{u_0(\theta')}{\sin^2\dfrac{\theta - \theta'}{2}}d\theta'. \tag{2.58}$$

2.4.4   几个简单例子

下面以几个简单例子来验证上述典型区域上调和方程边值问题的自然积分方程及 Poisson 积分公式. 为此先按定义计算几个常用的 Hadamard 有限部分积分及 Cauchy 主值积分.

(1) $\qquad \text{f. p.} \int_a^b \frac{1}{x^2}dx = \lim_{\varepsilon \to 0}\left\{\int_a^{-\varepsilon}\frac{1}{x^2}dx + \int_\varepsilon^b\frac{1}{x^2}dx - \frac{2}{\varepsilon}\right\}$

$$= \lim_{\varepsilon \to 0}\left\{\frac{1}{a} + \frac{1}{\varepsilon} - \frac{1}{b} + \frac{1}{\varepsilon} - \frac{2}{\varepsilon}\right\}$$

$$= \frac{1}{a} - \frac{1}{b},$$

其中 $a < 0 < b$. 特别 $\text{f. p.} \int_{-\infty}^{\infty}\frac{1}{x^2}dx = 0$.

(2) $\text{f. p.} \int_{-\pi}^{\pi}\frac{1}{\sin^2\dfrac{\theta}{2}}d\theta = \lim_{\varepsilon \to 0}\left\{\int_{-\varepsilon}^{\varepsilon}\left(\frac{1}{\sin^2\dfrac{\theta}{2}} - \frac{4}{\theta^2}\right)d\theta\right.$

$$\left. + \text{f. p.}\int_{-\varepsilon}^{\varepsilon}\frac{4}{\theta^2}d\theta + \left(\int_{-\pi}^{-\varepsilon} + \int_{\varepsilon}^{\pi}\right)\frac{1}{\sin^2\dfrac{\theta}{2}}d\theta\right\}$$

$$= \lim_{\varepsilon \to 0} \left\{ \int_{-\varepsilon}^{\varepsilon} \left[\frac{1}{3} + O(\theta^2) \right] d\theta - \frac{8}{\varepsilon} + 4\cot\frac{\varepsilon}{2} \right\}$$

$$= \lim_{\varepsilon \to 0} \left\{ 4\cot\frac{\varepsilon}{2} - \frac{8}{\varepsilon} \right\}$$

$$= \lim_{\varepsilon \to 0} \left\{ 4 \left[\frac{2}{\varepsilon} - \frac{\varepsilon}{6} + O(\varepsilon^3) \right] - \frac{8}{\varepsilon} \right\} = 0,$$

其中应用了三角函数的幂级数展开式

$$\sin x = x - \frac{x^3}{3!} + \frac{x^5}{5!} - \cdots$$

及

$$\cot x = \frac{1}{x} - \frac{1}{3}x - \frac{1}{45}x^3 - \cdots.$$

(3) p. v. $\int_{-\pi}^{\pi} \cot\frac{\theta}{2} d\theta = \lim_{\varepsilon \to 0} \left\{ \int_{-\pi}^{-\varepsilon} \cot\frac{\theta}{2} d\theta + \int_{\varepsilon}^{\pi} \cot\frac{\theta}{2} d\theta \right\}$

$$= \lim_{\varepsilon \to 0} \left\{ - \int_{\varepsilon}^{\pi} \cot\frac{\theta}{2} d\theta + \int_{\varepsilon}^{\pi} \cot\frac{\theta}{2} d\theta \right\} = 0.$$

更一般地, 若偶函数 $f(\theta)$ 非奇异, 则

$$\text{p. v.} \int_{-\pi}^{\pi} \cot\frac{\theta}{2} f(\theta) d\theta$$

$$= \lim_{\varepsilon \to 0} \left\{ \int_{-\pi}^{-\varepsilon} \cot\frac{\theta}{2} f(\theta) d\theta + \int_{\varepsilon}^{\pi} \cot\frac{\theta}{2} f(\theta) d\theta \right\}$$

$$= \lim_{\varepsilon \to 0} \left\{ \int_{\pi}^{\varepsilon} \cot\frac{t}{2} f(t) dt + \int_{\varepsilon}^{\pi} \cot\frac{\theta}{2} f(\theta) d\theta \right\} = 0,$$

其中 $t = -\theta$.

例 2.1 Ω 为上半平面, $u(x, y) = 1$ 为 Ω 内调和函数, $u_0(x) = 1$. 于是根据自然积分方程 (2.33) 可得

$$u_n(x) = -\frac{1}{\pi x^2} * u_0(x) = -\frac{1}{\pi} \text{f. p.} \int_{-\infty}^{\infty} \frac{1}{x^2} dx = 0.$$

结果正与

$$u_n(x) = -\frac{\partial}{\partial y} u(x, y)|_{y=0} = 0$$

相符. 再将 $u_0(x) = 1$ 代入 Poisson 积分公式 (2.32), 便有

$$u(x, y) = \int_{-\infty}^{\infty} \frac{y}{\pi(x^2 + y^2)} dx = \frac{1}{\pi} \int_{-\infty}^{\infty} \frac{1}{1 + t^2} dt$$

$$= \frac{1}{\pi} \text{arc} \tan t |_{-\infty}^{\infty} = 1,$$

其中 $t = \dfrac{x}{y}$, 得到的正是要求的结果.

例 2.2 Ω 为单位圆内区域, $u = 2xy = r^2 \sin 2\theta$ 为 Ω 内调和函数, $u_0(\theta) = u(r, \theta)|_{r=1} = \sin 2\theta$. 于是根据自然积分方程 (2.50) 可得

$$u_n(\theta) = -\frac{1}{4\pi \sin^2 \dfrac{\theta}{2}} * u_0(\theta) = -\frac{1}{4\pi} \text{f. p.} \int_{\Gamma} \frac{\sin 2(\theta - \theta')}{\sin^2 \dfrac{\theta'}{2}} d\theta'$$

$$= -\frac{1}{4\pi} \text{f. p.} \int_{\Gamma} \frac{\sin 2\theta \cos 2\theta' - \cos 2\theta \sin 2\theta'}{\sin^2 \dfrac{\theta'}{2}} d\theta'$$

$$= -\frac{1}{4\pi} \left\{ \sin 2\theta \ \text{f. p.} \int_{\Gamma} \left(\frac{1}{\sin^2 \dfrac{\theta'}{2}} - 8\cos^2 \frac{\theta'}{2} \right) d\theta' \right.$$

$$\left. - \cos 2\theta \ \text{p. v} \int_{\Gamma} 4\cot \frac{\theta'}{2} \cos \theta' d\theta' \right\}$$

$$= \frac{2}{\pi} \sin 2\theta \int_0^{2\pi} \cos^2 \frac{\theta'}{2} d\theta = 2 \sin 2\theta.$$

此式也可由

$$u_n(\theta) = -\frac{1}{4\pi \sin^2 \dfrac{\theta}{2}} * u_0(\theta) = \frac{1}{\pi} \sum_{n=1}^{\infty} n \cos n\theta * \sin 2\theta$$

$$= \frac{1}{\pi} \sum_{n=1}^{\infty} n \int_0^{2\pi} (\cos n\theta \cos n\theta' + \sin n\theta \sin n\theta') \sin 2\theta' d\theta'$$

$$= \frac{2}{\pi} \sin 2\theta \int_0^{2\pi} \sin^2 2\theta' d\theta' = 2 \sin 2\theta$$

得到. 这正与

$$u_n(\theta) = \frac{\partial}{\partial r} u(r, \theta)|_{r=1} = 2 \sin 2\theta$$

相符. 再将 $u_0(\theta) = \sin 2\theta$ 代入 Poisson 积分公式 (2.49), 便有

$$u(r, \theta) = \int_{-\pi}^{\pi} \frac{(1 - r^2) \sin 2(\theta - \theta')}{2\pi (1 + r^2 - 2r \cos \theta')} d\theta'$$

$$= \frac{1 - r^2}{2\pi} \int_{-\pi}^{\pi} \frac{\sin 2\theta \cos 2\theta' - \cos 2\theta \sin 2\theta'}{(1 + r^2) - 2r \cos \theta'} d\theta'$$

$$= \frac{1 - r^2}{\pi} \sin 2\theta \int_0^{\pi} \frac{\cos 2\theta'}{(1 + r^2) - 2r \cos \theta'} d\theta'$$

$$= \frac{1-r^2}{\pi} \sin 2\theta \int_0^\pi \frac{2\cos^2\theta - 1}{(1+r^2) - 2r\cos\theta} d\theta$$

$$= \frac{1-r^2}{\pi r} \sin 2\theta \int_0^\pi \left\{ -\cos\theta - \frac{1+r^2}{2r} \right.$$

$$+ \frac{1+r^4}{2r[(1+r^2) - 2r\cos\theta]} \bigg\} d\theta$$

$$= \frac{1-r^2}{\pi r} \sin 2\theta \left\{ -\frac{1+r^2}{2r}\pi \right.$$

$$+ \frac{1+r^4}{r} \int_0^\infty \frac{1}{(1-r)^2 + (1+r)^2 t^2} dt \bigg\}$$

$$= \frac{1-r^2}{\pi r} \sin 2\theta \left\{ -\frac{1+r^2}{2r}\pi + \frac{1+r^4}{r(1-r^2)} \int_0^\infty \frac{1}{1+x^2} dx \right\}$$

$$= \frac{1-r^2}{\pi r} \sin 2\theta \left\{ -\frac{1+r^2}{2r}\pi + \frac{1+r^4}{r(1-r^2)} \arctan x \Big|_0^\infty \right\}$$

$$= \frac{1-r^2}{\pi r} \sin 2\theta \left\{ -\frac{1+r^2}{2r}\pi + \frac{1+r^4}{2r(1-r^2)}\pi \right\}$$

$$= r^2 \sin 2\theta,$$

其中作了变量替换 $t = \tan\dfrac{\theta}{2}$ 及 $x = \dfrac{1+r}{1-r}t$. 此式也可由

$$u(r,\theta) = \frac{1-r^2}{2\pi(1 + r^2 - 2r\cos\theta)} * u_0(\theta)$$

$$= \sum_{-\infty}^{\infty} \frac{1}{2\pi} r^{|n|} e^{in\theta} * \sin 2\theta$$

$$= \frac{1}{\pi} \sum_{n=1}^{\infty} r^n \int_0^{2\pi} \cos n(\theta - \theta') \sin 2\theta' d\theta'$$

$$= \frac{1}{\pi} r^2 \sin 2\theta \int_0^{2\pi} \sin^2 2\theta' d\theta' = r^2 \sin 2\theta$$

得到. 这正是要求的结果.

例 2.3 Ω 为单位圆外区域, $u = \dfrac{x}{x^2 + y^2} = \dfrac{1}{r}\cos\theta$ 为 Ω 内调和函数 $u_0(\theta) = u(r,\theta)|_{r=1} = \cos\theta$. 于是根据自然积分方程 (2.56) 可得

$$u_n(\theta) = \text{f. p.} \int_\Gamma \left(-\frac{1}{4\pi \sin^2 \dfrac{\theta'}{2}} \right) \cos(\theta - \theta') d\theta'$$

$$= -\frac{1}{4\pi} \text{f. p.} \int_\Gamma \frac{\cos\theta\cos\theta' + \sin\theta\sin\theta'}{\sin^2 \dfrac{\theta}{2}} d\theta'$$

$$= -\frac{1}{4\pi}\left\{\cos\theta \ \text{f. p.} \int_\Gamma \left(\frac{1}{\sin^2\frac{\theta'}{2}} - 2\right)d\theta'\right.$$

$$\left.+ 2\sin\theta \, \text{p. v.} \int_\Gamma \cot\frac{\theta'}{2}d\theta'\right\}$$

$$= -\frac{1}{4\pi}\cos\theta\int_0^{2\pi}(-2)d\theta' = \cos\theta.$$

此式也可由

$$u_n(\theta) = -\frac{1}{4\pi\sin^2\dfrac{\theta}{2}} * \cos\theta = \frac{1}{\pi}\sum_{n=1}^\infty n\cos n\theta * \cos\theta$$

$$= \frac{1}{\pi}\sum_{n=1}^\infty n\int_0^{2\pi}(\cos n\theta\cos n\theta' + \sin n\theta\sin n\theta')\cos\theta'd\theta'$$

$$= \frac{1}{\pi}\cos\theta\int_0^{2\pi}\cos^2\theta d\theta = \cos\theta$$

得到. 这正与

$$u_n(\theta) = -\frac{\partial}{\partial r}u(r,\theta)\bigg|_{r=1} = \frac{1}{r^2}\cos\theta\bigg|_{r=1} = \cos\theta$$

相符. 再将 $u_0(\theta) = \cos\theta$ 代入 Poisson 积分公式 (2.55), 便有

$$u(r,\theta) = \int_{-\pi}^\pi \frac{(r^2-1)\cos(\theta-\theta')}{2\pi(1+r^2-2r\cos\theta')}d\theta'$$

$$= \frac{r^2-1}{2\pi}\int_{-\pi}^\pi\frac{\cos\theta\cos\theta' + \sin\theta\sin\theta'}{(r^2+1)-2r\cos\theta'}d\theta'$$

$$= \frac{r^2-1}{\pi}\cos\theta\int_0^\pi\frac{\cos\theta}{(r^2+1)-2r\cos\theta}d\theta$$

$$= \frac{r^2-1}{2\pi r}\cos\theta\int_0^\pi\left[\frac{r^2+1}{(r^2+1)-2r\cos\theta}-1\right]d\theta$$

$$= \frac{r^2-1}{2\pi r}\cos\theta\left\{\int_0^\infty\frac{2(r^2+1)}{(r-1)^2+(r+1)^2t^2}dt - \pi\right\}$$

$$= \frac{\cos\theta}{2\pi r}\left\{\int_0^\infty\frac{2(r^2+1)}{1+x^2}dx - (r^2-1)\pi\right\}$$

$$= \frac{\cos\theta}{2\pi r}\{2(r^2+1)\text{arc}\tan x|_0^\infty - (r^2-1)\pi\}$$

$$= \frac{\cos\theta}{2\pi r}\{(r^2+1)\pi - (r^2-1)\pi\} = \frac{1}{r}\cos\theta,$$

其中作了变量替换 $t = \tan\dfrac{\theta}{2}$ 及 $x = \dfrac{r+1}{r-1}t$. 此结果也可由

$$u(r,\theta) = \frac{r^2 - 1}{2\pi(1 + r^2 - 2r\cos\theta)} * u_0(\theta)$$

$$= \frac{1}{2\pi} \sum_{-\infty}^{\infty} r^{-|n|} e^{in\theta} * \cos\theta$$

$$= \frac{1}{\pi} \sum_{n=1}^{\infty} r^{-n} \int_0^{2\pi} \cos n(\theta - \theta') \cos\theta' d\theta'$$

$$= \frac{1}{\pi} r^{-1} \cos\theta \int_0^{2\pi} \cos^2\theta' d\theta' = \frac{1}{r}\cos\theta$$

得到. 这正是要求的解函数.

上面通过解析演算对几个给定区域上的调和函数验证了自然积分方程及 Poisson 积分公式, 其目的在于使读者对自然边界归化的这些结果有更具体的理解. 当然在实际应用中, 无论是求解自然积分方程, 还是在求得 Dirichlet 边值后用 Poisson 积分公式求区域内的解函数, 都必须采用适当的数值计算方法.

2.5 一般单连通域上的自然边界归化

由于当自变量的变化区域经过保角映射后, 解析函数仍为解析函数, 从而调和函数也仍为调和函数. 基于此, 可以应用保角映射将自然边界归化应用于一般单连通区域, 特别可求出角形域、扇形域及矩形域上的 Green 函数、Poisson 积分核及自然积分方程的积分核.

2.5.1 保角映射与自然边界归化

若在复平面上的区域 Ω 内的任意一点 z 的邻域里, 函数 $w = f(z)$ 的映射满足伸缩性不变、旋转角不变并保持角的定向, 则称函数 $w = f(z)$ 的映射是区域 Ω 内的保角映射. $w = f(z)$ 在区域 Ω 内是保角映射的充分必要条件是: $f(z)$ 在 Ω 内解析且导数 $f'(z)$ 在 Ω 内处处不等于零. 区域 Ω 内的解析函数经过变换后仍为解析函数. 于是根据调和方程的解的复变函数表示定理, 调和函数必可表示成一个解析函数的实部, 这就意味着调和函数经过保角映射后也仍为调和函数. 正是调和函数的这一特性使得利用保角映射将调和方程边值问题在典型域上的自然边界归化推广到一般单连通区域成为可能. 而对其他类型的微分方程, 则并无这样方便而有力的工具.

考察平面单连通区域 Ω 上的调和方程边值问题, 设 $G(p, p')$ 为关于区域 Ω 的 Green 函数, 其中 $p = (x, y), p' = (x', y')$ 为平面上的点. 今后也常用复数 $z = x + iy, z' = x' + iy'$ 等来表示平面上的点. 令

$$P(p, p') = -\frac{\partial}{\partial n'} G(p, p'),$$

$$K(p, p') = -\left[\frac{\partial^2}{\partial n \partial n'} G(p, p')\right]^{(-0)}$$

分别表示 Poisson 积分公式及自然积分方程的积分核. 根据经典的位势理论, 双层势的法向导数在越过边界时是连续的. 因此对调和方程而言, $\left[\dfrac{\partial^2}{\partial n \partial n'} G(p, p')\right]^{(-0)}$ 与 $\left[\dfrac{\partial^2}{\partial n \partial n'} G(p, p')\right]^{(0)}$ 是相同的, 于是可省去上标 (-0).

　　由上节已知, 当 Ω 为单位圆内部时, 调和方程的 Green 函数, Poisson 积分核及自然积分方程的积分核分别为

$$G(z, z') = \frac{1}{2\pi} \ln\left|\frac{1 - z\bar{z}'}{z - z'}\right|, \quad z, z' \in \Omega,$$

$$P(z, z') = \frac{1 - |z|^2}{2\pi |z - z'|^2}, \qquad z \in \Omega, z' \in \Gamma,$$

$$K(z, z') = -\frac{1}{\pi |z - z'|^2}, \qquad z, z' \in \Gamma,$$

这些公式是以复变量 z 及 z' 表示的. 只要以 $z = re^{i\theta}$ 及 $z' = r'e^{i\theta'}$ 代入, 即可得以 (r, θ) 及 (r', θ') 表示的熟知的公式. 而当 Ω 为上半平面时, 相应的结果为

$$G(z, z') = \frac{1}{2\pi} \ln\left|\frac{z - \bar{z}'}{z - z'}\right|, \quad z, z' \in \Omega,$$

$$P(z, z') = \frac{1}{\pi |z - z'|^2} \operatorname{Im} z, \quad z \in \Omega, z' \in \Gamma,$$

$$K(z, z') = -\frac{1}{\pi |z - z'|^2}, \quad z, z' \in \Gamma.$$

只要以 $z = x + iy$ 及 $z' = x' + iy'$ 代入, 也立即可得以 (x, y) 及 (x', y') 表示的熟知的表达式.

　　今设 Ω 为平面上任意单连通区域, 保角映射 $w = F(z)$ 映 Ω 为区域 $\tilde{\Omega}$ 且设点 $A \to \tilde{A}, B \to \tilde{B}, A, B \in \Omega, \tilde{A}, \tilde{B} \in \tilde{\Omega}$, 则两区域的 Green 函数间有如下关系[286]:

$$G(A, B) = \tilde{G}(\tilde{A}, \tilde{B}) = \tilde{G}(F(A), F(B)). \tag{2.59}$$

由此易得两区域的 Poisson 积分核及自然积分方程的积分核之间也有如下关系:

$$P(A, b) = -\frac{\partial G(A, b)}{\partial n_b} = -|F'(b)| \frac{\partial \tilde{G}}{\partial n_b}(\tilde{A}, \tilde{b})$$

$$= |F'(b)| \tilde{P}(\tilde{A}, \tilde{b}) = |F'(b)| \tilde{P}(F(A), F(b)) \tag{2.60}$$

及

$$
\begin{aligned}
K(a,b) &= -\frac{\partial^2 G(a,b)}{\partial n_a \partial n_b} = -|F'(a)F'(b)|\frac{\partial^2 \tilde{G}}{\partial n_{\tilde{a}} \partial n_{\tilde{b}}}(\tilde{a},\tilde{b}) \\
&= |F'(a)F'(b)|\tilde{K}(\tilde{a},\tilde{b}) \\
&= |F'(a)F'(b)|\tilde{K}(F(a),F(b)),
\end{aligned}
\tag{2.61}
$$

这里 $a, b \in \partial\Omega,\ \tilde{a}, \tilde{b} \in \partial\tilde{\Omega},\ a \xrightarrow{F} \tilde{a},\ b \xrightarrow{F} \tilde{b}$.

由于平面上的单连通区域在理论上均可通过保角映射化为单位圆内部区域, 也均可通过保角映射化为上半平面, 而单位圆内部及上半平面的 Green 函数、Poisson 积分核及自然积分方程的积分核均已知道, 于是根据式 (2.59)~(2.61), 只要知道单连通区域 Ω 到单位圆内部或上半平面的保角映射 $w = F(z)$, 便可得调和方程关于区域 Ω 的 Green 函数、Poisson 积分核及自然积分方程的积分核.

设保角映射 $w = F(z)$ 映 Ω 为单位圆内部, 则关于区域 Ω 有

$$
G(z,z') = \frac{1}{2\pi}\ln\left|\frac{1 - F(z)\overline{F(z')}}{F(z) - F(z')}\right|, \quad z,z' \in \Omega,
\tag{2.62}
$$

$$
P(z,z') = \frac{|F'(z')|(1 - |F(z)|^2)}{2\pi|F(z) - F(z')|^2}, \quad z \in \Omega, z' \in \Gamma,
\tag{2.63}
$$

$$
K(z,z') = -\frac{|F'(z)F'(z')|}{\pi|F(z) - F(z')|^2}, \quad z,z' \in \Gamma.
\tag{2.64}
$$

设保角映射 $w = F(z)$ 映 Ω 为上半平面, 则关于区域 Ω 有

$$
G(z,z') = \frac{1}{2\pi}\ln\left|\frac{F(z) - \overline{F(z')}}{F(z) - F(z')}\right|, \quad z,z' \in \Omega,
\tag{2.65}
$$

$$
P(z,z') = \frac{|F'(z')|}{\pi|F(z) - F(z')|^2}\operatorname{Im}F(z), \quad z \in \Omega, z' \in \Gamma,
\tag{2.66}
$$

$$
K(z,z') = -\frac{|F'(z)F'(z')|}{\pi|F(z) - F(z')|^2}, \quad z,z' \in \Gamma.
\tag{2.67}
$$

由于 $|F'(z')| = \lim\limits_{z \to z'}\left|\dfrac{F(z) - F(z')}{z - z'}\right|$, 故 $K(z,z')$ 在 $z \to z'$ 时的奇异性总是 $\dfrac{1}{|z - z'|^2}$ 型, 即与具体的区域 Ω 无关.

2.5.2 对角形域、扇形域与矩形域的应用

利用保角映射及前面导出的公式 (2.62)~(2.64) 或 (2.65)~(2.67), 可得关于如下一些区域的调和方程的 Green 函数、Poisson 积分核及自然积分方程的积分核.

1. 角形域

$$\Omega = \{(r,\theta)|_{0<\theta<\alpha\leqslant 2\pi}\}, \quad z = re^{i\theta}.$$

由保角映射 $w = z^{\frac{\pi}{\alpha}}$ 映角形域 Ω 为上半平面, 可得关于角形域的如下结果:

$$G(z,z') = \frac{1}{2\pi}\ln\left|\frac{z^{\frac{\pi}{\alpha}} - \bar{z}'^{\frac{\pi}{\alpha}}}{z^{\frac{\pi}{\alpha}} - z'^{\frac{\pi}{\alpha}}}\right|, \qquad z,z' \in \Omega,$$

$$P(z,z') = \frac{|z'|^{\frac{\pi}{\alpha}-1}}{\alpha|z^{\frac{\pi}{\alpha}} - z'^{\frac{\pi}{\alpha}}|^2}\mathrm{Im}z^{\frac{\pi}{\alpha}}, \quad z\in\Omega, z'\in\Gamma,$$

$$K(z,z') = -\frac{\pi|zz'|^{\frac{\pi}{\alpha}-1}}{\alpha^2|z^{\frac{\pi}{\alpha}} - z'^{\frac{\pi}{\alpha}}|^2}, \qquad z,z'\in\Gamma.$$

特别地, 当 $\alpha = \dfrac{\pi}{2}$ 时, 有 Poisson 积分公式

$$u(x,y) = \frac{4}{\pi}xy\int_0^\infty \frac{x'u_0(x',0)}{[(x'-x)^2+y^2][(x'+x)^2+y^2]}dx'$$
$$+ \frac{4}{\pi}xy\int_0^\infty \frac{y'u_0(0,y')}{[x^2+(y'-y)^2][x^2+(y'+y)^2]}dy'$$

及自然积分方程

$$\begin{cases} u_n(x,0) = -\dfrac{4x}{\pi}\displaystyle\int_0^\infty \frac{x'}{(x'^2-x^2)^2}u_0(x',0)dx' \\ \qquad\qquad - \dfrac{4x}{\pi}\displaystyle\int_0^\infty \frac{y'}{(x^2+y'^2)^2}u_0(0,y')dy', \\ u_n(0,y) = -\dfrac{4y}{\pi}\displaystyle\int_0^\infty \frac{x'}{(x'^2+y^2)^2}u_0(x',0)dx' \\ \qquad\qquad - \dfrac{4y}{\pi}\displaystyle\int_0^\infty \frac{y'}{(y'^2-y^2)^2}u_0(0,y')dy'. \end{cases}$$

2. 扇形域

$$\Omega = \{(r,\theta)|_{0<\theta<\alpha\leqslant 2x, 0\leqslant r<R}\}, \quad z = re^{i\theta}.$$

由于 $z_1 = \left(\dfrac{z}{R}\right)^{\frac{\pi}{\alpha}}$ 映扇形域 Ω 为上半单位圆, $z_2 = \dfrac{1+z_1}{1-z_1}$ 映上半单位圆为第一象限, $w = z_2^2$ 映第一象限为上半平面, 故

$$w = \left(\frac{z^{\frac{\pi}{\alpha}} + R^{\frac{\pi}{\alpha}}}{z^{\frac{\pi}{\alpha}} - R^{\frac{\pi}{\alpha}}}\right)^2$$

映扇形域 Ω 为上半平面. 从而可得关于扇形域的如下结果:

$$G(z, z') = \frac{1}{2\pi} \ln \frac{|z^{\frac{\pi}{\alpha}} - \bar{z}'^{\frac{\pi}{\alpha}}||R^{\frac{2\pi}{\alpha}} - (z\bar{z}')^{\frac{\pi}{\alpha}}|}{|z^{\frac{\pi}{\alpha}} - z'^{\frac{\pi}{\alpha}}||R^{\frac{2\pi}{\alpha}} - (zz')^{\frac{\pi}{\alpha}}|}, \qquad z, z' \in \Omega,$$

$$P(z, z') = \frac{|z'|^{\frac{\pi}{\alpha} - 1}|R^{\frac{2\pi}{\alpha}} - z'^{\frac{2\pi}{\alpha}}|(R^{\frac{2\pi}{\alpha}} - |z|^{\frac{2\pi}{\alpha}})}{\alpha|(R^{\frac{2\pi}{\alpha}} - (zz')^{\frac{\pi}{\alpha}})(z^{\frac{\pi}{\alpha}} - z'^{\frac{\pi}{\alpha}})|^2} \mathrm{Im} z^{\frac{\pi}{\alpha}}, \quad z \in \Omega, z' \in \Gamma,$$

$$K(z, z') = -\frac{\pi|z'z|^{\frac{\pi}{\alpha} - 1}|R^{\frac{2\pi}{\alpha}} - z'^{\frac{2\pi}{\alpha}}||R^{\frac{2\pi}{\alpha}} - z^{\frac{2\pi}{\alpha}}|}{\alpha^2|(R^{\frac{2\pi}{\alpha}} - (zz')^{\frac{\pi}{\alpha}})(z^{\frac{\pi}{\alpha}} - z'^{\frac{\pi}{\alpha}})|^2}, \qquad z, z' \in \Gamma.$$

3. 矩形域

$$\Omega = \left\{ (x, y) \middle| -\frac{A_1}{2} < x < \frac{A_2}{2}, 0 < y < A_2 \right\}, \quad z = x + iy,$$

其中

$$A_1 = 2 \int_0^1 \frac{dt}{\sqrt{(1 - t^2)(1 - k^2 t^2)}},$$

$$A_2 = \int_1^{\frac{1}{k}} \frac{dt}{\sqrt{(t^2 - 1)(1 - k^2 t^2)}}.$$

由保角映射

$$w = \frac{\mathrm{sn}z - \mathrm{sn}z'}{\mathrm{sn}z - \overline{\mathrm{sn}z'}}$$

映矩形域 Ω 为单位圆内区域, 可得关于矩形域的如下结果:

$$G(z, z') = \frac{1}{2\pi} \ln \frac{|\mathrm{sn}z - \overline{\mathrm{sn}z'}|}{|\mathrm{sn}z - \mathrm{sn}z'|}, \qquad z, z' \in \Omega,$$

$$P(z, z') = \frac{|\mathrm{cn}z'\mathrm{dn}z'|}{\pi|\mathrm{sn}z - \mathrm{sn}z'|^2} \mathrm{Im}(\mathrm{sn}z), \quad z \in \Omega, z' \in \Gamma,$$

$$K(z, z') = -\frac{|\mathrm{cn}z\mathrm{dn}z\mathrm{cn}z'\mathrm{dn}z'|}{\pi|\mathrm{sn}z - \mathrm{sn}z'|^2}, \qquad z, z' \in \Gamma,$$

其中 $\mathrm{sn}z, \mathrm{cn}z$ 及 $\mathrm{dn}z$ 均为椭圆函数.

2.6　自然积分算子及其逆算子

自然积分方程尽管在形式上属于第一类 Fredholm 积分方程, 但由于其积分核的超奇异性, 它定义的并非是通常意义下的积分算子, 而是一类正数阶的拟微分算子. 本节将研究典型域上调和方程的自然积分算子作为拟微分算子的一些性质, 并写出它们的逆算子.

2.6.1 上半平面自然积分算子

已知上半平面的调和方程边值问题归化为自然积分方程

$$u_n(x) = -\frac{1}{\pi x^2} * u_0(x) \equiv \mathscr{K} u_0(x),$$

取其 Fourier 变换可得

$$\tilde{u}_n(\xi) = |\xi| \tilde{u}_0(\xi),$$

其中 $f(x)$ 的 Fourier 变换定义为

$$\tilde{f}(\xi) = \mathscr{F}[f(x)] = \int_{-\infty}^{\infty} e^{-ix\xi} f(x) dx.$$

令 $D = -i\dfrac{\partial}{\partial x}$, 由拟微分算子 $\phi(D)$ 的定义

$$\mathscr{F}[\phi(D)u] = \phi(\xi)\tilde{u},$$

得

$$\mathscr{K} u_0 = |D| u_0,$$

即上半平面的调和方程的自然积分算子 $\mathscr{K}$ 正是 1 阶拟微分算子 $|D|$, 或写作

$$-\frac{1}{\pi x^2} * = |D|. \tag{2.68}$$

拟微分算子 $\mathscr{K} = |D|$ 有如下性质.

(1) $\mathscr{K}$ 为 $Au(x) = \dfrac{1}{2\pi} \int_{-\infty}^{\infty} e^{ix\xi} a(x, \xi) \tilde{u}(\xi) d\xi$ 型常系数线性拟微分算子,

$$\mathscr{K} u_0(x) = \mathscr{F}^{-1}[|\xi| \tilde{u}_0(\xi)] = \frac{1}{2\pi} \int_{-\infty}^{\infty} e^{ix\xi} |\xi| \tilde{u}_0(\xi) d\xi,$$

其象征 $a(x, \xi) = |\xi|$ 与 x 无关且为 ξ 的 1 阶正齐次函数, 从而 $\mathscr{K}$ 为 1 阶强椭圆型拟微分算子.

(2) $\mathscr{K} u_0(x) = \int_{-\infty}^{\infty} \left[-\dfrac{1}{\pi(x-x')^2} \right] u_0(x') dx'$, 其积分核仅与 $x - x'$ 有关, 且除了在 $\mathbb{R} \times \mathbb{R}$ 的对角线 $x = x'$ 上外, 广义函数 $-\dfrac{1}{\pi(x-x')^2}$ 为 C^∞ 函数, 其中 $\mathbb{R} = (-\infty, \infty)$, 即实数全体. 从而该积分核是 "很正则" 的. $\mathscr{K}$ 为拟局部算子, 也即 $u_n = \mathscr{K} u_0$ 在 u_0 为 C^∞ 函数的任意开集中为 C^∞ 函数, 或者说函数 u_0 的不光滑性对 u_n 的影响是局部的.

(3) $\mathscr{K} : H^s(\mathbb{R}) \to H^{s-1}(\mathbb{R})$, 且

$$\|\mathscr{K}u\|_{s-1} \leqslant \|u\|_s, \quad \forall u \in H^s(\mathbb{R}),$$

其中 s 为实数. 这是因为若 $u \in H^s(\mathbb{R})$, 则有

$$\|u\|_s^2 = \frac{1}{2\pi} \int_{\mathbb{R}} (1+\xi^2)^s |\tilde{u}(\xi)|^2 d\xi < \infty,$$

从而由 $\mathscr{F}[\mathscr{K}u] = |\xi|\tilde{u}$ 可得

$$\|\mathscr{K}u\|_{s-1}^2 = \frac{1}{2\pi} \int_{\mathbb{R}} \xi^2 (1+\xi^2)^{s-1} |\tilde{u}(\xi)|^2 d\xi$$

$$\leqslant \frac{1}{2\pi} \int_{\mathbb{R}} (1+\xi^2)^s |\tilde{u}(\xi)|^2 d\xi = \|u\|_s^2 < \infty,$$

即 $\mathscr{K}u \in H^{s-1}(\mathbb{R})$. 于是 $\mathscr{K}$ 为 $\mathbb{R}$ 上的 1 阶拟微分算子.

这里, 函数 $f(x)$ 的 $H^s(\mathbb{R})$ 模借助 Fourier 变换定义为

$$\|f(x)\|_s = \left[\frac{1}{2\pi} \int_{\mathbb{R}} (1+\xi^2)^s |\tilde{f}(\xi)|^2 d\xi\right]^{\frac{1}{2}},$$

其中 $\tilde{f}(\xi) = \mathscr{F}[f(x)]$ 为 $f(x)$ 的 Fourier 变换. 特别当 $s = 0$ 时,

$$\|f(x)\|_0 = \left[\frac{1}{2\pi} \int_{\mathbb{R}} |\tilde{f}(\xi)|^2 d\xi\right]^{\frac{1}{2}}$$

$$= \left[\int_{\mathbb{R}} |f(x)|^2 dx\right]^{\frac{1}{2}} = \|f(x)\|_{L^2(\mathbb{R})},$$

正是通常的 L^2 模.

(4) 算子 $\mathscr{N} = \dfrac{1}{|D|} = -\dfrac{1}{\pi}\ln|x|*$ 为算子 $\mathscr{K} = |D| = -\dfrac{1}{\pi x^2}*$ 的逆算子, 它是 -1 阶拟微分算子. 从而自然积分方程 (2.33) 的反演公式为

$$u_0(x) = -\frac{1}{\pi}\ln|x| * u_n(x). \tag{2.69}$$

事实上, 由于

$$\mathscr{F}\left[\left(-\frac{1}{\pi}\ln|x|\right) * \left(-\frac{1}{\pi x^2}\right)\right]$$

$$= \mathscr{F}\left[-\frac{1}{\pi}\ln|x|\right]\mathscr{F}\left[-\frac{1}{\pi x^2}\right] = \frac{1}{|\xi|}|\xi| = 1,$$

可得

$$\left(-\frac{1}{\pi}\ln|x|\right) * \left(-\frac{1}{\pi x^2}\right) = \delta(x),$$

而 $\delta(x)*$ 正是单位算子. $\mathscr{K}$ 的逆算子并不唯一, 因为对任意常数 C, $\left(-\dfrac{1}{\pi}\ln|x| + C\right)*$ 都是 $\mathscr{K}$ 的逆算子, 这只需注意到

$$
\begin{aligned}
\mathscr{K}(C*u(x)) &= \mathscr{K}\int_{-\infty}^{\infty} Cu(x)dx \\
&= \left[C\int_{-\infty}^{\infty} u(x)dx\right]\mathscr{K}1 = 0.
\end{aligned}
$$

但由于 $u_n(x)$ 所应满足的相容性条件, 便知在 (2.69) 中添加这一常数是不必要的.

(5) $\mathscr{K}^2 = D^2 = -\dfrac{\partial^2}{\partial x^2}.$ 　　　　　　　　　　　　　　　　(2.70)

这是因为, 对任意 $f(x)$ 有

$$
\begin{aligned}
\mathscr{F}\left[\left(-\frac{1}{\pi x^2}\right)*\left(-\frac{1}{\pi x^2}\right)*f(x)\right] &= |\xi|^2\mathscr{F}[f(x)] \\
=\xi^2\mathscr{F}[f(x)] &= -(i\xi)^2\mathscr{F}[f(x)] \\
=& -\mathscr{F}\left[\frac{d^2}{dx^2}f(x)\right],
\end{aligned}
$$

故取 Fourier 逆变换即得要证.

2.6.2　圆内 (外) 区域自然积分算子

今仅以 Ω 为单位圆内区域为例, 研究圆内 (外) 区域调和方程边值问题的 Poisson 积分算子及自然积分算子的映射性质. 借助 Fourier 级数展开, 可定义单位圆周 Γ 上的函数 $f(\theta)$ 的 $H^s(\Gamma)$ 模如下:

$$
\|f(\theta)\|_{s,\Gamma} = \left[2\pi\sum_{-\infty}^{\infty}(n^2+1)^s|a_n|^2\right]^{\frac{1}{2}},
$$

其中

$$
a_n = \frac{1}{2\pi}\int_{\Gamma} f(\theta)e^{-in\theta}d\theta, \quad f(\theta) = \sum_{-\infty}^{\infty} a_n e^{in\theta}.
$$

特别当 $s=0$ 时,

$$
\|f(\theta)\|_{0,\Gamma} = \left[2\pi\sum_{-\infty}^{\infty}|a_n|^2\right]^{\frac{1}{2}} = \|f(\theta)\|_{L^2(\Gamma)},
$$

正是通常的 L^2 模.

命题 2.1 单位圆内调和方程的 Poisson 积分算子 $P: H^{s-\frac{1}{2}}(\Gamma) \to H^s(\Omega)$, 且

$$\|Pf\|_{s,\Omega} \leqslant C\|f\|_{s-\frac{1}{2},\Gamma}, \quad \forall f \in H^{s-\frac{1}{2}}(\Gamma), \tag{2.71}$$

其中 s 为非负整数, C 为与 f 无关的常数.

证 设 $f = \sum_{-\infty}^{\infty} a_n e^{in\theta}$, 其中 $a_{-n} = \overline{a_n}$, $n = 0, 1, 2, \cdots$. 若 $f \in H^{s-\frac{1}{2}}(\Gamma)$, 则

$$\|f\|_{s-\frac{1}{2},\Gamma}^2 = 2\pi \sum_{-\infty}^{\infty} (n^2 + 1)^{s-\frac{1}{2}} |a_n|^2 < \infty.$$

由 Poisson 积分公式得

$$\begin{aligned}
Pf &= \frac{1 - r^2}{2\pi(1 + r^2 - 2r\cos\theta)} * f \\
&= \left(\frac{1}{2\pi} \sum_{-\infty}^{\infty} r^{|n|} e^{in\theta}\right) * \left(\sum_{-\infty}^{\infty} a_n e^{in\theta}\right) \\
&= \sum_{-\infty}^{\infty} a_n r^{|n|} e^{in\theta},
\end{aligned}$$

从而

$$\begin{aligned}
\|Pf\|_{0,\Omega}^2 &= \int_0^{2\pi} \int_0^1 \left(\sum_{-\infty}^{\infty} a_n r^{|n|} e^{in\theta}\right) \left(\sum_{-\infty}^{\infty} \bar{a}_n r^{|n|} e^{-in\theta}\right) r\,dr\,d\theta \\
&= \sum_{-\infty}^{\infty} |a_n|^2 \int_0^1 r^{2|n|+1} dr \int_0^{2\pi} d\theta \\
&= 2\pi \sum_{-\infty}^{\infty} \frac{1}{2(|n| + 1)} |a_n|^2 \\
&\leqslant \pi \sum_{-\infty}^{\infty} (n^2 + 1)^{-\frac{1}{2}} |a_n|^2, \\
\|Pf\|_{1,\Omega}^2 &= \|Pf\|_{0,\Omega}^2 + \|\nabla(Pf)\|_{0,\Omega}^2 \\
&= 2\pi \sum_{-\infty}^{\infty} \frac{1}{2(|n| + 1)} |a_n|^2 + \int_\Gamma (Pf) \frac{\partial \overline{Pf}}{\partial n} ds \\
&= 2\pi \sum_{-\infty}^{\infty} \frac{1}{2(|n| + 1)} |a_n|^2 + 2\pi \sum_{-\infty}^{\infty} |n| |a_n|^2 \\
&\leqslant 2\pi \sum_{-\infty}^{\infty} (n^2 + 1)^{\frac{1}{2}} |a_n|^2.
\end{aligned}$$

用数学归纳法可证

$$\|Pf\|_{k,\Omega}^2 \leqslant C_k \sum_{n=-\infty}^{\infty} (n^2+1)^{k-\frac{1}{2}}|a_n|^2, \quad k=0,1,2,\cdots,$$

其中 C_k 为仅与 k 有关的常数. 取 $k=s$, 即得

$$\|Pf\|_{s,\Omega}^2 \leqslant C_s \sum_{-\infty}^{\infty} (n^2+1)^{s-\frac{1}{2}}|a_n|^2 = \frac{C_s}{2\pi}\|f\|_{s-\frac{1}{2},\Gamma}^2.$$

由此便得要证结果.

这一命题表明, 原边值问题的解的误差可由自然积分方程的解的误差所控制, 它对于自然边界元方法而言是很重要的结果.

下面再研究自然积分算子的映射性质并求出其逆算子.

命题 2.2   单位圆内 (外) 调和方程的自然积分算子

$$\mathscr{K} = -\frac{1}{4\pi\sin^2\dfrac{\theta}{2}}* : H^s(\Gamma) \to \overset{\circ}{H}{}^{s-1}(\Gamma),$$

且 $\mathscr{K}$ 是 $\overset{\circ}{H}{}^s(\Gamma) \to \overset{\circ}{H}{}^{s-1}(\Gamma)$ 同构, 这里 s 为实数, $\overset{\circ}{H}{}^t(\Gamma)=\left\{f\in H^t(\Gamma)\Big|\displaystyle\int_0^{2\pi}fd\theta=0\right\}$.

证   若 $f=\displaystyle\sum_{-\infty}^{\infty}a_n e^{in\theta}\in H^s(\Gamma)$, 则 $2\pi\displaystyle\sum_{-\infty}^{\infty}(n^2+1)^s|a_n|^2<\infty$. 于是由

$$\mathscr{K}f = -\frac{1}{4\pi\sin^2\dfrac{\theta}{2}}*f = \frac{1}{2\pi}\sum_{-\infty}^{\infty}|n|e^{in\theta}*\sum_{-\infty}^{\infty}a_n e^{in\theta}$$

$$= \sum_{-\infty}^{\infty}|n|a_n e^{in\theta},$$

得

$$\|\mathscr{K}f\|_{s-1}^2 = 2\pi\sum_{-\infty}^{\infty}n^2(n^2+1)^{s-1}|a_n|^2$$

$$\leqslant 2\pi\sum_{-\infty}^{\infty}(n^2+1)^s|a_n|^2 = \|f\|_s^2 < \infty,$$

且

$$\int_0^{2\pi}\mathscr{K}fd\theta = \int_0^{2\pi}\sum_{-\infty}^{\infty}|n|a_n e^{in\theta}d\theta = 0,$$

故 $\mathscr{K}f\in\overset{\circ}{H}{}^{s-1}(\Gamma)$. 反之, 若 $g=\displaystyle\sum_{-\infty}^{\infty}b_n e^{in\theta}\in\overset{\circ}{H}{}^{s-1}(\Gamma)$, 则 $b_0=0, 2\pi\displaystyle\sum_{-\infty}^{\infty}(n^2+1)^{s-1}|b_n|^2<\infty$, 故必存在

$$f = \sum_{\substack{-\infty \\ n \neq 0}}^{\infty} \frac{b_n}{|n|} e^{in\theta},$$

使得 $\mathscr{K}f = g$, 且

$$\|f\|_s^2 = 2\pi \sum_{\substack{-\infty \\ n \neq 0}}^{\infty} (n^2 + 1)^s \left|\frac{b_n}{n}\right|^2$$

$$\leqslant 4\pi \sum_{-\infty}^{\infty} (n^2 + 1)^{s-1} |b_n|^2 < \infty,$$

即 $f \in \overset{\circ}{H}{}^s(\Gamma)$. 又若 $g = \mathscr{K}f = \sum_{-\infty}^{\infty} |n| a_n e^{in\theta} = 0$, 则 $|n| a_n = 0$, 从而 $f = a_0$. 但若 $f \in \overset{\circ}{H}{}^s(\Gamma)$, 则必有 $a_0 = 0$, 从而 $f = 0$. 于是线性算子 $\mathscr{K} : \overset{\circ}{H}{}^s(\Gamma) \to \overset{\circ}{H}{}^{s-1}(\Gamma)$ 是一同构映射. 由此结果以及在上述证明过程中已得到的不等式

$$\|\mathscr{K}f\|_{s-1} \leqslant \|f\|_s, \quad \|\mathscr{K}f\|_{s-1} \geqslant \frac{1}{\sqrt{2}}\|f\|_s, \tag{2.72}$$

可知 $\mathscr{K}$ 为 1 阶拟微分算子.

命题 2.3 算子 $\mathscr{N} = -\dfrac{1}{\pi} \ln\left|2 \sin \dfrac{\theta}{2}\right| *$ 是单位圆内 (外) 自然积分算子 $\mathscr{K}$ 的逆算子, $\mathscr{N} : \overset{\circ}{H}{}^{s-1}(\Gamma) \to \overset{\circ}{H}{}^s(\Gamma)$ 为 -1 阶拟微分算子.

证 设 $u_0 = \sum_{-\infty}^{\infty} a_n e^{in\theta}, a_0 = 0$, 则

$$\mathscr{N}\mathscr{K}u_0 = \left(\frac{1}{2\pi} \sum_{\substack{-\infty \\ n \neq 0}}^{\infty} \frac{1}{|n|} e^{in\theta}\right) * \left(\frac{1}{2\pi} \sum_{-\infty}^{\infty} |n| e^{in\theta}\right) * \sum_{-\infty}^{\infty} a_n e^{in\theta}$$

$$= \sum_{-\infty}^{\infty} a_n e^{in\theta} = u_0.$$

又设 $v_0 = \sum_{-\infty}^{\infty} b_n e^{in\theta}, b_0 = 0$, 同样可得 $\mathscr{K}\mathscr{N}v_0 = v_0$. 从而 $\mathscr{N}$ 为 $\mathscr{K}$ 之逆算子. 又由命题 2.2, 即得 $\mathscr{N}$ 为 $\overset{\circ}{H}{}^{s-1}(\Gamma) \to \overset{\circ}{H}{}^s(\Gamma)$ 的同构, 且

$$\|\mathscr{N}g\|_s \leqslant \sqrt{2}\|g\|_{s-1}, \quad \|\mathscr{N}g\|_s \geqslant \|g\|_{s-1}, \tag{2.73}$$

于是 $\mathscr{N}$ 为 -1 阶拟微分算子. 证毕.

$\mathscr{K}$ 的逆算子在形式上并不唯一, 因为对任意常数 C,

$$\left(-\frac{1}{\pi} \ln\left|2 \sin \frac{\theta}{2}\right| + C\right) *$$

均为 $\mathscr{K}$ 的逆算子. 但注意到 $u_n(\theta) \in \overset{\circ}{H}{}^{s-1}(\Gamma)$, 则 $C * u_n(\theta) = 0$, 故作为 $\overset{\circ}{H}{}^{s-1}(\Gamma)$ 上的算子, 附加这一常数是不必要的.

单位圆内 (外) 区域调和方程边值问题的自然积分方程 (2.50) 或 (2.56) 的反演公式为

$$u_0(\theta) = -\frac{1}{\pi}\ln\left|2\sin\frac{\theta}{2}\right| * u_n(\theta) + \frac{1}{2\pi}\int_0^{2\pi} u_0(\theta)d\theta, \tag{2.74}$$

或写作

$$u_0(\theta) - \frac{1}{2\pi}\int_0^{2\pi} u_0(\theta)d\theta = -\frac{1}{\pi}\ln\left|2\sin\frac{\theta}{2}\right| * u_n(\theta). \tag{2.75}$$

注意, 在已知 $u_0(\theta)$ 利用弱奇异积分方程 (2.75) 求解 $u_n(\theta)$ 时, 还必须附加条件

$$\int_0^{2\pi} u_n(\theta)d\theta = 0.$$

这也相当于将积分方程 (2.75) 换为

$$\begin{aligned}
u_0(\theta) - \frac{1}{2\pi}\int_0^{2\pi} u_0(\theta)d\theta \\
= \left(-\frac{1}{\pi}\ln\left|2\sin\frac{\theta}{2}\right| + C\right) * u_n(\theta),
\end{aligned} \tag{2.76}$$

其中 C 为非零常数, 因为 (2.76) 已蕴涵了 $C * u_n(\theta) = 0$.

命题 2.4   单位圆内 (外) 调和方程的自然积分算子 $\mathscr{K}$ 满足如下关系:

$$\mathscr{K}^2 = \left(-\frac{1}{4\pi\sin^2\frac{\theta}{2}}\right) * \left(-\frac{1}{4\pi\sin^2\frac{\theta}{2}}\right)* = -\frac{\partial^2}{\partial\theta^2}. \tag{2.77}$$

只需注意到对任意函数 φ, $\mathscr{K}^2\varphi$ 与 $-\frac{\partial^2}{\partial\theta^2}\varphi$ 有相同的 Fourier 级数展开, 便可得此命题.

上述诸命题不难推广到半径为 R 的圆内 (外) 区域.

2.6.3 关于一般单连通域的一个定理

本节给出了关于调和方程边界自然积分算子 $\mathscr{K}$ 和边界上的 Laplace–Beltrami 算子 Δ_Γ 的一个重要定理, 即它们之间的如下关系式: $\mathscr{K}^2 = -\Delta_\Gamma$, 对任意单连通区域均成立. 文献 [116] 首次给出了这一结果.

已知边界上的自然积分方程是由原边值问题唯一确定的, 即对同一边值问题只能得到同一个自然积分方程. 这一方程准确反映了此边值问题的解的互补的 Dirichlet 边值与 Neumann 边值之间的本质联系. 自然边界积分算子正是 Dirichlet–Neumann 映射.

调和边值问题的自然积分方程是

$$u_n = \mathscr{K} u_0, \tag{2.78}$$

这是同一个调和函数 u 的互补的 Dirichlet 边值和 Neumann 边值之间的关系.

在边界 Γ 上还有另一个算子, 即所谓 Laplace–Beltrami 算子

$$\Delta_\Gamma = \frac{d^2}{ds^2}, \tag{2.79}$$

其中 s 为 Γ 上的弧长参数. $\mathscr{K}$ 与 Δ_Γ 分别为 Γ 上的 1 阶拟微分算子及 2 阶微分算子. 那么 $\mathscr{K}$ 与 Δ_Γ 之间是否存在某种关系?

在前面两小节中已经知道对某些典型区域成立这样的关系. 例如当 Ω 为上半平面, 即 Γ 为 x 轴时,

$$\mathscr{K} = -\frac{1}{\pi x^2} *, \tag{2.80}$$

$$\mathscr{K}^2 = -\frac{d^2}{dx^2} = -\frac{d^2}{ds^2} = -\Delta_\Gamma; \tag{2.81}$$

而当 Ω 为圆内区域或圆外区域时, Γ 是以 R 为半径的圆周,

$$\mathscr{K} = -\frac{1}{4\pi R \sin^2 \frac{\theta}{2}} *, \tag{2.82}$$

$$\mathscr{K}^2 = -\frac{1}{R^2} \frac{d^2}{d\theta^2} = -\frac{d^2}{ds^2} = -\Delta_\Gamma. \tag{2.83}$$

于是自然猜测, 对一般的区域 Ω, 在 $\mathscr{K}$ 与 Δ_Γ 之间也有这样的关系.

首先给出如下两个引理.

引理 2.6 若解析函数 $w = F(z)$ 将区域 Ω 保角映射为半径为 R 的圆内区域 $\tilde{\Omega}$, 且 $\Gamma = \partial\Omega$, $\tilde{\Gamma} = \partial\tilde{\Omega}$, 则 Γ 上点 a 处的曲率为

$$k(a) = \frac{|F'(a)|}{R} - \frac{d}{ds}[\arg F'(a)], \tag{2.84}$$

其中 $\arg F'(a)$ 表示复数 $F'(a)$ 的辐角.

证 设 a, b 为 Γ 上的邻近点,

$$F(a) = \tilde{a}, \qquad F(b) = \tilde{b}.$$

设 $\Delta\alpha$ 及 Δs 分别为沿 Γ 由 a 到 b 时切线方向改变的角度及 a, b 间的弧长, 则由曲率的定义[293–295]

$$k(a) = \lim_{b \to a} \frac{\Delta\alpha}{\Delta s},$$

于是由

$$\frac{1}{R} = \widetilde{k} = \lim_{\widetilde{b} \to \widetilde{a}} \frac{\Delta \widetilde{\alpha}}{\Delta \widetilde{s}}$$

及[290]

$$\Delta \widetilde{\alpha} = \Delta \alpha + \arg F'(b) - \arg F'(a),$$

$$\Delta \widetilde{s} = |F'(a)| \Delta s,$$

可得

$$\frac{1}{R} = \frac{1}{|F'(a)|} \left\{ \frac{d\alpha}{ds} + \frac{d}{ds}[\arg F'(a)] \right\}$$

$$= \frac{1}{|F'(a)|} \left\{ k(a) + \frac{d}{ds}[\arg F'(a)] \right\}.$$

由此便得 (2.84). 证毕.

引理 2.7　若 u 为 Ω 上的调和函数, n 为边界 Γ 上的外法线方向, k 为 Γ 的曲率, 则

$$\frac{\partial^2 u}{\partial s^2} = -k\frac{\partial u}{\partial n} - \frac{\partial^2 u}{\partial n^2}. \tag{2.85}$$

证　设 Γ 可表示为参数方程

$$\begin{cases} x = x(s), \\ y = y(s), \end{cases}$$

$t = (t_1, t_2)$ 及 $n = (n_1, n_2)$ 分别为 Γ 上的单位切向量及外法向量, 则

$$\frac{\partial u}{\partial s} = \frac{\partial u}{\partial x}\frac{\partial x}{\partial s} + \frac{\partial u}{\partial y}\frac{\partial y}{\partial s} = \nabla u \cdot t,$$

从而

$$\frac{\partial^2 u}{\partial s^2} = \left(\frac{\partial}{\partial s} \nabla u \right) \cdot t + \nabla u \cdot \frac{dt}{ds}$$

$$= \nabla \left(\frac{\partial u}{\partial s} \right) \cdot t + \nabla u \cdot (-kn)$$

$$= \frac{\partial^2 u}{\partial t^2} - k\frac{\partial u}{\partial n}.$$

由于

$$\frac{\partial^2 u}{\partial n^2} + \frac{\partial^2 u}{\partial t^2} = \Delta u = 0,$$

故

$$\frac{\partial^2 u}{\partial s^2} = -\frac{\partial^2 u}{\partial n^2} - k\frac{\partial u}{\partial n}.$$

证毕.

例如, 当 Ω 为单位圆内区域, $\Gamma = \partial\Omega$ 为单位圆周, $u = r^2 \cos 2\theta$ 时, 易验证在 Γ 上 $(r = 1, s = \theta)$,

$$\frac{\partial^2 u}{\partial s^2} = \frac{\partial^2 u}{\partial \theta^2} = -4\cos 2\theta,$$

$$-k\frac{\partial u}{\partial n} = -\frac{1}{r}\frac{\partial u}{\partial r} = -2\cos 2\theta,$$

$$-\frac{\partial^2 u}{\partial n^2} = -\frac{\partial^2 u}{\partial r^2} = -2\cos 2\theta.$$

可见式 (2.85) 成立.

下面证明定理.

定理 2.6 设 Ω 为以 Γ 为边界的平面单连通区域, $\mathscr{K}$ 为调和方程的边界自然积分算子, Δ_Γ 为 Γ 上的 Laplace-Beltrami 算子, 则

$$\mathscr{K}^2 = -\Delta_\Gamma. \tag{2.86}$$

证 由 Riemann 定理 (见 [290]), 平面上的单连通区域除了整个平面或去掉一个点的平面外, 均可通过保角映射化为单位圆内部区域, 则必存在解析函数 $F(z)$, 使得映射 $w = F(z)$ 映 Ω 为半径为 R 的圆内区域 $\widetilde{\Omega}$. 已知该区域内调和方程的边界自然积分算子为

$$\widetilde{\mathscr{K}}u(\widetilde{a}) = \int_{\widetilde{\Gamma}} \widetilde{K}(\widetilde{a}, \widetilde{b})u(\widetilde{b})\, d\widetilde{s}(\widetilde{b}), \tag{2.87}$$

其中 $\widetilde{a} = Re^{i\theta}, \widetilde{b} = Re^{i\theta'}$ 为 $\widetilde{\Gamma}$ 上点的复数表示,

$$\widetilde{K}(\widetilde{a}, \widetilde{b}) = -\frac{1}{4\pi R \sin^2 \dfrac{\theta - \theta'}{2}}. \tag{2.88}$$

从而 Ω 上调和方程的边界自然积分算子为

$$\mathscr{K}u(a) = \int_\Gamma K(a, b)u(b)ds(b), \tag{2.89}$$

其中

$$K(a, b) = |F'(a)F'(b)|\widetilde{K}(\widetilde{a}, \widetilde{b}). \tag{2.90}$$

这里 $a, b \in \Gamma$, $\widetilde{a}, \widetilde{b} \in \widetilde{\Gamma}$, $\widetilde{a} = F(a)$, $\widetilde{b} = F(b)$. 由 (2.90) 可得

$$\begin{aligned}
\frac{\partial}{\partial n_a}K(a, b) &= \frac{\partial}{\partial n_a}[|F'(a)F'(b)|\widetilde{K}(\widetilde{a}, \widetilde{b})]\\
&= \frac{\partial|F'(a)|}{\partial n_a}|F'(b)|\widetilde{K}(\widetilde{a}, \widetilde{b}) + |F'(a)F'(b)|\frac{\partial}{\partial n_a}\widetilde{K}(\widetilde{a}, \widetilde{b})\\
&= \frac{\partial \ln|F'(a)|}{\partial n_a}|F'(a)F'(b)|\widetilde{K}(\widetilde{a}, \widetilde{b})\\
&\quad + |F'(a)^2 F'(b)|\frac{\partial}{\partial n_{\widetilde{a}}}\widetilde{K}(\widetilde{a}, \widetilde{b}).
\end{aligned}$$

注意到

$$\ln|F'(z)| + i\arg F'(z) = \ln F'(z)$$

为 Ω 上解析函数, 由 Cauchy–Riemann 条件有

$$\frac{\partial}{\partial n_a}\ln|F'(a)| = \frac{\partial}{\partial s}\arg F'(a).$$

于是

$$
\begin{aligned}
\frac{\partial}{\partial n_a}K(a,b) &= \left[\frac{\partial}{\partial s}\arg F'(a)\right]|F'(a)F'(b)|\widetilde{K}(\tilde{a},\tilde{b}) + |F'(a)^2 F'(b)|\frac{\partial}{\partial R}\widetilde{K}(\tilde{a},\tilde{b}) \\
&= \left[\frac{\partial}{\partial s}\arg F'(a)\right]K(a,b) + |F'(a)^2 F'(b)|\frac{1}{4\pi R^2 \sin^2\dfrac{\theta - \theta'}{2}} \\
&= \left[\frac{\partial}{\partial s}\arg F'(a)\right]K(a,b) - \frac{1}{R}|F'(a)^2 F'(b)|\widetilde{K}(\tilde{a},\tilde{b}) \\
&= \left[\frac{\partial}{\partial s}\arg F'(a) - \frac{1}{R}|F'(a)|\right]K(a,b).
\end{aligned}
$$

由引理 2.6 即得

$$\frac{\partial}{\partial n_a}K(a,b) = -k(a)K(a,b), \tag{2.91}$$

其中 $k(a)$ 为 a 处 Γ 的曲率. 从而由 (2.89) 得

$$\frac{\partial}{\partial n}\mathscr{K} = -k\mathscr{K}. \tag{2.92}$$

今设 $u_0(s)$ 为 Γ 上的函数. 由调和方程的 Dirichlet 问题的解的存在唯一性知, $u = Pu_0$ 为 Ω 上的调和函数, 其中 P 为 Poisson 积分算子, 且

$$u|_\Gamma = u_0, \qquad \frac{\partial u}{\partial n}\bigg|_\Gamma = \mathscr{K}u_0.$$

引进 Γ 的管状邻域 Ω_1 及其中的 (s, ν) 坐标系, 这里 ν 为法向坐标, $\nu = 0$ 相应于边界 Γ, $u(s, 0) = u_0(s)$. 由于

$$
\begin{aligned}
\frac{\partial^2}{\partial n^2}u(s,\nu) &= \frac{\partial}{\partial n}[\mathscr{K}(\nu)u(s,\nu)] \\
&= \left[\frac{\partial}{\partial n}\mathscr{K}(\nu)\right]u(s,\nu) + \mathscr{K}(\nu)\frac{\partial}{\partial n}u(s,\nu)
\end{aligned}
$$

及 (2.92), 可得

$$\frac{\partial^2}{\partial n^2}u(s,\nu)\bigg|_\Gamma = -k\mathscr{K}u_0 + \mathscr{K}^2 u_0. \tag{2.93}$$

又由引理 2.7 知

$$\frac{\partial^2}{\partial n^2}u(s,\nu)\Big|_\Gamma = -k\mathscr{K}u_0 - \frac{d^2}{ds^2}u_0(s). \tag{2.94}$$

结合 (2.93) 与 (2.94), 便得到

$$\mathscr{K}^2 u_0 = -\Delta_\Gamma u_0.$$

证毕.

注 对调和函数 u, 尽管有

$$\frac{\partial u}{\partial n}\Big|_\Gamma = \mathscr{K}(u|_\Gamma),$$

但一般

$$\frac{\partial^2 u}{\partial n^2}\Big|_\Gamma \neq \mathscr{K}^2(u|_\Gamma).$$

这是因为

$$\mathscr{K}^2(u|_\Gamma) = \mathscr{K}\mathscr{K}(u|_\Gamma) = \frac{\partial}{\partial n}[P\mathscr{K}(u|_\Gamma)]_\Gamma$$
$$= \frac{\partial}{\partial n}\left[P\left(\frac{\partial u}{\partial n}\Big|_\Gamma\right)\right]_\Gamma,$$

而一般地

$$P\left(\frac{\partial u}{\partial n}\Big|_\Gamma\right) \neq \frac{\partial u}{\partial n}.$$

这里左边必为调和函数, 而右边却未必是调和函数. 例如, Ω 为单位圆内部, $u = r^2\cos 2\theta$ 为调和函数,

$$\frac{\partial u}{\partial n} = \frac{\partial u}{\partial r} = 2r\cos 2\theta,$$

而

$$P\left(\frac{\partial u}{\partial n}\Big|_\Gamma\right) = P(2\cos 2\theta) = 2r^2\cos 2\theta.$$

于是

$$\frac{\partial^2 u}{\partial n^2}\Big|_\Gamma = \frac{\partial}{\partial r}(2r\cos 2\theta)\Big|_\Gamma = 2\cos 2\theta,$$

但

$$\mathscr{K}^2(u|_\Gamma) = \mathscr{K}^2(\cos 2\theta) = \mathscr{K}(2\cos 2\theta) = 4\cos 2\theta.$$

两者并不相等.

2.7　自然积分方程的直接研究

2.3 节中曾利用自然边界归化原理, 借助于关于边值问题及其相应的变分形式的既有成果, 得到了调和方程的自然积分方程及其相应的变分问题的解的性质. 这里将对典型域, 尤其是圆内 (外) 区域的调和方程的自然积分方程的具体表达式进行直接研究, 以得到相应的双线性型的对称正定性、V 椭圆性及连续性, 并进一步得到变分问题的解的存在唯一性、解对已知边值的连续依赖性及解的正则性.

2.7.1　上半平面自然积分方程

已知上半平面调和方程的自然积分方程由式 (2.33) 给出:

$$u_n(x) = -\frac{1}{\pi x^2} * u_0(x) \equiv \mathscr{K} u_0(x).$$

由此出发定义双线性型

$$\hat{D}(u_0, v_0) = \int_{-\infty}^{\infty} v_0(x) \mathscr{K} u_0(x) dx.$$

命题 2.5　由上半平面调和方程的自然积分算子 $\mathscr{K}$ 导出的双线性型 $\hat{D}(u_0, v_0)$ 为空间 $H^{\frac{1}{2}}(\varGamma)$ 上对称正定连续双线性型.

证　$\hat{D}(u_0, v_0) = \int_{-\infty}^{\infty} v_0 \mathscr{K} u_0 dx = \frac{1}{2\pi} \int_{-\infty}^{\infty} \tilde{v}_0(\xi)|\xi|\tilde{u}_0(\xi)d\xi$, 由于右端为 Hermite 对称, 而左端为实值双线性型, 即得 $\hat{D}(u_0, v_0) = \hat{D}(v_0, u_0)$. 特别取 $v_0 = u_0$, 可得

$$\hat{D}(u_0, v_0) = \frac{1}{2\pi} \int_{-\infty}^{\infty} |\xi||\tilde{u}_0(\xi)|^2 d\xi \geqslant 0,$$

等号当且仅当 $|\xi||\tilde{u}_0(\xi)|^2 \equiv 0$, 即 $\tilde{u}_0(\xi) = C'\delta(\xi)$, 也即当 $u_0(x) = C$ 时成立, 其中 C 为任意常数. 但为使 $C \in H^{\frac{1}{2}}(\varGamma)$, 必须 $C = 0$, 从而得 $\hat{D}(u_0, v_0)$ 在 $H^{\frac{1}{2}}(\varGamma)$ 的对称正定性. 此外, $\hat{D}(u_0, v_0)$ 的连续性也容易证明:

$$|\hat{D}(u_0, v_0)| \leqslant \frac{1}{2\pi} \int_{-\infty}^{\infty} |\xi||\tilde{u}_0||\tilde{v}_0|d\xi \leqslant \frac{1}{2\pi} \int_{-\infty}^{\infty} \sqrt{1+\xi^2}|\tilde{u}_0||\tilde{v}_0|d\xi$$

$$\leqslant \left(\frac{1}{2\pi} \int_{-\infty}^{\infty} \sqrt{1+\xi^2}|\tilde{u}_0|^2 d\xi\right)^{\frac{1}{2}} \left(\frac{1}{2\pi} \int_{-\infty}^{\infty} \sqrt{1+\xi^2}|\tilde{v}_0|^2 d\xi\right)^{\frac{1}{2}}$$

$$= \|u_0\|_{H^{\frac{1}{2}}(\varGamma)} \|v_0\|_{H^{\frac{1}{2}}(\varGamma)}.$$

证毕.

由此可见, 尽管 $-\dfrac{1}{\pi x^2}$ 处处取负值, 但由 $\mathscr{K} = -\dfrac{1}{\pi x^2}*$ 导出的双线性型却是正定的. 这正是超奇异积分的独特之处.

2.7.2　圆内 (外) 区域自然积分方程

为简单起见, 仍设圆域半径 $R = 1$. 单位圆内 (外) 区域调和方程的自然积分方程由式 (2.50) 或 (2.56) 给出:

$$u_n(\theta) = -\frac{1}{4\pi \sin^2 \dfrac{\theta}{2}} * u_0(\theta) \equiv \mathscr{K} u_0(\theta).$$

由此出发定义双线性型

$$\hat{D}(u_0, v_0) = \int_0^{2\pi} v_0(\theta) \mathscr{K} u_0(\theta) d\theta.$$

引理 2.8　由单位圆内 (外) 调和方程的自然积分算子 $\mathscr{K}$ 导出的双线性型 $\hat{D}(u_0, v_0)$ 为商空间 $H^{\frac{1}{2}}(\Gamma)/P_0$ 上的对称正定、V 椭圆、连续双线性型, 其中 P_0 为 Γ 上的常数函数全体.

证　设 $u_0(\theta)$ 及 $v_0(\theta)$ 的 Fourier 级数展开为

$$u_0(\theta) = \sum_{-\infty}^{\infty} a_n e^{in\theta}, \qquad a_{-n} = \bar{a}_n,$$

$$v_0(\theta) = \sum_{-\infty}^{\infty} b_n e^{in\theta}, \qquad b_{-n} = \bar{b}_n,$$

这里对 Fourier 系数附加的条件是由 $u_0(\theta)$ 及 $v_0(\theta)$ 均为实函数所决定的. 于是

$$\hat{D}(u_0, v_0) = \int_0^{2\pi} \left(\sum_{-\infty}^{\infty} b_n e^{in\theta} \right) \left(\sum_{-\infty}^{\infty} |n| a_n e^{in\theta} \right) d\theta$$

$$= 2\pi \sum_{-\infty}^{\infty} |n| a_n \bar{b}_n.$$

从而

$$\hat{D}(v_0, u_0) = 2\pi \sum_{-\infty}^{\infty} |n| b_n \bar{a}_n = \overline{\hat{D}(u_0, v_0)} = \hat{D}(u_0, v_0).$$

特别取 $v_0 = u_0$, 便有

$$\hat{D}(v_0, u_0) = 2\pi \sum_{-\infty}^{\infty} |n| |a_n|^2 \geqslant 0,$$

等号当且仅当 $|n||a_n|^2 = 0, n = 0, \pm 1, \cdots$, 即 $a_n = 0, n = \pm 1, \pm 2, \cdots$ 时成立. 此时 $u_0 = C, C$ 为任意实常数. 由此即得 $\hat{D}(u_0, v_0)$ 在商空间 $H^{\frac{1}{2}}(\Gamma)/P_0$ 的对称正定性. 又由

$$\hat{D}(u_0, v_0) = 2\pi \sum_{-\infty}^{\infty} |n| |a_n|^2 \geqslant \frac{2\pi}{\sqrt{2}} \sum_{\substack{-\infty \\ n \neq 0}}^{\infty} \sqrt{n^2 + 1} |a_n|^2,$$

以及

$$\|u_0\|^2_{H^{\frac{1}{2}}(\Gamma)/P_0} = \inf_{v_0 \in P_0} \|u_0 - v_0\|^2_{H^{\frac{1}{2}}(\Gamma)}$$

$$= 2\pi \left\{ \sum_{\substack{-\infty \\ n \neq 0}}^{\infty} (n^2 + 1)^{\frac{1}{2}} |a_n|^2 + \inf_{C \in \mathbb{R}} |a_0 - C|^2 \right\}$$

$$= 2\pi \sum_{\substack{-\infty \\ n \neq 0}}^{\infty} (n^2 + 1)^{\frac{1}{2}} |a_n|^2,$$

便得 $\hat{D}(u_0, v_0)$ 在商空间 $H^{\frac{1}{2}}(\Gamma)/P_0$ 上的 V 椭圆性:

$$\hat{D}(u_0, v_0) \geqslant \frac{1}{\sqrt{2}} \|u_0\|^2_{H^{\frac{1}{2}}(\Gamma)/P_0}. \tag{2.95}$$

最后, 连续性也是容易证明的:

$$|\hat{D}(u_0, v_0)| \leqslant 2\pi \sum_{-\infty}^{\infty} |n||a_n||b_n| \leqslant 2\pi \sum_{\substack{-\infty \\ n \neq 0}}^{\infty} \sqrt{n^2 + 1} |a_n||b_n|$$

$$\leqslant \left[2\pi \sum_{\substack{-\infty \\ n \neq 0}}^{\infty} (n^2 + 1)^{\frac{1}{2}} |a_n|^2 \right]^{\frac{1}{2}} \left[2\pi \sum_{\substack{-\infty \\ n \neq 0}}^{\infty} (n^2 + 1)^{\frac{1}{2}} |b_n|^2 \right]^{\frac{1}{2}}$$

$$= \|u_0\|_{H^{\frac{1}{2}}(\Gamma)/P_0} \|v_0\|_{H^{\frac{1}{2}}(\Gamma)/P_0}. \tag{2.96}$$

证毕.

这里, 尽管 $-\dfrac{1}{4\pi \sin^2 \dfrac{\theta}{2}}$ 处处为负值, 但由

$$\mathscr{K} = -\frac{1}{4\pi \sin^2 \dfrac{\theta}{2}} *$$

导出的双线性型却是正定的. 这种奇特现象正是由积分核的超奇异性所引起的.

命题 2.6   若已知边值 $u_n \in H^{-\frac{1}{2}}(\Gamma)$ 且满足相容性条件, 即 $u_n \in \mathring{H}^{-\frac{1}{2}}(\Gamma)$, 则单位圆内 (外) 调和方程的自然积分方程 (2.50) 在商空间 $H^{\frac{1}{2}}(\Gamma)/P_0$ 中存在唯一解.

证   由上节已知, 若 $u_n \in \mathring{H}^{-\frac{1}{2}}(\Gamma)$, 则 (2.50) 的一个解 $u_0 \in H^{\frac{1}{2}}(\Gamma)$ 可由反演公式 (2.74) 给出, 且由于 $\mathscr{K}1 = 0$, 知 u_0 与任意常数函数之和仍为 (2.50) 之解. 又若 $u_n = \mathscr{K}u_0 = 0$, 则 $\hat{D}(u_0, u_0) = 0$, 由引理 2.8, 得 $u_0 \in P_0$. 故 P_0 正是 $\mathscr{K}$ 的零空间. 证毕.

此命题也可由命题 2.2 直接得到.

定理 2.7   若已知边值 $u_n \in H^{-\frac{1}{2}}(\Gamma)$ 且满足相容性条件 $\displaystyle\int_{\Gamma} u_n d\theta = 0$, 则相应

于单位圆内 (外) 调和方程的自然积分方程 (2.50) 的变分问题

$$\begin{cases} 求 u_0 \in H^{\frac{1}{2}}(\Gamma), & 使得 \\ \hat{D}(u_0, v_0) = \hat{F}(v_0), & \forall v_0 \in H^{\frac{1}{2}}(\Gamma) \end{cases} \tag{2.97}$$

在商空间 $H^{\frac{1}{2}}(\Gamma)/P_0$ 中存在唯一解, 且解连续依赖于给定边值 u_n.

证　由于 u_n 满足相容性条件, 故可在商空间 $H^{\frac{1}{2}}(\Gamma)/P_0$ 中考察变分问题 (2.97). 于是由引理 2.8, 即可根据 Lax-Milgram 定理得到变分问题 (2.97) 在商空间 $H^{\frac{1}{2}}(\Gamma)/P_0$ 中存在唯一解. 今设 u_0 为 (2.97) 的解, 则有

$$\begin{aligned}
\frac{1}{\sqrt{2}} \|u_0\|^2_{H^{\frac{1}{2}}(\Gamma)/P_0} &\leqslant \hat{D}(u_0, u_0) = \int_0^{2\pi} u_n u_0 d\theta \\
&= \inf_{v_0 \in P_0} \int_0^{2\pi} u_n (u_0 - v_0) d\theta \\
&\leqslant \|u_n\|_{H^{-\frac{1}{2}}(\Gamma)} \inf_{v_0 \in P_0} \|u_0 - v_0\|_{H^{\frac{1}{2}}(\Gamma)} \\
&= \|u_n\|_{H^{-\frac{1}{2}}(\Gamma)} \|u_0\|_{H^{\frac{1}{2}}(\Gamma)/P_0},
\end{aligned}$$

即得解对已知边值的连续依赖性:

$$\|u_0\|_{H^{\frac{1}{2}}(\Gamma)/P_0} \leqslant \sqrt{2} \|u_n\|_{H^{-\frac{1}{2}}(\Gamma)} \tag{2.98}$$

证毕.

仍然利用 Fourier 级数方法, 还可得如下正则性结果.

定理 2.8　若 u_0 为以满足相容性条件的 $u_n \in H^s(\Gamma)$ 为已知边值的单位圆内 (外) 调和方程的自然积分方程 (2.50) 的解, $s \geqslant -\dfrac{1}{2}$ 为实数, 则 $u_0 \in H^{s+1}(\Gamma)$, 且

$$\|u_0\|_{H^{s+1}(\Gamma)/P_0} \leqslant \sqrt{2} \|u_n\|_{H^s(\Gamma)}. \tag{2.99}$$

证　仍设 $u_0(\theta) = \displaystyle\sum_{-\infty}^{\infty} a_n e^{in\theta}, a_{-n} = \bar{a}_n$, 则由自然积分方程 (2.50), 可得 $u_n(\theta) = \displaystyle\sum_{-\infty}^{\infty} |n| a_n e^{in\theta}$. 于是

$$\begin{aligned}
\|u_0\|^2_{H^{s+1}(\Gamma)/P_0} &= \inf_{v_0 \in P_0} \|u_0 - v_0\|^2_{H^{s+1}(\Gamma)} \\
&= 2\pi \left\{ \sum_{\substack{-\infty \\ n \neq 0}}^{\infty} (n^2 + 1)^{s+1} |a_n|^2 + \inf_{C \in \mathbb{R}} |a_0 - c|^2 \right\} \\
&= 2\pi \sum_{\substack{-\infty \\ n \neq 0}}^{\infty} (n^2 + 1)^{s+1} |a_n|^2,
\end{aligned}$$

$$\|u_n\|_{H^s(\Gamma)}^2 = 2\pi \sum_{-\infty}^{\infty} (n^2+1)^s n^2 |a_n|^2$$

$$\geqslant \frac{2\pi}{2} \sum_{\substack{-\infty \\ n\neq 0}}^{\infty} (n^2+1)^{s+1} |a_n|^2.$$

从而

$$\|u_0\|_{H^{s+1}(\Gamma)/P_0}^2 \leqslant 2\|u_n\|_{H^s(\Gamma)}^2.$$

由此即得式 (2.99). 证毕.

当 $s = -\dfrac{1}{2}$ 时, 式 (2.99) 即为式 (2.98).

式 (2.99) 中不等号右端的系数 $\sqrt{2}$ 是不能改进的. 这由其证明过程已可看出. 例如取 $u_0(\theta) = \cos\theta$, 由自然积分方程 (2.50) 可知 $u_n(\theta) = \cos\theta$, 于是

$$\|u_0\|_{H^{s+1}(\Gamma)/P_0}^2 = 2^{s+1}\pi, \qquad \|u_n\|_{H^s(\Gamma)}^2 = 2^s\pi,$$

便使得式 (2.99) 取等号.

2.8　自然积分方程的数值解法

考察半径为 R 的圆内 (外) 区域 Ω 上的调和方程的 Neumann 边值问题 (2.8), 它等价于 Ω 上的变分问题 (2.10). 由 2.4 节已知, 该边值问题又可归化为含超奇异积分核的圆周 Γ 上的自然积分方程 (2.54) 或 (2.58):

$$u_n(\theta) = -\frac{1}{4\pi R} \int_0^{2\pi} \frac{1}{\sin^2 \dfrac{\theta-\theta'}{2}} u_0(\theta') d\theta'$$

$$= -\frac{1}{4\pi R \sin^2 \dfrac{\theta}{2}} * u_0(\theta).$$

因为

$$\int_0^{2\pi} \frac{1}{\sin^2 \dfrac{\theta}{2}} d\theta = 0,$$

上述积分方程在可差一任意附加常数的意义下有唯一解. 它也相应于边界上的变分问题 (2.19), 其中

$$\hat{D}(u_0, v_0) = -\int_0^{2\pi} \int_0^{2\pi} \frac{1}{4\pi \sin^2 \dfrac{\theta-\theta'}{2}} u_0(\theta') v_0(\theta) d\theta' d\theta,$$

$$\hat{F}(v_0) = \int_\Gamma u_n(\theta)v_0(\theta)ds = R\int_0^{2\pi} u_n(\theta)v_0(\theta)d\theta.$$

由引理 2.8 及定理 2.7, $\hat{D}(u_0, v_0)$ 为 $H^{\frac{1}{2}}(\Gamma)/P_0$ 上对称正定、V 椭圆、连续双线性型, 变分问题 (2.19) 在空间 $H^{\frac{1}{2}}(\Gamma)/P_0$ 中存在唯一解 u_0. 而在求得 u_0 后, 原边值问题的解便可由 Poisson 积分公式 (2.53) 或 (2.57) 得到.

现在对圆周 Γ 作有限元剖分. 剖分满足通常的正规条件. 为简单起见, 采用均匀剖分. 设 $S_h(\Gamma) \subset H^{\frac{1}{2}}(\Gamma)$ 为由适当选取的基函数张成的 $H^{\frac{1}{2}}(\Gamma)$ 的线性子空间. 于是得到 (2.19) 的近似变分问题

$$\begin{cases} \text{求} u_0^h \in S_h(\Gamma), \quad \text{使得} \\ \hat{D}(u_0^h, v_0^h) = \int_\Gamma u_n v_0^h ds, \quad \forall v_0^h \in S_h(\Gamma). \end{cases} \tag{2.100}$$

由于 $S_h(\Gamma)$ 为 $H^{\frac{1}{2}}(\Gamma)$ 的线性子空间, Lax-Milgram 定理依然保证了变分问题 (2.83) 在商空间 $S_h(\Gamma)/P_0$ 中存在唯一解.

2.8.1 刚度矩阵系数的计算公式

今利用 1.4 节给出的积分核级数展开法求近似变分问题 (2.100) 中出现的超奇异积分, 并分别得出采用分段线性元、分段二次元及分段三次 Hermite 元时刚度矩阵系数的计算公式.

1. 线性边界元

取均匀剖分下分段线性基函数

$$L_i(\theta) = \begin{cases} \dfrac{N}{2\pi}(\theta - \theta_{i-1}), & \theta_{i-1} \leqslant \theta \leqslant \theta_i, \\[2mm] \dfrac{N}{2\pi}(\theta_{i+1} - \theta), & \theta_i \leqslant \theta \leqslant \theta_{i+1}, \\[2mm] 0, & \text{其他}, \end{cases} \tag{2.101}$$

其中 $i = 1, 2, \cdots, N, \theta_i = \dfrac{i}{N}2\pi$. 显然

$$L_i(\theta_j) = \delta_{ij} = \begin{cases} 1, & i = j, \\ 0, & i \neq j, \end{cases} \quad i, j = 1, 2, \cdots, N,$$

$$\sum_{i=1}^N L_i(\theta) = 1,$$

且 $\{L_i(\theta)\} \subset H^1(\Gamma) \subset H^{\frac{1}{2}}(\Gamma)$. 设

$$u_0^h(\theta) = \sum_{j=1}^{N} U_j L_j(\theta),$$

由 (2.100) 可得线性代数方程组

$$QU = b, \tag{2.102}$$

其中 $Q = [q_{ij}]_{N \times N}, U = [U_1, \cdots, U_N]^{\mathrm{T}}, b = [b_1, \cdots, b_N]^{\mathrm{T}},$

$$b_i = R \int_0^{2\pi} u_n(\theta) L_i(\theta) d\theta,$$

$$q_{ij} = \hat{D}(L_j, L_i) = -\int_0^{2\pi} \int_0^{2\pi} \frac{1}{4\pi \sin^2 \dfrac{\theta - \theta'}{2}} L_j(\theta') L_i(\theta) d\theta' d\theta,$$

上标 T 表示矩阵或向量的转置. 利用 1.4 节介绍的积分核级数展开法, 应用广义函数论中的重要公式

$$-\frac{1}{4\pi \sin^2 \dfrac{\theta}{2}} = \frac{1}{\pi} \sum_{n=1}^{\infty} n \cos n\theta,$$

它在经典意义下是发散的, 但在 $H^{-\frac{1}{2}}(\Gamma)$ 与 $H^{\frac{1}{2}}(\Gamma)$ 间的对偶积的意义下, 可逐项计算如下积分:

$$\begin{aligned}
q_{ij} =& \frac{1}{\pi} \sum_{n=1}^{\infty} n \int_0^{2\pi} \int_0^{2\pi} \cos n(\theta - \theta') L_j(\theta') L_i(\theta) d\theta' d\theta \\
=& \frac{1}{\pi} \sum_{n=1}^{\infty} \int_{\theta_{i-1}}^{\theta_{i+1}} L_i(\theta) \int_{\theta_{j-1}}^{\theta_{j+1}} L_j(\theta') d\sin n(\theta' - \theta) d\theta \\
=& -\frac{1}{\pi} \sum_{n=1}^{\infty} \int_{\theta_{i-1}}^{\theta_{i+1}} L_i(\theta) \left[\frac{N}{2\pi} \int_{\theta_{j-1}}^{\theta_j} \sin n(\theta' - \theta) d\theta' \right. \\
& \left. - \frac{N}{2\pi} \int_{\theta_j}^{\theta_{j+1}} \sin n(\theta' - \theta) d\theta' \right] d\theta \\
=& -\frac{1}{\pi} \left(\frac{N}{2\pi} \right) \sum_{n=1}^{\infty} \frac{1}{n} \int_{\theta_{i-1}}^{\theta_{i+1}} L_i(\theta) [\cos n(\theta - \theta_{j+1}) \\
& - 2\cos n(\theta - \theta_j) + \cos n(\theta - \theta_{j-1})] d\theta \\
=& -\frac{1}{\pi} \left(\frac{N}{2\pi} \right) \sum_{n=1}^{\infty} \frac{1}{n^2} \int_{\theta_{i-1}}^{\theta_{i+1}} L_i(\theta) d[\sin n(\theta - \theta_{j+1}) \\
& - 2\sin n(\theta - \theta_j) + \sin n(\theta - \theta_{j-1})] \\
=& \frac{1}{\pi} \left(\frac{N}{2\pi} \right)^2 \sum_{n=1}^{\infty} \frac{1}{n^2} \left(\int_{\theta_{i-1}}^{\theta_i} - \int_{\theta_i}^{\theta_{i+1}} \right) [\sin n(\theta - \theta_{j+1})
\end{aligned}$$

$$- 2\sin n(\theta - \theta_j) + \sin n(\theta - \theta_{j-1})]d\theta$$

$$=\frac{1}{\pi}\left(\frac{N}{2\pi}\right)^2 \sum_{n=1}^{\infty} \frac{1}{n^3} \{\cos n\theta_{i-j-2} - 4\cos n\theta_{i-j-1}$$

$$+ 6\cos n\theta_{i-j} - 4\cos n\theta_{i-j+1} + \cos n\theta_{i-j+2}\}$$

$$=\frac{N^2}{4\pi^3} \sum_{n=1}^{\infty} \frac{1}{n^3} \left\{ \cos\frac{i-j+2}{N}2n\pi \right.$$

$$- 4\cos\frac{i-j+1}{N}2n\pi + 6\cos\frac{i-j}{N}2n\pi$$

$$- 4\cos\frac{i-j+1}{N}2n\pi + \cos\frac{i-j-2}{N}2n\pi \left. \right\}$$

$$=\frac{4N^2}{\pi^3} \sum_{n=1}^{\infty} \frac{1}{n^3} \sin^4\frac{n\pi}{N}\cos\frac{i-j}{N}2n\pi,$$

其中 $\theta_i = \frac{i}{N}2\pi$. 上述计算中进行了两次分部积分, 并注意到了插值基函数在积分区间两端取零值; 最后一步又多次应用了三角函数的和差化积公式, 以便使结果表述更简洁些. 易见

$$q_{ij} = q_{ji}, \qquad i,j = 1,\cdots,N,$$

$$\sum_{j=1}^{N} q_{ij} = 0, \quad i = 1,\cdots,N.$$

令

$$a_k = \frac{4N^2}{\pi^3} \sum_{n=1}^{\infty} \frac{1}{n^3} \sin^4\frac{n}{N}\pi\cos\frac{nk}{N}2\pi,$$

$$k = 0,1,\cdots,N-1. \qquad (2.103)$$

这是一个收敛级数. 于是

$$q_{ij} = a_{|i-j|} = q_{ji}, \quad i,j = 1,\cdots,N,$$

$$Q = [a_{|i-j|}]_{N\times N} = ((a_0, a_1, \cdots, a_{N-1})). \qquad (2.104)$$

上式右端表示由 $a_0, a_1, \cdots, a_{N-1}$ 生成的循环矩阵

$$\begin{bmatrix} a_0 & a_1 & \cdots & a_{N-1} \\ a_{N-1} & a_0 & \cdots & a_{N-2} \\ \vdots & \vdots & \ddots & \vdots \\ \vdots & \vdots & \ddots & \ddots \\ a_1 & a_2 & \cdots & a_0 \end{bmatrix}, \quad a_i = a_{N-i}, \quad i = 1,\cdots,N-1.$$

Q 为 $N-1$ 秩半正定对称循环矩阵. 变分问题 (2.100) 在商空间 $S_h(\varGamma)/P_0$ 中存在唯一解保证了线性代数方程组 (2.102) 在可差一任意常矢量 $C = (c, \cdots, c)^{\mathrm{T}}$ 的意义下存在唯一解. 由

$$
\begin{aligned}
\sum_{l=1}^{N} b_i &= R \int_0^{2\pi} \sum_{i=1}^{N} u_n(\theta) L_i(\theta) d\theta \\
&= R \int_0^{2\pi} u_n(\theta) \sum_{i=1}^{N} L_i(\theta) d\theta \\
&= R \int_0^{2\pi} u_n(\theta) d\theta = 0,
\end{aligned} \tag{2.105}
$$

可见原边值问题的相容性条件恰好保证了线性代数方程组 (2.102) 的相容性. 该方程组可以用直接法, 例如常用的 Gauss 消去法, 也可用迭代法或其他方法求解.

利用近似求和公式

$$
\begin{aligned}
\sum_{n=1}^{\infty} \frac{1}{n^3} \sin^4 nb \cos na &\approx \int_0^{\infty} \frac{1}{x^3} \sin^4 bx \cos ax dx \\
&= \frac{b^2}{32} \left\{ \left(\frac{a}{b} + 4 \right)^2 \ln \left| \frac{a}{b} + 4 \right| \right. \\
&\quad - 4 \left(\frac{a}{b} + 2 \right)^2 \ln \left| \frac{a}{b} + 2 \right| + 6 \left(\frac{a}{b} \right)^2 \ln \left| \frac{a}{b} \right| \\
&\quad - 4 \left(\frac{a}{b} - 2 \right)^2 \ln \left| \frac{a}{b} - 2 \right| \\
&\quad \left. + \left(\frac{a}{b} - 4 \right)^2 \ln \left| \frac{a}{b} - 4 \right| \right\}
\end{aligned} \tag{2.106}
$$

还可得式 (2.103) 给出的刚度矩阵系数 a_k 的近似计算公式

$$
\begin{aligned}
a_k &\approx \frac{1}{2\pi} \left\{ (k+2)^2 \ln|k+2| - 4(k+1)^2 \ln|k+1| \right. \\
&\quad + 6k^2 \ln|k| - 4(k-1)^2 \ln|k-1| \\
&\quad \left. + (k-2)^2 \ln|k-2| \right\} \\
&\equiv \hat{a}_k, \quad k = 0, 1, \cdots, \left[\frac{N}{2} \right] + 1,
\end{aligned} \tag{2.107}
$$

其中当 $k = 0, 1, 2$ 时, 可能出现 $|k-i| = 0$ 的项, 此时取 $(k-i)^2 \ln|k-i|$ 为零即可. 容易算出 $\{\hat{a}_k\}_{k=0,1,\cdots}$ 中前几个值为

$$
\hat{a}_0 = \frac{4}{\pi} \ln 2 \approx 0.882542,
$$

$$\hat{a}_1 = \frac{1}{2\pi}(9\ln 3 - 16\ln 2) \approx -0.191438,$$

$$\hat{a}_2 = \frac{1}{\pi}(28\ln 2 - 18\ln 3) \approx -0.116788,$$

$$\hat{a}_3 = \frac{1}{2\pi}(25\ln 5 + 54\ln 3 - 144\ln 2) \approx -0.0401361, \cdots,$$

等等. 值得注意的是, $\hat{a}_k$ 仅与 k 有关而与 N 无关. 对于任意 N, 只要取序列 $\{\hat{a}_k\}_{k=0,1,\cdots}$ 的前 $\left[\dfrac{N}{2}\right]+1$ 项, 然后利用对称循环性即可得近似刚度矩阵. 这对于加密剖分进行多次计算极为有利, 因为前面的 $\hat{a}_k$ 并不需要重新计算. 此外, 由于采用了近似公式, 刚度矩阵也变成正定的对称循环矩阵, 这对数值计算也是有利的. 当然, 由于实际上 Neumann 问题的解可差一任意常数, 这样计算得到的只是某一特解的近似解.

近似公式 (2.107) 的相对误差大约为 $O\left(\dfrac{1}{N^2}\right) = O(h^2)$. 只要 N 较大, 利用此近似公式进行计算也可得较满意的结果. 但计算实践表明, 利用式 (2.107) 计算刚度矩阵系数与利用级数公式 (2.103) 相比, 边界元解的精度将相差很多, 例如, 取 $N = 16$ 及在 (2.103) 中以 $\displaystyle\sum_{n=1}^{100}$ 代替 $\displaystyle\sum_{n=1}^{\infty}$ 得到的边界元解的误差比取 $N = 128$ 但利用式 (2.107) 得到的边界元解的误差还要小一半.

2. 二次边界元

取均匀剖分下分段二次基函数, 即满足

$$\varphi_k(\theta_j) = \delta_{kj}, \quad k,j = 1,\cdots,2N \tag{2.108}$$

的如下函数族:

$$\varphi_{2i}(\theta) = \begin{cases} \dfrac{1}{2}\left(\dfrac{N}{\pi}\right)^2 (\theta - \theta_{2i-2})(\theta - \theta_{2i-1}), & \theta_{2i-2} \leqslant \theta \leqslant \theta_{2i}, \\ \dfrac{1}{2}\left(\dfrac{N}{\pi}\right)^2 (\theta - \theta_{2i+1})(\theta - \theta_{2i+2}), & \theta_{2i} \leqslant \theta \leqslant \theta_{2i+2}, \\ 0, & \text{其他}, \end{cases} \tag{2.109}$$

$$\varphi_{2i-1}(\theta) = \begin{cases} -\left(\dfrac{N}{\pi}\right)^2 (\theta - \theta_{2i-2})(\theta - \theta_{2i}), & \theta_{2i-2} \leqslant \theta \leqslant \theta_{2i}, \\ 0, & \text{其他}, \end{cases} \tag{2.110}$$

$i = 1, 2, \cdots, N$, 其中 $\theta_k = \dfrac{k}{N}\pi, k = 1, \cdots, 2N$. 显然 $\{\varphi_j\} \subset H^1(\Gamma) \subset H^{\frac{1}{2}}(\Gamma)$, 且

$$\sum_{k=1}^{2N} \varphi_k(\theta) = 1. \tag{2.111}$$

设 $u_0^k(\theta) = \sum_{j=1}^{2N} U_j \varphi_j(\theta)$, 由变分问题 (2.100) 可得 $QU = b$, 其中

$$Q = [q_{ij}]_{2N \times 2N}, \quad U = [U_1, \cdots, U_{2N}]^{\mathrm{T}}, \quad b = [b_1, \cdots, b_{2N}]^{\mathrm{T}},$$

$$b_i = R \int_0^{2\pi} u_n(\theta) \varphi_i(\theta) d\theta, \quad i = 1, 2, \cdots, 2N,$$

$$q_{ij} = \hat{D}(\varphi_j, \varphi_i) = -\int_0^{2\pi} \int_0^{2\pi} \frac{1}{4\pi \sin^2 \dfrac{\theta - \theta'}{2}} \varphi_j(\theta') \varphi_i(\theta) d\theta' d\theta.$$

仍利用积分核级数展开法, 可得

$$\begin{cases} q_{2i,2j} = \dfrac{N^2}{\pi^3} \sum_{n=1}^{\infty} \dfrac{1}{n^3} \left(\dfrac{2N}{n\pi} \sin \dfrac{2n\pi}{N} - \cos \dfrac{2n\pi}{N} - 3 \right)^2 \\ \qquad \cdot \cos \dfrac{i-j}{N} 2n\pi, \\ q_{2i-1,2j-1} = \dfrac{16N^2}{\pi^3} \sum_{n=1}^{\infty} \dfrac{1}{n^3} \left(\dfrac{N}{n\pi} \sin \dfrac{n\pi}{N} - \cos \dfrac{n\pi}{N} \right)^2 \\ \qquad \cdot \cos \dfrac{i-j}{N} 2n\pi, \\ q_{2i,2j-1} = q_{2i-1,2j} = -\dfrac{4N^2}{\pi^3} \sum_{n=1}^{\infty} \dfrac{1}{n^3} \left(\dfrac{N}{n\pi} \sin \dfrac{n\pi}{N} - \cos \dfrac{n\pi}{N} \right) \\ \qquad \cdot \left(\dfrac{2N}{n\pi} \sin \dfrac{2n\pi}{N} - \cos \dfrac{2n\pi}{N} - 3 \right) \\ \qquad \cdot \cos \dfrac{2(i-j)-1}{N} n\pi, \end{cases} \tag{2.112}$$

$i, j = 1, \cdots, N$. 这些级数均为收敛级数.

上述二次基函数族的好处在于满足 (2.108) 及 (2.111), 但没有利用前面已经得到的关于线性基函数的计算公式. 为了利用关于线性基函数的结果, 也可在线性基函数的基础上, 在每个单元增加一个二次基函数, 构成二次基函数族如下:

$$\varphi_{2i}(\theta) = \begin{cases} \dfrac{N}{2\pi}(\theta - \theta_{2i-2}), & \theta_{2i-2} \leqslant \theta \leqslant \theta_{2i}, \\ \dfrac{N}{2\pi}(\theta_{2i+2} - \theta), & \theta_{2i} \leqslant \theta \leqslant \theta_{2i+2}, \\ 0, & \text{其他}, \end{cases} \tag{2.113}$$

$$\varphi_{2i-1}(\theta) = \begin{cases} -\left(\dfrac{N}{\pi}\right)^2 (\theta - \theta_{2i-2})(\theta - \theta_{2i}), & \theta_{2i-2} \leqslant \theta \leqslant \theta_{2i}, \\ 0, & \text{其他}, \end{cases} \tag{2.114}$$

$i = 1, \cdots, N.$ 但这一组基函数并不满足 (2.108) 及 (2.111). 仍设

$$u_0^h = \sum_{j=1}^{2N} U_j \varphi_j(\theta),$$

利用积分核级数展开法, 可得相应的边界元刚度矩阵的系数计算公式如下:

$$\begin{cases} q_{2i,2j} = \dfrac{4N^2}{\pi^3} \sum_{n=1}^{\infty} \dfrac{1}{n^3} \sin^4 \dfrac{n\pi}{N} \cos \dfrac{i-j}{N} 2n\pi, \\[3mm] q_{2i-1,2j-1} = \dfrac{16N^2}{\pi^3} \sum_{n=1}^{\infty} \dfrac{1}{n^3} \left(\dfrac{N}{n\pi} \sin \dfrac{n\pi}{N} - \cos \dfrac{n\pi}{N} \right)^2 \\[3mm] \qquad\qquad \cdot \cos \dfrac{i-j}{N} 2n\pi, \\[3mm] q_{2i,2j-1} = q_{2i-1,2j} = \dfrac{8N^2}{\pi^3} \sum_{n=1}^{\infty} \dfrac{1}{n^3} \left(\dfrac{N}{n\pi} \sin \dfrac{n}{N}\pi - \cos \dfrac{n}{N}\pi \right) \\[3mm] \qquad\qquad \cdot \sin^2 \dfrac{n}{N}\pi \cos \dfrac{2(i-j)-1}{N} n\pi, \end{cases} \tag{2.115}$$

$i, j = 1, \cdots, N.$ 这组公式比 (2.112) 稍简单些, 且其第一式即为关于线性元的刚度矩阵系数计算公式.

3. 三次 Hermite 边界元

今取均匀剖分下分段三次 Hermite 基函数族如下:

$$\lambda_j(\theta) = \begin{cases} -2\left(\dfrac{N}{2\pi}\right)^3 (\theta - \theta_{j-1})^3 + 3\left(\dfrac{N}{2\pi}\right)^2 (\theta - \theta_{j-1})^2, & \theta_{j-1} \leqslant \theta \leqslant \theta_j, \\[3mm] 2\left(\dfrac{N}{2\pi}\right)^3 (\theta - \theta_j)^3 - 3\left(\dfrac{N}{2\pi}\right)^2 (\theta - \theta_j)^2 + 1, & \theta_j \leqslant \theta \leqslant \theta_{j+1}, \\[3mm] 0, & \text{其他}, \end{cases} \tag{2.116}$$

$$\mu_j(\theta) = \begin{cases} \left(\dfrac{N}{2\pi}\right)^2 (\theta - \theta_{j-1})^3 - \dfrac{N}{2\pi}(\theta - \theta_{j-1})^2, & \theta_{j-1} \leqslant \theta \leqslant \theta_j, \\[3mm] \left(\dfrac{N}{2\pi}\right)^2 (\theta - \theta_j)^3 - 2\left(\dfrac{N}{2\pi}\right)(\theta - \theta_j)^2 + (\theta - \theta_j), & \theta_j \leqslant \theta \leqslant \theta_{j+1}, \\[3mm] 0, & \text{其他}, \end{cases} \tag{2.117}$$

$j = 1, 2, \cdots, N.$ 其中 $\theta_i = \dfrac{i}{N} 2\pi, i = 1, \cdots, N.$ 易验证

$$
\begin{cases}
\lambda_j(\theta_i) = \delta_{ji}, & \lambda'_j(\theta_i) = 0, \\
\mu_j(\theta_i) = 0, & \mu'_j(\theta_i) = \delta_{ji},
\end{cases}
\qquad i, j = 1, \cdots, N,
$$

以及 $\{\lambda_i(\theta)\} \cup \{\mu_j(\theta)\} \subset H^2(\Gamma) \subset H^{\frac{1}{2}}(\Gamma)$. 设

$$
u_0^h(\theta) = \sum_{j=1}^{N} [U_j \lambda_j(\theta) + V_j \mu_j(\theta)],
$$

由变分问题 (2.100) 可得线性代数方程组

$$
Q \begin{bmatrix} U \\ V \end{bmatrix} = \begin{bmatrix} b \\ c \end{bmatrix},
$$

其中

$$
Q = \begin{bmatrix} Q_{11} & Q_{12} \\ Q_{21} & Q_{22} \end{bmatrix},
$$

$$
\begin{aligned}
Q_{11} &= [\hat{D}(\lambda_j, \lambda_i)]_{N \times N}, & Q_{12} &= [\hat{D}(\mu_j, \lambda_i)]_{N \times N}, \\
Q_{21} &= [\hat{D}(\lambda_j, \mu_i)]_{N \times N}, & Q_{22} &= [\hat{D}(\mu_j, \mu_i)]_{N \times N}, \\
U &= [U_1, \cdots, U_N]^{\mathrm{T}}, & V &= [V_1, \cdots, V_N]^{\mathrm{T}}, \\
b &= [b_1, \cdots, b_N]^{\mathrm{T}}, & c &= [c_1, \cdots, c_N]^{\mathrm{T}}.
\end{aligned}
$$

Q 的系数同样可利用积分核级数展开法逐项积分算出. 其结果 为

$$
Q = \begin{bmatrix} ((\alpha_0, \alpha_1, \cdots, \alpha_{N-1})) & ((0, \beta_{N-1}, \cdots, \beta_1)) \\ ((0, \beta_1, \cdots, \beta_{N-1})) & ((\gamma_0, \gamma_1, \cdots, \gamma_{N-1})) \end{bmatrix}, \tag{2.118}
$$

其中

$$
\begin{cases}
\begin{aligned}
\alpha_k &= \frac{9N^4}{\pi^5} \sum_{j=1}^{\infty} \frac{1}{j^5} \left(\frac{4N^2}{\pi^2 j^2} \sin^4 \frac{j\pi}{N} - \frac{4N}{\pi j} \sin^2 \frac{j\pi}{N} \sin \frac{j}{N} 2\pi + \sin^2 \frac{j}{N} 2\pi \right) \\
&\quad \cdot \cos \frac{jk}{N} 2\pi, \\
\beta_k &= \frac{N^3}{\pi^4} \sum_{j=1}^{\infty} \frac{1}{j^5} \left[-\frac{18N^2}{\pi^2 j^2} \sin^2 \frac{j\pi}{N} \sin \frac{j}{N} 2\pi + \frac{6N}{\pi j} \sin^2 \frac{j\pi}{N} \right. \\
&\quad \left. \cdot \left(5 \cos \frac{j}{N} 2\pi + 7 \right) - 3 \sin \frac{j}{N} 4\pi - 12 \sin \frac{j}{N} 2\pi \right] \sin \frac{jk}{N} 2\pi, \\
\gamma_k &= \frac{N^2}{\pi^3} \sum_{j=1}^{\infty} \frac{1}{j^5} \left[\frac{9N^2}{\pi^2 j^2} \sin^2 \frac{j}{N} 2\pi - \frac{N}{\pi j} \left(24 \sin \frac{j}{N} 2\pi \right. \right. \\
&\quad \left. \left. + 6 \sin \frac{j}{N} 4\pi \right) + 36 \cos^2 \frac{j\pi}{N} - 4 \sin \frac{j}{N} \pi \sin \frac{j}{N} 3\pi \right] \cos \frac{jk}{N} 2\pi,
\end{aligned}
\end{cases}
\tag{2.119}
$$

$k = 0, 1, \cdots, N - 1$. 这些级数也都是收敛的, 而且显然比式 (2.103)、(2.112) 及 (2.115) 的级数收敛得更快. 这里的刚度矩阵 Q 是分块循环的 $2N - 1$ 秩半正定对称矩阵.

2.8.2 刚度矩阵的条件数

由前已知, 区域 Ω 上调和方程的 Neumann 边值问题可归化为边界 Γ 上的自然积分方程

$$u_n(p) = \int_\Gamma K(p,p')u_0(p')ds', \quad p \in \Gamma,$$

且其相应的边界上的变分问题在商空间 $H^{\frac{1}{2}}(\Gamma)/P_0$ 中存在唯一解. 令

$$\overset{\circ}{H}{}^{\frac{1}{2}}(\Gamma) = \left\{ v \in H^{\frac{1}{2}}(\Gamma) \,\middle|\, \int_\Gamma vds = 0 \right\}.$$

它是 $H^{\frac{1}{2}}(\Gamma)$ 的子空间. 于是上述变分问题在子空间 $\overset{\circ}{H}{}^{\frac{1}{2}}(\Gamma)$ 存在唯一解.

设 $\varphi_1(s), \cdots, \varphi_N(s)$ 为 Γ 上均匀剖分下的分段线性基函数. 令

$$S_h(\Gamma) = \left\{ \sum_{j=1}^N V_j\varphi_j(s) | V_j \in \mathbb{R}, \quad j = 1, \cdots, N \right\},$$

$$\overset{\circ}{S}_h(\Gamma) = \left\{ v_h \in S_h(\Gamma) \,\middle|\, \int_\Gamma v_h ds = 0 \right\},$$

其中 $\mathbb{R}$ 为实数全体. 显然, $S_h(\Gamma) \subset H^{\frac{1}{2}}(\Gamma), \overset{\circ}{S}_h(\Gamma) \subset \overset{\circ}{H}{}^{\frac{1}{2}}(\Gamma)$. 于是得到上述变分问题的离散形式

$$\begin{cases} \text{求} u_0^h \in \overset{\circ}{S}_h(\Gamma), \quad \text{使得} \\ \hat{D}(u_0^h, v_0^h) = \hat{F}(v_0^h), \quad \forall v_0^h \in \overset{\circ}{S}_h(\Gamma). \end{cases} \tag{2.120}$$

由于 $\overset{\circ}{S}_h(\Gamma)$ 为 $\overset{\circ}{H}{}^{\frac{1}{2}}(\Gamma)$ 的子空间, Lax-Milgram 定理依然保证了 (2.120) 存在唯一解.

设 $u_0^h = \sum_{j=1}^N U_j\varphi_j(s) \in \overset{\circ}{S}_h(\Gamma)$, 其中 $U_1, \cdots, U_N$ 为待定系数, 则

$$\sum_{j=1}^N U_j = 0. \tag{2.121}$$

由变分问题 (2.120) 可导出线性代数方程组

$$QU = b, \tag{2.122}$$

其中

$$Q = [q_{ij}]_{N \times N}, \quad U = [U_1, \cdots, U_N]^{\mathrm{T}}, \quad b = [b_1, \cdots, b_N]^{\mathrm{T}},$$
$$q_{ij} = \hat{D}(\varphi_j, \varphi_i), \quad b_i = \hat{F}(\varphi_i), \quad i, j = 1, \cdots, N.$$

Q 即为边界元刚度矩阵. 它是 $N-1$ 秩对称半正定矩阵. 在约束条件 (2.121) 下, 方程组 (2.122) 存在唯一解.

现在研究刚度矩阵 Q 的条件数, 有如下结果.

定理 2.9　调和方程 Neumann 边值问题的均匀剖分分段线性自然边界元刚度矩阵的最大特征值与最小非零特征值之比为 $O(h^{-1})$.

证　设 $\lambda \neq 0$ 为刚度矩阵 Q 的非零特征值, $X_\lambda = (x_1, \cdots, x_N)^{\mathrm{T}}$ 为相应于 λ 的特征向量, $X_\lambda^{\mathrm{T}} X_\lambda = 1$,

$$QX_\lambda = \lambda X_\lambda.$$

令 $e = \dfrac{1}{\sqrt{N}}(1, \cdots, 1)^{\mathrm{T}}$, 则 $Qe = 0$, 从而

$$\lambda e^{\mathrm{T}} X_\lambda = e^{\mathrm{T}} Q X_\lambda = (X_\lambda^{\mathrm{T}} Q e)^{\mathrm{T}} = 0.$$

由 $\lambda \neq 0$ 可得

$$\sum_{j=1}^{N} x_j = 0. \tag{2.123}$$

令 $x_\lambda(s) = \sum_{j=1}^{N} x_j \varphi_j(s)$, 则

$$\int_\Gamma x_\lambda(s) ds = \sum_{j=1}^{N} x_j \int_\Gamma \varphi_j(s) ds = \int_\Gamma \varphi_1(s) ds \sum_{j=1}^{N} x_j = 0, \tag{2.124}$$

且

$$\lambda = X_\lambda^{\mathrm{T}} Q X_\lambda = \sum_{i,j=1}^{N} x_i \hat{D}(\varphi_j, \varphi_i) x_j = \hat{D}(x_\lambda(s), x_\lambda(s)).$$

由双线性型 $\hat{D}(u_0, v_0)$ 在空间 $H^{\frac{1}{2}}(\Gamma)/P_0$ 上的连续性及 V 椭圆性, 存在与 λ 及 h 无关的常数 $\alpha > 0$ 及 $\beta > 0$, 使得

$$\alpha \|x_\lambda(s)\|^2_{H^{\frac{1}{2}}(\Gamma)/P_0} \leqslant \lambda \leqslant \beta \|x_\lambda(s)\|^2_{H^{\frac{1}{2}}(\Gamma)/P_0}.$$

利用插值不等式及反不等式 (见 [177, 187]), 便有

$$\|x_\lambda(s)\|_{H^{\frac{1}{2}}(\Gamma)} \leqslant C_1 \|x_\lambda(s)\|^{\frac{1}{2}}_{H^1(\Gamma)} \|x_\lambda(s)\|^{\frac{1}{2}}_{L^2(\Gamma)}$$

$$\leqslant C_2 \frac{1}{\sqrt{h}} \|x_\lambda(s)\|_{L^2(\Gamma)},$$

于是

$$\alpha \|x_\lambda(s)\|^2_{L^2(\Gamma)/P_0} \leqslant \lambda \leqslant \frac{\gamma}{h} \|x_\lambda(x)\|^2_{L^2(\Gamma)/P_0},$$

其中 α 及 γ 均为与 h 及 λ 无关的正常数. 又由式 (2.124) 可得

$$\|x_\lambda(s)\|^2_{L^2(\Gamma)/P_0} = \inf_{C \in \mathbb{R}} \int_\Gamma [x_\lambda(s) - C]^2 ds$$

$$= \inf_{C \in \mathbb{R}} \int_\Gamma [x_\lambda(s)^2 + C^2 - 2Cx_\lambda(s)] ds$$

$$= \inf_{C \in \mathbb{R}} \int_\Gamma [x_\lambda(s)^2 + C^2] ds$$

$$= \int_\Gamma x_\lambda(s)^2 ds = \|x_\lambda(s)\|^2_{L^2(\Gamma)},$$

从而得到

$$\alpha \|x_\lambda(s)\|^2_{L^2(\Gamma)} \leqslant \lambda \leqslant \frac{\gamma}{h} \|x_\lambda(s)\|^2_{L^2(\Gamma)}. \tag{2.125}$$

最后, 注意到

$$\|x_\lambda(s)\|^2_{L^2(\Gamma)} = \int_\Gamma \left[\sum_{j=1}^N x_j \varphi_j(s) \right]^2 ds$$

$$= \sum_{i=1}^N \int_{s_{i-1}}^{s_i} [x_{i-1}\varphi_{i-1}(s) + x_i\varphi_i(s)]^2 ds$$

$$= \sum_{i=1}^N (x_{i-1}^2 + x_i^2 + x_{i-1}x_i) \int_{s_0}^{s_1} \varphi_1^2(s) ds,$$

其中 $x_0 = x_N, \varphi_0(s) = \varphi_N(s)$, 从而

$$\int_{s_0}^{s_1} \varphi_1^2(s) ds \leqslant \|x_\lambda(s)\|^2_{L^2(\Gamma)} \leqslant 3 \int_{s_0}^{s_1} \varphi_1^2(s) ds,$$

便可由 (2.125) 得

$$0 < \alpha \int_{s_0}^{s_1} \varphi_1^2(s) ds \leqslant \lambda_{\min} \leqslant \lambda_{\max} \leqslant \frac{3\gamma}{h} \int_{s_0}^{s_1} \varphi_1^2(s) ds,$$

这里 $\lambda_{\max}$ 及 $\lambda_{\min}$ 分别为 Q 的最大特征值及最小非零特征值. 由此即得

$$\frac{\lambda_{\max}}{\lambda_{\min}} \leqslant \frac{3\gamma}{\alpha h}, \tag{2.126}$$

也即 $\frac{\lambda_{\max}}{\lambda_{\min}} = O(h^{-1})$. 证毕.

由此可见, 自然边界归化显著改善了原调和方程边值问题用有限元方法求解时的刚度矩阵的条件数, 即将条件数由 $O(h^{-2})$ 降为 $O(h^{-1})$. 这也是边界元方法的优点之一.

2.8.3 自然边界元解的误差估计

在 1.5 节中, 已在统一的框架下给出了关于自然边界元解在边界上及在区域上的误差估计的若干定理. 今将那些定理应用于调和方程边值问题的自然边界元方法.

设 $u_0(\theta)$ 为调和方程边值问题的自然积分方程之解, $u_0^h(\theta)$ 为其自然边界元解, 即相应的离散变分问题 (2.100) 之解, 其中 $S_h(\Gamma)$ 为在 2.8.1 小节中已给出的分段 k 次基函数所张成的边界元解空间. 由于容易验证 1.5 节的那些定理的条件均被满足, 故可直接写出如下一些结果.

定理 2.10(能量模估计)   若 $u_0 \in H^{k+1}(\Gamma), k \geqslant 1$, 则

$$\|u_0 - u_0^h\|_{\hat{D}} \leqslant Ch^{k+\frac{1}{2}}|u_0|_{k+1,\Gamma}. \tag{2.127}$$

定理 2.11(L^2 模估计)   若 $u_0 \in H^{k+1}(\Gamma), k \geqslant 1$, 且

$$\int_0^{2\pi} [u_0(\theta) - u_0^h(\theta)]d\theta = 0,$$

则

$$\|u_0 - u_0^h\|_{L^2(\Gamma)} \leqslant Ch^{k+1}|u_0|_{k+1,\Gamma}. \tag{2.128}$$

定理 2.12(L^∞ 模估计)   若 $u_0 \in H^{k+1}(\Gamma), k = 1, 2, 3$, 且

$$\int_0^{2\pi} [u_0(\theta) - u_0^h(\theta)]d\theta = 0,$$

则

$$\|u_0 - u_0^h\|_{L^\infty(\Gamma)} \leqslant Ch^{k+\frac{1}{2}}|u_0|_{k+1,\Gamma}. \tag{2.129}$$

这里定理 2.10 及定理 2.11 的估计是最优的, 而定理 2.12 的估计显然并非最优.

以上是关于自然边界元解的边界上的误差估计. 假如不考虑利用 Poisson 积分公式求区域内的解函数时数值积分产生的误差, 还可进一步得到区域上的误差估计. 设 u 为原调和方程边值问题的解, $u^h = Pu_0^h$ 为由自然边界元近似解 u_0^h 利用 Poisson 积分公式得到的区域上的近似解, 则有如下结果.

首先, 根据自然边界归化下的能量不变性, 可得区域上的能量模估计.

定理 2.13   若 $u_0 \in H^{k+1}(\Gamma), k \geqslant 1$, 则

$$\|u - u^h\|_{H^1(\Omega)/P_0} \leqslant Ch^{k+\frac{1}{2}}|u_0|_{k+1,\Gamma}. \tag{2.130}$$

由此式可见其精度比通常有限元方法的精度高半阶. 其次, 利用 2.6 节的命题 2.1, 可得区域上的 L^2 模估计.

定理 2.14 若 $u_0 \in H^{k+1}(\Gamma), k \geqslant 1,$ 且

$$\int_0^{2\pi} [u_0(\theta) - u_0^h(\theta)]d\theta = 0,$$

则

$$\|u - u^h\|_{L^2(\Omega)} \leqslant Ch^{k+1}|u_0|_{k+1,\Gamma}. \tag{2.131}$$

由此式可见其精度与通常有限元方法的精度相同. 最后, 应用调和函数的极值原理, 由定理 2.12 可得区域上的 L^∞ 模估计.

定理 2.15 若 $u_0 \in H^{k+1}(\Gamma), k = 1, 2, 3,$ 且

$$\int_0^{2\pi} [u_0(\theta) - u_0^h(\theta)]d\theta = 0,$$

则

$$\|u - u^h\|_{L^\infty(\Omega)} \leqslant Ch^{k+\frac{1}{2}}|u_0|_{k+1,\Gamma}. \tag{2.132}$$

这一估计仍非最优估计. 上述估计式中的 C 均为正常数.

2.8.4 数值例子

下面给出利用分段线性、分段二次及分段三次 Hermite 自然边界元方法求解调和方程边值问题的几个数值例子. 这些例子虽然简单, 但并不失一般性.

1. 分段线性自然边界元

将上一小节的结果应用于分段线性元, 得如下误差估计:

$$\begin{cases} \|u_0 - u_0^h\|_{\hat{D}} \leqslant Ch^{\frac{3}{2}}\|u_0\|_{2,\Gamma}, \\ \|u_0 - u_0^h\|_{L^2(\Gamma)} \leqslant Ch^2\|u_0\|_{2,\Gamma}, \\ \|u_0 - u_0^h\|_{L^\infty(\Gamma)} \leqslant Ch^{\frac{3}{2}}\|u_0\|_{2,\Gamma}, \end{cases} \tag{2.133}$$

其中 $u_0 \in H^2(\Gamma), C$ 为与 h 无关的常数, 后两式中的 u_0 满足

$$\int_0^{2\pi} [u_0(\theta) - u_0^h(\theta)]d\theta = 0.$$

例 2.4 解单位圆内 (外) Neumann 问题

$$\begin{cases} \Delta u(r, \theta) = 0, & \Omega内, \\ \dfrac{\partial u}{\partial n} = \cos\theta, & \Gamma上. \end{cases} \tag{2.134}$$

利用分段线性单元将由自然积分方程导出的变分问题离散化, 并为了保证解的唯一性而附加条件 $U_{N/4} = 0$. 离散化得到的线性代数方程组用直接法求解. 其 L^2 误差如表 2.1 所示.

表 2.1

节点数 N	$\|u_0 - u_0^h\|_{L^2(\Gamma)}$	比例	备注
16	0.2189023×10^{-1}		
		15.54639	$\left(\dfrac{64}{16}\right)^2 = 16$
64	0.1408059×10^{-2}		
		3.979096	$\left(\dfrac{128}{64}\right)^2 = 4$
128	0.3538640×10^{-3}		

计算结果表明 L^2 误差为 $O(h^2)$ 阶.

例 2.5   解边值问题 (2.134), 但用超松弛迭代法求解自然边界元离散化得到的线性代数方程组. 由于迭代法节省存贮量, 故可进一步加密剖分以得到更高的精度. 其 L^2 误差如表 2.2 所示.

表 2.2

节点数 N	松弛因子 ω	迭代次数	$\|u_0 - u_0^h\|_{L^2(\Gamma)}$	比例	备注
64	1.3230594	66	0.1408636×10^{-2}		
				3.976326	$\left(\dfrac{128}{64}\right)^2 = 4$
128	1.5164685	103	0.3542557×10^{-3}		
				3.981755	$\left(\dfrac{256}{128}\right)^2 = 4$
256	1.6287258	139	0.8896973×10^{-4}		
				3.997664	$\left(\dfrac{512}{256}\right)^2 = 4$
512	1.7201205	153	0.2225543×10^{-4}		

此结果同样表明 L^2 误差是 $O(h^2)$ 阶的.

在解得 $u_0(\theta)$ 的近似值后, 再利用 Poisson 积分公式求区域内部的函数值 $u(r, \theta)$. 对单位圆内问题, 其结果如表 2.3 所示.

表 2.3

N	r	0.1	0.3	0.5
64	计算值	0.1000795	0.3002384	0.5003973
	相对误差	0.7951521×10^{-3}	0.7948446×10^{-3}	0.7947838×10^{-3}
128	计算值	0.1000199	0.3000599	0.5000999
	相对误差	0.1998614×10^{-3}	0.1998658×10^{-3}	0.1998667×10^{-3}
256	计算值	0.1000050	0.3000150	0.5000250
	相对误差	0.5018793×10^{-4}	0.5019390×10^{-4}	0.5019504×10^{-4}
512	计算值	0.1000012	0.3000037	0.5000062
	相对误差	0.1266187×10^{-4}	0.1258436×10^{-4}	0.1256869×10^{-4}
准确值 $u(r,0)$		0.1	0.3	0.5
N	r	0.7	0.9	
64	计算值	0.7005563	0.9030910	
	相对误差	0.7947585×10^{-3}	0.3434546×10^{-2}	
128	计算值	0.7001399	0.9001826	
	相对误差	0.1998670×10^{-3}	0.2029740×10^{-3}	

续表

N	r	0.7	0.9
256	计算值	0.7000351	0.9000451
	相对误差	0.5019550×10^{-4}	0.5019556×10^{-4}
512	计算值	0.7000087	0.9000113
	相对误差	0.1256193×10^{-4}	0.1255800×10^{-4}
准确值 $u(r,0)$		0.7	0.9

由表 2.3 可见, 对同一 N, 相对误差几乎为一常数, 而当 N 加倍时, 误差则降至约四分之一. 这表明区域内部解的近似值的误差也是约 $O(h^2)$ 阶的.

对单位圆外问题, 其结果如表 2.4 所示.

表 2.4

N	r	1.25	1.5	5
64	计算值	0.8006370	0.6671965	0.2001589
	相对误差	0.7963600×10^{-3}	0.7947614×10^{-3}	0.7949215×10^{-3}
128	计算值	0.8001598	0.6667999	0.2000399
	相对误差	0.1998671×10^{-3}	0.1998669×10^{-3}	0.1998648×10^{-3}
256	计算值	0.8000401	0.6667001	0.2000100
	相对误差	0.5019563×10^{-4}	0.5019545×10^{-4}	0.5019245×10^{-4}
512	计算值	0.8000100	0.6666750	0.2000025
	相对误差	0.1255978×10^{-4}	0.1256277×10^{-4}	0.1260384×10^{-4}
准确值 $u(r,0)$		0.8	0.6666666	0.2
N	r	50	500	
64	计算值	0.2001593×10^{-1}	0.2001635×10^{-2}	
	相对误差	0.7969975×10^{-3}	0.8177655×10^{-3}	
128	计算值	0.2000399×10^{-1}	0.2000399×10^{-2}	
	相对误差	0.1998374×10^{-3}	0.1995619×10^{-3}	
256	计算值	0.2000100×10^{-1}	0.2000099×10^{-2}	
	相对误差	0.5015165×10^{-4}	0.4974034×10^{-4}	
512	计算值	0.2000026×10^{-1}	0.2000036×10^{-2}	
	相对误差	0.1312532×10^{-4}	0.1833748×10^{-4}	
准确值 $u(r,0)$		0.2×10^{-1}	0.2×10^{-2}	

此表中对同一 N 的相对误差也几乎为一常数, 而除了 N 及 r 均很大时受到舍入误差影响外, 当 N 加倍时误差均降至约四分之一, 故单位圆外部的解的近似值的误差也约为 $O(h^2)$ 阶.

表 2.3 及表 2.4 都是对 $\theta = 0$ 得到的计算结果.

上面计算中均采用了级数形式的系数计算公式 (2.103), 并以 $\displaystyle\sum_{n=1}^{M}$, 例如取 $M =$

100, 代替公式中的 $\displaystyle\sum_{n=1}^{\infty}$, 得到了理想的计算结果. 当然, 为了使刚度矩阵的系数更容易计算些, 也可以近似公式 (2.107) 代替级数公式 (2.103). 但这样做的结果却使得计算结果不太理想. 表 2.5 便是用这两种系数计算公式求解边值问题 (2.134) 时得到的结果的 L^2 误差的比较.

表 2.5

系数计算公式	$\|u_0 - u_0^h\|_{L^2(\Gamma)}$		
	$N = 16$	$N = 64$	$N = 128$
级数公式 (2.86), $M = 100$	0.2189023×10^{-1}	0.1408059×10^{-2}	0.3538640×10^{-3}
近似公式 (2.90)	0.6844509×10^{-1}	0.4458423×10^{-1}	0.4338458×10^{-1}

再以点 $(r, \theta) = (0.8, 0)$ 为例来比较由这两种方法求得的内点解函数值 $u(0.8, 0)$ 的近似值的误差, 见表 2.6.

表 2.6

系数计算公式	$|u(0.8, 0) - u_h(0.8, 0)|$	
	$N = 64$	$N = 128$
级数公式 (2.103), $M = 100$	0.1533304×10^{-3}	0.3925215×10^{-4}
近似公式 (2.107)	0.1962908×10^{-1}	0.1945813×10^{-1}

2. 分段二次自然边界元

将上一小节关于误差估计的几个定理应用于分段二次元, 有如下结果:

$$\begin{cases} \|u_0 - u_0^h\|_{\hat{D}} \leqslant Ch^{\frac{5}{2}}\|u_0\|_{3,\Gamma}, \\ \|u_0 - u_0^h\|_{L^2(\Gamma)} \leqslant Ch^3\|u_0\|_{3,\Gamma}, \\ \|u_0 - u_0^h\|_{L^\infty(\Gamma)} \leqslant Ch^{\frac{5}{2}}\|u_0\|_{3,\Gamma}, \end{cases} \tag{2.135}$$

其中 $u_0 \in H^3(\Gamma)$, C 为与 h 无关的常数, 后两式中的 u_0 满足

$$\int_0^{2\pi} [u_0(\theta) - u_0^h(\theta)]d\theta = 0.$$

例 2.6　用分段二次自然边界元方法求解 Neumann 问题 (2.134), 并附加条件 $U_{N/2} = 0$. 得到的近似解的 L^2 误差如表 2.7 所示.

计算结果比理论估计要好些.

表 2.7

N	节点数 $2N$	$\|u_0 - u_0^h\|_{L^2(\Gamma)}$	比例	备注
4	8	0.03559695		
			11.8709	$\left(\dfrac{8}{4}\right)^3 = 8$
8	16	0.00299867		
			11.9870	$\left(\dfrac{16}{8}\right)^3 = 8$
16	32	0.00025016		

3. 分段三次 Hermite 自然边界元

将上一小节的几个定理应用于分段三次 Hermite 元, 得如下误差估计:

$$\begin{cases} \|u_0 - u_0^h\|_{\hat{D}} \leqslant Ch^{\frac{7}{2}}\|u_0\|_{4,\Gamma}, \\[2mm] \|u_0 - u_0^h\|_{L^2(\Gamma)} \leqslant Ch^4\|u_0\|_{4,\Gamma}, \\[2mm] \|u_0 - u_0^h\|_{L^\infty(\Gamma)} \leqslant Ch^{\frac{7}{2}}\|u_0\|_{4,\Gamma}, \end{cases} \qquad (2.136)$$

其中 $u_0 \in H^4(\Gamma), C$ 为与 h 无关的常数, 后两式中 u_0 应满足

$$\int_0^{2\pi}[u_0(\theta) - u_0^h(\theta)]d\theta = 0.$$

例 2.7 解单位圆内 (外) Neumann 边值问题

$$\begin{cases} \Delta u(r,\theta) = 0, & \Omega 内, \\[2mm] \dfrac{\partial u}{\partial n} = 2\cos 2\theta, & \Gamma 上. \end{cases} \qquad (2.137)$$

利用分段三次 Hermite 自然边界元求解, 得 L^2 误差及最大节点误差如表 2.8 所示.

表 2.8

节点数 N	$\|u_0^h - u_0\|_{L^2(\Gamma)}$	比例	$\max\limits_i \|U_i - u_0(\theta_i)\|$	比例	备注
16	0.7314855×10^{-3}		0.4126965×10^{-3}		
		13.36247		13.33216	$\left(\dfrac{32}{16}\right)^4 = 16$
32	0.5486624×10^{-4}		0.3095496×10^{-4}		

计算结果比理论估计稍差些.

再利用 Poisson 积分公式求 $u(r,0)$. 当 Ω 为单位圆内部时结果如表 2.9 所示, 其中 $0 \leqslant r < 1$.

表 2.9

N	r	0.1	0.3	0.5	0.7
16	近似值	0.1000412×10^{-1}	0.9003719×10^{-1}	0.2501680	0.4986443
	相对误差	0.4127255×10^{-3}	0.4132353×10^{-3}	0.6722076×10^{-3}	0.1764161×10^{-1}
32	近似值	0.1000030×10^{-1}	0.9000277×10^{-1}	0.2500077	0.4900431
	相对误差	0.3024699×10^{-4}	0.3087145×10^{-4}	0.3092398×10^{-4}	0.8797834×10^{-4}
准确值 $u(r,0)$		0.01	0.09	0.25	0.49

当 Ω 为单位圆外部时结果如表 2.10 所示, 其中 $r < 1$.

表 2.10

N	r	2	5	20
16	近似值	0.2501680	0.4001650×10^{-1}	0.2501032×10^{-2}
	相对误差	0.6722076×10^{-3}	0.4127075×10^{-3}	0.4128136×10^{-3}
32	近似值	0.2500077	0.4000123×10^{-1}	0.2500070×10^{-2}
	相对误差	0.3092399×10^{-4}	0.3077495×10^{-4}	0.2811877×10^{-4}
准确值 $u(r,0)$		0.25	0.04	0.25×10^{-2}

N	r	50	200
16	近似值	0.4001653×10^{-3}	0.2501061×10^{-4}
	相对误差	0.4134302×10^{-3}	0.4244632×10^{-3}
32	近似值	0.4000052×10^{-3}	0.2499363×10^{-4}
	相对误差	0.1315472×10^{-4}	0.2506974×10^{-4}
准确值 $u(r,0)$		0.4×10^{-3}	0.25×10^{-4}

4. 结论

通过上述数值计算可得如下结论.

(1) 自然边界归化得到的自然积分方程虽含超奇异积分核, 但确实可数值求解. 自然边界元方法, 包括求解这一类超奇异积分方程的积分核级数展开法是切实可行的. 自然边界元解收敛于准确解. 实际计算的数值结果也验证了理论分析得出的误差估计式.

(2) 自然边界归化将二维问题化成一维问题, 可使节点数大为减少, 从而离散化刚度矩阵的阶数大为降低. 虽然这是所有边界元方法共有的优点, 但由于其刚度矩阵为满矩阵, 而且对一般的边界元方法而言, 其 N^2 个系数的计算量通常大大超过解代数方程组所需的计算量, 因此实际上并不能节省计算量. 而自然边界元方法则由于其刚度矩阵的对称循环性而使系数的计算量大大减少. 例如对分段线性元, 只需计算 $\left[\dfrac{N}{2}\right] + 1$ 个系数即可.

(3) 对调和方程边值问题至少应采用分段线性元. 若采用分段二次元或分段三次 Hermite 元, 则可得更好的结果. 例如采用分段三次 Hermite 元与采用线性元但节点加倍的运算量相当, 但精度却要高得多.

(4) 随着节点加密, 插值误差将按理论估计的阶减少, 但由于运算量增加, 舍入误差将增加. 此外, 随着解的精度提高, 由于级数截断、数值积分、解线性方程组等产生的误差在总误差中所占比重也增加. 因此可以看到解的精度越高, 误差阶与理论估计的偏离越明显的现象.

(5) 线性代数方程组可用多种方法求解. 直接法简单易行, 运算量少, 但占用存储较多. 而迭代法则可充分利用矩阵的循环性而大大节省存储量, 这当然提供了加细剖分以提高解的精度的可能性.

(6) 由于实际计算得到的刚度矩阵是近似的, 其降秩性常被破坏. 为避免由于矩阵病态带来的不良影响, 只需把得到的刚度矩阵稍加处理, 即令相应于为定解而被确定取零值的节点的行、列及右端元素为零, 再令该对角线系数为 1 即可. 这样得到的矩阵是对称正定的.

(7) 在利用 Poisson 积分公式求区域内解函数值时, 其误差通常主要由计算得到的近似边界函数的误差决定. 但该内点越接近边界, 数值积分的误差便越显著. 这显然是因为当 $p \to p'$ 时 Poisson 积分核 $P(p, p') \to \delta(p - p')$. 此时应加密邻近该点的边界处数值积分的节点, 或采用 1.6 节所介绍的方法, 以提高数值积分的精度. 而当解函数值本身很小, 或节点很密、计算量很大时, 舍入误差又可能起主导作用.

2.9 断裂及凹角扇形域上自然积分方程的数值解

本节研究断裂及凹角扇形域上调和方程的自然边界归化并进行相应的数值分析.

2.9.1 自然积分方程及其边界元解

设 Ω 与 Ω' 分别为半径为 R、张角为 α 的扇形及无穷扇形域, $0 < \alpha \leqslant 2\pi$,

$$\Omega = \{(r, \theta) | 0 < r < R, 0 < \theta < \alpha\},$$
$$\Omega' = \{(r, \theta) | r > R, 0 < \theta < \alpha\}.$$

由 2.5 节可知, 对于如下调和方程边值问题:

$$\begin{cases} \Delta u = 0, & \Omega \text{或} \Omega' \text{内}, \\ u(r, 0) = u(r, \alpha) = 0, & 0 \leqslant r \leqslant R \text{或} r \geqslant R, \\ \dfrac{\partial u}{\partial n}(R, \theta) = u_n(\theta), & 0 < \theta < \alpha \end{cases} \quad (2.138)$$

有 Poisson 积分公式

$$u(r, \theta) = \pm \frac{1}{2\alpha} \left(R^{\frac{2\pi}{\alpha}} - r^{\frac{2\pi}{\alpha}} \right)$$
$$\cdot \int_0^\alpha \left[\frac{1}{r^{\frac{2\pi}{\alpha}} + R^{\frac{2\pi}{\alpha}} - 2(Rr)^{\frac{\pi}{\alpha}} \cos \frac{\pi}{\alpha}(\theta - \theta')} \right.$$
$$\left. - \frac{1}{r^{\frac{2\pi}{\alpha}} + R^{\frac{2\pi}{\alpha}} - 2(Rr)^{\frac{\pi}{\alpha}} \cos \frac{\pi}{\alpha}(\theta + \theta')} \right] u(R, \theta') d\theta', \quad (2.139)$$

其中 $\pm$ 分别相应于 $(r,\theta) \in \Omega$ 或 Ω', 及自然积分方程

$$u_n(\theta) = -\frac{\pi}{4\alpha^2 R} \int_0^\alpha \left(\frac{1}{\sin^2 \dfrac{\theta - \theta'}{2\alpha}\pi} - \frac{1}{\sin^2 \dfrac{\theta + \theta'}{2\alpha}\pi} \right)$$
$$\cdot u(R, \theta')d\theta', \quad 0 < \theta < \alpha. \tag{2.140}$$

同样, 对于调和方程边值问题

$$\begin{cases} \Delta u = 0, & \Omega 或 \Omega' 内, \\ \dfrac{\partial u}{\partial n}(r, 0) = \dfrac{\partial u}{\partial n}(r, \alpha) = 0, & 0 < r < R 或 r > R, \\ \dfrac{\partial u}{\partial n}(R, \theta) = u_n(\theta), & 0 < \theta < \alpha, \end{cases} \tag{2.141}$$

其中 $u_n(\theta)$ 满足相容性条件 $\displaystyle\int_0^\alpha u_n(\theta)d\theta = 0$, 则有 Poisson 积分公式

$$u(r, \theta) = \pm \frac{1}{2\alpha} \left(R^{\frac{2\pi}{\alpha}} - r^{\frac{2\pi}{\alpha}} \right)$$
$$\cdot \int_0^\alpha \left[\frac{1}{R^{\frac{2\pi}{\alpha}} + r^{\frac{2\pi}{\alpha}} - 2(Rr)^{\frac{\pi}{\alpha}} \cos \dfrac{\pi}{\alpha}(\theta - \theta')} \right.$$
$$\left. + \frac{1}{R^{\frac{2\pi}{\alpha}} + r^{\frac{2\pi}{\alpha}} - 2(Rr)^{\frac{\pi}{\alpha}} \cos \dfrac{\pi}{\alpha}(\theta + \theta')} \right] .u(R, \theta')d\theta', \tag{2.142}$$

其中 $\pm$ 分别相应于 $(r,\theta) \in \Omega$ 或 Ω', 及自然积分方程

$$u_n(\theta) = -\frac{\pi}{4\alpha^2 R} \int_0^\alpha \left(\frac{1}{\sin^2 \dfrac{\theta - \theta'}{2\alpha}\pi} + \frac{1}{\sin^2 \dfrac{\theta + \theta'}{2\alpha}\pi} \right)$$
$$\cdot u(R, \theta')d\theta', \quad 0 < \theta < \alpha. \tag{2.143}$$

由此可定义双线性型

$$\hat{D}(u_0, v_0) = -\frac{\pi}{4\alpha^2} \int_0^\alpha \int_0^\alpha \left(\frac{1}{\sin^2 \dfrac{\theta - \theta'}{2\alpha}\pi} \mp \frac{1}{\sin^2 \dfrac{\theta + \theta'}{2\alpha}\pi} \right) u_0(\theta')v_0(\theta)d\theta' d\theta,$$

其中 $\mp$ 分别相应于方程 (2.140) 或 (2.143).

将圆弧边界 N 等分, 取圆弧上分段线性基函数 $\{L_j(\theta)\}_{j=0,1,\cdots,N}$. 对问题 (2.138), 令

$$u^h(R, \theta) = \sum_{j=1}^{N-1} U_j L_j(\theta),$$

可从与 (2.140) 相应的变分问题得线性代数方程组

$$QU = b,$$

其中

$$
\begin{aligned}
&Q = [q_{ij}]_{(N-1)\times(N-1)}, \quad q_{ij} = \hat{D}(L_j, L_i), \\
&U = [U_1, \cdots, U_{N-1}]^{\mathrm{T}}, \quad b = [b_1, \cdots, b_{N-1}]^{\mathrm{T}}, \\
&b_i = R \int_0^\alpha u_n(\theta) L_i(\theta) d\theta, \quad i = 1, \cdots, N-1, \\
&q_{ij} = q_{ji} = a_{i-j} - a_{i+j}, \quad i, j = 1, \cdots, N-1,
\end{aligned}
\tag{2.144}
$$

$$
a_k = \frac{16N^2}{\pi^3} \sum_{n=1}^{\infty} \frac{1}{n^3} \sin^4 \frac{n\pi}{2N} \cos \frac{n}{N} k\pi, \quad k = 0, 1, \cdots, 2N.
\tag{2.145}
$$

刚度矩阵 Ω 对称正定且不依赖于 α 和 R.

对问题 (2.141), 令

$$u^h(R, \theta) = \sum_{j=0}^{N} U_j L_j(\theta),$$

则可从与 (2.143) 相应的变分问题得线性代数方程组

$$QU = b,$$

其中

$$
\begin{aligned}
&Q = [q_{ij}]_{(N+1)\times(N+1)}, \quad q_{ij} = \hat{D}(L_j, L_i), \\
&U = [U_0, \cdots, U_N]^{\mathrm{T}}, \quad b = [b_0, \cdots, b_N]^{\mathrm{T}}, \\
&b_i = R \int_0^\alpha u_n(\theta) L_i(\theta) d\theta, \quad i = 0, 1, \cdots, N,
\end{aligned}
$$

$$
\begin{cases}
q_{00} = q_{NN} = \dfrac{1}{2} a_0, \quad q_{0N} = q_{N0} = \dfrac{1}{2} a_N, \\
q_{i0} = q_{0i} = a_i, \quad q_{iN} = q_{Ni} = a_{N-i}, \quad i = 1, \cdots, N-1, \\
q_{ij} = q_{ji} = a_{i-j} + a_{i+j}, \quad i, j = 1, \cdots, N-1,
\end{cases}
\tag{2.146}
$$

这里 $a_k, k = 0, 1, \cdots, 2N$, 仍由 (2.145) 给出. 刚度矩阵 Ω 为 N 秩对称半正定且不依赖于 α 和 R. 为保证解的唯一性, 还应附加条件, 例如在后面的算例中, 取 $U_{\frac{N}{2}} = 0$.

2.9.2 近似解的误差估计

设 u_0 为自然积分方程 (2.140) 或 (2.143) 的解, u_0^h 为相应的自然边界元解, $h = \dfrac{\alpha R}{N}, \|\cdot\|_{\hat{D}}$ 为由 $H^{\frac{1}{2}}(\Gamma)$ 或 $H^{\frac{1}{2}}(\Gamma)/P_0$ 上正定双线性型 $\hat{D}(u_0, v_0)$ 导出的能量模,

Γ 为 Ω 的边界的圆弧部分.

定理 2.16　自然积分方程 (2.140) 或 (2.143) 的分段线性自然边界元解 u_0^h 满足如下误差估计:

$$\|u_0 - u_0^h\|_{\hat{D}} \leqslant Ch^{\frac{3}{2}}|u_0|_{2,\Gamma}, \tag{2.147}$$

$$\|u_0 - u_0^h\|_{L^2(\Gamma)} \leqslant Ch^2|u_0|_{2,\Gamma}, \tag{2.148}$$

$$\|u_0 - u_0^h\|_{L^\infty(\Gamma)} \leqslant Ch^{\frac{3}{2}}|u_0|_{2,\Gamma}, \tag{2.149}$$

其中 C 为与 u_0, h, α 及 R 均无关的常数. 对于方程 (2.143), 后两式仅对满足

$$\int_0^\alpha [u_0(\theta) - u_0^h(\theta)]d\theta = 0$$

的 u_0 成立.

证　作保角变换 $F(z) = \left(\dfrac{z}{R}\right)^{\frac{\pi}{\alpha}}$, 于是扇形域 Ω 化为上半单位圆域 Ω^*, 圆弧 Γ 化为 Γ^*, Ω 上调和函数 u 化为 Ω^* 上调和函数 w. 令 $\varphi = \dfrac{\pi}{\alpha}\theta$, 则有

$$w_0(\varphi) = u_0(\theta).$$

由此易得

$$\|u_0(\theta)\|_{\hat{D}} = \|w_0(\varphi)\|_{\hat{D}^*},$$

$$\|u_0(\theta)\|_{L^2(\Gamma)} = \sqrt{\frac{\alpha R}{\pi}}\|w_0(\varphi)\|_{L^2(\Gamma^*)},$$

$$\|u_0(\theta)\|_{L^\infty(\Gamma)} = \|w_0(\varphi)\|_{L^\infty(\Gamma^*)},$$

$$|u_0|_{1,\Gamma} = \sqrt{\frac{\pi}{\alpha R}}|w_0|_{1,\Gamma^*},$$

$$|u_0|_{2,\Gamma} = \left(\frac{\pi}{\alpha R}\right)^{\frac{3}{2}}|w_0|_{2,\Gamma^*}. \tag{2.150}$$

此外, Ω^* 上的边值问题 (2.138) 或 (2.141) 又可奇开拓或偶开拓为单位圆内调和边值问题, 于是由 2.8.3 小节的定理 2.10~ 定理 2.12, 可得

$$\|w_0 - w_0^h\|_{\hat{D}^*} \leqslant Ch^{*\frac{3}{2}}|w_0|_{2,\Gamma^*},$$

$$\|w_0 - w_0^h\|_{L^2(\Gamma^*)} \leqslant Ch^{*2}|w_0|_{2,\Gamma^*},$$

$$\|w_0 - w_0^h\|_{L^\infty(\Gamma^*)} \leqslant Ch^{*\frac{3}{2}}|w_0|_{2,\Gamma^*}.$$

对边值问题 (2.141), 后两式仅对满足

$$\int_0^{2\pi}(w_0 - w_0^h)d\varphi = 0$$

的 w_0 成立. 这里 w_0^h 为与 Ω^* 上的边值问题 (2.138) 或 (2.141) 相应的自然积分方程的线性边界元解, $h^* = \dfrac{\pi}{R\alpha} h$. 于是利用 (2.150) 便得

$$\|u_0 - u_0^h\|_{\hat{D}} = \|w_0 - w_0^h\|_{\hat{D}^*} \leqslant Ch^{*\frac{3}{2}} |w_0|_{2,\Gamma^*} = Ch^{\frac{3}{2}} |u_0|_{2,\Gamma},$$

$$\|u_0 - u_0^h\|_{L^2(\Gamma)} = \sqrt{\frac{\alpha R}{\pi}} \|w_0 - w_0^h\|_{L^2(\Gamma^*)} \leqslant C\sqrt{\frac{\alpha R}{\pi}} h^{*2} |w_0|_{2,\Gamma^*} = Ch^2 |u_0|_{2,\Gamma},$$

$$\|u_0 - u_0^h\|_{L^\infty(\Gamma)} = \|w_0 - w_0^h\|_{L^\infty(\Gamma^*)} \leqslant Ch^{*\frac{3}{2}} |w_0|_{2,\Gamma^*} = Ch^{\frac{3}{2}} |u_0|_{2,\Gamma}.$$

证毕.

同样可得关于二次元或三次 Hermite 元的相应结果.

2.9.3 解的奇异性分析

当 $\pi < \alpha \leqslant 2\pi$ 时, Ω 上调和方程边值问题的解的导数一般在角点有奇异性. 对边值问题 (2.138), 由 Poisson 积分公式 (2.139) 可得

$$u(r,\theta) = \frac{2}{\alpha} \sum_{k=1}^{\infty} \left[\int_0^\alpha u(R,\theta') \sin\frac{k\pi}{\alpha}\theta' d\theta' \right] \sin\frac{k\pi}{\alpha}\theta \left(\frac{r}{R}\right)^{\frac{k\pi}{\alpha}}$$

$$\equiv \sum_{k=1}^{\infty} d_k r^{\frac{k\pi}{\alpha}} \sin\frac{k\pi}{\alpha}\theta, \quad r < R, \tag{2.151}$$

$$\frac{\partial u}{\partial r} = \frac{\pi}{\alpha} d_1 r^{\frac{\pi}{\alpha}-1} \sin\frac{\pi}{\alpha}\theta + \cdots, \tag{2.152}$$

其中

$$d_1 = \frac{2}{\alpha}\left(\frac{1}{R}\right)^{\frac{\pi}{\alpha}} \int_0^\alpha u(R,\theta') \sin\frac{\pi}{\alpha}\theta' d\theta'. \tag{2.153}$$

对边值问题 (2.141), 由 Poisson 积分公式 (2.125) 得

$$u(r,\theta) = \frac{1}{\alpha} \int_0^\alpha u(R,\theta') d\theta' + \frac{2}{\alpha} \sum_{k=1}^{\infty} \left[\int_0^\alpha u(R,\theta') \right.$$

$$\left. \cdot \cos\frac{k\pi}{\alpha}\theta' d\theta' \right] \cos\frac{k\pi}{\alpha}\theta \left(\frac{r}{R}\right)^{\frac{k\pi}{\alpha}}$$

$$\equiv \sum_{k=0}^{\infty} e_k r^{\frac{k\pi}{\alpha}} \cos\frac{k\pi}{\alpha}\theta, \quad r < R, \tag{2.154}$$

$$\frac{\partial u}{\partial r} = \frac{\pi}{\alpha} e_1 r^{\frac{\pi}{\alpha}-1} \cos\frac{\pi}{\alpha}\theta + \cdots, \tag{2.155}$$

其中

$$e_1 = \frac{2}{\alpha} R^{-\frac{\pi}{\alpha}} \int_0^\alpha u(R,\theta') \cos\frac{\pi}{\alpha}\theta' d\theta'. \tag{2.156}$$

奇异项系数 d_1 及 e_1 分别表征了问题 (2.138) 及 (2.141) 的奇点处 "应力" 的强度. 当 $\alpha = 2\pi$ 时, Ω 即带径向裂逢的圆域, 此时 (2.152) 及 (2.155) 分别化为

$$\frac{\partial u}{\partial r} = \frac{d_1}{2} r^{-\frac{1}{2}} \sin \frac{\theta}{2} + \cdots \tag{2.157}$$

及

$$\frac{\partial u}{\partial r} = \frac{e_1}{2} r^{-\frac{1}{2}} \cos \frac{\theta}{2} + \cdots . \tag{2.158}$$

此外, 此时由 (2.151) 可知, 边值问题 (2.138) 的解 $u(r, \theta)$ 在裂缝上连续, 但其法向导数有跳跃:

$$\frac{\partial u}{\partial y}\bigg|_{y=+0} - \frac{\partial u}{\partial y}\bigg|_{y=-0} = \frac{1}{r}\frac{\partial u}{\partial \theta}(r, 0) - \frac{1}{r}\frac{\partial u}{\partial \theta}(r, 2\pi)$$

$$= \sum_{k=1}^{\infty} \frac{k}{2} d_k r^{\frac{k}{2}-1} - \sum_{k=1}^{\infty} (-1)^k \frac{k}{2} d_k r^{\frac{k}{2}-1}$$

$$= d_1 r^{-\frac{1}{2}} + 3 d_3 r^{\frac{1}{2}} + 5 d_5 r^{\frac{3}{2}} + \cdots . \tag{2.159}$$

而由 (2.154) 可知, 边值问题 (2.141) 的解的法向导数在裂逢上连续, 但解本身有跳跃:

$$u|_{y=+0} - u|_{y=-0} = u(r, 0) - u(r, 2\pi)$$

$$= \sum_{k=0}^{\infty} e_k r^{\frac{k}{2}} - \sum_{k=0}^{\infty} (-1)^k e_k r^{\frac{k}{2}}$$

$$= 2 e_1 r^{\frac{1}{2}} + 2 e_3 r^{\frac{3}{2}} + 2 e_5 r^{\frac{5}{2}} + \cdots . \tag{2.160}$$

由上述分析可见, 若用通常不含奇异单元的有限元方法求解含裂缝或凹角扇形域上调和方程边值问题, 其效果必然不佳, 因为采用多项式逼近就已使 $\dfrac{\partial u}{\partial r}$ 的奇性人为地消失了. 而自然积分方程则表达了含有奇异性的真解的边值与边界法向导数值之间的准确关系, 奇异性已被吸收在此方程中, 而 Poisson 积分公式又准确地反映了解的奇性. 因此, 利用自然边界元法求解此类问题便可避免通常有限元方法碰到的困难, 有利于提高计算精度.

2.9.4   数值例子

例 2.8   用分段线性自然边界元法解边值问题 (2.138), 其中 $R = 1, a = 2\pi, u_n(\theta) = \sin \dfrac{\theta}{2}$.

L^2 误差及奇异项系数的相对误差如表 2.11 所示.

由表 2.11 可见, 比例值与 $2^2 = 4$ 相当接近, 这正说明 Γ 上的 L^2 误差及奇异项系数 d_1 的误差均是 $O(h^2)$ 阶的.

表 2.11

N	$\|u_0 - u_0^h\|_{L^2(\Gamma)}$	比例	d_1 的相对误差	比例
8	0.0437664		0.01234773	
		3.907644		3.909278
16	0.0112002		0.00315857	
		3.958185		3.952263
32	0.00282963		0.00079918	

Ω 内 $\left(r, \dfrac{\pi}{4}\right)$ 处解的误差如表 2.12 所示.

注意, 即使 r 小至 10^{-4}, 近似解仍保持同样精度.

表 2.12

N	r	0.0001	0.001	0.01	0.1
	$u^h\left(r, \dfrac{\pi}{4}\right)$	0.00765977	0.02422237	0.07659793	0.24222410
32	误差	0.610×10^{-5}	0.1935×10^{-4}	0.6127×10^{-4}	0.19407×10^{-3}
	相对误差	0.79700×10^{-3}	0.79949×10^{-3}	0.80053×10^{-3}	0.80184×10^{-3}

N	r	0.3	0.5	0.7
	$u^h\left(r, \dfrac{\pi}{4}\right)$	0.41954660	0.54163122	0.64090919
32	误差	0.33790×10^{-3}	0.43553×10^{-3}	0.55701×10^{-3}
	相对误差	0.80604×10^{-3}	0.80475×10^{-3}	0.86985×10^{-3}

Ω' 内 $\left(r, \dfrac{\pi}{4}\right)$ 处解的误差如表 2.13 所示. 请注意其中当 r 大至 320 时, 近似解仍有同样精度.

表 2.13

N	r	1.25	5	20	80	320
	$u^h\left(r, \dfrac{\pi}{4}\right)$	0.68636131	0.34255743	0.17127848	0.08563912	0.04281953
32	误差	0.179696×10^{-2}	0.27519×10^{-3}	0.13739×10^{-3}	0.6855×10^{-4}	0.3426×10^{-4}
	相对误差	0.262496×10^{-2}	0.80398×10^{-3}	0.80279×10^{-3}	0.80109×10^{-3}	0.80074×10^{-3}

例 2.9　用分段线性自然边界元法解边值问题 (2.141), 其中

$$R = 1, \quad \alpha = \frac{5}{4}\pi, \quad u_n(\theta) = \cos\frac{4}{5}\theta.$$

L^2 误差和奇异项系数的相对误差如表 2.14 所示.

由表 2.14 可见, L^2 误差及 e_1 的误差均是 $O(h^2)$ 阶的.

Ω 内 $\left(r, \dfrac{\pi}{4}\right)$ 处解的误差如表 2.15 所示.

表 2.14

N	$\|u_0 - u_0^h\|_{L^2(\Gamma)}$	比例	e_1 的相对误差	比例
8	0.02163525		0.01234913	
		3.908744		3.908546
16	0.00553509		0.00315952	
		3.853044		4.006035
32	0.00143655		0.00078869	

表 2.15

N	r	0.0001	0.001	0.01	0.1
	$u^h\left(r, \dfrac{\pi}{4}\right)$	0.00067824	0.00406918	0.0254612	0.1604415
32	误差	0.4017×10^{-4}	0.4323×10^{-4}	0.5919×10^{-4}	0.1660×10^{-3}
	相对误差	0.6296×10^{-1}	0.1074×10^{-1}	0.2330×10^{-2}	0.1036×10^{-2}

N	r	0.3	0.5	0.7
	$u^h\left(r, \dfrac{\pi}{4}\right)$	0.3863246	0.5813255	0.7608838
32	误差	0.3446×10^{-3}	0.5016×10^{-3}	0.6506×10^{-3}
	相对误差	0.8927×10^{-3}	0.8636×10^{-3}	0.8558×10^{-3}

Ω' 内 $\left(r, \dfrac{\pi}{4}\right)$ 处解的误差如表 2.16 所示.

表 2.16

N	r	1.25	5	20	80	320
	$u^h\left(r, \dfrac{\pi}{4}\right)$	0.8466019	0.2793159	0.09216642	0.03042997	0.01006484
32	误差	0.6602×10^{-3}	0.2596×10^{-3}	0.1122×10^{-3}	0.6336×10^{-4}	0.4761×10^{-4}
	相对误差	0.7805×10^{-3}	0.9304×10^{-3}	0.1218×10^{-2}	0.2086×10^{-2}	0.4752×10^{-2}

例 2.10　用分段线性自然边界元法解边值问题 (2.141), 其中 $R = 1, \alpha = 2\pi, u_n(\theta) = \cos\dfrac{\theta}{2}$.

L^2 误差和奇异项系数的相对误差如表 2.17 所示.

表 2.17

N	$\|u_0 - u_0^h\|_{L^2(\Gamma)}$	比例	e_1 的相对误差	比例
8	0.04378498		0.01234913	
		3.907528		3.907359
16	0.01120529		0.00316048	
		3.849587		4.016981
32	0.00291077		0.00078678	

由表 2.17 可见, L^2 误差及 e_1 的误差均为 $O(h^2)$ 阶.

裂逢上解的跳跃值如表 2.18 所示.

表 2.18

N	r	0.0001	0.001	0.01	0.1
32	计算值	0.04003094	0.1265905	0.4003149	1.2659063
	误差	0.3094×10^{-4}	0.9931×10^{-4}	0.3149×10^{-3}	0.9959×10^{-3}
	相对误差	0.7735×10^{-3}	0.7851×10^{-3}	0.7872×10^{-3}	0.7873×10^{-3}

N	r	0.3	0.5	0.7
32	计算值	2.1926203	2.8306551	3.3494511
	误差	0.1729×10^{-2}	0.2229×10^{-2}	0.2834×10^{-2}
	相对误差	0.7892×10^{-3}	0.7880×10^{-3}	0.8469×10^{-3}

请注意, 即使 r 小至 10^{-4}, 表 2.18 中跳跃值的相对误差仍保持不变.

上述计算结果表明, 当节点加密时解的误差缩小的规律与理论估计基本一致. 即使在奇点附近, 近似解几乎也保持同样的精度. 这正说明了利用自然边界元方法求解断裂或凹角区域上调和方程边值问题的优越性.

第 3 章　重调和方程边值问题

3.1　引　　言

用 Δ 表示 Laplace 算子即调和算子, 则四阶椭圆型偏微分方程

$$\Delta^2 u = 0 \tag{3.1}$$

称为重调和方程或双调和方程. 方程 (3.1) 的解函数称为重调和函数或双调和函数. 在二维情况下, 重调和算子

$$\Delta^2 = \left(\frac{\partial^2}{\partial x^2} + \frac{\partial^2}{\partial y^2}\right)^2 = \frac{\partial^4}{\partial x^4} + 2\frac{\partial^4}{\partial x^2 \partial y^2} + \frac{\partial^4}{\partial y^4}.$$

除了右端为零的方程 (3.1) 外, 有时也将右端为某已知函数的方程

$$\Delta^2 u = f \tag{3.2}$$

称为重调和方程. 这些方程的边值问题统称为重调和方程边值问题. 有许多力学问题可归结为重调和方程的边值问题. 下面便是些典型例子.

1. 薄板弯曲问题

薄板是指厚度远较其余两方向的尺寸为小的板. 薄板的弹性变形有两种模式, 一是在板平面内即纵向载荷作用下的纵向伸缩变形, 即平面应力问题; 另一便是在垂直于板平面的横向载荷作用下的横向变形, 即弯曲. 薄板在弯曲变形时, 存在一个中立面. 取变形前的中立面为 x-y 平面, 则中立面上仅第三个方向的位移非零, 称之为挠度. 可认为挠度 u 沿板厚是一致的, 它只依赖于坐标 (x, y). 挠度 $u(x, y)$ 满足如下平衡方程:

$$D\Delta^2 u = P,$$

其中 D 为抗弯刚度, P 为板面所受到的横向载荷.

四阶椭圆型偏微分方程在定解时一般要在边界上规定两个边界条件. 对薄板弯曲问题, 边界条件通常有如下三类.

(1) 第一类边界条件规定几何约束. 这样的条件有两种, 即① 规定边界上的横向位移 $u = u_0$; 及②规定边界上的切向转角 $\frac{\partial u}{\partial n} = u_n$. 这一类边界条件是强加边界条件.

(2) 第二类边界条件规定载荷, 为力学边界条件. 这样的条件也有两种, 即①规定边界上的横向载荷, 它表示横向剪力平衡:

$$Q_{3n} + \frac{\partial M_{tn}}{\partial s} = q;$$

及②规定边界上的弯矩载荷, 它表示弯矩平衡: $M_{nn} = m$. 力学边界条件是变分问题的自然边界条件, 它们其实就是边界上的平衡方程.

(3) 第三类边界条件是弹性支承. 这样的条件有三种, 即①在边界上除了横向载荷外, 还承受正比于挠度的横向弹性反力; ②边界上除了弯矩载荷外, 还承受正比于切向转角的弹性反矩; ③板面上与外界有弹性耦合, 即弹性地基板. 最后一种情况实际上在部分子区域改变了平衡方程, 已不属于边界条件的范畴.

在边界的每一区段上, 可以在上述边界条件中任取两个, 当然应注意边界条件 (1)①对 (2)①或 (3)①, 以及 (1)②对 (2)②或 (3)②是互相排斥的, 不能并立. 实际应用中最常见的边界条件有如下三种:

(1) 固支边, $u = 0$, $\dfrac{\partial u}{\partial n} = 0$,

(2) 简支边, $u = 0$, $M_{nn} = 0$,

(3) 自由边, $M_{nn} = 0$, $Q_{3n} + \dfrac{\partial M_{tn}}{\partial s} = 0$.

可以将自由边界条件写成用位移 u 的偏导数表示的形式:

$$\nu \Delta u + (1 - \nu) \left(\frac{\partial^2 u}{\partial x^2} n_1^2 + \frac{\partial^2 u}{\partial y^2} n_2^2 + 2 \frac{\partial^2 u}{\partial x \partial y} n_1 n_2 \right) = 0,$$

及

$$-\frac{\partial}{\partial n} (\Delta u) + (1 - \nu) \frac{\partial}{\partial s} \left\{ \left(\frac{\partial^2 u}{\partial x^2} - \frac{\partial^2 u}{\partial y^2} \right) n_1 n_2 + \frac{\partial^2 u}{\partial x \partial y} (n_2^2 - n_1^2) \right\} = 0,$$

其中 ν 为 Poisson 比, $0 < \nu < \dfrac{1}{2}$.

2. 以应力函数为变量的平面弹性问题

平面弹性问题包括平面应力问题和平面应变问题, 它们均满足平面弹性方程

$$\mu \Delta u + (\lambda + \mu) \mathrm{grad}\, \mathrm{div} u = 0,$$

其中 λ 及 μ 为 Lamé 常数. 以算子 div 作用之, 可得

$$\Delta \mathrm{div}\, u = 0.$$

今引入 Airy 应力函数 $A(x, y)$,

$$\sigma_{11} = \frac{\partial^2 A}{\partial y^2}, \quad \sigma_{12} = -\frac{\partial^2 A}{\partial x \partial y}, \quad \sigma_{22} = \frac{\partial^2 A}{\partial x^2}.$$

此时平衡方程被自动满足, 而由应力应变关系及应变位移关系可得

$$\Delta A = \sigma_{11} + \sigma_{22} = 2(\lambda + \mu)\mathrm{div}\ u,$$

从而

$$\Delta^2 A = 0,$$

即 Airy 应力函数满足重调和方程. 于是平面弹性问题也可化为重调和问题求解.

3. 通过流函数求解的 Stokes 问题

不可压缩黏滞流体在小雷诺数情况下的稳定流动由 Stokes 方程支配

$$\begin{cases} -\eta\Delta u + \mathrm{grad}\ p = 0, \\ \mathrm{div}\ u = 0, \end{cases}$$

其中未知量 u 及 p 是充满求解区域的流体的流速及压力, η 为动力黏滞系数. 对二维问题, 根据流体的不可压缩条件 $\mathrm{div} u = 0$, 知一定存在流函数 ψ, 使得

$$u = \left(\frac{\partial\psi}{\partial y},\quad -\frac{\partial\psi}{\partial x} \right).$$

于是由 Stokes 方程立即可得

$$\Delta^2\psi = \frac{\partial}{\partial x}\Delta\frac{\partial\psi}{\partial x} + \frac{\partial}{\partial y}\Delta\frac{\partial\psi}{\partial y} = -\frac{\partial}{\partial x}\Delta u_2 + \frac{\partial}{\partial y}\Delta u_i$$

$$= -\frac{\partial}{\partial x}\left(\frac{1}{\eta}\ \frac{\partial p}{\partial y} \right) + \frac{\partial}{\partial y}\left(\frac{1}{\eta}\ \frac{\partial p}{\partial x} \right) = 0,$$

即流函数满足重调和方程. 原 Stokes 方程的边界条件也可化成重调和方程的边界条件.

上述有关重调和方程边值问题的力学背景的内容可参阅 [160,164,189]. 在本章以下各节中, 将依次介绍重调和方程的解的复变函数表示、自然边界归化原理、典型域上的自然积分方程及 Poisson 积分公式、自然积分算子及其逆算子、自然积分方程的直接研究, 自然积分方程的数值解法等, 最后将简略介绍多重调和方程的解的复变函数表示及其边值问题的自然边界归化.

3.2   解的复变函数表示

类似于调和方程的解有复变函数表示, 重调和方程的解也有复变函数表示, 当然这一表示要稍复杂些, 即必须通过两个复变函数来表示. 这一表示同样是研究重调和方程边值问题及其自然边界归化的强有力的工具.

3.2.1 定理及其证明

设两个实变数 x 及 y 的实函数 $u(x,y)$ 在 Ω 内有连续的直至四阶的偏导数, 且满足二维重调和方程

$$\left(\frac{\partial^2}{\partial x^2} + \frac{\partial^2}{\partial y^2}\right)^2 u = 0, \tag{3.3}$$

则 u 为二维重调和函数.

定理 3.1 平面单连通区域 Ω 上的任意重调和函数 $u(x,y)$ 必可表示成

$$u(x,y) = \mathrm{Re}[\bar{z}\varphi(z) + \psi(z)], \tag{3.4}$$

其中 $\varphi(z)$ 及 $\psi(z)$ 为 Ω 上的两个解析函数, $z = x + iy$; 反之, 任取 Ω 上的两上解析函数 $\varphi(z)$ 及 $\psi(z)$, 则由式 (3.4) 得出的函数 $u(x,y)$ 必为 Ω 上的重调和函数.

证 若 $u(x,y)$ 为 Ω 上的重调和函数, 则 $\Delta u(x,y)$ 为 Ω 上的调和函数. 由定理 2.1, 必存在 Ω 上的解析函数

$$f(z) = p(x,y) + iq(x,y),$$

使得

$$\Delta u(x,y) = \mathrm{Re}f(z) = p(x,y).$$

今考察函数

$$\begin{aligned}
\varphi(z) &= \frac{1}{4}\int_{z_0}^{z} f(z)dz \\
&= \frac{1}{4}\left[\int_{z_0}^{z} p(x,y)dx - q(x,y)dy + i\int_{z_0}^{z} p(x,y)dy + q(x,y)dx\right] \\
&\equiv P(x,y) + iQ(x,y),
\end{aligned}$$

其中 z_0 为 Ω 内某定点. 根据单连通区域的 Cauchy 定理, 这一积分只依赖于积分端点而与积分路线无关, 从而 $\varphi(z)$ 有确切定义. 易验证 $\varphi(z)$ 满足 Cauchy-Riemann 条件:

$$\frac{\partial P(x,y)}{\partial x} = \frac{1}{4}p(x,y) = \frac{\partial Q(x,y)}{\partial y},$$

$$\frac{\partial Q(x,y)}{\partial x} = \frac{1}{4}q(x,y) = -\frac{\partial P(x,y)}{\partial y},$$

于是 $\varphi(z)$ 为 Ω 上的解析函数. 又由于

$$\Delta(u - \mathrm{Re}[\bar{z}\varphi(z)]) = \Delta u - \mathrm{Re}4\frac{\partial^2}{\partial \bar{z}\partial z}[\bar{z}\varphi(z)]$$

$$=\Delta u - 4\mathrm{Re}\varphi'(z) = \Delta u - \mathrm{Re}f(z) = 0,$$

再利用定理 2.1, 则必存在 Ω 上的解析函数 $\psi(z)$, 使得

$$u - \mathrm{Re}[\bar{z}\varphi(z)] = \mathrm{Re}\psi(z),$$

从而

$$u = \mathrm{Re}[\bar{z}\varphi(z) + \psi(z)],$$

其中 $\varphi(z)$ 及 $\psi(z)$ 为 Ω 上的两个解析函数. 反之, 若

$$u = \mathrm{Re}[\bar{z}\varphi(z) + \psi(z)],$$

其中 $\varphi(z)$ 及 $\psi(z)$ 为 Ω 上的两个解析函数, 则

$$\begin{aligned}
\Delta^2 u &= \Delta^2\mathrm{Re}[\bar{z}\varphi(z) + \psi(z)] \\
&= \Delta\mathrm{Re}4\frac{\partial^2}{\partial z\partial\bar{z}}[\bar{z}\varphi(z) + \psi(z)] \\
&= 4\Delta\mathrm{Re}\varphi'(z) = 0,
\end{aligned}$$

即 u 必为重调和函数. 证毕.

显然, 定理中的 Re 可以换为 Im, 即任意重调和函数 $u(x,y)$ 必可表示成

$$u(x,y) = \mathrm{Im}[\bar{z}\varphi(z) + \psi(z)], \tag{3.5}$$

其中 $\varphi(z)$ 及 $\psi(z)$ 为两个解析函数; 反之, 任取两个解析函数 $\varphi(z)$ 及 $\psi(z)$, 则由式 (3.5) 得出的函数 $u(x,y)$ 必为重调和函数.

3.2.2　简单应用实例

重调和函数的复变函数表示也有很多重要的应用. 这里先介绍几个简单的例子.

1. 构造重调和方程的特解

若 Ω 为平面有界区域, 为得到一系列最简单的重调和函数, 可取 $\varphi(z)$ 及 $\psi(z)$ 为 z 的多项式, 然后代入式 (3.4) 或 (3.5) 求得 $u(x,y)$. 在 2.2.2 小节中已得到的调和方程的一系列特解显然都是重调和方程的特解. 只要在式 (3.4) 或 (3.5) 中取 $\varphi(z) = 0$ 及 $\psi(z)$ 为 z 的多项式即可得到那些特解. 今则取 $\varphi(z)$ 为 z 的多项式及 $\psi(z) = 0$, 以得到与那些特解独立的重调和方程的另一些特解. 例如,

(1) 取 $\varphi(z) = z$, 得 $u = \mathrm{Re}[\bar{z}\varphi(z)] = x^2 + y^2$;

(2) 取 $\varphi(z) = z^2$, 得 $u = \mathrm{Re}[\bar{z}\varphi(z)] = x(x^2 + y^2)$;

(3) 取 $\varphi(z) = -iz^2$, 得 $u = \mathrm{Re}[\bar{z}\varphi(z)] = y(x^2 + y^2)$;

(4) 取 $\varphi(z) = z^3$, 得 $u = \mathrm{Re}[\bar{z}\varphi(z)] = (x^2 - y^2)(x^2 + y^2)$;

(5) 取 $\varphi(z) = -iz^3$, 得 $u = \mathrm{Re}[\bar{z}\varphi(z)] = 2xy(x^2 + y^2)$;

(6) 取 $\varphi(z) = z^4$, 得 $u = \mathrm{Re}[\bar{z}\varphi(z)] = (x^3 - 3xy^2)(x^2 + y^2)$;

(7) 取 $\varphi(z) = -iz^4$, 得 $u = \mathrm{Re}[\bar{z}\varphi(z)] = (3x^2y - y^3)(x^2 + y^2)$;

(8) 取 $\varphi(z) = z^5$, 得 $u = \mathrm{Re}[\bar{z}\varphi(z)] = (x^4 - 6x^2y^2 + y^4)(x^2 + y^2)$;

(9) 取 $\varphi(z) = -iz^5$, 得 $u = \mathrm{Re}[\bar{z}\varphi(z)] = (4x^3y - 4xy^3)(x^2 + y^2)$;

等等. 容易验证, 上述诸函数 $u(x, y)$ 均为重调和方程之解, 且这些特解是互相独立的. 由于重调和方程是线性微分方程, 故这些特解以及 2.2.2 小节所列的调和方程的特解的任意线性组合仍为重调和方程的特解.

若 Ω 为含坐标原点的某有界区域的外部区域, 则式 (3.4) 或 (3.5) 中的 $\varphi(z)$ 及 $\psi(z)$ 可取为 $\dfrac{1}{z}$ 的任意多项式, 因为这样的函数必为外部区域 Ω 上的解析函数.

已知重调和方程的若干组特解后, 便可将 1.6 节提供的方法应用于重调和方程边值问题, 由近似 Dirichlet 边值及 Poisson 积分公式进行边界点或近边界点的力学量的计算.

2. 构造重调和方程边值问题

为了检验某一数值计算方法对求解重调和方程边值问题的效果, 便于将计算结果与准确解相比较, 常需要构造已知准确解的重调和方程边值问题.

例如, 设 $\Omega = \{(x, y) | x^2 + y^2 \geqslant 4\}$ 为半径为 2 的圆外部区域, Γ 为其边界, 在定理 3.1 中取 $\varphi(z) = \dfrac{1}{z^2}, \psi(z) = 0$, 则可得

$$u = \mathrm{Re}[\bar{z}\varphi(z) + \psi(z)] = \mathrm{Re}\left[\frac{1}{r}e^{-i3\theta}\right] = \frac{1}{r} \cos 3\theta,$$

它为如下 Dirichler 边值问题的准确解:

$$\begin{cases} \Delta^2 u = 0, & \Omega \text{内}, \\ u = \dfrac{1}{2} \cos 3\theta, & \Gamma \text{上}, \\ \dfrac{\partial u}{\partial n} = \dfrac{1}{4} \cos 3\theta, & \Gamma \text{上}. \end{cases}$$

又如, 设 $\Omega = \{(x, y) | x^2 + y^2 \leqslant 1\}$ 为单位圆内部区域, Γ 为其边界, 在定理 3.1 中取 $\varphi(z) = -z^4, \psi(z) = 2z^3$, 则可得

$$u = \mathrm{Re}[\bar{z}\varphi(z) + \psi(z)] = \mathrm{Re}[-r^5 e^{i3\theta} + 2r^3 e^{i3\theta}]$$

$$= (2r^3 - r^5) \cos 3\theta$$

为如下 Neumann 边值问题的准确解:

$$\begin{cases} \Delta^2 u = 0, & \Omega\text{内}, \\ Mu = -12\cos 3\theta, & \Gamma\text{上}, \\ Tu = 48\cos 3\theta, & \Gamma\text{上}, \end{cases}$$

其中 Mu 及 Tu 的意义见下节, Poisson 比 ν 取为 0.5.

3. 构造有指定奇异性的重调和函数

由第 2 章已知, 有时需要得到微分方程的有指定奇异性的特解. 利用重调和方程的解的复变函数表示便可构造重调和方程的在给定点 (x_0, y_0) 有 r^{-k} 阶奇异性的特解. 为简单起见, 选取 (x_0, y_0) 为极坐标的极点. 由于在定理 3.1 中取 $\varphi(z) = 0$ 及适当的 $\psi(z)$ 便导致 2.2.2 小节所列的有 r^{-k} 阶奇异性的调和函数, 故这里将取 $\psi(z) = 0$, 以得到与那些函数独立的有 r^{-k} 阶奇异性的重调和函数.

(1) 在定理 3.1 中取 $\varphi(z) = \dfrac{1}{z^2}$ 及 $\varphi(z) = \dfrac{i}{z^2}$, 可得到在极点有 $\dfrac{1}{r}$ 阶奇异性的两个互相独立的重调和函数

$$u = \mathrm{Re}[\bar{z}\varphi(z)] = \mathrm{Re}[r^{-1}e^{-i3\theta}] = \frac{1}{r}\cos 3\theta$$

及

$$u = \mathrm{Re}[\bar{z}\varphi(z)] = \mathrm{Re}[ir^{-1}e^{-i3\theta}] = \frac{1}{r}\sin 3\theta.$$

(2) 在定理 3.1 中取 $\varphi(z) = \dfrac{1}{z^3}$ 及 $\varphi(z) = \dfrac{i}{z^3}$, 可得到在极点有 $\dfrac{1}{r^2}$ 阶奇异性的两个互相独立的重调和函数

$$u = \mathrm{Re}[\bar{z}\varphi(z)] = \mathrm{Re}[r^{-2}e^{-i4\theta}] = \frac{1}{r^2}\cos 4\theta$$

及

$$u = \mathrm{Re}[\bar{z}\varphi(z)] = \mathrm{Re}[ir^{-2}e^{-i4\theta}] = \frac{1}{r^2}\sin 4\theta.$$

(3) 一般地, 在定理 3.1 中取 $\varphi(z) = z^{-(k+1)}$ 及 $\varphi(z) = iz^{-(k+1)}$, 可得到在极点有 r^{-k} 阶奇异性的两个互相独立的重调和函数

$$u = \mathrm{Re}[\bar{z}\varphi(z)] = \mathrm{Re}[r^{-k}e^{-i(k+2)\theta}] = r^{-k}\cos(k+2)\theta$$

及

$$u = \mathrm{Re}[\bar{z}\varphi(z)] = \mathrm{Re}[ir^{-k}e^{-i(k+2)\theta}] = r^{-k}\sin(k+2)\theta,$$

其中 k 可取任意正整数.

因为调和方程的特解当然也是重调和方程的特解, 故加上在极点处有 r^{-k} 阶奇异性的两个独立的调和函数

$$u = r^{-k} \cos k\theta$$

及

$$u = r^{-k} \sin k\theta,$$

重调和方程共有四个在极点处有 r^{-k} 阶奇异性的相互独立的特解.

4. 其他重要应用

重调和方程的解的复变函数表示也可用于求解某些重调和方程边值问题及发展相应的数值方法. 这一方向的更多的内容已超出本书的范围. 本节给出定理 3.1 的目的则仅在于它将在后面几节中对重调和方程边值问题的自然边界归化所起的重要作用.

3.3 自然边界归化原理

本节将自然边界归化应用于重调和方程边值问题, 特别是薄板弯曲问题, 并研究得到的边界上的变分问题的解的存在唯一性.

考察均质、等厚、具有光滑边界的弹性薄板. 设 u 为未知量挠度, D 为抗弯刚度, ν 为 Poisson 比, $0 < \nu < \dfrac{1}{2}$, Ω 为薄板所在平面区域, Γ 为其边界, P 为板面 Ω 所受到的横向载荷. 平衡方程为

$$\Delta^2 u = \frac{P}{D}, \quad \Omega 内.$$

为简单起见, 下面仅研究在 $P = 0$ 的情况下的自然边界归化, 在此基础上再实现 $P \neq 0$ 时的自然边界归化并无困难.

3.3.1 区域上的变分问题

薄板弯曲问题的边界条件通常有以下三种:

(1) $\gamma_0 u = u|_\Gamma = u_0$, $\quad \gamma_1 u = \dfrac{\partial u}{\partial n}\bigg|_\Gamma = u_n,$

(2) $\gamma_0 u = u|_\Gamma = u_0$, $\quad \beta_1 u = Mu = m,$

(3) $\beta_0 u = Tu = t$, $\quad \beta_1 u = Mu = m,$

其中 T 及 M 分别为相应于边界横向剪力及弯矩载荷与抗弯刚度的比值的微分边值算子.

$$
\begin{cases}
Tu = \left\{ -\dfrac{\partial \Delta u}{\partial n} + (1-\nu)\dfrac{\partial}{\partial s}\left[\left(\dfrac{\partial^2 u}{\partial x^2} - \dfrac{\partial^2 u}{\partial y^2} \right)n_1 n_2 + \dfrac{\partial^2 u}{\partial x \partial y}(n_2^2 - n_1^2) \right] \right\}_{\Gamma}, \\[4mm]
Mu = \left[\nu \Delta u + (1-\nu)\left(\dfrac{\partial^2 u}{\partial x^2}n_1^2 + \dfrac{\partial^2 u}{\partial y^2}n_2^2 + 2\dfrac{\partial^2 u}{\partial x \partial y}n_1 n_2 \right) \right]_{\Gamma},
\end{cases} \tag{3.6}
$$

(n_1, n_2) 为 Γ 的外法线方向余弦. 特别当给定边值 u_0, u_n 或边界载荷 t, m 均为零时, 上述三种边界条件正是固支边、简支边及自由边这三种最常见的情况.

令 $P_1(\Omega)$ 为 Ω 上不超过一次的多项式全体. 显然对任意 $u \in P_1(\Omega)$, 有 $Tu = 0$ 及 $Mu = 0$. 于是上述第三种边值问题的解可差一任意一次多项式. 其特理意义正是: 任意刚性位移为自由边值板问题的解.

今考察如下重调和方程边值问题:

$$
\begin{cases}
\Delta^2 u = 0, & \Omega \text{内}, \\
(Tu, Mu) = (t, m), & \Gamma \text{上},
\end{cases} \tag{3.7}
$$

其中 $(t, m) \in H^{-\frac{3}{2}}(\Gamma) \times H^{-\frac{1}{2}}(\Gamma)$ 并满足相容性条件

$$
\int_{\Gamma} \left(tp + m\dfrac{\partial p}{\partial n} \right) ds = 0, \quad \forall p \in P_1(\Omega), \tag{3.8}
$$

或记作 $(t, m) \in [H^{-\frac{3}{2}}(\Gamma) \times H^{-\frac{1}{2}}(\Gamma)]_0$, 其中

$$
[H^{-\frac{3}{2}}(\Gamma) \times H^{-\frac{1}{2}}(\Gamma)]_0 = \Bigg\{ (t, m) \in H^{-\frac{3}{2}}(\Gamma) \times H^{-\frac{1}{2}}(\Gamma) \Bigg|
$$
$$
\int_{\Gamma} \left(tp + m\dfrac{\partial p}{\partial n} \right) ds = 0, \forall p \in P_1(\Omega) \Bigg\}.
$$

令

$$
D(u, v) = \iint\limits_{\Omega} \left\{ \Delta u \Delta v - (1-\nu)\left[\dfrac{\partial^2 u}{\partial x^2}\dfrac{\partial^2 v}{\partial y^2} \right.\right.
$$
$$
\left.\left. + \dfrac{\partial^2 v}{\partial x^2}\dfrac{\partial^2 u}{\partial y^2} - 2\dfrac{\partial^2 u}{\partial x \partial y}\dfrac{\partial^2 v}{\partial x \partial y} \right] \right\} dx dy,
$$
$$
F(v) = \int_{\Gamma} \left(m\dfrac{\partial v}{\partial n} + tv \right) ds,
$$
$$
J(v) = \dfrac{1}{2}D(v, v) - F(v).
$$

于是边值问题 (3.7) 等价于变分问题

$$
\begin{cases}
\text{求} u \in H^2(\Omega), \text{使得} \\
D(u, v) = F(v), \quad \forall v \in H^2(\Omega),
\end{cases} \tag{3.9}
$$

或能量泛函 $J(v)$ 的极小化问题

$$
\left\{
\begin{array}{l}
求 u \in H^2(\Omega), 使得 \\
J(u) = \min\limits_{v \in H^2(\Omega)} J(v).
\end{array}
\right.
\tag{3.10}
$$

引理 3.1　 $D(u, v)$ 为商空间 $V(\Omega) = H^2(\Omega)/P_1(\Omega)$ 上对称正定、V 椭圆、连续双线性型.

证　由表达式易见 $D(v, u) = D(u, v)$, 及

$$
\begin{aligned}
D(u, u) &= \iint\limits_{\Omega} \left\{ (\Delta u)^2 - (1 - \nu)\left[2\frac{\partial^2 u}{\partial x^2}\frac{\partial^2 u}{\partial y^2} - 2\left(\frac{\partial^2 u}{\partial x \partial y}\right)^2 \right] \right\} dxdy \\
&= \iint\limits_{\Omega} \left\{ \left(\frac{\partial^2 u}{\partial x^2}\right)^2 + \left(\frac{\partial^2 u}{\partial y^2}\right)^2 + 2\nu \frac{\partial^2 u}{\partial x^2}\frac{\partial^2 u}{\partial y^2} \right.\\
&\qquad\qquad \left. + 2(1 - \nu)\left(\frac{\partial^2 u}{\partial x \partial y}\right)^2 \right\} dxdy \\
&= \iint\limits_{\Omega} \left\{ (1 - \nu)\left[\left(\frac{\partial^2 u}{\partial x^2}\right)^2 + \left(\frac{\partial^2 u}{\partial y^2}\right)^2 + 2\left(\frac{\partial^2 u}{\partial x \partial y}\right)^2 \right] \right.\\
&\qquad\qquad \left. + \nu\left(\frac{\partial^2 u}{\partial x^2} + \frac{\partial^2 u}{\partial y^2}\right)^2 \right\} dxdy \geqslant 0.
\end{aligned}
$$

由于 $0 < \nu < \dfrac{1}{2}$, 则 $D(u, u) = 0$ 当且仅当在 Ω 中,

$$
\frac{\partial^2 u}{\partial x^2} = \frac{\partial^2 u}{\partial y^2} = \frac{\partial^2 u}{\partial x \partial y} = 0,
$$

也即 $u \in P_1(\Omega)$. 故 $D(u, v)$ 为 $H^2(\Omega)/P_1(\Omega)$ 上对称正定双线性泛函. 又由两次应用 Poincaré不等式 (见引理 2.1) 可得

$$
\begin{aligned}
\|u\|_{H^2(\Omega)/P_1(\Omega)}^2 &= \inf\limits_{v \in P_1(\Omega)} \|u - v\|_{H^2(\Omega)}^2 \\
&= \inf\limits_{v \in P_1(\Omega)} \{|u|_{2,\Omega}^2 + \|u - v\|_{1,\Omega}^2\} \\
&\leqslant \inf\limits_{v \in P_1(\Omega)} \left\{ |u|_{2,\Omega}^2 + C_1|u - v|_{1,\Omega}^2 + C_1\left[\iint\limits_{\Omega}(u - v)dxdy \right]^2 \right\} \\
&= \inf\limits_{a,b,c \in \mathbb{R}} \left\{ \left|\frac{\partial u}{\partial x} - a\right|_1^2 + \left|\frac{\partial u}{\partial y} - b\right|_1^2 \right.\\
&\qquad\qquad \left. + C_1\left\|\frac{\partial u}{\partial x} - a\right\|_{0,\Omega}^2 + C_1\left\|\frac{\partial u}{\partial y} - b\right\|_{0,\Omega}^2 \right.
\end{aligned}
$$

$$+ C_1 \left[\iint\limits_{\Omega} (u - ax - by - c) dx dy \right]^2 \Bigg\}$$

$$\leqslant C \inf_{a,b,c \in \mathbb{R}} \left\{ \left| \frac{\partial u}{\partial x} \right|_1^2 + \left| \frac{\partial u}{\partial y} \right|_1^2 + \left[\iint\limits_{\Omega} \left(\frac{\partial u}{\partial x} - a \right) dx dy \right]^2 \right.$$

$$\left. + \left[\iint\limits_{\Omega} \left(\frac{\partial u}{\partial y} - b \right) dx dy \right]^2 + \left[\iint\limits_{\Omega} (u - ax - by - c) dx dy \right]^2 \right\}$$

$$= C \left\{ \left| \frac{\partial u}{\partial x} \right|_1^2 + \left| \frac{\partial u}{\partial y} \right|_1^2 \right\}$$

$$= C \iint\limits_{\Omega} \left\{ \left(\frac{\partial^2 u}{\partial x^2} \right)^2 + 2 \left(\frac{\partial^2 u}{\partial x \partial y} \right)^2 + \left(\frac{\partial^2 u}{\partial y^2} \right)^2 \right\} dx dy$$

$$= C |u|_{2,\Omega}^2,$$

从而有 $D(u,v)$ 有 V 椭圆性:

$$D(u,u) = \iint\limits_{\Omega} \left\{ (1 - \nu) \left[\left(\frac{\partial^2 u}{\partial x^2} \right)^2 + \left(\frac{\partial^2 u}{\partial y^2} \right)^2 + 2 \left(\frac{\partial^2 u}{\partial x \partial y} \right)^2 \right] \right.$$

$$\left. + \nu \left(\frac{\partial^2 u}{\partial x^2} + \frac{\partial^2 u}{\partial y^2} \right)^2 \right\} dx dy$$

$$\geqslant (1 - \nu) |u|_{2,\Omega}^2 \geqslant \alpha \|u\|_{V(\Omega)}^2, \tag{3.11}$$

其中 $\alpha = \dfrac{1 - \nu}{C} > 0$. 最后由于当 $p, q \in P_1(\Omega)$ 时,

$$D(u,v) = D(u - p, v - q),$$

即可得 $D(u,v)$ 的连续性:

$$|D(u,v)| = \inf_{p,q \in P_1(\Omega)} |D(u - p, v - q)|$$

$$\leqslant C \inf_{p,q \in P_1(\Omega)} \|u - p\|_{2,\Omega} \|v - q\|_{2,\Omega}$$

$$= C \|u\|_{V(\Omega)} \|v\|_{V(\Omega)}.$$

证毕.

现在可以证明

定理 3.2　若边界载荷 $(t, m) \in H^{-\frac{3}{2}}(\Gamma) \times H^{-\frac{1}{2}}(\Gamma)$ 且满足相容性条件 (3.8), 则变分问题 (3.9) 在商空间 $V(\Omega)$ 中存在唯一解 u, 且解 u 连续依赖于给定边值 (t, m).

证 由于边界载荷 (t, m) 满足相容性条件 (3.8), 可以在商空间 $V(\Omega)$ 中考察变分问题 (3.9). 容易证明线性泛函 $F(v)$ 的连续性:

$$
\begin{aligned}
|F(v)| &= \inf_{p \in P_1(\Omega)} |F(v - p)| \\
&\leqslant \inf_{p \in P_1(\Omega)} \left\{ \|t\|_{-\frac{3}{2}, \Gamma} \|v - p\|_{\frac{3}{2}, \Gamma} + \|m\|_{-\frac{1}{2}, \Gamma} \left\| \frac{\partial}{\partial n}(v - p) \right\|_{\frac{1}{2}, \Gamma} \right\} \\
&\leqslant \beta \|(t, m)\|_{T(\Gamma)'} \inf_{p \in P_1(\Omega)} \|v - p\|_{2, \Omega} \\
&= \beta \|(t, m)\|_{T(\Gamma)'} \|v\|_{V(\Omega)},
\end{aligned}
$$

其中 β 为利用迹定理出现的正常数,

$$
T(\Gamma)' = H^{-\frac{3}{2}}(\Gamma) \times H^{-\frac{1}{2}}(\Gamma).
$$

于是再由引理 3.1, 便可根据 Lax-Milgram 定理得到变分问题 (3.9) 在 $V(\Omega)$ 中存在唯一解. 设此解为 u, 则由

$$
\begin{aligned}
\|u\|_{V(\Omega)}^2 &\leqslant \frac{1}{\alpha} D(u, u) = \frac{1}{\alpha} F(u) \\
&\leqslant \frac{\beta}{\alpha} \|(t, m)\|_{T(\Gamma)'} \|u\|_{v(\Omega)}
\end{aligned}
$$

即得解对给定边界载荷的连续依赖性:

$$
\|u\|_{V(\Omega)} \leqslant \frac{\beta}{\alpha} \|(t, m)\|_{T(\Gamma)'}. \tag{3.12}
$$

证毕.

注意, 若不考虑 ν 的物理意义, 取 $\nu = 1$, 则微分边值算子 T 及 M 分别简为 $-\dfrac{\partial}{\partial n}\Delta$ 及 Δ, 而边值问题 (3.7) 则化为

$$
\begin{cases}
\Delta^2 u = 0, & \Omega \text{内}, \\
\left(-\dfrac{\partial}{\partial n}\Delta u, \Delta u \right) = (t, m), & \Gamma \text{上},
\end{cases} \tag{3.13}
$$

其中 $(t, m) \in H^{-\frac{3}{2}}(\Gamma) \times H^{-\frac{1}{2}}(\Gamma)$ 且满足相容性条件

$$
\int_\Gamma \left(tp + m\frac{\partial p}{\partial n} \right) ds = 0,
$$

$$
\forall p \in H_\Delta^2(\Omega) = \{u \in H^2(\Omega) | \Delta u = 0\}. \tag{3.14}
$$

边值问题 (3.13) 即通常所谓的重调和问题, 其解可差一任意调和函数. 今后将不特别研究 (3.13), 而只是把它看作 (3.7) 当 $\nu = 1$ 时的一个非正常的特例, 当然此时 $P_1(\Omega)$ 应换成 $H_\Delta^2(\Omega)$.

若 Ω 为无界区域, 则变分问题的解函数空间 $H^2(\Omega)$ 应换为 (见 [241])

$$W_0^2(\Omega) = \left\{ u \,\middle|\, \frac{u}{(x^2+y^2+1)\ln(x^2+y^2+2)} \right. ,$$

$$\frac{\partial_i u}{\sqrt{x^2+y^2+1}\ln(x^2+y^2+2)},$$

$$\left. \partial_i \partial_j u \in L^2(\Omega), \quad i,j = 1,2 \right\}.$$

3.3.2　自然边界归化及边界上的变分问题

利用通常的 Gauss 公式及在边界上的关系式

$$\begin{cases} \dfrac{\partial}{\partial x} = n_1 \dfrac{\partial}{\partial n} - n_2 \dfrac{\partial}{\partial s}, \\[2mm] \dfrac{\partial}{\partial y} = n_2 \dfrac{\partial}{\partial n} + n_1 \dfrac{\partial}{\partial s}, \end{cases}$$

不难得到薄板弯曲问题的 Green 公式

$$D(u,v) = \iint\limits_{\Omega} v\Delta^2 u \, dp + \int_{\Gamma} \left(\frac{\partial v}{\partial n} Mu + vTu \right) ds, \tag{3.15}$$

其中 $dp = dxdy$, 由此又可得相应的 Green 第二公式

$$\iint\limits_{\Omega} (u\Delta^2 v - v\Delta^2 u) dp = \int_{\Gamma} \left(-uTv - \frac{\partial u}{\partial n} Mv \right.$$

$$\left. + \frac{\partial v}{\partial n} Mu + vTu \right) ds. \tag{3.16}$$

容易看出, 当 $\nu = 1$ 时 (3.16) 便化为通常的重调和方程的 Green 第二公式

$$\iint\limits_{\Omega} (u\Delta^2 v - v\Delta^2 u) dp$$

$$= \int_{\Gamma} \left(u\frac{\partial}{\partial n}\Delta v - \frac{\partial u}{\partial n}\Delta v + \frac{\partial v}{\partial n}\Delta u - v\frac{\partial}{\partial n}\Delta u \right) ds. \tag{3.17}$$

若在式 (3.16) 中取 $u = u(p)$ 满足重调和方程及 $v = G(p,p')$ 为 Ω 上重调和方程的 Green 函数, 即满足

$$\begin{cases} \Delta^2 G(p,p') = \delta(p-p'), \\[2mm] G(p,p')|_{p\in\Gamma} = 0, \\[2mm] \dfrac{\partial}{\partial n} G(p,p')|_{p\in\Gamma} = 0, \end{cases} \tag{3.18}$$

便可得薄板弯曲问题的 Poisson 积分公式

$$u(p) = \int_\Gamma [-T'G(p,p')u_0(p') - M'G(p,p')u_n(p')]ds', \quad p \in \Omega, \tag{3.19}$$

其中 p 及 p' 为 (x,y) 及 (x',y') 的缩写, M' 及 T' 为关于 (x',y') 的相应的微分边值算子. 容易证明 (3.19) 即重调和方程的 Poisson 积分公式

$$u(p) = \int_\Gamma \left[\frac{\partial}{\partial n'}\Delta'G(p,p')u_0(p') - \Delta'G(p,p')u_n(p') \right] ds', \quad p \in \Omega. \tag{3.20}$$

对 (3.19) 分别以微分边值算子 T 及 M 作用之. 由于 (3.19) 仅对 $p \in \Omega$ 成立, 因此这里 Tu 及 Mu 应理解为由 Ω 内取值再趋向边界 Γ 的极限. 于是得到薄板弯曲问题的自然积分方程

$$\begin{cases} Tu = \int_\Gamma \{[-TT'G(p,p')]u_0(p') \\ \qquad\quad +[-TM'G(p,p')]u_n(p')\}ds', \\ Mu = \int_\Gamma \{[-MT'G(p,p')]u_0(p') \\ \qquad\quad +[-MM'G(p,p')]u_n(p')\}ds', \end{cases} \tag{3.21}$$

或简记作

$$\begin{cases} Tu = \int_\Gamma [K_{00}u_0 + K_{01}u_n]ds', \\ Mu = \int_\Gamma [K_{10}u_0 + K_{11}u_n]ds'. \end{cases}$$

容易看出, 由于 $G(p,p') = G(p',p)$, 有

$$K_{00}(p,p') = K_{00}(p',p), \quad K_{01}(p,p') = K_{10}(p',p),$$
$$K_{11}(p,p') = K_{11}(p',p).$$

从而由 (3.21) 定义的自然积分算子 $\mathscr{K} : (u_0, u_n) \to (Tu, Mu)$ 为自伴算子. 此外,

$$\mathscr{K} : H^{\frac{3}{2}}(\Gamma) \times H^{\frac{1}{2}}(\Gamma) \to H^{-\frac{3}{2}}(\Gamma) \times H^{-\frac{1}{2}}(\Gamma)$$

产生光滑性降阶, 它是拟微分算子. 令

$$\hat{D}(u_0, u_n; v_0, v_n) = \int_\Gamma (v_0, v_n) \cdot \mathscr{K}(u_0, u_n)ds$$
$$= \int_\Gamma \left\{ v_0 \left[\int_\Gamma (K_{00}u_0 + K_{01}u_n)ds' \right] \right.$$

$$+ v_n \left[\int_\Gamma (K_{10}u_0 + K_{11}u_n)ds' \right] \Big\} ds,$$

$$\hat{F}(v_0, v_n) = \int_\Gamma (tv_0 + mv_n)ds,$$

$$\hat{J}(v_0, v_n) = \frac{1}{2}\hat{D}(v_0, v_n; v_0, v_n) - \hat{F}(v_0, v_n),$$

则对给定的边界载荷 $(t, m) \in [H^{-\frac{3}{2}}(\Gamma) \times H^{-\frac{1}{2}}(\Gamma)]_0$, 自然积分方程

$$\begin{cases} t = \int_\Gamma (K_{00}u_0 + K_{01}u_n)ds' \\ m = \int_\Gamma (K_{10}u_0 + K_{11}u_n)ds' \end{cases} \tag{3.22}$$

等价于变分问题

$$\begin{cases} \text{求 } (u_0, u_n) \in H^{\frac{3}{2}}(\Gamma) \times H^{\frac{1}{2}}(\Gamma), \text{ 使得} \\ \hat{D}(u_0, u_n; v_0, v_n) = \hat{F}(v_0, v_n), \\ \quad \forall (v_0, v_n) \in H^{\frac{3}{2}}(\Gamma) \times H^{\frac{1}{2}}(\Gamma), \end{cases} \tag{3.23}$$

或能量泛函的极小化问题

$$\begin{cases} \text{求 } (u_0, u_n) \in H^{\frac{3}{2}}(\Gamma) \times H^{\frac{1}{2}}(\Gamma), \text{ 使得} \\ \hat{J}(u_0, u_n) = \min_{(v_0, v_n) \in H^{\frac{3}{2}}(\Gamma) \times H^{\frac{1}{2}}(\Gamma)} \hat{J}(v_0, v_n). \end{cases} \tag{3.24}$$

由定理 1.5 即得自然边界归化前后的变分问题间的如下等价关系.

定理 3.3   边界上的变分问题 (3.23) 等价于区域上的变分问题 (3.9), 即若 (u_0, u_n) 为变分问题 (3.23) 的解, 则 $u = P(u_0, u_n)$ 必为变分问题 (3.9) 的解, 反之, 若 u 为变分问题 (3.9) 的解, 则

$$(u_0, u_n) = \gamma u = \left(u|_\Gamma, \frac{\partial u}{\partial n}\Big|_\Gamma \right)$$

必为变分问题 (3.23) 的解, 其中 P 为 Poisson 积分算子, γ 为 Dirichlet 迹算子.

此外, 由引理 3.1、定理 1.3 及重调和方程的解对 Dirichlet 边值的连续依赖性容易得到

引理 3.2 $\hat{D}(u_0, u_n; v_0, v_n)$ 为商空间 $V_0(\Gamma)$ 上的对称正定、V 椭圆、连续双线性型, 即存在正常数 α 及 β, 使得

$$\hat{D}(v_0, v_n; v_0, v_n) \geqslant \alpha \|(v_0, v_n)\|_{V_0(\Gamma)}^2,$$
$$\forall (v_0, v_n) \in V_0(\Gamma), \tag{3.25}$$

及

$$|\hat{D}(u_0, u_n; v_0, v_n)| \leqslant \beta \|(u_0, u_n)\|_{V_0(\Gamma)} \|(v_0, v_n)\|_{V_0(\Gamma)},$$
$$\forall (u_0, u_n), (v_0, v_n) \in V_0(\Gamma), \tag{3.26}$$

其中

$$V_0(\Gamma) = [H^{\frac{3}{2}}(\Gamma) \times H^{\frac{1}{2}}(\Gamma)]/P_1(\Gamma),$$
$$P_1(\Gamma) = \left\{ \left(p, \frac{\partial p}{\partial n} \right)_\Gamma \in H^{\frac{3}{2}}(\Gamma) \times H^{\frac{1}{2}}(\Gamma) | p \in P_1(\Omega) \right\}.$$

现在可得本节的主要结果.

定理 3.4 若 $(t, m) \in T(\Gamma)'$ 且满足相容性条件 (3.8), 则变分问题 (3.23) 在商空间 $V_0(\Gamma)$ 中存在唯一解, 且解 (u_0, u_n) 连续依赖于给定的边界载荷 (t, m).

证 因为 (t, m) 满足相容性条件 (3.8), 故可在商空间 $V_0(\Gamma)$ 中考察变分问题 (3.23). 由引理 3.2, 且易证 $\hat{F}(v_0, v_n)$ 为 $V_0(\Gamma)$ 上线性连续泛函, 于是利用 Lax-Milgram 定理, 即得变分问题 (3.23) 在 $V_0(\Gamma)$ 中存在唯一解. 最后由

$$\alpha \|(u_0, u_n)\|_{V_0(\Gamma)}^2 \leqslant \hat{D}(u_0, u_n; u_0, u_n) = \hat{F}(u_0, u_n)$$
$$\leqslant \|(t, m)\|_{T(\Gamma)'} \|(u_0, u_n)\|_{V_0(\Gamma)},$$

可得

$$\|(u_0, u_n)\|_{V_0(\Gamma)} \leqslant \frac{1}{\alpha} \|(t, m)\|_{T(\Gamma)'}. \tag{3.27}$$

证毕.

此定理也可由定理 3.2 及定理 3.3 直接得到.

对于方程右端非零的重调和方程边值问题

$$\begin{cases} \Delta^2 u = f, & \Omega 内, \\ (Tu, Mu) = (t, m), & \Gamma 上, \end{cases} \tag{3.28}$$

同样可由 Green 函数 (3.18) 及 Green 第二公式 (3.16) 得到 Poisson 积分公式

$$u(p) = \int_\Gamma [-T'G(p, p')u_0(p') - M'G(p, p')u_n(p')]ds'$$
$$+ \iint_\Omega G(p, p')f(p')dp' \tag{3.29}$$

及自然积分方程

$$\begin{cases} Tu = \int_\Gamma [K_{00}u_0 + K_{01}u_n]ds' + \iint_\Omega TG(p, p')f(p')dp', \\ Mu = \int_\Gamma [K_{10}u_0 + K_{11}u_n]ds' + \iint_\Omega MG(p, p')f(p')dp', \end{cases} \tag{3.30}$$

将上式写作

$$
\begin{cases}
Tu - \iint\limits_{\Omega} TG(p,p')f(p')dp' = \int_{\Gamma}[K_{00}u_0 + K_{01}u_n]ds', \\
Mu - \iint\limits_{\Omega} MG(p,p')f(p')dp' = \int_{\Gamma}[K_{10}u_0 + K_{11}u_n]ds',
\end{cases}
$$

便可见, 它与 $f = 0$ 时的边界积分方程有相同的自然积分算子, 只是左端已知项有所改变. 于是利用定理 3.4 即可得到, 当

$$
\begin{cases}
t' = t - \iint\limits_{\Omega} TG(p,p')f(p')dp', \\
m' = m - \iint\limits_{\Omega} MG(p,p')f(p')dp'
\end{cases}
$$

满足相容性条件

$$
\int_{\Gamma}\left(t'q + m'\frac{\partial q}{\partial n}\right)ds = 0, \quad \forall q \in P_1(\Omega) \tag{3.31}
$$

时, 相应的边界上的变分问题 (3.23) 在商空间 $V_0(\Gamma)$ 中存在唯一解. 由于在 Green 第二公式 (3.16) 中取 $u = q \in P_1(\Omega)$ 及 $v = G(p,p')$ 可得

$$
q(p') = \int_{\Gamma}\left[-q(p)TG(p,p') - \frac{\partial q(p)}{\partial n}MG(p,p')\right]ds,
$$
$$
\forall p' \in \Omega,
$$

便有

$$
\begin{aligned}
\int_{\Gamma}\left(t'q + m'\frac{\partial q}{\partial n}\right)ds &= \int_{\Gamma}\left(tq + m\frac{\partial q}{\partial n}\right)ds \\
&\quad - \int_{\Gamma}q\iint\limits_{\Omega}TG(p,p')f(p')dp'ds \\
&\quad - \int_{\Gamma}\frac{\partial q}{\partial n}\iint\limits_{\Omega}MG(p,p')f(p')dp'ds \\
&= \int_{\Gamma}\left(tq + m\frac{\partial q}{\partial n}\right)ds + \iint_{\Omega}qf\,dp.
\end{aligned}
$$

故相容性条件 (3.31) 正是 Neumann 边值问题 (3.28) 的相容性条件

$$
\int_{\Gamma}\left(tq + m\frac{\partial q}{\partial n}\right)ds + \iint_{\Omega}fq\,dp = 0,
$$
$$
\forall q \in P_1(\Omega). \tag{3.32}
$$

今后将只讨论 $f = 0$ 时的重调和方程边值问题的自然边界归化.

3.4　典型域上的自然积分方程及 Poisson 积分公式

本节通过 Green 函数法、Fourier 变换或 Fourier 级数法、复变函数论方法等不同途径求出上半平面、圆内部区域及圆外部区域的重调和方程边值问题的自然积分方程及 Poisson 积分公式.

3.4.1　Ω 为上半平面

上半平面区域 Ω 的边界 Γ 为 x 轴. Γ 上的外法向导数

$$\frac{\partial}{\partial n} = -\frac{\partial}{\partial y}.$$

1. Green 函数法

从重调和方程的基本解

$$E(p, p') = \frac{1}{16\pi}[(x - x')^2 + (y - y')^2]\ln[(x - x')^2 + (y - y')^2] \tag{3.33}$$

出发, 不难求得上半平面内重调和方程的 Green 函数为

$$\begin{aligned}
G(p, p') =& \frac{1}{16\pi}[(x - x')^2 + (y - y')^2] \\
& \times \ln\frac{(x - x')^2 + (y - y')^2}{(x - x')^2 + (y + y')^2} + \frac{yy'}{4\pi},
\end{aligned} \tag{3.34}$$

其中 $p = (x, y), p' = (x', y')$. 由 (3.34) 可得

$$-\Delta'G|_{y'=0} = -\frac{y^2}{\pi[(x - x')^2 + y^2]},$$

$$\frac{\partial}{\partial n'}\Delta'G|_{y'=0} = \frac{2y^3}{\pi[(x - x')^2 + y^2]^2},$$

于是得到重调和方程的 Poisson 积分公式

$$\begin{aligned}
u(x, y) =& \frac{1}{\pi}\int_{-\infty}^{\infty}\frac{2y^3}{[(x - x')^2 + y^2]^2}u_0(x')dx' \\
& - \frac{1}{\pi}\int_{-\infty}^{\infty}\frac{y^2}{(x - x')^2 + y^2}u_n(x')dx', \quad y > 0.
\end{aligned} \tag{3.35}$$

令

$$A(x, y) = -\frac{y^2}{\pi(x^2 + y^2)}, \quad B(x, y) = \frac{2y^3}{\pi(x^2 + y^2)^2},$$

则 (3.35) 可写成

$$u(x, y) = B(x, y) * u_0(x) + A(x, y) * u_n(x),$$

其中 $*$ 表示关于变量 x 的卷积. 由此可得

$$\begin{cases} Tu = TB(x,y) * u_0(x) + TA(x,y) * u_n(x), \\ Mu = MB(x,y) * u_0(x) + MA(x,y) * u_n(x). \end{cases}$$

将 $n = (0, -1)$ 代入, 通过简单的微分运算并应用广义函数的极限公式

$$\lim_{y \to 0_+} \frac{2(y^2 - x^2)}{\pi(x^2 + y^2)^2} = -\frac{2}{\pi x^2},$$

$$\lim_{y \to 0_+} \frac{2(3x^2 y - y^3)}{\pi(x^2 + y^2)^3} = \delta''(x),$$

$$\lim_{y \to 0_+} \frac{12(x^4 - 6x^2 y^2 + y^4)}{\pi(x^2 + y^2)^4} = \frac{12}{\pi x^4} = \frac{2}{\pi x^2} * \delta''(x),$$

便有

$$\begin{aligned} MA(x,y) &= \lim_{y \to 0_+} \left[\nu \Delta A(x,y) + (1-\nu) \frac{\partial^2}{\partial y^2} A(x,y) \right] \\ &= -\frac{2}{\pi x^2}, \\ MB(x,y) &= \lim_{y \to 0_+} \left[\nu \Delta B(x,y) + (1-\nu) \frac{\partial^2}{\partial y^2} B(x,y) \right] \\ &= (1+\nu)\delta''(x), \\ TA(x,y) &= \lim_{y \to 0_+} \left[-\frac{\partial}{\partial n} \Delta A(x,y) + (1-\nu) \frac{\partial^3}{\partial x^2 \partial y} A(x,y) \right] \\ &= (1+\nu)\delta''(x), \\ TB(x,y) &= \lim_{y \to 0_+} \left[-\frac{\partial}{\partial n} \Delta B(x,y) + (1-\nu) \frac{\partial^3}{\partial x^2 \partial y} B(x,y) \right] \\ &= \frac{2}{\pi x^2} * \delta''(x). \end{aligned}$$

从而得到上半平面薄板弯曲问题的自然积分方程

$$\begin{cases} Tu(x) = \dfrac{2}{\pi x^2} * u_0''(x) + (1+\nu)u_n''(x), \\ Mu(x) = (1+\nu)u_0''(x) - \dfrac{2}{\pi x^2} * u_n''(x), \end{cases} \tag{3.36}$$

或写成矩阵形式

$$\begin{bmatrix} Tu(x) \\ Mu(x) \end{bmatrix} = \begin{bmatrix} \dfrac{2}{\pi x^2} * \delta''(x) & (1+\nu)\delta''(x) \\ (1+\nu)\delta''(x) & -\dfrac{2}{\pi x^2} \end{bmatrix} * \begin{bmatrix} u_0(x) \\ u_n(x) \end{bmatrix}.$$

注 上面用到的极限公式均可由广义函数论中的基本极限公式 (参见 [276])

$$\lim_{y \to 0_+} \frac{1}{(x+iy)^n} = (x+i0)^{-n} = \frac{1}{x^n} - i\frac{\pi(-1)^{n-1}}{(n-1)!}\delta^{(n-1)}(x), \quad n = 1, 2, \cdots \quad (3.37)$$

推出. 在式 (3.37) 中分别取 $n = 1, 2, \cdots, 5, \cdots$ 再分开实部和虚部, 依次可得如下极限公式:

$$n = 1: \quad \lim_{y \to 0_+} \frac{x}{x^2 + y^2} = \frac{1}{x},$$

$$\lim_{y \to 0_+} \frac{y}{x^2 + y^2} = \pi\delta(x);$$

$$n = 2: \quad \lim_{y \to 0_+} \frac{x^2 - y^2}{(x^2 + y^2)^2} = \frac{1}{x^2},$$

$$\lim_{y \to 0_+} \frac{2xy}{(x^2 + y^2)^2} = -\pi\delta'(x);$$

$$n = 3: \quad \lim_{y \to 0_+} \frac{x^3 - 3xy^2}{(x^2 + y^2)^3} = \frac{1}{x^3},$$

$$\lim_{y \to 0_+} \frac{3x^2y - y^3}{(x^2 + y^2)^3} = \frac{\pi}{2}\delta''(x);$$

$$n = 4: \quad \lim_{y \to 0_+} \frac{x^4 - 6x^2y^2 + y^4}{(x^2 + y^2)^4} = \frac{1}{x^4},$$

$$\lim_{y \to 0_+} \frac{4x^3y - 4xy^3}{(x^2 + y^2)^4} = -\frac{\pi}{6}\delta''(x);$$

$$n = 5: \quad \lim_{y \to 0_+} \frac{x^5 - 10x^3y^2 + 5xy^2}{(x^2 + y^2)^5} = \frac{1}{x^5},$$

$$\lim_{y \to 0_+} \frac{5x^4y - 10x^2y^3 + y^5}{(x^2 + y^2)^5} = \frac{\pi}{24}\delta^{(4)}(x);$$

等等. 上述极限公式反映了上半平面内的这些函数在边界上的跳跃关系. 此外, 下面的极限公式也是很有用的:

$$\lim_{y \to 0_+} \frac{y^{2n-1}}{(x^2 + y^2)^n} = \frac{\pi(2n-3)!!}{2^{n-1}(n-1)!}\delta(x), \quad n = 1, 2, \cdots, \quad (3.38)$$

其中定义 $(-1)!! = 1$. 特别取 $n = 1, 2, \cdots, 5$, 有

$$n = 1: \quad \lim_{y \to 0_+} \frac{y}{x^2 + y^2} = \pi\delta(x),$$

$$n = 2: \quad \lim_{y \to 0_+} \frac{y^3}{(x^2 + y^2)^2} = \frac{\pi}{2}\delta(x),$$

$$n = 3: \quad \lim_{y \to 0_+} \frac{y^5}{(x^2 + y^2)^3} = \frac{3}{8}\pi\delta(x),$$

$$n = 4: \quad \lim_{y \to 0_+} \frac{y^7}{(x^2 + y^2)^4} = \frac{5}{16}\pi\delta(x),$$

$$n = 5: \quad \lim_{y \to 0_+} \frac{y^9}{(x^2 + y^2)^5} = \frac{35}{128}\pi\delta(x).$$

2. Fourier 变换法

对重调和方程

$$\frac{\partial^4 u}{\partial x^4} + 2\frac{\partial^4 u}{\partial x^2 \partial y^2} + \frac{\partial^4 u}{\partial y^4} = 0,$$

按 $x \to \xi$ 作 Fourier 变换, 得

$$U^{(4)} - 2\xi^2 U'' + \xi^4 U = 0,$$

其中

$$U(\xi, y) = \mathscr{F}[u(x,y)] = \int_{-\infty}^{\infty} e^{-ix\xi} u(x,y)dx$$

为 $u(x,y)$ 的 Fourier 变换. 解此以 ξ 为参数的变量 y 的常微分方程, 并考虑到在上半平面求解, 则可取形如

$$U(\xi, y) = [\alpha(\xi) + \beta(\xi)y]e^{-|\xi|y}, \quad y > 0 \tag{3.39}$$

的通解, 其中 $\alpha(\xi)$ 及 $\beta(\xi)$ 待定. 于是

$$\alpha(\xi) = \mathscr{F}u_0,$$
$$\beta(\xi) = -\mathscr{F}u_n + |\xi|\mathscr{F}u_0.$$

由于 $n = (0, -1)$, 由 (3.6) 可得

$$\begin{cases} Tu = \left[\dfrac{\partial \Delta u}{\partial y} + (1 - \nu)\dfrac{\partial^3 u}{\partial x^2 \partial y}\right]_{\Gamma}, \\[4mm] Mu = \left[\nu\Delta u + (1 - \nu)\dfrac{\partial^2 u}{\partial y^2}\right]_{\Gamma}, \end{cases}$$

从而

$$\begin{cases} \mathscr{F}[Tu] = (1 + \nu)\xi^2\beta(\xi) + (1 - \nu)|\xi|^3\alpha(\xi), \\[2mm] \mathscr{F}[Mu] = (1 - \nu)\xi^2\alpha(\xi) - 2|\xi|\beta(\xi). \end{cases}$$

将 $\alpha(\xi)$ 及 $\beta(\xi)$ 的表达式代入, 便有

$$\begin{cases} \mathscr{F}[Tu] = -(1+\nu)\xi^2\mathscr{F}u_n + 2|\xi|^3\mathscr{F}u_0, \\ \mathscr{F}[Mu] = 2|\xi|\mathscr{F}u_n - (1+\nu)\xi^2\mathscr{F}u_0. \end{cases}$$

应用 Fourier 变换公式

$$\mathscr{F}\left[-\frac{1}{\pi x^2}\right] = |\xi|,$$

即得自然积分方程 (3.36).

若将 $\alpha(\xi)$ 及 $\beta(\xi)$ 的表达式代入 (3.39), 并应用 Fourier 变换公式

$$\mathscr{F}\left[\frac{y}{\pi(x^2+y^2)}\right] = e^{-2\pi|\xi|y},$$

则可得 Poisson 积分公式 (3.35).

3. 复变函数论方法

由重调和函数的复变函数表示 (见 3.2 节), 知 Ω 上任一重调和函数必可表示为

$$u(x,y) = \mathrm{Re}F(z,\bar{z}),$$

其中

$$F(z,\bar{z}) = \bar{z}\varphi(z) + \psi(z),$$

$\varphi(z)$ 和 $\psi(z)$ 为 Ω 上的解析函数, $z = x + iy$. 反之, 任一这样表示的函数 $u(x,y)$ 也必为重调和函数. 设 $v(x,y) = \mathrm{Im}F(z,\bar{z})$. 于是

$$F_0(x) \equiv F(z,\bar{z})|_\Gamma = x\varphi(x) + \psi(x),$$
$$F_n(x) \equiv -\frac{\partial}{\partial y}F(z,\bar{z})|_\Gamma = i\varphi(x) - ix\varphi'(x) - i\psi'(x),$$
$$(MF)(x) = \left[\nu\Delta F + (1-\nu)\frac{\partial^2 F}{\partial y^2}\right]_\Gamma$$
$$= 2(1+\nu)\varphi'(x) - (1-\nu)x\varphi''(x) - (1-\nu)\psi''(x),$$
$$(TF)(x) = \left[\frac{\partial\Delta F}{\partial y} + (1-\nu)\frac{\partial^3 F}{\partial x^2\partial y}\right]_\Gamma$$
$$= (5-\nu)i\varphi''(x) + (1-\nu)ix\varphi'''(x) + (1-\nu)i\phi'''(x).$$

由前两式解得

$$\varphi(x) = \frac{1}{2}F_0'(x) - \frac{1}{2}iF_n(x),$$
$$\psi(x) = F_0(x) - \frac{1}{2}xF_0'(x) + i\frac{x}{2}F_n(x),$$

代入后两式并取实部, 即得

$$\begin{cases} (Tu)(x) = -2v_0'''(x) + (1+\nu)u_n''(x), \\ (Mu)(x) = (1+\nu)u_0''(x) + 2v_n'(x). \end{cases}$$

注意到

$$u_0(x) = \mathrm{Re}[z\varphi(z) + \psi(z)]_{y=0},$$
$$v_0(x) = \mathrm{Im}[z\varphi(z) + \psi(z)]_{y=0},$$

及 $z\varphi(z) + \psi(z)$ 为 Ω 上的解析函数, 利用解析函数的 Cauchy-Riemann 条件及上半平面调和方程的自然积分方程, 便可得

$$v_0'(x) = -\frac{\partial}{\partial y}\mathrm{Re}[z\varphi(z) + \psi(z)]_{y=0} = -\frac{1}{\pi x^2} * u_0(x).$$

同样, 只需注意到 $i\varphi(z) - iz\varphi'(z) - i\psi'(z)$ 为 Ω 上的解析函数, 又可得

$$v_n'(x) = -\frac{\partial}{\partial y}\mathrm{Re}[i\varphi(z) - iz\varphi'(z) - i\psi'(z)]_{y=0}$$
$$= -\frac{1}{\pi x^2} * u_n(x).$$

以此两式代入 $Tu(x)$ 及 $Mu(x)$ 的表达式, 便得到自然积分方程 (3.36).

当 Ω 为下半平面时, 重调和方程边值问题的自然积分方程仍由 (3.36) 给出, 这里不再详述.

3.4.2　Ω 为圆内区域

半径为 R 的圆内部区域的边界为圆周 $\Gamma = \{(r,\theta)|_{r=R}\}, \Gamma$ 上的外法向导数 $\dfrac{\partial}{\partial n} = \dfrac{\partial}{\partial r}$. 为简单起见, 先设 $R = 1$.

1. Green 函数法

由重调和方程的基本解 $E(p, p')$ 出发易求得单位圆内部重调和方程的 Green 函数为

$$G(p,p') = \frac{1}{16\pi}\Big\{[r^2 + r'^2 - 2rr'\cos(\theta - \theta')]$$
$$\cdot \ln\frac{r^2 + r'^2 - 2rr'\cos(\theta - \theta')}{1 + r^2r'^2 - 2rr'\cos(\theta - \theta')} + (1 - r^2)(1 - r'^2)\Big\}, \quad (3.40)$$

其中 p, p' 的极坐标分别为 (r, θ) 及 (r', θ'). 由此可得

$$-\Delta'G|_{r'=1} = -\frac{(1 - r^2)^2}{4\pi[1 + r^2 - 2r\cos(\theta - \theta')]},$$

$$\frac{\partial}{\partial n'}\Delta' G|_{r'=1} = \frac{(1-r^2)^2[1-r\cos(\theta-\theta')]}{2\pi[1+r^2-2r\cos(\theta-\theta')]^2},$$

即得到重调和方程的 Poisson 积分公式

$$u(r,\theta) = \int_0^{2\pi} \left\{ \frac{(1-r^2)^2[1-r\cos(\theta-\theta')]}{2\pi[1+r^2-2r\cos(\theta-\theta')]^2} u_0(\theta') \right.$$
$$\left. -\frac{(1-r^2)^2}{4\pi[1+r^2-2r\cos(\theta-\theta')]} u_n(\theta') \right\} d\theta', \quad 0 \leqslant r < 1, \qquad (3.41)$$

或记作

$$u(r,\theta) = B_r(\theta) * u_0(\theta) + A_r(\theta) * u_n(\theta),$$

其中

$$A_r(\theta) = -\frac{(1-r^2)^2}{4\pi(1+r^2-2r\cos\theta)},$$
$$B_r(\theta) = \frac{(1-r^2)^2(1-r\cos\theta)}{2\pi(1+r^2-2r\cos\theta)^2}.$$

于是

$$\begin{cases} Tu = TB_r(\theta) * u_0(\theta) + TA_r(\theta) * u_n(\theta), \\ Mu = MB_r(\theta) * u_0(\theta) + MA_r(\theta) * u_n(\theta). \end{cases}$$

由于 $n = (\cos\theta, \sin\theta), \dfrac{\partial}{\partial n} = \dfrac{\partial}{\partial r}, \dfrac{\partial}{\partial s} = \dfrac{1}{r}\dfrac{\partial}{\partial\theta}$, 通过简单的微分运算并应用广义函数的极限公式 (见 [276])

$$\lim_{r\to 1-0}\frac{1}{1-z} = \lim_{r\to 1-0}\frac{1}{1-re^{i\theta}} = \frac{1}{1-e^{i\theta}} + \pi\delta(\theta)$$

及由此导出的一系列极限公式, 便有

$$MA_r(\theta) = \lim_{r\to 1-0}\left[\nu\Delta A_r(\theta) + (1-\nu)\frac{\partial^2}{\partial r^2}A_r(\theta)\right] = (1+\nu)\delta(\theta) - \frac{1}{2\pi\sin^2\dfrac{\theta}{2}},$$

$$MB_r(\theta) = \lim_{r\to 1-0}\left[\nu\Delta B_r(\theta) + (1-\nu)\frac{\partial^2}{\partial r^2}B_r(\theta)\right] = (1+\nu)\delta''(\theta) + \frac{1}{2\pi\sin^2\dfrac{\theta}{2}},$$

$$TA_r(\theta) = \lim_{r\to 1-0}\left\{-\frac{\partial}{\partial r}\Delta A_r(\theta) + (1-\nu)\frac{1}{r}\frac{\partial}{\partial\theta}\left[\frac{1}{r^2}\frac{\partial}{\partial\theta}A_r(\theta) - \frac{1}{r}\frac{\partial^2}{\partial r\partial\theta}A_r(\theta)\right]\right\}$$
$$=(1+\nu)\delta''(\theta) + \frac{1}{2\pi\sin^2\dfrac{\theta}{2}},$$

$$TB_r(\theta) = \lim_{r\to 1-0}\left\{-\frac{\partial}{\partial r}\Delta B_r(\theta) + (1-\nu)\frac{1}{r}\frac{\partial}{\partial\theta}\left[\frac{1}{r^2}\frac{\partial}{\partial\theta}B_r(\theta) - \frac{1}{r}\frac{\partial^2}{\partial r\partial\theta}B_r(\theta)\right]\right\}$$

$$= -(1+\nu)\delta''(\theta) + \frac{1}{2\pi \sin^2 \dfrac{\theta}{2}} * \delta''(\theta).$$

于是得到单位圆内部重调和方程边值问题的自然积分方程

$$
\begin{cases}
Tu = -(1+\nu)u_0''(\theta) + \dfrac{1}{2\pi \sin^2 \dfrac{\theta}{2}} * u_0''(\theta) + (1+\nu)u_n''(\theta) \\
\qquad + \dfrac{1}{2\pi \sin^2 \dfrac{\theta}{2}} * u_n(\theta), \\
Mu = (1+\nu)u_0''(\theta) + \dfrac{1}{2\pi \sin^2 \dfrac{\theta}{2}} * u_0(\theta) + (1+\nu)u_n(\theta) \\
\qquad - \dfrac{1}{2\pi \sin^2 \dfrac{\theta}{2}} * u_n(\theta),
\end{cases}
\tag{3.42}
$$

或写成矩阵形式

$$
\begin{bmatrix} Tu \\ Mu \end{bmatrix} =
\begin{bmatrix}
-(1+\nu)\delta''(\theta) - 2K''(\theta) & (1+\nu)\delta''(\theta) - 2K(\theta) \\
(1+\nu)\delta''(\theta) - 2K(\theta) & (1+\nu)\delta(\theta) + 2K(\theta)
\end{bmatrix}
* \begin{bmatrix} u_0(\theta) \\ u_n(\theta) \end{bmatrix},
$$

其中

$$K(\theta) = -\frac{1}{4\pi \sin^2 \dfrac{\theta}{2}}.$$

$K(\theta - \theta')$ 正是单位圆内调和方程边值问题的自然积分方程的积分核.

　　注　设 $z = re^{i\theta}$. 当 $0 \leqslant r < 1$ 时, 有

$$
\begin{aligned}
\frac{1}{1-z} &= 1 + z + z^2 + \cdots + z^n + \cdots \\
&= 1 + (r\cos\theta + r^2\cos 2\theta + \cdots + r^n\cos n\theta + \cdots) \\
&\quad + i(r\sin\theta + r^2\sin 2\theta + \cdots + r^n\sin n\theta + \cdots).
\end{aligned}
$$

利用广义函数论中的求和公式 (见 [276])

$$\cos\theta + \cos 2\theta + \cdots + \cos n\theta + \cdots = -\frac{1}{2} + \pi\delta(\theta),$$

其中 $0 \leqslant \theta < 2\pi$, 及

$$\sin\theta + \sin 2\theta + \cdots + \sin n\theta + \cdots = \frac{1}{2}\cot\frac{\theta}{2},$$

可得

$$\lim_{r\to 1-0} \frac{1}{1-z} = \frac{1}{2} + \pi\delta(\theta) + i\frac{1}{2}\cot\frac{\theta}{2}$$

$$= \frac{1}{1-e^{i\theta}} + \pi\delta(\theta). \tag{3.43}$$

对 (3.43) 取微商 $\dfrac{1}{i}\dfrac{\partial}{\partial\theta}$, 得

$$\lim_{r\to 1-0} \frac{z}{(1-z)^2} = \frac{e^{i\theta}}{(1-e^{i\theta})^2} - i\pi\delta'(\theta)$$

$$= -\frac{1}{4\sin^2\dfrac{\theta}{2}} - i\pi\delta'(\theta). \tag{3.44}$$

再对 (3.44) 取微商, 又可得

$$\lim_{r\to 1-0} \frac{z^2}{(1-z)^3} = \frac{(e^{i\theta})^2}{(1-e^{i\theta})^3} - \frac{\pi}{2}\delta''(\theta) + i\frac{\pi}{2}\delta'(\theta)$$

$$= \left[\frac{1}{8\sin^2\dfrac{\theta}{2}} - \frac{\pi}{2}\delta''(\theta)\right] + i\left[-\frac{\cos\dfrac{\theta}{2}}{8\sin^3\dfrac{\theta}{2}} + \frac{\pi}{2}\delta'(\theta)\right]. \tag{3.45}$$

依次还可推得

$$\lim_{r\to 1-0} \frac{z^3}{(1-z)^4} = \frac{(e^{i\theta})^3}{(1-e^{i\theta})^4} + i\frac{\pi}{6}\delta'''(\theta) + \frac{\pi}{2}\delta''(\theta) - i\frac{\pi}{3}\delta'(\theta), \tag{3.46}$$

$$\lim_{r\to 1-0} \frac{z^4}{(1-z)^5} = \frac{(e^{i\theta})^4}{(1-e^{i\theta})^5} + \frac{\pi}{24}\delta^{(4)}(\theta)$$

$$- \frac{\pi}{4}i\delta'''(\theta) - \frac{11}{24}\pi\delta''(\theta) + \frac{\pi}{4}i\delta'(\theta), \tag{3.47}$$

等等. 将 (3.43) $\sim$ (3.47) 诸式的实部与虚部分开, 即得如下一系列极限公式:

$$\lim_{r\to 1-0} \mathrm{Re}\frac{1}{1-z} = \lim_{r\to 1-0} \frac{1-r\cos\theta}{1-2r\cos\theta + r^2} = \frac{1}{2} + \pi\delta(\theta),$$

$$\lim_{r\to 1-0} \mathrm{Im}\frac{1}{1-z} = \lim_{r\to 1-0} \frac{r\sin\theta}{1-2r\cos\theta + r^2} = \frac{1}{2}\cot\frac{\theta}{2},$$

$$\lim_{r\to 1-0} \mathrm{Re}\frac{z}{(1-z)^2} = \lim_{r\to 1-0} \frac{r(\cos\theta - 2r + r^2\cos\theta)}{(1-2r\cos\theta + r^2)^2} = -\frac{1}{4\sin^2\dfrac{\theta}{2}},$$

$$\lim_{r\to 1-0} \mathrm{Im}\frac{z}{(1-z)^2} = \lim_{r\to 1-0} \frac{r(\sin\theta - r^2\sin\theta)}{(1-2r\cos\theta + r^2)^2} = -\pi\delta'(\theta),$$

$$\lim_{r\to 1-0} \mathrm{Re}\frac{z^2}{(1-z)^3} = \lim_{r\to 1-0} \frac{r^2(\cos 2\theta - 3r\cos\theta + 3r^2 - r^3\cos\theta)}{(1-2r\cos\theta + r^2)^3}$$

$$= \frac{1}{8\sin^2\frac{\theta}{2}} - \frac{\pi}{2}\delta''(\theta),$$

$$\lim_{r\to1-0} \operatorname{Im}\frac{z^2}{(1-z)^3} = \lim_{r\to1-0} \frac{r^2(\sin 2\theta - 3r\sin\theta + r^3\sin\theta)}{(1-2r\cos\theta+r^2)^3}$$

$$= -\frac{\cos\frac{\theta}{2}}{8\sin^3\frac{\theta}{2}} + \frac{\pi}{2}\delta'(\theta),$$

$$\lim_{r\to1-0} \operatorname{Re}\frac{z^3}{(1-z)^4} = \lim_{r\to1-0} \frac{r^3[\cos 3\theta - 4r\cos 2\theta + 6r^2\cos\theta - 4r^3 + r^4\cos\theta]}{(1-2r\cos\theta+r^2)^4}$$

$$= \frac{\cos\theta}{4(1-\cos\theta)^2} + \frac{\pi}{2}\delta''(\theta),$$

$$\lim_{r\to1-0} \operatorname{Im}\frac{z^3}{(1-z)^4} = \lim_{r\to1-0} \frac{r^3[\sin 3\theta - 4r\sin 2\theta + 6r^2\sin\theta - r^4\sin\theta]}{(1-2r\cos\theta+r^2)^4}$$

$$= \frac{\sin\theta}{4(1-\cos\theta)^2} + \frac{\pi}{6}\delta'''(\theta) - \frac{\pi}{3}\delta'(\theta),$$

$$\lim_{r\to1-0} \operatorname{Re}\frac{z^4}{(1-z)^5}$$

$$= \lim_{r\to1-0} \frac{r^4[\cos 4\theta - 5r\cos 3\theta + 10r^2\cos 2\theta - 10r^3\cos\theta + 5r^4 - r^5\cos\theta]}{(1-2r\cos\theta+r^2)^5}$$

$$= -\frac{2\cos\theta+1}{8(1-\cos\theta)^2} + \frac{\pi}{24}\delta^{(4)}(\theta) - \frac{11}{24}\pi\delta''(\theta),$$

$$\lim_{r\to1-0} \operatorname{Im}\frac{z^4}{(1-z)^5} = \lim_{r\to1-0} \frac{r^4[\sin 4\theta - 5r\sin 3\theta + 10r^2\sin 2\theta - 10r^3\sin\theta + r^5\sin\theta]}{(1-2r\cos\theta+r^2)^5}$$

$$= \frac{\sin\theta(2\cos\theta-1)}{8(1-\cos\theta)^3} - \frac{\pi}{4}\delta'''(\theta) + \frac{\pi}{4}\delta'(\theta),$$

等等. 这些极限公式反映了单位圆内的这些函数在边界上的跳跃关系. 此外, 利用递推公式

$$\frac{z^k}{(1-z)^{k+1}} = \frac{1}{k}\left\{\frac{1}{i}\frac{\partial}{\partial\theta}\left[\frac{z^{k-1}}{(1-z)^k}\right] - (k-1)\frac{z^{k-1}}{(1-z)^k}\right\},$$

$$k = 1, 2, \cdots$$

还可得如下一系列基本跳跃关系:

$$\lim_{r\to1-0} \frac{1}{(1-z)^2} = \frac{1}{(1-e^{i\theta})^2} - i\pi\delta'(\theta) + \pi\delta(\theta),$$

$$\lim_{r\to1-0} \frac{1}{(1-z)^3} = \frac{1}{(1-e^{i\theta})^3} - \frac{\pi}{2}\delta''(\theta)$$

$$-i\frac{3}{2}\pi\delta'(\theta) + \pi\delta(\theta),$$

$$\lim_{r \to 1-0} \frac{1}{(1-z)^4} = \frac{1}{(1-e^{i\theta})^4} + \frac{\pi}{6}i\delta'''(\theta) - \pi\delta''(\theta)$$

$$-\frac{11}{6}i\pi\delta'(\theta) + \pi\delta(\theta),$$

$$\lim_{r \to 1-0} \frac{1}{(1-z)^5} = \frac{1}{(1-e^{i\theta})^5} + \frac{\pi}{24}\delta^{(4)}(\theta) + \frac{5}{12}\pi i\delta'''(\theta)$$

$$-\frac{35}{24}\pi\delta''(\theta) - \frac{25}{12}\pi i\delta'(\theta) + \pi\delta(\theta),$$

等等.

2. Fourier 级数法

由 3.2 节已知, 重调和函数有如下复变函数表示:

$$u(r,\theta) = \text{Re}[\bar{z}\varphi(z) + \psi(z)],$$

其中 $\varphi(z)$ 及 $\psi(z)$ 为 Ω 上的解析函数, $z = re^{i\theta}$. 设

$$\varphi(z) = \sum_{n=0}^{\infty} \tilde{\alpha}_n r^n e^{in\theta}, \quad \psi(z) = \sum_{n=0}^{\infty} \tilde{\beta}_n r^n e^{in\theta},$$

$0 \leqslant r < 1$, 其中 $\tilde{\alpha}_n$ 及 $\tilde{\beta}_n$ 为复数. 于是

$$u(r,\theta) = \text{Re}\left\{ \sum_{n=0}^{\infty} \tilde{\alpha}_n r^{n+1} e^{i(n-1)\theta} + \sum_{n=0}^{\infty} \tilde{\beta}_n r^n e^{in\theta} \right\}$$

$$= (\alpha_0' + \alpha_0'' r^2) + \sum_{n=1}^{\infty}[(\alpha_n' r^n + \alpha_n'' r^{n+2})\cos n\theta$$

$$+ (\beta_n' r^n + \beta_n'' r^{n+2})\sin n\theta],$$

其中 $\alpha_n'', \beta_n'', \alpha_n', \beta_n'$ 均为实数. 由于

$$u(r,\theta) = (\alpha_0' + \alpha_0'' r^2) + \sum_{n=1}^{\infty} \frac{1}{2}[(\alpha_n' - i\beta_n')r^n + (\alpha_n'' - i\beta_n'')r^{n+2}]e^{in\theta}$$

$$+ \sum_{n=1}^{\infty} \frac{1}{2}[(\alpha_n' + i\beta_n')r^n + (\alpha_n'' + i\beta_n'')r^{n+2}]e^{-in\theta},$$

故也可写成

$$u(r,\theta) = \sum_{-\infty}^{\infty} (\alpha_n r^{|n|} + \beta_n r^{|n|+2})e^{in\theta}, \quad 0 \leqslant r < 1, \tag{3.48}$$

其中 $\alpha_{-n} = \bar{\alpha}_n, \beta_{-n} = \bar{\beta}_n$. 从而可得

$$u_0(\theta) = \sum_{-\infty}^{\infty} (\alpha_n + \beta_n) e^{in\theta},$$

$$u_n(\theta) = \sum_{-\infty}^{\infty} [|n|\alpha_n + (|n| + 2)\beta_n] e^{in\theta},$$

$$Mu(\theta) = \left[\nu \Delta u + (1 - \nu) \frac{\partial^2}{\partial r^2} u \right]_\Gamma$$

$$= \sum_{-\infty}^{\infty} \{(1 - \nu)(\alpha_n + \beta_n)n^2 + [(3 + \nu)\beta_n$$

$$- (1 - \nu)\alpha_n]|n| + 2(1 + \nu)\beta_n\} e^{in\theta},$$

$$Tu(\theta) = \left\{ -\frac{\partial}{\partial r} \Delta u + \frac{1 - \nu}{r} \frac{\partial}{\partial \theta} \left[\frac{1}{r^2} \frac{\partial}{\partial \theta} u - \frac{1}{r} \frac{\partial^2}{\partial r \partial \theta} u \right] \right\}_\Gamma$$

$$= \sum_{-\infty}^{\infty} \{(1 - \nu)(\alpha_n + \beta_n)|n|^3 - [(1 - \nu)\alpha_n$$

$$+ (3 + \nu)\beta_n]n^2 - 4\beta_n|n|\} e^{in\theta}.$$

设

$$u_0(\theta) = \sum_{-\infty}^{\infty} b_n e^{in\theta}, \quad b_{-n} = \bar{b}_n,$$

$$u_0(\theta) = \sum_{-\infty}^{\infty} a_n e^{in\theta}, \quad a_{-n} = \bar{a}_n,$$

$$Mu(\theta) = \sum_{-\infty}^{\infty} c_n e^{in\theta}, \quad c_{-n} = \bar{c}_n,$$

$$Tu(\theta) = \sum_{-\infty}^{\infty} d_n e^{in\theta}, \quad d_{-n} = \bar{d}_n,$$

可得

$$b_n = \alpha_n + \beta_n,$$

$$a_n = |n|\alpha_n + (|n| + 2)\beta_n,$$

$$c_n = (1 - \nu)(\alpha_n + \beta_n)n^2 + [(3 + \nu)\beta_n$$

$$- (1 - \nu)\alpha_n]|n| + 2(1 + \nu)\beta_n,$$

$$d_n = (1 - \nu)(\alpha_n + \beta_n)|n|^3$$

$$- [(1 - \nu)\alpha_n + (3 + \nu)\beta_n]n^2 - 4\beta_n|n|.$$

由前两式解出

$$\begin{cases} \alpha_n = \left(1 + \dfrac{1}{2}|n|\right) b_n - \dfrac{1}{2}a_n, \\ \beta_n = \dfrac{1}{2}a_n - \dfrac{1}{2}|n|b_n, \end{cases}$$

代入后两式即得

$$\begin{cases} c_n = [2|n| + (1 + \nu)]a_n - [(1 + \nu)n^2 + 2|n|]b_n, \\ d_n = -[(1 + \nu)n^2 + 2|n|]a_n + [2|n|^3 + (1 + \nu)n^2]b_n. \end{cases}$$

由于

$$\sum_{-\infty}^{\infty} \frac{1}{2\pi}|n|e^{in\theta} = -\frac{1}{4\pi \sin^2 \dfrac{\theta}{2}},$$

$$\sum_{-\infty}^{\infty} \frac{1}{2\pi}n^2 e^{in\theta} = -\delta''(\theta),$$

便得到单位圆内重调和边值问题的自然积分方程 (3.42). 再将 α_n 及 β_n 的表达式代入 (3.48), 则可得

$$u(r, \theta) = \sum_{-\infty}^{\infty} \left\{ \frac{1}{2}(r^2 - 1)r^{|n|}a_n \right.$$
$$\left. + \left[r^{|n|} + \frac{1}{2}|n|(1 - r^2)r^{|n|}\right] b_n \right\}e^{in\theta},$$

记作

$$u(r, \theta) = A_r(\theta) * u_n(\theta) + B_r(\theta) * u_0(\theta),$$

其中 $0 \leqslant r < 1$,

$$A_r(\theta) = -\frac{(1 - r^2)^2}{4\pi(1 + r^2 - 2r \cos \theta)},$$
$$B_r(\theta) = \frac{(1 - r^2)^2(1 - r \cos \theta)}{2\pi(1 + r^2 - 2r \cos \theta)^2}.$$

这是因为

$$\sum_{-\infty}^{\infty} r^{|n|}e^{in\theta} = \frac{1 - r^2}{1 + r^2 - 2r \cos \theta},$$

$$\sum_{-\infty}^{\infty} |n|r^{|n|}e^{in\theta} = \frac{2r^3 \cos \theta - 4r^2 + 2r \cos \theta}{(1 + r^2 - 2r \cos \theta)^2}.$$

于是又得到 Poisson 积分公式 (3.41).

3. 复变函数论方法

仍设 $u(r,\theta) = \mathrm{Re}F(z,\bar{z})$, 其中

$$F(z,\bar{z}) = \bar{z}\varphi(z) + \psi(z),$$

$\varphi(z)$ 及 $\psi(z)$ 为 Ω 上的解析函数, $z = re^{i\theta}$. 令 $v(r,\theta) = \mathrm{Im}F(z,\bar{z})$. 于是

$$
\begin{aligned}
F_0(\theta) =& F(z,\bar{z})|_{r=1} = e^{-i\theta}\varphi(e^{i\theta}) + \psi(e^{i\theta}), \\
F_n(\theta) =& \frac{\partial}{\partial r}F(z,\bar{z})|_{r=1} \\
=& e^{-i\theta}\varphi(e^{i\theta}) + \varphi'(e^{i\theta}) + e^{i\theta}\psi'(e^{i\theta}), \\
(MF)(\theta) =& \left[\nu\Delta F + (1-\nu)\frac{\partial^2}{\partial r^2}F\right]_\Gamma \\
=& 4\nu\varphi'(e^{i\theta}) + (1-\nu)[2\varphi'(e^{i\theta}) \\
& + e^{i\theta}\varphi''(e^{i\theta}) + e^{i2\theta}\psi''(e^{i\theta})], \\
(TF)(\theta) =& \left[-\frac{\partial}{\partial n}\Delta F + (1-\nu)\frac{\partial}{\partial s}\left(\frac{1}{r^2}\frac{\partial}{\partial\theta}F - \frac{1}{r}\frac{\partial^2}{\partial r\partial\theta}F\right)\right]_\Gamma \\
=& -4e^{i\theta}\varphi''(e^{i\theta}) + (1-\nu)[e^{i\theta}\varphi''(e^{i\theta}) \\
& + e^{i2\theta}\varphi'''(e^{i\theta}) + 2e^{i2\theta}\psi''(e^{i\theta}) + e^{i3\theta}\psi'''(e^{i\theta})].
\end{aligned}
$$

由前两式解得

$$
\begin{cases}
\varphi(e^{i\theta}) = \dfrac{1}{2}e^{i\theta}[iF_0'(\theta) + F_n(\theta)], \\[2mm]
\psi(e^{i\theta}) = F_0(\theta) - \dfrac{1}{2}iF_0'(\theta) - \dfrac{1}{2}F_n(\theta),
\end{cases}
$$

代入后两式并取实部, 即得

$$
\begin{cases}
Mu(\theta) = (1+\nu)u_n(\theta) + 2v_n'(\theta) + (1+\nu)u_0''(\theta) - 2v_0'(\theta), \\
Tu(\theta) = (1+\nu)u_n''(\theta) - 2v_n'(\theta) - (1+\nu)u_0''(\theta) - 2v_0'''(\theta).
\end{cases} \tag{3.49}
$$

由于

$$
\begin{aligned}
u_0(\theta) =& \mathrm{Re}\left\{\frac{1}{z}[\varphi(z) - \varphi(0)] + \psi(z)\right\}_{r=1} + \mathrm{Re}\,e^{-i\theta}\varphi(0), \\
v_0(\theta) =& \mathrm{Im}\left\{\frac{1}{z}[\varphi(z) - \varphi(0)] + \psi(z)\right\}_{r=1} + \mathrm{Im}\,e^{-i\theta}\varphi(0),
\end{aligned}
$$

其中 $\dfrac{1}{z}[\varphi(z) - \varphi(0)] + \psi(z)$ 为 Ω 上的解析函数, 从而由 Cauchy-Riemann 条件及单位圆内调和方程边值问题的自然积分方程 (见 2.4 节), 可得

$$v_0'(\theta) = \frac{\partial}{\partial\theta}\mathrm{Im}\left\{\frac{1}{z}[\varphi(z) - \varphi(0)] + \psi(z)\right\}_{r=1} + \mathrm{Im}[-ie^{-i\theta}\varphi(0)]$$

$$=\frac{\partial}{\partial r}\mathrm{Re}\left\{\frac{1}{z}[\varphi(z)-\varphi(0)]+\psi(z)\right\}_{r=1}+\mathrm{Im}[-ie^{-i\theta}\varphi(0)]$$

$$=-\frac{1}{4\pi\sin^2\dfrac{\theta}{2}}*[u_0(\theta)-\mathrm{Re}e^{-i\theta}\varphi(0)]+\mathrm{Im}[-ie^{-i\theta}\varphi(0)]$$

$$=-\frac{1}{4\pi\sin^2\dfrac{\theta}{2}}*u_0(\theta)-2[\cos\theta\mathrm{Re}\varphi(0)+\sin\theta\mathrm{Im}\varphi(0)].$$

同样, 由于

$$u_n(\theta)=\mathrm{Re}\left\{\frac{1}{z}[\varphi(z)-\varphi(0)]+\varphi'(z)+z\psi'(z)\right\}_{r=1}+\mathrm{Re}e^{-i\theta}\varphi(0),$$

$$v_n(\theta)=\mathrm{Im}\left\{\frac{1}{z}[\varphi(z)-\varphi(0)]+\varphi'(z)+z\psi'(z)\right\}_{r=1}+\mathrm{Im}e^{-i\theta}\varphi(0),$$

其中 $\dfrac{1}{z}[\varphi(z)-\varphi(0)]+\varphi'(z)+z\psi'(z)$ 为 Ω 上的解析函数, 可得

$$v_n'(\theta)=-\frac{1}{4\pi\sin^2\dfrac{\theta}{2}}*u_n(\theta)-2[\cos\theta\mathrm{Re}\varphi(0)+\sin\theta\mathrm{Im}\varphi(0)].$$

将这些关系代入 (3.49), 即得自然积分方程 (3.42).

4. 半径为 R 时的结果

上述关于单位圆内部区域的结果可以推广到半径为 R 的圆内部区域, 此时有 Poisson 积分公式

$$u(r,\theta)=\int_0^{2\pi}\left\{\frac{(R^2-r^2)^2[R-r\cos(\theta-\theta')]}{2\pi R[r^2+R^2-2Rr\cos(\theta-\theta')]^2}u_0(\theta')\right.$$
$$\left.-\frac{(R^2-r^2)^2}{4\pi R[r^2+R^2-2Rr\cos(\theta-\theta')]}u_n(\theta')\right\}d\theta',\quad 0\leqslant r<R,\quad(3.50)$$

及自然积分方程

$$\begin{cases}Tu=-\dfrac{1+\nu}{R^3}u_0''(\theta)+\dfrac{1}{2\pi R^3\sin^2\dfrac{\theta}{2}}*u_0''(\theta)+\dfrac{1+\nu}{R^2}u_n''(\theta)+\dfrac{1}{2\pi R^2\sin^2\dfrac{\theta}{2}}*u_n(\theta),\\[4mm]Mu=\dfrac{1+\nu}{R^2}u_0''(\theta)+\dfrac{1}{2\pi R^2\sin^2\dfrac{\theta}{2}}*u_0(\theta)+\dfrac{1+\nu}{R}u_n(\theta)-\dfrac{1}{2\pi R\sin^2\dfrac{\theta}{2}}*u_n(\theta).\end{cases}$$
$$(3.51)$$

3.4.3 Ω 为圆外区域

半径为 R 的圆外部区域 Ω 的边界 Γ 仍为圆周 $\{(r,\theta)|_{r=R}\}$, 但此时 $\dfrac{\partial}{\partial n}=-\dfrac{\partial}{\partial r}$. 为简单起见, 先设 $R=1$.

1. Green 函数法

单位圆外部的重调和方程的 Green 函数仍由 (3.40) 给出. 用与上一小节所采用的同样的方法, 并注意到 $n = (-\cos\theta, -\sin\theta)$,

$$\frac{\partial}{\partial n} = -\frac{\partial}{\partial r}, \frac{\partial}{\partial s} = -\frac{1}{r}\frac{\partial}{\partial \theta},$$

以及广义函数极限公式 (见 [276])

$$\lim_{r\to 1+0} \frac{1}{z-1} = \lim_{r\to 1+0} \frac{1}{re^{i\theta}-1} = \frac{1}{e^{i\theta}-1} + \pi\delta(\theta),$$

可得到单位圆外部重调和方程边值问题的 Poisson 积分公式

$$u(r,\theta) = \int_0^{2\pi} \left\{ \frac{(r^2-1)^2[r\cos(\theta-\theta')-1]}{2\pi[r^2+1-2r\cos(\theta-\theta')]^2} u_0(\theta') \right.$$
$$\left. - \frac{(r^2-1)^2}{4\pi[r^2+1-2r\cos(\theta-\theta')]} u_n(\theta') \right\} d\theta', \quad r > 1, \tag{3.52}$$

及自然积分方程

$$\begin{cases}
Tu(\theta) = (1+\nu)u_0''(\theta) + \dfrac{1}{2\pi\sin^2\dfrac{\theta}{2}} * u_0''(\theta) \\
\qquad\qquad + (1+\nu)u_n''(\theta) - \dfrac{1}{2\pi\sin^2\dfrac{\theta}{2}} * u_n(\theta), \\
Mu(\theta) = (1+\nu)u_0''(\theta) - \dfrac{1}{2\pi\sin^2\dfrac{\theta}{2}} * u_0(\theta) \\
\qquad\qquad - (1+\nu)u_n(\theta) - \dfrac{1}{2\pi\sin^2\dfrac{\theta}{2}} * u_n(\theta).
\end{cases} \tag{3.53}$$

注　设 $z = re^{i\theta}$, 当 $r > 1$ 时, 有

$$\frac{1}{z-1} = \frac{z^{-1}}{1-z^{-1}} = \frac{1}{z} + \frac{1}{z^2} + \cdots + \frac{1}{z^n} + \cdots$$
$$= \left(\frac{1}{r}\cos\theta + \frac{1}{r^2}\cos 2\theta + \cdots + \frac{1}{r^n}\cos n\theta + \cdots \right)$$
$$- i\left(\frac{1}{r}\sin\theta + \frac{1}{r^2}\sin 2\theta + \cdots + \frac{1}{r^n}\sin n\theta + \cdots \right).$$

利用广义函数论中的求和公式

$$\cos\theta + \cos 2\theta + \cdots + \cos n\theta + \cdots = -\frac{1}{2} + \pi\delta(\theta),$$

其中 $0 \leqslant \theta < \pi$, 及

$$\sin\theta + \sin 2\theta + \cdots + \sin n\theta + \cdots = \frac{1}{2}\cot\frac{\theta}{2},$$

可得

$$\lim_{r \to 1+0} \frac{1}{z-1} = -\frac{1}{2} + \pi\delta(\theta) - i\frac{1}{2}\cot\frac{\theta}{2},$$

也即

$$\lim_{r \to 1+0} \frac{1}{1-z} = \frac{1}{2} - \pi\delta(\theta) + i\frac{1}{2}\cot\frac{\theta}{2}$$

$$= \frac{1}{1-e^{i\theta}} - \pi\delta(\theta). \tag{3.54}$$

再利用关系式

$$\frac{z^k}{(1-z)^{k+1}} = \frac{1}{k}\left\{\frac{1}{i}\frac{\partial}{\partial\theta}\left[\frac{z^{k-1}}{(1-z)^k}\right] - (k-1)\frac{z^{k-1}}{(1-z)^k}\right\}$$

可递推得到

$$\lim_{r \to 1+0} \frac{z}{(1-z)^2} = \frac{e^{i\theta}}{(1-e^{i\theta})^2} + i\pi\delta'(\theta)$$

$$= -\frac{1}{4\sin^2\dfrac{\theta}{2}} + i\pi\delta'(\theta), \tag{3.55}$$

$$\lim_{r \to 1+0} \frac{z^2}{(1-z)^3} = \frac{e^{i2\theta}}{(1-e^{i\theta})^3} + \frac{\pi}{2}\delta''(\theta) - i\frac{\pi}{2}\delta'(\theta), \tag{3.56}$$

$$\lim_{r \to 1+0} \frac{z^3}{(1-z)^4} = \frac{e^{i3\theta}}{(1-e^{i\theta})^4} - i\frac{\pi}{6}\delta'''(\theta)$$

$$- \frac{\pi}{2}\delta''(\theta) + i\frac{\pi}{3}\delta'(\theta), \tag{3.57}$$

$$\lim_{r \to 1+0} \frac{z^4}{(1-z)^5} = \frac{e^{i4\theta}}{(1-e^{i\theta})^5} - \frac{\pi}{24}\delta^{(4)}(\theta) + i\frac{\pi}{4}\delta'''(\theta)$$

$$+ \frac{11}{24}\pi\delta''(\theta) - i\frac{\pi}{4}\delta'(\theta), \tag{3.58}$$

等等. 将 (3.54)~(3.58) 诸式的实部与虚部分开, 即得如下一系列极限公式:

$$\lim_{r \to 1+0} \operatorname{Re}\frac{1}{1-z} = \lim_{r \to 1+0} \frac{1 - r\cos\theta}{1 - 2r\cos\theta + r^2} = \frac{1}{2} - \pi\delta(\theta),$$

$$\lim_{r \to 1+0} \operatorname{Im}\frac{1}{1-z} = \lim_{r \to 1+0} \frac{r\sin\theta}{1 - 2r\cos\theta + r^2} = \frac{1}{2}\cot\frac{\theta}{2},$$

$$\lim_{r \to 1+0} \operatorname{Re}\frac{z}{(1-z)^2} = \lim_{r \to 1+0} \frac{r(\cos\theta - 2r + r^2\cos\theta)}{(1 - 2r\cos\theta + r^2)^2}$$

$$= -\frac{1}{4\sin^2\dfrac{\theta}{2}},$$

$$\lim_{r\to 1+0}\operatorname{Im}\frac{z}{(1-z)^2} = \lim_{r\to 1+0}\frac{r(\sin\theta - r^2\sin\theta)}{(1-2r\cos\theta+r^2)^2} = \pi\delta'(\theta),$$

$$\lim_{r\to 1+0}\operatorname{Re}\frac{z^2}{(1-z)^3} = \lim_{r\to 1+0}\frac{r^2(\cos 2\theta - 3r\cos\theta + 3r^2 - r^3\cos\theta)}{(1-2r\cos\theta+r^2)^3}$$

$$= \frac{1}{8\sin^2\dfrac{\theta}{2}} + \frac{\pi}{2}\delta''(\theta),$$

$$\lim_{r\to 1+0}\operatorname{Im}\frac{z^2}{(1-z)^3} = \lim_{r\to 1+0}\frac{r^2(\sin 2\theta - 3r\sin\theta + r^3\sin\theta)}{(1-2r\cos\theta+r^2)^3}$$

$$= -\frac{\cos\dfrac{\theta}{2}}{8\sin^3\dfrac{\theta}{2}} - \frac{\pi}{2}\delta'(\theta),$$

$$\lim_{r\to 1+0}\operatorname{Re}\frac{z^3}{(1-z)^4}$$
$$= \lim_{r\to 1+0}\frac{r^3[\cos 3\theta - 4r\cos 2\theta + 6r^2\cos\theta - 4r^3 + r^4\cos\theta]}{(1-2r\cos\theta+r^2)^4}$$
$$= \frac{\cos\theta}{4(1-\cos\theta)^2} - \frac{\pi}{2}\delta''(\theta),$$

$$\lim_{r\to 1+0}\operatorname{Im}\frac{z^3}{(1-z)^4}$$
$$= \lim_{r\to 1+0}\frac{r^3[\sin 3\theta - 4r\sin 2\theta + 6r^2\sin\theta - r^4\sin\theta]}{(1-2r\cos\theta+r^2)^4}$$
$$= \frac{\sin\theta}{4(1-\cos\theta)^2} - \frac{\pi}{6}\delta'''(\theta) + \frac{\pi}{3}\delta'(\theta),$$

$$\lim_{r\to 1+0}\operatorname{Re}\frac{z^4}{(1-z)^5}$$
$$= \lim_{r\to 1+0}\frac{r^4[\cos 4\theta - 5r\cos 3\theta + 10r^2\cos 2\theta - 10r^3\cos\theta + 5r^4 - r^5\cos\theta]}{(1-2r\cos\theta+r^2)^5}$$
$$= -\frac{2\cos\theta+1}{8(1-\cos\theta)^2} - \frac{\pi}{24}\delta^{(4)}(\theta) + \frac{11}{24}\pi\delta''(\theta),$$

$$\lim_{r\to 1+0}\operatorname{Im}\frac{z^4}{(1-z)^5}$$
$$= \lim_{r\to 1+0}\frac{r^4[\sin 4\theta - 5r\sin 3\theta + 10r^2\sin 2\theta - 10r^3\sin\theta + r^5\sin\theta]}{(1-2r\cos\theta+r^2)^5}$$
$$= \frac{\sin\theta(2\cos\theta-1)}{8(1-\cos\theta)^3} + \frac{\pi}{4}\delta'''(\theta) - \frac{\pi}{4}\delta'(\theta),$$

等等. 这些极限公式反映了单位圆外的这些函数在边界上的跳跃关系. 此外, 也可得如下系列的极限公式

$$\lim_{r \to 1_{+0}} \frac{1}{(1-z)^2} = \frac{1}{(1-e^{i\theta})^2} + i\pi\delta'(\theta) - \pi\delta(\theta),$$

$$\lim_{r \to 1_{+0}} \frac{1}{(1-z)^3} = \frac{1}{(1-e^{i\theta})^3} + \frac{\pi}{2}\delta''(\theta)$$
$$+ i\frac{3}{2}\pi\delta'(\theta) - \pi\delta(\theta),$$

$$\lim_{r \to 1_{+0}} \frac{1}{(1-z)^4} = \frac{1}{(1-e^{i\theta})^4} - i\frac{\pi}{6}\delta'''(\theta) + \pi\delta''(\theta)$$
$$+ i\frac{11}{6}\pi\delta'(\theta) - \pi\delta(\theta),$$

$$\lim_{r \to 1_{+0}} \frac{1}{(1-z)^5} = \frac{1}{(1-e^{i\theta})^5} - \frac{\pi}{24}\delta^{(4)}(\theta) - i\frac{5}{12}\pi\delta'''(\theta)$$
$$+ \frac{35}{24}\pi\delta''(\theta) + i\frac{25}{12}\pi\delta'(\theta) - \pi\delta(\theta),$$

等等. 值得注意的是, 当 $r \to 1_{+0}$ 时的这两个系列的极限公式与上一小节中当 $r \to 1_{-0}$ 时的相应的极限公式的差别仅在于: 凡包含 $\delta(\theta)$ 及其导数的项均改变正负号.

2. Fourier 级数法

仍由重调和函数的复变函数表示出发, 设

$$u(r,\theta) = \text{Re}[\bar{z}\varphi(z) + \psi(z)],$$

但在单位圆外部, 解析函数 $\varphi(z)$ 及 $\psi(z)$ 应展开为

$$\varphi(z) = \sum_0^\infty \tilde{\alpha}_n r^{-n} e^{-in\theta}, \quad \phi(z) = \sum_0^\infty \tilde{\beta}_n r^{-n} e^{-in\theta},$$

$r > 1$, 其中 $\tilde{\alpha}_n \tilde{\beta}_n$ 为复数. 从而 $u(r,\theta)$ 也可写作

$$u(r,\theta) = \alpha_0 + \sum_{\substack{-\infty \\ n\neq 0}}^\infty (\alpha_n + \beta_n r^2) r^{-|n|} e^{in\theta}, \quad r > 1, \tag{3.59}$$

这里 $\alpha_{-n} = \bar{\alpha}_n, \beta_{-n} = \bar{\beta}_n$. 于是

$$u_0(\theta) = \alpha_0 + \sum_{\substack{-\infty \\ n\neq 0}}^\infty (\alpha_n + \beta_n) e^{in\theta}, \quad u_n(\theta) = \sum_{\substack{-\infty \\ n\neq 0}}^\infty [|n|\alpha_n + (|n|-2)\beta_n] e^{in\theta},$$

$$Mu(\theta) = \sum_{\substack{-\infty \\ n \neq 0}}^{\infty} \{(1-\nu)(n^2 + |n|)\alpha_n + [(1-\nu)n^2 - (3+\nu)|n| + 2(1+\nu)]\beta_n\}e^{in\theta},$$

$$Tu(\theta) = \sum_{\substack{-\infty \\ n \neq 0}}^{\infty} \{(1-\nu)(|n|^3 + n^2)\alpha_n + [(1-\nu)|n|^3 + (3+\nu)n^2 - 4|n|]\beta_n\}e^{in\theta}.$$

设

$$u_0(\theta) = \sum_{-\infty}^{\infty} b_n e^{in\theta}, \quad b_{-n} = \bar{b}_n,$$

$$u_n(\theta) = \sum_{-\infty}^{\infty} a_n e^{in\theta}, \quad a_{-n} = \bar{a}_n,$$

$$Mu(\theta) = \sum_{-\infty}^{\infty} c_n e^{in\theta}, \quad c_{-n} = \bar{c}_n,$$

$$Tu(\theta) = \sum_{-\infty}^{\infty} d_n e^{in\theta}, \quad d_{-n} = \bar{d}_n,$$

可得

$$b_0 = \alpha_0, \quad a_0 = c_0 = d_0 = 0,$$

以及

$$b_n = \alpha_n + \beta_n, \quad n \neq 0,$$
$$a_n = |n|\alpha_n + (|n| - 2)\beta_n, \quad n \neq 0,$$
$$c_n = (1-\nu)(n^2 + |n|)\alpha_n + [(1-\nu)n^2 - (3+\nu)|n| + 2(1+\nu)]\beta_n, \quad n \neq 0,$$
$$d_n = (1-\nu)(|n|^3 + n^2)\alpha_n + [(1-\nu)|n|^3 + (3+\nu)n^2 - 4|n|]\beta_n, \quad n \neq 0.$$

由前两式解得

$$\begin{cases} \alpha_n = \left(1 - \dfrac{1}{2}|n|\right) b_n + \dfrac{1}{2}a_n, \\ \beta_n = \dfrac{1}{2}|n|b_n - \dfrac{1}{2}a_n, \end{cases} \quad n \neq 0, \qquad (3.60)$$

代入后两式得

$$\begin{cases} c_n = [2|n| - (1+\nu)]a_n + [-(1+\nu)n^2 + 2|n|]b_n, \\ d_n = [-(1+\nu)n^2 + 2|n|]a_n + [2|n|^3 - (1+\nu)n^2]b_n. \end{cases}$$

从而可得自然积分方程 (3.53). 再将 (3.60) 及 $\alpha_0 = b_0$ 代入 (3.59), 并注意到当 $r > 1$ 时,

$$\sum_{-\infty}^{\infty} r^{-|n|} e^{in\theta} = \frac{r^2 - 1}{1 + r^2 - 2r\cos\theta},$$

$$\sum_{-\infty}^{\infty} |n| r^{-|n|} e^{in\theta} = \frac{2r^3\cos\theta - 4r^2 + 2r\cos\theta}{(1 + r^2 - 2r\cos\theta)^2},$$

又得到单位圆外的 Poisson 积分公式 (3.52).

3. 复变函数论方法

仍设 $u(r, \theta) = \text{Re}F(z, \bar{z})$, 其中

$$F(z, \bar{z}) = \bar{z}\varphi(z) + \psi(z),$$

$\varphi(z), \psi(z)$ 为 Ω 上的解析函数, $z = re^{i\theta}$, 并令

$$v(r, \theta) = \text{Im}F(z, \bar{z}).$$

于是

$$\begin{aligned}
F_0(\theta) &= F(z, \bar{z})|_\Gamma = e^{-i\theta}\varphi(e^{i\theta}) + \psi(e^{i\theta}), \\
F_n(\theta) &= -\frac{\partial}{\partial r}F(z, \bar{z})|_\Gamma \\
&= -[e^{-i\theta}\varphi(e^{i\theta}) + \varphi'(e^{i\theta}) + e^{i\theta}\psi'(e^{i\theta})], \\
(MF)(\theta) &= \left[\nu\Delta F + (1-\nu)\frac{\partial^2}{\partial r^2}F\right]_\Gamma \\
&= 4\nu\varphi'(e^{i\theta}) + (1-\nu)[2\varphi'(e^{i\theta}) \\
&\quad + e^{i\theta}\varphi''(e^{i\theta}) + e^{i2\theta}\psi''(e^{i\theta})],
\end{aligned}$$

$$\begin{aligned}
(TF)(\theta) &= \left[-\frac{\partial}{\partial n}\Delta F + (1-\nu)\frac{\partial}{\partial s}\left(\frac{1}{r^2}\frac{\partial}{\partial\theta}F - \frac{1}{r}\frac{\partial^2}{\partial r\partial\theta}F\right)\right]_\Gamma \\
&= 4e^{i\theta}\varphi''(e^{i\theta}) - (1-\nu)[e^{i\theta}\varphi''(e^{i\theta}) \\
&\quad + e^{i2\theta}\varphi'''(e^{i\theta}) + 2e^{i2\theta}\psi''(e^{i\theta}) + e^{i3\theta}\psi'''(e^{i\theta})].
\end{aligned}$$

解前两式得

$$\begin{cases}
\varphi(e^{i\theta}) = \dfrac{1}{2}e^{i\theta}[iF_0'(\theta) - F_n(\theta)], \\
\psi(e^{i\theta}) = F_0(\theta) - \dfrac{1}{2}iF_0'(\theta) + \dfrac{1}{2}F_n(\theta),
\end{cases}$$

代入后两式并取实部, 即得

$$
\begin{cases}
Mu(\theta) = -(1+\nu)u_n(\theta) - 2v'_n(\theta) \\
\qquad\quad +(1+\nu)u''_0(\theta) - 2v'_0(\theta), \\
Tu(\theta) = -2v'_n(\theta) + (1+\nu)u''_n(\theta) \\
\qquad\quad +2v'''_0(\theta) + (1+\nu)u''_0(\theta).
\end{cases}
\tag{3.61}
$$

注意到

$$
u_0(\theta) = \operatorname{Re}\left[\frac{1}{z}\varphi(z) + \psi(z)\right]_{r=1},
$$

$$
v_0(\theta) = \operatorname{Im}\left[\frac{1}{z}\varphi(z) + \psi(z)\right]_{r=1},
$$

其中 $\dfrac{1}{z}\varphi(z)+\psi(z)$ 为单位圆外区域 Ω 上的解析函数, 由解析函数的 Cauchy-Riemann 条件及单位圆外调和方程边值问题的自然积分方程 (见 2.4 节), 便有

$$
v'_0(\theta) = \frac{1}{4\pi \sin^2 \dfrac{\theta}{2}} * u_0(\theta).
$$

同理可得

$$
v'_n(\theta) = \frac{1}{4\pi \sin^2 \dfrac{\theta}{2}} * u_n(\theta).
$$

把此两式代入 (3.61), 便得自然积分方程 (3.53).

4. 半径为 R 时的结果

上述关于单位圆外部区域的结果可以推广到半径为 R 的圆外部区域, 此时有 Poisson 积分公式

$$
u(r,\theta) = \int_0^{2\pi} \left\{ \frac{(r^2 - R^2)^2[r\cos(\theta - \theta') - R]}{2\pi R[r^2 + R^2 - 2Rr\cos(\theta - \theta')]^2} u_0(\theta') \right.
$$
$$
\left. - \frac{(r^2 - R^2)^2}{4\pi R[r^2 + R^2 - 2Rr\cos(\theta - \theta')]} u_n(\theta') \right\} d\theta', \quad r > R
\tag{3.62}
$$

及自然积分方程

$$\begin{cases} Tu = \dfrac{1+\nu}{R^3}u_0''(\theta) + \dfrac{1}{2\pi R^3 \sin^2 \dfrac{\theta}{2}} * u_0''(\theta) \\[4mm] \qquad + \dfrac{1+\nu}{R^2}u_n''(\theta) - \dfrac{1}{2\pi R^2 \sin^2 \dfrac{\theta}{2}} * u_n(\theta), \\[4mm] Mu = \dfrac{1+\nu}{R^2}u_0''(\theta) - \dfrac{1}{2\pi R^2 \sin^2 \dfrac{\theta}{2}} * u_0(\theta) \\[4mm] \qquad - \dfrac{1+\nu}{R}u_n(\theta) - \dfrac{1}{2\pi R \sin^2 \dfrac{\theta}{2}} * u_n(\theta). \end{cases} \tag{3.63}$$

3.4.4 几个简单例子

可以举一些简单例子来验证上述典型区域上重调和方程边值问题的自然积分方程及 Poisson 积分公式. 为此, 先给出如下一些卷积计算结果.

(1) $\quad -\dfrac{1}{4\pi \sin^2 \dfrac{\theta}{2}} * \cos k\theta = k \cos k\theta,$

$\quad -\dfrac{1}{4\pi \sin^2 \dfrac{\theta}{2}} * \sin k\theta = k \sin k\theta.$

(2) 当 $0 \leqslant r < 1$ 时,

$\dfrac{1-r^2}{2\pi(1+r^2-2r\cos\theta)} * \cos k\theta = r^k \cos k\theta,$

$\dfrac{1-r^2}{2\pi(1+r^2-2r\cos\theta)} * \sin k\theta = r^k \sin k\theta,$

$\dfrac{(1-r^2)^2(1-r\cos\theta)}{2\pi(1+r^2-2r\cos\theta)^2} * \cos k\theta = \left[1 + \dfrac{k}{2}(1-r^2)\right] r^k \cos k\theta,$

$\dfrac{(1-r^2)^2(1-r\cos\theta)}{2\pi(1+r^2-2r\cos\theta)^2} * \sin k\theta = \left[1 + \dfrac{k}{2}(1-r^2)\right] r^k \sin k\theta.$

(3) 当 $r > 1$ 时,

$\dfrac{r^2-1}{2\pi(1+r^2-2r\cos\theta)} * \cos k\theta = r^{-k} \cos k\theta,$

$\dfrac{r^2-1}{2\pi(1+r^2-2r\cos\theta)} * \sin k\theta = r^{-k} \sin k\theta,$

$\dfrac{(r^2-1)^2(r\cos\theta-1)}{2\pi(1+r^2-2r\cos\theta)^2} * \cos k\theta = \left[1 + \dfrac{k}{2}(r^2-1)\right] \cdot r^{-k} \cos k\theta,$

$\dfrac{(r^2-1)^2(r\cos\theta-1)}{2\pi(1+r^2-2r\cos\theta)^2} * \sin k\theta = \left[1 + \dfrac{k}{2}(r^2-1)\right] \cdot r^{-k} \sin k\theta.$

要证明这些公式是容易的, 例如,

$$-\frac{1}{4\pi\sin^2\dfrac{\theta}{2}} * \cos k\theta = \frac{1}{\pi}\sum_{n=1}^{\infty} n\cos n\theta * \cos k\theta$$

$$= \frac{1}{\pi}\sum_{n=1}^{\infty} n\int_0^{2\pi}\cos n(\theta-\theta')\cos k\theta' d\theta'$$

$$= \frac{1}{\pi} k\cos k\theta\int_0^{2\pi}\cos^2 k\theta' d\theta' = k\cos k\theta,$$

当 $0 \leqslant r < 1$ 时,

$$\frac{1-r^2}{2\pi(1+r^2-2r\cos\theta)} * \cos k\theta = \frac{1}{2\pi}\sum_{-\infty}^{\infty} r^{|n|}e^{in\theta} * \cos k\theta$$

$$= \left(\frac{1}{2\pi} + \frac{1}{\pi}\sum_{n=1}^{\infty} r^{|n|}\cos n\theta\right) * \cos k\theta$$

$$= r^k\cos k\theta,$$

当 $r > 1$ 时,

$$\frac{(r^2-1)^2(r\cos\theta-1)}{2\pi(1+r^2-2r\cos\theta)^2} * \cos k\theta$$

$$= \left(\frac{r^2-1}{4\pi}\sum_{-\infty}^{\infty} |n|r^{-|n|}e^{in\theta} + \frac{1}{2\pi}\sum_{-\infty}^{\infty} r^{-|n|}e^{in\theta}\right) * \cos k\theta$$

$$= \left(\frac{r^2-1}{2\pi}\sum_{n=1}^{\infty} nr^{-n}\cos n\theta + \frac{1}{2\pi} + \frac{1}{\pi}\sum_{n=1}^{\infty} r^{-n}\cos n\theta\right) * \cos k\theta$$

$$= \left[\frac{k}{2}(r^2-1)+1\right] r^{-k}\cos k\theta,$$

等等. 实际上, 在前面利用 Fourier 级数法推导单位圆内部或外部区域的自然积分方程及 Poisson 积分公式的过程中已经得到过这些结果, 只是在那里它们并未被写成这样的表达式罢了.

例 3.1 Ω 为单位圆内区域, $u(r,\theta) = r^3\cos\theta$ 为 Ω 上的重调和函数. 于是

$$u_0(\theta) = u(r,\theta)|_\Gamma = \cos\theta,$$

$$u_n(\theta) = \frac{\partial}{\partial r}u(r,\theta)|_\Gamma = 3\cos\theta,$$

$$Mu(\theta) = \left[\nu\Delta u + (1-\nu)\frac{\partial^2}{\partial r^2}u\right]_\Gamma$$

$$=[8\nu r\cos\theta+6(1-\nu)r\cos\theta]_{r=1}$$

$$=(6+2\nu)\cos\theta,$$

$$Tu(\theta)=\left\{\left[-\frac{\partial}{\partial r}\Delta u+(1-\nu)\frac{1}{r}\frac{\partial}{\partial\theta}\left[\frac{1}{r^2}\frac{\partial}{\partial\theta}u-\frac{1}{r}\frac{\partial^2}{\partial r\partial\theta}u\right]\right]\right\}_\Gamma$$

$$=\{-8\cos\theta+2(1-\nu)\cos\theta\}_\Gamma$$

$$=-(6+2\nu)\cos\theta.$$

容易验证它们满足自然积分方程 (3.42):

$$-(1+\nu)u_0''(\theta)+\frac{1}{2\pi\sin^2\dfrac{\theta}{2}}*u_0''(\theta)+(1+\nu)u_n''(\theta)+\frac{1}{2\pi\sin^2\dfrac{\theta}{2}}*u_n(\theta)$$

$$=(1+\nu)\cos\theta+2\left(-\frac{1}{4\pi\sin^2\dfrac{\theta}{2}}\right)*\cos\theta-3(1+\nu)\cos\theta$$

$$-2\left(-\frac{1}{4\pi\sin^2\dfrac{\theta}{2}}\right)*3\cos\theta$$

$$=(1+\nu)\cos\theta+2\cos\theta-3(1+\nu)\cos\theta-6\cos\theta$$

$$=-(6+2\nu)\cos\theta=Tu(\theta),$$

$$(1+\nu)u_0''(\theta)+\frac{1}{2\pi\sin^2\dfrac{\theta}{2}}*u_0(\theta)+(1+\nu)u_n(\theta)-\frac{1}{2\pi\sin^2\dfrac{\theta}{2}}*u_n(\theta)$$

$$=-(1+\nu)\cos\theta-2\left(-\frac{1}{4\pi\sin^2\dfrac{\theta}{2}}*\cos\theta+3(1+\nu)\cos\theta\right)$$

$$+2\left(-\frac{1}{4\pi\sin^2\dfrac{\theta}{2}}\right)*3\cos\theta$$

$$=-(1+\nu)\cos\theta-2\cos\theta+3(1+\nu)\cos\theta+6\cos\theta$$

$$=(6+2\nu)\cos\theta=Mu(\theta).$$

再将 $u_0(\theta)=\cos\theta, u_n(\theta)=3\cos\theta$ 代入 Poisson 积分公式 (3.41), 可得

$$\frac{(1-r^2)^2(1-r\cos\theta)}{2\pi(1+r^2-2r\cos\theta)^2}*u_0(\theta)-\frac{(1-r^2)^2}{4\pi(1+r^2-2r\cos\theta)}*u_n(\theta)$$

$$=\left[1+\frac{1}{2}(1-r^2)\right]r\cos\theta-\frac{3}{2}(1-r^2)r\cos\theta$$

$$=r^3\cos\theta,$$

正是要求的重调和边值问题的解函数 $u(r, \theta)$.

例 3.2 Ω 为单位圆外区域, $u(r, \theta) = \dfrac{1}{r} \cos 3\theta$ 为 Ω 上的重调和函数. 于是

$$u_0(\theta) = u(r, \theta)|_\Gamma = \cos 3\theta,$$

$$u_n(\theta) = -\frac{\partial}{\partial r} u(r, \theta)|_\Gamma = \cos 3\theta,$$

$$Mu(\theta) = \left\{ \nu \Delta u + (1 - \nu) \frac{\partial^2}{\partial r^2} u \right\}_\Gamma = (2 - 10\nu) \cos 3\theta,$$

$$Tu(\theta) = \left\{ \frac{\partial}{\partial r} \Delta u - (1 - \nu) \frac{1}{r} \frac{\partial}{\partial \theta} \left(\frac{1}{r^2} \frac{\partial}{\partial \theta} u - \frac{1}{r} \frac{\partial^2}{\partial \theta \partial r} u \right) \right\}_\Gamma$$

$$= (42 - 18\nu) \cos 3\theta.$$

容易验证它们满足自然积分方程 (3.53):

$$(1 + \nu) u_0''(\theta) + \frac{1}{2\pi \sin^2 \dfrac{\theta}{2}} * u_0''(\theta) + (1 + \nu) u_n''(\theta) - \frac{1}{2\pi \sin^2 \dfrac{\theta}{2}} * u_n(\theta)$$

$$= (1 + \nu)(-9 \cos 3\theta) + \left(-\frac{1}{4\pi \sin^2 \dfrac{\theta}{2}} \right) * 18 \cos 3\theta$$

$$+ (1 + \nu)(-9 \cos 3\theta) + \left(-\frac{1}{4\pi \sin^2 \dfrac{\theta}{2}} \right) * 2 \cos 3\theta$$

$$= -9(1 + \nu) \cos 3\theta + 54 \cos 3\theta - 9(1 + \nu) \cos 3\theta + 6 \cos 3\theta$$

$$= (42 - 18\nu) \cos 3\theta = Tu(\theta),$$

$$(1 + \nu) u_0''(\theta) - \frac{1}{2\pi \sin^2 \dfrac{\theta}{2}} * u_0(\theta) - (1 + \nu) u_n(\theta) - \frac{1}{2\pi \sin^2 \dfrac{\theta}{2}} * u_n(\theta)$$

$$= -9(1 + \nu) \cos 3\theta + 2 \left(-\frac{1}{4\pi \sin^2 \dfrac{\theta}{2}} \right) * \cos 3\theta$$

$$- (1 + \nu) \cos 3\theta + 2 \left(-\frac{1}{4\pi \sin^2 \dfrac{\partial}{2}} \right) * \cos 3\theta$$

$$= -9(1 + \nu) \cos 3\theta + 6 \cos 3\theta - (1 + \nu) \cos 3\theta + 6 \cos 3\theta$$

$$= (2 - 10\nu) \cos 3\theta = Mu(\theta).$$

再将 $u_0(\theta) = \cos 3\theta, u_n(\theta) = \cos 3\theta$ 代入 Poisson 积分公式 (3.52), 可得

$$\frac{(r^2-1)^2(r\cos\theta-1)}{2\pi(1+r^2-2r\cos\theta)^2}*u_0(\theta) - \frac{(r^2-1)^2}{4\pi(1+r^2-2r\cos\theta)}*u_n(\theta)$$

$$= \left[\frac{3}{2}(r^2-1)+1\right]r^{-3}\cos 3\theta - \frac{1}{2}(r^2-1)r^{-3}\cos 3\theta$$

$$= \frac{1}{r}\cos 3\theta,$$

正是要求的单位圆外重调和边值问题的解函数 $u(r,\theta)$.

3.5 自然积分算子及其逆算子

本节将对上节得到的重调和自然积分算子作为拟微分算子进行研究, 并写出它们的逆算子.

由 3.3 节已知, 重调和方程边值问题的自然积分算子

$$\mathscr{K} : (u_0, u_n) \to (Tu, Mu) 为 [H^{\frac{3}{2}}(\Gamma) \times H^{\frac{1}{2}}(\Gamma)]/P_1(\Gamma)$$
$$\to [H^{-\frac{3}{2}}(\Gamma) \times H^{-\frac{1}{2}}(\Gamma)]_0$$

上的同构, 且满足

$$\|\mathscr{K}(u_0, u_n)\|_{T(\Gamma)'} \leqslant C\|(u_0, u_n)\|_{T(\Gamma)}, \quad \forall (u_0, u_n) \in T(\Gamma),$$

其中 $T(\Gamma) = H^{\frac{3}{2}}(\Gamma) \times H^{\frac{1}{2}}(\Gamma), C$ 为不依赖于 (u_n, u_0) 的常数. 设

$$\mathscr{K} = \begin{bmatrix} \mathscr{K}_{00} & \mathscr{K}_{01} \\ \mathscr{K}_{10} & \mathscr{K}_{11} \end{bmatrix}$$

于是

$$\begin{bmatrix} Tu \\ Mu \end{bmatrix} = \begin{bmatrix} \mathscr{K}_{00} & \mathscr{K}_{01} \\ \mathscr{K}_{10} & \mathscr{K}_{11} \end{bmatrix} \begin{bmatrix} u_0 \\ u_n \end{bmatrix},$$

显然有

$$\mathscr{K}_{00} : H^{\frac{3}{2}}(\Gamma) \to H^{-\frac{3}{2}}(\Gamma), \quad \mathscr{K}_{01} : H^{\frac{1}{2}}(\Gamma) \to H^{-\frac{3}{2}}(\Gamma),$$

$$\mathscr{K}_{10} : H^{\frac{3}{2}}(\Gamma) \to H^{-\frac{1}{2}}(\Gamma), \quad \mathscr{K}_{11} : H^{\frac{1}{2}}(\Gamma) \to H^{-\frac{1}{2}}(\Gamma),$$

它们分别为 3 阶、2 阶及 1 阶拟微分算子. 从而重调和自然积分算子 $\mathscr{K}$ 为 $\begin{bmatrix} 3 & 2 \\ 2 & 1 \end{bmatrix}$ 阶拟微分算子. 上述结论是由微分方程理论得到的. 下面将从典型域上重调和方程边值问题的自然积分方程的具体表达式出发直接研究它们.

3.5.1   上半平面自然积分算子

已知上半平面重调和自然积分算子为

$$\mathscr{K} = \begin{bmatrix} \dfrac{2}{\pi x^2} * \delta''(x) & (1+\nu)\delta''(x) \\[2mm] (1+\nu)\delta''(x) & -\dfrac{2}{\pi x^2} \end{bmatrix} * .$$

仍采用 2.6 节用过的记号 $D = -i\dfrac{\partial}{\partial x}$, 并利用式 (2.68), 可得

$$\mathscr{K} = \begin{bmatrix} 2|D|D^2 & -(1+\nu)D^2 \\[2mm] -(1+\nu)D^2 & 2|D| \end{bmatrix}, \tag{3.64}$$

其中 D 为 1 阶微分算子, $|D|$ 为 1 阶拟微分算子. 于是容易得到 $\mathscr{K}$ 的如下一些性质.

(1) $\mathscr{K}: H^{\frac{3}{2}}(\Gamma) \times H^{\frac{1}{2}}(\Gamma) \to H^{-\frac{3}{2}}(\Gamma) \times H^{-\frac{1}{2}}(\Gamma)$ 为 $\begin{bmatrix} 3 & 2 \\ 2 & 1 \end{bmatrix}$ 阶拟微分算子.

此结果由微分算子 D 及拟微分算子 $|D|$ 的映射性质立即得到. (参见 2.6.1 小节)

(2) 由于行列式

$$\begin{vmatrix} 2|\xi|^3 & -(1+\nu)\xi^2 \\[2mm] -(1+\nu)\xi^2 & 2|\xi| \end{vmatrix} = (1-\nu)(3+\nu)\xi^4,$$

故当 $-3 < \nu < 1$ 时, 对称矩阵

$$\begin{bmatrix} 2|\xi|^3 & -(1+\nu)\xi^2 \\[2mm] -(1+\nu)\xi^2 & 2|\xi| \end{bmatrix}$$

正定. 对薄板弯曲问题, $0 < \nu < \dfrac{1}{2}$, 故 $\mathscr{K}$ 为强椭圆型拟微分算子.

(3) 由于 D 为局部算子, $|D|$ 为拟局部算子, 从而 $\mathscr{K}$ 为拟局部算子.

(4) 当 $\nu \neq 1, \nu \neq -3$ 时, $\mathscr{K}$ 的逆算子为如下 $\begin{bmatrix} -3 & -2 \\ -2 & -1 \end{bmatrix}$ 阶拟微分算子:

$$\mathscr{K}^{-1} = \frac{1}{(1-\nu)(3+\nu)} \begin{bmatrix} 2(|D|D^2)^{-1} & (1+\nu)D^{-2} \\[2mm] (1+\nu)D^{-2} & 2|D|^{-1} \end{bmatrix}. \tag{3.65}$$

由定义易知其中

$$|D|^{-1} = -\frac{1}{\pi}\ln|x|*,$$

$$D^{-2} = -\frac{1}{2}|x|*,$$

$$(|D|D^2)^{-1} = \frac{1}{2\pi}\ln|x| * |x| * .$$

从而得到上半平面重调和自然积分方程 (3.36) 的反演公式

$$
\begin{bmatrix} u_0(x) \\ u_n(x) \end{bmatrix} = \frac{1}{(1-\nu)(3+\nu)} \begin{bmatrix} \dfrac{1}{\pi}\ln|x| * |x| & -\dfrac{1}{2}(1+\nu)|x| \\ -\dfrac{1}{2}(1+\nu)|x| & -\dfrac{2}{\pi}\ln|x| \end{bmatrix} * \begin{bmatrix} Tu(x) \\ Mu(x) \end{bmatrix}. \quad (3.66)
$$

容易验证

$$
\frac{1}{(1-\nu)(3+\nu)} \begin{bmatrix} \dfrac{2}{\pi x^2} * \delta''(x) & (1+\nu)\delta''(x) \\ (1+\nu)\delta''(x) & -\dfrac{2}{\pi x^2} \end{bmatrix}
$$

$$
* \begin{bmatrix} \dfrac{1}{\pi}\ln|x| * |x| & -\dfrac{1}{2}(1+\nu)|x| \\ -\dfrac{1}{2}(1+\nu)|x| & -\dfrac{2}{\pi}\ln|x| \end{bmatrix} = \begin{bmatrix} \delta(x) & 0 \\ 0 & \delta(x) \end{bmatrix}.
$$

3.5.2 圆内区域自然积分算子

由 2.6 节已知, 卷积算子

$$
K = -\frac{1}{4\pi\sin^2\dfrac{\theta}{2}} * : H^{s+\frac{1}{2}}(\Gamma) \to H^{s-\frac{1}{2}}(\Gamma)
$$

为 1 阶拟微分算子. 于是由 (3.42) 得单位圆内重调和自然积分算子为

$$
\mathscr{K} = \begin{bmatrix} -(1+\nu)\dfrac{\partial^2}{\partial\theta^2} - 2K\dfrac{\partial^2}{\partial\theta^2} & (1+\nu)\dfrac{\partial^2}{\partial\theta^2} - 2K \\ (1+\nu)\dfrac{\partial^2}{\partial\theta^2} - 2K & (1+\nu) + 2K \end{bmatrix}. \quad (3.67)
$$

易见 $\mathscr{K}$ 为 $\begin{bmatrix} 3 & 2 \\ 2 & 1 \end{bmatrix}$ 阶拟微分算子, 且

$$
\mathscr{K} : H^{\frac{3}{2}+s}(\Gamma) \times H^{\frac{1}{2}+s}(\Gamma) \to H^{-\frac{3}{2}+s}(\Gamma) \times H^{-\frac{1}{2}+s}(\Gamma),
$$

其中 s 为实数.

为求得 $\mathscr{K}$ 的逆算子, 对单位圆内重调和自然积分方程 (3.42) 的两边取 Fourier 级数展开的系数, 可得

$$
\begin{cases} \mathscr{F}_k[Tu] = [(1+\nu)k^2 + 2|k|^3]\mathscr{F}_k[u_0] \\ \qquad\qquad - [(1+\nu)k^2 + 2|k|]\mathscr{F}_k[u_n], \\ \mathscr{F}_k[Mu] = -[(1+\nu)k^2 + 2|k|]\mathscr{F}_k[u_0] \\ \qquad\qquad + [(1+\nu) + 2|k|]\mathscr{F}_k[u_n], \end{cases} \quad k = 0, \pm 1, \cdots, \quad (3.68)
$$

其中 $\mathscr{F}_k[f]$ 表示 f 的 Fourier 级数展开的第 k 项, 即 $e^{ik\theta}$ 项的系数. 上述方程组的系数行列式为

$$\begin{vmatrix} (1+\nu)k^2 + 2|k|^3 & -(1+\nu)k^2 - 2|k| \\ -(1+\nu)k^2 - 2|k| & (1+\nu) + 2|k| \end{vmatrix} = (1-\nu)(3+\nu)k^2(k^2-1).$$

从而只要 $\nu \neq 1, \nu \neq -3$, 且 $k \neq 0, k \neq \pm 1$, 便可解得

$$\begin{cases} \mathscr{F}_k[u_0] = \dfrac{(1+\nu) + 2|k|}{(1-\nu)(3+\nu)k^2(k^2-1)}\mathscr{F}_k[Tu] \\ \qquad\quad + \dfrac{(1+\nu)|k| + 2}{(1-\nu)(3+\nu)|k|(k^2-1)}\mathscr{F}_k[Mu], \\ \mathscr{F}_k[u_n] = \dfrac{(1+\nu)|k| + 2}{(1-\nu)(3+\nu)|k|(k^2-1)}\mathscr{F}_k[Tu] \\ \qquad\quad + \dfrac{(1+\nu) + 2|k|}{(1-\nu)(3+\nu)(k^2-1)}\mathscr{F}_k[Mu]. \end{cases}$$

而当 $k = 0, 1$ 及 -1 时, (3.68) 分别化为

$$\begin{cases} \mathscr{F}_0[Mu] = (1+\nu)\mathscr{F}_0[u_n], \\ \mathscr{F}_0[Tu] = 0, \end{cases}$$

以及

$$\begin{cases} \mathscr{F}_i[Mu] = (3+\nu)\{\mathscr{F}_i[u_n] - \mathscr{F}_i[u_0]\}, \\ \mathscr{F}_i[Tu] = -(3+\nu)\{\mathscr{F}_i[u_n] - \mathscr{F}_i[u_0]\}, \end{cases} \quad i = 1, -1.$$

为使这三个方程组有解的充要条件正是原边值问题的相容性条件

$$\int_\Gamma \left[Mu\frac{\partial p}{\partial n} + Tu \cdot p \right] ds = 0, \quad \forall p \in P_1(\Omega).$$

于是便得

$$\mathscr{F}_0[u_n] = \frac{1}{1+\nu}\mathscr{F}_0[Mu],$$

$\mathscr{F}_0[u_0]$ 为任意常数,

$$\mathscr{F}_i[u_n] - \mathscr{F}_i[u_0] = \frac{1}{3+\nu}\mathscr{F}_i[Mu], \quad i = 1, -1.$$

令

$$H_1(\theta) = \sum_{\substack{-\infty \\ k \neq 0, \pm 1}}^{\infty} \frac{(1+\nu) + 2|k|}{2\pi(1-\nu)(3+\nu)(k^2-1)} e^{ik\theta}$$

$$+ \frac{1}{\pi(3+\nu)} \cos\theta + \frac{1}{2\pi(1+\nu)},$$

$$H_2(\theta) = \sum_{\substack{-\infty \\ k \neq 0, \pm 1}}^{\infty} \frac{(1+\nu)|k| + 2}{2\pi(1-\nu)(3+\nu)|k|(k^2-1)} e^{ik\theta},$$

$$H_3(\theta) = \sum_{\substack{-\infty \\ k \neq 0, \pm 1}}^{\infty} \frac{(1+\nu) + 2|k|}{2\pi(1-\nu)(3+\nu)k^2(k^2-1)} e^{ik\theta},$$

就得到单位圆内重调和自然积分方程 (3.42) 的反演公式

$$\begin{bmatrix} u_0(\theta) \\ u_n(\theta) \end{bmatrix} = \begin{bmatrix} H_3(\theta) & H_2(\theta) \\ H_2(\theta) & H_1(\theta) \end{bmatrix} * \begin{bmatrix} Tu(\theta) \\ Mu(\theta) \end{bmatrix}$$

$$+ \begin{bmatrix} \dfrac{1}{2\pi} + \dfrac{1}{\pi}\cos\theta \\ \dfrac{1}{\pi}\cos\theta \end{bmatrix} * u_0(\theta), \tag{3.69}$$

其中 $H_1, (\theta), H_2(\theta)$ 及 $H_3(\theta)$ 均可通过 Fourier 级数求和得到:

$$\begin{aligned} H_1(\theta) = & \frac{1}{(1-\nu)(3+\nu)} \left[-\frac{2}{\pi}\cos\theta\ln\left|2\sin\frac{\theta}{2}\right| \right. \\ & + (1+\nu)\frac{\theta-\pi}{2\pi}\sin\theta + \frac{3(1-\nu)}{4\pi}\cos\theta \\ & \left. + \frac{1-\nu}{\pi(1+\nu)} \right], \end{aligned}$$

$$\begin{aligned} H_2(\theta) = & \frac{1}{(1-\nu)(3+\nu)} \left[\frac{2}{\pi}(1-\cos\theta)\ln\left|2\sin\frac{\theta}{2}\right| \right. \\ & + (1+\nu)\frac{\theta-\pi}{2\pi}\sin\theta + \frac{\nu+7}{4\pi}\cos\theta \\ & \left. - \frac{1-\nu}{2\pi} \right], \end{aligned}$$

$$\begin{aligned} H_3(\theta) = & \frac{1}{(1-\nu)(3+\nu)} \left[\frac{2}{\pi}(1-\cos\theta)\ln\left|2\sin\frac{\theta}{2}\right| \right. \\ & + (1+\nu)\frac{\theta-\pi}{2\pi}\sin\theta + \frac{5\nu+11}{4\pi}\cos\theta \\ & \left. - \frac{1-\nu}{2\pi} - (1+\nu)\left(\frac{\theta^2}{4\pi} - \frac{\theta}{2} + \frac{\pi}{6}\right) \right]. \end{aligned}$$

由 (3.69) 可看出, 自然积分方程 (3.42) 的解含有三个任意常数, 即

$$\int_\Gamma u_0 d\theta, \quad \int_\Gamma u_0 \cos\theta d\theta \ \text{及} \ \int_\Gamma u_0 \sin\theta d\theta,$$

这正与原边值问题的解可以差一个任意一次多项式相一致.

3.5.3　圆外区域自然积分算子

由 (3.53) 可得单位圆外重调和自然积分算子为

$$
\mathscr{K} = \left[
\begin{array}{cc}
(1+\nu)\dfrac{\partial^2}{\partial\theta^2} - 2K\dfrac{\partial^2}{\partial\theta^2} & (1+\nu)\dfrac{\partial^2}{\partial\theta^2} + 2K \\[4mm]
(1+\nu)\dfrac{\partial^2}{\partial\theta^2} + 2K & -(1+\nu) + 2K
\end{array}
\right],
\tag{3.70}
$$

其中仍定义 $K = -\dfrac{1}{4\pi\sin^2\dfrac{\theta}{2}}*$. $\mathscr{K}$ 也是 $\left[\begin{array}{cc} 3 & 2 \\ 2 & 1 \end{array}\right]$ 阶拟微分算子, 且

$$
\mathscr{K}: H^{\frac{3}{2}+s}(\Gamma) \times H^{\frac{1}{2}+s}(\Gamma) \to H^{-\frac{3}{2}+s}(\Gamma) \times H^{-\frac{1}{2}+s}(\Gamma).
$$

用与前面相同的方法, 也可求得 (3.53) 的反演公式为

$$
\left[
\begin{array}{c}
u_0(\theta) \\
u_n(\theta)
\end{array}
\right] =
\left[
\begin{array}{cc}
H_3(\theta) & H_2(\theta) \\
H_2(\theta) & H_1(\theta)
\end{array}
\right] *
\left[
\begin{array}{c}
Tu(\theta) \\
Mu(\theta)
\end{array}
\right]
$$
$$
+ \left[
\begin{array}{c}
\dfrac{1}{2\pi} + \dfrac{1}{\pi}\cos\theta \\[3mm]
-\dfrac{1}{\pi}\cos\theta
\end{array}
\right] * u_0(\theta),
\tag{3.71}
$$

其中

$$
\begin{aligned}
H_1(\theta) =& \frac{1}{(1-\nu)(3+\nu)}\left[-\frac{2}{\pi}\cos\theta\ln\left|2\sin\frac{\theta}{2}\right|\right.\\
& - (1+\nu)\frac{\theta-\pi}{2\pi}\sin\theta + \frac{3(3+\nu)}{4\pi}\cos\theta\\
& \left. - \frac{3+\nu}{\pi(1+\nu)}\right],\\
H_2(\theta) =& \frac{1}{(1-\nu)(3+\nu)}\left[\frac{2}{\pi}(\cos\theta - 1)\ln\left|2\sin\frac{\theta}{2}\right|\right.\\
& + (1+\nu)\frac{\theta-\pi}{2\pi}\sin\theta\\
& \left. + \frac{\nu-5}{4\pi}\cos\theta + \frac{3+\nu}{2\pi}\right],\\
H_3(\theta) =& \frac{1}{(1-\nu)(3+\nu)}\left[\frac{2}{\pi}(1-\cos\theta)\ln\left|2\sin\frac{\theta}{2}\right|\right.\\
& - (1+\nu)\frac{\theta-\pi}{2\pi}\sin\theta + \frac{1-5\nu}{4\pi}\cos\theta\\
& \left. - \frac{3+\nu}{2\pi} + (1+\nu)\left(\frac{\theta^2}{4\pi} - \frac{\theta}{2} + \frac{\pi}{6}\right)\right].
\end{aligned}
$$

由 (3.71) 同样可见, 单位圆外自然积分方程 (3.53) 的解也含有三个任意常数, 即

$$\int_\Gamma u_0 d\theta, \quad \int_\Gamma u_0\cos\theta d\theta \quad 及 \quad \int_\Gamma u_0\sin\theta d\theta,$$

这当然也与原边值问题的解可差一任意一次多项式相一致.

3.6 自然积分方程的直接研究

利用 Fourier 变换或 Fourier 级数方法, 也可不借助于关于重调和方程边值问题及其变分形式的既有成果而直接研究典型域上尤其是圆内、外区域的重调和自然积分方程及其变分问题的性质, 例如, 由自然积分算子导出的双线性型的对称正定性、连续性、V 椭圆性, 自然积分方程的解的存在唯一性, 解对给定边值的连续依赖性及正则性等. 在本节中假定 $-1 < \nu < 1$.

3.6.1 上半平面自然积分方程

已知上半平面重调和方程的自然积分方程由 (3.36) 给出:

$$\begin{bmatrix} Tu \\ Mu \end{bmatrix} = \begin{bmatrix} \dfrac{2}{\pi x^2} * \delta''(x) & (1+\nu)\delta''(x) \\ (1+\nu)\delta''(x) & -\dfrac{2}{\pi x^2} \end{bmatrix} * \begin{bmatrix} u_0 \\ u_n \end{bmatrix}$$
$$\equiv \mathscr{K}(u_0, u_n).$$

由此出发定义双线性型

$$\hat{D}(u_0, u_n; v_0, v_n) = \int_{-\infty}^{\infty} (v_0, v_n)\mathscr{K}(u_0, u_n)dx.$$

命题 3.1 由上半平面重调和自然积分算子 $\mathscr{K}$ 导出的双线性型 $\hat{D}(u_0, u_n; v_0, v_n)$ 为 $H^{\frac{3}{2}}(\Gamma) \times H^{\frac{1}{2}}(\Gamma)$ 上的对称正定连续双线性型.

证 令 $\tilde{f}$ 表示 f 的 Fourier 变换, 于是

$$\hat{D}(u_0, u_n; v_0, v_n) = \int_{-\infty}^{\infty} (v_0, v_n)\mathscr{K}(u_0, u_n)dx$$
$$= \frac{1}{2\pi} \int_{-\infty}^{\infty} (\bar{\tilde{v}}_0, \bar{\tilde{v}}_n) \begin{bmatrix} 2|\xi|^3 & -(1+\nu)\xi^2 \\ -(1+\nu)\xi^2 & 2|\xi| \end{bmatrix} \begin{bmatrix} \tilde{u}_0 \\ \tilde{u}_n \end{bmatrix} d\xi.$$

容易看出上式右端是 Hermite 对称的, 但左端为实双线性型, 从而得 $\hat{D}(u_0, u_n; v_0, v_n)$ 的对称性. 特别取 $(v_0, v_n) = (u_0, u_n)$, 便有

$$\hat{D}(u_0, u_n; u_0, u_n) = \frac{1}{2\pi} \int_{-\infty}^{\infty} \{2|\xi||\tilde{u}_n|^2 - (1+\nu)\xi^2(\bar{\tilde{u}}_n\tilde{u}_0$$

$$+ \tilde{u}_n \bar{\tilde{u}}_0) + 2|\xi|^3 |\tilde{u}_0|^2\} d\xi$$

$$= \frac{1}{2\pi} \int_{-\infty}^{\infty} \left\{ 2|\xi| \left| \tilde{u}_n - \frac{1}{2}(1+\nu)|\xi|\tilde{u}_0 \right|^2 \right.$$

$$\left. + \frac{1}{2}(1-\nu)(3+\nu)|\xi|^3 |\tilde{u}_0|^2 \right\} d\xi$$

$$\geqslant 0.$$

等号当且仅当

$$\begin{cases} |\xi| \left| \tilde{u}_n - \dfrac{1}{2}(1+\nu)|\xi|\tilde{u}_0 \right|^2 = 0, \\ |\xi|^3 |\tilde{u}_0|^2 = 0, \end{cases}$$

即

$$\begin{cases} \tilde{u}_0 = C_1' \delta'(\xi) + C_3' \delta(\xi), \\ \tilde{u}_n = C_2' \delta(\xi), \end{cases}$$

也即

$$\begin{cases} u_0 = C_1 x + C_3, \\ u_n = C_2 \end{cases}$$

时成立, 其中 C_1, C_2, C_3 为任意实常数, 它们恰好相应于 Ω 上一次多项式的三个系数. 但为使 $(C_1 x + C_3, C_2) \in H^{\frac{3}{2}}(\Gamma) \times H^{\frac{1}{2}}(\Gamma)$, 必有 $C_1 = C_2 = C_3 = 0$. 于是得到 $\hat{D}(u_0, u_n; v_0, v_n)$ 在 $H^{\frac{3}{2}}(\Gamma) \times H^{\frac{1}{2}}(\Gamma)$ 的对称正定性. 其连续性也容易证明:

$$|\hat{D}(u_0, u_n; v_0, v_n)| \leqslant \frac{1}{2\pi} \int_{-\infty}^{\infty} \{2|\xi||\tilde{u}_n||\tilde{v}_n| + (1+\nu)\xi^2$$

$$\cdot (|\tilde{u}_n||\tilde{v}_0| + |\tilde{v}_n||\tilde{u}_0|) + 2|\xi|^3 |\tilde{u}_0||\tilde{v}_0|\} d\xi$$

$$\leqslant \frac{1}{\pi} \int_{-\infty}^{\infty} \{\sqrt{\xi^2+1}|\tilde{u}_n||\tilde{v}_n| + (\xi^2+1)(|\tilde{u}_n||\tilde{v}_0|$$

$$+ |\tilde{v}_n||\tilde{u}_0|) + (\xi^2+1)^{\frac{3}{2}}|\tilde{u}_0||\tilde{v}_0|\} d\xi$$

$$\leqslant \frac{2}{\pi} \int_{-\infty}^{\infty} [(\xi^2+1)^{\frac{1}{2}}|\tilde{u}_n|^2 + (\xi^2+1)^{\frac{3}{2}}|\tilde{u}_0|^2]^{\frac{1}{2}}$$

$$\cdot [(\xi^2+1)^{\frac{1}{2}}|\tilde{v}_n|^2 + (\xi^2+1)^{\frac{3}{2}}|\tilde{v}_0|^2]^{\frac{1}{2}} d\xi$$

$$\leqslant \frac{4}{2\pi} \left\{ \int_{-\infty}^{\infty} [(\xi^2+1)^{\frac{1}{2}}|\tilde{u}_n|^2 + (\xi^2+1)^{\frac{3}{2}}|\tilde{u}_0|^2] d\xi \right\}^{\frac{1}{2}}$$

$$\cdot \left\{ \int_{-\infty}^{\infty} [(\xi^2+1)^{\frac{1}{2}}|\tilde{v}_n|^2 + (\xi^2+1)^{\frac{3}{2}}|\tilde{v}_0|^2] d\xi \right\}^{\frac{1}{2}}$$

$$= 4\|(u_0, u_n)\|_{H^{\frac{3}{2}}(\Gamma) \times H^{\frac{1}{2}}(\Gamma)} \|(v_0, v_n)\|_{H^{\frac{3}{2}}(\Gamma) \times H^{\frac{1}{2}}(\Gamma)}.$$

证毕.

3.6.2 圆内区域自然积分方程

为简单起见, 设圆域半径 $R = 1$. 单位圆内区域重调和方程的自然积分方程由式 (3.42) 给出:

$$
\begin{bmatrix} Tu \\ Mu \end{bmatrix} = \begin{bmatrix} -(1+\nu)\delta''(\theta) - 2K''(\theta) & (1+\nu)\delta''(\theta) - 2K(\theta) \\ (1+\nu)\delta''(\theta) - 2K(\theta) & (1+\nu)\delta(\theta) + 2K(\theta) \end{bmatrix} * \begin{bmatrix} u_0 \\ u_n \end{bmatrix}
$$
$$
\equiv \mathscr{K}(u_0, u_n),
$$

其中 $K(\theta) = -\dfrac{1}{4\pi\sin^2\dfrac{\theta}{2}}$. 由此出发定义双线性型

$$
\hat{D}(u_0, u_n; v_0, v_n) = \int_\Gamma (v_0, v_n)\mathscr{K}(u_0, u_n)ds.
$$

引理 3.3 由单位圆内重调和自然积分算子 $\mathscr{K}$ 导出的双线性型 $\hat{D}(u_0, u_n; v_0, v_n)$ 为商空间 $V_0(\Gamma) = [H^{\frac{3}{2}}(\Gamma) \times H^{\frac{1}{2}}(\Gamma)]/P_1(\Gamma)$ 上的对称正定、V 椭圆、连续双线性型, 其中

$$
\begin{aligned}
P_1(\Gamma) = \{ & (C_0 + C_1\cos\theta + C_2\sin\theta, C_1\cos\theta \\
& + C_2\sin\theta)|C_0, C_1, C_2 \in \mathbb{R}\},
\end{aligned}
$$

$\mathbb{R}$ 为实数全体.

证 设

$$
u_n(\theta) = \sum_{-\infty}^{\infty} a_n e^{in\theta}, \quad a_{-n} = \bar{a}_n,
$$

$$
u_0(\theta) = \sum_{-\infty}^{\infty} b_n e^{in\theta}, \quad b_{-n} = \bar{b}_n,
$$

$$
v_n(\theta) = \sum_{-\infty}^{\infty} c_n e^{in\theta}, \quad c_{-n} = \bar{c}_n,
$$

$$
v_0(\theta) = \sum_{-\infty}^{\infty} d_n e^{in\theta}, \quad d_{-n} = \bar{d}_n,
$$

则

$$
\begin{aligned}
& \hat{D}(u_0, u_n; v_0, v_n) \\
& = 2\pi \sum_{-\infty}^{\infty} (\bar{d}_n, \bar{c}_n) \cdot \begin{bmatrix} (1+\nu)n^2 + 2|n|^3 & -(1+\nu)n^2 - 2|n| \\ -(1+\nu)n^2 - 2|n| & (1+\nu) + 2|n| \end{bmatrix} \begin{bmatrix} b_n \\ a_n \end{bmatrix}.
\end{aligned}
$$

由上式右端的 Hermite 对称性立即得 $\hat{D}(u_0, u_n; v_0, v_n)$ 的对称性. 特别取 $(v_0, v_n) = (u_0, u_n)$, 并注意到 $-1 < \nu < 1$, 便有

$$
\begin{aligned}
\hat{D}(u_0, u_n; u_0, u_n) =& 2\pi \sum_{-\infty}^{\infty} \{[(1+\nu) + 2|n|]|a_n|^2 \\
& - [(1+\nu)n^2 + 2|n|](b_n\bar{a}_n + a_n\bar{b}_n) \\
& + [(1+\nu)n^2 + 2|n|^3]|b_n|^2\} \\
=& 2\pi \sum_{-\infty}^{\infty} \left\{ [(1+\nu) + 2|n|] \cdot \left| a_n - \frac{(1+\nu)n^2 + 2|n|}{(1+\nu) + 2|n|} b_n \right|^2 \right. \\
& \left. + \frac{(1-\nu)(3+\nu)n^2(n^2-1)}{(1+\nu) + 2|n|} |b_n|^2 \right\} \geqslant 0,
\end{aligned}
$$

等号当且仅当

$$
\begin{cases}
a_n - \dfrac{(1+\nu)|n|^2 + 2|n|}{(1+\nu) + 2|n|} b_n = 0, & n = 0, \pm 1, \cdots, \\
n^2(n^2-1)|b_n|^2 = 0,
\end{cases}
$$

也即当

$$
\begin{cases}
a_0 = 0, \ a_1 = b_1, \ a_{-1} = b_{-1}, \\
b_n = a_n = 0, n \neq 0, \ \pm 1
\end{cases}
$$

时成立. 从而若取 b_0, b_1 为任意, 则有

$$
\begin{cases}
u_0(\theta) = b_0 + b_1 e^{i\theta} + \bar{b}_1 e^{-i\theta} = b_0 + b' \cos\theta + b'' \sin\theta, \\
u_n(\theta) = b_1 e^{i\theta} + \bar{b}_1 e^{-i\theta} = b' \cos\theta + b'' \sin\theta,
\end{cases}
$$

其中 b_0, b', b'' 为任意实数, 它们恰好相应于 Ω 上的一次多项式的三个系数. 于是便得 $\hat{D}(u_0, u_n; v_0, v_n)$ 在 $V_0(\Gamma)$ 上的对称正定性. 又由

$$
\begin{aligned}
\hat{D}(u_0, u_n; u_0, u_n) =& 2\pi \sum_{-\infty}^{\infty} \{[(1+\nu) + 2|n|]|a_n|^2 \\
& - [(1+\nu)n^2 + 2|n|](b_n\bar{a}_n + a_n\bar{b}_n) \\
& + [(1+\nu)n^2 + 2|n|^3]|b_n|^2\} \\
=& 2\pi \sum_{|n| \geqslant 2} \{(1-\nu)(|n|-1)|a_n|^2 \\
& + (1-\nu)(|n|-1)n^2|b_n|^2 + [(1+\nu)|n| \\
& + 2]|a_n - |n|b_n|^2\} + 2\pi(1+\nu)|a_0|^2 \\
& + 4\pi(3+\nu)|a_1 - b_1|^2
\end{aligned}
$$

$$\geqslant 2\pi \sum_{|n|\geqslant 2} (1-\nu)\{(|n|-1)|a_n|^2 + (|n|-1)n^2|b_n|^2\}$$

$$+ 2\pi(1+\nu)|a_0|^2 + 4\pi(3+\nu)|a_1 - b_1|^2$$

$$\geqslant \frac{4}{5\sqrt{5}}2\pi \sum_{|n|\geqslant 2} (1-\nu)\{\sqrt{n^2+1}|a_n|^2 + (n^2+1)^{\frac{3}{2}} \cdot |b_n|^2\}$$

$$+ 2\pi(1+\nu)|a_0|^2 + 4\pi(3+\nu)|a_1 - b_1|^2,$$

及

$$\|(u_0, u_n)\|_{V_0(\Gamma)}^2 = \inf_{(v_0,v_n)\in P_1(\Gamma)} \|(u_0, u_n) - (v_0, v_n)\|_{H^{\frac{3}{2}}(\Gamma)\times H^{\frac{1}{2}}(\Gamma)}^2$$

$$= 2\pi \sum_{|n|\geqslant 2} \{(n^2+1)^{\frac{1}{2}}|a_n|^2 + (n^2+1)^{\frac{3}{2}}|b_n|^2\}$$

$$+ 2\pi \inf_{C_0\in\mathbb{R}, C_1\in\mathbb{C}} \{2\sqrt{2}|a_1 - C_1|^2 + 4\sqrt{2}|b_1 - C_1|^2$$

$$+ |a_0|^2 + |b_0 - C_0|^2\}$$

$$= 2\pi \left\{ \sum_{|n|\geqslant 2} [(n^2+1)^{\frac{1}{2}}|a_n|^2 + (n^2+1)^{\frac{3}{2}}|b_n|^2] \right.$$

$$\left. + \frac{4}{3}\sqrt{2}|a_1 - b_1|^2 + |a_0|^2 \right\},$$

可得

$$\hat{D}(u_0, u_n; u_0, u_n) \geqslant \min\left(1+\nu, \frac{4(1-\nu)}{5\sqrt{5}}, \frac{3}{4}\sqrt{2}(3+\nu)\right) \|(u_0, u_n)\|_{V_0(\Gamma)}^2$$

$$= \min\left(1+\nu, \frac{4(1-\nu)}{5\sqrt{5}}\right) \|(u_0, u_n)\|_{V_0(\Gamma)}^2, \tag{3.72}$$

即 $\hat{D}(u_0, u_n; v_0, v_n)$ 的 $V_0(\Gamma)$ 椭圆性, 其中

$$\min\left(1+\nu, \frac{4(1-\nu)}{5\sqrt{5}}\right) > 0.$$

最后, 连续性也是容易证明的, 因为

$$|\hat{D}(u_0, u_n; v_0, v_n)| \leqslant 2\pi \sum_{-\infty}^{\infty} \{[(1+\nu) + 2|n|]|a_n||c_n|$$

$$+ [(1+\nu)n^2 + 2|n|](|b_n||c_n| + |a_n||d_n|)$$

$$+ [(1+\nu)n^2 + 2|n|^3]|b_n||d_n|\}$$

$$\leqslant 2\pi \sum_{-\infty}^{\infty} \{2\sqrt{2}(n^2+1)^{\frac{1}{2}}|a_n||c_n| + 2\sqrt{2}(n^2+1)$$

$$\cdot (|b_n||c_n| + |a_n||d_n|) + 2\sqrt{2}(n^2+1)^{\frac{3}{2}}|b_n||d_n|\}$$

$$\leqslant 4\sqrt{2}\pi \sum_{-\infty}^{\infty}\{[2(n^2+1)^{\frac{1}{2}}|a_n|^2 + 2(n^2+1)^{\frac{3}{2}}$$

$$\cdot |b_n|^2]^{\frac{1}{2}}[2(n^2+1)^{\frac{1}{2}}|c_n|^2 + 2(n^2+1)^{\frac{3}{2}}|d_n|^2]^{\frac{1}{2}}\}$$

$$\leqslant 8\sqrt{2}\pi \left\{\sum_{-\infty}^{\infty}[(n^2+1)^{\frac{1}{2}}|a_n|^2 + (n^2+1)^{\frac{3}{2}}|b_n|^2]\right\}^{\frac{1}{2}}$$

$$\cdot \left\{\sum_{-\infty}^{\infty}[(n^2+1)^{\frac{1}{2}}|c_n|^2 + (n^2+1)^{\frac{3}{2}}|d_n|^2]\right\}^{\frac{1}{2}}$$

$$= 4\sqrt{2}\|(u_0, u_n)\|_{H^{\frac{3}{2}}(\Gamma) \times H^{\frac{1}{2}}(\Gamma)}\|(v_0, v_n)\|_{H^{\frac{3}{2}}(\Gamma) \times H^{\frac{1}{2}}(\Gamma)},$$

又因为对任意 $(w_0, w_n) \in P_1(\Gamma)$ 均有

$$\hat{D}(u_0, u_n; w_0, w_n) = \hat{D}(w_0, w_n; v_0, v_n) = 0,$$

故由上式立即可得

$$|\hat{D}(u_0, u_n; v_0, v_n)| \leqslant 4\sqrt{2}\|(u_0, u_n)\|_{V_0(\Gamma)}\|(v_0, v_n)\|_{V_0(\Gamma)}. \tag{3.73}$$

证毕.

利用此引理便可得下述定理.

定理 3.5   若已知边界载荷 $(t, m) \in H^{-\frac{3}{2}}(\Gamma) \times H^{-\frac{1}{2}}(\Gamma)$ 且满足相容性条件 (3.8), 则相应于单位圆内重调和自然积分方程 (3.42) 的变分问题

$$\begin{cases} \text{求}(u_0, u_n) \in H^{\frac{3}{2}}(\Gamma) \times H^{\frac{1}{2}}(\Gamma), \text{使得} \\ \hat{D}(u_0, u_n; v_0, v_n) = \hat{F}(v_0, v_n), \\ \quad \forall (v_0, v_n) \in H^{\frac{3}{2}}(\Gamma) \times H^{\frac{1}{2}}(\Gamma) \end{cases} \tag{3.74}$$

在商空间 $V_0(\Gamma) = [H^{\frac{3}{2}}(\Gamma) \times H^{\frac{1}{2}}(\Gamma)]/P_1(\Gamma)$ 中存在唯一解, 且解连续依赖于给定边值 (t, m).

证   由于 (t, m) 满足相容性条件 (3.8), 故可在商空间 $V_0(\Gamma)$ 中考察变分问题 (3.74). 易证 $\hat{F}(v_0, v_n)$ 为 $V_0(\Gamma)$ 上的线性连续泛函

$$|\hat{F}(v_0, v_n)| = \left|\int_{\Gamma}(tv_0 + mv_n)ds\right|$$

$$\leqslant \|(t, m)\|_{H^{-\frac{3}{2}}(\Gamma) \times H^{-\frac{1}{2}}(\Gamma)}\|(v_0, v_n)\|_{V_0(\Gamma)}.$$

再利用引理 3.3, 便可根据 Lax-Milgram 定理得到变分问题 (3.74) 的解在 $V_0(\Gamma)$ 中的存在唯一性. 今设 (u_0, u_n) 为其解, 则有

$$\min\left(1 + \nu, \frac{4(1-\nu)}{5\sqrt{5}}\right) \|(u_0, u_n)\|^2_{V_0(\Gamma)} \leqslant \hat{D}(u_0, u_n; u_0, u_n)$$

$$= \hat{F}(u_0, u_n) \leqslant \|(t, m)\|_{H^{-\frac{3}{2}}(\Gamma) \times H^{-\frac{1}{2}}(\Gamma)} \|(u_0, u_n)\|_{V_0(\Gamma)}.$$

于是得到解对已知边值的连续依赖性

$$\|(u_0, u_n)\|_{V_0(\Gamma)} \leqslant \max\left(\frac{1}{1+\nu}, \frac{5\sqrt{5}}{4(1-\nu)}\right)$$

$$\cdot \|(t, m)\|_{H^{-\frac{3}{2}}(\Gamma) \times H^{-\frac{1}{2}}(\Gamma)}. \tag{3.75}$$

证毕.

仍然利用 Fourier 级数法, 还可得如下正则性结果.

定理 3.6 若 (u_0, u_n) 为以满足相容性条件的

$$(t, m) \in H^s(\Gamma) \times H^{s+1}(\Gamma)$$

为边界载荷的单位圆内重调和自然积分方程 (3.42) 的解, 其中 $s \geqslant -\dfrac{3}{2}$ 为实数, 则 $(u_0, u_n) \in H^{s+3}(\Gamma) \times H^{s+2}(\Gamma)$, 且

$$\|(u_0, u_n)\|_{[H^{s+3}(\Gamma) \times H^{s+2}(\Gamma)]/P_1(\Gamma)}$$

$$\leqslant \max\left(\frac{5\sqrt{5}}{4(1-\nu)}, \frac{1}{1+\nu}\right) \|(t, m)\|_{H^s(\Gamma) \times H^{s+1}(\Gamma)}. \tag{3.76}$$

证 仍设

$$u_n(\theta) = \sum_{-\infty}^{\infty} a_n e^{in\theta}, \quad a_{-n} = \bar{a}_n,$$

$$u_0(\theta) = \sum_{-\infty}^{\infty} b_n e^{in\theta}, \quad b_{-n} = \bar{b}_n,$$

则由自然积分方程 (3.42) 可得

$$\begin{cases} t(\theta) = \displaystyle\sum_{-\infty}^{\infty} \{(1+\nu)n^2 b_n + 2|n|^3 b_n - (1+\nu)n^2 a_n \\ \qquad\qquad -2|n|a_n\} e^{in\theta}, \\ m(\theta) = \displaystyle\sum_{-\infty}^{\infty} \{-(1+\nu)n^2 b_n - 2|n|b_n + (1+\nu)a_n \\ \qquad\qquad +2|n|a_n\} e^{in\theta}. \end{cases}$$

于是

$$\|(u_0, u_n)\|^2_{[H^{s+3}(\Gamma) \times H^{s+2}(\Gamma)]/P_1(\Gamma)}$$

$$= \inf_{(v_0, v_n) \in P_1(\Gamma)} \|(u_0, u_n) - (v_0, v_n)\|^2_{H^{s+3}(\Gamma) \times H^{s+2}(\Gamma)}$$

$$= \inf_{C_0 \in \mathbb{R}, C_1 \in \mathbb{C}} \|(u_0, u_n)$$

$$\quad - (C_0 + C_1 e^{i\theta} + \bar{C}_1 e^{-i\theta}, C_1 e^{i\theta} + \bar{C}_1 e^{-i\theta})\|^2_{H^{s+3}(\Gamma) \times H^{s+2}(\Gamma)}$$

$$= 2\pi \sum_{\substack{-\infty \\ n \neq 0, \pm 1}}^{\infty} [(n^2 + 1)^{s+2}|a_n|^2 + (n^2 + 1)^{s+3}|b_n|^2]$$

$$\quad + \inf_{C_0 \in \mathbb{R}, C_1 \in \mathbb{C}} 2\pi \{2[2^{s+2}|a_1 - C_1|^2 + 2^{s+3}|b_1 - C_1|^2]$$

$$\quad + a_0^2 + (b_0 - C_0)^2\}$$

$$= 2\pi \left\{ \sum_{|n| \geqslant 2} [(n^2 + 1)^{s+2}|a_n|^2 + (n^2 + 1)^{s+3}|b_n|^2] \right.$$

$$\quad \left. + \frac{1}{3} \cdot 2^{s+4}|a_1 - b_1|^2 + a_0^2 \right\},$$

$$\|(t, m)\|^2_{H^s(\Gamma) \times H^{s+1}(\Gamma)}$$

$$= 2\pi \sum_{-\infty}^{\infty} \{(n^2 + 1)^{s+1}|[(1 + \nu)$$

$$\quad + 2|n|]a_n - [(1 + \nu)n^2 + 2|n|]b_n|^2 + (n^2 + 1)^s$$

$$\quad \cdot |[(1 + \nu)n^2 + 2|n|a_n - [(1 + \nu)n^2 + 2|n|^3]b_n|^2\}$$

$$\geqslant 2\pi \sum_{|n| \geqslant 2} n^2(n^2 + 1)^s \{[(1 + \nu + 2|n|)^2$$

$$\quad + ((1 + \nu)|n| + 2)^2 - 2|(1 + \nu)|n| + 2|$$

$$\quad \cdot (1 + \nu + 2|n|)](|a_n|^2 + |nb_n|^2)$$

$$\quad + 2|(1 + \nu)|n| + 2|[(1 + \nu)$$

$$\quad + 2|n|](a_n - |n|b_n)(\bar{a}_n - |n|\bar{b}_n)\} + 2\pi \{2^{s+1}$$

$$\quad \cdot 3(3 + \nu)^2|a_1 - b_1|^2 + (1 + \nu)^2 a_0^2\}$$

$$\geqslant 2\pi \sum_{|n| \geqslant 2} n^2(n^2 + 1)^s(1 - \nu)^2(|n| - 1)^2(|a_n|^2 + |nb_n|^2)$$

$$\quad + 2\pi \{2^{s+1} \cdot 3(3 + \nu)^2|a_1 - b_1|^2 + (1 + \nu)^2 a_0^2\}$$

$$\geqslant \frac{16}{125} \cdot 2\pi \sum_{|n| \geqslant 2} (1 - \nu)^2(n^2 + 1)^{s+2}[|a_n|^2 + (n^2 + 1)|b_n|^2]$$

$$\quad + 2\pi \{2^{s+1} \cdot 3(3 + \nu)^2|a_1 - b_1|^2 + (1 + \nu)^2 a_0^2\}$$

$$\geqslant \min \left(\frac{16}{125}(1-\nu)^2, (1+\nu)^2 \right) 2\pi \left\{ \sum_{|n|\geqslant 2} [(n^2 \right.$$

$$\left. +1)^{s+2}|a_n|^2 + (n^2+1)^{s+3}|b_n|^2] + \frac{1}{3} \cdot 2^{s+4}|a_1 - b_1|^2 + a_0^2 \right\}$$

$$= \min \left(\frac{16}{125}(1-\nu)^2, (1+\nu)^2 \right)$$

$$\cdot \|(u_0, u_n)\|^2_{[H^{s+3}(\Gamma) \times H^{s+2}(\Gamma)]/P_1(\Gamma)}.$$

从而得到 (3.76), 其中 $\mathbb{C}$ 为复数全体. 证毕.

此结果推广了定理 3.5 给出的解的稳定性结果. 当 $s = -\dfrac{3}{2}$ 时, (3.76) 即 (3.75).

3.6.3 圆外区域自然积分方程

仍设圆域半径 $R = 1$. 单位圆外区域重调和方程的自然积分方程由式 (3.53) 给出:

$$\begin{bmatrix} Tu \\ Mu \end{bmatrix} = \begin{bmatrix} (1+\nu)\delta''(\theta) - 2K''(\theta) & (1+\nu)\delta''(\theta) + 2K(\theta) \\ (1+\nu)\delta''(\theta) + 2K(\theta) & -(1+\nu) + 2K(\theta) \end{bmatrix} * \begin{bmatrix} u_0 \\ u_n \end{bmatrix}$$

$$\equiv \mathscr{K}(u_0, u_n),$$

其中 $K(\theta) = -\dfrac{1}{4\pi \sin^2 \dfrac{\theta}{2}}$. 由此出发定义双线性型

$$\hat{D}(u_0, u_n; v_0, v_n) = \int_\Gamma (v_0, v_n) \mathscr{K}(u_0, u_n) ds.$$

引理 3.4 由单位圆外重调和自然积分算子 $\mathscr{K}$ 导出的双线性型 $\hat{D}(u_0, u_n; v_0, v_n)$ 为商空间 $V_0(\Gamma) = [H^{\frac{3}{2}}(\Gamma) \times \overset{\circ}{H}{}^{\frac{1}{2}}(\Gamma)]/P_1(\Gamma)$ 上的对称正定、V 椭圆、连续双线性型, 其中

$$P_1(\Gamma) = \{(C_0 + C_1\cos\theta + C_2\sin\theta, -C_1\cos\theta - C_2\sin\theta)|C_0, C_1, C_2 \in \mathbb{R}\},$$

$$\overset{\circ}{H}{}^{\frac{1}{2}}(\Gamma) = \left\{ v_n \in H^{\frac{1}{2}}(\Gamma)| \int_\Gamma v_n d\theta = 0 \right\}.$$

证 仍设 $u_n(\theta), u_0(\theta), v_n(\theta), v_0(\theta)$ 的 Fourier 级数展开如前. 则

$$\hat{D}(u_0, u_n; v_0, v_n) = 2\pi \sum_{-\infty}^{\infty} (\bar{d}_n, \bar{c}_n)$$

$$\cdot \begin{bmatrix} -(1+\nu)n^2 + 2|n|^3 & -(1+\nu)n^2 + 2|n| \\ -(1+\nu)n^2 + 2|n| & -(1+\nu) + 2|n| \end{bmatrix} \begin{bmatrix} b_n \\ a_n \end{bmatrix}.$$

对称性显然. 取 $(v_0, v_n) = (u_0, u_n)$, 便有

$$
\begin{aligned}
\hat{D}(u_0, u_n; u_0, u_n) =& 2\pi \sum_{n \neq 0} \left\{ [2|n| - (1+\nu)] \left| a_n - \frac{(1+\nu)n^2 - 2|n|}{2|n| - (1+\nu)} b_n \right|^2 \right. \\
& \left. + \frac{(1-\nu)(3+\nu)n^2(n^2-1)}{2|n| - (1+\nu)} \cdot |b_n|^2 \right\} - 2\pi(1+\nu)a_0^2.
\end{aligned}
$$

由于 $u_n \in \overset{\circ}{H}{}^{\frac{1}{2}}(\Gamma)$, 即满足 $\int_\Gamma u_n d\theta = 0$, 也即 $a_0 = 0$, 以及 $-1 < \nu < 1$, 故有

$$
\hat{D}(u_0, u_n; u_0, u_n) \geqslant 0,
$$

且等号当且仅且

$$
\begin{cases}
a_n - \dfrac{(1+\nu)n^2 - 2|n|}{2|n| - (1+\nu)} b_n = 0, & \\
n^2(n^2-1)|b_n|^2 = 0, &
\end{cases} \quad n = \pm 1, \pm 2, \cdots,
$$

也即当

$$
\begin{cases}
a_1 = -b_1, & a_{-1} = -b_{-1}, \\
a_n = b_n = 0, & n \neq 0, \pm 1
\end{cases}
$$

时成立, 从而若取 b_0, b_1 为任意, 则有

$$
\begin{cases}
u_0(\theta) = b_0 + b_1 e^{i\theta} + \bar{b}_1 e^{-i\theta} = b_0 + b' \cos\theta + b'' \sin\theta, \\
u_n(\theta) = -b_1 e^{i\theta} - \bar{b}_1 e^{-i\theta} = -b' \cos\theta - b'' \sin\theta,
\end{cases}
$$

其中 b_0, b', b'' 为任意实数, 它们恰好相应于 Ω 上的一次多项式的三个系数. 于是便得 $\hat{D}(u_0, u_n; v_0, v_n)$ 在 $V_0(\Gamma)$ 上的对称正定性. 又由

$$
\begin{aligned}
\hat{D}(u_0, u_n; u_0, u_n) =& 2\pi \sum_{|n| \geqslant 2} \{ [2|n| - (1+\nu) \\
& - |(1+\nu)|n| - 2|](|a_n|^2 + n^2|b_n|^2) \\
& + |(1+\nu)|n| - 2||a_n - |n|\alpha_n b_n|^2 \} \\
& + 4\pi(1-\nu)|a_1 + b_1|^2 - 2\pi(1+\nu)|a_0|^2 \\
\geqslant& 2\pi \sum_{|n| \geqslant 2} [2|n| - (1+\nu) - |(1+\nu)|n| \\
& - 2|](|a_n|^2 + n^2|b_n|^2) + 4\pi(1-\nu)|a_1 + b_1|^2 \\
\geqslant& 2\pi \sum_{|n| \geqslant 2} \min[(1-\nu)(|n| + 1), (3+\nu)]
\end{aligned}
$$

$$\cdot (|n| - 1)](|a_n|^2 + n^2|b_n|^2)$$

$$+ 4\pi(1 - \nu)|a_1 + b_1|^2$$

$$\geqslant \frac{4}{5\sqrt{5}} \min[3(1 - \nu), 3 + \nu] \cdot 2\pi$$

$$\cdot \sum_{|n| \geqslant 2} [(n^2 + 1)^{\frac{1}{2}}|a_n|^2 + (n^2 + 1)^{\frac{3}{2}}|b_n|^2]$$

$$+ 4\pi(1 - \nu)|a_1 + b_1|^2,$$

其中 $\alpha_n = \text{sgn}[(1 + \nu)|n| - 2], -1 < \nu < 1, a_0 = 0$, 及当 $|n| \geqslant 2$ 时,

$$2|n| - (1 + \nu) - |(1 + \nu)|n| - 2|$$

$$= \begin{cases} (1 - \nu)(|n| + 1) > 0, & \alpha_n = 1, \\ 2|n| - (1 + \nu) = \frac{1}{2}[(1 - \nu)(|n| + 1) \\ \quad\quad + (3 + \nu)(|n| - 1)] > 0, & \alpha_n = 0, \\ (3 + \nu)(|n| - 1) > 0, & \alpha_n = -1, \end{cases}$$

以及

$$\|(u_0, u_n)\|^2_{V_0(\Gamma)} = \inf_{(v_0, v_n) \in P_1(\Gamma)} \|(u_0, u_n) - (v_0, v_n)\|^2_{H^{\frac{3}{2}}(\Gamma) \times H^{\frac{1}{2}}(\Gamma)}$$

$$= 2\pi \sum_{|n| \geqslant 2} [(n^2 + 1)^{\frac{1}{2}}|a_n|^2 + (n^2 + 1)^{\frac{3}{2}}|b_n|^2]$$

$$+ \inf_{C_0 \in \mathbb{R}, C_1 \in \mathbb{C}} 2\pi \left\{ 2\sqrt{2}|a_1 + C_1|^2 + 4\sqrt{2}|b_1 - C_1|^2 \right.$$

$$+ |b_0 - C_0|^2 \}$$

$$= 2\pi \left\{ \sum_{|n| \geqslant 2} [(n^2 + 1)^{\frac{1}{2}}|a_n|^2 + (n^2 + 1)^{\frac{3}{2}}|b_n|^2] \right.$$

$$\left. + \frac{4}{3}\sqrt{2}|a_1 + b_1|^2 \right\},$$

可得

$$\hat{D}(u_0, u_n; u_0, u_n) \geqslant \min \left[\frac{12}{5\sqrt{5}}(1 - \nu), \frac{4}{5\sqrt{5}}(3 + \nu), \right.$$

$$\left. \frac{3}{2\sqrt{2}}(1 - \nu) \right] \times 2\pi \left\{ \sum_{|n| \geqslant 2} [(n^2 + 1)^{\frac{1}{2}}|a_n|^2 \right.$$

$$\left. + (n^2 + 1)^{\frac{3}{2}}|b_n|^2] + \frac{4}{3}\sqrt{2}|a_1 + b_1|^2 \right\}$$

$$= \min\left[\frac{4}{5\sqrt{5}}(3+\nu), \frac{3}{2\sqrt{2}}(1-\nu)\right]\|(u_0,u_n)\|^2_{V_0(\Gamma)}, \quad (3.77)$$

即 $\hat{D}(u_0,u_n;v_0,v_n)$ 的 $V_0(\Gamma)$ 椭圆性, 其中

$$\min\left[\frac{4}{5\sqrt{5}}(3+\nu), \frac{3}{2\sqrt{2}}(1-\nu)\right] > 0.$$

最后, 连续性也是容易证明的, 因为

$$|\hat{D}(u_0,u_n;v_0,v_n)| \leqslant 4\sqrt{2}\|(u_0,u_n)\|_{H^{\frac{3}{2}}(\Gamma)\times H^{\frac{1}{2}}(\Gamma)}$$
$$\cdot \|(v_0,v_n)\|_{H^{\frac{3}{2}}(\Gamma)\times H^{\frac{1}{2}}(\Gamma)},$$

且对任意 $(w_0,w_n) \in P_1(\Gamma)$ 均有

$$\hat{D}(u_0,u_n;w_0,w_n) = \hat{D}(w_0,w_n;v_0,v_n) = 0,$$

立即可得

$$|\hat{D}(u_0,u_n;v_0,v_n)| \leqslant 4\sqrt{2}\|(u_0,u_n)\|_{V_0(\Gamma)}\|(v_0,v_n)\|_{V_0(\Gamma)}. \quad (3.78)$$

证毕.

注   与关于圆内区域的引理 3.3 显著不同的是, 这里以 $\overset{\circ}{H}{}^{\frac{1}{2}}(\Gamma)$ 代替了 $H^{\frac{1}{2}}(\Gamma)$, 即对解函数空间附加了限制:

$$\int_\Gamma u_n ds = 0.$$

这一限制是由圆外问题的无穷远条件所决定的. 于是与此相关联, 自然积分方程 (3.53) 的已知边值 $M_u = m$ 也应满足约束条件

$$\int_\Gamma m ds = 0. \quad (3.79)$$

这一点在利用 Fourier 级数法推导单位圆外区域的自然积分方程及 Poisson 积分公式时已可看出. (见 3.4.3 小节)

利用此引理便可得下述定理.

定理 3.7   若已知边界载荷 $(t,m) \in H^{-\frac{3}{2}}(\Gamma) \times H^{-\frac{1}{2}}(\Gamma)$ 且满足相容性条件 (3.8) 及约束条件 (3.79), 则相应于单位圆外重调和自然积分方程 (3.53) 的变分问题

$$\begin{cases} \text{求}(u_0,u_n) \in H^{\frac{3}{2}}(\Gamma) \times \overset{\circ}{H}{}^{\frac{1}{2}}(\Gamma), \text{使得} \\ \hat{D}(u_0,u_n;v_0,v_n) = \hat{F}(v_0,v_n), \\ \quad \forall(v_0,v_n) \in H^{\frac{3}{2}}(\Gamma) \times \overset{\circ}{H}{}^{\frac{1}{2}}(\Gamma) \end{cases} \quad (3.80)$$

在商空间 $V_0(\Gamma) = [H^{\frac{3}{2}}(\Gamma) \times \overset{\circ}{H}{}^{\frac{1}{2}}(\Gamma)]/P_1(\Gamma)$ 中存在唯一解, 且解连续依赖于给定载荷 (t, m).

证 在商空间 $V_0(\Gamma)$ 中应用 Lax-Milgram 定理即可得变分问题 (3.80) 在 $V_0(\Gamma)$ 中存在唯一解. 今设 (u_0, u_n) 为其解, 则有

$$\min\left[\frac{4}{5\sqrt{5}}(3+\nu), \frac{3}{2\sqrt{2}}(1-\nu)\right]\|(u_0, u_n)\|^2_{V_0(\Gamma)}$$

$$\leqslant \hat{D}(u_0, u_n; u_0, u_n) = \hat{F}(u_0, u_n)$$

$$\leqslant \|(t, m)\|_{H^{-\frac{3}{2}}(\Gamma) \times H^{-\frac{1}{2}}(\Gamma)}\|(u_0, u_n)\|_{V_0(\Gamma)},$$

于是得到解对已知边值的连续依赖性

$$\|(u_0, u_n)\|_{V_0(\Gamma)} \leqslant \max\left[\frac{5\sqrt{5}}{4(3+\nu)}, \frac{2\sqrt{2}}{3(1-\nu)}\right]$$

$$\cdot \|(t, m)\|_{H^{-\frac{3}{2}}(\Gamma) \times H^{-\frac{1}{2}}(\Gamma)}. \tag{3.81}$$

证毕.

仍然利用 Fourier 级数法, 还可得如下正则性结果.

定理 3.8 若 (u_0, u_n) 为以满足相容性条件 (3.8) 及约束条件 (3.79) 的 $(t, m) \in H^s(\Gamma) \times H^{s+1}(\Gamma)$ 为边界载荷的单位圆外重调和自然积分方程 (3.53) 的解, 其中 $s \geqslant -\frac{3}{2}$ 为实数, 则

$$(u_0, u_n) \in H^{s+3}(\Gamma) \times \overset{\circ}{H}{}^{s+2}(\Gamma),$$

且

$$\|(u_0, u_n)\|_{[H^{s+3}(\Gamma) \times H^{s+2}(\Gamma)]/P_1(\Gamma)}$$

$$\leqslant \max\left[\frac{5\sqrt{5}}{4(3+\nu)}, \frac{2\sqrt{2}}{3(1-\nu)}\right]\|(t, m)\|_{H^s(\Gamma) \times H^{s+1}(\Gamma)}, \tag{3.82}$$

其中

$$\overset{\circ}{H}{}^{s+2}(\Gamma) = \left\{v_n \in H^{s+2}(\Gamma)|\int_{\Gamma} v_n ds = 0\right\}.$$

证 仍设 $u_n(\theta)$ 及 $u_0(\theta)$ 的 Fourier 级数展开如前, 则由自然积分方程 (3.53) 可得

$$\begin{cases} t(\theta) = \displaystyle\sum_{-\infty}^{\infty}\{[2|n|^3 - (1+\nu)n^2]b_n + [2|n| \\ \qquad\quad -(1+\nu)n^2]a_n\}e^{in\theta}, \\ m(\theta) = \displaystyle\sum_{-\infty}^{\infty}\{[2|n| - (1+\nu)n^2]b_n + [2|n| \\ \qquad\quad -(1+\nu)]a_n\}e^{in\theta}. \end{cases}$$

由于 $m(\theta)$ 满足 (3.79), 即得 $a_0 = 0$, 从而 $\displaystyle\int_\Gamma u_n ds = 0$. 于是

$$
\begin{aligned}
&\|(u_0, u_n)\|^2_{[H^{s+3}(\Gamma) \times H^{s+2}(\Gamma)]/P_1(\Gamma)} \\
&= \inf_{(v_0, v_n) \in P_1(\Gamma)} \|(u_0, u_n) - (v_0, v_n)\|^2_{H^{s+3}(\Gamma) \times H^{s+2}(\Gamma)} \\
&= 2\pi \sum_{|n| \geqslant 2} [(n^2 + 1)^{s+2}|a_n|^2 + (n^2 + 1)^{s+3}|b_n|^2] \\
&\quad + \inf_{C_0 \in \mathbb{R}, C_1 \in \mathbb{C}} 2\pi\{2[2^{s+2}|a_1 + C_1|^2 + 2^{s+3}|b_1 - C_1|^2 \\
&\quad + (b_0 - C_0)^2\} \\
&= 2\pi \left\{ \sum_{|n| \geqslant 2} [(n^2 + 1)^{s+2}|a_n|^2 \right. \\
&\quad \left. + (n^2 + 1)^{s+3}|b_n|^2] + \frac{1}{3} \cdot 2^{s+4}|a_1 + b_1|^2 \right\},
\end{aligned}
$$

$$
\begin{aligned}
\|(t, m)\|^2_{H^s(\Gamma) \times H^{s+1}(\Gamma)} &= 2\pi \sum_{-\infty}^{\infty} \{(n^2 + 1)^{s+1}|[2|n| \\
&\quad - (1 + \nu)]a_n + [2|n| - (1 + \nu)n^2]b_n|^2 \\
&\quad + (n^2 + 1)^s|[2|n| - (1 + \nu)n^2]a_n \\
&\quad + [2|n|^3 - (1 + \nu)n^2]b_n|^2\} \\
&\geqslant 2\pi \sum_{\substack{-\infty \\ n \neq 0, \pm 1}}^{\infty} n^2(n^2 + 1)^s\{[2|n| - (1 + \nu)]^2 \\
&\quad + [(1 + \nu)|n| - 2]^2 - 2[2|n| - (1 + \nu)] \\
&\quad \cdot |(1 + \nu)|n| - 2|\}(|a_n|^2 + n^2|b_n|^2) \\
&\quad + 6\pi \cdot 2^{s+1}(1 - \nu)^2|a_1 + b_1|^2 \\
&\geqslant 2\pi \sum_{|n| \geqslant 2} \min[(1 - \nu)^2(|n| + 1)^2, (3 + \nu)^2] \\
&\quad \cdot (|n| - 1)^2]n^2(n^2 + 1)^s(|a_n|^2 + n^2|b_n|^2) \\
&\quad + 6\pi \cdot 2^{s+1}(1 - \nu)^2|a_1 + b_1|^2 \\
&\geqslant \min\left[\frac{144}{125}(1 - \nu)^2, \frac{16}{125}(3 + \nu)^2, \frac{9}{8}(1 - \nu)^2\right] \\
&\quad \cdot 2\pi \left\{ \sum_{|n| \geqslant 2} [(n^2 + 1)^{s+2}|a_n|^2 + (n^2 + 1)^{s+3}|b_n|^2] \right. \\
&\quad \left. + \frac{1}{3} \cdot 2^{s+4}|a_1 + b_1|^2 \right\}
\end{aligned}
$$

$$= \min \left[\frac{16}{125}(3+\nu)^2, \frac{9}{8}(1-\nu)^2 \right] 2\pi \left\{ \sum_{|n| \geqslant 2} [(n^2 \right.$$
$$\left. + 1)^{s+2}|a_n|^2 + (n^2+1)^{s+3}|b_n|^2] + \frac{2^{s+4}}{3}|a_1 + b_1|^2 \right\}$$
$$= \min \left[\frac{16}{125}(3+\nu)^2, \frac{9}{8}(1-\nu)^2 \right]$$
$$\cdot \|(u_0, u_n)\|^2_{[H^{s+3}(\Gamma) \times H^{s+2}(\Gamma)]/P_1(\Gamma)}.$$

从而得到 (3.82). 证毕.

此结果推广了定理 3.7 给出的解的稳定性结果. 当 $s = -\dfrac{3}{2}$ 时, (3.82) 即 (3.81).

3.7 自然积分方程的数值解法

下面将用积分核级数展开法求解圆内、外重调和方程的自然积分方程, 得出采用分段三次 Hermite 单元时刚度矩阵的表达式, 并给出近似解的误差估计.

考察单位圆内区域 Ω 上的重调和方程边值问题 (3.7), 它等价于 Ω 上的变分问题 (3.9). 该边值问题又可归化为边界 Γ 上的含超奇异积分核的自然积分方程 (3.42). 其中

$$(Tu, Mu) = (t, m) \in H^{-\frac{3}{2}}(\Gamma) \times H^{-\frac{1}{2}}(\Gamma)$$

并满足相容性条件 (3.8) 为已知边值. 由上节可见, 自然积分方程 (3.42) 的解可差一组如下空间中的函数:

$$P_1(\Gamma) = \left\{ \left(p, \frac{\partial p}{\partial n} \right)_\Gamma \middle| p \in P_1(\Omega) \right\}$$
$$= \{ (a\cos\theta + b\sin\theta + c, a\cos\theta + b\sin\theta) | a, b, c \in \mathbb{R} \}.$$

由于

$$K(\theta) * 1 = 0, \qquad K(\theta) * \cos\theta = \cos\theta,$$
$$K(\theta) * \sin\theta = \sin\theta,$$

其中 $K(\theta) = -\dfrac{1}{4\pi \sin^2 \dfrac{\theta}{2}}$, 由 (3.42) 也可直接看出, 对任意实常数 a, b, c,

$$(u_0, u_n) = a(\cos\theta, \cos\theta) + b(\sin\theta, \sin\theta) + c(1, 0)$$

确实均为 (3.42) 的齐次方程的解.

自然积分方程 (3.42) 也等价于变分问题 (3.74), 其中

$$\hat{D}(u_0, u_n; v_0, v_n) = \int_0^{2\pi} \left\{ v_n(\theta) \Big[(1+\nu)u_n(\theta) \right.$$

$$-\int_0^{2\pi} \frac{1}{2\pi \sin^2 \dfrac{\theta-\theta'}{2}} u_n(\theta')d\theta' + (1+\nu)u_0''(\theta)$$

$$+\int_0^{2\pi} \frac{1}{2\pi \sin^2 \dfrac{\theta-\theta'}{2}} u_0(\theta')d\theta'\bigg] + v_0(\theta)$$

$$\cdot \bigg[(1+\nu)u_n''(\theta) + \int_0^{2\pi} \frac{1}{2\pi \sin^2 \dfrac{\theta-\theta'}{2}} u_n(\theta')d\theta'$$

$$-(1+\nu)u_0''(\theta) + \int_0^{2\pi} \frac{1}{2\pi \sin^2 \dfrac{\theta-\theta'}{2}}$$

$$\cdot u_0''(\theta')d\theta'\bigg]\bigg]\bigg\} d\theta.$$

由上节知, 它是 $V_0(\Gamma) = [H^{\frac{3}{2}}(\Gamma) \times H^{\frac{1}{2}}(\Gamma)]/P_1(\Gamma)$ 上对称正定、V 椭圆、连续双线性型, 变分问题 (3.74) 在商空间 $V_0(\Gamma)$ 中存在唯一解, 而原边值问题的解则可由 Poisson 积分公式 (3.41) 得到.

若考虑的不是 Neumann 边值问题 (3.7), 而是 "简支" 板问题, 即以 $\gamma_0 u = u_0$ 及 $Mu = m$ 为已知边值的重调和边值问题, 则只需求解 (3.42) 的第二式即可, 此时积分方程化为

$$m(\theta) - h(\theta) = (1+\nu)u_n(\theta) - \int_0^{2\pi} \frac{u_n(\theta')}{2\pi \sin^2 \dfrac{\theta-\theta'}{2}} d\theta', \tag{3.83}$$

其中

$$h(\theta) = (1+\nu)u_0''(\theta) + \int_0^{2\pi} \frac{u_0(\theta')}{2\pi \sin^2 \dfrac{\theta-\theta'}{2}} d\theta'$$

为已知函数. (3.83) 显然比 (3.42) 要简单得多, 它所定义的积分算子是 1 阶拟微分算子, 即

$$\mathscr{K}_{11} : H^{\frac{1}{2}}(\Gamma) \to H^{-\frac{1}{2}}(\Gamma).$$

3.7.1 刚度矩阵系数的计算公式

今对圆周 Γ 进行有限元剖分. 剖分满足通常的正规性条件. 为简单起见, 这里采用均匀剖分. 设 $S_h(\Gamma) \subset H^{\frac{3}{2}}(\Gamma) \times H^{\frac{1}{2}}(\Gamma)$ 为由适当选取的基函数张成的线性子空间, 便得到 (3.74) 的近似变分问题

$$\begin{cases} 求 (u_0^h, u_n^h) \in S_h(\Gamma), 使得 \\ \hat{D}(u_0^h, u_n^h; v_0^h, v_n^h) = \hat{F}(v_0^h, v_n^h), \quad \forall (v_0^h, v_n^h) \in S_h(\Gamma). \end{cases} \tag{3.84}$$

由于双线性型 $\hat{D}(u_0, u_n; v_0, v_n)$ 的性质及 $S_h(\Gamma) \subset H^{\frac{3}{2}}(\Gamma) \times H^{\frac{1}{2}}(\Gamma)$, Lax-Milgram 定理依然保证了变分问题 (3.84) 在商空间 $S_h(\Gamma)/P_1(\Gamma)$ 中存在唯一解.

今取均匀剖分下分段三次 Hermite 插值基函数 $\lambda_j(\theta)$ 及 $\mu_j(\theta), j = 1, 2, \cdots, N$, 满足

$$\begin{cases} \lambda_j(\theta_i) = \delta_{ji}, & \lambda_j'(\theta_i) = 0, \\ \mu_j(\theta_i) = 0, & \mu_j'(\theta_i) = \delta_{ji}, \end{cases}$$

其中 $\theta_i = \dfrac{i}{N} 2\pi, i, j = 1, \cdots, N$, 以及 $\{\lambda_i(\theta)\} \cup \{\mu_i(\theta)\} \subset H^2(\Gamma) \subset H^{\frac{3}{2}}(\Gamma)$. (见 (2.99) 及 (2.100)) 设

$$u_0^h(\theta) = \sum_{j=1}^{N} [U_j \lambda_j(\theta) + V_j \mu_j(\theta)],$$

$$u_n^h(\theta) = \sum_{j=1}^{N} [X_j \lambda_j(\theta) + Y_j \mu_j(\theta)],$$

其中 $X_j, Y_j, U_j, V_j (j = 1, \cdots, N)$ 为待定系数. 由 (3.84) 可得线性代数方程组

$$Q \begin{bmatrix} U \\ V \\ X \\ Y \end{bmatrix} = \begin{bmatrix} Q_{11} & Q_{12} & Q_{13} & Q_{14} \\ Q_{21} & Q_{22} & Q_{23} & Q_{24} \\ Q_{31} & Q_{32} & Q_{33} & Q_{34} \\ Q_{41} & Q_{42} & Q_{43} & Q_{44} \end{bmatrix} \begin{bmatrix} U \\ V \\ X \\ Y \end{bmatrix} = \begin{bmatrix} \gamma \\ \delta \\ \alpha \\ \beta \end{bmatrix}, \tag{3.85}$$

其中

$$Q_{11} = [\hat{D}(\lambda_j, 0; \lambda_i, 0)]_{N \times N}, \quad Q_{12} = [\hat{D}(\mu_j, 0; \lambda_i, 0)]_{N \times N},$$

$$Q_{13} = [\hat{D}(0, \lambda_j; \lambda_i, 0)]_{N \times N}, \quad Q_{14} = [\hat{D}(0, \mu_j; \lambda_i, 0)]_{N \times N},$$

$$Q_{21} = [\hat{D}(\lambda_j, 0; \mu_i, 0)]_{N \times N}, \quad Q_{22} = [\hat{D}(\mu_j, 0; \mu_i, 0)]_{N \times N},$$

$$Q_{23} = [\hat{D}(0, \lambda_j; \mu_i, 0)]_{N \times N}, \quad Q_{24} = [\hat{D}(0, \mu_j; \mu_i, 0)]_{N \times N},$$

$$Q_{31} = [\hat{D}(\lambda_j, 0; 0, \lambda_i)]_{N \times N}, \quad Q_{32} = [\hat{D}(\mu_j, 0; 0, \lambda_i)]_{N \times N},$$

$$Q_{33} = [\hat{D}(0, \lambda_j; 0, \lambda_i)]_{N \times N}, \quad Q_{34} = [\hat{D}(0, \mu_j; 0, \lambda_i)]_{N \times N},$$

$$Q_{41} = [\hat{D}(\lambda_j, 0; 0, \mu_i)]_{N \times N}, \quad Q_{42} = [\hat{D}(\mu_j, 0; 0, \mu_i)]_{N \times N},$$

$$Q_{43} = [\hat{D}(0, \lambda_j; 0, \mu_i)]_{N \times N}, \quad Q_{44} = [\hat{D}(0, \mu_j; 0, \mu_i)]_{N \times N},$$

$$U = (U_1, \cdots, U_N)^{\mathrm{T}}, \quad V = (V_1, \cdots, V_N)^{\mathrm{T}},$$

$$X = (X_1, \cdots, X_N)^{\mathrm{T}}, \quad Y = (Y_1, \cdots, Y_N)^{\mathrm{T}},$$

$$\gamma = (\gamma_1, \cdots, \gamma_N)^{\mathrm{T}}, \quad \delta = (\delta_1, \cdots, \delta_N)^{\mathrm{T}},$$

$$\alpha = (\alpha_1, \cdots, \alpha_N)^{\mathrm{T}}, \quad \beta = (\beta_1, \cdots, \beta_N)^{\mathrm{T}},$$

$$\gamma_i = \int_0^{2\pi} t(\theta)\lambda_i(\theta)d\theta, \quad \delta_i = \int_0^{2\pi} t(\theta)\mu_i(\theta)d\theta,$$

$$\alpha_i = \int_0^{2\pi} m(\theta)\lambda_i(\theta)d\theta, \quad \beta_i = \int_0^{2\pi} m(\theta)\mu_i(\theta)d\theta.$$

利用 1.4.1 小节介绍的积分核级数展开法, 可得刚度矩阵 Q 的如下计算公式. 如前述, 仍将由 $\eta_1, \eta_2, \cdots, \eta_N$ 生成的循环矩阵记作 $((\eta_1, \eta_2, \cdots, \eta_N))$.

$$Q_{11} = (1+\nu)\left(\left(\frac{6N}{5\pi}, -\frac{3N}{5\pi}, 0, \cdots, 0, -\frac{3N}{5\pi}\right)\right)$$
$$+ ((b_0, b_1, \cdots, b_{N-1})),$$

$$Q_{12} = Q_{21}^{\mathrm{T}} = (1+\nu)\left(\left(0, \frac{1}{10}, 0, \cdots, 0, -\frac{1}{10}\right)\right)$$
$$+ ((f_0, f_{N-1}, \cdots, f_1)),$$

$$Q_{13} = Q_{31}^{\mathrm{T}} = -(1+\nu)\left(\left(\frac{6N}{5\pi}, -\frac{3N}{5\pi}, 0, \cdots, 0, -\frac{3N}{5\pi}\right)\right)$$
$$- ((a_0, a_1, \cdots, a_{N-1})),$$

$$Q_{14} = Q_{41}^{\mathrm{T}} = (1+\nu)\left(\left(0, -\frac{1}{10}, 0, \cdots, 0, \frac{1}{10}\right)\right)$$
$$+ ((e_0, e_1, \cdots, e_{N-1})),$$

$$Q_{22} = (1+\nu)\left(\left(\frac{8\pi}{15N}, -\frac{\pi}{15N}, 0, \cdots, 0, -\frac{\pi}{15N}\right)\right)$$
$$+ ((c_0, c_1, \cdots, c_{N-1})),$$

$$Q_{23} = Q_{32}^{\mathrm{T}} = (1+\nu)\left(\left(0, \frac{1}{10}, 0, \cdots, 0, -\frac{1}{10}\right)\right)$$
$$+ ((e_0, e_{N-1}, \cdots, e_1)),$$

$$Q_{24} = Q_{42}^{\mathrm{T}} = -(1+\nu)\left(\left(\frac{8\pi}{15N}, -\frac{\pi}{15N}, 0, \cdots, 0, -\frac{\pi}{15N}\right)\right)$$
$$- ((d_0, d_1, \cdots, d_{N-1})),$$

$$Q_{33} = (1+\nu)\left(\left(\frac{52\pi}{35N}, \frac{9\pi}{35N}, 0, \cdots, 0, \frac{9\pi}{35N}\right)\right)$$
$$+ ((a_0, a_1, \cdots, a_{N-1})),$$

$$Q_{34} = Q_{43}^{\mathrm{T}} = (1+\nu)\left(\left(0, -\frac{13\pi^2}{105N^2}, 0, \cdots, 0, \frac{13\pi^2}{105N^2}\right)\right)$$
$$+ ((e_0, e_{N-1}, \cdots, e_1)),$$

$$Q_{44} = (1+\nu)\left(\left(\frac{16\pi^3}{105N^3}, -\frac{2\pi^3}{35N^3}, 0, \cdots, 0, -\frac{2\pi^3}{35N^3}\right)\right)$$

$$+ ((d_0, d_1, \cdots, d_{N-1})),$$

其中

$$b_i = \frac{18N^4}{\pi^5} \sum_{j=1}^{\infty} \frac{1}{j^3} \left(\frac{4N^2}{\pi^2 j^2} \sin^4 \frac{j\pi}{N} - \frac{4N}{\pi j} \sin^2 \frac{j\pi}{N} \right.$$
$$\left. \cdot \sin \frac{j}{N} 2\pi + \sin^2 \frac{j}{N} 2\pi \right) \cos \frac{ji}{N} 2\pi,$$

$$a_i = \frac{18N^4}{\pi^5} \sum_{j=1}^{\infty} \frac{1}{j^5} \left(\frac{4N^2}{\pi^2 j^2} \sin^4 \frac{j\pi}{N} - \frac{4N}{\pi j} \sin^2 \frac{j\pi}{N} \right.$$
$$\left. \cdot \sin \frac{j}{N} 2\pi + \sin^2 \frac{j}{N} 2\pi \right) \cos \frac{ji}{N} 2\pi,$$

$$c_i = \frac{N^2}{\pi^3} \sum_{j=1}^{\infty} \frac{1}{j^3} \left[\frac{18N^2}{\pi^2 j^2} \sin^2 \frac{j}{N} 2\pi - \frac{N}{\pi j} \left(48 \sin \frac{j}{N} 2\pi \right. \right.$$
$$\left. + 12 \sin \frac{j}{N} 4\pi \right) + 72 \cos^2 \frac{j}{N} \pi$$
$$\left. - 8 \sin \frac{j}{N} \pi \sin \frac{j}{N} 3\pi \right] \cos \frac{ji}{N} 2\pi,$$

$$d_i = \frac{N^2}{\pi^3} \sum_{j=1}^{\infty} \frac{1}{j^5} \left[\frac{18N^2}{\pi^2 j^2} \sin^2 \frac{j}{N} 2\pi - \frac{N}{\pi j} \left(48 \sin \frac{j}{N} 2\pi \right. \right.$$
$$\left. + 12 \sin \frac{j}{N} 4\pi \right) + 72 \cos^2 \frac{j}{N} \pi - 8 \sin \frac{j}{N} \pi \sin \frac{j}{N} 3\pi \right]$$
$$\cdot \cos \frac{ji}{N} 2\pi,$$

$$f_i = \frac{N^3}{\pi^4} \sum_{j=1}^{\infty} \frac{1}{j^3} \left[-\frac{36N^2}{\pi^2 j^2} \sin^2 \frac{j\pi}{N} \sin \frac{j}{N} 2\pi + \frac{12N}{\pi j} \right.$$
$$\cdot \sin^2 \frac{j\pi}{N} \left(5 \cos \frac{j}{N} 2\pi + 7 \right) - 6 \sin \frac{j}{N} 4\pi$$
$$\left. - 24 \sin \frac{j}{N} 2\pi \right] \sin \frac{ji}{N} 2\pi,$$

$$e_i = \frac{N^3}{\pi^4} \sum_{j=1}^{\infty} \frac{1}{j^5} \left[-\frac{36N^2}{\pi^2 j^2} \sin^2 \frac{j\pi}{N} \sin \frac{j}{N} 2\pi + \frac{12N}{\pi j} \right.$$
$$\cdot \sin^2 \frac{j\pi}{N} \left(5 \cos \frac{j}{N} 2\pi + 7 \right) - 6 \sin \frac{j}{N} 4\pi$$
$$\left. - 24 \sin \frac{j}{N} 2\pi \right] \sin \frac{ji}{N} 2\pi,$$

$$i = 0, 1, \cdots, N - 1. \tag{3.86}$$

所有这些级数都是收敛的. 这里 Q_{11} 为对称半正定循环矩阵, Q_{22}, Q_{33}, Q_{44} 为对称正定循环矩阵, $Q_{13}, Q_{31}, Q_{24}, Q_{42}$ 为对称循环矩阵, 其余八个子矩阵为反对称循环矩阵. Q 为对称半正定矩阵, 且

$$
\begin{cases}
b_i = b_{N-i}, & a_i = a_{N-i}, \quad c_i = c_{N-i}, \quad d_i = d_{N-i}, \\
e_i = -e_{N-i}, f_i = -f_{N-i}, \quad i = 1, \cdots, N-1.
\end{cases}
$$

若求解的是 "简支" 板问题, 则由与自然积分方程 (3.83) 相应的变分问题得到的线性代数方程组为

$$
\begin{bmatrix} Q_{33} & Q_{34} \\ Q_{43} & Q_{44} \end{bmatrix}
\begin{bmatrix} X \\ Y \end{bmatrix}
=
\begin{bmatrix} \alpha' \\ \beta' \end{bmatrix}. \tag{3.87}
$$

显然 (3.87) 比 (3.85) 要简单得多.

对于单位圆外重调和自然积分方程 (3.53), 同样可利用上述方法离散化, 只是此时刚度矩阵的各子矩阵的表达式为

$$
Q_{11} = -(1+\nu)\left(\left(\frac{6N}{5\pi}, -\frac{3N}{5\pi}, 0, \cdots, 0, -\frac{3N}{5\pi}\right)\right) \\
+ ((b_0, b_1, \cdots, b_{N-1})),
$$

$$
Q_{12} = Q_{21}^{\mathrm{T}} = -(1+\nu)\left(\left(0, \frac{1}{10}, 0, \cdots, 0, -\frac{1}{10}\right)\right) \\
+ ((f_0, f_{N-1}, \cdots, f_1)),
$$

$$
Q_{13} = Q_{31}^{\mathrm{T}} = -(1+\nu)\left(\left(\frac{6N}{5\pi}, -\frac{3N}{5\pi}, 0, \cdots, 0, -\frac{3N}{5\pi}\right)\right) \\
+ ((a_0, a_1, \cdots, a_{N-1})),
$$

$$
Q_{14} = Q_{41}^{\mathrm{T}} = (1+\nu)\left(\left(0, -\frac{1}{10}, 0, \cdots, 0, \frac{1}{10}\right)\right) \\
- ((e_0, e_1, \cdots, e_{N-1})),
$$

$$
Q_{22} = -(1+\nu)\left(\left(\frac{8\pi}{15N}, -\frac{\pi}{15N}, 0, \cdots, 0, -\frac{\pi}{15N}\right)\right) \\
+ ((c_0, c_1, \cdots, c_{N-1})),
$$

$$
Q_{23} = Q_{32}^{\mathrm{T}} = (1+\nu)\left(\left(0, \frac{1}{10}, 0, \cdots, 0, -\frac{1}{10}\right)\right) \\
- ((e_0, e_{N-1}, \cdots, e_1)),
$$

$$
Q_{24} = Q_{42}^{\mathrm{T}} = -(1+\nu)\left(\left(\frac{8\pi}{15N}, -\frac{\pi}{15N}, 0, \cdots, 0, -\frac{\pi}{15N}\right)\right) \\
+ ((d_0, d_1, \cdots, d_{N-1})),
$$

$$
Q_{33} = -(1+\nu)\left(\left(\frac{52\pi}{35N}, \frac{9\pi}{35N}, 0, \cdots, 0, \frac{9\pi}{35N}\right)\right)
$$

$$+ ((a_0, a_1, \cdots, a_{N-1})),$$

$$Q_{34} = Q_{43}^{\mathrm{T}} = -(1+\nu)\left(\left(0, -\frac{13\pi^2}{105N^2}, 0, \cdots, 0, \frac{13\pi^2}{105N^2}\right)\right)$$

$$+ ((e_0, e_{N-1}, \cdots, e_1)),$$

$$Q_{44} = -(1+\nu)\left(\left(\frac{16\pi^3}{105N^3}, -\frac{2\pi^3}{35N^3}, 0, \cdots, 0, -\frac{2\pi^3}{35N^3}\right)\right)$$

$$+ ((d_0, d_1, \cdots, d_{N-1})),$$

其中 $b_i, a_i, c_i, d_i, f_i, e_i$ 仍由 (3.86) 给出.

对于得到的线性代数方程组 (3.85), 通常用直接法求解之.

3.7.2 自然边界元解的误差估计

今将 1.5 节关于自然边界元解的误差估计的若干结果应用于重调和方程边值问题.

设 $(u_0(\theta), u_n(\theta))$ 为重调和方程边值问题的自然积分方程之解, $(u_0^h(\theta), u_0^h(\theta))$ 为其自然边界元解, 也即 (u_0, u_n) 及 (u_0^h, u_n^h) 分别为变分问题 (3.74) 及其近似变分问题 (3.84) 之解. 由于容易验证 1.5 节的那些定理的条件, 故直接写出下面结果, 其中 C 均为正常数.

定理 3.9(能量模估计)   若 $(u_0, u_n) \in H^{k_0+1}(\Gamma) \times H^{k_1+1}(\Gamma)$, 且近似解空间 $S_h(\Gamma) = S_0(\Gamma) \times S_1(\Gamma)$, 其中 $S_0(\Gamma) \subset H^{\frac{3}{2}}(\Gamma)$ 及 $S_1(\Gamma) \subset H^{\frac{1}{2}}(\Gamma)$ 分别由分段 k_0 及 k_1 次插值基函数张成, 则

$$\|(u_0, u_n) - (u_0^h, u_n^h)\|_{\hat{D}} \leqslant C(h^{k_0-\frac{1}{2}}|u_0|_{k_0+1,\Gamma}$$
$$+ h^{k_1+\frac{1}{2}}|u_n|_{k_1+1,\Gamma}). \tag{3.88}$$

定理 3.10(L^2 模估计)   若定理 3.9 的条件被满足, 且

$$\int_\Gamma \left[(u_0 - u_0^h)p + (u_n - u_n^h)\frac{\partial p}{\partial n}\right] ds = 0, \quad \forall p \in P_1(\Omega),$$

则

$$\|(u_0 - u_0^h, u_n - u_n^h)\|_{L^2(\Gamma)^2}$$
$$\leqslant C(h^{k_0}|u_0|_{k_0+1,\Gamma} + h^{k_1+1}|u_n|_{k_1+1,\Gamma}). \tag{3.89}$$

例如, 当 $k_0 = 3, k_1 = 2$ 时有

$$\|(u_0, u_n) - (u_0^h, u_n^h)\|_{\hat{D}} \leqslant Ch^{\frac{5}{2}}(|u_0|_{4,\Gamma} + |u_n|_{3,\Gamma}),$$
$$\|(u_0 - u_0^h, u_n - u_n^h)\|_{L^2(\Gamma)^2} \leqslant Ch^3(|u_0|_{4,\Gamma} + |u_n|_{3,\Gamma});$$

当 $k_0 = k_1 = 3$ 时有

$$\|(u_0, u_n) - (u_0^h, u_n^h)\|_{\hat{D}} \leqslant C(h^{\frac{5}{2}}|u_0|_{4,\Gamma} + h^{\frac{7}{2}}|u_n|_{4,\Gamma}),$$
$$\|(u_0 - u_0^h, u_n - u_n^h)\|_{L^2(\Gamma)^2} \leqslant C(h^3|u_0|_{4,\Gamma} + h^4|u_n|_{4,\Gamma}).$$

定理 3.11(L^∞ 模估计) 若 $(u_0, u_n) \in H^4(\Gamma) \times H^3(\Gamma)$,

$$\int_\Gamma \left[(u_0 - u_0^h)p + (u_n - u_n^h)\frac{\partial p}{\partial n} \right] ds = 0, \quad \forall p \in P_1(\Omega),$$

$\Pi_0 : H^{\frac{3}{2}}(\Gamma) \to S_0(\Gamma)$ 及 $\Pi_1 : H^{\frac{1}{2}}(\Gamma) \to S_1(\Gamma)$ 分别为分段三次 Hermite 插值算子及分段二次插值算子, 则

$$\max(\|u_0 - u_0^h\|_{L^\infty(\Gamma)}, \|u_n - u_n^h\|_{L^\infty(\Gamma)})$$
$$\leqslant Ch^{\frac{5}{2}}(|u_0|_{4,\Gamma} + |u_n|_{3,\Gamma}). \tag{3.90}$$

若 $(u_0, u_n) \in H^4(\Gamma) \times H^4(\Gamma)$,

$$\int_\Gamma \left[(u_0 - u_0^h)p + (u_n - u_n^h)\frac{\partial p}{\partial n} \right] ds = 0, \quad \forall p \in P_1(\Omega).$$

Π_0 及 Π_1 均为分段三次 Hermite 插值算子, 则

$$\max(\|u_0 - u_0^h\|_{L^\infty(\Gamma)}, \|u_n - u_n^h\|_{L^\infty(\Gamma)})$$
$$\leqslant C(h^{\frac{5}{2}}|u_0|_{4,\Gamma} + h^{\frac{7}{2}}|u_n|_{4,\Gamma}). \tag{3.91}$$

以上是边界上的误差估计. 再设 u 为原重调和方程边值问题之解, $u^h = P(u_0^h, u_n^h)$ 为由自然边界元近似解 (u_0^h, u_n^h) 通过 Poisson 积分公式得到的区域上的近似解, 则若不计数值积分产生的误差, 还可进一步得到区域上的误差估计.

首先, 利用自然边界归化下的能量不变性及定理 3.9, 可得区域上的能量模误差估计.

定理 3.12 若定理 3.9 的条件被满足, 则

$$\|u - u^h\|_D \leqslant C(h^{k_0 - \frac{1}{2}}|u_0|_{k_0+1,\Gamma} + h^{k_1 + \frac{1}{2}}|u_n|_{k_1+1,\Gamma}). \tag{3.92}$$

这里能量模 $\|\cdot\|_D$ 与商模 $\|\cdot\|_{H^2(\Omega)/P_1(\Omega)}$ 等价. 特别当 $k_0 = 3, k_1 = 2$ 时,

$$\|u - u^h\|_D \leqslant Ch^{\frac{5}{2}}(|u_0|_{4,\Gamma} + |u_n|_{3,\Gamma}),$$

当 $k_0 = k_1 = 3$ 时,

$$\|u - u^h\|_D \leqslant C(h^{\frac{5}{2}}|u_0|_{4,\Gamma} + h^{\frac{7}{2}}|u_n|_{4,\Gamma}).$$

其次, 可由重调和 Poisson 积分公式与定理 3.10 得到区域上的 L^2 模误差估计.

定理 3.13 若定理 3.10 的条件被满足, 则

$$\|u - u^h\|_{L^2(\Omega)} \leqslant C(h^{k_0}|u_0|_{k_0+1,\Gamma} + h^{k_1+1}|u_n|_{k_1+1,\Gamma}). \tag{3.93}$$

特别当 $k_0 = 3, k_1 = 2$ 时,

$$\|u - u^h\|_{L^2(\Omega)} \leqslant Ch^3(|u_0|_{4,\Gamma} + |u_n|_{3,\Gamma}),$$

当 $k_0 = k_1 = 3$ 时,

$$\|u - u^h\|_{L^2(\Omega)} \leqslant C(h^3|u_0|_{4,\Gamma} + h^4|u_n|_{4,\Gamma}).$$

最后, 由重调和 Poisson 积分公式 (3.41) 可得

$$\max_{(r,\theta)\in\Omega} |u(r,\theta) - u^h(r,\theta)|$$

$$\leqslant \|u_0 - u_0^h\|_{L^\infty(\Gamma)} \max_{0\leqslant r\leqslant 1} \int_0^{2\pi} \frac{(1-r^2)^2(1-r\cos\theta)}{2\pi(1+r^2-2r\cos\theta)^2} d\theta$$

$$+ \|u_n - u_n^h\|_{L^\infty(\Gamma)} \max_{0\leqslant r\leqslant 1} \int_0^{2\pi} \frac{(1-r^2)^2}{4\pi(1+r^2-2r\cos\theta)} d\theta$$

$$= \|u_0 - u_0^h\|_{L^\infty(\Gamma)} \max_{0\leqslant r\leqslant 1}(1) + \|u_n - u_n^h\|_{L^\infty(\Gamma)} \max_{0\leqslant r\leqslant 1} \frac{1}{2}(1-r^2)$$

$$= \|u_0 - u_0^h\|_{L^\infty(\Gamma)} + \frac{1}{2}\|u_n - u_n^h\|_{L^\infty(\Gamma)}$$

$$\leqslant \frac{3}{2} \max(\|u_0 - u_0^h\|_{L^\infty(\Gamma)}, \|u_n - u_n^h\|_{L^\infty(\Gamma)}).$$

于是利用定理 3.11 可得区域上的 L^∞ 模误差估计.

定理 3.14 若定理 3.11 的条件被满足, 则当 $k_0 = 3, k_1 = 2$ 时,

$$\|u - u^h\|_{L^\infty(\Omega)} \leqslant Ch^{\frac{5}{2}}(|u_0|_{4,\Gamma} + |u_n|_{3,\Gamma}), \tag{3.94}$$

当 $k_0 = k_1 = 3$ 时,

$$\|u - u^h\|_{L^\infty(\Omega)} \leqslant C(h^{\frac{5}{2}}|u_0|_{4,\Gamma} + h^{\frac{7}{2}}|u_n|_{4,\Gamma}). \tag{3.95}$$

3.7.3 数值例子

本小节给出几个用自然边界元法求解重调和边值问题的数值例子, 其中前两例为 "简支" 边值问题, 后两例分别为圆内区域及圆外区域的 Neumann 边值问题.

例 3.3 求解单位圆内重调和边值问题

$$\begin{cases} \Delta^2 u = 0, & \Omega内, \\ \Delta u = 8\cos\theta, u = 0, & \Gamma上. \end{cases}$$

利用分段线性单元离散化, 以直接法求解线性代数方程组. L^2 误差如表 3.1 所示.

表 3.1

节点数 N	$\|u_n - u_n^h\|_{L^2(\Gamma)}$	比例	备注
16	0.4811032×10^{-1}		$\left(\frac{32}{16}\right)^2 = 4$
		4.08556	
32	0.1177569×10^{-1}		$\left(\frac{64}{32}\right)^2 = 4$
		4.06198	
64	0.2898998×10^{-2}		

计算结果表明 L^2 误差的阶为 $O(h^{k_1+1}) = O(h^2)$, 与理论估计一致.

例 3.4　求解单位圆外重调和边值问题

$$\begin{cases} \Delta^2 u = 0, & \Omega 内, \\ Mu = -3\cos 3\theta, u = \cos 3\theta, & \Gamma 上. \end{cases}$$

取 $\nu = 0.5$, 利用分段线性元离散化. 求得 u_n^h 后再利用重调和 Poisson 积分公式计算 $u(r, 0)$. 结果见表 3.2 和表 3.3.

表 3.2

节点数 N	$\|u_n - u_n^h\|_{L^2(\Gamma)}$	比例	备注
12	0.2848659		$\left(\frac{48}{12}\right)^2 = 16$
		12.793727	
48	0.2226606×10^{-1}		$\left(\frac{96}{48}\right)^2 = 4$
		3.901739	
96	0.5706701×10^{-2}		

表 3.3

N	r	1.5	5	20
12	计算值	0.8154254	0.1846197	0.4599208×10^{-1}
	相对误差	0.2231382	0.7690149×10^{-1}	0.8015824×10^{-1}
48	计算值	0.6643406	0.1987940	0.4968672×10^{-1}
	相对误差	0.3487605×10^{-2}	0.6029895×10^{-2}	0.6265402×10^{-2}
96	计算值	0.6660704	0.1996909	0.4991970×10^{-1}
	相对误差	0.8943503×10^{-3}	0.1545438×10^{-2}	0.1605891×10^{-2}
准确值 $u(r, 0)$		0.6666666	0.2	0.05
N	r	100	500	
12	计算值	0.9196518×10^{-2}	0.1840233×10^{-2}	
	相对误差	0.8034810×10^{-1}	0.7988305×10^{-1}	
48	计算值	0.9937249×10^{-2}	0.1988895×10^{-2}	
	相对误差	0.6275017×10^{-2}	0.5552380×10^{-2}	
96	计算值	0.9983786×10^{-2}	0.1993820×10^{-2}	
	相对误差	0.1621396×10^{-2}	0.3089964×10^{-2}	
准确值 $u(r, 0)$		0.01	0.002	

计算结果也表明 L^2 误差为 $O(h^2)$ 阶.

在上面两例中之所以可采用分段线性元求解是因为以 $u|_\Gamma$ 及 $\Delta u|_\Gamma$ (或 Mu) 为已知边值的重调和边值问题, 即 "简支" 板问题, 实质上只是两个调和边值问题, 其相应自然积分方程仅以 $u_n(\theta)$ 为未知量, 且其积分核恰为调和方程的自然积分核的二倍 (见式 (3.83)). 对于这样的积分方程, 解函数空间为 $H^{\frac{1}{2}}(\Gamma)$, 从而只要求 $u_n^h \in H^{\frac{1}{2}}(\Gamma)$.

例 3.5 求解单位圆内重调和边值问题

$$\begin{cases} \Delta^2 u = 0, & \Omega 内, \\ Mu = -12\cos 3\theta, Tu = 48\cos 3\theta, & \Gamma 上. \end{cases}$$

取 $\nu = 0.5$. 利用分段三次 Hermite 自然边界元. 固定 $u_0^h(\theta)$ 在 $\theta_{\frac{N}{4}}, \theta_{\frac{3}{4}N}$ 及 $\theta_{\frac{N}{12}}$ 三个节点上的值为零. 用直接法求解线性代数方程组. L^2 误差如表 3.4 表示.

表 3.4

节点数 N	$\|u_0^h - u_0\|_{L^2(\Gamma)}$	比例	$\|u_n^h - u_n\|_{L^2(\Gamma)}$	比例
12	0.5562841×10^{-2}		0.2340941×10^{-1}	
		9.176476		10.66214
24	0.6062067×10^{-3}		0.2195563×10^{-2}	
		17.53837		18.72754
48	03456460×10^{-4}		0.1172371×10^{-3}	

由表 3.4 可见 L^2 误差约在 $O(h^3)$ 至 $O(h^4)$ 阶之间, 与理论估计基本相符.

再利用 Poisson 积分公式计算 $u(r,0)$, 结果如表 3.5 所示.

表 3.5

N	r	0.1	0.3	0.5	0.7
24	计算值	0.1990235×10^{-2}	0.5157662×10^{-1}	0.2187869	0.5219398
	误差	0.2351334×10^{-6}	0.6620797×10^{-5}	0.3691576×10^{-4}	0.4009897×10^{-2}
	相对误差	0.1181574×10^{-3}	0.1283846×10^{-3}	0.1687577×10^{-3}	0.774216×10^{-2}
48	计算值	0.1990031×10^{-2}	0.5157094×10^{-1}	0.2187542	0.5179423
	误差	0.3160356×10^{-7}	0.9467044×10^{-6}	0.4218880×10^{-5}	0.1237349×10^{-4}
	相对误差	0.1588118×10^{-4}	0.1835765×10^{-4}	0.1928630×10^{-4}	0.2389027×10^{-4}
准确值 $u(r,0)$		0.199×10^{-2}	0.05157	0.21875	0.51793

例 3.6 求解单位圆外重调和边值问题

$$\begin{cases} \Delta^2 u = 0, & \Omega 内, \\ Mu = -3\cos 3\theta, Tu = 33\cos 3\theta, & \Gamma 上. \end{cases}$$

取 $\nu = 0.5$. 利用分段三次 Hermite 插值基函数将自然积分方程作边界元离散化. 固定 $u_0^h(\theta)$ 在 $\theta_{N/12}, \theta_{N/4}$ 及 $\theta_{3N/4}$ 三个节点的值为零. 用直接法求解线性代数方程组. 近似解的 L^2 误差如表 3.6 所示.

表 3.6

节点数 N	$\|u_0^h - u_0\|_{L^2(\Gamma)}$	比例	$\|u_n^h - u_n\|_{L^2(\Gamma)}$	比例
12	0.7511798×10^{-2}		0.2356981×10^{-1}	
		10.50559		10.27678
24	0.7150288×10^{-3}		0.2293452×10^{-2}	
		13.50998		15.16066
48	0.5292595×10^{-4}		0.1512765×10^{-3}	

由表 3.6 可见 L^2 误差也约在 $O(h^3)$ 至 $O(h^4)$ 阶之间, 与理论估计基本相符. 再利用 Poisson 积分公式计算 $u(r,0)$, 结果如表 3.7 所示.

表 3.7

N	r	1.5	5	20	100
	计算值	0.6697823	0.1999952	0.4999808×10^{-1}	0.1000146×10^{-1}
24	误差	0.3115668×10^{-2}	0.4791617×10^{-5}	0.1913472×10^{-5}	0.1461952×10^{-5}
	相对误差	0.4673502×10^{-2}	0.2395808×10^{-4}	0.3826944×10^{-4}	0.1461952×10^{-3}
	计算值	0.6666793	0.2000020	0.5000057×10^{-1}	0.9999837×10^{-2}
48	误差	0.1271495×10^{-4}	0.2079648×10^{-5}	0.5751819×10^{-6}	0.1627392×10^{-6}
	相对误差	0.1907242×10^{-4}	0.1039824×10^{-4}	0.1150363×10^{-4}	0.1627392×10^{-4}
准确值 $u(r,0)$		0.6666666	0.2	0.05	0.01

上述例 3.4 至例 3.6 中都取 $\nu = 0.5$, 这并不影响这些例子的典型性, 因为从数学上看, 只要 $|v| < 1$, 都是同一类型的问题.

通过上述数值计算实践, 可得如下结论.

(1) 重调和方程边值问题在有限元方法中有因高阶带来的困难, 通常采用 C^1 单元法 (至少为分片五次 Hermite 三角形单元, 或双三次矩形单元), 非协调元方法, 或混合有限元方法求解. 这些方法各有其优缺点. 自然边界元方法则开辟了一条新的求解途径, 且只需采用边界上的分段三次 Hermite 单元即可.

(2) 若对 u_0 的逼近至少采用分段三次 Hermite 单元, 而对 u_n 的逼近至少采用分段线性元, 且 $(u_0, u_n) \in H^{\frac{3}{2}}(\Gamma) \times H^{\frac{1}{2}}(\Gamma)$, 则自然边界元解收敛于准确解. 若 (u_0, u_n) 有更高阶的光滑性, 则还可得到误差估计. 实际计算结果与理论分析基本相符.

(3) 自然边界归化将问题由区域内化到边界上, 使节点数大为减少, 从而离散化刚度矩阵的阶数大为降低. 又因其刚度矩阵为分块循环矩阵, 故计算系数的工作量很小.

(4) 由于重调和边值问题的解可以差一任意一次多项式, 相应的自然积分方程也仅在可差一 $P_1(\Gamma)$ 中函数的意义下有唯一解. 故在求解离散化得到的线性代数方程组时, 常附加三个约束条件, 例如预先固定三个节点上的 u_0 值为零后再求解. 这只需把得到的刚度矩阵稍加修改, 即令与被定为零值的节点相应的行、列及右端为零, 再令该对角线项为 1 即可. 这样得到的刚度矩阵是对称正定的.

(5) 由于 Poisson 积分核在趋近边界时的奇异性, 在用重调和 Poisson 积分公式求区域内靠近边界处的解函数值时, 数值积分的误差将起显著作用. 此时应加密邻近该点的边界处数值积分节点, 或采用 1.6 节提出的方法, 以提高数值积分的精度. 而当函数值本身很小或节点很多、计算量很大时, 舍入误差又可能起主要作用.

3.8 多重调和方程边值问题

本节简略介绍任意 k 重调和方程

$$(-\Delta)^k u = \left[-\left(\frac{\partial^2}{\partial x^2} + \frac{\partial^2}{\partial y^2} \right) \right]^k u = 0 \qquad (3.96)$$

的解的复变函数表示及其边值问题的自然边界归化. 这里 k 为正整数. 当 $k = 1, 2$ 及 $k \geqslant 3$ 时, (3.96) 分别为调和方程、重调和方程及多重调和方程.

3.8.1 解的复变函数表示

已知调和函数及重调和函数均有复变函数表示 (见定理 2.1 及定理 3.1). 这里则更一般地给出任意 k 重调和方程 (3.96) 的解, 即 k 重调和函数的复变函数表示.

定理 3.15　平面单连通区域 Ω 上的任意 k 重调和函数 $u(x,y)$ 必可表示成

$$\begin{aligned} u(x,y) =& \mathrm{Re}[\bar{z}^{k-1}\varphi_1(z) + \bar{z}^{k-2}\varphi_2(z) + \cdots \\ &+ \bar{z}\varphi_{k-1}(z) + \varphi_k(z)], \end{aligned} \qquad (3.97)$$

其中 $\varphi_1(z), \varphi_2(z), \cdots, \varphi_k(z)$ 均为 Ω 上的解析函数, $z = x + iy, \bar{z} = x - iy$. 反之, 任取 Ω 上的解析函数 $\varphi_1(z), \varphi_2(z), \cdots, \varphi_k(z)$, 则由式 (3.97) 得出的函数 $u(x,y)$ 必为 Ω 上的 k 重调和函数.

证　利用数学归纳法证明之. $k = 1$ 时定理即定理 2.1, 已经证明. 今设 $k = m$ 时定理成立, 欲证 $k = m + 1$ 时定理也成立. 设 $u(x,y)$ 为 $m + 1$ 重调和函数, 则 $\Delta u(x,y)$ 为 m 重调和函数, 由归纳假设, 存在

$$F_m(z, \bar{z}) = \bar{z}^{m-1}\phi_1(z) + \bar{z}^{m-2}\phi_2(z) + \cdots + \bar{z}\phi_{m-1}(z) + \phi_m(z),$$

其中 $\phi_1(z), \phi_2(z), \cdots, \phi_m(z)$ 为 Ω 上解析函数, 使得

$$\Delta u(x,y) = \mathrm{Re} F_m(z, \bar{z}).$$

取

$$G_{m+1}(z, \bar{z}) = \bar{z}^m \varphi_1(z) + \bar{z}^{m-1}\varphi_2(z) + \cdots + \bar{z}\varphi_m(z),$$

其中

$$\varphi_i(z) = \frac{1}{4(m+1-i)} \int_{z_0}^{z} \phi_i(z)dz, \quad i = 1, 2, \cdots, m,$$

$z_0 \in \Omega$. 由于 $\phi_i(z)$ 为单连通区域 Ω 上的解析函数, 故 $\varphi_i(z)$ 与积分线路无关且 $\varphi_1(z), \varphi_2(z), \cdots, \varphi_m(z)$ 也均为 Ω 上的解析函数. 于是

$$\Delta G_{m+1}(z, \bar{z}) = 4\frac{\partial^2}{\partial z \partial \bar{z}} G_{m+1}(z, \bar{z}) = F_m(z, \bar{z}).$$

从而

$$\begin{aligned} \Delta[u(x,y) - \mathrm{Re}G_{m+1}(z,\bar{z})] &= \Delta u(x,y) - \mathrm{Re}\Delta G_{m+1}(z,\bar{z}) \\ &= \Delta u(x,y) - \mathrm{Re}F_m(z,\bar{z}) = 0. \end{aligned}$$

由调和函数的复变函数表示定理, 存在解析函数 $\varphi_{m+1}(z)$, 使得

$$u(x,y) - \mathrm{Re}G_{m+1}(z,\bar{z}) = \mathrm{Re}\varphi_{m+1}(z).$$

令

$$\begin{aligned} F_{m+1}(z,\bar{z}) &= G_{m+1}(z,\bar{z}) + \varphi_{m+1}(z) \\ &= \bar{z}^m \varphi_1(z) + \bar{z}^{m-1}\varphi_2(z) + \cdots \\ &\quad + \bar{z}\varphi_m(z) + \varphi_{m+1}(z), \end{aligned}$$

即得

$$u(x,y) = \mathrm{Re}F_{m+1}(z,\bar{z}).$$

反之, 若

$$\begin{aligned} u(x,y) &= \mathrm{Re}[\bar{z}^m \varphi_1(z) + \bar{z}^{m-1}\varphi_2(z) + \cdots + \bar{z}\varphi_m(z) + \varphi_{m+1}(z)] \\ &\equiv \mathrm{Re}F_{m+1}(z,\bar{z}) = \mathrm{Re}[\bar{z}F_m(z,\bar{z}) + \varphi_{m+1}(z)], \end{aligned}$$

其中

$$\begin{aligned} F_m(z,\bar{z}) &= \bar{z}^{m-1}\varphi_1(z) + \bar{z}^{m-2}\varphi_2(z) + \cdots \\ &\quad + \bar{z}\varphi_{m-1}(z) + \varphi_m(z), \end{aligned}$$

则由归纳假设可得

$$\Delta^m F_m(z,\bar{z}) = 0,$$

从而

$$\Delta^{m+1} F_{m+1}(z,\bar{z}) = \Delta^{m+1}[\bar{z}F_m(z,\bar{z}) + \varphi_{m+1}(z)]$$

$$= \Delta^{m+1}[\bar{z}F_m(z,\bar{z})] = \Delta^m 4 \frac{\partial^2}{\partial z \partial \bar{z}}[\bar{z}F_m(z,\bar{z})]$$

$$= \Delta^m 4 \frac{\partial}{\partial z}\left[F_m(z,\bar{z}) + \bar{z}\frac{\partial}{\partial \bar{z}}F_m(z,\bar{z})\right]$$

$$= 4\frac{\partial}{\partial z}\Delta^m F_m(z,\bar{z}) + \Delta^m[\bar{z}\Delta F_m(z,\bar{z})]$$

$$= \Delta^m[\bar{z}\Delta F_m(z,\bar{z})] = \cdots = \Delta[\bar{z}\Delta^m F_m(z,\bar{z})] = 0,$$

于是归纳完成:

$$\Delta^{m+1}u(x,y) = \Delta^{m+1}\mathrm{Re}F_{m+1}(z,\bar{z})$$
$$= \mathrm{Re}\Delta^{m+1}F_{m+1}(z,\bar{z}) = 0.$$

证毕.

3.8.2 自然边界归化原理

考察 k 重调和方程的 Dirichlet 边值问题

$$\begin{cases} (-\Delta)^k u = 0, & \Omega 内, \\ \gamma u = f, & \Gamma 上, \end{cases} \tag{3.98}$$

及 Neumann 边值问题

$$\begin{cases} (-\Delta)^k u = 0, & \Omega 内, \\ \beta u = g, & \Gamma 上, \end{cases} \tag{3.99}$$

当 $f \in T(\Gamma)$ 及 $g \in [T(\Gamma)']_0$ 时边值问题 (3.98) 及 (3.99) 分别在 $H^k(\Omega)$ 及 $H^k(\Omega)/P_{k-1}(\Omega)$ 中存在唯一解, 其中

$$T(\Gamma) = H^{k-\frac{1}{2}}(\Gamma) \times \cdots \times H^{\frac{3}{2}}(\Gamma) \times H^{\frac{1}{2}}(\Gamma),$$

$$T(\Gamma)' = H^{-k+\frac{1}{2}}(\Gamma) \times \cdots \times H^{-\frac{3}{2}}(\Gamma) \times H^{-\frac{1}{2}}((\Gamma),$$

$$[T(\Gamma)']_0 = \left\{ g \in T(\Gamma)' \left| \int_\Gamma g\gamma p ds = 0, \forall p \in P_{k-1}(\Omega) \right. \right\},$$

$$P_{k-1}(\Omega) = \begin{cases} \{u \in H^{2m}(\Omega)|\Delta^m u = 0, \Omega 内\}, \\ \qquad k = 2m, m = 1,2,\cdots, \\ \{u \in H^{2m+1}(\Omega)|\nabla(\Delta^m u) = 0, \Omega 内\}, \\ \qquad k = 2m+1, m = 0,1,\cdots, \end{cases}$$

$$\gamma u = \begin{cases} \left(u, \dfrac{\partial u}{\partial n}, \cdots, \Delta^{m-1}u, \dfrac{\partial}{\partial n}\Delta^{m-1}u\right)_\Gamma, & k = 2m, \\ \left(u, \dfrac{\partial u}{\partial n}, \cdots, \dfrac{\partial}{\partial n}\Delta^{m-1}u, \Delta^m u\right)_\Gamma, & k = 2m+1, \end{cases}$$

$$\beta u = \begin{cases} \left(-\dfrac{\partial}{\partial n}\Delta^{2m-1}u, \Delta^{2m-1}u, \cdots, -\dfrac{\partial}{\partial n}\Delta^m u, \Delta^m u\right)_\Gamma, \\ \qquad\qquad\qquad k = 2m, \\ \left(\dfrac{\partial}{\partial n}\Delta^{2m}u, -\Delta^{2m}u, \cdots, -\Delta^{m+1}u, \dfrac{\partial}{\partial n}\Delta^m u\right)_\Gamma, \\ \qquad\qquad\qquad k = 2m+1. \end{cases}$$

由重复利用熟知的调和方程的 Green 公式, 可得关于 k 重调和方程的 Green 公式

$$\iint\limits_{\Omega} u(-\Delta)^k v dp = D(u,v) - \int_\Gamma \beta v \cdot \gamma u ds \tag{3.100}$$

及 Green 第二公式

$$\iint\limits_{\Omega} [u(-\Delta)^k v - v(-\Delta)^k u] dp = \int_\Gamma (\beta u \cdot \gamma v - \beta v \cdot \gamma u) ds, \tag{3.101}$$

其中

$$D(u,v) = \begin{cases} \iint\limits_{\Omega} (\Delta^m u)(\Delta^m v) dp, & k = 2m, \\ \iint\limits_{\Omega} \nabla(\Delta^m u) \cdot \nabla(\Delta^m v) dp, & k = 2m+1. \end{cases}$$

今取 u 为 k 重调和函数, $v = G(p,p')$ 为 k 重调和问题的 Green 函数, 即满足

$$\begin{cases} (-\Delta)^k G(p,p') = \delta(p-p'), \\ \gamma G(p,p') = 0. \end{cases}$$

于是由 (3.101) 可得 Poisson 积分公式

$$u(p) = -\int_\Gamma \beta' G(p,p') \gamma u(p') ds', \quad p \in \Omega. \tag{3.102}$$

它给出了边值问题 (3.98) 的解. 再以微分边值算子 β 作用之, 并令 p 从 Ω 内部趋向 Γ, 便得自然积分方程

$$\beta u(p) = -\int_\Gamma [\beta\beta' G(p,p')] \gamma u(p') ds', \quad p \in \Gamma. \tag{3.103}$$

由上式定义的自然积分算子 $\mathscr{K} : \gamma u \to \beta u$ 有如下性质:

(1) $\mathscr{K}$ 为 $V(\Gamma) = T(\Gamma)/P_{k-1}(\Gamma)$ 与 $[T(\Gamma)']_0$ 之间的同构映射, 其中

$$P_{k-1}(\Gamma) = \{\gamma p \in T(\Gamma) | p \in P_{k-1}(\Omega)\}.$$

(2) $\mathcal{K}$ 为商空间 $V(\Gamma)$ 上的正定自伴算子, 相应的积分核 $[K_{ij}(p,p')]_{k \times k}$ 有如下对称性:

$$K_{ij}(p,p') = K_{ji}(p',p), \quad i,j = 1, \cdots, k. \tag{3.104}$$

(3) 对任意 $v \in H^k(\Omega)$ 及任意 k 重调和函数 $u \in H^k(\Omega)$, 成立

$$D(u,v) = \hat{D}(\gamma u, \gamma v), \tag{3.105}$$

其中

$$\hat{D}(\gamma u, \gamma v) = \int_\Gamma \gamma v \cdot \mathcal{K} \gamma u ds.$$

与自然积分方程 (3.103) 等价的变分问题

$$\begin{cases} 求 \gamma u \in T(\Gamma), 使得 \\ \hat{D}(\gamma u, \gamma v) = \hat{F}(\gamma v), \quad \forall \gamma v \in T(\Gamma), \end{cases} \tag{3.106}$$

其中

$$\hat{F}(\gamma v) = \int_\Gamma g \cdot \gamma v ds,$$

在商空间 $V(\Gamma)$ 中存在唯一解.

3.8.3 关于上半平面的若干结果

先给出关于 k 重调和方程的基本解及上半平面 Green 函数的几个引理.

引理 3.5 $E_k(r) = C_k r^{2k-2} \ln r$ 为 k 重调和方程的一个基本解, 其中 $r = (x^2 + y^2)^{\frac{1}{2}}$,

$$C_k = \frac{(-1)^k}{2\pi \cdot 4^{k-1}[(k-1)!]^2},$$

即

$$(-\Delta)^k E_k(r) = \delta(r). \tag{3.107}$$

证 用数学归纳法证之. 当 $k = 1$ 时, 为熟知结果. 今设 $k = m$ 时成立 (3.107), 则当 $k = m+1$ 时,

$$\begin{aligned}
(-\Delta)^{m+1} E_{m+1}(r) &= (-\Delta)^m \left(-\frac{1}{r} \frac{\partial}{\partial r} r \frac{\partial}{\partial r} \right) (C_{m+1} r^{2m} \ln r) \\
&= -C_{m+1}(-\Delta)^m [4m^2 r^{2m-2} \ln r + 4m r^{2m-2}] \\
&= -C_{m+1}(-\Delta)^m [4m^2 r^{2m-2} \ln r] \\
&= -4m^2 \frac{C_{m+1}}{C_m} (-\Delta)^m (C_m r^{2m-2} \ln r) \\
&= (-\Delta)^m E_m(r) = \delta(r).
\end{aligned}$$

证毕.

特别取 $k = 1, 2, 3, 4$, 可得

$$E_1(r) = -\frac{1}{2\pi}\ln r,$$

$$E_2(r) = \frac{1}{8\pi}r^2\ln r,$$

$$E_3(r) = -\frac{1}{128\pi}r^4\ln r,$$

$$E_4(r) = \frac{1}{4608\pi}r^6\ln r.$$

今由基本解 $E_k(r)$ 出发, 构造上半平面 Green 函数. 令

$$G_0(z, z') = \frac{(-1)^k}{4^k\pi[(k-1)!]^2}[(z'-z)(\bar{z}'-\bar{z})]^{k-1}$$
$$\cdot \ln\frac{(z'-z)(\bar{z}'-\bar{z})}{(z'-\bar{z})(\bar{z}'-z)}. \tag{3.108}$$

引理 3.6

$$(-\Delta)^k G_0(z, z') = \delta(z - z').$$

证   由于 $(-\Delta)^k E(z, z') = \delta(z - z')$, 只需证明

$$\Delta^k\{[(z'-z)(\bar{z}'-\bar{z})]^{k-1}\ln(z'-\bar{z})(\bar{z}'-z)\} = 0. \tag{3.109}$$

用数学归纳法证之. 当 $k = 1$ 时有

$$\Delta[\ln(z'-\bar{z})(\bar{z}'-z)]$$
$$=4\frac{\partial^2}{\partial z\partial\bar{z}}[\ln(z'-\bar{z}) + \ln(\bar{z}'-z)] = 0.$$

设 $k = m$ 时 (3.109) 成立, 则当 $k = m+1$ 时,

$$\Delta^{m+1}\{[(z'-z)(\bar{z}'-\bar{z})]^m\ln(z'-\bar{z})(\bar{z}'-z)\}$$
$$=\Delta^m 4\frac{\partial^2}{\partial z\partial\bar{z}}\{[(z'-z)(\bar{z}'-\bar{z})]^m\ln(z'-\bar{z})(\bar{z}'-z)\}$$
$$=4m^2\Delta^m\{[(z'-z)(\bar{z}'-\bar{z})]^{m-1}\ln[(z'-\bar{z})(\bar{z}'-z)]\}$$
$$\quad + 8m\Delta^m\mathrm{Re}\left\{(z-z')^{m-1}(\bar{z}-\bar{z}')^m\frac{1}{\bar{z}-z'}\right\}$$
$$=8m4^m\mathrm{Re}\frac{\partial^{2m}}{\partial z^m\partial\bar{z}^m}\left\{(z-z')^{m-1}(\bar{z}-\bar{z}')^m\frac{1}{\bar{z}-z'}\right\}$$
$$=0.$$

证毕.

再对 $G_0(z, z')$ 依次添加 k 重调和多项式, 以便使 Green 函数的边值条件逐步得到满足.

引理 3.7 上半平面 k 重调和方程的 Green 函数为

$$G^{(k)}(z, z') = G_0(z, z') + \sum_{j=1}^{k-1} p_j^{(k)}, \quad k = 1, 2, \cdots, \tag{3.110}$$

其中 $G_0(z, z')$ 由 (3.108) 给出,

$$p_j^{(k)} = d_j c_k [(x - x')^2 + (y - y')^2]^{k-j-1} y^j y'^j,$$
$$j = 1, 2, \cdots, k - 1$$

为 $k - 1$ 重调和函数,

$$c_k = \frac{(-1)^k}{2\pi \cdot 4^{k-1}[(k-1)!]^2},$$

$$d_1 = 2, \quad d_2 = -4, \quad d_3 = \frac{32}{3}, \quad d_4 = -32, \quad d_5 = \frac{512}{5}.$$

通过直接验证可证明此引理对 $k = 1, 2, \cdots, 5$ 成立. 猜测一般应有

$$d_j = (-1)^{j-1} \frac{4^j}{2j}.$$

利用 k 重调和方程的解的复变函数表示或上述 Green 函数都可得到上半平面 k 重调和问题的自然积分方程.

定理 3.16 上半平面 k 重调和函数的边值必满足自然积分方程

$$\beta u = K_k * \gamma u,$$

特别当 $k = 1, 2, \cdots, 5$ 时有

$$K_1 = -\frac{1}{\pi x^2} \equiv K(x),$$

$$K_2 = \begin{bmatrix} -2K''(x) & 2\delta''(x) \\ 2\delta''(x) & 2K(x) \end{bmatrix},$$

$$K_3 = \begin{bmatrix} 8K^{(4)}(x) & -8\delta^{(4)}(x) & -4K''(x) \\ -8\delta^{(4)}(x) & -8K''(x) & 4\delta''(x) \\ -4K''(x) & 4\delta''(x) & 3K(x) \end{bmatrix},$$

$$K_4 = \begin{bmatrix} -32K^{(6)}(x) & 32\delta^{(6)}(x) & 24K^{(4)}(x) & -8\delta^{(4)}(x) \\ 32\delta^{(6)}(x) & 32K^{(4)}(x) & -24\delta^{(4)}(x) & -8K''(x) \\ 24K^{(4)}(x) & -24\delta^{(4)}(x) & -20K''(x) & 8\delta''(x) \\ -8\delta^{(4)}(x) & -8K''(x) & 8\delta''(x) & 4K(x) \end{bmatrix},$$

$$K_5 = \begin{bmatrix} 128K^{(8)}(x) & -128\delta^{(8)}(x) & -128K^{(6)}(x) & 64\delta^{(6)}(x) & 16K^{(4)}(x) \\ -128\delta^{(8)}(x) & -128K^{(6)}(x) & 128\delta^{(6)}(x) & 64K^{(4)}(x) & -16\delta^{(4)}(x) \\ -128K^{(6)}(x) & 128\delta^{(6)}(x) & 136K^{(4)}(x) & -72\delta^{(4)}(x) & -20K''(x) \\ 64\delta^{(6)}(x) & 64K^{(4)}(x) & -72\delta^{(4)}(x) & -40K''(x) & 12\delta''(x) \\ 16K^{(4)}(x) & -16\delta^{(4)}(x) & -20K''(x) & 12\delta''(x) & 5K(x) \end{bmatrix}.$$

利用 Fourier 变换法还可得到上半平面 k 重调和问题的 Poisson 积分公式. 例如, 当 $k = 1$ 时,

$$u(x,y) = \frac{y}{\pi(x^2 + y^2)} * u_0(x), \quad y > 0.$$

当 $k = 2$ 时,

$$u(x,y) = \frac{2y^3}{\pi(x^2 + y^2)^2} * u_0(x) - \frac{y^2}{\pi(x^2 + y^2)} * u_n(x), \quad y > 0.$$

当 $k = 3$ 时,

$$u(x,y) = \frac{4y^3(y^2 - x^2)}{\pi(x^2 + y^2)^3} * u_0(x) - \frac{2y^4}{\pi(x^2 + y^2)^2} * u_n(x)$$
$$+ \frac{y^3}{2\pi(x^2 + y^2)} * (\Delta u)_\Gamma, \quad y > 0.$$

当 $k = 4$ 时,

$$u(x,y) = \frac{8y^5(y^2 - 3x^2)}{\pi(x^2 + y^2)^4} * u_0(x) + \frac{y^4(6x^2 - 10y^2)}{3\pi(x^2 + y^2)^3} * u_n(x)$$
$$+ \frac{y^5}{\pi(x^2 + y^2)^2} * (\Delta u)_\Gamma - \frac{y^4}{6\pi(x^2 + y^2)} * \left(\frac{\partial}{\partial n}\Delta u\right)_\Gamma,$$
$$y > 0.$$

当 $k = 5$ 时,

$$u(x,y) = \frac{16y^5(x^4 - 6x^2y^2 + y^4)}{\pi(x^2 + y^2)^5} * u_0(x) + \frac{16y^6(2x^2 - y^2)}{3\pi(x^2 + y^2)^4} * u_n(x)$$
$$- \frac{y^5(3x^2 - 5y^2)}{3\pi(x^2 + y^2)^3} * (\Delta u)_\Gamma - \frac{y^5}{3\pi(x^2 + y^2)^2} * \left(\frac{\partial}{\partial n}\Delta u\right)_\Gamma$$
$$+ \frac{y^5}{24\pi(x^2 + y^2)} * (\Delta^2 u)_\Gamma,$$
$$y > 0.$$

等等.

注　K_k 的一般表达式也可分 k 为奇数及 k 为偶数分别写出, 但因这些表达式比较复杂, 这里不再列出.

第4章 平面弹性问题

4.1 引　言

　　平面弹性问题是所谓平面应变问题和平面应力问题的统称. 它们的共同特征是位移只依赖于两个坐标而与第三个方向的坐标无关. 对于平面应变问题, 位移在第三方向受约束, 而对于平面应力问题, 则在第三个方向上不受载荷, 位移完全自由. 均匀断面的无限长柱体, 设其载荷分布与轴向无关且在轴向分量为零时, 其弹性变形属于平面应变问题. 通常直而长的坝体或隧道, 滚动轴承的长滚轴, 内外压力作用下的长管等都可近似地看作平面应变问题. 而薄板在板平面内的变形, 即薄板伸缩问题, 则是平面应力问题. 这两类问题在工程中都有广泛的应用.

　　尽管平面应变问题和平面应力问题的力学背景全然不同, 但它们可以写成统一的数学形式. 以 $x_1 = x, x_2 = y$ 方向的位移分布 $u_1(x, y)$ 及 $u_2(x, y)$ 为基本变量, 应变与位移间的关系为

$$\varepsilon_{ij}(u) = \varepsilon_{ji}(u) = \frac{1}{2}\left(\frac{\partial u_i}{\partial x_j} + \frac{\partial u_j}{\partial x_i}\right), \quad i, j = 1, 2,$$

即

$$\varepsilon_{11} = \frac{\partial u_1}{\partial x}, \quad \varepsilon_{22} = \frac{\partial u_2}{\partial y}, \quad \varepsilon_{12} = \varepsilon_{21} = \frac{1}{2}\left(\frac{\partial u_2}{\partial x} + \frac{\partial u_1}{\partial y}\right). \tag{4.1}$$

应力与应变间的关系则由 Hooke 定律决定, 对平面应变问题为

$$\sigma_{ij}(u) = \sigma_{ji}(u) = \lambda \sum_{k=1}^{2} \varepsilon_{kk}(u)\delta_{ij} + 2\mu\varepsilon_{ij}(u), \quad i, j = 1, 2,$$

即

$$\begin{cases} \sigma_{11} = (\lambda + 2\mu)\varepsilon_{11} + \lambda\varepsilon_{22}, \\ \sigma_{22} = \lambda\varepsilon_{11} + (\lambda + 2\mu)\varepsilon_{22}, \\ \sigma_{12} = \sigma_{21} = 2\mu\varepsilon_{12}, \end{cases} \tag{4.2}$$

其中 λ 及 μ 为 Lamé 常数. 由经典弹性理论知, 刻画材料弹性特征的常数有Lamé 常数 λ 与 μ, 以及 Young 氏模量 E 与 Poisson 系数 ν, 后者总满足 $0 \leqslant \nu \leqslant \frac{1}{2}$. λ, μ

与 E, ν 之间的换算关系为

$$
\begin{cases}
E = \dfrac{\mu(3\lambda + 2\mu)}{\lambda + \mu}, \\[3mm]
\nu = \dfrac{\lambda}{2(\lambda + \mu)},
\end{cases}
\tag{4.3}
$$

以及

$$
\begin{cases}
\mu = \dfrac{E}{2(\nu + 1)}, \\[3mm]
\lambda = \dfrac{\nu E}{(1 - 2\nu)(1 + \nu)}.
\end{cases}
\tag{4.4}
$$

将式 (4.2) 代入平衡方程

$$
\begin{cases}
-\left(\dfrac{\partial \sigma_{11}}{\partial x} + \dfrac{\partial \sigma_{12}}{\partial y} \right) = f_1, \\[4mm]
-\left(\dfrac{\partial \sigma_{21}}{\partial x} + \dfrac{\partial \sigma_{22}}{\partial y} \right) = f_2,
\end{cases}
\tag{4.5}
$$

并利用式 (4.1), 即得平面弹性方程组

$$
\begin{cases}
-(\lambda + 2\mu)\dfrac{\partial^2 u_1}{\partial x^2} - (\lambda + \mu)\dfrac{\partial^2 u_2}{\partial x \partial y} - \mu\dfrac{\partial^2 u_1}{\partial y^2} = f_1, \\[4mm]
-(\lambda + 2\mu)\dfrac{\partial^2 u_2}{\partial y^2} - (\lambda + \mu)\dfrac{\partial^2 u_1}{\partial x \partial y} - \mu\dfrac{\partial^2 u_2}{\partial x^2} = f_2,
\end{cases}
\tag{4.6}
$$

即

$$
-(\lambda + 2\mu)\text{grad div } u + \mu \text{ rot rot } u = f,
$$

或写作

$$
-\mu\Delta u - (\lambda + \mu)\text{grad div } u = f,
\tag{4.7}
$$

其中 $u = (u_1, u_2), f = (f_1, f_2)$. f 为区域上的外载荷密度. 方程 (4.7) 也称 Navier 方程.

对平面应力问题, 应力应变关系则为

$$
\begin{cases}
\sigma_{11} = \dfrac{E}{1 - \nu^2}(\varepsilon_{11} + \nu\varepsilon_{22}), \\[4mm]
\sigma_{22} = \dfrac{E}{1 - \nu^2}(\nu\varepsilon_{11} + \varepsilon_{22}), \\[4mm]
\sigma_{12} = \sigma_{21} = \dfrac{E}{1 + \nu}\varepsilon_{12},
\end{cases}
\tag{4.8}
$$

或用 λ 和 μ 代替 E 和 ν, 将式 (4.8) 化为

$$\begin{cases} \sigma_{11} = \dfrac{4\mu(\lambda + \mu)}{\lambda + 2\mu}\varepsilon_{11} + \dfrac{2\lambda\mu}{\lambda + 2\mu}\varepsilon_{22}, \\[2mm] \sigma_{22} = \dfrac{2\lambda\mu}{\lambda + 2\mu}\varepsilon_{11} + \dfrac{4\mu(\lambda + \mu)}{\lambda + 2\mu}\varepsilon_{22}, \\[2mm] \sigma_{12} = \sigma_{21} = 2\mu\varepsilon_{12}. \end{cases}$$

由此可见, 只要令

$$\lambda' = \frac{2\lambda\mu}{\lambda + 2\mu}, \tag{4.9}$$

此应力应变关系便可写成

$$\begin{cases} \sigma_{11} = (\lambda' + 2\mu)\varepsilon_{11} + \lambda'\varepsilon_{22}, \\[2mm] \sigma_{22} = \lambda'\varepsilon_{11} + (\lambda' + 2\mu)\varepsilon_{22}, \\[2mm] \sigma_{12} = \sigma_{21} = 2\mu\varepsilon_{12}, \end{cases}$$

它与平面应变问题的应力应变关系 (4.2) 有完全相同的形式, 只是以 λ' 代替了 λ. 于是由平衡方程导出的平面弹性方程也与 (4.7) 有完全相同的形式

$$-\mu\Delta u - (\lambda' + \mu)\mathrm{grad\ div}\ u = f.$$

因此今后对这两类问题将不加区别地通过同一数学形式来讨论.

平面弹性问题的边界条件通常有以下三类:

(1) 给定位移, $u|_\Gamma = u_0$, 即第一类边界条件;

(2) 给定载荷, $\displaystyle\sum_{j=1}^{2} \sigma_{ij}n_j|_\Gamma = g_i, i = 1, 2$, 即第二类边界条件;

(3) 弹性支承, $\left(\displaystyle\sum_{j=1}^{2} \sigma_{ij}n_j + \sum_{j=1}^{2} c_{ij}u_j\right)_\Gamma = g_i, i = 1, 2$, 即第三类边界条件,

这里 (n_1, n_2) 是边界 Γ 上外法线方向余弦, 矩阵 $C = [c_{ij}]$ 对称正定. 第一类边界条件为约束边界条件, 第二及第三类边界条件为自然边界条件. 当然也可将第二类边界条件视为第三类边界条件当 $c_{ij} = 0(i, j = 1, 2)$ 时的特例.

平面弹性问题的数学提法和解题途径除了以位移 $u = (u_1, u_2)$ 为基本变量的位移法外, 还有以应力 σ_{ij} 为基本变量的力法. 引进所谓的应力函数可以使力法得到一定的简化. 设有均质平面弹性体 Ω, Ω 为单连通区域, $f_1 = f_2 = 0$. 此时应力场满足齐次平衡方程

$$\begin{cases} \dfrac{\partial\sigma_{11}}{\partial x} + \dfrac{\partial\sigma_{12}}{\partial y} = 0, \\[3mm] \dfrac{\partial\sigma_{21}}{\partial x} + \dfrac{\partial\sigma_{22}}{\partial y} = 0. \end{cases} \tag{4.10}$$

令

$$\sigma_{11} = \frac{\partial^2 \Phi}{\partial y^2}, \quad \sigma_{22} = \frac{\partial^2 \Phi}{\partial x^2}, \quad \sigma_{12} = \sigma_{21} = -\frac{\partial^2 \Phi}{\partial x \partial y}, \tag{4.11}$$

函数 Φ 叫做 Airy 应力函数. 除了相差一个一次多项式外, 应力函数由应力场唯一决定. 这样, 通过式 (4.11) 可用一个标量场 Φ 代替应力张量场 σ_{ij}. 此时平衡方程 (4.10) 自动得到满足, 而应力函数 Φ 则应满足重调和方程

$$\Delta^2 \Phi = 0. \tag{4.12}$$

这是由应变张量 ε_{ij} 所应满足的几何协调方程得出的 (见文献 [160]).

　　本章以下几节将依次介绍平面弹性方程的解的复变函数表示、自然边界归化原理、典型域上的自然积分方程及 Poisson 积分公式、自然积分算子及其逆算子、自然积分方程的直接研究, 以及自然积分方程的数值解法等.

4.2　解的复变函数表示

　　与调和方程及重调和方程相同, 平面弹性方程的解也有其复变函数表示 (见文献 [178]). 这一表示公式给出了该方程的通解表达式, 为研究平面弹性问题及其自然边界归化提供了强有力的工具.

4.2.1　定理及其证明

　　考察平面区域 Ω 上的齐次平面弹性方程

$$\mu \Delta u + (\lambda + \mu) \mathrm{grad\ div}\, u = 0, \tag{4.13}$$

有如下结果.

　　定理 4.1　平面区域 Ω 上的平面弹性方程 (4.13) 的任意一组解 $u = (u_1, u_2)$ 必可表示成如下复变函数的实部或虚部形式:

$$\begin{cases} u_1 = \dfrac{1}{2\mu} \mathrm{Re} \left[\dfrac{\lambda + 3\mu}{\lambda + \mu} \varphi(z) - \bar{z}\varphi'(z) - \psi'(z) \right], \\[3mm] u_2 = \dfrac{1}{2\mu} \mathrm{Im} \left[\dfrac{\lambda + 3\mu}{\lambda + \mu} \varphi(z) + \bar{z}\varphi'(z) + \psi'(z) \right], \end{cases} \tag{4.14}$$

其中 $\varphi(z)$ 及 $\psi(z)$ 为 Ω 上的两个解析函数, $z = x + iy, \bar{z} = x - iy$; 反之, 任取 Ω 上的两个解析函数 $\varphi(z)$ 及 $\psi(z)$, 则由式 (4.14) 得出的 Ω 上的函数 $u = (u_1, u_2)$ 必为平面弹性方程 (4.13) 的解.

由式 (4.14) 及应变位移关系 (4.1) 与应力应变关系 (4.2) 还可进一步得到

$$\begin{cases} \sigma_{11} = \mathrm{Re}[2\varphi'(z) - \bar{z}\varphi''(z) - \psi''(z)], \\ \sigma_{22} = \mathrm{Re}[2\varphi'(z) + \bar{z}\varphi''(z) + \psi''(z)], \\ \sigma_{12} = \mathrm{Im}[\bar{z}\varphi''(z) + \psi''(z)]. \end{cases} \tag{4.15}$$

证 若 $u(x,y)$ 为平面弹性方程 (4.13) 的解, 则相应的 Airy 应力函数 $\Phi(x,y)$ 满足重调和方程 (4.12), 从而由重调和方程的解的复变函数表示 (见第 3 章), 必有

$$\Phi = \mathrm{Re}[\bar{z}\varphi(z) + \psi(z)],$$

其中 $\varphi(z)$ 及 $\psi(z)$ 为 Ω 上的两个解析函数. 于是由

$$\begin{cases} \dfrac{\partial}{\partial x} = \dfrac{\partial}{\partial z} + \dfrac{\partial}{\partial \bar{z}}, \\ \dfrac{\partial}{\partial y} = i\left(\dfrac{\partial}{\partial z} - \dfrac{\partial}{\partial \bar{z}} \right) \end{cases}$$

可以算得

$$\begin{aligned} \frac{\partial \Phi}{\partial x} &= \frac{\partial}{\partial x}\mathrm{Re}[\bar{z}\varphi(z) + \psi(z)] \\ &= \mathrm{Re}\frac{\partial}{\partial x}[\bar{z}\varphi(z) + \psi(z)] \\ &= \mathrm{Re}[\bar{z}\varphi'(z) + \psi'(z) + \varphi(z)], \\ \frac{\partial \Phi}{\partial y} &= \frac{\partial}{\partial y}\mathrm{Re}[\bar{z}\varphi(z) + \psi(z)] \\ &= \mathrm{Re}\frac{\partial}{\partial y}[\bar{z}\varphi(z) + \psi(z)] \\ &= \mathrm{Re}\,i[\bar{z}\varphi'(z) + \psi'(z) - \varphi(z)], \\ \frac{\partial^2 \Phi}{\partial x^2} &= \frac{\partial}{\partial x}\mathrm{Re}[\bar{z}\varphi'(z) + \psi'(z) + \varphi(z)] \\ &= \mathrm{Re}\left(\frac{\partial}{\partial z} + \frac{\partial}{\partial \bar{z}} \right)[\bar{z}\varphi'(z) + \psi'(z) + \varphi(z)] \\ &= \mathrm{Re}[\bar{z}\varphi''(z) + \psi''(z) + 2\varphi'(z)], \\ \frac{\partial^2 \Phi}{\partial y^2} &= \frac{\partial}{\partial y}\mathrm{Re}\,i[\bar{z}\varphi'(z) + \psi'(z) - \varphi(z)] \\ &= \mathrm{Re}\,i^2\left(\frac{\partial}{\partial z} - \frac{\partial}{\partial \bar{z}} \right)[\bar{z}\varphi'(z) + \psi'(z) - \varphi(z)] \\ &= -\mathrm{Re}[\bar{z}\varphi''(z) + \psi''(z) - 2\varphi'(z)], \\ \frac{\partial^2 \Phi}{\partial x \partial y} &= \frac{\partial}{\partial x}\mathrm{Re}\,i[\bar{z}\varphi'(z) + \psi'(z) - \varphi(z)] \end{aligned}$$

$$= \mathrm{Re}i\left(\frac{\partial}{\partial z} + \frac{\partial}{\partial \bar{z}}\right)[\bar{z}\varphi'(z) + \psi'(z) - \varphi(z)]$$

$$= \mathrm{Re}i[\bar{z}\varphi''(z) + \psi''(z)]$$

$$= -\mathrm{Im}[\bar{z}\varphi''(z) + \psi''(z)].$$

根据应力函数的定义 (4.11), 即得式 (4.15). 又由应力应变关系 (4.2) 可解得

$$\begin{cases} \varepsilon_{11} = \dfrac{1}{4\mu(\lambda+\mu)}[(\lambda+2\mu)\sigma_{11} - \lambda\sigma_{22}], \\[2mm] \varepsilon_{22} = \dfrac{1}{4\mu(\lambda+\mu)}[-\lambda\sigma_{11} + (\lambda+2\mu)\sigma_{22}], \\[2mm] \varepsilon_{12} = \dfrac{1}{2\mu}\sigma_{12}. \end{cases} \tag{4.16}$$

将式 (4.15) 代入 (4.16) 便有

$$\begin{cases} \dfrac{\partial u_1}{\partial x} = \varepsilon_{11} = \dfrac{1}{2\mu}\mathrm{Re}\left[\dfrac{2\mu}{\lambda+\mu}\varphi'(z) - \bar{z}\varphi''(z) - \psi''(z)\right], \\[2mm] \dfrac{\partial u_2}{\partial y} = \varepsilon_{22} = \dfrac{1}{2\mu}\mathrm{Re}\left[\dfrac{2\mu}{\lambda+\mu}\varphi'(z) + \bar{z}\varphi''(z) + \psi''(z)\right], \\[2mm] \dfrac{\partial u_1}{\partial y} + \dfrac{\partial u_2}{\partial x} = 2\varepsilon_{12} = \dfrac{1}{\mu}\mathrm{Im}[\bar{z}\varphi''(z) + \phi''(z)]. \end{cases} \tag{4.17}$$

另一方面, 平面弹性方程 (4.13) 可写作

$$\begin{cases} (\lambda+2\mu)\dfrac{\partial^2 u_1}{\partial x^2} + \mu\dfrac{\partial^2 u_1}{\partial y^2} + (\lambda+\mu)\dfrac{\partial^2 u_2}{\partial x \partial y} = 0, \\[2mm] (\lambda+\mu)\dfrac{\partial^2 u_1}{\partial x \partial y} + \mu\dfrac{\partial^2 u_2}{\partial x^2} + (\lambda+2\mu)\dfrac{\partial^2 u_2}{\partial y^2} = 0. \end{cases} \tag{4.18}$$

由此可得在 Ω 上,

$$\begin{cases} \dfrac{\partial}{\partial x}\left[(\lambda+2\mu)\left(\dfrac{\partial u_1}{\partial x} + \dfrac{\partial u_2}{\partial y}\right)\right] = \dfrac{\partial}{\partial y}\left[\mu\left(\dfrac{\partial u_2}{\partial x} - \dfrac{\partial u_1}{\partial y}\right)\right], \\[2mm] \dfrac{\partial}{\partial y}\left[(\lambda+2\mu)\left(\dfrac{\partial u_1}{\partial x} + \dfrac{\partial u_2}{\partial y}\right)\right] = -\dfrac{\partial}{\partial x}\left[\mu\left(\dfrac{\partial u_2}{\partial x} - \dfrac{\partial u_1}{\partial y}\right)\right]. \end{cases}$$

根据复变函数论, 上述 Cauchy-Riemann 关系表明函数 $(\lambda+2\mu)\left(\dfrac{\partial u_1}{\partial x} + \dfrac{\partial u_2}{\partial y}\right)$ 及 函数 $\mu\left(\dfrac{\partial u_2}{\partial x} - \dfrac{\partial u_1}{\partial y}\right)$ 分别为 Ω 上某解析函数的实部及虚部. 由于从 (4.17) 的前两 式易得

$$(\lambda+2\mu)\left(\frac{\partial u_1}{\partial x} + \frac{\partial u_2}{\partial y}\right) = \frac{2(\lambda+2\mu)}{\lambda+\mu}\mathrm{Re}\varphi'(z),$$

便可推知

$$\mu\left(\frac{\partial u_2}{\partial x} - \frac{\partial u_1}{\partial y}\right) = \frac{2(\lambda + 2\mu)}{\lambda + \mu}\mathrm{Im}\varphi'(z) + C_0, \tag{4.19}$$

其中 C_0 为任意实常数. 这里因为, 若二解析函数有相同的实部, 则必只相差一纯虚常数. 由 (4.17) 的第三式及式 (4.19) 可解得

$$\begin{cases} \dfrac{\partial u_2}{\partial x} = \dfrac{1}{2\mu}\mathrm{Im}\left[\bar{z}\varphi''(z) + \psi''(z) + \dfrac{2(\lambda + 2\mu)}{\lambda + \mu}\varphi'(z)\right] + \dfrac{C_0}{2\mu}, \\[3mm] \dfrac{\partial u_1}{\partial y} = \dfrac{1}{2\mu}\mathrm{Im}\left[\bar{z}\varphi''(z) + \psi''(z) - \dfrac{2(\lambda + 2\mu)}{\lambda + \mu}\varphi'(z)\right] - \dfrac{C_0}{2\mu}. \end{cases}$$

于是

$$\begin{cases} \dfrac{\partial u_1}{\partial x} = \dfrac{\partial}{\partial x}\left\{\dfrac{1}{2\mu}\mathrm{Re}\left[\dfrac{\lambda + 3\mu}{\lambda + \mu}\varphi(z) - \bar{z}\varphi'(z) - \psi'(z) + iC_0 z\right]\right\}, \\[3mm] \dfrac{\partial u_1}{\partial y} = \dfrac{\partial}{\partial y}\left\{\dfrac{1}{2\mu}\mathrm{Re}\left[\dfrac{\lambda + 3\mu}{\lambda + \mu}\varphi(z) - \bar{z}\varphi'(z) - \psi'(z) + iC_0 z\right]\right\}, \\[3mm] \dfrac{\partial u_2}{\partial x} = \dfrac{\partial}{\partial x}\left\{\dfrac{1}{2\mu}\mathrm{Im}\left[\dfrac{\lambda + 3\mu}{\lambda + \mu}\varphi(z) + \bar{z}\varphi'(z) + \psi'(z) + iC_0 z\right]\right\}, \\[3mm] \dfrac{\partial u_2}{\partial y} = \dfrac{\partial}{\partial y}\left\{\dfrac{1}{2\mu}\mathrm{Im}\left[\dfrac{\lambda + 3\mu}{\lambda + \mu}\varphi(z) + \bar{z}\varphi'(z) + \psi'(z) + iC_0 z\right]\right\}. \end{cases}$$

由此即得

$$\begin{cases} u_1 = \dfrac{1}{2\mu}\mathrm{Re}\left[\dfrac{\lambda + 3\mu}{\lambda + \mu}\varphi(z) - \bar{z}\varphi'(z) - \psi'(z) + iC_0 z\right] + C_1, \\[3mm] u_2 = \dfrac{1}{2\mu}\mathrm{Im}\left[\dfrac{\lambda + 3\mu}{\lambda + \mu}\varphi(z) + \bar{z}\varphi'(z) + \psi'(z) + iC_0 z\right] + C_2, \end{cases}$$

其中 C_1 及 C_2 为任意实常数. 这里的三个实常数 C_0, C_1 及 C_2 可以通过下面简单的代换消去, 即令

$$\begin{aligned} \varphi_1(z) =\,&\varphi(z) + i\frac{\lambda + \mu}{2(\lambda + 2\mu)}C_0 z \\[2mm] &+ \frac{\mu(\lambda + \mu)}{\lambda + 3\mu}(C_1 + C_2), \\[2mm] \psi_1(z) =\,&\psi(z) + \mu(C_2 - C_1)z, \end{aligned}$$

便有

$$\begin{cases} u_1 = \dfrac{1}{2\mu}\mathrm{Re}\left[\dfrac{\lambda + 3\mu}{\lambda + \mu}\varphi_1(z) - \bar{z}\varphi_1'(z) - \psi_1'(z)\right], \\[3mm] u_2 = \dfrac{1}{2\mu}\mathrm{Im}\left[\dfrac{\lambda + 3\mu}{\lambda + \mu}\varphi_1(z) + \bar{z}\varphi_1'(z) + \psi_1'(z)\right], \end{cases}$$

其中 $\varphi_1(z)$ 及 $\psi_1(z)$ 为 Ω 上的解析函数. 将 $\varphi_1(z)$ 及 $\psi_1(z)$ 仍记作 $\varphi(z)$ 及 $\psi(z)$, 便得式 (4.14). 而式 (4.15) 则在上述代换下仍保持原形式.

反之, 只需将 (4.14) 代入平面弹性方程 (4.13), 便可验证由式 (4.14) 得出的 Ω 上的函数 $u = (u_1, u_2)$ 必为平面弹性方程 (4.13) 的解. 定理证毕.

这一证明即 [178] 中同一定理证明的改写. 当然, 由于在式 (4.14) 及 (4.15) 中只出现 $\psi'(z)$ 及 $\psi''(z)$, 故也可令 $\psi_2(z) = \psi'(z)$, 以 $\psi_2(z)$ 及 $\psi_2'(z)$ 取代公式中的 $\psi'(z)$ 及 $\psi''(z)$, 然后再把脚标去掉, 这样表示公式 (4.14) 及 (4.15) 将再简洁些.

4.2.2 简单应用实例

这里仅介绍平面弹性问题的解的复变函数表示的几个简单的应用实例.

1. 利用定理 4.1 可构造平面弹性方程组的解析解. 例如对平面有界区域 $\Omega, \varphi(z)$ 和 $\psi(z)$ 可取为 z 的任意复系数多项式. 最简单的一些情况为:

(1) 取 $\varphi(z) = 0, \psi'(z) = -2\mu$, 可得
$$u_1 = 1, u_2 = 0, \sigma_{11} = \sigma_{22} = \sigma_{12} = 0;$$

(2) 取 $\varphi(z) = 0, \psi'(z) = i2\mu$, 可得
$$u_1 = 0, u_2 = 1, \sigma_{11} = \sigma_{22} = \sigma_{12} = 0;$$

(3) 取 $\varphi(z) = (\lambda + \mu)z, \psi'(z) = 0$, 可得
$$u_1 = x, u_2 = y, \sigma_{11} = \sigma_{22} = 2(\lambda + \mu), \sigma_{12} = 0;$$

(4) 取 $\varphi(z) = i\dfrac{\mu(\lambda + \mu)}{\lambda + 2\mu}z, \psi'(z) = 0$, 可得
$$u_1 = -y, u_2 = x, \sigma_{11} = \sigma_{22} = \sigma_{12} = 0;$$

(5) 取 $\varphi(z) = 0, \psi'(z) = 2\mu z$, 可得
$$u_1 = -x, u_2 = y, \sigma_{11} = -2\mu, \sigma_{22} = 2\mu, \sigma_{12} = 0;$$

(6) 取 $\varphi(z) = 0, \psi'(z) = i2\mu z$, 可得
$$u_1 = y, u_2 = x, \sigma_{11} = \sigma_{22} = 0, \sigma_{12} = 2\mu;$$

(7) 取 $\varphi(z) = \mu z^2, \psi'(z) = 0$, 可得
$$u_1 = \frac{1}{2(\lambda + \mu)}[(\mu - \lambda)x^2 - (3\lambda + 5\mu)y^2],$$
$$u_2 = \frac{\lambda + 3\mu}{\lambda + \mu}xy,$$
$$\sigma_{11} = 2\mu x, \ \sigma_{22} = 6\mu x, \ \sigma_{12} = -2\mu y;$$

(8) 取 $\varphi(z) = i\mu z^2, \psi'(z) = 0$, 可得
$$u_1 = -\frac{\lambda + 3\mu}{\lambda + \mu}xy,$$
$$u_2 = \frac{1}{2(\lambda + \mu)}[(3\lambda + 5\mu)x^2 + (\lambda - \mu)y^2],$$

$$\sigma_{11} = -6\mu y, \ \sigma_{22} = -2\mu y, \ \sigma_{12} = 2\mu x;$$

(9) 取 $\varphi(z) = 0, \psi'(z) = \mu z^2$, 可得

$$u_1 = \frac{1}{2}(y^2 - x^2), u_2 = xy,$$

$$\sigma_{11} = -2\mu x, \ \sigma_{22} = 2\mu x, \ \sigma_{12} = 2\mu y;$$

(10) 取 $\varphi(z) = 0, \psi'(z) = i\mu z^2$, 可得

$$u_1 = xy, u_2 = \frac{1}{2}(x^2 - y^2),$$

$$\sigma_{11} = 2\mu y, \ \sigma_{22} = -2\mu y, \ \sigma_{12} = 2\mu x;$$

等等. 容易验证, 上述诸解为平面弹性方程组的一些互相独立的特解. 由于该方程组是线性的, 这些特解的任意线性组合仍是其特解. 例如, 将特解 (7) 至 (10) 经过适当的线性组合可得到如下仍然互相独立的四组特解:

(7′) $u_1 = \dfrac{\lambda + 2\mu}{4(\lambda + \mu)}xy,$

$$u_2 = -\frac{1}{8(\lambda + \mu)}[(\lambda + 2\mu)x^2 + \lambda y^2],$$

$$\sigma_{11} = \mu y, \sigma_{22} = \sigma_{12} = 0;$$

(8′) $u_1 = -\dfrac{1}{8(\lambda + \mu)}[\lambda x^2 + (\lambda + 2\mu)y^2],$

$$u_2 = \frac{\lambda + 2\mu}{4(\lambda + \mu)}xy,$$

$$\sigma_{22} = \mu y, \sigma_{11} = \sigma_{12} = 0;$$

(9′) $u_1 = \dfrac{\lambda}{4(\lambda + \mu)}xy,$

$$u_2 = \frac{1}{8(\lambda + \mu)}[(3\lambda + 4\mu)x^2 - (\lambda + 2\mu)y^2],$$

$$\sigma_{11} = 0, \ \sigma_{22} = -\mu y, \ \sigma_{12} = \mu x;$$

(10′) $u_1 = \dfrac{1}{8(\lambda + \mu)}[(3\lambda + 4\mu)y^2 - (\lambda + 2\mu)x^2],$

$$u_2 = \frac{\lambda}{4(\lambda + \mu)}xy,$$

$$\sigma_{11} = -\mu x, \ \sigma_{22} = 0, \ \sigma_{12} = \mu y.$$

这些特解有时很有用. 例如, 在求解平面弹性问题的边界元方法中, 常需利用解的积分表达式计算边界点和近边界点的力学量, 但由于积分核的奇异性, 通常的数值积分方法难以达到要求的精度, 而应用若干组特解则可构造一种能获得满意结果的算法 (参见文献 [236]).

对于含坐标原点在内的有界区域的外部区域上的平面弹性问题, 则可取 $\dfrac{1}{z}$ 的

任意复系数多项式作为解析函数 $\varphi(z)$ 及 $\psi'(z)$ 来构造特解.

2. 利用定理 4.1 可构造已知准确解的平面弹性边值问题, 以便作为例题进行数值计算. 由于已知其准确解, 可将计算结果与准确解作比较, 从而检验所采用计算方法的可靠性, 验证其收敛阶是否与理论分析相符合. 例如, 取如下正方形区域

$$\Omega = \{(x,y)|_{\frac{1}{2} \leqslant x \leqslant \frac{3}{2}, 0 \leqslant y \leqslant 1}\},$$

利用相应于 $\varphi(z) = z^2, \psi'(z) = 2z^2$ 的一组平面弹性问题的准确解

$$u_1 = -\frac{1}{2\mu(\lambda + \mu)}[(3\lambda + \mu)x^2 + (\lambda + 3\mu)y^2],$$

$$u_2 = \frac{3\lambda + 5\mu}{\mu(\lambda + \mu)}xy,$$

$$\sigma_{11} = -2x, \ \sigma_{22} = 10x, \ \sigma_{12} = 2y,$$

容易写出如下平面弹性第二边值问题:

$$\begin{cases} \mu\Delta u + (\lambda + \mu)\text{grad div}u = 0, & \Omega \text{ 内}, \\ t = (1, -2y), & \Gamma_1 = \{(0.5, y)|_{0<y<1}\} \text{ 上}, \\ t = (0, -10x), & \Gamma_2 = \{(x, 0)|_{0.5<x<1.5}\} \text{ 上}, \\ t = (-3, 2y), & \Gamma_3 = \{(1.5, y)|_{0<y<1}\} \text{ 上}, \\ t = (2, 10x), & \Gamma_4 = \{(x, 1)|_{0.5<x<1.5}\} \text{ 上}, \end{cases}$$

其中 $t = (t_1, t_2), t_i = \sum_{j=1}^{2} \sigma_{ij}n_j, i = 1, 2, (n_1, n_2)$ 为边界上的外法线方向余弦.

3. 为构造在给定点 (x_0, y_0) 有指定奇异性的平面弹性方程组的解, 例如要求位移 u 有 $\frac{1}{r}$ 阶的奇异性, 可取 (x_0, y_0) 为极坐标的极点, 然后分别取

(1) $\varphi(z) = \frac{\mu}{z}, \quad \psi'(z) = 0;$

(2) $\varphi(z) = i\frac{\mu}{z}, \quad \psi'(z) = 0;$

(3) $\varphi(z) = 0, \quad \psi'(z) = -\frac{2\mu}{z};$

(4) $\varphi(z) = 0, \quad \psi'(z) = i\frac{2\mu}{z};$

便可由复变函数表示式(4.14) 得到在极点有 $\frac{1}{r}$ 阶奇异性的平面弹性方程组的四组独立解:

(1) $u_1 = \frac{1}{r}\left(\alpha\cos\theta + \frac{1}{2}\cos 3\theta\right),$

$$u_2 = \frac{1}{r}\left(-\alpha\sin\theta + \frac{1}{2}\sin 3\theta\right);$$

(2) $u_1 = \frac{1}{r}\left(\alpha\sin\theta + \frac{1}{2}\sin 3\theta\right),$

$$u_2 = \frac{1}{r}\left(\alpha\cos\theta - \frac{1}{2}\cos 3\theta\right);$$

(3) $u_1 = \frac{1}{r}\cos\theta, u_2 = \frac{1}{r}\sin\theta;$

(4) $u_1 = -\frac{1}{r}\sin\theta, u_2 = \frac{1}{r}\cos\theta,$

其中 $\alpha = \dfrac{\lambda + 3\mu}{2(\lambda + \mu)}$.

同样可以得到位移有 $\dfrac{1}{r^2}$ 阶奇异性的平面弹性方程组的四组独立解:

(1) $u_1 = \frac{1}{r^2}(\alpha\cos 2\theta + \cos 4\theta),$

$$u_2 = \frac{1}{r^2}(-\alpha\sin 2\theta + \sin 4\theta);$$

(2) $u_1 = \frac{1}{r^2}(\alpha\sin 2\theta + \sin 4\theta),$

$$u_2 = \frac{1}{r^2}(\alpha\cos 2\theta - \cos 4\theta);$$

(3) $u_1 = \frac{1}{r^2}\cos 2\theta, \quad u_2 = \frac{1}{r^2}\sin 2\theta;$

(4) $u_1 = -\frac{1}{r^2}\sin 2\theta, \quad u_2 = \frac{1}{r^2}\cos 2\theta;$

及位移有 $\dfrac{1}{r^3}$ 阶奇异性的相应结果:

(1) $u_1 = \frac{1}{r^3}\left(\alpha\cos 3\theta + \frac{3}{2}\cos 5\theta\right),$

$$u_2 = \frac{1}{r^3}\left(-\alpha\sin 3\theta + \frac{3}{2}\sin 5\theta\right);$$

(2) $u_1 = \frac{1}{r^3}\left(\alpha\sin 3\theta + \frac{3}{2}\sin 5\theta\right),$

$$u_2 = \frac{1}{r^3}\left(\alpha\cos 3\theta - \frac{3}{2}\cos 5\theta\right);$$

(3) $u_1 = \frac{1}{r^3}\cos 3\theta, u_2 = \frac{1}{r^3}\sin 3\theta;$

(4) $u_1 = -\frac{1}{r^3}\sin 3\theta, u_2 = \frac{1}{r^3}\cos 3\theta.$

这些结果已被应用于推求平面弹性问题的解的各阶导数的近似值的提取公式 (参见文献 [152]).

4. 解的复变函数表示 (4.14) 也可直接用于求解平面弹性边值问题及发展相应的数值方法. 应用复变函数理论是求解弹性理论中的平面问题的最有效的经典方法之一. 这一方法的最早应用可以追溯到 20 世纪初, 而对这一方法的数学方面的广泛深入的探讨与应用则应归功于苏联学者 N. I. Muskhelishvili. 这方面的内容相当丰富, 有兴趣的读者可参阅文献 [178].

当然, 对于本书来说, 平面弹性问题的解的复变函数表示的最主要的应用还是在 4.4 节中利用复变函数论方法推导典型域上平面弹性问题的自然积分方程.

4.3   自然边界归化原理

考察有光滑边界 Γ 的平面区域 Ω 上的平面弹性方程组的第一边值问题

$$\begin{cases} \mu\Delta u + (\lambda + \mu)\mathrm{grad\ div}\ u = 0, & \Omega\text{内}, \\ u = u_0, & \Gamma\text{上} \end{cases} \tag{4.20}$$

及第二边值问题

$$\begin{cases} u\Delta u + (\lambda + \mu)\mathrm{grad\ div}\ u = 0, & \Omega\text{内}, \\ t = g, & \Gamma\text{上}, \end{cases} \tag{4.21}$$

其中 $u = (u_1, u_2), t = (t_1, t_2), t_i = \sum_{j=1}^{2} \sigma_{ij} n_j, i = 1, 2, u_0$ 及 g 为边界 Γ 上的给定函数, $\lambda > 0$ 及 $\mu > 0$ 为 Lamé 常数, (n_1, n_2) 为 Γ 上外法线方向余弦.

4.3.1   区域上的变分问题

设 Ω 为有界区域, $W(\Omega) = H^1(\Omega)^2$, 则边值问题 (4.21) 等价于如下变分问题:

$$\begin{cases} \text{求} u \in W(\Omega), \text{使得} \\ D(u, v) = F(v), \quad \forall v \in W(\Omega), \end{cases} \tag{4.22}$$

其中

$$D(u, v) = \iint_{\Omega} \sum_{i,j=1}^{2} \sigma_{ij}(u)\varepsilon_{ij}(v) dxdy$$

$$= \iint_{\Omega} \left\{ 2\mu \sum_{i,j=1}^{2} \varepsilon_{ij}(u)\varepsilon_{ij}(v) + \lambda\mathrm{div}u\mathrm{div}v \right\} dxdy,$$

$$F(v) = \int_{\Gamma} g \cdot v ds,$$

$\varepsilon_{ij}(u)$ 及 $\sigma_{ij}(u)$ 分别由式 (4.1) 及 (4.2) 给出. 容易验证, $D(u,v)$ 为 $W(\Omega)$ 上对称半正定双线性型, 且 $D(u,u) = 0$ 当且仅当 $\varepsilon_{ij}(u) = 0, i, j = 1, 2$, 此即无应变状态, 也即

$$\begin{cases} u_1 = C_1 - C_3 y, \\ u_2 = C_2 + C_3 x, \end{cases}$$

其中 C_1, C_2, C_3 为任意实常数, 它们分别相应于 x 方向的刚性平移, y 方向的刚性平移及刚性旋转. 令

$$\mathscr{R} = \{(C_1 - C_3 y, C_2 + C_3 x) | C_1, C_2, C_3 \in \mathbb{R}\},$$

则变分问题 (4.22) 有解的充要条件为

$$F(v) = 0, \quad \forall v \in \mathscr{R},$$

从而可得到关于边界载荷的如下相容性条件:

$$\begin{cases} \displaystyle\int_\Gamma g_i ds = 0, & i = 1, 2, \\ \displaystyle\int_\Gamma (x g_2 - y g_1) ds = 0. \end{cases} \tag{4.23}$$

此即边界载荷的力及力矩的平衡. 今后总假定相容性条件 (4.23) 被满足.

令 $V(\Omega) = W(\Omega)/\mathscr{R}$. 先给出几个引理, 然后在商空间 $V(\Omega)$ 中考察变分问题 (4.22).

引理 4.1(Korn 不等式)   存在常数 $C(\Omega)$ 使得对所有 $v \in H^1(\Omega)^2$,

$$\|v\|_{1,\Omega} \leqslant C(\Omega) \left[\sum_{i,j=1}^2 |\varepsilon_{ij}(v)|_{0,\Omega}^2 + \sum_{i=1}^2 |v_i|_{0,\Omega}^2 \right]^{\frac{1}{2}}.$$

其证明可参见文献 [175].

引理 4.2 $|v| = \left(\displaystyle\sum_{i,j=1}^2 |\varepsilon_{ij}(v)|_{0,\Omega}^2 \right)^{\frac{1}{2}}$ 为 $V(\Omega)$ 上的等价模.

证 $|\cdot|$ 显然为 $W(\Omega)$ 上的半模. 又若 $|v| = 0$, 必有 $\varepsilon_{ij}(v) = 0, i, j = 1, 2$, 即 $v \in \mathscr{R}$, 便知 $|\cdot|$ 为商空间 $V(\Omega)$ 上的模. 今假定模 $|\cdot|$ 与 $\|\cdot\|_{V(\Omega)}$ 不等价, 则存在函数列 $v_k \in V(\Omega), k = 1, 2, \cdots$, 使得对所有 $k, \|v_k\|_{V(\Omega)} = 1$, 但 $\lim\limits_{k\to\infty} |v_k| = 0$. 由于 $W(\Omega)/\mathscr{R}$ 中有界列必为 $L^2(\Omega)^2/\mathscr{R}$ 中紧列, 故存在 $\{v_k\}$ 的子列, 不妨仍记为 $\{v_k\}$, 在 $L^2(\Omega)^2/\mathscr{R}$ 中收敛. 又由引理 4.1 及 $\lim\limits_{k\to\infty} |v_k| = 0$, 可知 v_k 也为 $W(\Omega)/\mathscr{R}$

中的 Cauchy 列, 设 $v_k \to v \in V(\Omega)$. 由于 $|v| = \lim\limits_{k\to\infty} |v_k| = 0$, 故 $v \in \mathscr{R}$, 从而 $\|v\|_{V(\Omega)} = 0$, 这便与 $\|v\|_{V(\Omega)} = \lim\limits_{k\to\infty} \|v_k\|_{V(\Omega)} = 1$ 矛盾. 引理证毕.

引理 4.3　$D(u,v)$ 为 $V(\Omega)$ 上的 V 椭圆对称连续双线性型, 即存在常数 $\alpha > 0$, 使得

$$D(v,v) \geqslant \alpha\|v\|^2_{V(\Omega)}, \quad \forall v \in V(\Omega).$$

证　$D(u,v)$ 显然为 $V(\Omega)$ 上的对称连续双线性型, 而其 V 椭圆性利用引理 4.2 便可得到:

$$D(v,v) \geqslant 2\mu \int_{\Omega} \sum_{i,j=1}^{2} \varepsilon_{ij}(v)^2 dx dy = 2\mu|v|^2 \geqslant \alpha\|v\|^2_{V(\Omega)},$$

其中 $\alpha > 0$ 为与 Ω 有关的常数. 证毕.

于是立即可得

定理 4.2　若边界载荷 $g \in H^{-\frac{1}{2}}(\Gamma)^2$ 且满足相容性条件 (4.23), 则变分问题 (4.22) 在商空间 $V(\Omega)$ 中存在唯一解 u, 且解连续依赖于给定载荷 g.

证　利用引理 4.3 及 Lax-Milgram 定理 (参见文献 [187,285]) 即得变分问题 (4.22) 在 $V(\Omega)$ 中存在唯一解 u, 且

$$
\begin{aligned}
\alpha\|u\|^2_{V(\Omega)} &\leqslant D(u,u) = F(u) = \int_{\Gamma} g \cdot u ds \\
&= \inf_{v \in \mathscr{R}} \int_{\Gamma} g \cdot (u-v) ds \leqslant \|g\|_{-\frac{1}{2},\Gamma} \inf_{v \in \mathscr{R}} \|u - v\|_{\frac{1}{2},\Gamma} \\
&\leqslant T\|g\|_{-\frac{1}{2},\Gamma} \inf_{v \in \mathscr{R}} \|u - v\|_{W(\Omega)} \\
&= T\|g\|_{-\frac{1}{2},\Gamma}\|u\|_{V(\Omega)},
\end{aligned}
$$

即

$$\|u\|_{V(\Omega)} \leqslant \frac{T}{\alpha}\|g\|_{-\frac{1}{2},\Gamma},$$

其中 T 为迹定理中出现的常数, $\dfrac{T}{\alpha} > 0$. 证毕.

当 Ω 为无界区域时, 变分问题的解函数空间则应取为

$$W(\Omega) = W_0^1(\Omega)^2,$$

其中

$$
\begin{aligned}
W_0^1(\Omega) = \Bigg\{ &\frac{u}{\sqrt{1+r^2}\ln(2+r^2)} \in L^2(\Omega), \\
&\frac{\partial u}{\partial x_i} \in L^2(\Omega), i = 1,2, r = \sqrt{x_1^2 + x_2^2} \Bigg\}.
\end{aligned}
$$

由于此时 $(-y, x) \notin W(\Omega)$, 故对无界区域 Ω 上的平面弹性问题, 无应变状态只包含刚性平移. 于是取

$$\mathscr{R} = \{(C_1, C_2)|_{C_1, C_2 \in \mathbb{R}}\},$$

而变分问题 (4.22) 有解的充要条件应为

$$\int_\Gamma g_i ds = 0, \quad i = 1, 2. \tag{4.24}$$

这就是 Ω 为无界区域时平面弹性第二边值的相容性条件.

对于右端项 $f \neq 0$ 的平面弹性方程 (4.7), 其第二边值问题的相容性条件当 Ω 为有界区域时应改为

$$\begin{cases} \iint\limits_\Omega f_i dx dy + \int_\Gamma g_i ds = 0, \quad i = 1, 2, \\ \iint\limits_\Omega (x f_2 - y f_1) dx dy + \int_\Gamma (x g_2 - y g_1) ds = 0, \end{cases}$$

而当 Ω 为无界区域时则为

$$\iint\limits_\Omega f_i dx dy + \int_\Gamma g_i ds = 0, \quad i = 1, 2.$$

4.3.2　自然边界归化及边界上的变分问题

取 (x, y) 平面直角坐标系. 定义如下微分算子及微分边值算子:

$$L = \begin{bmatrix} a\dfrac{\partial^2}{\partial x^2} + b\dfrac{\partial^2}{\partial y^2} & (a - b)\dfrac{\partial^2}{\partial x \partial y} \\ (a - b)\dfrac{\partial^2}{\partial x \partial y} & b\dfrac{\partial^2}{\partial x^2} + a\dfrac{\partial^2}{\partial y^2} \end{bmatrix},$$

及

$$\beta = \begin{bmatrix} a n_1 \dfrac{\partial}{\partial x} + b n_2 \dfrac{\partial}{\partial y} & (a - 2b) n_1 \dfrac{\partial}{\partial y} + b n_2 \dfrac{\partial}{\partial x} \\ (a - 2b) n_2 \dfrac{\partial}{\partial x} + b n_1 \dfrac{\partial}{\partial y} & a n_2 \dfrac{\partial}{\partial y} + b n_1 \dfrac{\partial}{\partial x} \end{bmatrix}_\Gamma,$$

其中 $a = \lambda + 2\mu, b = \mu$, 则边值问题 (4.20) 及 (4.21) 可分别写作

$$\begin{cases} Lu = 0, & \Omega 内, \\ u = u_0, & \Gamma 上 \end{cases} \tag{4.25}$$

及

$$\begin{cases} Lu = 0, & \Omega 内, \\ \beta u = g, & \Gamma 上. \end{cases} \tag{4.26}$$

这里规定 u 及 g 均写成列向量形式, 而 Lu 按矩阵演算规则进行运算. 由通常的 Green 公式, 可得关于平面弹性算子 L 的 Green 公式

$$\iint_{\Omega} v \cdot Lu dx dy = \int_{\Gamma} v \cdot \beta u ds - D(u, v), \tag{4.27}$$

其中双线性型 $D(u, v)$ 由 4.3.1 小节给出. 由此可进一步得 Green 第二公式

$$\iint_{\Omega} (v \cdot Lu - u \cdot Lv) dx dy = \int_{\Gamma} (v \cdot \beta u - u \cdot \beta v) ds. \tag{4.28}$$

设 u 满足 (4.26), $v \in \mathscr{R}$, 由 (4.28) 即得

$$\int_{\Gamma} v \cdot g ds = 0, \quad \forall v \in \mathscr{R}.$$

此即相容性条件 (4.23) 或 (4.24).

今设 $G(p, p')$ 为关于 Ω 的平面弹性 Green 函数矩阵, 满足

$$G(p, p')^{\mathrm{T}} = G(p', p),$$

$$LG(p, p') = \left[\begin{array}{cc} \delta(p - p') & 0 \\ 0 & \delta(p - p') \end{array} \right],$$

$$G(p, p')|_{p \in \Gamma} = 0,$$

其中 $p = (x, y), p' = (x', y')$,

$$G = [G_1, G_2], \quad G_1 = (G_{11}, G_{21})^{\mathrm{T}}, \quad G_2 = (G_{12}, G_{22})^{\mathrm{T}}.$$

由 Green 第二公式 (4.28) 可得

$$u = \int_{\Gamma} \left[\begin{array}{c} (\beta' G_1)^{\mathrm{T}} \\ (\beta' G_2)^{\mathrm{T}} \end{array} \right] u_0 ds', \tag{4.29}$$

此即 Poisson 积分公式, 其中 β' 表示相应于自变量 (x', y') 的微分边值算子 β. 于是第一边值问题 (4.25) 的解便由 (4.29) 给出. 再对此式以微分边值算子 β 作用之, 便得自然积分方程

$$g = \beta u = \beta \int_{\Gamma} \left[\begin{array}{c} (\beta' G_1)^{\mathrm{T}} \\ (\beta' G_2)^{\mathrm{T}} \end{array} \right] u_0 ds' \equiv \mathscr{K} u_0. \tag{4.30}$$

令 γ 为 $H^1(\Omega)^2 \to H^{\frac{1}{2}}(\Gamma)^2$ 的迹算子, 则自然积分算子 $\mathscr{K}: \gamma u \to \beta u$ 为 $H^{\frac{1}{2}}(\Gamma)^2 \to H^{-\frac{1}{2}}(\Gamma)^2$ 的拟微分算子. 于是第二边值问题 (4.26) 归化为自然积分方程 (4.30). 令

$$\hat{D}(u_0, v_0) = \int_{\Gamma} v_0 \cdot \mathscr{K} u_0 ds,$$

则自然积分方程 (4.30) 等价于如下变分问题:

$$\begin{cases} 求 u_0 \in H^{\frac{1}{2}}(\varGamma)^2, \ 使得 \\ \hat{D}(u_0, v_0) = F(v_0), \qquad \forall v_0 \in H^{\frac{1}{2}}(\varGamma)^2. \end{cases} \tag{4.31}$$

容易证明如下两个引理.

引理 4.4 若 u 满足 $Lu = 0$, 则

$$\hat{D}(\gamma u, \gamma v) = D(u, v).$$

此即自然边界归化的能量不变性.

引理 4.5 $\hat{D}(u_0, v_0)$ 为 $V(\varGamma) = H^{\frac{1}{2}}(\varGamma)^2/\gamma\mathscr{R}$ 上的 V 椭圆、对称、连续双线性型.

于是便有

定理 4.3 若边界载荷 $g \in H^{-\frac{1}{2}}(\varGamma)^2$ 且满足相容性条件 (4.23) 或 (4.24), 则变分问题 (4.31) 在商空间 $V(\varGamma)$ 中存在唯一解, 且解 u_0 连续依赖于给定载荷 g.

证 由引理 4.5 及 Lax-Milgram 定理即得变分问题 (4.31) 在 $V(\varGamma)$ 中存在唯一解 u_0, 且

$$\alpha\|u_0\|_{V(\varGamma)}^2 \leqslant \hat{D}(u_0, u_0) = F(u_0) = \int_\varGamma g \cdot u_0 ds$$
$$= \inf_{v_0 \in \gamma\mathscr{R}} \int_\varGamma g \cdot (u_0 - v_0) ds \leqslant \|g\|_{-\frac{1}{2}, \varGamma} \inf_{v_0 \in \gamma\mathscr{R}} \|u_0 - v_0\|_{\frac{1}{2}, \varGamma}$$
$$= \|g\|_{-\frac{1}{2}, \varGamma} \|u_0\|_{V(\varGamma)},$$

即

$$\|u_0\|_{V(\varGamma)} \leqslant \frac{1}{\alpha} \|g\|_{-\frac{1}{2}, \varGamma},$$

其中 $\alpha > 0$ 为常数. 证毕.

对于非齐次平面弹性方程 (4.7), 考察边值问题

$$\begin{cases} Lu = f, & \varOmega 内, \\ \beta u = g, & \varGamma 上, \end{cases}$$

则可得 Poisson 积分公式

$$u = \int_\varGamma \begin{bmatrix} (\beta' G_1)^{\mathrm{T}} \\ (\beta' G_2)^{\mathrm{T}} \end{bmatrix} u_0 ds' + \iint_\varOmega G^{\mathrm{T}} f dp',$$

及自然积分方程

$$g = \mathscr{K} u_0 + \beta \iint_\varOmega G^{\mathrm{T}} f dp',$$

或写作

$$g - \beta \iint_\Omega G^{\mathrm{T}} f dp' = \mathscr{K} u_0,$$

即与齐次平面弹性方程的边值问题有相同的自然积分算子, 只是左端已知项有所改变.

下面将只讨论 $f = 0$ 时的平面弹性问题的自然边界归化.

4.4　典型域上的自然积分方程及 Poisson 积分公式

下面将通过 Green 函数法、Fourier 变换或 Fourier 级数法、复变函数论方法等不同途径得出上半平面、圆内部区域及圆外部区域的自然积分方程和 Poisson 积分公式.

4.4.1　Ω 为上半平面

此时边界 Γ 即 x 轴, 也即直线 $y = 0$. Γ 上的外法线单位矢量为 $n = (0, -1)^{\mathrm{T}}$.

1. Green 函数法

由平面弹性问题的基本解矩阵

$$E(p, p') = \begin{bmatrix} E_{11}(p, p') & E_{12}(p, p') \\ E_{21}(p, p') & E_{22}(p, p') \end{bmatrix}, \tag{4.32}$$

$$
\begin{aligned}
E_{11}(p, p') &= \frac{a+b}{4\pi ab} \ln \sqrt{(x-x')^2 + (y-y')^2} \\
&\quad + \frac{a-b}{4\pi ab} \frac{(y-y')^2}{(x-x')^2 + (y-y')^2}, \\
E_{12}(p, p') &= E_{21}(p, p') \\
&= -\frac{(a-b)(x-x')(y-y')}{4\pi ab[(x-x')^2 + (y-y')^2]}, \\
E_{22}(p, p') &= \frac{a+b}{4\pi ab} \ln \sqrt{(x-x')^2 + (y-y')^2} \\
&\quad - \frac{a-b}{4\pi ab} \frac{(y-y')^2}{(x-x')^2 + (y-y')^2}
\end{aligned}
$$

出发, 可构造上半平面的 Green 函数矩阵

$$G(p, p') = \begin{bmatrix} G_{11}(p, p') & G_{12}(p, p') \\ G_{21}(p, p') & G_{22}(p, p') \end{bmatrix}, \tag{4.33}$$

其中

$$G_{11}(p,p') = \frac{a+b}{8\pi ab}\ln\frac{(x-x')^2+(y-y')^2}{(x-x')^2+(y+y')^2}$$
$$+ \frac{a-b}{4\pi ab}\left[\frac{(y-y')^2}{(x-x')^2+(y-y')^2} - \frac{(y+y')^2}{(x-x')^2+(y+y')^2}\right]$$
$$+ \frac{(a-b)^2}{2\pi ab(a+b)}yy'\frac{(y+y')^2-(x-x')^2}{[(x-x')^2+(y+y')^2]^2},$$

$$G_{12}(p,p') = \frac{a-b}{4\pi ab}\left[\frac{(y-y')(x-x')}{(x-x')^2+(y+y')^2} - \frac{(y-y')(x-x')}{(x-x')^2+(y-y')^2}\right]$$
$$+ \frac{(a-b)^2}{\pi ab(a+b)}yy'\frac{(y+y')(x-x')}{[(x-x')^2+(y+y')^2]^2},$$

$$G_{21}(p,p') = \frac{a-b}{4\pi ab}\left[\frac{(y-y')(x-x')}{(x-x')^2+(y+y')^2} - \frac{(y-y')(x-x')}{(x-x')^2+(y-y')^2}\right]$$
$$- \frac{(a-b)^2}{\pi ab(a+b)}yy'\frac{(y+y')(x-x')}{[(x-x')^2+(y+y')^2]^2},$$

$$G_{22}(p,p') = \frac{a+b}{8\pi ab}\ln\frac{(x-x')^2+(y-y')^2}{(x-x')^2+(y+y')^2}$$
$$+ \frac{a-b}{4\pi ab}\left[\frac{(y+y')^2}{(x-x')^2+(y+y')^2} - \frac{(y-y')^2}{(x-x')^2+(y-y')^2}\right]$$
$$+ \frac{(a-b)^2}{2\pi ab(a+b)}yy'\frac{(y+y')^2-(x-x')^2}{[(x-x')^2+(y+y')^2]^2}.$$

容易验证它满足

$$G(p,p')^{\mathrm{T}} = G(p',p),$$

$$G(p,p')|_{y=0} = 0,$$

$$LG(p,p') = \left[\begin{array}{cc} \delta(p-p') & 0 \\ 0 & \delta(p-p') \end{array}\right].$$

由 (4.29) 及 (4.30), 以及对上半平面区域, 我们有

$$\beta = \left[\begin{array}{cc} -b\dfrac{\partial}{\partial y} & -b\dfrac{\partial}{\partial x} \\[2mm] (2b-a)\dfrac{\partial}{\partial x} & -a\dfrac{\partial}{\partial y} \end{array}\right]_{y=0},$$

便可得到上半平面内平面弹性问题的 Poisson 积分公式

$$u = (P_1, P_2) * u_0, \quad y > 0, \tag{4.34}$$

$$P_1 = \left[\begin{array}{c} \dfrac{y}{\pi(x^2+y^2)} + \dfrac{(a-b)y(x^2-y^2)}{\pi(a+b)(x^2+y^2)^2} \\[3mm] \dfrac{2(a-b)xy^2}{\pi(a+b)(x^2+y^2)^2} \end{array}\right],$$

$$P_2 = \begin{bmatrix} \dfrac{2(a-b)xy^2}{\pi(a+b)(x^2+y^2)^2} \\[4mm] \dfrac{y}{\pi(x^2+y^2)} - \dfrac{(a-b)y(x^2-y^2)}{\pi(a+b)(x^2+y^2)^2} \end{bmatrix}$$

及自然积分方程

$$g = \begin{bmatrix} -\dfrac{2ab}{\pi(a+b)x^2} & -\dfrac{2b^2}{a+b}\delta'(x) \\[4mm] \dfrac{2b^2}{a+b}\delta'(x) & -\dfrac{2ab}{\pi(a+b)x^2} \end{bmatrix} * u_0. \tag{4.35}$$

2. Fourier 变换法

令 $u(x,y)$ 的 Fourier 变换为

$$U(\xi,y) = \mathscr{F}[u(x,y)] = \int_{-\infty}^{\infty} e^{-\xi xi} u(x,y)dx,$$

$U = (U_1, U_2)^{\mathrm{T}}, u = (u_1, u_2)^{\mathrm{T}}.$ 对平面弹性方程组 $Lu = 0$ 作 Fourier 变换, 可得

$$\begin{cases} (\xi i)^2 a U_1 + b \dfrac{\partial^2}{\partial y^2} U_1 + \xi i(a-b)\dfrac{\partial}{\partial y} U_2 = 0, \\[3mm] (\xi i)^2 b U_2 + a \dfrac{\partial^2}{\partial y^2} U_2 + \xi i(a-b)\dfrac{\partial}{\partial y} U_1 = 0. \end{cases}$$

解此常微分方程组, 并考虑到 $y > 0$, 便有

$$\begin{cases} U_1 = \left[\left(1 - \dfrac{a-b}{a+b}|\xi|y\right) U_{10} - \dfrac{a-b}{a+b} i\xi y U_{20} \right] e^{-|\xi|y}, \\[3mm] U_2 = \left[\left(1 + \dfrac{a-b}{a+b}|\xi|y\right) U_{20} - \dfrac{a-b}{a+b} i\xi y U_{10} \right] e^{-|\xi|y}. \end{cases} \tag{4.36}$$

由于在边界 Γ 上,

$$\begin{bmatrix} g_1 \\ g_2 \end{bmatrix} = \begin{bmatrix} -b\left(\dfrac{\partial u_1}{\partial y} + \dfrac{\partial u_2}{\partial x}\right) \\[3mm] (2b-a)\dfrac{\partial u_1}{\partial x} - a\dfrac{\partial u_2}{\partial y} \end{bmatrix}_{y=0},$$

取其 Fourier 变换并以 (4.36) 代入得

$$\begin{bmatrix} \mathscr{F}(g_1) \\ \mathscr{F}(g_2) \end{bmatrix} = \begin{bmatrix} \dfrac{2ab}{a+b}|\xi| & -\dfrac{2b^2}{a+b}i\xi \\[3mm] \dfrac{2b^2}{a+b}i\xi & \dfrac{2ab}{a+b}|\xi| \end{bmatrix} \begin{bmatrix} U_{10} \\ U_{20} \end{bmatrix}.$$

再取 Fourier 逆变换, 利用

$$|\xi| = \mathscr{F}\left[-\frac{1}{\pi x^2}\right], \quad i\xi = \mathscr{F}[\delta'(x)],$$

便得到自然积分方程 (4.35). 最后, 利用 Fourier 变换公式

$$e^{-|\xi|y} = \mathscr{F}\left[\frac{y}{\pi(x^2 + y^2)}\right],$$

$$i\xi e^{-|\xi|y} = \mathscr{F}\left[\frac{\partial}{\partial x}\left(\frac{y}{\pi(x^2 + y^2)}\right)\right]$$

$$= \mathscr{F}\left[-\frac{2xy}{\pi(x^2 + y^2)^2}\right],$$

$$-|\xi|e^{-|\xi|y} = \mathscr{F}\left[\frac{\partial}{\partial y}\left(\frac{y}{\pi(x^2 + y^2)}\right)\right]$$

$$= \mathscr{F}\left[\frac{x^2 - y^2}{\pi(x^2 + y^2)^2}\right],$$

可由式 (4.36) 得到 Poisson 积分公式 (4.34).

3. 复变函数论方法

由定理 4.1 知, 区域 Ω 上平面弹性方程组的解可用两个在 Ω 上解析的复变函数 $\varphi(z)$ 及 $\psi(z)$ 表示, 即式 (4.14) 与式 (4.15) . 令

$$F(z) = \frac{\lambda + 3\mu}{\lambda + \mu}\varphi(z) - z\varphi'(z) - \psi'(z),$$

$$G(z) = \frac{\lambda + 3\mu}{\lambda + \mu}\varphi(z) + z\varphi'(z) + \psi'(z),$$

则 $F(z)$ 及 $G(z)$ 仍为 Ω 上解析函数. 由式 (4.14) 及 (4.15) 可得

$$u_1(x, 0) = \frac{1}{2\mu}\text{Re}\left[\frac{\lambda + 3\mu}{\lambda + \mu}\varphi(x) - x\varphi'(x) - \psi'(x)\right]$$

$$= \frac{1}{2\mu}\text{Re}F(z)|_{y=0},$$

$$u_2(x, 0) = \frac{1}{2\mu}\text{Im}\left[\frac{\lambda + 3\mu}{\lambda + \mu}\varphi(x) + x\varphi'(x) + \psi'(x)\right]$$

$$= \frac{1}{2\mu}\text{Im}G(z)|_{y=0},$$

及

$$\begin{bmatrix} g_1(x) \\ g_2(x) \end{bmatrix} = \begin{bmatrix} \sigma_{11} & \sigma_{12} \\ \sigma_{12} & \sigma_{22} \end{bmatrix}\begin{bmatrix} 0 \\ -1 \end{bmatrix}_{y=0} = \begin{bmatrix} -\sigma_{12} \\ -\sigma_{22} \end{bmatrix}_{y=0}$$

$$= \begin{bmatrix} -\text{Im}[x\varphi''(x) + \psi''(x)] \\ -\text{Re}[2\varphi'(x) + x\varphi''(x) + \psi''(x)] \end{bmatrix}. \tag{4.37}$$

由于 $\mathrm{Re}F(z)$ 及 $\mathrm{Im}G(z)$ 均为 Ω 上调和函数, 因此由上半平面调和自然积分方程 (参见 2.4 节), 便有

$$
\begin{aligned}
-\frac{1}{\pi x^2} * u_1(x,0) &= \left\{ \frac{\partial}{\partial n}\left[\frac{1}{2\mu}\mathrm{Re}F(z)\right] \right\}_{y=0} \\
&= -\frac{1}{2\mu}\left[\mathrm{Re}\frac{\partial}{\partial y}F(z)\right]_{y=0} = \frac{1}{2\mu}[\mathrm{Im}F'(z)]_{y=0} \\
&= \frac{1}{2\mu}\mathrm{Im}\left[\frac{\lambda+3\mu}{\lambda+\mu}\varphi'(z) - \varphi'(z) - z\varphi''(z) - \psi''(z)\right]_{y=0} \\
&= \frac{1}{2\mu}\mathrm{Im}\left[\frac{\lambda+3\mu}{\lambda+\mu}\varphi'(x) - x\varphi''(x) - \varphi'(x) - \psi''(x)\right]
\end{aligned}
$$

及

$$
\begin{aligned}
-\frac{1}{\pi x^2} * u_2(x,0) &= \left\{ \frac{\partial}{\partial n}\left[\frac{1}{2\mu}\mathrm{Im}G(z)\right] \right\}_{y=0} \\
&= -\frac{1}{2\mu}\left[\frac{\partial}{\partial y}\mathrm{Re}G(z)\right]_{y=0} = -\frac{1}{2\mu}[\mathrm{Re}G'(z)]_{y=0} \\
&= -\frac{1}{2\mu}\mathrm{Re}\left[\frac{\lambda+3\mu}{\lambda+\mu}\varphi'(z) + \varphi'(z) + z\varphi''(z) + \psi''(z)\right]_{y=0} \\
&= -\frac{1}{2\mu}\mathrm{Re}\left[\frac{\lambda+3\mu}{\lambda+\mu}\varphi'(x) + x\varphi''(x) + \varphi'(x) + \psi''(x)\right].
\end{aligned}
$$

此外易得

$$
\begin{aligned}
\frac{d}{dx}u_1(x,0) &= \frac{1}{2\mu}\mathrm{Re}\left[\frac{\lambda+3\mu}{\lambda+\mu}\varphi'(x) - \varphi'(x) - x\varphi''(x) - \psi''(x)\right], \\
\frac{d}{dx}u_2(x,0) &= \frac{1}{2\mu}\mathrm{Im}\left[\frac{\lambda+3\mu}{\lambda+\mu}\varphi'(x) + \varphi'(x) + x\varphi''(x) + \psi''(x)\right].
\end{aligned}
$$

于是可得

$$
\begin{aligned}
-\frac{1}{\pi x^2} * u_1(x,0) + \frac{d}{dx}u_2(x,0) &= \frac{\lambda+3\mu}{\mu(\lambda+\mu)}\mathrm{Im}\varphi'(x), \\
\frac{1}{\pi x^2} * u_1(x,0) + \frac{d}{dx}u_2(x,0) &= \frac{1}{\mu}\mathrm{Im}[\varphi'(x) + x\varphi''(x) + \psi''(x)], \\
\frac{1}{\pi x^2} * u_2(x,0) + \frac{d}{dx}u_1(x,0) &= \frac{\lambda+3\mu}{\mu(\lambda+\mu)}\mathrm{Re}\varphi'(x), \\
-\frac{1}{\pi x^2} * u_2(x,0) + \frac{d}{dx}u_1(x,0) &= -\frac{1}{\mu}\mathrm{Re}[\varphi'(x) + x\varphi''(x) + \psi''(x)].
\end{aligned}
$$

将这些结果代入 (4.37), 便得到

$$
g_1(x) = -\mathrm{Im}[\varphi'(x) + x\varphi''(x) + \psi''(x)] + \mathrm{Im}\varphi'(x)
$$

$$= -\frac{2\mu(\lambda+2\mu)}{(\lambda+3\mu)\pi x^2} * u_1(x,0) - \frac{2\mu^2}{\lambda+3\mu}\frac{d}{dx}u_2(x,0),$$

及

$$g_2(x) = -\mathrm{Re}\varphi'(x) - \mathrm{Re}[\varphi'(x) + x\varphi''(x) + \psi''(x)]$$

$$= \frac{2\mu^2}{\lambda+3\mu}\frac{d}{dx}u_1(x,0) - \frac{2\mu(\lambda+2\mu)}{(\lambda+3\mu)\pi x^2} * u_2(x,0),$$

此即自然积分方程 (4.35).

4.4.2　Ω 为圆内区域

1. 极坐标分解下的结果

今对位移分布采取极坐标分解

$$u = u_r e_r + u_\theta e_\theta,$$

其中 e_r 及 e_θ 分别为 r 方向及 θ 方向的单位向量, 并先设圆半径 $R = 1$, 即 Ω 为单位圆内区域.

1) Fourier 级数法

利用极坐标下的公式

$$\mathrm{div}v = \frac{1}{r}\frac{\partial}{\partial r}(rv_r) + \frac{1}{r}\frac{\partial v_\theta}{\partial \theta},$$

$$\mathrm{grad}U = \frac{\partial U}{\partial r}e_r + \frac{1}{r}\frac{\partial U}{\partial \theta}e_\theta,$$

$$\Delta U = \mathrm{div\ grad}U = \frac{1}{r}\frac{\partial}{\partial r}\left(r\frac{\partial U}{\partial r}\right) + \frac{1}{r^2}\frac{\partial^2 U}{\partial \theta^2},$$

平面弹性方程 (4.13) 可写作

$$\begin{bmatrix} a\dfrac{\partial^2}{\partial r^2} + \dfrac{a}{r}\dfrac{\partial}{\partial r} - \dfrac{a}{r^2} + \dfrac{b}{r^2}\dfrac{\partial^2}{\partial \theta^2} & \dfrac{a-b}{r}\dfrac{\partial^2}{\partial \theta \partial r} - \dfrac{a+b}{r^2}\dfrac{\partial}{\partial \theta} \\ \dfrac{a-b}{r}\dfrac{\partial^2}{\partial r \partial \theta} + \dfrac{a+b}{r^2}\dfrac{\partial}{\partial \theta} & b\dfrac{\partial^2}{\partial r^2} + \dfrac{b}{r}\dfrac{\partial}{\partial r} - \dfrac{b}{r^2} + \dfrac{a}{r^2}\dfrac{\partial^2}{\partial \theta^2} \end{bmatrix}\begin{bmatrix} u_r \\ u_\theta \end{bmatrix} = 0, \quad (4.38)$$

令

$$u_r = \sum_{-\infty}^{\infty} U_n(r)e^{in\theta}, \quad u_\theta = \sum_{-\infty}^{\infty} V_n(r)e^{in\theta},$$

代入 (4.38), 得常微分方程组

$$\begin{bmatrix} ar^2\dfrac{\partial^2}{\partial r^2} + ar\dfrac{\partial}{\partial r} - a - bn^2 & in\left[(a-b)r\dfrac{\partial}{\partial r} - (a+b)\right] \\ in\left[(a-b)r\dfrac{\partial}{\partial r} + (a+b)\right] & br^2\dfrac{\partial^2}{\partial r^2} + br\dfrac{\partial}{\partial r} - b - an^2 \end{bmatrix}\begin{bmatrix} U_n \\ V_n \end{bmatrix}$$

$$= 0, \quad n = 0, \pm 1, \cdots$$

作自变量替换 $r = e^t$，得

$$
\begin{bmatrix}
a\dfrac{\partial^2}{\partial t^2} - a - bn^2 & in\left[(a-b)\dfrac{\partial}{\partial t} - (a+b)\right] \\[4mm]
in\left[(a-b)\dfrac{\partial}{\partial t} + (a+b)\right] & b\dfrac{\partial^2}{\partial t^2} - b - an^2
\end{bmatrix}
\begin{bmatrix} U_n \\[2mm] V_n \end{bmatrix} = 0.
$$

解其特征方程

$$
\lambda^4 - 2(n^2 + 1)\lambda^2 + (n^2 - 1)^2 = 0,
$$

得

$$
\lambda = \pm|(|n| \pm 1)|.
$$

考虑到在单位圆内求解，便有

$$
\begin{cases}
U_0(r) = U_{00}r, \\
V_0(r) = V_{00}r,
\end{cases}
$$

以及当 $n \neq 0$ 时，

$$
\begin{cases}
U_n(r) = A_n r^{|n|+1} + B_n r^{|n|-1}, \\
V_n(r) = C_n r^{|n|+1} + D_n r^{|n|-1},
\end{cases}
$$

其中

$$
\begin{aligned}
U_{n0} &= U_n(1), \quad V_{n0} = V_n(1), \\
A_n &= a_n[U_{n0} + i(\text{sgn}n)V_{n0}], \\
B_n &= b_n U_{n0} - a_n i(\text{sgn}n)V_{n0}, \\
C_n &= b_n[-i(\text{sgn}n)U_{n0} + V_{n0}], \\
D_n &= b_n i(\text{sgn}n)U_{n0} + a_n V_{n0},
\end{aligned}
$$

$$
a_n = \frac{(b-a)|n| + 2b}{2(a+b)}, \quad b_n = \frac{(a-b)|n| + 2a}{2(a+b)},
$$

$$
\text{sgn}n = \begin{cases}
1, & n > 0, \\
0, & n = 0, \\
-1, & n < 0.
\end{cases}
$$

于是便得到

$$
\begin{cases}
u_r(r,\theta) = U_{00}r + \displaystyle\sum_{\substack{-\infty \\ n\neq 0}}^{\infty} e^{in\theta}[(a_n r^{|n|+1} + b_n r^{|n|-1})U_{n0} \\
\qquad\qquad + i(\mathrm{sgn}n)a_n(r^{|n|+1} - r^{|n|-1})V_{n0}], \\
u_\theta(r,\theta) = V_{00}r + \displaystyle\sum_{\substack{-\infty \\ n\neq 0}}^{\infty} e^{in\theta}[i(\mathrm{sgn}n)b_n(r^{|n|-1} - r^{|n|+1})U_{n0} \\
\qquad\qquad + (b_n r^{|n|+1} + a_n r^{|n|-1})V_{n0}].
\end{cases} \tag{4.39}
$$

利用 $0 \leqslant r < 1$ 时的 Fourier 级数求和公式

$$
\sum_{-\infty}^{\infty} \frac{1}{2\pi} r^{|n|} e^{in\theta} = \frac{1-r^2}{2\pi(1+r^2-2r\cos\theta)},
$$

$$
\sum_{-\infty}^{\infty} \frac{i}{2\pi}(\mathrm{sgn}n)r^{|n|} e^{in\theta} = -\frac{r\sin\theta}{\pi(1+r^2-2r\cos\theta)},
$$

$$
\sum_{-\infty}^{\infty} \frac{|n|}{2\pi} r^{|n|} e^{in\theta} = \frac{r(\cos\theta - 2r + r^2\cos\theta)}{\pi(1+r^2-2r\cos\theta)^2},
$$

$$
\sum_{-\infty}^{\infty} \frac{in}{2\pi} r^{|n|} e^{in\theta} = -\frac{r\sin\theta(1-r^2)}{\pi(1+r^2-2r\cos\theta)^2},
$$

可得单位圆内平面弹性问题的 Poisson 积分公式

$$
\begin{bmatrix} u_r(r,\theta) \\ u_\theta(r,\theta) \end{bmatrix} = \begin{bmatrix} P_{rr} & P_{r\theta} \\ P_{\theta r} & P_{\theta\theta} \end{bmatrix} * \begin{bmatrix} u_r(1,\theta) \\ u_\theta(1,\theta) \end{bmatrix}, \quad 0 \leqslant r < 1, \tag{4.40}
$$

其中

$$
\begin{aligned}
P_{rr} &= \frac{[2a\cos\theta - (a-b)r](1-r^2)}{2\pi(a+b)(1+r^2-2r\cos\theta)} \\
&\quad + \frac{(a-b)(1-r^2)(\cos\theta - 2r + r^2\cos\theta)}{2\pi(a+b)(1+r^2-2r\cos\theta)^2}, \\
P_{r\theta} &= \frac{b(1-r^2)\sin\theta}{\pi(a+b)(1+r^2-2r\cos\theta)} \\
&\quad + \frac{(b-a)(1-r^2)^2\sin\theta}{2\pi(a+b)(1+r^2-2r\cos\theta)^2}, \\
P_{\theta r} &= -\frac{a(1-r^2)\sin\theta}{\pi(a+b)(1+r^2-2r\cos\theta)} \\
&\quad + \frac{(b-a)(1-r^2)^2\sin\theta}{2\pi(a+b)(1+r^2-2r\cos\theta)^2}, \\
P_{\theta\theta} &= \frac{[2b\cos\theta - (b-a)r](1-r^2)}{2\pi(a+b)(1+r^2-2r\cos\theta)}
\end{aligned}
$$

$$+ \frac{(b-a)(1-r^2)(\cos\theta - 2r + r^2\cos\theta)}{2\pi(a+b)(1+r^2-2r\cos\theta)^2}.$$

又由应力位移关系可得在单位圆周上,

$$\begin{bmatrix} g_r \\ g_\theta \end{bmatrix} = \begin{bmatrix} \sigma_{rr} & \sigma_{r\theta} \\ \sigma_{\theta r} & \sigma_{\theta\theta} \end{bmatrix} \begin{bmatrix} 1 \\ 0 \end{bmatrix}_\Gamma = \begin{bmatrix} \sigma_{rr} \\ \sigma_{\theta r} \end{bmatrix}_\Gamma$$

$$= \begin{bmatrix} a\dfrac{\partial u_r}{\partial r} + (a-2b)\left(\dfrac{1}{r}\dfrac{\partial u_\theta}{\partial\theta} + \dfrac{1}{r}u_r\right) \\[2mm] b\left(\dfrac{\partial u_\theta}{\partial r} - \dfrac{1}{r}u_\theta + \dfrac{1}{r}\dfrac{\partial u_r}{\partial\theta}\right) \end{bmatrix}_{r=1},$$

以 (4.39) 代入, 便得到单位圆内平面弹性问题的自然积分方程

$$\begin{bmatrix} g_r(\theta) \\ g_\theta(\theta) \end{bmatrix} = \begin{bmatrix} K_{rr} & K_{r\theta} \\ K_{\theta r} & K_{\theta\theta} \end{bmatrix} * \begin{bmatrix} u_r(1,\theta) \\ u_\theta(1,\theta) \end{bmatrix}, \tag{4.41}$$

其中

$$K_{rr} = -\frac{ab}{2\pi(a+b)\sin^2\dfrac{\theta}{2}} - \frac{2b^2}{a+b}\delta(\theta) + \frac{a^2}{\pi(a+b)},$$

$$K_{r\theta} = -K_{\theta r} = -\frac{ab}{\pi(a+b)}\cot\frac{\theta}{2} - \frac{2b^2}{a+b}\delta'(\theta),$$

$$K_{\theta\theta} = -\frac{ab}{2\pi(a+b)\sin^2\dfrac{\theta}{2}} - \frac{2b^2}{a+b}\delta(\theta) + \frac{b^2}{\pi(a+b)}.$$

这里利用了如下广义函数公式:

$$\frac{1}{2\pi}\sum_{-\infty}^{\infty} e^{in\theta} = \delta(\theta),$$

$$\frac{1}{2\pi}\sum_{-\infty}^{\infty} i(\mathrm{sgn}n)e^{in\theta} = -\frac{1}{2\pi}\cot\frac{\theta}{2},$$

$$\frac{i}{2\pi}\sum_{-\infty}^{\infty} ne^{in\theta} = \delta'(\theta),$$

$$\frac{1}{2\pi}\sum_{-\infty}^{\infty} |n|e^{in\theta} = -\frac{1}{4\pi\sin^2\dfrac{\theta}{2}}.$$

2) 复变函数论方法

设

$$z = x + iy = re^{i\theta},$$

$$u = u_1 e_1 + u_2 e_2 = u_r e_r + u_\theta e_\theta,$$

有

$$\begin{cases} u_r = u_1 \cos\theta + u_2 \sin\theta, \\ u_\theta = -u_1 \sin\theta + u_2 \cos\theta, \end{cases}$$

$$\begin{bmatrix} g_1(\theta) \\ g_2(\theta) \end{bmatrix} = \begin{bmatrix} \sigma_{11} & \sigma_{12} \\ \sigma_{12} & \sigma_{22} \end{bmatrix} \begin{bmatrix} \cos\theta \\ \sin\theta \end{bmatrix}_{r=1} = \begin{bmatrix} \sigma_{11}\cos\theta + \sigma_{12}\sin\theta \\ \sigma_{12}\cos\theta + \sigma_{22}\sin\theta \end{bmatrix}_{r=1},$$

$$\begin{cases} g_r(\theta) = g_1 \cos\theta + g_2 \sin\theta \\ \qquad = [\sigma_{11}\cos^2\theta + \sigma_{22}\sin^2\theta + 2\sigma_{12}\cos\theta\sin\theta]_{r=1}, \\ g_\theta(\theta) = -g_1 \sin\theta + g_2 \sin\theta \\ \qquad = [(\sigma_{22} - \sigma_{11})\cos\theta\sin\theta + \sigma_{12}(\cos^2\theta - \sin^2\theta)]_{r=1}. \end{cases}$$

今以 $z = e^{i\theta}$ 代入平面弹性问题的解的复变函数表示 (4.14), 并令

$$F(z) = \frac{\lambda + 3\mu}{\lambda + \mu}\varphi(z) - \frac{1}{z}\varphi'(z) - \psi'(z),$$

$$G(z) = \frac{\lambda + 3\mu}{\lambda + \mu}\varphi(z) + \frac{1}{z}\varphi'(z) + \psi'(z),$$

则有

$$\begin{cases} u_1(1,\theta) = \dfrac{1}{2\mu}\mathrm{Re}\left[\dfrac{\lambda + 3\mu}{\lambda + \mu}\varphi(e^{i\theta}) - e^{-i\theta}\varphi'(e^{i\theta}) - \psi'(e^{i\theta})\right] \\ \qquad = \dfrac{1}{2\mu}\mathrm{Re}F(z)|_{r=1}, \\ u_2(1,\theta) = \dfrac{1}{2\mu}\mathrm{Im}\left[\dfrac{\lambda + 3\mu}{\lambda + \mu}\varphi(e^{i\theta}) + e^{-i\theta}\varphi'(e^{i\theta}) + \psi'(e^{i\theta})\right] \\ \qquad = \dfrac{1}{2\mu}\mathrm{Im}G(z)|_{r=1}. \end{cases}$$

由于 $F(z)$ 及 $G(z)$ 均以原点为一阶极点, 令

$$F_1(z) = F(z) + \varphi'(0)\frac{1}{z}, \quad G_1(z) = G(z) - \varphi'(0)\frac{1}{z},$$

易知 $F_1(z)$ 及 $G_1(z)$ 均为单位圆内解析函数. 从而由单位圆内调和自然积分方程 (见第 2 章), 得到

$$K(\theta) * u_1(1,\theta) + \frac{1}{\mu}\mathrm{Re}e^{-i\theta}\varphi'(0)$$

$$= K(\theta) * \left[\frac{1}{2\mu}\mathrm{Re}F_1(z)\right]_{r=1} + \frac{1}{2\mu}\mathrm{Re}e^{-i\theta}\varphi'(0)$$

$$= \frac{1}{2\mu}\left[\frac{\partial}{\partial r}\mathrm{Re}F_1(z)\right]_{r=1} - \frac{1}{2\mu}\left[\frac{\partial}{\partial r}\mathrm{Re}\frac{1}{z}\varphi'(0)\right]_{r=1}$$

$$
\begin{aligned}
&=\frac{1}{2\mu}\left[\frac{\partial}{\partial r}\mathrm{Re}F(z)\right]_{r=1}=\frac{1}{2\mu}[\mathrm{Re}e^{i\theta}F'(z)]_{r=1}\\
&=\frac{1}{2\mu}\mathrm{Re}\left[\frac{\lambda+3\mu}{\lambda+\mu}e^{i\theta}\varphi'(e^{i\theta})+e^{-i\theta}\overline{\varphi'(e^{i\theta})}-\overline{\varphi''(e^{i\theta})}-e^{i\theta}\overline{\psi''(e^{i\theta})}\right],
\end{aligned}
$$

$$
\begin{aligned}
&K(\theta)*u_2(1,\theta)-\frac{1}{\mu}\mathrm{Im}e^{-i\theta}\varphi'(0)\\
&=K(\theta)*\left[\frac{1}{2\mu}\mathrm{Im}G_1(z)\right]_{r=1}-\frac{1}{2\mu}\mathrm{Im}e^{-i\theta}\varphi'(0)\\
&=\frac{1}{2\mu}\left[\frac{\partial}{\partial r}\mathrm{Im}G_1(z)\right]_{r=1}+\frac{1}{2\mu}\left[\frac{\partial}{\partial r}\mathrm{Im}\frac{1}{z}\varphi'(0)\right]_{r=1}\\
&=\frac{1}{2\mu}\left[\frac{\partial}{\partial r}\mathrm{Im}G(z)\right]_{r=1}=\frac{1}{2\mu}[\mathrm{Im}e^{i\theta}G'(z)]_{r=1}\\
&=\frac{1}{2\mu}\mathrm{Im}\left[\frac{\lambda+3\mu}{\lambda+\mu}e^{i\theta}\varphi'(e^{i\theta})-e^{-i\theta}\overline{\varphi'(e^{i\theta})}+\overline{\varphi''(e^{i\theta})}+e^{i\theta}\overline{\psi''(e^{i\theta})}\right],
\end{aligned}
$$

其中 $K(\theta)=-\dfrac{1}{4\pi\sin^2\dfrac{\theta}{2}}$. 此外,

$$
\begin{aligned}
\frac{d}{d\theta}u_1(1,\theta)=&-\frac{1}{2\mu}\mathrm{Im}\left[\frac{\lambda+3\mu}{\lambda+\mu}e^{i\theta}\varphi'(e^{i\theta})\right.\\
&\left.+e^{-i\theta}\overline{\varphi'(e^{i\theta})}-\overline{\varphi''(e^{i\theta})}-e^{i\theta}\overline{\psi''(e^{i\theta})}\right],\\
\frac{d}{d\theta}u_2(1,\theta)=&\frac{1}{2\mu}\mathrm{Re}\left[\frac{\lambda+3\mu}{\lambda+\mu}e^{i\theta}\varphi'(e^{i\theta})-e^{-i\theta}\overline{\varphi'(e^{i\theta})}\right.\\
&\left.+\overline{\varphi''(e^{i\theta})}+e^{i\theta}\overline{\psi''(e^{i\theta})}\right].
\end{aligned}
$$

由上述诸式可解得

$$
\begin{aligned}
\mathrm{Re}\varphi'(e^{i\theta})=&\frac{\mu(\lambda+\mu)}{\lambda+3\mu}\left\{\cos\theta\left[K(\theta)*u_1(1,\theta)+\frac{1}{\mu}\mathrm{Re}e^{-i\theta}\varphi'(0)\right]\right.\\
&-\sin\theta\frac{d}{d\theta}u_1(1,\theta)+\sin\theta\left[K(\theta)*u_2(1,\theta)-\frac{1}{\mu}\mathrm{Im}e^{-i\theta}\varphi'(0)\right]\\
&\left.+\cos\theta\frac{d}{d\theta}u_2(1,\theta)\right\},\\
\mathrm{Im}\varphi'(e^{i\theta})=&\frac{\mu(\lambda+\mu)}{\lambda+3\mu}\left\{-\sin\theta\left[K(\theta)*u_1(1,\theta)\right.\right.\\
&\left.+\frac{1}{\mu}\mathrm{Re}e^{-i\theta}\varphi'(0)\right]-\cos\theta\frac{d}{d\theta}u_1(1,\theta)\\
&+\cos\theta\left[K(\theta)*u_2(1,\theta)-\frac{1}{\mu}\mathrm{Im}e^{-i\theta}\varphi'(0)\right]
\end{aligned}
$$

$$-\sin\theta\frac{d}{d\theta}u_2(1,\theta)\Big\},$$

$$\mathrm{Re}[e^{-i\theta}\varphi''(e^{i\theta})+\psi''(e^{i\theta})]=\mu\Big\{-\cos\theta\Big[K(\theta)*u_1(1,\theta)+\frac{1}{\mu}\mathrm{Re}e^{-i\theta}\varphi'(0)\Big]$$

$$+\sin\theta\frac{d}{d\theta}u_1(1,\theta)$$

$$+\sin\theta\Big[K(\theta)*u_2(1,\theta)-\frac{1}{\mu}\mathrm{Im}e^{-i\theta}\varphi'(0)\Big]$$

$$+\cos\theta\frac{d}{d\theta}u_2(1,\theta)\Big\}+\cos2\theta\mathrm{Re}\varphi'(e^{i\theta})$$

$$+\sin2\theta\mathrm{Im}\varphi'(e^{i\theta}),$$

$$\mathrm{Im}[e^{-i\theta}\varphi''(e^{i\theta})+\psi''(e^{i\theta})]=\mu\Big\{\sin\theta\Big[K(\theta)*u_1(1,\theta)+\frac{1}{\mu}\mathrm{Re}e^{-i\theta}\varphi'(0)\Big]$$

$$+\cos\theta\frac{d}{d\theta}u_1(1,\theta)$$

$$+\cos\theta\Big[K(\theta)*u_2(1,\theta)-\frac{1}{\mu}\mathrm{Im}e^{-i\theta}\varphi'(0)\Big]$$

$$-\sin\theta\frac{d}{d\theta}u_2(1,\theta)\Big\}$$

$$-\sin2\theta\mathrm{Re}\varphi'(e^{i\theta})+\cos2\theta\mathrm{Im}\varphi'(e^{i\theta}).$$

由于由 (4.15) 可得

$$\sigma_{11}(1,\theta)=\mathrm{Re}[2\varphi'(e^{i\theta})-e^{-i\theta}\varphi''(e^{i\theta})-\psi''(e^{i\theta})],$$

$$\sigma_{22}(1,\theta)=\mathrm{Re}[2\varphi'(e^{i\theta})+e^{-i\theta}\varphi''(e^{i\theta})+\psi''(e^{i\theta})],$$

$$\sigma_{12}(1,\theta)=\mathrm{Im}[e^{-i\theta}\varphi''(e^{i\theta})+\psi''(e^{i\theta})],$$

从而有

$$g_r(\theta)=\frac{2\mu(\lambda+2\mu)}{\lambda+3\mu}\cos\theta[K(\theta)*u_1(1,\theta)]$$

$$+\frac{2\mu^2}{\lambda+3\mu}\sin\theta\frac{d}{d\theta}u_1(1,\theta)$$

$$+\frac{2\mu(\lambda+2\mu)}{\lambda+3\mu}\sin\theta[K(\theta)*u_2(1,\theta)]$$

$$-\frac{2\mu^2}{\lambda+3\mu}\cos\theta\frac{d}{d\theta}u_2(1,\theta)$$

$$+\frac{2(\lambda+2\mu)}{\lambda+3\mu}\mathrm{Re}\varphi'(0),$$

$$g_\theta(\theta) = \frac{2\mu(\lambda + 2\mu)}{\lambda + 3\mu} \sin\theta [K(\theta) * u_1(1, \theta)]$$
$$+ \frac{2\mu^2}{\lambda + 3\mu} \cos\theta \frac{d}{d\theta} u_1(1, \theta)$$
$$+ \frac{2\mu(\lambda + 2\mu)}{\lambda + 3\mu} \cos\theta [K(\theta) * u_2(1, \theta)]$$
$$+ \frac{2\mu^2}{\lambda + 3\mu} \sin\theta \frac{d}{d\theta} u_2(1, \theta)$$
$$- \frac{2(\lambda + 2\mu)}{\lambda + 3\mu} \mathrm{Im}\varphi'(0).$$

再将

$$\begin{cases} u_1 = u_r \cos\theta - u_\theta \sin\theta, \\ u_2 = u_r \sin\theta + u_\theta \cos\theta \end{cases}$$

代入, 并注意到

$$K(\theta) * [f(\theta)\cos\theta] = \cos\theta\{[\cos\theta K(\theta)] * f(\theta)\}$$
$$+ \sin\theta\{[\sin\theta K(\theta)] * f(\theta)\},$$
$$K(\theta) * [f(\theta)\sin\theta] = \sin\theta\{[\cos\theta K(\theta)] * f(\theta)\}$$
$$- \cos\theta\{[\sin\theta K(\theta)] * f(\theta)\},$$

便得到

$$g_r(\theta) = \frac{2\mu(\lambda + 2\mu)}{\lambda + 3\mu} [\cos\theta K(\theta)] * u_r(1, \theta)$$
$$- \frac{2\mu^2}{\lambda + 3\mu} u_r(1, \theta) + \frac{2\mu(\lambda + 2\mu)}{\lambda + 3\mu}$$
$$\cdot [\sin\theta K(\theta)] * u_\theta(1, \theta) - \frac{2\mu^2}{\lambda + 3\mu} \frac{d}{d\theta} u_\theta(1, \theta)$$
$$+ \frac{2(\lambda + 2\mu)}{\lambda + 3\mu} \mathrm{Re}\varphi'(0),$$

$$g_\theta(\theta) = \frac{2\mu(\lambda + 2\mu)}{\lambda + 3\mu} [\sin\theta K(\theta)] * u_r(1, \theta)$$
$$+ \frac{2\mu^2}{\lambda + 3\mu} \frac{d}{d\theta} u_r(1, \theta) + \frac{2\mu(\lambda + 2\mu)}{\lambda + 3\mu}$$
$$\cdot [\cos\theta K(\theta)] * u_\theta(1, \theta) - \frac{2\mu^2}{\lambda + 3\mu} u_\theta(1, \theta)$$
$$- \frac{2(\lambda + 2\mu)}{\lambda + 3\mu} \mathrm{Im}\varphi'(0).$$

但由 (4.14) 可知

$$\int_0^{2\pi} u_r(1,\theta)d\theta = \frac{2\pi}{\lambda+\mu}\mathrm{Re}\varphi'(0),$$

$$\int_0^{2\pi} u_\theta(1,\theta)d\theta = \frac{2\pi(\lambda+2\mu)}{\mu(\lambda+\mu)}\mathrm{Im}\varphi'(0),$$

再将 $K(\theta) = -\dfrac{1}{4\pi\sin^2\dfrac{\theta}{2}}$ 代回，并令 $\lambda+2\mu=a, \mu=b$，即得自然积分方程 (4.41)，

3) 半径为 R 时的结果

上述关于单位圆内部区域的结果可以推广到一般圆内区域，即当 Ω 为半径为 R 的圆内区域时，平面弹性问题的自然积分方程为

$$\left[\begin{array}{c} g_r(\theta) \\ g_\theta(\theta) \end{array}\right] = \left[\begin{array}{cc} K_{rr} & K_{r\theta} \\ K_{\theta r} & K_{\theta\theta} \end{array}\right] * \left[\begin{array}{c} u_r(R,\theta) \\ u_\theta(R,\theta) \end{array}\right], \tag{4.42}$$

其中

$$K_{rr} = -\frac{ab}{2\pi R(a+b)\sin^2\dfrac{\theta}{2}} - \frac{2b^2}{R(a+b)}\delta(\theta) + \frac{a^2}{\pi R(a+b)},$$

$$K_{r\theta} = -K_{\theta r} = -\frac{ab}{\pi R(a+b)}\cot\frac{\theta}{2} - \frac{2b^2}{R(a+b)}\delta'(\theta),$$

$$K_{\theta\theta} = -\frac{ab}{2\pi R(a+b)\sin^2\dfrac{\theta}{2}} - \frac{2b^2}{R(a+b)}\delta(\theta) + \frac{b^2}{\pi R(a+b)}.$$

而 Poisson 积分公式为

$$\left[\begin{array}{c} u_r(r,\theta) \\ u_\theta(r,\theta) \end{array}\right] = \left[\begin{array}{cc} P_{rr} & P_{r\theta} \\ P_{\theta r} & P_{\theta\theta} \end{array}\right] * \left[\begin{array}{c} u_r(R,\theta) \\ u_\theta(R,\theta) \end{array}\right], \quad 0\leqslant r<R, \tag{4.43}$$

其中

$$P_{rr} = \frac{[2aR\cos\theta - (a-b)r](R^2-r^2)}{2\pi R(a+b)(r^2+R^2-2rR\cos\theta)}$$
$$+ \frac{(a-b)(R^2-r^2)(R^2\cos\theta - 2Rr + r^2\cos\theta)}{2\pi(a+b)(R^2+r^2-2Rr\cos\theta)^2},$$

$$P_{r\theta} = \frac{b(R^2-r^2)\sin\theta}{\pi(a+b)(R^2+r^2-2Rr\cos\theta)}$$
$$+ \frac{(b-a)(R^2-r^2)^2\sin\theta}{2\pi(a+b)(R^2+r^2-2Rr\cos\theta)^2},$$

$$P_{\theta r} = -\frac{a(R^2-r^2)\sin\theta}{\pi(a+b)(R^2+r^2-2Rr\cos\theta)}$$

$$+ \frac{(b-a)(R^2-r^2)^2 \sin\theta}{2\pi(a+b)(R^2+r^2-2Rr\cos\theta)^2},$$

$$P_{\theta\theta} = \frac{[2bR\cos\theta - (b-a)r](R^2-r^2)}{2\pi R(a+b)(R^2+r^2-2Rr\cos\theta)}$$

$$+ \frac{(b-a)(R^2-r^2)(R^2\cos\theta - 2Rr + r^2\cos\theta)}{2\pi(a+b)(R^2+r^2-2Rr\cos\theta)^2}.$$

2. 直角坐标分解下的结果

现在回到直角坐标分解, 即

$$u = u_1 e_1 + u_2 e_2,$$

其中 e_1 及 e_2 分别为 x 方向及 y 方向的单位向量. 仍先设 Ω 为单位圆内区域.

1) 复变函数论方法

仍设 $z = re^{i\theta}, K(\theta) = -\dfrac{1}{4\pi \sin^2 \dfrac{\theta}{2}}$,

$$F(z) = \frac{\lambda+3\mu}{\lambda+\mu}\varphi(z) - \frac{1}{z}\varphi'(z) - \psi'(z),$$

$$G(z) = \frac{\lambda+3\mu}{\lambda+\mu}\varphi(z) + \frac{1}{z}\varphi'(z) + \psi'(z),$$

$\varphi(z)$ 及 $\psi(z)$ 为平面弹性方程组的解的复变函数表示 (4.14) 中的两个解析函数. 令

$$F_1(z) = F(z) + \varphi'(0)\frac{1}{z}, G_1(z) = G(z) - \varphi'(0)\frac{1}{z},$$

则 $F_1(z)$ 及 $G_1(z)$ 仍为 Ω 内解析函数. 于是由

$$\begin{cases} u_1(1,\theta) = \dfrac{1}{2\mu}\mathrm{Re}F(z)|_{r=1}, \\ u_2(1,\theta) = \dfrac{1}{2\mu}\mathrm{Im}G(z)|_{r=1} \end{cases}$$

可得

$$K(\theta)*u_1(1,\theta) = \frac{1}{2\mu}\mathrm{Re}\left[\frac{\lambda+3\mu}{\lambda+\mu}e^{i\theta}\varphi'(e^{i\theta}) + e^{-i\theta}\varphi'(e^{i\theta}) - \varphi''(e^{i\theta})\right.$$

$$\left. - e^{i\theta}\psi''(e^{i\theta})\right] - \frac{1}{\mu}\mathrm{Re}[\varphi'(0)e^{-i\theta}],$$

$$K(\theta)*u_2(1,\theta) = \frac{1}{2\mu}\mathrm{Im}\left[\frac{\lambda+3\mu}{\lambda+\mu}e^{i\theta}\varphi'(e^{i\theta}) - e^{-i\theta}\varphi'(e^{i\theta}) + \varphi''(e^{i\theta})\right.$$

$$\left. + e^{i\theta}\psi''(e^{i\theta})\right] + \frac{1}{\mu}\mathrm{Im}[\varphi'(0)e^{-i\theta}],$$

$$\frac{d}{d\theta}u_1(1,\theta) = -\frac{1}{2\mu}\mathrm{Im}\left[\frac{\lambda+3\mu}{\lambda+\mu}e^{i\theta}\varphi'(e^{i\theta}) + e^{-i\theta}\varphi'(e^{i\theta})\right.$$

$$\left. -\varphi''(e^{i\theta}) - e^{i\theta}\psi''(e^{i\theta})\right],$$

$$\frac{d}{d\theta}u_2(1,\theta) = \frac{1}{2\mu}\mathrm{Re}\left[\frac{\lambda+3\mu}{\lambda+\mu}e^{i\theta}\varphi'(e^{i\theta}) - e^{-i\theta}\varphi'(e^{i\theta})\right.$$

$$\left. +\varphi''(e^{i\theta}) + e^{i\theta}\psi''(e^{i\theta})\right].$$

由上述等式解出 $\mathrm{Re}\varphi'(e^{i\theta}), \mathrm{Im}\varphi'(e^{i\theta}), \mathrm{Re}[e^{-i\theta}\varphi''(e^{i\theta}) + \psi''(e^{i\theta})]$ 及 $\mathrm{Im}[e^{-i\theta}\varphi''(e^{i\theta}) + \psi''(e^{i\theta})]$, 代入

$$\begin{cases} \sigma_{11}(1,\theta) = \mathrm{Re}[2\varphi'(e^{i\theta}) - e^{-i\theta}\varphi''(e^{i\theta}) - \psi''(e^{i\theta})], \\ \sigma_{22}(1,\theta) = \mathrm{Re}[2\varphi'(e^{i\theta}) + e^{-i\theta}\varphi''(e^{i\theta}) + \psi''(e^{i\theta})], \\ \sigma_{12}(1,\theta) = \mathrm{Im}[e^{-i\theta}\varphi''(e^{i\theta}) + \psi''(e^{i\theta})], \end{cases}$$

及

$$\begin{bmatrix} g_1(\theta) \\ g_2(\theta) \end{bmatrix} = \begin{bmatrix} \sigma_{11} & \sigma_{12} \\ \sigma_{12} & \sigma_{22} \end{bmatrix} \begin{bmatrix} \cos\theta \\ \sin\theta \end{bmatrix}_{r=1} = \begin{bmatrix} \sigma_{11}\cos\theta + \sigma_{12}\sin\theta \\ \sigma_{12}\cos\theta + \sigma_{22}\sin\theta \end{bmatrix}_{r=1},$$

并注意到

$$\mathrm{Re}\varphi'(0) = \frac{\lambda+\mu}{2\pi}\int_0^{2\pi}[u_1(1,\theta)\cos\theta + u_2(1,\theta)\sin\theta]d\theta,$$

$$\mathrm{Im}\varphi'(0) = \frac{\mu(\lambda+\mu)}{2\pi(\lambda+2\mu)}\int_0^{2\pi}[-u_1(1,\theta)\sin\theta + u_2(1,\theta)\cos\theta]d\theta,$$

便可得自然积分方程

$$\begin{bmatrix} g_1(\theta) \\ g_2(\theta) \end{bmatrix} = \begin{bmatrix} -\dfrac{ab}{2\pi(a+b)\sin^2\dfrac{\theta}{2}} & -\dfrac{2b^2}{a+b}\delta'(\theta) \\ \dfrac{2b^2}{a+b}\delta'(\theta) & -\dfrac{ab}{2\pi(a+b)\sin^2\dfrac{\theta}{2}} \end{bmatrix} * \begin{bmatrix} u_1(1,\theta) \\ u_2(1,\theta) \end{bmatrix}$$

$$+\frac{a(a-b)}{\pi(a+b)}\cdot\int_0^{2\pi}[u_1(1,\theta)\cos\theta + u_2(1,\theta)\sin\theta]d\theta$$

$$\cdot\begin{bmatrix} \cos\theta \\ \sin\theta \end{bmatrix} + \frac{b(a-b)}{\pi(a+b)}\int_0^{2\pi}[u_1(1,\theta)\sin\theta$$

$$-u_2(1,\theta)\cos\theta]d\theta\begin{bmatrix} -\sin\theta \\ \cos\theta \end{bmatrix}. \tag{4.44}$$

2) 应用坐标变换公式

直角坐标分解下的单位圆内平面弹性问题的自然积分方程 (4.44) 也可利用坐标变换公式

$$\begin{cases} g_1(\theta) = g_r(\theta)\cos\theta - g_\theta(\theta)\sin\theta, \\ g_2(\theta) = g_r(\theta)\sin\theta + g_\theta(\theta)\cos\theta \end{cases}$$

及

$$\begin{cases} u_r(1,\theta) = u_1(1,\theta)\cos\theta + u_2(1,\theta)\sin\theta, \\ u_\theta(1,\theta) = -u_1(1,\theta)\sin\theta + u_2(1,\theta)\cos\theta \end{cases}$$

由极坐标分解下的相应结果 (4.41) 得到.

若 Ω 为半径为 R 的圆内区域, 则可得自然积分方程

$$\left[\begin{array}{c} g_1(\theta) \\ g_2(\theta) \end{array}\right] = \frac{1}{R}\left[\begin{array}{cc} -\dfrac{ab}{2\pi(a+b)\sin^2\dfrac{\theta}{2}} & -\dfrac{2b^2}{a+b}\delta'(\theta) \\ \dfrac{2b^2}{a+b}\delta'(\theta) & -\dfrac{ab}{2\pi(a+b)\sin^2\dfrac{\theta}{2}} \end{array}\right]$$

$$* \left[\begin{array}{c} u_1(R,\theta) \\ u_2(R,\theta) \end{array}\right] + \frac{a(a-b)}{\pi R(a+b)}\int_0^{2\pi}[u_1(R,\theta)\cos\theta$$

$$+ u_2(R,\theta)\sin\theta]d\theta\left[\begin{array}{c} \cos\theta \\ \sin\theta \end{array}\right] + \frac{b(a-b)}{\pi R(a+b)}$$

$$\cdot \int_0^{2\pi}[u_1(R,\theta)\sin\theta - u_2(R,\theta)\cos\theta]d\theta$$

$$\cdot \left[\begin{array}{c} -\sin\theta \\ \cos\theta \end{array}\right]. \tag{4.45}$$

利用坐标变换公式还可得到直角坐标分解下的如下 Poisson 积分公式:

$$\left[\begin{array}{c} u_1(r,\theta) \\ u_2(r,\theta) \end{array}\right] = \left[\begin{array}{cc} \cos\theta & -\sin\theta \\ \sin\theta & \cos\theta \end{array}\right]\left\{\left[\begin{array}{cc} P_{rr} & P_{r\theta} \\ P_{\theta r} & P_{\theta\theta} \end{array}\right]\right.$$

$$\left. * \left[\begin{array}{c} u_1(1,\theta)\cos\theta + u_2(1,\theta)\sin\theta \\ -u_1(1,\theta)\sin\theta + u_2(1,\theta)\cos\theta \end{array}\right]\right\}, \tag{4.46}$$

其中 p_{rr}, $P_{r\theta}$, $P_{\theta r}$ 及 $P_{\theta\theta}$ 由式 (4.43) 给出.

当然, 同样可以利用坐标变换公式由直角坐标分解下的结果得到极坐标分解下的结果.

4.4.3 Ω 为圆外区域

1. 极坐标分解下的结果

仍先考虑单位圆外区域, 并设

$$u = u_r e_r + u_\theta e_\theta.$$

1) Fourier 级数法

仍令

$$u_r = \sum_{-\infty}^{\infty} U_n(r)e^{in\theta}, \quad u_\theta = \sum_{-\infty}^{\infty} V_n(r)e^{in\theta},$$

代入平面弹性方程 (4.38). 由于 Ω 为单位圆外部区域, 可得

$$\begin{cases} u_r(r,\theta) = U_{00}\dfrac{1}{r} + \sum_{\substack{-\infty \\ n \neq 0}}^{\infty} \left\{ \left[\dfrac{a-b}{2(a+b)}|n|(r^{-|n|+1} - r^{-|n|-1}) \right. \right. \\ \qquad \left. + \dfrac{1}{a+b}(ar^{-|n|-1} + br^{-|n|+1}) \right] U_{n0}e^{in\theta} \\ \qquad + \left[\dfrac{a-b}{2(a+b)}in(r^{-|n|-1} - r^{-|n|+1}) \right. \\ \qquad \left. \left. + \dfrac{b}{a+b}i(\mathrm{sgn}\,n)(r^{-|n|-1} - r^{-|n|+1}) \right] V_{n0}e^{in\theta} \right\}, \\ u_\theta(r,\theta) = V_{00}\dfrac{1}{r} + \sum_{\substack{-\infty \\ n \neq 0}}^{\infty} \left\{ \left[\dfrac{a-b}{2(a+b)}in(r^{-|n|-1} - r^{-|n|+1}) \right. \right. \\ \qquad \left. + \dfrac{a}{a+b}i(\mathrm{sgn}\,n)(r^{-|n|+1} - r^{-|n|-1}) \right] U_{n0}e^{in\theta} \\ \qquad + \left[\dfrac{a-b}{2(a+b)}|n|(r^{-|n|-1} - r^{-|n|+1}) \right. \\ \qquad \left. \left. + \dfrac{1}{a+b}(br^{-|n|-1} + ar^{-|n|+1}) \right] V_{n0}e^{in\theta} \right\}. \end{cases} \tag{4.47}$$

利用 $r > 1$ 时的 Fourier 级数求和公式

$$\frac{1}{2\pi}\sum_{-\infty}^{\infty} r^{-|n|}e^{in\theta} = \frac{r^2 - 1}{2\pi(1 + r^2 - 2r\cos\theta)},$$

$$\frac{1}{2\pi}\sum_{-\infty}^{\infty} i(\mathrm{sgn}\,n)r^{-|n|}e^{in\theta} = -\frac{r\sin\theta}{\pi(1 + r^2 - 2r\cos\theta)},$$

$$\frac{1}{2\pi}\sum_{-\infty}^{\infty} |n|r^{-|n|}e^{in\theta} = \frac{r(\cos\theta - 2r + r^2\cos\theta)}{\pi(1 + r^2 - 2r\cos\theta)^2},$$

$$\frac{1}{2\pi}\sum_{-\infty}^{\infty} inr^{-|n|}e^{in\theta} = -\frac{r(r^2 - 1)\sin\theta}{\pi(1 + r^2 - 2r\cos\theta)^2},$$

便得到单位圆外平面弹性问题的 Poisson 积分公式

$$
\begin{bmatrix} u_r(r,\theta) \\ u_\theta(r,\theta) \end{bmatrix} = \begin{bmatrix} P_{rr} & P_{r\theta} \\ P_{\theta r} & P_{\theta\theta} \end{bmatrix} * \begin{bmatrix} u_r(1,\theta) \\ u_\theta(1,\theta) \end{bmatrix}, \quad r > 1, \tag{4.48}
$$

其中

$$
\begin{aligned}
P_{rr} =& \frac{(2br\cos\theta + a - b)(r^2 - 1)}{2\pi r(a+b)(1 + r^2 - 2r\cos\theta)} \\
& + \frac{(a-b)(r^2-1)(\cos\theta - 2r + r^2\cos\theta)}{2\pi(a+b)(1+r^2-2r\cos\theta)^2}, \\
P_{r\theta} =& \frac{(a-b)(r^2-1)^2\sin\theta}{2\pi(a+b)(1+r^2-2r\cos\theta)^2} \\
& + \frac{b(r^2-1)\sin\theta}{\pi(a+b)(1+r^2-2r\cos\theta)}, \\
P_{\theta r} =& \frac{(a-b)(r^2-1)^2\sin\theta}{2\pi(a+b)(1+r^2-2r\cos\theta)^2} \\
& - \frac{a(r^2-1)\sin\theta}{\pi(a+b)(1+r^2-2r\cos\theta)}, \\
P_{\theta\theta} =& \frac{(2ar\cos\theta + b - a)(r^2-1)}{2\pi r(a+b)(1+r^2-2r\cos\theta)} \\
& - \frac{(a-b)(r^2-1)(\cos\theta - 2r + r^2\cos\theta)}{2\pi(a+b)(1+r^2-2r\cos\theta)^2}.
\end{aligned}
$$

再将式 (4.47) 代入

$$
\begin{aligned}
\begin{bmatrix} g_r \\ g_\theta \end{bmatrix} &= \begin{bmatrix} \sigma_{rr} & \sigma_{r\theta} \\ \sigma_{\theta r} & \sigma_{\theta\theta} \end{bmatrix} \begin{bmatrix} -1 \\ 0 \end{bmatrix}_\Gamma = \begin{bmatrix} -\sigma_{rr} \\ -\sigma_{r\theta} \end{bmatrix}_\Gamma \\
&= \begin{bmatrix} -a\dfrac{\partial u_r}{\partial r} - (a-2b)\left(\dfrac{1}{r}\dfrac{\partial u_\theta}{\partial\theta} + \dfrac{1}{r}u_r\right) \\[2mm] -b\left(\dfrac{\partial u_\theta}{\partial r} - \dfrac{1}{r}u_\theta + \dfrac{1}{r}\dfrac{\partial u_r}{\partial\theta}\right) \end{bmatrix}_{r=1},
\end{aligned}
$$

即可得自然积分方程

$$
\begin{bmatrix} g_r(\theta) \\ g_\theta(\theta) \end{bmatrix} = \begin{bmatrix} K_{rr} & K_{r\theta} \\ K_{\theta r} & K_{\theta\theta} \end{bmatrix} * \begin{bmatrix} u_r(1,\theta) \\ u_\theta(1,\theta) \end{bmatrix}, \tag{4.49}
$$

其中

$$
K_{rr} = K_{\theta\theta} = -\frac{ab}{2\pi(a+b)\sin^2\dfrac{\theta}{2}} + \frac{2b^2}{a+b}\delta(\theta) + \frac{ab}{\pi(a+b)},
$$

$$K_{r\theta} = -K_{\theta r} = -\frac{ab}{\pi(a+b)}\cot\frac{\theta}{2} + \frac{2b^2}{a+b}\delta'(\theta).$$

2) 复变函数论方法

与在单位圆内的情况类似, 但注意到对圆外区域, $n = (-\cos\theta, -\sin\theta)^{\mathrm{T}}$, 便有

$$\begin{cases} g_r(\theta) = -[\sigma_{11}\cos^2\theta + \sigma_{22}\sin^2\theta + 2\sigma_{12}\cos\theta\sin\theta]_{r=1}, \\ g_\theta(\theta) = -[(\sigma_{22}-\sigma_{11})\cos\theta\sin\theta + \sigma_{12}(\cos^2\theta - \sin^2\theta)]_{r=1}. \end{cases}$$

以 $z = e^{i\theta}$ 代入平面弹性方程组的解的复变函数表示 (4.14), 并令

$$F(z) = \frac{\lambda+3\mu}{\lambda+\mu}\varphi(z) - \frac{1}{z}\overline{\varphi'(z)} - \overline{\psi(z)},$$

$$G(z) = \frac{\lambda+3\mu}{\lambda+\mu}\varphi(z) + \frac{1}{z}\overline{\varphi'(z)} + \overline{\psi(z)},$$

则有

$$u_1(1,\theta) = \frac{1}{2\mu}\mathrm{Re}F(z)|_{r=1}, \quad u_2(1,\theta) = \frac{1}{2\mu}\mathrm{Im}G(z)|_{r=1}.$$

由于 $F(z)$ 及 $G(z)$ 均为 Ω 上的解析函数, 故由单位圆外调和自然积分方程 (见第 2 章), 可得

$$K(\theta) * u_1(1,\theta) = -\frac{1}{2\mu}\mathrm{Re}\left[\frac{\lambda+3\mu}{\lambda+\mu}e^{i\theta}\varphi'(e^{i\theta}) + e^{-i\theta}\overline{\varphi'(e^{i\theta})}\right. $$
$$\left. - \overline{\varphi''(e^{i\theta})} - e^{i\theta}\overline{\psi''(e^{i\theta})}\right],$$

$$K(\theta) * u_2(1,\theta) = -\frac{1}{2\mu}\mathrm{Im}\left[\frac{\lambda+3\mu}{\lambda+\mu}e^{i\theta}\varphi'(e^{i\theta}) - e^{-i\theta}\overline{\varphi'(e^{i\theta})}\right. $$
$$\left. + \overline{\varphi''(e^{i\theta})} + e^{i\theta}\overline{\psi''(e^{i\theta})}\right],$$

其中

$$K(\theta) = -\frac{1}{4\pi\sin^2\dfrac{\theta}{2}},$$

此外,

$$\frac{d}{d\theta}u_1(1,\theta) = -\frac{1}{2\mu}\mathrm{Im}\left[\frac{\lambda+3\mu}{\lambda+\mu}e^{i\theta}\varphi'(e^{i\theta}) + e^{-i\theta}\overline{\varphi'(e^{i\theta})}\right. $$
$$\left. - \overline{\varphi''(e^{i\theta})} - e^{i\theta}\overline{\psi''(e^{i\theta})}\right],$$

$$\frac{d}{d\theta}u_2(1,\theta) = \frac{1}{2\mu}\mathrm{Re}\left[\frac{\lambda+3\mu}{\lambda+\mu}e^{i\theta}\varphi'(e^{i\theta}) - e^{-i\theta}\overline{\varphi'(e^{i\theta})}\right.$$

$$+ \varphi''(e^{i\theta}) + e^{i\theta}\psi''(e^{i\theta}) \Bigg].$$

由上述诸式可解得

$$
\begin{aligned}
\mathrm{Re}\varphi'(e^{i\theta}) =& \frac{\mu(\lambda+\mu)}{\lambda+3\mu}\Bigg\{ -\cos\theta[K(\theta)*u_1(1,\theta)] \\
& -\sin\theta\frac{d}{d\theta}u_1(1,\theta) - \sin\theta[K(\theta)*u_2(1,\theta)] \\
& +\cos\theta\frac{d}{d\theta}u_2(1,\theta)\Bigg\},
\end{aligned}
$$

$$
\begin{aligned}
\mathrm{Im}\varphi'(e^{i\theta}) =& \frac{\mu(\lambda+\mu)}{\lambda+3\mu}\Bigg\{ \sin\theta[K(\theta)*u_1(1,\theta)] \\
& -\cos\theta\frac{d}{d\theta}u_1(1,\theta) - \cos\theta[K(\theta)*u_2(1,\theta)] \\
& -\sin\theta\frac{d}{d\theta}u_2(1,\theta)\Bigg\},
\end{aligned}
$$

$$
\begin{aligned}
& \mathrm{Re}[e^{-i\theta}\varphi''(e^{i\theta}) + \psi''(e^{i\theta})] \\
=& \mu\Bigg\{ \cos\theta[K(\theta)*u_1(1,\theta)] + \sin\theta\frac{d}{d\theta}u_1(1,\theta) \\
& -\sin\theta[K(\theta)*u_2(1,\theta)] + \cos\theta\frac{d}{d\theta}u_2(1,\theta)\Bigg\} \\
& + \cos 2\theta\mathrm{Re}\varphi'(e^{i\theta}) + \sin 2\theta\mathrm{Im}\varphi'(e^{i\theta}),
\end{aligned}
$$

$$
\begin{aligned}
& \mathrm{Im}[e^{-i\theta}\varphi''(e^{i\theta}) + \psi''(e^{i\theta})] \\
=& \mu\Bigg\{ -\sin\theta[K(\theta)*u_1(1,\theta)] + \cos\theta\frac{d}{d\theta}u_1(1,\theta) \\
& -\cos\theta[K(\theta)*u_2(1,\theta)] - \sin\theta\frac{d}{d\theta}u_2(1,\theta)\Bigg\} \\
& - \sin 2\theta\mathrm{Re}\varphi'(e^{i\theta}) + \cos 2\theta\mathrm{Im}\varphi'(e^{i\theta}).
\end{aligned}
$$

由于由 (4.15) 可得

$$
\begin{aligned}
\sigma_{11}(1,\theta) &= \mathrm{Re}[2\varphi'(e^{i\theta}) - e^{-i\theta}\varphi''(e^{i\theta}) - \psi''(e^{i\theta})], \\
\sigma_{22}(1,\theta) &= \mathrm{Re}[2\varphi'(e^{i\theta}) + e^{-i\theta}\varphi''(e^{i\theta}) + \psi''(e^{i\theta})], \\
\sigma_{12}(1,\theta) &= \mathrm{Im}[e^{-i\theta}\varphi''(e^{i\theta}) + \psi''(e^{i\theta})],
\end{aligned}
$$

便有

$$
\begin{aligned}
g_r(\theta) =& \frac{2\mu(\lambda+2\mu)}{\lambda+3\mu}\cos\theta[K(\theta)*u_1(1,\theta)] \\
& -\frac{2\mu^2}{\lambda+3\mu}\sin\theta\frac{d}{d\theta}u_1(1,\theta)
\end{aligned}
$$

$$+ \frac{2\mu(\lambda + 2\mu)}{\lambda + 3\mu} \sin\theta [K(\theta) * u_2(1, \theta)]$$

$$+ \frac{2\mu^2}{\lambda + 3\mu} \cos\theta \frac{d}{d\theta} u_2(1, \theta),$$

$$g_\theta(\theta) = - \frac{2\mu(\lambda + 2\mu)}{\lambda + 3\mu} \sin\theta [K(\theta) * u_1(1, \theta)]$$

$$- \frac{2\mu^2}{\lambda + 3\mu} \cos\theta \frac{d}{d\theta} u_1(1, \theta)$$

$$+ \frac{2\mu(\lambda + 2\mu)}{\lambda + 3\mu} \cos\theta [K(\theta) * u_2(1, \theta)]$$

$$- \frac{2\mu^2}{\lambda + 3\mu} \sin\theta \frac{d}{d\theta} u_2(1, \theta).$$

再将

$$u_1 = u_r \cos\theta - u_\theta \sin\theta, \quad u_2 = u_r \sin\theta + u_\theta \cos\theta$$

代入上式, 便得到

$$g_r(\theta) = \frac{2\mu(\lambda + 2\mu)}{\lambda + 3\mu} [\cos\theta K(\theta)] * u_r(1, \theta) + \frac{2\mu^2}{\lambda + 3\mu} u_r(1, \theta)$$

$$+ \frac{2\mu(\lambda + 2\mu)}{\lambda + 3\mu} [\sin\theta K(\theta)] * u_\theta(1, \theta) + \frac{2\mu^2}{\lambda + 3\mu} \frac{d}{d\theta} u_\theta(1, \theta),$$

$$g_\theta(\theta) = - \frac{2\mu(\lambda + 2\mu)}{\lambda + 3\mu} [\sin\theta K(\theta)] * u_r(1, \theta) - \frac{2\mu^2}{\lambda + 3\mu} \frac{d}{d\theta} u_r(1, \theta)$$

$$+ \frac{2\mu(\lambda + 2\mu)}{\lambda + 3\mu} [\cos\theta K(\theta)] * u_\theta(1, \theta) + \frac{2\mu^2}{\lambda + 3\mu} u_\theta(1, \theta).$$

将 $K(\theta) = - \dfrac{1}{4\pi \sin^2 \dfrac{\theta}{2}}$ 代回, 并令 $a = \lambda + 2\mu, b = \mu$, 又得到自然积分方程 (4.49).

3) 半径为 R 时的结果

上述关于单位圆外部区域的结果可以推广到一般圆外区域, 即当 Ω 为半径为 R 的圆外区域时, 平面弹性问题的自然积分方程为

$$\begin{bmatrix} g_r(\theta) \\ g_\theta(\theta) \end{bmatrix} = \begin{bmatrix} K_{rr} & K_{r\theta} \\ K_{\theta r} & K_{\theta\theta} \end{bmatrix} * \begin{bmatrix} u_r(R, \theta) \\ u_\theta(R, \theta) \end{bmatrix}, \tag{4.50}$$

其中

$$K_{rr} = K_{\theta\theta} = - \frac{ab}{2\pi R(a + b) \sin^2 \dfrac{\theta}{2}} + \frac{2b^2}{R(a + b)} \delta(\theta)$$

$$+ \frac{ab}{\pi R(a + b)},$$

$$K_{r\theta} = -K_{\theta r} = -\frac{ab}{\pi R(a+b)}\mathrm{ctg}\frac{\theta}{2} + \frac{2b^2}{R(a+b)}\delta'(\theta).$$

而 Poisson 积分公式为

$$\begin{bmatrix} u_r(r,\theta) \\ u_\theta(r,\theta) \end{bmatrix} = \begin{bmatrix} P_{rr} & P_{r\theta} \\ P_{\theta r} & P_{\theta\theta} \end{bmatrix} * \begin{bmatrix} u_r(R,\theta) \\ u_\theta(R,\theta) \end{bmatrix}, \quad r > R, \tag{4.51}$$

其中

$$P_{rr} = \frac{[2br\cos\theta + (a-b)R](r^2 - R^2)}{2\pi r(a+b)(R^2 + r^2 - 2Rr\cos\theta)}$$
$$+ \frac{(a-b)(r^2 - R^2)(R^2\cos\theta - 2Rr + r^2\cos\theta)}{2\pi(a+b)(R^2 + r^2 - 2Rr\cos\theta)^2},$$

$$P_{r\theta} = \frac{b(r^2 - R^2)\sin\theta}{\pi(a+b)(R^2 + r^2 - 2Rr\cos\theta)}$$
$$+ \frac{(a-b)(r^2 - R^2)^2\sin\theta}{2\pi(a+b)(R^2 + r^2 - 2Rr\cos\theta)^2},$$

$$P_{\theta r} = -\frac{a(r^2 - R^2)\sin\theta}{\pi(a+b)(R^2 + r^2 - 2Rr\cos\theta)}$$
$$+ \frac{(a-b)(r^2 - R^2)^2\sin\theta}{2\pi(a+b)(R^2 + r^2 - 2Rr\cos\theta)^2},$$

$$P_{\theta\theta} = \frac{[2ar\cos\theta + (b-a)R](r^2 - R^2)}{2\pi r(a+b)(R^2 + r^2 - 2Rr\cos\theta)}$$
$$- \frac{(a-b)(r^2 - R^2)(R^2\cos\theta - 2Rr + r^2\cos\theta)}{2\pi(a+b)(R^2 + r^2 - 2Rr\cos\theta)^2}.$$

2. 直角坐标分解下的结果

现在回到直角坐标分解, 仍先设 Ω 为单位圆外区域.

1) 复变函数论方法

由前述, 利用平面弹性方程组的解的复变函数表示 (4.14) 可得

$$K(\theta) * u_1(1,\theta) = -\frac{1}{2\mu}\mathrm{Re}\left[\frac{\lambda + 3\mu}{\lambda + \mu}e^{i\theta}\varphi'(e^{i\theta})\right.$$
$$\left. + e^{-i\theta}\varphi'(e^{i\theta}) - \varphi''(e^{i\theta}) - e^{i\theta}\psi''(e^{i\theta})\right],$$

$$K(\theta) * u_2(1,\theta) = -\frac{1}{2\mu}\mathrm{Im}\left[\frac{\lambda + 3\mu}{\lambda + \mu}e^{i\theta}\varphi'(e^{i\theta})\right.$$
$$\left. - e^{-i\theta}\varphi'(e^{i\theta}) + \varphi''(e^{i\theta}) + e^{i\theta}\psi''(e^{i\theta})\right],$$

$$\frac{d}{d\theta}u_1(1,\theta) = -\frac{1}{2\mu}\mathrm{Im}\left[\frac{\lambda+3\mu}{\lambda+\mu}e^{i\theta}\varphi'(e^{i\theta})\right.$$

$$\left.+ e^{-i\theta}\varphi'(e^{i\theta}) - \varphi''(e^{i\theta}) - e^{i\theta}\psi''(e^{i\theta})\right],$$

$$\frac{d}{d\theta}u_2(1,\theta) = \frac{1}{2\mu}\mathrm{Re}\left[\frac{\lambda+3\mu}{\lambda+\mu}e^{i\theta}\varphi'(e^{i\theta})\right.$$

$$\left.- e^{-i\theta}\varphi'(e^{i\theta}) + \varphi''(e^{i\theta}) + e^{i\theta}\psi''(e^{i\theta})\right],$$

其中 $K(\theta) = -\dfrac{1}{4\pi\sin^2\dfrac{\theta}{2}}$. 由上述等式解出 $\mathrm{Re}\varphi'(e^{i\theta})$, $\mathrm{Im}\varphi'(e^{i\theta})$, $\mathrm{Re}[e^{-i\theta}\varphi''(e^{i\theta}) +$

$\psi''(e^{i\theta})]$ 及 $\mathrm{Im}[e^{-i\theta}\varphi''(e^{i\theta}) + \psi''(e^{i\theta})]$, 代入

$$\begin{cases} \sigma_{11}(1,\theta) = \mathrm{Re}[2\varphi'(e^{i\theta}) - e^{-i\theta}\varphi''(e^{i\theta}) - \psi''(e^{i\theta})], \\ \sigma_{22}(1,\theta) = \mathrm{Re}[2\varphi'(e^{i\theta}) + e^{-i\theta}\varphi''(e^{i\theta}) + \psi''(e^{i\theta})], \\ \sigma_{12}(1,\theta) = \mathrm{Im}[e^{-i\theta}\varphi''(e^{i\theta}) + \psi''(e^{i\theta})] \end{cases}$$

及

$$\begin{bmatrix} g_1(\theta) \\ g_2(\theta) \end{bmatrix} = \begin{bmatrix} \sigma_{11} & \sigma_{12} \\ \sigma_{21} & \sigma_{22} \end{bmatrix} \begin{bmatrix} -\cos\theta \\ -\sin\theta \end{bmatrix}_{r=1}$$

$$= \begin{bmatrix} -(\sigma_{11}\cos\theta + \sigma_{12}\sin\theta) \\ -(\sigma_{12}\cos\theta + \sigma_{22}\sin\theta) \end{bmatrix}_{r=1},$$

便可得到自然积分方程

$$\begin{bmatrix} g_1(\theta) \\ g_2(\theta) \end{bmatrix} = \begin{bmatrix} -\dfrac{ab}{2\pi(a+b)\sin^2\dfrac{\theta}{2}} & \dfrac{2b^2}{a+b}\delta'(\theta) \\ -\dfrac{2b^2}{a+b}\delta'(\theta) & -\dfrac{ab}{2\pi(a+b)\sin^2\dfrac{\theta}{2}} \end{bmatrix}$$

$$* \begin{bmatrix} u_1(1,\theta) \\ u_2(1,\theta) \end{bmatrix}. \tag{4.52}$$

2) 应用坐标变换公式

直角坐标分解下的单位圆外平面弹性问题的自然积分方程 (4.52) 也可利用坐标变换公式由极坐标分解下的相应结果 (4.49) 得到.

若 Ω 为半径为 R 的圆外区域, 则可得自然积分方程

$$
\begin{bmatrix} g_1(\theta) \\ g_2(\theta) \end{bmatrix} = \frac{1}{R} \begin{bmatrix} -\dfrac{ab}{2\pi(a+b)\sin^2\dfrac{\theta}{2}} & \dfrac{2b^2}{a+b}\delta'(\theta) \\[4mm] -\dfrac{2b^2}{a+b}\delta'(\theta) & -\dfrac{ab}{2\pi(a+b)\sin^2\dfrac{\theta}{2}} \end{bmatrix}
$$

$$
* \begin{bmatrix} u_1(R,\theta) \\ u_2(R,\theta) \end{bmatrix}. \tag{4.53}
$$

直角坐标分解下的圆外区域的 Poisson 积分公式仍为式 (4.46), 只是其中的 $P_{rr}, P_{r\theta}, P_{\theta r}$ 及 $P_{\theta\theta}$ 应由式 (4.51) 给出.

同样可以利用坐标变换公式由直角坐标分解下的结果得到极坐标分解下的结果.

4.4.4　几个简单例子

仍可举一些简单例子来验证上述典型域上的平面弹性问题的自然积分方程及 Poisson 积分公式. 通过直接计算, 容易得到如下一些关于极坐标分解下的圆域上的平面弹性自然积分核及 Poisson 积分核的卷积计算结果.

(1) Ω 为半径为 R 的圆内区域 $(0 \leqslant r < R)$,

$$
K_{rr} * 1 = \frac{2(a-b)}{R}, \quad K_{\theta\theta} * 1 = 0,
$$

$$
K_{rr} * \sin\theta = K_{\theta\theta} * \sin\theta = \frac{2b(a-b)}{(a+b)R}\sin\theta,
$$

$$
K_{rr} * \cos\theta = K_{\theta\theta} * \cos\theta = \frac{2b(a-b)}{(a+b)R}\cos\theta,
$$

$$
K_{r\theta} * 1 = K_{\theta r} * 1 = 0,
$$

$$
K_{r\theta} * \sin\theta = -K_{\theta r} * \sin\theta = \frac{2b(a-b)}{(a+b)R}\cos\theta,
$$

$$
K_{r\theta} * \cos\theta = -K_{\theta r} * \cos\theta = -\frac{2b(a-b)}{(a+b)R}\sin\theta,
$$

其中 $K_{rr}, K_{r\theta}, K_{\theta r}, K_{\theta\theta}$ 由 (4.42) 给出.

$$
P_{rr} * 1 = \frac{r}{R},
$$

$$
P_{rr} * \sin\theta = \frac{(3a-b)R^2 + (3b-a)r^2}{2(a+b)R^2}\sin\theta,
$$

$$
P_{rr} * \cos\theta = \frac{(3a-b)R^2 + (3b-a)r^2}{2(a+b)R^2}\cos\theta,
$$

$$P_{r\theta} * 1 = 0,$$

$$P_{r\theta} * \sin\theta = \frac{(a-3b)(R^2-r^2)}{2(a+b)R^2} \cos\theta,$$

$$P_{r\theta} * \cos\theta = \frac{(3b-a)(R^2-r^2)}{2(a+b)R^2} \sin\theta,$$

$$P_{\theta r} * 1 = 0,$$

$$P_{\theta r} * \sin\theta = \frac{(3a-b)(R^2-r^2)}{2(a+b)R^2} \cos\theta,$$

$$P_{\theta r} * \cos\theta = \frac{(b-3a)(R^2-r^2)}{2(a+b)R^2} \sin\theta,$$

$$P_{\theta\theta} * 1 = \frac{r}{R},$$

$$P_{\theta\theta} * \sin\theta = \frac{(3b-a)R^2 + (3a-b)r^2}{2(a+b)R^2} \sin\theta,$$

$$P_{\theta\theta} * \cos\theta = \frac{(3b-a)R^2 + (3a-b)r^2}{2(a+b)R^2} \cos\theta,$$

其中 $P_{rr}, R_{r\theta}, P_{\theta r}, P_{\theta\theta}$ 由 (4.43) 给出.

(2) Ω 为半径为 R 的圆外区域 $(r > R)$,

$$K_{rr} * 1 = K_{\theta\theta} * 1 = \frac{2b}{R},$$

$$K_{rr} * \sin\theta = K_{\theta\theta} * \sin\theta = \frac{2b}{R} \sin\theta,$$

$$K_{rr} * \cos\theta = K_{\theta\theta} * \cos\theta = \frac{2b}{R} \cos\theta,$$

$$K_{r\theta} * 1 = K_{\theta r} * 1 = 0,$$

$$K_{r\theta} * \sin\theta = -K_{\theta r} * \sin\theta = \frac{2b}{R} \cos\theta,$$

$$K_{r\theta} * \cos\theta = -K_{\theta r} * \cos\theta = -\frac{2b}{R} \sin\theta,$$

其中 $K_{rr}, K_{r\theta}, K_{\theta r}, K_{\theta\theta}$ 由 (4.50) 给出.

$$P_{rr} * 1 = P_{\theta\theta} * 1 = \frac{R}{r},$$

$$P_{rr} * \sin\theta = P_{\theta\theta} * \sin\theta = \frac{r^2 + R^2}{2r^2} \sin\theta,$$

$$P_{rr} * \cos\theta = P_{\theta\theta} * \cos\theta = \frac{r^2 + R^2}{2r^2} \cos\theta,$$

$$P_{r\theta} * 1 = P_{\theta r} * 1 = 0,$$

$$P_{r\theta} * \sin\theta = -P_{\theta r} * \sin\theta = -\frac{r^2 - R^2}{2r^2} \cos\theta,$$

$$P_{r\theta} * \cos\theta = -P_{\theta r} * \cos\theta = \frac{r^2 - R^2}{2r^2}\sin\theta,$$

其中 $P_{rr}, P_{r\theta}, P_{\theta r}, P_{\theta\theta}$ 由 (4.51) 给出.

例 4.1　Ω 为半径为 R 的圆内区域 $(0 \leqslant r < R), (u_r, u_\theta)$ 为平面弹性问题在极坐标分解下的解, 已知其边值

$$\begin{cases} u_r(R,\theta) = \alpha_0 + \alpha_1\cos\theta + \alpha_2\sin\theta, \\ u_\theta(R,\theta) = \beta_0 + \beta_1\cos\theta + \beta_2\sin\theta, \end{cases}$$

则由自然积分方程 (4.42) 可得

$$\begin{cases} g_r(\theta) = \dfrac{2}{R}(a-b)\alpha_0 + \dfrac{2b(a-b)}{(a+b)R}\{(\alpha_1+\beta_2)\cos\theta \\ \qquad\qquad + (\alpha_2-\beta_1)\sin\theta\}, \\ g_\theta(\theta) = \dfrac{2b(a-b)}{(a+b)R}\{(\beta_1-\alpha_2)\cos\theta + (\alpha_1+\beta_2)\sin\theta\}, \end{cases}$$

又由 Poisson 积分公式 (4.43) 可得

$$\begin{cases} u_r(r,\theta) = \alpha_0\dfrac{r}{R} + \dfrac{(3a-b)R^2 + (3b-a)r^2}{2(a+b)R^2}\cdot(\alpha_1\cos\theta + \alpha_2\sin\theta) \\ \qquad\qquad + \dfrac{(3b-a)(R^2-r^2)}{2(a+b)R^2}(\beta_1\sin\theta - \beta_2\cos\theta), \\ u_\theta(r,\theta) = \beta_0\dfrac{r}{R} + \dfrac{(3a-b)(R^2-r^2)}{2(a+b)R^2}\cdot(\alpha_2\cos\theta - \alpha_1\sin\theta) \\ \qquad\qquad + \dfrac{(3b-a)R^2 + (3a-b)r^2}{2(a+b)R^2}(\beta_1\cos\theta + \beta_2\sin\theta). \end{cases}$$

容易验证这样得到的解满足平面弹性方程, 且由解 (u_r, u_θ) 根据定义得到的边界应力 (g_r, g_θ) 也与刚才由自然积分方程得到的结果完全一致.

例 4.2　Ω 为半径为 R 的圆外区域 $(r > R), (u_r, u_\theta)$ 为平面弹性问题在极坐标分解下的解, 已知其边值

$$\begin{cases} u_r(R,\theta) = \alpha_0 + \alpha_1\cos\theta + \alpha_2\sin\theta, \\ u_\theta(R,\theta) = \beta_0 + \beta_1\cos\theta + \beta_2\sin\theta, \end{cases}$$

则由自然积分方程 (4.50) 可得

$$\begin{cases} g_r(\theta) = \dfrac{2b}{R}[\alpha_0 + (\alpha_1+\beta_2)\cos\theta + (\alpha_2-\beta_1)\sin\theta], \\ g_\theta(\theta) = \dfrac{2b}{R}[\beta_0 + (\beta_1-\alpha_2)\cos\theta + (\alpha_1+\beta_2)\sin\theta], \end{cases}$$

又由 Poisson 积分公式 (4.51) 可得

$$
\begin{cases}
u_r(r,\theta) = \alpha_0 \dfrac{R}{r} + \dfrac{r^2 + R^2}{2r^2}(\alpha_2 \sin\theta + \alpha_1 \cos\theta) \\
\qquad\quad + \dfrac{r^2 - R^2}{2r^2}(\beta_1 \sin\theta - \beta_2 \cos\theta), \\
u_\theta(r,\theta) = \beta_0 \dfrac{R}{r} + \dfrac{r^2 - R^2}{2r^2}(\alpha_2 \cos\theta - \alpha_1 \sin\theta) \\
\qquad\quad + \dfrac{r^2 + R^2}{2r^2}(\beta_1 \cos\theta + \beta_2 \sin\theta).
\end{cases}
$$

容易验证此解满足平面弹性方程, 且由它出发根据定义得到的边界应力 (g_r, g_θ) 也与刚才由自然积分方程得到的结果完全相同.

例 4.3 Ω 为单位圆外部区域 $(r > 1)$,

$$
\begin{cases}
u_1(r,\theta) = -\dfrac{1}{r}\sin\theta + \dfrac{1}{2r^2}\sin 2\theta, \\
u_2(r,\theta) = \dfrac{1}{2} + \dfrac{1}{r}\cos\theta - \dfrac{1}{2r^2}\cos 2\theta
\end{cases}
$$

为平面弹性问题在直角坐标分解下的解, 则其边界位移为

$$
\begin{cases}
u_1(1,\theta) = -\sin\theta + \dfrac{1}{2}\sin 2\theta, \\
u_2(1,\theta) = \dfrac{1}{2} + \cos\theta - \dfrac{1}{2}\cos 2\theta,
\end{cases}
$$

其边界应力为

$$
\begin{cases}
g_1(\theta) = -2b(\sin\theta - \sin 2\theta), \\
g_2(\theta) = 2b(\cos\theta - \cos 2\theta).
\end{cases}
$$

易验证它们满足自然积分方程 (4.52):

$$
\mathscr{K}\begin{bmatrix} u_1(1,\theta) \\ u_2(1,\theta) \end{bmatrix} = \begin{bmatrix} \dfrac{2ab}{a+b}K(\theta) & \dfrac{2b^2}{a+b}\delta'(\theta) \\[2mm] -\dfrac{2b^2}{a+b}\delta'(\theta) & \dfrac{2ab}{a+b}K(\theta) \end{bmatrix}
$$

$$
* \begin{bmatrix} -\sin\theta + \dfrac{1}{2}\sin 2\theta \\[2mm] \dfrac{1}{2} + \cos\theta - \dfrac{1}{2}\cos 2\theta \end{bmatrix}
$$

$$
= \begin{bmatrix} \dfrac{2ab}{a+b}(-\sin\theta + \sin 2\theta) + \dfrac{2b^2}{a+b}(-\sin\theta + \sin 2\theta) \\[2mm] -\dfrac{2b^2}{a+b}(-\cos\theta + \cos 2\theta) + \dfrac{2ab}{a+b}(\cos\theta - \cos 2\theta) \end{bmatrix}
$$

$$
= \left[\begin{array}{c} 2b(-\sin\theta + \sin 2\theta) \\ 2b(\cos\theta - \cos 2\theta) \end{array} \right] = \left[\begin{array}{c} g_1(\theta) \\ g_2(\theta) \end{array} \right],
$$

其中

$$
K(\theta) = -\frac{1}{4\pi \sin^2 \dfrac{\theta}{2}},
$$

这里只需要注意到

$$
\begin{aligned}
K(\theta) * 1 &= 0, \\
K(\theta) * \sin k\theta &= k \sin k\theta, \qquad k = 1, 2, \cdots \\
K(\theta) * \cos k\theta &= k \cos k\theta,
\end{aligned}
$$

即可.

4.5　自然积分算子及其逆算子

由平面弹性问题的解的性质 (例如参见文献 [188]), 我们知边界位移 u_0 与以其为位移边界条件的平面弹性问题的解 u 间的关联是空间 $H^{\frac{1}{2}}(\varGamma)^2 \leftrightarrow H^1(\varOmega)^2$ 间的同构, 而边界载荷 g 与以其为载荷边界条件的平面弹性问题的解 u 间的关联是空间 $[H^{-\frac{1}{2}}(\varGamma)^2]_0 \leftrightarrow H^1(\varOmega)^2/\mathscr{R}$ 间的同构, 其中

$$
[H^{-\frac{1}{2}}(\varGamma)^2]_0 = \left\{ g \in H^{-\frac{1}{2}}(\varGamma)^2 \,\bigg|\, \int_{\varGamma} g \cdot v\, ds = 0, \forall v \in \mathscr{R} \right\},
$$

$\mathscr{R}$ 为无应变状态下解函数全体. 于是自然积分算子 $\mathscr{K}: u_0 \to g$ 正是 $H^{\frac{1}{2}}(\varGamma)^2/\mathscr{R}(\varGamma) \leftrightarrow [H^{-\frac{1}{2}}(\varGamma)^2]_0$ 间的同构算子, 其中 $\mathscr{R}(\varGamma) = \gamma\mathscr{R}$, 即 $\mathscr{R}$ 中元素在 $\varGamma$ 上的迹的全体. $\mathscr{K}$ 产生光滑性降价, 是 1 阶拟微分算子. 下面将由上节导出的典型域上的平面弹性自然积分算子的具体表达式出发直接研究其性质, 并写出这些自然积分方程的反演公式.

4.5.1　上半平面自然积分算子

已知上半平面的平面弹性自然积分算子为

$$
\mathscr{K} = \left[\begin{array}{cc} -\dfrac{2ab}{(a+b)\pi x^2} & -\dfrac{2b^2}{a+b}\delta'(x) \\[3mm] \dfrac{2b^2}{a+b}\delta'(x) & -\dfrac{2ab}{(a+b)\pi x^2} \end{array} \right] *.
$$

采用 2.6 节用过的记号 $D = -i\dfrac{\partial}{\partial x}$, 并利用那里的结果

$$
-\frac{1}{\pi x^2} * = |D|,
$$

我们得到

$$\mathscr{K} = \begin{bmatrix} \dfrac{2ab}{a+b}|D| & -\dfrac{2b^2}{a+b}iD \\[3mm] \dfrac{2b^2}{a+b}iD & \dfrac{2ab}{a+b}|D| \end{bmatrix}, \tag{4.54}$$

其中 D 为 1 阶微分算子, $|D|$ 为 1 阶拟微分算子. 由此易得自然积分算子 $\mathscr{K}$ 的如下性质.

(1) $\mathscr{K}$ 为 $\begin{bmatrix} 1 & 1 \\ 1 & 1 \end{bmatrix}$ 阶拟微分算子, 由 $|D|$ 及 D 的映射性质立即得到 $\mathscr{K}$: $[H^{\frac{1}{2}}(\Gamma)]^2 \to [H^{-\frac{1}{2}}(\Gamma)]^2$.

(2) 由于 $a = \lambda + 2\mu > 0, b = \mu > 0, a - b = \lambda + \mu > 0$, Hermite 对称矩阵

$$\begin{bmatrix} \dfrac{2ab}{a+b}|\xi| & -i\dfrac{2b^2}{a+b}\xi \\[3mm] i\dfrac{2b^2}{a+b}\xi & \dfrac{2ab}{a+b}|\xi| \end{bmatrix}$$

正定, 其行列式

$$\begin{vmatrix} \dfrac{2ab}{a+b}|\xi| & -i\dfrac{2b^2}{a+b}\xi \\[3mm] i\dfrac{2b^2}{a+b}\xi & \dfrac{2ab}{a+b}|\xi| \end{vmatrix} = \dfrac{4b^2(a-b)}{a+b}\xi^2 \geqslant 0,$$

当且仅当 $\xi = 0$ 时等号成立. 于是 $\mathscr{K}$ 为强椭圆型拟微分算子.

(3) 由于 $|D|$ 为拟局部算子, D 为局部算子, 故 $\mathscr{K}$ 为拟局部算子. 这就是说, u_0 的不光滑性对 g 的影响是拟局部的.

(4) $\mathscr{K}$ 的逆算子为

$$\mathscr{K}^{-1} = \dfrac{1}{2b(a-b)} \begin{bmatrix} \dfrac{a}{|D|} & i\dfrac{b}{D} \\[3mm] -i\dfrac{b}{D} & \dfrac{a}{|D|} \end{bmatrix}, \tag{4.55}$$

其中

$$\dfrac{1}{|D|} = \left(-\dfrac{1}{\pi}\ln|x|\right)*, \quad \dfrac{1}{D} = \dfrac{1}{2}i(\mathrm{sgn}x)*,$$

$$\mathrm{sgn}x = \begin{cases} 1, & x > 0, \\ 0, & x = 0, \\ -1, & x < 0. \end{cases}$$

从而上半平面平面弹性自然积分方程 (4.35) 的反演公式为

$$
\left[
\begin{array}{c}
u_1(x,0) \\
u_2(x,0)
\end{array}
\right]
= \frac{1}{2b(a-b)}
\left[
\begin{array}{cc}
-\dfrac{a}{\pi}\ln|x| & -\dfrac{b}{2}\mathrm{sgn}x \\[2mm]
\dfrac{b}{2}\mathrm{sgn}x & -\dfrac{a}{\pi}\ln|x|
\end{array}
\right]
*
\left[
\begin{array}{c}
g_1(x) \\
g_2(x)
\end{array}
\right].
\tag{4.56}
$$

由于广义函数 $\dfrac{1}{|\xi|}$ 及 $\dfrac{1}{\xi}$ 均包含一个 $\delta(\xi)$ 的任意倍, 故其 Fourier 逆变换均包含一个任意常数, 于是 $\mathscr{K}^{-1}$ 的表达式中 $\ln|x|$ 及 $\mathrm{sgn}x$ 均可附加一任意常数. 但平面弹性问题的载荷边界条件必须满足相容性条件, 即

$$
C * g_i = C \int_{\Gamma} g_i ds = 0, \quad i = 1, 2,
$$

其中 C 为任意常数. 因此 $\mathscr{K}^{-1}$ 作为 $[H^{-\frac{1}{2}}(\Gamma)^2]_0$ 上的算子是确定的, 在式 (4.56) 中添加任意常数也是不必要的.

4.5.2　圆内区域自然积分算子

1. 极坐标分解下的自然积分算子

考察单位圆内平面弹性自然积分方程 (4.41). 令

$$
K = -\frac{1}{4\pi \sin^2 \dfrac{\theta}{2}}*, \qquad H = \frac{1}{2\pi} \cot \frac{\theta}{2}*,
$$

则由式 (4.41) 定义的自然积分算子为

$$
\mathscr{K} =
\left[
\begin{array}{cc}
\dfrac{2ab}{a+b}K - \dfrac{2b^2}{a+b} + \dfrac{a^2}{\pi(a+b)}* & -\dfrac{2ab}{a+b}H - \dfrac{2b^2}{a+b}\dfrac{\partial}{\partial \theta} \\[4mm]
\dfrac{2ab}{a+b}H + \dfrac{2b^2}{a+b}\dfrac{\partial}{\partial \theta} & \dfrac{2ab}{a+b}K - \dfrac{2b^2}{a+b} + \dfrac{b^2}{\pi(a+b)}*
\end{array}
\right].
\tag{4.57}
$$

由 2.6 节已知, $K : H^{s+\frac{1}{2}}(\Gamma) \to H^{s-\frac{1}{2}}(\Gamma)$ 为 1 阶拟微分算子. $\dfrac{\partial}{\partial \theta}$ 为 1 阶微分算子. 关于 H 则有如下结果:

命题 4.1　卷积算子 H 为零阶线性拟微分算子, $H : H^s(\Gamma) \to \overset{\circ}{H}{}^s(\Gamma)$, 且为 $\overset{\circ}{H}{}^s(\Gamma) \to \overset{\circ}{H}{}^s(\Gamma)$ 上的同构, 其中 s 为实数.

$$
\overset{\circ}{H}{}^s(\Gamma) = \left\{ f \in H^s(\Gamma) \,\middle|\, \int_0^{2\pi} f d\theta = 0 \right\}.
$$

证　若 $f = \displaystyle\sum_{-\infty}^{\infty} a_n e^{in\theta} \in H^s(\Gamma)$, 则

$$
\|f\|_s^2 = 2\pi \sum_{-\infty}^{\infty} (n^2 + 1)^s |a_n|^2 < \infty.
$$

又由于

$$H = \frac{1}{2\pi}\cot\frac{\theta}{2}* = \left[\frac{1}{2\pi i}\sum_{-\infty}^{\infty}(\operatorname{sgn}n)e^{in\theta}\right]*,$$

可得

$$\|Hf\|_s^2 = 2\pi\sum_{-\infty}^{\infty}(n^2+1)^s\left|\frac{1}{i}(\operatorname{sgn}n)a_n\right|^2$$

$$= 2\pi\sum_{\substack{-\infty\\n\neq 0}}^{\infty}(n^2+1)^s|a_n|^2 \leqslant \|f\|_s^2 < \infty.$$

加之 $\int_0^{2\pi} Hfd\theta = 0$, 故 $Hf \in \overset{\circ}{H}{}^s(\Gamma)$.

反之, 若 $g = \sum_{-\infty}^{\infty} b_n e^{in\theta} \in \overset{\circ}{H}{}^s(\Gamma), b_0 = 0$ 则存在

$$f = \sum_{-\infty}^{\infty} i(\operatorname{sgn} n)b_n e^{in\theta}, 使 Hf = g, 且$$

$$\|f\|_s^2 = \sum_{-\infty}^{\infty}(n^2+1)^s|i(\operatorname{sgn} n)b_n|^2$$

$$= \sum_{\substack{-\infty\\n\neq 0}}^{\infty}(n^2+1)^s|b_n|^2 \leqslant \|g\|_s^2 < \infty.$$

又 $\int_0^{2\pi} fd\theta = 0$, 故 $f \in \overset{\circ}{H}{}^s(\Gamma)$. 这样的 f 必是唯一的, 因若有 $h = \sum_{-\infty}^{\infty} h_n e^{in\theta} \in \overset{\circ}{H}{}^s(\Gamma)$ 满足 $Hh = 0$, 则 $\sum_{-\infty}^{\infty}\frac{1}{i}(\operatorname{sgn} n)h_n e^{in\theta} = 0$, 从而 $h = h_0$. 但由于 $\int_0^{2\pi} hd\theta = 0$, 故 $h = 0$. 于是 H 为 $\overset{\circ}{H}{}^s(\Gamma) \to \overset{\circ}{H}{}^s(\Gamma)$ 上的同构, 且

$$\|Hf\|_s \leqslant \|f\|_s, \quad \forall f \in H^s(\Gamma),$$
$$\|f\|_s \leqslant \|Hf\|_s, \quad \forall f \in \overset{\circ}{H}{}^s(\Gamma).$$

证毕.

显然

$$\frac{\partial}{\partial\theta}H = K.$$

由命题 4.1 即得如下:

命题 4.2   单位圆内平面弹性自然积分算子 $\mathscr{K}$ 为 $\begin{bmatrix} 1 & 1 \\ 1 & 1 \end{bmatrix}$ 阶拟微分算子,

$\mathscr{K}: H^{s+\frac{1}{2}}(\varGamma)^2 \to H^{s-\frac{1}{2}}(\varGamma)^2$, 其中 s 为实数.

为了求得 $\mathscr{K}$ 的逆算子, 对自然积分方程 (4.41) 取 Fourier 级数展开的系数. 当 $k \neq 0$ 时得

$$
\begin{cases}
\mathscr{F}_k[g_r(\theta)] = \left(\dfrac{2ab}{a+b}|k| - \dfrac{2b^2}{a+b} \right) \mathscr{F}_k[u_r(1,\theta)] \\
\qquad\qquad - \left(\dfrac{2ab}{a+b}\dfrac{\operatorname{sgn}k}{i} + \dfrac{2b^2}{a+b}ik \right) \mathscr{F}_k[u_\theta(1,\theta)], \\
\mathscr{F}_k[g_\theta(\theta)] = \left(\dfrac{2ab}{a+b}\dfrac{\operatorname{sgn}k}{i} + \dfrac{2b^2}{a+b}ik \right) \mathscr{F}_k[u_r(1,\theta)] \\
\qquad\qquad + \left(\dfrac{2ab}{a+b}|k| - \dfrac{2b^2}{a+b} \right) \mathscr{F}_k[u_\theta(1,\theta)].
\end{cases} \tag{4.58}
$$

当 $k = 0$ 时, 则有

$$
\begin{cases}
\mathscr{F}_0[g_r(\theta)] = 2(a-b)\mathscr{F}_0[u_r(1,\theta)], \\
\mathscr{F}_0[g_\theta(\theta)] = 0.
\end{cases}
$$

而当 $k = 1$ 时, (4.58) 化为

$$
\begin{cases}
\mathscr{F}_1[g_r(\theta)] = \dfrac{2b(a-b)}{a+b}\{\mathscr{F}_1[u_r(1,\theta)] + i\mathscr{F}_1[u_\theta(1,\theta)]\}, \\
\mathscr{F}_1[g_\theta(\theta)] = -i\dfrac{2b(a-b)}{a+b}\{\mathscr{F}_1[u_r(1,\theta)] + i\mathscr{F}_1[u_\theta(1,\theta)]\},
\end{cases}
$$

当 $k = -1$ 时,(4.58) 化为

$$
\begin{cases}
\mathscr{F}_{-1}[g_r(\theta)] = \dfrac{2b(a-b)}{a+b}\{\mathscr{F}_{-1}[u_r(1,\theta)] - i\mathscr{F}_{-1}[u_\theta(1,\theta)]\}, \\
\mathscr{F}_{-1}[g_\theta(\theta)] = i\dfrac{2b(a-b)}{a+b}\{\mathscr{F}_{-1}[u_r(1,\theta)] - i\mathscr{F}_{-1}[u_\theta(1,\theta)]\}.
\end{cases}
$$

以上三个方程组有解的充要条件为

$$
\mathscr{F}_0[g_\theta(\theta)] = 0, \qquad \mathscr{F}_1[g_r(\theta)] - i\mathscr{F}_1[g_\theta(\theta)] = 0,
$$
$$
\mathscr{F}_{-1}[g_r(\theta)] + i\mathscr{F}_{-1}[g_\theta(\theta)] = 0,
$$

也即

$$
\begin{cases}
\displaystyle\int_0^{2\pi} g_\theta(\theta)d\theta = 0, \\
\displaystyle\int_0^{2\pi} [g_r(\theta)\cos\theta - g_\theta(\theta)\sin\theta]d\theta = 0, \\
\displaystyle\int_0^{2\pi} [g_r(\theta)\sin\theta + g_\theta(\theta)\cos\theta]d\theta = 0.
\end{cases} \tag{4.59}
$$

这正是平面弹性问题载荷边值所应满足的相容性条件 (4.23). 于是

$$\mathscr{F}_0[u_r(1,\theta)] = \frac{1}{2(a-b)}\mathscr{F}_0[g_r(1,\theta)],$$

$\mathscr{F}_0[u_\theta(1,\theta)]$ 为任意实数,

$$\begin{cases} \mathscr{F}_1[u_r(1,\theta)] + i\mathscr{F}_1[u_\theta(1,\theta)] = \dfrac{a+b}{2b(a-b)}\mathscr{F}_1[g_r(\theta)], \\[2mm] \mathscr{F}_{-1}[u_r(1,\theta)] - i\mathscr{F}_{-1}[u_\theta(1,\theta)] = \dfrac{a+b}{2b(a-b)}\mathscr{F}_{-1}[g_r(\theta)]. \end{cases}$$

又当 $k \neq 0, \pm 1$ 时, 由 (4.58) 可解得

$$\begin{cases} \mathscr{F}_k[u_r(1,\theta)] = \dfrac{1}{2b(a-b)(k^2-1)}\{(a|k|-b)\mathscr{F}_k[g_r(\theta)] \\[2mm] \qquad\qquad -i(a\operatorname{sgn}k - bk)\mathscr{F}_k[g_\theta(\theta)]\}, \\[3mm] \mathscr{F}_k[u_\theta(1,\theta)] = \dfrac{1}{2b(a-b)(k^2-1)}\{i(a\operatorname{sgn}k - bk)\mathscr{F}_k[g_r(\theta)] \\[2mm] \qquad\qquad +(a|k|-b)\mathscr{F}_k[g_\theta(\theta)]\}. \end{cases}$$

令

$$H_1(\theta) = \sum_{\substack{-\infty \\ k\neq 0,\pm1}}^{\infty} \frac{a|k|-b}{4\pi b(a-b)(k^2-1)}e^{ik\theta},$$

$$H_2(\theta) = \sum_{\substack{-\infty \\ k\neq 0,\pm1}}^{\infty} i\frac{a\operatorname{sgn}k - bk}{4\pi b(a-b)(k^2-1)}e^{ik\theta},$$

便得到单位圆内平面弹性自然积分方程 (4.41) 的反演公式

$$\begin{bmatrix} u_r(1,\theta) \\ u_\theta(1,\theta) \end{bmatrix}$$

$$= \begin{bmatrix} H_1(\theta) + \dfrac{1}{2\pi(a-b)}\left(\dfrac{1}{2} + \dfrac{a+b}{b}\right)\cos\theta & -H_2(\theta) \\[3mm] H_2(\theta) & H_1(\theta) \end{bmatrix}$$

$$* \begin{bmatrix} g_r(\theta) \\ g_\theta(\theta) \end{bmatrix} + \frac{1}{\pi}\begin{bmatrix} \sin\theta \\ \dfrac{1}{2} + \cos\theta \end{bmatrix} * u_\theta(1,\theta). \tag{4.60}$$

其中 $H_1(\theta)$ 及 $H_2(\theta)$ 还可进一步写作

$$
\begin{cases}
H_1(\theta) = \dfrac{1}{4\pi b(a-b)} \left\{ -2a\cos\theta\ln\left|2\sin\dfrac{\theta}{2}\right| \right. \\
\qquad\qquad \left. +b(\pi-\theta)\sin\theta - \dfrac{a+b}{2}(\cos\theta+2) \right\}, \\
H_2(\theta) = \dfrac{1}{4\pi b(a-b)} \left\{ 2a\sin\theta\ln\left|2\sin\dfrac{\theta}{2}\right| \right. \\
\qquad\qquad \left. +b(\pi-\theta)\cos\theta - \dfrac{a+b}{2}\sin\theta \right\}.
\end{cases}
$$

反演公式 (4.60) 右端的附加项为

$$
\frac{1}{\pi}\sin\theta * u_\theta(1,\theta) = \left[\frac{1}{\pi}\int_0^{2\pi}\cos\theta u_\theta(1,\theta)d\theta\right]\sin\theta
$$
$$
-\left[\frac{1}{\pi}\int_0^{2\pi}\sin\theta u_\theta(1,\theta)d\theta\right]\cos\theta,
$$

$$
\frac{1}{\pi}\left(\frac{1}{2}+\cos\theta\right)*u_\theta(1,\theta) = \frac{1}{2\pi}\int_0^{2\pi}u_\theta(1,\theta)d\theta
$$
$$
+\left[\frac{1}{\pi}\int_0^{2\pi}\cos\theta u_\theta(1,\theta)d\theta\right]\cos\theta
$$
$$
+\left[\frac{1}{\pi}\int_0^{2\pi}\sin\theta u_\theta(1,\theta)d\theta\right]\sin\theta,
$$

其中共含三个任意常数:

$$
C_1 = -\frac{1}{\pi}\int_0^{2\pi}\sin\theta u_\theta(1,\theta)d\theta, \quad C_2 = \frac{1}{\pi}\int_0^{2\pi}\cos\theta u_\theta(1,\theta)d\theta,
$$
$$
C_3 = \frac{1}{2\pi}\int_0^{2\pi}u_\theta(1,\theta)d\theta.
$$

因为当

$$
\begin{cases}
u_r(1,\theta) = C_1\cos\theta + C_2\sin\theta, \\
u_\theta(1,\theta) = -C_1\sin\theta + C_2\cos\theta + C_3
\end{cases}
$$

时恰有

$$
\begin{cases}
u_1(1,\theta) = C_1 - C_3\sin\theta, \\
u_2(1,\theta) = C_2 + C_3\cos\theta,
\end{cases}
$$

可见常数 C_1, C_2, C_3 分别相应于 x 方向的平移、y 方向的平移及旋转. 这与原平面弹性第二边值问题的解可差一任意刚性位移是完全一致的.

2. 直角坐标分解下的自然积分算子

今考察直角坐标分解下的单位圆内平面弹性自然积分方程 (4.44), 并设 Au_0 为式 (4.44) 中的两个附加项. 显然, 由于积分核 $\cos\theta\cos\theta', \cos\theta\sin\theta', \sin\theta\cos\theta', \sin\theta\sin\theta'$ 均属于 $C^\infty(\Gamma\times\Gamma)$, A 为光滑算子. 于是命题 4.2 对由 (4.44) 所定义的自然积分算子

$$\mathscr{K} = \begin{bmatrix} \dfrac{2ab}{a+b}K & -\dfrac{2b^2}{a+b}\dfrac{\partial}{\partial\theta} \\[3mm] \dfrac{2b^2}{a+b}\dfrac{\partial}{\partial\theta} & \dfrac{2ab}{a+b}K \end{bmatrix} + A$$

依然成立.

为求得自然积分方程 (4.44) 的反演公式, 取其 Fourier 级数展开的系数, 对 $k\neq\pm1$ 可得

$$\begin{cases} \mathscr{F}_k[g_1(\theta)] = \dfrac{2ab}{a+b}|k|\mathscr{F}_k[u_1(1,\theta)] - \dfrac{2b^2}{a+b}ik\mathscr{F}_k[u_2(1,\theta)], \\[3mm] \mathscr{F}_k[g_2(\theta)] = \dfrac{2b^2}{a+b}ik\mathscr{F}_k[u_1(1,\theta)] + \dfrac{2ab}{a+b}|k|\mathscr{F}_k[u_2(1,\theta)], \end{cases} \quad (4.61)$$

对 $k=1$ 及 $k=-1$ 则有

$$\begin{cases} \mathscr{F}_1[g_1(\theta)] = \dfrac{a+b}{2}\mathscr{F}_1[u_1(1,\theta)] + \dfrac{a-b}{2}\mathscr{F}_{-1}[u_1(1,\theta)] \\[2mm] \qquad\qquad +i\dfrac{a-3b}{2}\mathscr{F}_1[u_2(1,\theta)] - i\dfrac{a-b}{2}\mathscr{F}_{-1}[u_2(1,\theta)], \\[3mm] \mathscr{F}_{-1}[g_1(\theta)] = \dfrac{a-b}{2}\mathscr{F}_1[u_1(1,\theta)] + \dfrac{a+b}{2}\mathscr{F}_{-1}[u_1(1,\theta)] \\[2mm] \qquad\qquad +i\dfrac{a-b}{2}\mathscr{F}_1[u_2(1,\theta)] - i\dfrac{a-3b}{2}\mathscr{F}_{-1}[u_2(1,\theta)], \\[3mm] \mathscr{F}_1[g_2(\theta)] = -i\dfrac{a-3b}{2}\mathscr{F}_1[u_1(1,\theta)] - i\dfrac{a-b}{2}\mathscr{F}_{-1}[u_1(1,\theta)] \\[2mm] \qquad\qquad +\dfrac{a+b}{2}\mathscr{F}_1[u_2(1,\theta)] - \dfrac{a-b}{2}\mathscr{F}_{-1}[u_2(1,\theta)], \\[3mm] \mathscr{F}_{-1}[g_2(\theta)] = i\dfrac{a-b}{2}\mathscr{F}_1[u_1(1,\theta)] + i\dfrac{a-3b}{2}\mathscr{F}_{-1}[u_1(1,\theta)] \\[2mm] \qquad\qquad -\dfrac{a-b}{2}\mathscr{F}_1[u_2(1,\theta)] + \dfrac{a+b}{2}\mathscr{F}_{-1}[u_2(1,\theta)]. \end{cases}$$

令

$$X = \mathscr{F}_1[u_1(1,\theta)] + \mathscr{F}_{-1}[u_1(1,\theta)],$$

$$Y = i\{\mathscr{F}_1[u_1(1,\theta)] - \mathscr{F}_{-1}[u_1(1,\theta)]\},$$

$$U = \mathscr{F}_1[u_2(1,\theta)] + \mathscr{F}_{-1}[u_2(1,\theta)],$$

$$V = i\{\mathscr{F}_1[u_2(1,\theta)] - \mathscr{F}_{-1}[u_2(1,\theta)]\},$$

可将上述方程组化为较简单的形式

$$\begin{cases} aX + (a-2b)V = \mathscr{F}_1[g_1(\theta)] + \mathscr{F}_{-1}[g_1(\theta)], \\ bY + bU = i\{\mathscr{F}_1[g_1(\theta)] - \mathscr{F}_{-1}[g_1(\theta)]\}, \\ bY + bU = \mathscr{F}_1[g_2(\theta)] + \mathscr{F}_{-1}[g_2(\theta)], \\ (a-2b)X + aV = i\{\mathscr{F}_1[g_2(\theta)] - \mathscr{F}_{-1}[g_2(\theta)]\}. \end{cases} \tag{4.62}$$

显然, (4.62) 有解的充要条件为

$$\mathscr{F}_1[g_2(\theta)] + \mathscr{F}_{-1}[g_2(\theta)] = i\{\mathscr{F}_1[g_1(\theta)] - \mathscr{F}_{-1}[g_1(\theta)]\},$$

连同 $k = 0$ 时由 (4.61) 得出的

$$\mathscr{F}_0[g_1(\theta)] = \mathscr{F}_0[g_2(\theta)] = 0,$$

正是圆内平面弹性第二边值问题的相容性条件

$$\begin{cases} \displaystyle\int_0^{2\pi} g_1(\theta)d\theta = 0, \\ \displaystyle\int_0^{2\pi} g_2(\theta)d\theta = 0, \\ \displaystyle\int_0^{2\pi} [g_2(\theta)\cos\theta - g_1(\theta)\sin\theta]d\theta = 0. \end{cases} \tag{4.63}$$

取 $C_0 = \dfrac{1}{2\pi}U$ 为任意实常数, 由 (4.62) 可解得

$$\begin{cases} X = \dfrac{1}{4b(a-b)}\{a[\mathscr{F}_1(g_1(\theta)) + \mathscr{F}_{-1}(g_1(\theta))] \\ \qquad -(a-2b)i[\mathscr{F}_1(g_2(\theta)) - \mathscr{F}_{-1}(g_2(\theta))]\}, \\ Y = \dfrac{1}{b}\{\mathscr{F}_1[g_2(\theta)] + \mathscr{F}_{-1}[g_2(\theta)]\} - 2\pi C_0, \\ V = \dfrac{1}{4b(a-b)}\{ia[\mathscr{F}_1(g_2(\theta)) - \mathscr{F}_{-1}(g_2(\theta))] \\ \qquad -(a-2b)[\mathscr{F}_1(g_1(\theta)) + \mathscr{F}_{-1}(g_1(\theta))]\}. \end{cases}$$

从而在满足相容性条件 (4.63) 的情况下,

$$\mathscr{F}_0[u_1(1,\theta)] = 2\pi C_1,$$
$$\mathscr{F}_0[u_2(1,\theta)] = 2\pi C_2,$$

C_1, C_2 为任意实常数,

$$\begin{aligned}
\mathscr{F}_1[u_1(1,\theta)] =& \frac{1}{8b(a-b)}\{a\mathscr{F}_1[g_1(\theta)] \\
& + a\mathscr{F}_{-1}[g_1(\theta)] - i(5a-6b)\mathscr{F}_1[g_2(\theta)] \\
& - i(3a-2b)\mathscr{F}_{-1}[g_2(\theta)]\} + i\pi C_0, \\
\mathscr{F}_{-1}[u_1(1,\theta)] =& \frac{1}{8b(a-b)}\{a\mathscr{F}_1[g_1(\theta)] \\
& + a\mathscr{F}_{-1}[g_1(\theta)] + i(3a-2b)\mathscr{F}_1[g_2(\theta)] \\
& + i(5a-6b)\mathscr{F}_{-1}[g_2(\theta)]\} - i\pi C_0, \\
\mathscr{F}_1[u_2(1,\theta)] =& \frac{1}{8b(a-b)}\{i(a-2b)(\mathscr{F}_1[g_1(\theta)] \\
& + \mathscr{F}_{-1}[g_1(\theta)]) + a(\mathscr{F}_1[g_2(\theta)] \\
& - \mathscr{F}_{-1}[g_2(\theta)])\} + \pi C_0, \\
\mathscr{F}_{-1}[u_2(1,\theta)] =& -\frac{1}{8b(a-b)}\{i(a-2b)(\mathscr{F}_1[g_1(\theta)] \\
& + \mathscr{F}_{-1}[g_1(\theta)]) + a(\mathscr{F}_1[g_2(\theta)] \\
& - \mathscr{F}_{-1}[g_2(\theta)])\} + \pi C_0, \\
\mathscr{F}_k[u_1(1,\theta)] =& \frac{1}{2b(a-b)}\left\{\frac{a}{|k|}\mathscr{F}_k[g_1(\theta)] + i\frac{b}{k}\mathscr{F}_k[g_2(\theta)]\right\}, \\
\mathscr{F}_k[u_2(1,\theta)] =& \frac{1}{2b(a-b)}\left\{-i\frac{b}{k}\mathscr{F}_k[g_1(\theta)] + \frac{a}{k}\mathscr{F}_k[g_2(\theta)]\right\}, \\
& k \neq 0, \pm 1.
\end{aligned}$$

于是利用求和公式

$$\sum_{\substack{-\infty \\ k\neq 0,\pm 1}}^{\infty} \frac{1}{2\pi|k|} e^{ik\theta} = -\frac{1}{\pi}\ln\left|2\sin\frac{\theta}{2}\right| - \frac{1}{\pi}\cos\theta,$$

及

$$\sum_{\substack{-\infty \\ k\neq 0,\pm 1}}^{\infty} \frac{i}{2\pi k} e^{ik\theta} = \frac{1}{2\pi}(\theta-\pi) + \frac{1}{\pi}\sin\theta,$$

便得自然积分方程 (4.44) 的反演公式

$$
\begin{cases}
u_1(1,\theta) = -\dfrac{a}{2\pi b(a-b)}\left(\ln\left|2\sin\dfrac{\theta}{2}\right| + \cos\theta\right) * g_1(\theta) \\[2mm]
\qquad + \dfrac{1}{4\pi(a-b)}(2\sin\theta + \theta - \pi) * g_2(\theta) \\[2mm]
\qquad + \dfrac{a}{4\pi b(a-b)}\cos\theta\displaystyle\int_0^{2\pi} g_1(\theta)\cos\theta d\theta \\[2mm]
\qquad - \dfrac{a-2b}{4\pi b(a-b)}\cos\theta\displaystyle\int_0^{2\pi} g_2(\theta)\sin\theta d\theta \\[2mm]
\qquad + \dfrac{1}{\pi b}\sin\theta\displaystyle\int_0^{2\pi} g_2(\theta)\cos\theta d\theta \\[2mm]
\qquad - \dfrac{1}{\pi}\sin\theta\displaystyle\int_0^{2\pi}\cos\theta u_2(1,\theta)d\theta + \dfrac{1}{2\pi}\displaystyle\int_0^{2\pi} u_1(1,\theta)d\theta, \\[2mm]
u_2(1,\theta) = -\dfrac{1}{4\pi(a-b)}(2\sin\theta + \theta - \pi) * g_1(\theta) \\[2mm]
\qquad - \dfrac{a}{2\pi b(a-b)}\left(\ln\left|2\sin\dfrac{\theta}{2}\right| + \cos\theta\right) * g_2(\theta) \\[2mm]
\qquad - \dfrac{a-2b}{4\pi b(a-b)}\sin\theta\displaystyle\int_0^{2\pi} g_1(\theta)\cos\theta d\theta \\[2mm]
\qquad + \dfrac{a}{4\pi b(a-b)}\sin\theta\displaystyle\int_0^{2\pi} g_2(\theta)\sin\theta d\theta \\[2mm]
\qquad + \dfrac{1}{\pi}\cos\theta\displaystyle\int_0^{2\pi} u_2(1,\theta)\cos\theta d\theta + \dfrac{1}{2\pi}\displaystyle\int_0^{2\pi} u_2(1,\theta)d\theta,
\end{cases}
\tag{4.64}
$$

其中包含的三个常数

$$
C_1 = \frac{1}{2\pi}\int_0^{2\pi} u_1(1,\theta)d\theta, \quad C_2 = \frac{1}{2\pi}\int_0^{2\pi} u_2(1,\theta)d\theta
$$

及

$$
C_0 = \frac{1}{\pi}\int_0^{2\pi} u_2(1,\theta)\cos\theta d\theta
$$

恰好表明

$$
\mathscr{R}(\Gamma) = \{(C_1 - C_0\sin\theta, C_2 + C_0\cos\theta)|C_0, C_1, C_2 \in \mathbb{R}\}
$$

正是 $g = 0$ 时自然积分方程 (4.44) 的解的全体, 这也恰好反映了圆内平面弹性第二边值问题的解可以差一个任意刚性位移.

4.5.3 圆外区域自然积分算子

1. 极坐标分解下的自然积分算子

对于单位圆外平面弹性自然积分方程 (4.49), 自然积分算子为

$$
\mathscr{K} = \begin{bmatrix} \dfrac{2ab}{a+b}K + \dfrac{2b^2}{a+b} + \dfrac{ab}{\pi(a+b)}* & -\dfrac{2ab}{a+b}H + \dfrac{2b^2}{a+b}\dfrac{\partial}{\partial\theta} \\[4mm] \dfrac{2ab}{a+b}H - \dfrac{2b^2}{a+b}\dfrac{\partial}{\partial\theta} & \dfrac{2ab}{a+b}K + \dfrac{2b^2}{a+b} + \dfrac{ab}{\pi(a+b)}* \end{bmatrix}. \tag{4.65}
$$

$\mathscr{K} : H^{s+\frac{1}{2}}(\Gamma)^2 \to H^{s-\frac{1}{2}}(\Gamma)^2$ 同样是 $\begin{bmatrix} 1 & 1 \\ 1 & 1 \end{bmatrix}$ 阶拟微分算子. 若载荷边值 g 满足相容性条件

$$
\begin{cases} \displaystyle\int_0^{2\pi} [g_r(\theta)\cos\theta - g_\theta(\theta)\sin\theta]d\theta = 0, \\[3mm] \displaystyle\int_0^{2\pi} [g_r(\theta)\sin\theta + g_\theta(\theta)\cos\theta]d\theta = 0, \end{cases} \tag{4.66}
$$

则用与前面相同的方法可求得 (4.49) 的反演公式

$$
\begin{bmatrix} u_r(1,\theta) \\ u_\theta(1,\theta) \end{bmatrix} = \begin{bmatrix} H_1(\theta) + \dfrac{1}{2\pi b}\cos\theta & -H_2(\theta) \\[3mm] H_2(\theta) & H_1(\theta) \end{bmatrix} * \begin{bmatrix} g_r(\theta) \\ g_\theta(\theta) \end{bmatrix}
$$
$$
+ \frac{1}{\pi} \begin{bmatrix} \sin\theta \\ \cos\theta \end{bmatrix} * u_\theta(1,\theta), \tag{4.67}
$$

其中

$$
\begin{aligned} H_1(\theta) =& \frac{1}{4\pi b(a-b)}\left\{ -2a\cos\theta\ln\left|2\sin\frac{\theta}{2}\right| \right. \\ & \left. - b(\pi-\theta)\sin\theta + \frac{1}{2}(b-a)\cos\theta \right\}, \\ H_2(\theta) =& \frac{1}{4\pi b(a-b)}\left\{ 2a\sin\theta\ln\left|2\sin\frac{\theta}{2}\right| \right. \\ & \left. - b(\pi-\theta)\cos\theta + \frac{1}{2}(b-a)\sin\theta \right\}. \end{aligned}
$$

由 (4.67) 可见, 自然积分方程 (4.49) 的解仅含两个任意常数, 它们分别相应于 x 轴方向及 y 轴方向的刚性平移. 因为对无界区域而言, 边界上的旋转不是无应力状态.

2. 直角坐标分解下的自然积分算子

对于直角坐标分解下的单位圆外平面弹性自然积分方程 (4.52), 则有

$$\mathscr{K} = \begin{bmatrix} \dfrac{2ab}{a+b}K & \dfrac{2b^2}{a+b}\dfrac{\partial}{\partial\theta} \\[3mm] -\dfrac{2b^2}{a+b}\dfrac{\partial}{\partial\theta} & \dfrac{2ab}{a+b}K \end{bmatrix}. \tag{4.68}$$

$\mathscr{K}: H^{s+\frac{1}{2}}(\Gamma)^2 \to H^{s-\frac{1}{2}}(\Gamma)^2$ 仍为 $\begin{bmatrix} 1 & 1 \\ 1 & 1 \end{bmatrix}$ 阶拟微分算子. 与极坐标分解下的算子 (4.65) 相比, (4.68) 有更简单的形式. 设载荷边值 g 满足相容性条件

$$\begin{cases} \displaystyle\int_0^{2\pi} g_1(\theta)d\theta = 0, \\[3mm] \displaystyle\int_0^{2\pi} g_2(\theta)d\theta = 0. \end{cases} \tag{4.69}$$

利用 Fourier 级数展开方法, 同样可以得到 (4.52) 的反演公式

$$\begin{bmatrix} u_1(1,\theta) \\ u_2(1,\theta) \end{bmatrix} = \begin{bmatrix} -\dfrac{a}{2\pi b(a-b)}\ln\left|2\sin\dfrac{\theta}{2}\right| & -\dfrac{1}{4\pi(a-b)}(\theta-\pi) \\[4mm] \dfrac{1}{4\pi(a-b)}(\theta-\pi) & -\dfrac{a}{2\pi b(a-b)}\ln\left|2\sin\dfrac{\theta}{2}\right| \end{bmatrix}$$
$$* \begin{bmatrix} g_1(\theta) \\ g_2(\theta) \end{bmatrix} + \dfrac{1}{2\pi} * \begin{bmatrix} u_1(1,\theta) \\ u_2(1,\theta) \end{bmatrix}, \tag{4.70}$$

其右端包含任意实常数 $C_1 = \dfrac{1}{2\pi}\displaystyle\int_0^{2\pi} u_1(1,\theta)d\theta$ 及

$$C_2 = \frac{1}{2\pi}\int_0^{2\pi} u_2(1,\theta)d\theta,$$

且

$$\mathscr{R}(\Gamma) = \{(C_1, C_2)|C_1, C_2 \in \mathbb{R}\}$$

正是 $g = 0$ 时自然积分方程 (4.52) 的解的全体.

4.6 自然积分方程的直接研究

利用 Fourier 变换或 Fourier 级数方法, 也可不借助于关于平面弹性问题的微分方程形式及其变分问题的既有成果, 而直接研究典型域上平面弹性自然积分方程及其变分问题.

4.6.1 上半平面自然积分方程

已知上半平面平面弹性自然积分方程由 (4.35) 给出, 可直接得如下结果.

命题 4.3 由上半平面平面弹性自然积分算子 $\mathscr{K}$ 导出的双线性型 $\hat{D}(u_0, v_0)$ 为 $H^{\frac{1}{2}}(\Gamma)^2$ 上的对称正定、连续双线性型.

证 令 $\tilde{f}$ 表示函数 f 的 Fourier 变换, 则

$$\hat{D}(u_0, v_0) = \int_{-\infty}^{\infty} v_0 \cdot \mathscr{K} u_0 dx$$

$$= \frac{1}{2\pi} \int_{-\infty}^{\infty} (\bar{\tilde{v}}_{10}, \bar{\tilde{v}}_{20}) \cdot \begin{bmatrix} \dfrac{2ab}{a+b}|\xi| & -\dfrac{2b^2}{a+b}i\xi \\ \dfrac{2b^2}{a+b}i\xi & \dfrac{2ab}{a+b}|\xi| \end{bmatrix} \begin{bmatrix} \tilde{u}_{10} \\ \tilde{u}_{20} \end{bmatrix} d\xi.$$

容易由右端的 Hermite 对称性及左端为实值得到 $\hat{D}(v_0, u_0) = \hat{D}(u_0, v_0)$. 取 $v_0 = u_0$ 可得

$$\hat{D}(u_0, u_0) = \frac{1}{2\pi} \int_{-\infty}^{\infty} (\bar{\tilde{u}}_{10}, \bar{\tilde{u}}_{20}) \begin{bmatrix} \dfrac{2ab}{a+b}|\xi| & -i\dfrac{2b^2}{a+b}\xi \\ i\dfrac{2b^2}{a+b}\xi & \dfrac{2ab}{a+b}|\xi| \end{bmatrix} \begin{bmatrix} \tilde{u}_{10} \\ \tilde{u}_{20} \end{bmatrix} d\xi$$

$$= \frac{1}{2\pi} \int_{-\infty}^{\infty} \left\{ \frac{2ab}{a+b}|\xi||\tilde{u}_{10}(\xi)|^2 \right.$$

$$+ i\frac{2b^2}{a+b}\xi(\tilde{u}_{10}(\xi)\overline{\tilde{u}_{20}(\xi)} - \tilde{u}_{20}(\xi)\overline{\tilde{u}_{10}(\xi)})$$

$$\left. + \frac{2ab}{a+b}|\xi||\tilde{u}_{20}(\xi)|^2 \right\} d\xi$$

$$= \frac{1}{2\pi} \int_{-\infty}^{\infty} \left\{ \frac{2ab}{a+b}|\xi| \left| \tilde{u}_{10}(\xi) - i\frac{b}{a}(\mathrm{sgn}\xi)\tilde{u}_{20}(\xi) \right|^2 \right.$$

$$\left. + \frac{2b(a-b)}{a}|\xi||\tilde{u}_{20}(\xi)|^2 \right\} d\xi \geqslant 0,$$

等号当且仅当

$$\begin{cases} |\xi||\tilde{u}_{20}(\xi)|^2 = 0, \\ |\xi| \left| \tilde{u}_{10}(\xi) - i\frac{b}{a}(\mathrm{sgn}\ \xi)\tilde{u}_{20}(\xi) \right|^2 = 0, \end{cases}$$

也即

$$\begin{cases} \tilde{u}_{10}(\xi) = C_1\delta(\xi), \\ \tilde{u}_{20}(\xi) = C_2\delta(\xi), \end{cases}$$

即

$$u_{10}(x) = C_1, \quad u_{20}(x) = C_2$$

时成立, 其中 C_1, C_2 为两个任意实常数, 它们分别相应于 x 轴方向及 y 轴方向的刚性位移. 但若 $(C_1, C_2) \in H^{\frac{1}{2}}(\Gamma)^2 \subset L^2(\Gamma)^2$, 必有 $C_1 = C_2 = 0$, 于是得到双线性型 $\hat{D}(u_0, v_0)$ 在 $H^{\frac{1}{2}}(\Gamma)^2$ 的对称正定性. 此外, 连续性也容易得到

$$
\begin{aligned}
|\hat{D}(u_0, v_0)| \leqslant & \frac{1}{2\pi} \int_{-\infty}^{\infty} \left\{ \frac{2ab}{a+b} |\xi| |\tilde{u}_{10}| |\tilde{v}_{10}| \right. \\
& + \frac{2b^2}{a+b} |\xi| (|\tilde{u}_{20}| |\tilde{v}_{10}| + |\tilde{u}_{10}| |\tilde{v}_{20}|) + \left. \frac{2ab}{a+b} |\xi| |\tilde{u}_{20}| |\tilde{v}_{20}| \right\} d\xi \\
\leqslant & \frac{1}{2\pi} \int_{-\infty}^{\infty} \left[\frac{2ab}{a+b} (\xi^2 + 1)^{\frac{1}{2}} (|\tilde{u}_{10}|^2 + |\tilde{u}_{20}|^2)^{\frac{1}{2}} (|\tilde{v}_{10}|^2 + |\tilde{v}_{20}|^2)^{\frac{1}{2}} \right. \\
& + \left. \frac{2b^2}{a+b} (\xi^2 + 1)^{\frac{1}{2}} (|\tilde{u}_{10}|^2 + |\tilde{u}_{20}|^2)^{\frac{1}{2}} (|\tilde{v}_{10}|^2 + |\tilde{v}_{20}|^2)^{\frac{1}{2}} \right] d\xi \\
= & \frac{2b}{2\pi} \int_{-\infty}^{\infty} (\xi^2 + 1)^{\frac{1}{2}} (|\tilde{u}_{10}|^2 + |\tilde{u}_{20}|^2)^{\frac{1}{2}} (|\tilde{v}_{10}|^2 + |\tilde{v}_{20}|^2)^{\frac{1}{2}} d\xi \\
\leqslant & 2b \|u_0\|_{H^{1/2}(\Gamma)^2} \|v_0\|_{H^{1/2}(\Gamma)^2}.
\end{aligned}
$$

证毕.

4.6.2　圆内区域自然积分方程

对圆内区域平面弹性自然积分方程 (4.42) 或 (4.45), 除了可得到相应的双线性型的对称正定连续性外, 还可直接得到该双线性型的 V 椭圆性、相应的变分问题的解的存在唯一性、解对给定边值的连续依赖性及正则性等结果.

1. 极坐标分解下的自然积分方程

引理 4.6　由通过式 (4.42) 定义的极坐标分解下的圆内区域平面弹性自然积分算子 $\mathscr{K}$ 导出的双线性型 $\hat{D}(u_0, v_0)$ 为商空间 $H^{\frac{1}{2}}(\Gamma)^2 / \mathscr{R}(\Gamma)$ 上的对称正定、V 椭圆、连续双线性型, 其中

$$
\begin{aligned}
\mathscr{R}(\Gamma) = \{ & (C_1 \cos\theta + C_2 \sin\theta, \ -C_1 \sin\theta \\
& + C_2 \cos\theta + C_3) | C_1, C_2, C_3 \in \mathbb{R} \}.
\end{aligned}
$$

证　设

$$
u_{r0} = \sum_{-\infty}^{\infty} a_n e^{in\theta}, \quad a_{-n} = \bar{a}_n,
$$

$$
u_{\theta 0} = \sum_{-\infty}^{\infty} b_n e^{in\theta}, \quad b_{-n} = \bar{b}_n,
$$

$$
v_{r0} = \sum_{-\infty}^{\infty} c_n e^{in\theta}, \quad c_{-n} = \bar{c}_n,
$$

$$v_{\theta 0} = \sum_{-\infty}^{\infty} d_n e^{in\theta}, \quad d_{-n} = \bar{d}_n,$$

则

$$\hat{D}(u_0, v_0) = \int_\Gamma v_0 \cdot \mathscr{K} u_0 ds = R \int_\Gamma v_0 \cdot \mathscr{K} u_0 d\theta$$

$$= 2\pi \sum_{\substack{-\infty \\ n \neq 0}}^{\infty} (\bar{c}_n, \bar{d}_n)$$

$$\cdot \begin{bmatrix} \dfrac{2ab}{a+b}|n| - \dfrac{2b^2}{a+b} & i\dfrac{2ab}{a+b}(\mathrm{sgn}n) - i\dfrac{2b^2}{a+b}n \\ -i\dfrac{2ab}{a+b}(\mathrm{sgn}n) + i\dfrac{2b^2}{a+b}n & \dfrac{2ab}{a+b}|n| - \dfrac{2b^2}{a+b} \end{bmatrix} \begin{bmatrix} a_n \\ b_n \end{bmatrix}$$

$$+ 4\pi(a-b)a_0 c_0.$$

由右端的 Hermite 对称性立即可得左端的对称性. 取 $v_0 = u_0$ 便有

$$\hat{D}(u_0, u_0) = 2\pi \sum_{\substack{-\infty \\ n \neq 0}}^{\infty} \left\{ \frac{2b(a|n|-b)}{a+b} \left| a_n + i\frac{a(\mathrm{sgn}n) - bn}{a|n|-b} b_n \right|^2 \right.$$

$$\left. + \frac{2b(a-b)(n^2-1)}{a|n|-b} |b_n|^2 \right\} + 4\pi(a-b)a_0^2$$

$$\geqslant 0,$$

这是因为 $a = \lambda + 2\mu > 0, b = \mu > 0, a - b = \lambda + \mu > 0$, 且上式之等号当且仅当

$$\begin{cases} (a|n| - b)a_n + i(a\mathrm{sgn}n - bn)b_n = 0, & n \neq 0, \\ (n^2 - 1)|b_n|^2 = 0, & n \neq 0, \\ a_0 = 0 \end{cases}$$

时成立, 此时应有

$$a_n = b_n = 0, \quad n \neq 0, \pm 1,$$
$$a_1 + ib_1 = 0, \quad a_{-1} - ib_{-1} = 0, \quad a_0 = 0.$$

从而若取 b_0, b_1 为任意, 则有

$$u_{r0} = 2\mathrm{Im}(b_1 e^{i\theta}) = b'' \cos\theta + b' \sin\theta,$$
$$u_{\theta 0} = b_0 + 2\mathrm{Re}(b_1 e^{i\theta}) = b_0 + b' \cos\theta - b'' \sin\theta,$$

其中 b_0, b', b'' 均为任意实常数. 于是即得 $\hat{D}(u_0, v_0)$ 为商空间 $H^{\frac{1}{2}}(\Gamma)^2/\mathscr{R}(\Gamma)$ 上对称正定双线性型. 容易看出, 当

$$(u_{r0}, u_{\theta 0}) = (b'' \cos\theta + b' \sin\theta, -b'' \sin\theta + b' \cos\theta + b_0) \in \mathscr{R}(\Gamma)$$

时, $(u_{10}, u_{20}) = (b'' - b_0 \sin\theta, b' + b_0 \cos\theta)$, 即 b_0 表示旋转, 而 b'' 及 b' 分别表示 x 轴方向及 y 轴方向的刚性平移.

又由于

$$
\hat{D}(u_0, u_0) = \int_\Gamma u_0 \mathscr{K} u_0 ds = R \int_\Gamma u_0 \mathscr{K} u_0 d\theta
$$

$$
= 2\pi \sum_{\substack{-\infty \\ n \neq 0, \pm 1}}^{\infty} \left\{ \left(\frac{2ab}{a+b}|n| - \frac{2b^2}{a+b} \right) |a_n|^2 \right.
$$

$$
+ i \left(\frac{2ab}{a+b} \mathrm{sgn} n - \frac{2b^2}{a+b} n \right) (b_n \bar{a}_n - a_n \bar{b}_n)
$$

$$
\left. + \left(\frac{2ab}{a+b}|n| - \frac{2b^2}{a+b} \right) |b_n|^2 \right\}
$$

$$
+ \frac{4b(a-b)}{a+b} 2\pi |a_1 + ib_1|^2 + 4\pi(a-b)|a_0|^2
$$

$$
\geqslant 2\pi \sum_{\substack{-\infty \\ n \neq 0, \pm 1}}^{\infty} \left\{ \frac{2b}{a+b}(a-b)(|n|-1)(|a_n|^2 + |b_n|^2) \right\}
$$

$$
+ \frac{8\pi b(a-b)}{a+b}|a_1 + ib_1|^2 + 4\pi(a-b)a_0^2
$$

$$
\geqslant 2\pi \sum_{\substack{-\infty \\ n \neq 0, \pm 1}}^{\infty} \left\{ \frac{2b(a-b)}{\sqrt{5}(a+b)} \sqrt{n^2+1}(|a_n|^2 + |b_n|^2) \right\}
$$

$$
+ \frac{8\pi b(a-b)}{a+b}|a_1 + ib_1|^2 + 4\pi(a-b)a_0^2,
$$

以及

$$
\|u_0\|^2_{H^{1/2}(\Gamma)^2/\mathscr{R}(\Gamma)} = \inf_{v_0 \in \mathbb{R}(\Gamma)} \|u_0 - v_0\|^2_{H^{1/2}(\Gamma)^2}
$$

$$
= \inf_{C_0 \in \mathbb{R}, C_1 \in \mathbb{C}} \|u_0 - (-iC_1 e^{i\theta} + i\bar{C}_1 e^{-i\theta}, C_0 + C_1 e^{i\theta}
$$

$$
+ \bar{C}_1 e^{-i\theta})\|^2_{H^{1/2}(\Gamma)^2}
$$

$$
= 2\pi \sum_{\substack{-\infty \\ n \neq 0, \pm 1}}^{\infty} \sqrt{n^2+1}(|a_n|^2 + |b_n|^2)
$$

$$
+ \inf_{C_0 \in \mathbb{R}, C_1 \in \mathbb{C}} 2\pi \left\{ 2\sqrt{2}(|a_1 + iC_1|^2 + |b_1 - C_1|^2) \right.
$$

$$
\left. + |a_0|^2 + |b_0 - C_0|^2 \right\}
$$

$$
= 2\pi \sum_{\substack{-\infty \\ n \neq 0, \pm 1}}^{\infty} \sqrt{n^2+1}(|a_n|^2 + |b_n|^2)
$$

$$+ 2\pi\{\sqrt{2}|a_1 + ib_1|^2 + a_0^2\},$$

便可得

$$\hat{D}(u_0, u_0) \geqslant \frac{2b(a - b)}{\sqrt{5}(a + b)}\left[2\pi \sum_{\substack{-\infty \\ n \neq 0, \pm 1}}^{\infty} \sqrt{n^2 + 1}(|a_n|^2 + |b_n|^2)\right.$$

$$\left. + 2\pi(\sqrt{2}|a_1 + ib_1|^2 + a_0^2)\right]$$

$$= \frac{2b(a - b)}{\sqrt{5}(a + b)}\|u_0\|_{H^{1/2}(\Gamma)^2/\mathscr{R}(\Gamma)}^2. \tag{4.71}$$

此即 $\hat{D}(u, v_0)$ 的 V 椭圆性.

$\hat{D}(u_0, v_0)$ 的连续性也易证由

$$\hat{D}(u_0, v_0) = 2\pi\left\{ \sum_{\substack{-\infty \\ n \neq 0, \pm 1}}^{\infty}\left[\left(\frac{2ab}{a + b}|n| - \frac{2b^2}{a + b}\right)a_n\bar{c}_n\right.\right.$$

$$+ i\left(\frac{2ab}{a + b}\mathrm{sgn}\,n - \frac{2b^2}{a + b}n\right)b_n\bar{c}_n$$

$$- i\left(\frac{2ab}{a + b}\mathrm{sgn}\,n - \frac{2b^2}{a + b}n\right)a_n\bar{d}_n$$

$$+ \left.\left(\frac{2ab}{a + b}|n| - \frac{2b^2}{a + b}\right)b_n\bar{d}_n\right]$$

$$+ \frac{2b(a - b)}{a + b}[(a_1 + ib_1)(\bar{c}_1 - i\bar{d}_1)$$

$$+ (\bar{a}_1 - i\bar{b}_1)(c_1 + id_1)] + 2(a - b)a_0c_0\bigg\}$$

可得

$$|\hat{D}(u_0, v_0)| \leqslant 2\pi\left\{ \sum_{\substack{-\infty \\ n \neq 0, \pm 1}}^{\infty}\left[\left(\frac{2ab}{a + b}|n| - \frac{2b^2}{a + b}\right)(|a_n||c_n| + |b_n||d_n|)\right.\right.$$

$$+ \left.\left|\frac{2ab}{a + b} - \frac{2b^2}{a + b}|n|\right|(|b_n||c_n| + |a_n||d_n|)\right]$$

$$+ \frac{4b(a - b)}{a + b}|a_1 + ib_1||c_1 + id_1| + 2(a - b)a_0c_0\bigg\}$$

$$\leqslant 2\pi\left\{ \sum_{\substack{-\infty \\ |n| \geqslant 3}}^{\infty} 2b\max\left(|n| - 1, \frac{a - b}{a + b}(|n| + 1)\right)\right.$$

$$\cdot (|a_n|^2 + |b_n|^2)^{\frac{1}{2}}(|c_n|^2 + |d_n|^2)^{\frac{1}{2}}$$

$$+ \sum_{|n|=2} \frac{2b(a-b)}{a+b}(|n|+1)(|a_n|^2+|b_n|^2)^{\frac{1}{2}} \cdot (|c_n|^2+|d_n|^2)^{\frac{1}{2}}$$

$$+ \frac{4b(a-b)}{a+b}|a_1+ib_1||c_1+id_1| + 2(a-b)a_0c_0 \Big\}$$

$$\leqslant \max \left(\frac{2\sqrt{10}}{5}b, 2(a-b) \right) \cdot 2\pi \Big\{ \sum_{\substack{-\infty \\ n\neq 0,\pm 1}}^{\infty} \sqrt{n^2+1}$$

$$\cdot (|a_n|^2+|b_n|^2)^{\frac{1}{2}}(|c_n|^2+|d_n|^2)^{\frac{1}{2}}$$

$$+ \sqrt{2}|a_1+ib_1||c_1+id_1| + a_0c_0 \Big\}$$

$$\leqslant \max \left(\frac{2}{5}\sqrt{10}b, 2(a-b) \right)$$

$$\cdot \|u_0\|_{H^{1/2}(\Gamma)^2/\mathscr{R}(\Gamma)} \|v_0\|_{H^{1/2}(\Gamma)^2/\mathscr{R}(\Gamma)}. \tag{4.72}$$

证毕.

由此引理即得如下定理

定理 4.4　若边界载荷 $g \in H^{-\frac{1}{2}}(\Gamma)^2$ 并满足相容性条件 (4.59), 则相应于圆内区域平面弹性自然积分方程 (4.42) 的变分问题

$$\begin{cases} 求u_0 \in H^{\frac{1}{2}}(\Gamma)^2, 使得 \\ \hat{D}(u_0, v_0) = F(v_0), \forall v_0 \in H^{\frac{1}{2}}(\Gamma)^2 \end{cases} \tag{4.73}$$

在商空间 $H^{\frac{1}{2}}(\Gamma)^2/\mathscr{R}(\Gamma)$ 中存在唯一解, 其中

$$F(v_0) = \int_\Gamma g \cdot v_0 ds,$$

$\mathscr{R}(\Gamma)$ 由引理 4.6 给出, 且解 u_0 连续依赖于给定载荷 g.

证　由于 g 满足相容性条件, 可在商空间 $H^{\frac{1}{2}}(\Gamma)^2/\mathscr{R}(\Gamma)$ 中考察变分问题, 即考察变分问题

$$\begin{cases} 求u_0 \in H^{\frac{1}{2}}(\Gamma)^2/\mathscr{R}(\Gamma), & 使得 \\ \hat{D}(u_0, v_0) = F(v_0), & \forall v_0 \in H^{\frac{1}{2}}(\Gamma)^2/\mathscr{R}(\Gamma). \end{cases}$$

它等价于原变分问题 (4.73). 于是利用引理 4.6 及 Lax-Milgram 定理, 便得到变分问题 (4.73) 在 $H^{\frac{1}{2}}(\Gamma)^2/\mathscr{R}(\Gamma)$ 中存在唯一解 u_0, 再由双线性型 $\hat{D}(u_0, v_0)$ 的 V 椭圆性可得

$$\frac{2b(a-b)}{\sqrt{5}(a+b)}\|u_0\|^2_{H^{1/2}(\Gamma)^2/\mathscr{R}(\Gamma)} \leqslant \hat{D}(u_0, u_0) = F(u_0)$$

$$= \int_\Gamma g \cdot u_0 ds = R \int_\Gamma g \cdot u_0 d\theta$$

$$= R \inf_{v_0 \in \mathcal{R}(\Gamma)} \int_\Gamma g \cdot (u_0 - v_0) d\theta$$

$$\leqslant R \|g\|_{H^{-1/2}(\Gamma)^2} \inf_{v_0 \in \mathcal{R}(\Gamma)} \|u_0 - v_0\|_{H^{1/2}(\Gamma)^2}$$

$$= R \|g\|_{H^{-1/2}(\Gamma)^2} \|u_0\|_{H^{1/2}(\Gamma)^2/\mathcal{R}(\Gamma)},$$

此即解对给定边值的连续依赖性:

$$\|u_0\|_{H^{1/2}(\Gamma)^2/\mathcal{R}(\Gamma)} \leqslant \frac{\sqrt{5}(a+b)R}{2b(a-b)} \|g\|_{H^{-1/2}(\Gamma)^2}. \tag{4.74}$$

证毕.

也可直接得到如下正则性结果.

定理 4.5 若 u_0 为以满足相容性条件的 $g \in H^s(\Gamma)^2$ 为载荷边值的圆内区域平面弹性自然积分方程 (4.42) 的解, 其中 $s \geqslant -\frac{1}{2}$ 为实数, 则 $u_0 \in H^{s+1}(\Gamma)^2$, 且

$$\|u_0\|_{H^{s+1}(\Gamma)^2/\mathcal{R}(\Gamma)} \leqslant \frac{\sqrt{5}(a+b)R}{2b(a-b)} \|g\|_{H^s(\Gamma)^2}. \tag{4.75}$$

证 仍设

$$u_{r0} = \sum_{-\infty}^{\infty} a_n e^{in\theta}, \quad a_{-n} = \bar{a}_n,$$

$$u_{\theta 0} = \sum_{-\infty}^{\infty} b_n e^{in\theta}, \quad b_{-n} = \bar{b}_n,$$

则由自然积分方程 (4.42) 可得

$$\begin{cases} g_r = \dfrac{1}{R} \left\{ \sum_{-\infty}^{\infty} \left[\dfrac{2b}{a+b}(a|n|-b)a_n + i\dfrac{2b}{a+b} \right. \right. \\ \qquad \left. \left. \cdot (a\,\mathrm{sgn}n - bn)b_n \right] e^{in\theta} + \dfrac{2a^2}{a+b}a_0 \right\}, \\ g_\theta = \dfrac{1}{R} \left\{ \sum_{-\infty}^{\infty} \left[-i\dfrac{2b}{a+b}(a\,\mathrm{sgn}n - bn)a_n \right. \right. \\ \qquad \left. \left. + \dfrac{2b}{a+b}(a|n|-b)b_n \right] e^{in\theta} + \dfrac{2b^2}{a+b}b_0 \right\}. \end{cases}$$

于是

$$\|u_0\|^2_{H^{s+1}(\Gamma)^2/\mathcal{R}(\Gamma)} = \inf_{v_0 \in \mathcal{R}(\Gamma)} \|u_0 - v_0\|^2_{H^{s+1}(\Gamma)^2}$$

$$
\begin{aligned}
&=\inf_{C_0\in\mathbb{R},C_1\in\mathbb{C}}\|u_0-(-iC_1e^{i\theta}+i\bar{C}_1e^{-i\theta},\\
&\quad C_0+C_1e^{i\theta}+\bar{C}_1e^{-i\theta})\|^2_{H^{s+1}(\varGamma)^2}\\
&=2\pi\sum_{\substack{-\infty\\n\neq 0,\pm 1}}^{\infty}(n^2+1)^{s+1}(|a_n|^2+|b_n|^2)\\
&\quad+\inf_{C_0\in\mathbb{R},C_1\in\mathbb{C}}2\pi\{2^{s+2}(|a_1+iC_1|^2+|b_1-C_1|^2)\\
&\quad+a_0^2+(b_0-C_0)^2\}\\
&=2\pi\Big\{\sum_{\substack{-\infty\\n\neq 0,\pm 1}}^{\infty}(n^2+1)^{s+1}(|a_n|^2+|b_n|^2)\\
&\quad+2^{s+1}|a_1+ib_1|^2+a_0^2\Big\},
\end{aligned}
$$

$$
\begin{aligned}
\|g\|^2_{H^s(\varGamma)^2}=&\frac{2\pi}{R^2}\Big\{\sum_{\substack{-\infty\\n\neq 0,\pm 1}}^{\infty}(n^2+1)^s\\
&\cdot\Big[\Big|\frac{2b}{a+b}(a|n|-b)a_n+i\frac{2b}{a+b}(a\,\mathrm{sgn}\,n-bn)b_n\Big|^2\\
&+\Big|-i\frac{2b}{a+b}(a\,\mathrm{sgn}\,n-bn)a_n+\frac{2b}{a+b}(a|n|-b)b_n\Big|^2\Big]\\
&+2^{s+2}\Big(\frac{2b}{a+b}\Big)^2(a-b)^2|a_1+ib_1|^2+4(a-b)^2a_0^2\Big\}\\
=&\frac{2\pi}{R^2}\Big\{\sum_{\substack{-\infty\\n\neq 0,\pm 1}}^{\infty}\Big(\frac{2b}{a+b}\Big)^2(n^2+1)^s[((a|n|-b)^2\\
&+(a-b|n|)^2-2|(a-b|n|)|(a|n|-b))(|a_n|^2+|b_n|^2)\\
&+2|(a-b|n|)|(a|n|-b)|a_n+i\alpha_n b_n|^2]\\
&+2^{s+2}\Big(\frac{2b}{a+b}\Big)^2(a-b)^2|a_1+ib_1|^2+4(a-b)^1a_0^2\Big\},
\end{aligned}
$$

其中 $\alpha_n=\mathrm{sgn}(a-b|n|)$，注意到

$$
2|a-b|n||(a|n|-b)|a_n+i\alpha_n b_n|^2\geqslant 0,
$$
$$
(a|n|-b)^2+(a-b|n|)^2-2|(a-b|n|)|(a|n|-b)
$$
$$
\begin{cases}
=(a+b)^2(|n|-1)^2, & a>b|n|,\\
\geqslant(a-b)^2(|n|-1)^2, & a\leqslant b|n|,
\end{cases}
$$

可得

$$\|g\|_{H^s(\Gamma)^2}^2 \geqslant \frac{2\pi}{R^2} \left\{ \sum_{\substack{-\infty \\ n\neq 0,\pm 1}}^{\infty} (n^2+1)^s \left[\frac{4b^2(a-b)^2}{(a+b)^2}(|n|-1)^2(|a_n|^2+|b_n|^2) \right] \right.$$

$$\left. + 2^{s+4}\frac{b^2(a-b)^2}{(a+b)^2}|a_1+ib_1|^2 + 4(a-b)^2 a_0^2 \right\}$$

$$\geqslant \frac{4b^2(a-b)^2}{5(a+b)^2 R^2} \left\{ 2\pi \sum_{\substack{-\infty \\ n\neq 0,\pm 1}}^{\infty} (n^2+1)^{s+1}(|a_n|^2+|b_n|^2) \right.$$

$$\left. + 2^{s+1}|a_1+ib_1|^2 + a_0^2 \right\}$$

$$= \frac{4b^2(a-b)^2}{5(a+b)^2 R^2} \|u_0\|_{H^{s+1}(\Gamma)^2/\mathscr{R}(\Gamma)}^2.$$

从而便有

$$\|u\|_{H^{s+1}(\Gamma)^2/\mathscr{R}(\Gamma)} \leqslant \frac{\sqrt{5}(a+b)R}{2b(a-b)} \|g\|_{H^s(\Gamma)^2}.$$

证毕.

当 $s = -\dfrac{1}{2}$ 时, (4.75) 即 (4.74).

若在证明中区分出 $|n|=2$ 的项作更细致的分析, 定理中不等式右端的系数还可改进, 即得

$$\|u_0\|_{H^{s+1}(\Gamma)^2/\mathscr{R}(\Gamma)} \leqslant \frac{\sqrt{5}R}{2b} \max\left(1, \frac{a+b}{\sqrt{2}(a-b)} \right) \|g\|_{H^s(\Gamma)^2},$$

其中系数 $\dfrac{\sqrt{5}R}{2b}$ 是可以达到的, 例如当

$$u_0 = (\cos 2\theta, -\sin 2\theta), \quad g = \frac{2b}{R}(\cos 2\theta, -\sin 2\theta)$$

时有

$$\|u_0\|_{H^{s+1}(\Gamma)^2/\mathscr{R}(\Gamma)} = \frac{\sqrt{5}R}{2b} \|g\|_{H^s(\Gamma)^2},$$

易验证这里的 u_0 及 g 满足圆内平面弹性自然积分方程 (4.42).

2. 直角坐标分解下的自然积分方程

引理 4.7 由通过式 (4.45) 定义的直角坐标分解下的圆内区域平面弹性自然积分算子 $\mathscr{K}$ 导出的双线性型 $\hat{D}(u_0, v_0)$ 为商空间 $H^{\frac{1}{2}}(\Gamma)^2/\mathscr{R}(\Gamma)$ 上的对称正定、V 椭圆、连续双线性型, 其中

$$\mathscr{R}(\Gamma) = \{(C_1 - C_3\sin\theta, C_2 + C_3\cos\theta)|C_1, C_2, C_3 \in \mathbb{R}\}.$$

证　设

$$u_{10} = \sum_{-\infty}^{\infty} a_n e^{in\theta}, \quad a_{-n} = \bar{a}_n,$$

$$u_{20} = \sum_{-\infty}^{\infty} b_n e^{in\theta}, \quad b_{-n} = \bar{b}_n,$$

$$v_{10} = \sum_{-\infty}^{\infty} c_n e^{in\theta}, \quad c_{-n} = \bar{c}_n,$$

$$v_{20} = \sum_{-\infty}^{\infty} d_n e^{in\theta}, \quad d_{-n} = \bar{d}_n,$$

则由自然积分方程 (4.45) 可得

$$\hat{D}(u_0, v_0) = \int_\Gamma v_0 \cdot \mathscr{K} u_0 ds = R \int_\Gamma v_0 \cdot \mathscr{K} u_0 d\theta$$

$$= 2\pi \sum_{\substack{-\infty \\ n \neq 0, \pm 1}}^{\infty} \left[\frac{2ab}{a+b} |n|(a_n \bar{c}_n + b_n \bar{d}_n) \right.$$

$$\left. + i\frac{2b^2}{a+b} n(a_n \bar{d}_n - b_n \bar{c}_n) \right]$$

$$+ 2\pi \left[\frac{4ab}{a+b} \mathrm{Re}(a_1 \bar{c}_1 + b_1 \bar{d}_1) + \frac{4b^2}{a+b} \mathrm{Im}(b_1 \bar{c}_1 - a_1 \bar{d}_1) \right]$$

$$+ 4\pi \frac{a(a-b)}{a+b} (\mathrm{Re}a_1 - \mathrm{Im}b_1)(\mathrm{Re}c_1 - \mathrm{Im}d_1)$$

$$- 4\pi \frac{b(a-b)}{a+b} (\mathrm{Im}a_1 + \mathrm{Re}b_1)(\mathrm{Im}c_1 + \mathrm{Re}d_1).$$

易见 $\hat{D}(v_0, u_0) = \hat{D}(u_0, v_0)$. 取 $v_0 = u_0$ 有

$$\hat{D}(u_0, u_0) = 2\pi \sum_{\substack{-\infty \\ n \neq 0, \pm 1}}^{\infty} \left\{ \frac{2b(a-b)}{a+b} |n|(|a_n|^2 + |b_n|^2) \right.$$

$$\left. + \frac{2b^2}{a+b} |n||b_n + i(\mathrm{sgn}n)a_n|^2 \right\}$$

$$+ \frac{2\pi}{a+b} \{ 2a(a-b)(\mathrm{Re}a_1 - \mathrm{Im}b_1)^2$$

$$+ 4b^2(\mathrm{Re}a_1 + \mathrm{Im}b_1)^2 + 2b(a+b)(\mathrm{Re}b_1 - \mathrm{Im}a_1)^2$$

$$+ 4b(a-b)[(\mathrm{Re}a_1)^2 + (\mathrm{Im}b_1)^2] \}$$

$$\geqslant 0,$$

且等号当且仅当

$$
\begin{cases}
a_n = b_n = 0, & n = \pm 2, \pm 3, \cdots, \\
\mathrm{Re}a_1 = \mathrm{Im}b_1 = \mathrm{Re}b_1 - \mathrm{Im}a_1 = 0
\end{cases}
$$

时成立. 令

$$
a_0 = C_1, \quad b_0 = C_2, \quad \mathrm{Im}a_1 = \mathrm{Re}b_1 = \frac{C_3}{2},
$$

$C_i(i = 1, 2, 3)$ 为任意实常数, 此时

$$
\begin{cases}
u_{10} = \dfrac{i}{2}C_3 e^{i\theta} - \dfrac{i}{2}C_3 e^{-i\theta} + C_1 = C_1 - C_3 \sin\theta, \\
u_{20} = \dfrac{1}{2}C_3 e^{i\theta} + \dfrac{1}{2}C_3 e^{-i\theta} + C_2 = C_2 + C_3 \cos\theta.
\end{cases}
$$

于是当且仅当 $u_0 \in \mathscr{R}(\Gamma)$ 时 $\hat{D}(u_0, u_0) = 0$, 即得 $\hat{D}(u_0, v_0)$ 为 $H^{\frac{1}{2}}(\Gamma)^2/\mathscr{R}(\Gamma)$ 上对称正定双线性型. 又由

$$
\begin{aligned}
\|u_0\|^2_{H^{1/2}(\Gamma)^2/\mathscr{R}(\Gamma)} &= \inf_{v_0 \in \mathscr{R}(\Gamma)} \|u_0 - v_0\|^2_{H^{1/2}(\Gamma)^2} \\
&= 2\pi \Bigg\{ \sum_{\substack{-\infty \\ n \neq 0, \pm 1}}^{\infty} \sqrt{n^2+1}(|a_n|^2 + |b_n|^2) \\
&\quad + \inf_{C_1, C_2, C_3 \in \mathbb{R}} \Bigg[2\sqrt{2}\left(\left|a_1 - \frac{i}{2}C_3\right|^2 + \left|b_1 - \frac{1}{2}C_3\right|^2 \right) \\
&\quad + (a_0 - C_1)^2 + (b_0 - C_2)^2 \Bigg] \Bigg\} \\
&= 2\pi \Bigg\{ \sum_{\substack{-\infty \\ n \neq 0, \pm 1}}^{\infty} \sqrt{n^2+1}(|a_n|^2 + |b_n|^2) \\
&\quad + 2\sqrt{2} \inf_{C, \in \mathbb{R}} \Bigg[(\mathrm{Re}a_1)^2 + (\mathrm{Im}b_1)^2 \\
&\quad + \left(\mathrm{Im}a_1 - \frac{1}{2}C_3\right)^2 + \left(\mathrm{Re}b_1 - \frac{C_3}{2}\right)^2 \Bigg] \Bigg\} \\
&= 2\pi \Bigg\{ \sum_{\substack{-\infty \\ n \neq 0, \pm 1}}^{\infty} \sqrt{n^2+1}(|a_n|^2 + |b_n|^2) \\
&\quad + \sqrt{2}[2(\mathrm{Re}a_1)^2 + 2(\mathrm{Im}b_1)^2 \\
&\quad + (\mathrm{Re}b_1 - \mathrm{Im}a_1)^2] \Bigg\},
\end{aligned}
$$

可得 V 椭圆性:

$$
\begin{aligned}
\hat{D}(u_0, u_0) \geqslant & 2\pi\bigg\{ \sum_{\substack{-\infty \\ n\neq 0,\pm 1}}^{\infty} \frac{2b(a-b)}{a+b}|n|(|a_n|^2 + |b_n|^2) \\
& + \frac{4b(a-b)}{a+b}[(\mathrm{Re}a_1)^2 + (\mathrm{Im}b_1)^2] \\
& + 2b(\mathrm{Re}b_1 - \mathrm{Im}a_1)^2 \bigg\} \\
\geqslant & \frac{\sqrt{2}b(a-b)}{a+b} \times 2\pi\bigg\{ \sum_{\substack{-\infty \\ n\neq 0,\pm 1}}^{\infty} \sqrt{n^2+1}(|a_n|^2 + |b_n|^2) \\
& + \sqrt{2}[2(\mathrm{Re}a_1)^2 + 2(\mathrm{Im}b_1)^2 + (\mathrm{Re}b_1 - \mathrm{Im}a_1)^2] \bigg\} \\
= & \frac{\sqrt{2}b(a-b)}{a+b}\|u_0\|^2_{H^{1/2}(\Gamma)^2/\mathscr{R}(\Gamma)}.
\end{aligned}
\tag{4.76}
$$

$\hat{D}(u_0, v_0)$ 的连续性也容易得到:

$$
\begin{aligned}
|\hat{D}(u_0, v_0)| = & 2\pi\bigg\{ \sum_{\substack{-\infty \\ n\neq 0,\pm 1}}^{\infty} \bigg[\frac{2ab}{a+b}|n|(a_n\bar{c}_n + b_n\bar{d}_n) \\
& + i\frac{2b^2}{a+b}n(a_n\bar{d}_n - b_n\bar{c}_n) \bigg] + 2a\mathrm{Re}a_1\mathrm{Re}c_1 \\
& + 2b\mathrm{Im}a_1\mathrm{Im}c_1 + 2b\mathrm{Re}b_1\mathrm{Re}d_1 \\
& + 2a\mathrm{Im}b_1\mathrm{Im}d_1 - 2b\mathrm{Re}b_1\mathrm{Im}c_1 \\
& + 2(2b - a)\mathrm{Re}c_1\mathrm{Im}b_1 \\
& + 2(2b - a)\mathrm{Re}a_1\mathrm{Im}d_1 - 2b\mathrm{Re}d_1\mathrm{Im}a_1 \bigg\} \\
\leqslant & 2\pi\bigg\{ \sum_{\substack{-\infty \\ n\neq 0,\pm 1}}^{\infty} 2b|n|(|a_n|^2 + |b_n|^2)^{\frac{1}{2}} \\
& \cdot (|c_n|^2 + |d_n|^2)^{\frac{1}{2}} + 4b[(\mathrm{Re}a_1)^2 \\
& + (\mathrm{Im}b_1)^2]^{\frac{1}{2}}[(\mathrm{Re}c_1)^2 + (\mathrm{Im}d_1)^2]^{\frac{1}{2}} \\
& + 2b(\mathrm{Re}b_1 - \mathrm{Im}a_1)(\mathrm{Re}d_1 - \mathrm{Im}c_1) \bigg\} \\
\leqslant & 2b \cdot 2\pi\bigg\{ \sum_{\substack{-\infty \\ n\neq 0,\pm 1}}^{\infty} \sqrt{n^2+1} \\
& \cdot (|a_n|^2 + |b_n|^2)^{\frac{1}{2}}(|c_n|^2 + |d_n|^2)^{\frac{1}{2}}
\end{aligned}
$$

$$+ 2[(\mathrm{Re}a_1)^2 + (\mathrm{Im}b_1)^2]^{\frac{1}{2}}[(\mathrm{Re}c_1)^2$$
$$+ (\mathrm{Im}d_1)^2]^{\frac{1}{2}} + (\mathrm{Re}b_1 - \mathrm{Im}a_1)$$
$$\cdot (\mathrm{Re}d_1 - \mathrm{Im}c_1)\Big\}$$
$$\leqslant 2b\|u_0\|_{H^{1/2}(\Gamma)^2/\mathscr{R}(\Gamma)}\|v_0\|_{H^{1/2}(\Gamma)^2/\mathscr{R}(\Gamma)}. \tag{4.77}$$

证毕.

由此引理便可得如下定理.

定理 4.6 若边界载荷 $g \in H^{-\frac{1}{2}}(\Gamma)^2$ 并满足相容性条件 (4.63), 则相应于圆内区域平面弹性自然积分方程 (4.45) 的变分问题 (4.73) 在商空间 $H^{\frac{1}{2}}(\Gamma)^2/\mathscr{R}(\Gamma)$ 中存在唯一解, 其中 $F(v_0) = \int_\Gamma g \cdot v_0 ds$, $\mathscr{R}(\Gamma)$ 由引理 4.7 给出, 且解连续依赖于给定载荷 g.

证 由于 g 满足相容性条件, 可在商空间 $H^{\frac{1}{2}}(\Gamma)^2/\mathscr{R}(\Gamma)$ 中考察变分问题 (4.73). 于是利用引理 4.7 及 Lax-Milgram 定理, 便得该变分问题在 $H^{\frac{1}{2}}(\Gamma)^2/\mathscr{R}(\Gamma)$ 中存在唯一解 u_0, 且

$$\frac{\sqrt{2}b(a-b)}{a+b}\|u_0\|^2_{H^{1/2}(\Gamma)^2/\mathscr{R}(\Gamma)} \leqslant \hat{D}(u_0, u_0) = F(u_0)$$
$$= R\int_0^{2\pi} g \cdot u_0 d\theta = R\inf_{v_0 \in \mathscr{R}(\Gamma)}\int_0^{2\pi} g \cdot (u_0 - v_0)d\theta$$
$$\leqslant R\|g\|_{H^{-1/2}(\Gamma)^2}\inf_{v_0 \in \mathscr{R}(\Gamma)}\|u_0 - v_0\|_{H^{1/2}(\Gamma)^2}$$
$$= R\|g\|_{H^{-1/2}(\Gamma)^2}\|u_0\|_{H^{1/2}(\Gamma)^2/\mathscr{R}(\Gamma)},$$

此即解对给定边值的连续依赖性:

$$\|u_0\|_{H^{1/2}(\Gamma)^2/\mathscr{R}(\Gamma)} \leqslant \frac{(a+b)R}{\sqrt{2}b(a-b)}\|g\|_{H^{-1/2}(\Gamma)^2}. \tag{4.78}$$

证毕.

同样也可得到如下正则性结果.

定理 4.7 若 u_0 为以满足相容性条件的 $g \in H^s(\Gamma)^2$ 为载荷边值的圆内区域平面弹性自然积分方程 (4.45) 的解, 其中 $s \geqslant -\dfrac{1}{2}$ 为实数, 则 $u_0 \in H^{s+1}(\Gamma)^2$, 且

$$\|u_0\|_{H^{s+1}(\Gamma)^2/\mathscr{R}(\Gamma)} \leqslant \max\left(\frac{R}{\sqrt{2}b}, \frac{\sqrt{5}(a+b)R}{4b(a-b)}\right)\|g\|_{H^s(\Gamma)^2}. \tag{4.79}$$

证 仍设

$$u_{10} = \sum_{-\infty}^{\infty} a_n e^{in\theta}, \quad a_{-n} = \bar{a}_n,$$

$$u_{20} = \sum_{-\infty}^{\infty} b_n e^{in\theta}, \quad b_{-n} = \bar{b}_n.$$

由自然积分方程 (4.45) 可得

$$g_1(\theta) = \frac{1}{R} \left\{ \sum_{\substack{-\infty \\ n \neq 0, \pm 1}}^{\infty} \left[\frac{2ab}{a+b} |n| a_n - i \frac{2b^2}{a+b} n b_n \right] e^{in\theta} \right.$$

$$+ [a\mathrm{Re}a_1 + ib\mathrm{Im}a_1 - ib\mathrm{Re}b_1 - (a - 2b)\mathrm{Im}b_1] e^{i\theta}$$

$$\left. + [a\mathrm{Re}a_1 - ib\mathrm{Im}a_1 + ib\mathrm{Re}b_1 - (a - 2b)\mathrm{Im}b_1] e^{-i\theta} \right\},$$

$$g_2(\theta) = \frac{1}{R} \left\{ \sum_{\substack{-\infty \\ n \neq 0, \pm 1}}^{\infty} \left[i \frac{2b^2}{a+b} n a_n + \frac{2ab}{a+b} |n| b_n \right] e^{in\theta} \right.$$

$$+ [i(2b - a)\mathrm{Re}a_1 - b\mathrm{Im}a_1 + b\mathrm{Re}b_1 + ia\mathrm{Im}b_1] e^{i\theta}$$

$$\left. + [i(a - 2b)\mathrm{Re}a_1 - b\mathrm{Im}a_1 + b\mathrm{Re}b_1 - ia\mathrm{Im}b_1] e^{-i\theta} \right\}.$$

于是

$$\|u_0\|_{H^{s+1}(\Gamma)^2/\mathscr{R}(\Gamma)}^2 = \inf_{v_0 \in \mathscr{R}(\Gamma)} \|u_0 - v_0\|_{H^{s+1}(\Gamma)^2}^2$$

$$= 2\pi \left\{ \sum_{\substack{-\infty \\ n \neq 0, \pm 1}}^{\infty} (n^2 + 1)^{s+1} (|a_n|^2 + |b_n|^2) \right.$$

$$+ \inf_{C_1, C_2, C_3 \in \mathbb{R}} \left[2^{s+2} \left(\left| a_1 - \frac{i}{2} C_3 \right|^2 + \left| b_1 - \frac{1}{2} C^3 \right|^2 \right) \right.$$

$$\left. \left. + (a_0 - C_1)^2 + (b_0 - C_2)^2 \right] \right\}$$

$$= 2\pi \left\{ \sum_{\substack{-\infty \\ n \neq 0, \pm 1}}^{\infty} (n^2 + 1)^{s+1} (|a_n|^2 + |b_n|^2) + 2^{s+1} [2(\mathrm{Re}a_1)^2 \right.$$

$$\left. + 2(\mathrm{Im}b_1)^2 + (\mathrm{Re}b_1 - \mathrm{Im}a_1)^2] \right\},$$

$$\|g\|_{H^s(\Gamma)^2}^2 = \frac{2\pi}{R^2} \left\{ \sum_{\substack{-\infty \\ n \neq 0, \pm 1}}^{\infty} (n^2 + 1)^s \frac{4b^2}{(a+b)^2} \right.$$

$$\cdot [(a^2 + b^2) n^2 (|a_n|^2 + |b_n|^2)$$

$$+ i2abn|n|(a_n \bar{b}_n - b_n \bar{a}_n)]$$

$$+ 2^{s+1}[(a\mathrm{Re}a_1 - (a - 2b)\mathrm{Im}b_1)^2$$
$$+ (b\mathrm{Im}a_1 - b\mathrm{Re}b_1)^2 + ((2b - a)\mathrm{Re}a_1 + a\mathrm{Im}b_1)^2$$
$$+ (b\mathrm{Im}a_1 - b\mathrm{Re}b_1)^2]\bigg\}$$
$$= \frac{2\pi}{R^2}\bigg\{ \sum_{\substack{-\infty \\ n\neq 0,\pm 1}}^{\infty} (n^2 + 1)^s \frac{4b^2}{(a+b)^2}$$
$$\cdot [(a - b)^2 n^2(|a_n|^2 + |b_n|^2) + 2ab|(|n|a_n - inb_n)|^2]$$
$$+ 2^{s+1}[4b^2((\mathrm{Re}a_1)^2 + (\mathrm{Im}b_1)^2)$$
$$+ 2a(a - 2b)(\mathrm{Re}a_1 - \mathrm{Im}b_1)^2 + 2b^2(\mathrm{Re}b_1 - \mathrm{Im}a_1)^2]\bigg\}$$
$$\geqslant \frac{4b^2}{R^2}2\pi\bigg\{ \sum_{\substack{-\infty \\ n\neq 0,\pm 1}}^{\infty} \frac{(a - b)^2}{(a+b)^2}(n^2 + 1)^s n^2(|a_n|^2 + |b_n|^2)$$
$$+ 2^{s+1}\left[(\mathrm{Re}a_1)^2 + (\mathrm{Im}b_1)^2 + \frac{1}{2}(\mathrm{Re}b_1 - \mathrm{Im}a_1)^2 \right]\bigg\}$$
$$\geqslant \min\left(\frac{16b^2(a - b)^2}{5(a+b)^2}, 2b^2 \right)\frac{2\pi}{R^2}\bigg\{ \sum_{\substack{-\infty \\ n\neq 0,\pm 1}}^{\infty} (n^2 + 1)^{s+1}$$
$$\cdot (|a_n|^2 + |b_n|^2) + 2^{s+1}[2(\mathrm{Re}a_1)^2$$
$$+ 2(\mathrm{Im}b_1)^2 + (\mathrm{Re}b_1 - \mathrm{Im}a_1)^2]\bigg\}$$
$$= \min\left(\frac{16b^2(a - b)^2}{5(a+b)^2 R^2}, \frac{2b^2}{R^2} \right)\|u_0\|^2_{H^{s+1}(\Gamma)^2/\mathscr{R}(\Gamma)}.$$

从而有

$$\|u_0\|_{H^{s+1}(\Gamma)^2/\mathscr{R}(\Gamma)} \leqslant \max\left(\frac{R}{\sqrt{2}b}, \frac{\sqrt{5}(a+b)R}{4b(a-b)} \right)\|g\|_{H^s(\Gamma)^2}.$$

证毕.

易见当 $s = -\dfrac{1}{2}$ 时, 式 (4.79) 比式 (4.78) 有所改进.

式 (4.79) 中的系数 $\dfrac{\sqrt{5}(a+b)R}{4b(a-b)}$ 是可以取到的, 例如取 $u_0 = (\cos 2\theta, \ \sin 2\theta)$, 则

自然积分方程 (4.45) 可得 $g = \dfrac{4b(a-b)}{R(a+b)}(\cos 2\theta, \sin 2\theta)$, 此时

$$\|u_0\|_{H^{s+1}(\Gamma)^2/\mathscr{R}(\Gamma)} = \sqrt{2\pi}(\sqrt{5})^{s+1},$$

$$\|g\|_{H^s(\Gamma)^2} = \sqrt{2\pi}\frac{4b(a-b)}{R(a+b)}(\sqrt{5})^s,$$

满足 $\|u_0\|_{H^{s+1}(\Gamma)^2/\mathscr{R}(\Gamma)} = \dfrac{\sqrt{5}(a+b)R}{4b(a-b)}\|g\|_{H^s(\Gamma)^2}.$

4.6.3　圆外区域自然积分方程

对圆外区域自然积分方程 (4.50) 或 (4.53), 也有相应的结果. 由于证明方法与 4.6.2 小节中对圆内情况所用的方法完全相同, 故本小节将只列出结果而略去其证明过程.

1. 极坐标分解下的自然积分方程

引理 4.8　由通过式 (4.50) 定义的圆外区域平面弹性自然积分算子 $\mathscr{K}$ 导出的双线性型 $\hat{D}(u_0, v_0)$ 为商空间 $H^{\frac{1}{2}}(\Gamma)^2/\mathscr{R}(\Gamma)$ 上的对称正定、V 椭圆、连续双线性型, 其中

$$\mathscr{R}(\Gamma) = \{(C_1\cos\theta + C_2\sin\theta, -C_1\sin\theta + C_2\cos\theta)|_{C_1 C_2 \in \mathbb{R}}\}.$$

关于 $\hat{D}(u_0 v_0)$ 的连续性及 V 椭圆性的估计式如下:

$$|\hat{D}(u_0, v_0)| \leqslant 2\sqrt{2}b\|u_0\|_{H^{1/2}(\Gamma)^2/\mathscr{R}(\Gamma)}\|v_0\|_{H^{1/2}(\Gamma)^2/\mathscr{R}(\Gamma)}, \tag{4.80}$$

以及

$$|\hat{D}(u_0, u_0)| \geqslant \frac{2b(a-b)}{\sqrt{5}(a+b)}\|u_0\|_{H^{1/2}(\Gamma)^2/\mathscr{R}(\Gamma)}. \tag{4.81}$$

定理 4.8　若边界载荷 $g \in H^{-\frac{1}{2}}(\Gamma)^2$ 并满足相容性条件 (4.66), 则相应于圆外区域平面弹性自然积分方程 (4.50) 的变分问题

$$\begin{cases} 求 u_0 \in H^{\frac{1}{2}}(\Gamma)^2, 使得 \\ \hat{D}(u_0, v_0) = F(v_0), \quad \forall v_0 \in H^{\frac{1}{2}}(\Gamma)^2 \end{cases} \tag{4.82}$$

在商空间 $H^{\frac{1}{2}}(\Gamma)^2/\mathscr{R}(\Gamma)$ 中存在唯一解, 其中

$$F(v_0) = \int_\Gamma g \cdot v_0 ds,$$

$\mathscr{R}(\Gamma)$ 由引理 4.8 给出, 且解 u_0 连续依赖于给定载荷 g:

$$\|u_0\|_{H^{1/2}(\Gamma)^2/\mathscr{R}(\Gamma)} \leqslant \frac{\sqrt{5}(a+b)R}{2b(a-b)}\|g\|_{H^{-1/2}(\Gamma)^2}. \tag{4.83}$$

定理 4.9　若 u_0 为以满足相容性条件的 $g \in H^s(\Gamma)^2$ 为载荷边值的圆外区域平面弹性自然积分方程 (4.50) 的解, 其中 $s \geqslant -\dfrac{1}{2}$ 为实数, 则 $u_0 \in H^{s+1}(\Gamma)^2$, 且

$$\|u_0\|_{H^{s+1}(\Gamma)^2/\mathscr{R}(\Gamma)} \leqslant \frac{\sqrt{5}(a+b)R}{2b(a-b)}\|g\|_{H^s(\Gamma)^2}. \tag{4.84}$$

当 $s = -\dfrac{1}{2}$ 时, (4.84) 即 (4.83).

式 (4.84) 右端的常数 $\dfrac{\sqrt{5}(a+b)R}{2b(a-b)}$ 是不可改进的. 若取 $u_0 = (\cos 2\theta, -\sin 2\theta)$, 则由自然积分方程 (4.50) 可得 $g = \dfrac{2b(a-b)}{(a+b)R}(\cos 2\theta, -\sin 2\theta)$, 于是

$$\|u_0\|_{H^{s+1}(\Gamma)^2/\mathscr{R}(\Gamma)} = \frac{\sqrt{5}(a+b)R}{2b(a-b)}\|g\|_{H^s(\Gamma)^2},$$

即式 (4.84) 的等号是可以取到的.

2. 直角坐标分解下的自然积分方程

引理 4.9 由通过式 (4.53) 定义的直角坐标分解下的圆外区域平面弹性自然积分算子 $\mathscr{K}$ 导出的双线性型 $\hat{D}(u_0, v_0)$ 为商空间 $H^{\frac{1}{2}}(\Gamma)^2/\mathscr{R}(\Gamma)$ 上的对称正定、V 椭圆、连续双线性型, 其中

$$\mathscr{R}(\Gamma) = \{(C_1, C_2)|C_1, C_2 \in \mathbb{R}\}.$$

关于 $\hat{D}(u_0, v_0)$ 的连续性及 V 椭圆性有如下估计式:

$$|\hat{D}(u_0, v_0)| \leqslant 2b\|u_0\|_{H^{1/2}(\Gamma)^2/\mathscr{R}(\Gamma)}\|v_0\|_{H^{1/2}(\Gamma)^2/\mathscr{R}(\Gamma)}, \tag{4.85}$$

以及

$$\hat{D}(u_0, u_0) \geqslant \frac{\sqrt{2}b(a-b)}{a+b}\|u_0\|^2_{H^{1/2}(\Gamma)^2/\mathscr{R}(\Gamma)}. \tag{4.86}$$

定理 4.10 若边界载荷 $g \in H^{-\frac{1}{2}}(\Gamma)^2$ 并满足相容性条件 (4.69), 则相应于圆外区域平面弹性自然积分方程 (4.53) 的变分问题 (4.82) 在商空间 $H^{\frac{1}{2}}(\Gamma)^2/\mathscr{R}(\Gamma)$ 中存在唯一解, 其中 $F(v_0) = \displaystyle\int_\Gamma g \cdot v_0 ds, \mathscr{R}(\Gamma)$ 由引理 4.9 给出, 且解 u_0 连续依赖于给定载荷 g:

$$\|u_0\|_{H^{1/2}(\Gamma)^2/\mathscr{R}(\Gamma)} \leqslant \frac{(a+b)R}{\sqrt{2}b(a-b)}\|g\|_{H^{-1/2}(\Gamma)^2}. \tag{4.87}$$

定理 4.11 若 u_0 为以满足相容性条件的 $g \in H^s(\Gamma)^2$ 为载荷边值的圆外区域平面弹性自然积分方程 (4.53) 的解, 其中 $s \geqslant -\dfrac{1}{2}$ 为实数, 则 $u_0 \in H^{s+1}(\Gamma)^2$, 且

$$\|u_0\|_{H^{s+1}(\Gamma)^2/\mathscr{R}(\Gamma)} \leqslant \frac{(a+b)R}{\sqrt{2}b(a-b)}\|g\|_{H^s(\Gamma)^2}. \tag{4.88}$$

当 $s = -\dfrac{1}{2}$ 时, (4.88) 正是 (4.87).

4.7   自然积分方程的数值解法

下面将用第 1 章给出的积分核级数展开法求解圆内、外平面弹性自然积分方程, 得到采用分段线性单元时刚度矩阵的表达式, 并给出近似解的误差估计.

考察半径为 R 的圆内部 Ω 上的平面弹性问题 (4.21), 它等价于 Ω 上的变分问题 (4.22). 由 4.4 节已知, 该边值问题还可归化为边界上的自然积分方程 (4.42), 即

$$
\begin{cases}
g_r(\theta) = -\dfrac{2ab}{(a+b)R} \displaystyle\int_0^{2\pi} \dfrac{1}{4\pi \sin^2 \dfrac{\theta-\theta'}{2}} u_r(R,\theta')d\theta' \\[4mm]
\qquad -\dfrac{2b^2}{(a+b)R} u_r(R,\theta) + \dfrac{a^2}{\pi(a+b)R} \times \displaystyle\int_0^{2\pi} u_r(R,\theta')d\theta' \\[4mm]
\qquad -\dfrac{2ab}{(a+b)R} \displaystyle\int_0^{2\pi} \dfrac{1}{2\pi} \cot\dfrac{\theta-\theta'}{2} u_\theta(R,\theta')d\theta' \\[4mm]
\qquad -\dfrac{2b^2}{(a+b)R} u'_\theta(R,\theta), \\[4mm]
g_\theta(\theta) = \dfrac{2ab}{(a+b)R} \displaystyle\int_0^{2\pi} \dfrac{1}{2\pi} \cot\dfrac{\theta-\theta'}{2} u_r(R,\theta')d\theta' \\[4mm]
\qquad +\dfrac{2b^2}{(a+b)R} u'_r(R,\theta) - \dfrac{2ab}{(a+b)R} \displaystyle\int_0^{2\pi} \dfrac{1}{4\pi \sin^2 \dfrac{\theta-\theta'}{2}} \\[4mm]
\qquad \times u_\theta(R,\theta')d\theta' - \dfrac{2b^2}{(a+b)R} u_\theta(R,\theta) \\[4mm]
\qquad +\dfrac{b^2}{\pi(a+b)R} \displaystyle\int_0^{2\pi} u_\theta(R,\theta')d\theta',
\end{cases}
\tag{4.89}
$$

其中给定载荷边值 $(g_r, g_\theta) \in H^{-\frac{1}{2}}(\Gamma)^2$, 并满足相容性条件

$$
\begin{cases}
\displaystyle\int_0^{2\pi} (g_r \cos\theta - g_\theta \sin\theta)d\theta = 0, \\[4mm]
\displaystyle\int_0^{2\pi} (g_r \sin\theta + g_\theta \cos\theta)d\theta = 0, \\[4mm]
\displaystyle\int_0^{2\pi} g_\theta d\theta = 0.
\end{cases}
$$

由 4.6 节已知, 边界积分方程 (4.89) 在可差一 $\mathscr{R}(\Gamma)$ 中函数的意义下存在唯一解, 其中

$$
\mathscr{R}(\Gamma) = \{(C_1 \cos\theta + C_2 \sin\theta, -C_1 \sin\theta + C_2 \cos\theta \\
+ C_3)|C_1, C_2, C_3 \in \mathbb{R}\}.
$$

故为求得确定的解, 应附加条件以确定常数 C_1, C_2 及 C_3, 例如可固定 $\theta = 0, \frac{\pi}{2}$ 及 π 时 $u_\theta(R, \theta)$ 的值以定解. 与自然积分方程 (4.89) 相应的变分问题为

$$\begin{cases} \text{求} (u_{r0}, u_{\theta0}) \in H^{\frac{1}{2}}(\Gamma)^2, \text{使得} \\ \hat{D}(u_{r0}, u_{\theta0}; v_{r0}, v_{\theta0}) = \hat{F}(v_{r0}, v_{\theta0}), \quad \forall (v_{r0}, v_{\theta0}) \in H^{\frac{1}{2}}(\Gamma)^2, \end{cases} \quad (4.90)$$

其中

$$\hat{D}(u_{r0}, u_{\theta0}; v_{r0}, v_{\theta0}) = R \int_0^{2\pi} (v_{r0}, v_{\theta0}) \cdot \mathscr{K}(u_{r0}, u_{\theta0}) d\theta,$$

$$\hat{F}(v_{r0}, v_{\theta0}) = R \int_0^{2\pi} (g_r v_{r0} + g_\theta v_{\theta0}) d\theta,$$

$\mathscr{K}$ 为由 (4.89) 定义的自然积分算子. 已知 $\hat{D}(u_{r0}, u_{\theta0}; v_{r0}, v_{\theta0})$ 为商空间 $H^{\frac{1}{2}}(\Gamma)^2 / \mathscr{R}(\Gamma)$ 上的对称、连续、V 椭圆双线性型, 变分问题 (4.90) 在 $H^{\frac{1}{2}}(\Gamma)^2 / \mathscr{R}(\Gamma)$ 中存在唯一解. 注意到 $R\mathscr{K}$ 恰为单位圆内平面弹性问题的自然积分算子, 故 $\hat{D}(u_{r0}, u_{\theta0}; v_{r0}, v_{\theta0})$ 的积分核实际上与 R 无关.

对于半径为 R 的圆外部区域 Ω, 则可由相应于圆外区域自然积分方程 (4.50) 的变分问题 (4.90) 出发, 只是其中 $\mathscr{K}$ 为半径为 R 的圆外区域平面弹性自然积分算子, 而 $R\mathscr{K}$ 恰为关于单位圆外区域的相应算子, 故 $\hat{D}(u_{r0}, u_{\theta0}; v_{r0}, v_{\theta0})$ 的积分核实际上也与 R 无关. 同样, $\hat{D}(u_{r0}, u_{\theta0}; v_{r0}, v_{\theta0})$ 为商空间 $H^{\frac{1}{2}}(\Gamma)^2 / \mathscr{R}(\Gamma)$ 上对称、连续、V 椭圆双线性型, 相应的变分问题 (4.90) 在 $H^{\frac{1}{2}}(\Gamma)^2 / \mathscr{R}(\Gamma)$ 中存在唯一解, 其中

$$\mathscr{R}(\Gamma) = \{(C_1 \cos\theta + C_2 \sin\theta, -C_1 \sin\theta + C_2 \cos\theta) | C_1, C_2 \in \mathbb{R}\}.$$

4.7.1 刚度矩阵系数的计算公式

将边界 N 等分, 取关于此分割的 Γ 上的分段插值基函数族, 如分段线性基函数族 $\{L_j(\theta)\}$(参见 2.8 节). 显然

$$\{L_j(\theta)\} \subset H^{\frac{1}{2}}(\Gamma).$$

设由 $\{L_j(\theta)\}$ 张成的 $H^{\frac{1}{2}}(\Gamma)$ 的子空间为 $S_h(\Gamma)$, 便得到变分问题 (4.90) 的近似变分问题

$$\begin{cases} \text{求} (u_{r0}^h, u_{\theta0}^h) \in S_h(\Gamma)^2, \text{使得} \\ \hat{D}(u_{r0}^h, u_{\theta0}^h; v_{r0}^h, v_{\theta0}^h) = \hat{F}(v_{r0}^h, v_{\theta0}^h), \forall (v_{r0}^h, v_{\theta0}^h) \in S_h(\Gamma)^2. \end{cases} \quad (4.91)$$

由于双线性型 $\hat{D}(u_{r0}, u_{\theta0}; v_{r0}, v_{\theta0})$ 的性质及 $S_h(\Gamma) \subset H^{\frac{1}{2}}(\Gamma)$, Lax-Milgram 定理依然保证了变分问题 (4.91) 在商空间 $S_h(\Gamma)^2 / \mathscr{R}(\Gamma)$ 中存在唯一解. 设

$$u_{r0}^h(\theta) = \sum_{j=1}^N U_j L_j(\theta), \quad u_{\theta0}^h(\theta) = \sum_{j=1}^N V_j L_j(\theta),$$

其中 U_j 及 $V_j(j = 1, \cdots, N)$ 为待定系数. 于是由相应于圆内区域的近似变分问题 (4.91) 可得线性代数方程组

$$
\begin{bmatrix} Q_{11} & Q_{12} \\ Q_{21} & Q_{22} \end{bmatrix} \begin{bmatrix} U \\ V \end{bmatrix} = \begin{bmatrix} B \\ C \end{bmatrix}, \tag{4.92}
$$

其中

$$
U = (U_1, \cdots, U_N)^{\mathrm{T}}, \quad V = (V_1, \cdots, V_N)^{\mathrm{T}},
$$

$$
B = (b_1, \cdots, b_N)^{\mathrm{T}}, \quad C = (c_1, \cdots, c_N)^{\mathrm{T}},
$$

$$
Q_{lm} = [q_{ij}^{(lm)}]_{i,j=1,\cdots,N}, \quad l, m = 1, 2,
$$

$$
b_i = R \int_0^{2\pi} g_r(\theta) L_i(\theta) d\theta, \quad c_i = R \int_0^{2\pi} g_\theta(\theta) L_i(\theta) d\theta,
$$

$$
q_{ij}^{(11)} = \hat{D}(L_j, \ 0; \ L_i, \ 0), \quad q_{ij}^{(12)} = \hat{D}(0, \ L_j; \ L_i, \ 0),
$$

$$
q_{ij}^{(21)} = \hat{D}(L_j, \ 0; \ 0, \ L_i), \quad q_{ij}^{(22)} = \hat{D}(0, \ L_j; \ 0, \ L_i),
$$

$$
i, \ j = 1, \ 2, \ \cdots, \ N.
$$

利用 1.4 节介绍的积分核级数展开法及公式

$$
-\frac{1}{4\sin^2\dfrac{\theta}{2}} = \sum_{n=1}^{\infty} n \cos n\theta,
$$

$$
\frac{1}{2}\cot\frac{\theta}{2} = \sum_{n=1}^{\infty} \sin n\theta,
$$

可得矩阵 Q 的如下计算公式:

$$
\begin{cases}
Q_{11} = \dfrac{2ab}{a+b}((a_0, a_1, \cdots, a_{N-1})) - \dfrac{2\pi b^2}{3N(a+b)} \\
\qquad \cdot ((4, 1, 0, \cdots, 0, 1)) + \dfrac{4\pi a^2}{N^2(a+b)}((1, \cdots, 1)), \\
Q_{12} = -Q_{21} = \dfrac{2ab}{a+b}((0, d_1, \cdots, d_{N-1})) \\
\qquad\qquad - \dfrac{b^2}{a+b}((0, 1, 0, \cdots, 0, -1)), \\
Q_{22} = \dfrac{2ab}{a+b}((a_0, a_1, \cdots, a_{N-1})) - \dfrac{2\pi b^2}{3N(a+b)} \\
\qquad \cdot ((4, 1, 0, \cdots, 0, 1)) + \dfrac{4\pi b^2}{N^2(a+b)}((1, \cdots, 1)),
\end{cases} \tag{4.93}
$$

其中记号 $((\alpha_1, \cdots, \alpha_N))$ 仍表示由 $a_1, \cdots, \alpha_N$ 生成的循环矩阵,

$$\begin{cases} a_k = \dfrac{4N^2}{\pi^3} \sum_{j=1}^{\infty} \dfrac{1}{j^3} \sin^4 \dfrac{j\pi}{N} \cos \dfrac{jk}{N} 2\pi, \\ \qquad\qquad\qquad\qquad\qquad\qquad k = 0, 1, 2, \cdots, N-1. \\ d_k = \dfrac{4N^2}{\pi^3} \sum_{j=1}^{\infty} \dfrac{1}{j^4} \sin^4 \dfrac{j\pi}{N} \sin \dfrac{jk}{N} 2\pi, \end{cases} \qquad (4.94)$$

易见 Q_{11} 及 Q_{22} 为对称循环矩阵, Q_{12} 及 Q_{21} 为反对称循环矩阵, $Q = \begin{bmatrix} Q_{11} & Q_{12} \\ Q_{21} & Q_{22} \end{bmatrix}$ 为对称半正定矩阵,

$$a_i = a_{N-i}, d_i = -d_{N-i}, \quad i = 1, \cdots, N-1.$$

由变分问题 (4.91) 在商空间 $S_h(\Gamma)^2/\mathscr{R}(\Gamma)$ 中存在唯一解即可得线性方程组 (4.92) 在可差一

$$\left\{ \begin{bmatrix} U \\ V \end{bmatrix} \ \middle| \ \left(\sum_{j=1}^{N} U_j L_j(\theta), \sum_{j=1}^{N} V_j L_j(\theta) \right) \in \mathscr{R}(\Gamma) \right\}$$

中向量的意义下有唯一解. 由于对圆内平面弹性问题, $\mathscr{R}(\Gamma)$ 包含三个任意常数, 故应附加条件以确定以三常数. 在实际计算中, 由于离散化的结果, 原边值问题的相容性条件通常只能保证 (4.92) 的相容性近似地满足, 因此在添加三条件后应删去原方程组中的三个相应的方程. 这只要在系数矩阵 Q 中划去相应的行、列即可. 当然也可用迭代法求解 (4.92), 此时由于矩阵系数的循环性, 可大大节省存储量.

对于相应于圆外区域的近似变分问题 (4.91), 仍可得线性代数方程组 (4.92), 只是其中

$$\begin{cases} Q_{11} = Q_{22} = \dfrac{2ab}{a+b}((a_0, a_1, \cdots, a_{N-1})) \\ \qquad\qquad + \dfrac{2\pi b^2}{3N(a+b)}((4, 1, 0, \cdots, 0, 1)) \\ \qquad\qquad + \dfrac{4\pi ab}{N^2(a+b)}((1, \cdots, 1)), \\ Q_{12} = -Q_{21} = \dfrac{2ab}{a+b}((0, d_1, \cdots, d_{N-1})) \\ \qquad\qquad + \dfrac{b^2}{a+b}((0, 1, 0, \cdots, 0, -1)), \end{cases} \qquad (4.95)$$

这里 a_k 及 $d_k, k = 0, 1, \cdots, N-1$, 仍由 (4.94) 给出. 容易看出, $Q_{11} = Q_{22}$ 为对称循环矩阵, Q_{12} 及 Q_{21} 为反对称循环矩阵, Q 为对称半正定矩阵. 由变分问题 (4.91)

在商空间 $S_h(\Gamma)^2/\mathscr{R}(\Gamma)$ 中存在唯一解即可得线性代数方程组 (4.92) 在可差一

$$\left\{ \begin{bmatrix} U \\ V \end{bmatrix} \, \Big| \, \left(\sum_{j=1}^{N} U_j L_j(\theta), \sum_{j=1}^{N} V_j L_j(\theta) \right) \in \mathscr{R}(\Gamma) \right\}$$

中的向量的意义下有唯一解, 只是对圆外区域平面弹性问题, $\mathscr{R}(\Gamma)$ 只含有两个任意实常数, 故在实际求解时, 只要附加两个条件即可.

对于直角坐标分解下的关于圆内区域或圆外区域的自然积分方程 (4.45) 或 (4.53), 同样可写出其相应的变分问题

$$\begin{cases} \text{求} u_0 \in H^{\frac{1}{2}}(\Gamma)^2, \text{使得} \\ \hat{D}(u_0, v_0) = \hat{F}(v_0), \quad \forall v_0 \in H^{\frac{1}{2}}(\Gamma)^2 \end{cases} \tag{4.96}$$

及近似变分问题

$$\begin{cases} \text{求} u_0^h \in S_h(\Gamma)^2, \text{使得} \\ \hat{D}(u_0^h, v_0^h) = \hat{F}(v_0^h), \quad \forall v_0^h \in S_h(\Gamma)^2, \end{cases} \tag{4.97}$$

其中 $v = (v_1, v_2)$,

$$\hat{D}(u_0, v_0) = \int_{\Gamma} v_0 \cdot \mathscr{K} u_0 ds,$$

$$\hat{F}(v_0) = \int_{\Gamma} g \cdot v_0 ds.$$

由于 $\hat{D}(u_0, v_0)$ 为 $H^{\frac{1}{2}}(\Gamma)^2/\mathscr{R}(\Gamma)$ 上的对称、连续、V 椭圆双线性型, 且 $S_h(\Gamma) \subset H^{\frac{1}{2}}(\Gamma)$, 则只要 g 满足相容性条件 (当 Ω 为圆内区域)

$$\begin{cases} \displaystyle\int_0^{2\pi} g_1(\theta) d\theta = 0, \\ \displaystyle\int_0^{2\pi} g_2(\theta) d\theta = 0, \\ \displaystyle\int_0^{2\pi} [g_2(\theta)\cos\theta - g_1(\theta)\sin\theta] d\theta = 0, \end{cases}$$

或 (当 Ω 为圆外区域)

$$\begin{cases} \displaystyle\int_0^{2\pi} g_1(\theta) d\theta = 0, \\ \displaystyle\int_0^{2\pi} g_2(\theta) d\theta = 0, \end{cases}$$

便可得变分问题 (4.96) 及近似变分问题 (4.97) 分别在商空间 $H^{\frac{1}{2}}(\Gamma)^2/\mathscr{R}(\Gamma)$ 中及 $S_h(\Gamma)^2/\mathscr{R}(\Gamma)$ 中存在唯一解, 其中当 Ω 为圆内区域时,

$$\mathscr{R}(\Gamma) = \{(C_1 - C_3\sin\theta, C_2 + C_3\cos\theta) | C_1, C_2, C_3 \in \mathbb{R}\},$$

当 Ω 为圆外区域时,

$$\mathscr{R}(\Gamma) = \{(C_1, C_2) | C_1, C_2 \in \mathbb{R}\}.$$

下面仅考虑 Ω 为圆外区域的情况. 设

$$u_0^h = \left(\sum_{j=1}^{N} U_j L_j(\theta), \sum_{j=1}^{N} V_j L_j(\theta) \right),$$

其中 U_j 及 $V_j (j = 1, 2, \cdots, N)$ 为待定系数, 则由 (4.97) 可得线性代数方程组

$$\begin{bmatrix} Q_{11} & Q_{12} \\ Q_{21} & Q_{22} \end{bmatrix} \begin{bmatrix} U \\ V \end{bmatrix} = \begin{bmatrix} B \\ C \end{bmatrix}, \tag{4.98}$$

其中

$$b_i = R \int_0^{2\pi} g_1(\theta) L_i(\theta) d\theta,$$

$$c_i = R \int_0^{2\pi} g_2(\theta) L_i(\theta) d\theta, \quad i = 1, \cdots, N.$$

仍利用积分核极数展开法, 通过计算得到

$$\begin{cases} Q_{11} = Q_{22} = \dfrac{2ab}{a+b}((a_0, a_1, \cdots, a_{N-1})), \\ Q_{12} = -Q_{21} = \dfrac{b^2}{a+b}((0, 1, 0, \cdots, 0, -1)), \end{cases} \tag{4.99}$$

其中

$$a_k = \frac{4N^2}{\pi^3} \sum_{j=1}^{\infty} \frac{1}{j^3} \sin^4 \frac{j\pi}{N} \cos \frac{jk}{N} 2\pi, \quad k = 0, 1, \cdots, N-1, \tag{4.100}$$

正与前面式 (4.94) 中之 a_k 相同. 容易看出, Q_{11} 及 Q_{22} 为对称循环矩阵, Q_{12} 和 Q_{21} 为反对称循环矩阵, $Q = \begin{bmatrix} Q_{11} & Q_{12} \\ Q_{21} & Q_{22} \end{bmatrix}$ 为对称半正定矩阵. 由近似变分问题 (4.97) 在商空间 $S_h(\Gamma)^2/\mathscr{R}(\Gamma)$ 中存在唯一解即可知代数方程组 (4.98) 在可差一

$$\left\{ \begin{bmatrix} U \\ V \end{bmatrix} \middle| U_1 = U_2 = \cdots = U_N, V_1 = V_2 = \cdots = V_N \right\}$$

中的向量的意义下有唯一解.

4.7.2 自然边界元解的误差估计

应用 1.5 节关于自然边界元解的误差估计的一般结果, 便可得平面弹性问题自然边界元解的误差估计.

设 u_0 为平面弹性问题的自然积分方程之解, u_0^h 为其自然边界元解, 例如 $u_0(\theta)$ 及 $u_0^h(\theta)$ 分别为极坐极分解下的变分问题 (4.90) 及其近似变分问题 (4.91) 之解. 或直角坐标分解下的变分问题 (4.96) 及其近似变分问题 (4.97) 的解. 设 $\Pi : H^{\frac{1}{2}}(\Gamma) \to S_h(\Gamma)$ 为定义子空间 $S_h(\Gamma)$ 的插值算子, $\| \cdot \|_{\hat{D}}$ 为由双线性型 $\hat{D}(u_0, v_0)$ 导出的商空间 $H^{\frac{1}{2}}(\Gamma)^2 / \mathscr{R}(\Gamma)$ 上的能量模. 由于容易验证 1.5 节各定理的条件, 故直接写出下面结果而不再加以证明. 各估计式中的 C 均为正常数, $h = \dfrac{2\pi}{N} R$.

定理 4.12(能量模估计)   若 $u_0 \in H^{k+1}(\Gamma)^2, k \geqslant 1$, 插值算子 Π 满足

$$\|w - \Pi w\|_{s,\Gamma} \leqslant C h^{k+1-s} |w|_{k+1,\Gamma}, \quad \forall w \in H^{k+1}(\Gamma), s = 0, 1,$$

则

$$\|u_0 - u_0^h\|_{\hat{D}} \leqslant C h^{k+\frac{1}{2}} \|u_0\|_{k+1,\Gamma}. \tag{4.101}$$

这一估计是最优的. 特别对分段线性单元, 即 $k = 1$ 时, 有

$$\|u_0 - u_0^h\|_{\hat{D}} \leqslant C h^{\frac{3}{2}} \|u_0\|_{2,\Gamma}.$$

定理 4.13(L^2 模估计)   若定理 4.12 的条件被满足, 且

$$\int_{\Gamma} (u_0 - u_0^h) \cdot v_0 ds = 0, \quad \forall v_0 \in \mathscr{R}(\Gamma),$$

则

$$\|u_0 - u_0^h\|_{L^2(\Gamma)} \leqslant C h^{k+1} \|u_0\|_{k+1,\Gamma}. \tag{4.102}$$

这一估计也是最优的. 特别对分段线性元, 即 $k = 1$ 时, 有

$$\|u_0 - u_0^h\|_{L^2(\Gamma)} \leqslant C h^2 \|u_0\|_{2,\Gamma}.$$

定理 4.14(L^∞ 模估计)   若 $S_h(\Gamma)$ 是由分片线性基函数张成的函数空间, $u_0 \in H^2(\Gamma)^2$, 且满足

$$\int_{\Gamma} (u_0 - u_0^h) \cdot v_0 ds = 0, \quad \forall v_0 \in \mathscr{R}(\Gamma),$$

则

$$\|u_0 - u_0^h\|_{L^\infty(\Gamma)} \leqslant C h^{\frac{3}{2}} \|u_0\|_{2,\Gamma}. \tag{4.103}$$

此估计并非最优.

以上是边界上的误差分析. 若不计利用 Poisson 积分公式求区域内解函数时数值积分产生的误差, 也可由上述边界上的结果推得区域上的误差估计. 以采用分段线性边界元为例. 利用自然边界归化下能量不变性, 由定理 4.12 可得

$$\|u - u^h\|_{H^1(\Omega)^2 / \mathscr{R}(\Omega)} \leqslant C \|u - u^h\|_D$$

$$=C\|u_0 - u_0^h\|_{\hat{D}} \leqslant Ch^{\frac{3}{2}}\|u_0\|_{2,\Gamma}. \tag{4.104}$$

从而能量模误差由通常采用区域内线性有限元时的 $O(h)$ 降为 $O(h^{\frac{3}{2}})$. 再利用平面弹性 Dirichlet 问题的解对边值的连续依赖性, 则由定理 4.13 可得

$$\|u - u^h\|_{L^2(\Omega)} \leqslant C\|u_0 - u_0^h\|_{L^2(\Gamma)} \leqslant Ch^2\|u_0\|_{2,\Gamma}. \tag{4.105}$$

这与采用区域内线性有限元时的结果相同.

4.7.3 数值例子

下面给出应用自然边界元方法求解圆域上平面弹性问题的两个数值例子. 在例 4.4 中 u 作极坐标分解, 而在例 4.5 中 u 则作直角坐标分解. 在此两例中均取 $\lambda = 1, \mu = 0.5$, 从而 $a = \lambda + 2\mu = 2, b = \mu = 0.5$.

例 4.4 Ω 为单位圆内部区域, 解如下平面弹性问题:

$$\begin{cases} 0.5\Delta u + 1.5\text{grad div } u = 0, & \Omega\text{内}, \\ g_r(\theta) = 1.2\cos\theta, g_\theta(\theta) = 1.2\sin\theta, & \Gamma\text{上}. \end{cases}$$

为保证解的唯一性, 附加条件 $u_{r0}\left(\dfrac{\pi}{2}\right) = 0, u_{\theta 0}(0) = u_{\theta 0}(\pi) = 0$.

将圆周边界 Γ 作 N 等分, 采用分段线性自然边界元法求解. 其刚度矩阵由式 (4.93) 及 (4.94) 给出. 在利用 (4.94) 计算系数 a_k 及 d_k 时, 由于实际计算中无穷级数只能取有限项求和, 故以 $\displaystyle\sum_{j=1}^{M}$ 代替 $\displaystyle\sum_{j=1}^{\infty}$, 其中 M 为正整数. 计算结果见表 4.1.

表 4.1

N	4		8
M	1	5	1
最大节点误差	0.2303	0.2029	0.0529

由表 4.1 可见, $N = 4$ 时的最大节点误差与 $N = 8$ 时的最大节点误差之比近似于 4, 这说明节点误差大约为 $O(h^2)$.

注 本题之准确解为

$$\begin{cases} u_r(r,\theta) = (-0.2r^2 + 1.2)\cos\theta, \\ u_\theta(r,\theta) = (2.2r^2 - 1.2)\sin\theta, \end{cases}$$

其边值为

$$\begin{cases} u_{r\theta}(\theta) = \cos\theta, \\ u_{\theta 0}(\theta) = \sin\theta. \end{cases}$$

例 4.5 Ω 为单位圆外部区域, 解如下平面弹性问题:

$$\begin{cases} 0.5\Delta u + 1.5\text{grad div } u = 0, & \Omega\text{内}, \\ g_1(\theta) = 0.6\sin\theta, g_2(\theta) = 0.6\cos\theta, & \Gamma\text{上}. \end{cases}$$

为保证解的唯一性, 附加条件 $u_1(0) = 0, u_2\left(\dfrac{\pi}{2}\right) = 0$.

仍应用分段线性自然边界元法求解. 其刚度矩阵由式 (4.99) 及 (4.100) 给出. 在利用 (4.100) 计算系数 a_k 时, 以 $\displaystyle\sum_{j=1}^{M}$ 代替 $\displaystyle\sum_{j=1}^{\infty}$, 其中 M 为正整数. 计算结果见表 4.2、表 4.3.

表 4.2

M \ 误差 \ N	4	8	16	32
l^∞ 误差	0.2337008	0.0530297	0.0129502	0.0032231
比例		4.406979	4.094894	4.017933	
2 L^2 误差	0.3036854	0.0619294	0.0146808	0.0036624
比例		4.903736	4.218394	4.008519	
L^∞ 误差	0.1532836	0.0530289	0.0129508	0.0032246
比例		2.890567	4.094643	4.016250	
5 L^2 误差	0.3275518	0.0619294	0.0146808	0.0036622
比例		5.289116	4.218394	4.008738	

表 4.3

M \ 误差 \ N	16	32
L^∞ 误差	0.0121152	0.0030972
比例		3.911662
100 L^2 误差	0.0148136	0.0036744
比例		4.031569

表 4.2、表 4.3 中几乎所有比例值都接近 4, 这说明无论按 L^∞ 模还是按 L^2 模度量, 边界上的近似解的误差大约都是 $O(h^2)$.

注   本例题之准确解为

$$\begin{cases} u_1(r,\theta) = r^{-1}(1.6\sin 2\theta\cos\theta - 0.4\cos 2\theta\sin\theta) - 0.6r^{-3}\sin 3\theta, \\ u_2(r,\theta) = r^{-1}(1.6\sin 2\theta\sin\theta + 0.4\cos 2\theta\cos\theta) + 0.6r^{-3}\cos 3\theta, \end{cases}$$

其边值为

$$\begin{cases} u_1(1,\theta) = \sin\theta, \\ u_2(1,\theta) = \cos\theta. \end{cases}$$

　　由上述例子还可见, 必要的 M 值与准确解的 Fourier 级数展开有关, 从而也与给定的边界条件有关. 一般来说, M 并不需要取得很大. 例如在例 4.5 中, $M = 5$ 时的结果与 $M = 100$ 时的结果并无多大差别, 也就是说, 在那里 $M = 5$ 就已经足够了. 由于自然边界元刚度矩阵的分块对称或反对称循环性, 又由于用积分核级数展开法计算系数时 M 一般只需取一个不太大的正整数, 故用自然边界元法求解时计算量是相当节省的.

第5章　Stokes 问题

5.1　引　　言

Stokes 问题是从流体力学的研究中提出来的一类偏微分方程组的边值问题. 已知不可压缩黏滞流体除了满足连续性方程

$$\text{div } u = 0 \tag{5.1}$$

外, 还满足运动方程

$$\frac{\partial u}{\partial t} + (u\nabla)u + \frac{1}{\rho}\text{grad } p - \frac{\eta}{\rho}\Delta u = 0, \tag{5.2}$$

此即所谓 Navier-Stokes 方程, 其中流速 u 及压力 p 为未知量, 密度 ρ 及动力黏滞系数 η 为给定常数. 不可压缩流体中的张力张量取如下表达式:

$$\sigma_{ij} = -p\delta_{ij} + \eta\left(\frac{\partial u_i}{\partial x_j} + \frac{\partial u_j}{\partial x_i}\right), \tag{5.3}$$

其中

$$\delta_{ij} = \begin{cases} 1, & i = j, \\ 0, & i \neq j. \end{cases}$$

式 (5.3) 右端第一项为流体压力, 第二项则反映由黏滞性引起的摩擦力. 在定常运动的情况下, 流速 u 与时间 t 无关, 即

$$\frac{\partial u}{\partial t} = 0.$$

这时若仅考虑 Reynolds 数较小时的运动, 则由于 $(u\nabla)u$ 与其他项相比可以略去, 这一运动方程又可显著化简, 得到如下线性方程:

$$-\eta\Delta u + \text{grad } p = 0. \tag{5.4}$$

运动方程 (5.4) 与连续性方程 (5.1) 一起, 再加上适当的边界条件, 就可将运动确定下来. 这一偏微分方程组的边值问题称为 Stokes 问题.

　　Stokes 方程组的边界条件通常有两类. 第一类边界条件为约束边界条件, 在边界上速度 $u = 0$, 或更一般些, 在边界上速度为给定的函数 $u = u_0$, 它表示流体在边

界上的速度必须与边界本身的运动速度相等. 第二类边界条件为自然边界条件, 流体在自由界面上必须满足

$$t_i = \sum_{j=1}^{2} \sigma_{ij} n_j = 0, \quad i = 1, 2,$$

或更一般些, 在界面上 $t = g$ 为给定函数, 其中 $t = (t_1, t_2)$, $g = (g_1, g_2)$, g 即为流体在界面上所受到的力, $n = (n_1, n_2)$ 为界面外法线方向单位向量, 它指向所考虑流体的外部.

研究 Stokes 问题的数值求解除了为解决其本身所反映的小 Reynolds 数情况下不可压缩黏滞流体的定常流问题外, 还为处理更复杂的 Navier-Stokes 问题奠定了基础, 故其应用是很广泛的.

本章以下几节将先推导 Stokes 方程组的解的复变函数表示, 这一结果是由本书作者在论文 [15] 中首次得到的, 然后将依次介绍 Stokes 问题的自然边界归化原理, 典型域上的自然积分方程及 Poisson 积分公式, 自然积分算子及其逆算子, 自然积分方程的直接研究, 以及自然积分方程的数值解法等.

5.2 解的复变函数表示

由第 2 至第 4 章已知, 调和方程、重调和方程及平面弹性方程组的解都存在复变函数表示. 这些复变函数表示公式分别给出了这三类方程或方程组的通解表达式, 不仅本身为研究这些函数类提供了强有力的工具, 而且也为实现典型区域上的相应的边值问题的自然边界归化开辟了一条有效的途径. 本节的目的在于, 对 Stokes 方程组, 也得到解的复变函数表示.

5.2.1 定理及其证明

考虑区域 Ω 内的 Stokes 方程组

$$\begin{cases} -\eta \Delta u + \operatorname{grad} p = 0, \\ \operatorname{div} u = 0, \end{cases} \tag{5.5}$$

易得如下引理.

引理 5.1 Stokes 方程组 (5.5) 的解 u 必满足 Ω 内重调和方程, p 必满足 Ω 内调和方程, 也即

$$\Delta^2 u = 0, \tag{5.6}$$

$$\Delta p = 0. \tag{5.7}$$

这里假定 u 及 p 均有足够的光滑性.

证   在 (x, y) 直角坐标系下, Stokes 方程组为

$$
\begin{cases}
-\eta \Delta u_1 + \dfrac{\partial p}{\partial x} = 0, \\[2mm]
-\eta \Delta u_2 + \dfrac{\partial p}{\partial y} = 0, \\[2mm]
\dfrac{\partial u_1}{\partial x} + \dfrac{\partial u_2}{\partial y} = 0.
\end{cases}
$$

由此可得

$$
\eta \frac{\partial}{\partial y} \Delta u_1 = \frac{\partial^2 p}{\partial y \partial x} = \eta \frac{\partial}{\partial x} \Delta u_2,
$$

$$
\eta \frac{\partial^2}{\partial y^2} \Delta u_1 = \eta \Delta \frac{\partial^2}{\partial x \partial y} u_2 = \eta \Delta \frac{\partial}{\partial x} \left(-\frac{\partial u_1}{\partial x} \right)
$$

$$
= -\eta \frac{\partial^2}{\partial x^2} \Delta u_1,
$$

从而由 $\eta \neq 0$ 得

$$
\Delta^2 u_1 = 0.
$$

同样可得

$$
\Delta^2 u_2 = 0.
$$

又由于

$$
\frac{\partial^2 p}{\partial x^2} = \eta \Delta \frac{\partial u_1}{\partial x} = \eta \Delta \left(-\frac{\partial u_2}{\partial y} \right) = -\eta \frac{\partial}{\partial y} \Delta u_2 = -\frac{\partial^2}{\partial y^2} p,
$$

即得

$$
\Delta p = 0.
$$

引理证毕.

利用此引理及调和方程与重调和方程的解的复变函数表示, 便可得到 Stokes 方程组的解的复变函数表示.

定理 5.1   平面区域 Ω 上的 Stokes 方程组 (5.5) 的任意一组解 (u, p) 必可表示成如下复变函数的实部或虚部形式:

$$
\begin{cases}
u_1(x, y) = \mathrm{Re}\left[-\varphi'(z)\bar{z} + \varphi(z) - \psi(z) \right], \\[2mm]
u_2(x, y) = \mathrm{Im}\left[\varphi'(z)\bar{z} + \varphi(z) + \psi(z) \right], \\[2mm]
p(x, y) = -4\eta \mathrm{Re}\varphi'(z),
\end{cases}
\tag{5.8}
$$

其中 $\varphi(z)$ 及 $\psi(z)$ 为 Ω 上的两个解析函数, $z = x + iy, \bar{z} = x - iy$; 反之, 任取 Ω 上的两个解析函数 $\varphi(z)$ 及 $\psi(z)$, 则由式 (5.8) 得出的 Ω 上的函数 u 及 p 必为 Stokes 方程组 (5.5) 的解.

证 由引理 5.1 并利用在第 2 章及第 3 章给出的关于调和方程及重调和方程的解的复变函数表示, 可设

$$
\begin{cases}
u_1(x,y) = \operatorname{Re}\left[\varphi_1(z)\bar{z} + \psi_1(z)\right], \\
u_2(x,y) = \operatorname{Re}\left[\varphi_2(z)\bar{z} + \psi_2(z)\right], \\
p(x,y) = \operatorname{Re}\chi(z),
\end{cases}
\tag{5.9}
$$

其中 $\varphi_1(z), \varphi_2(z), \psi_1(z), \psi_2(z)$ 及 $\chi(z)$ 均为 Ω 上的解析函数, $z = x + iy$. 将 (5.9) 代入方程组 (5.5), 利用

$$
\begin{cases}
\dfrac{\partial}{\partial x} = \dfrac{\partial}{\partial z} + \dfrac{\partial}{\partial \bar{z}}, \\
\dfrac{\partial}{\partial y} = i\left(\dfrac{\partial}{\partial z} - \dfrac{\partial}{\partial \bar{z}}\right)
\end{cases}
$$

可得

$$
\begin{cases}
\operatorname{Re}[\chi'(z) - 4\eta\varphi_1'(z)] = 0, \\
\operatorname{Re}[i\chi'(z) - 4\eta\varphi_2'(z)] = 0, \\
\operatorname{Re}\left\{[\varphi_1'(z) + i\varphi_2'(z)]\bar{z} + \psi_1'(z) + \varphi_1(z) + i\psi_2'(z) - i\varphi_2(z)\right\} = 0.
\end{cases}
\tag{5.10}
$$

注意到 $\chi'(z) - 4\eta\varphi_1'(z)$ 及 $i\chi(z) - 4\eta\varphi_2'(z)$ 仍为解析函数, 由 Cauchy-Riemann 条件得

$$
\begin{cases}
\chi'(z) - 4\eta\varphi_1'(z) = i\alpha, \\
i\chi'(z) - 4\eta\varphi_2'(z) = i\beta,
\end{cases}
\tag{5.11}
$$

其中 α 和 β 为实常数. 由此可得

$$
\operatorname{Re}\left\{[\varphi_1'(z) + i\varphi_2'(z)]\bar{z}\right\} = \frac{1}{4\eta}\operatorname{Re}[(\beta + i\alpha)z].
$$

于是 (5.10) 的第三式化为

$$
\operatorname{Re}\left\{\psi_1'(z) + i\psi_2'(z) + \varphi_1(z) - i\varphi_2(z) + \frac{1}{4\eta}(\beta + i\alpha)z\right\} = 0.
$$

注意到上式左端大括号内仍为解析函数, 即得

$$
\psi_1'(z) + i\psi_2'(z) + \varphi_1(z) - i\varphi_2(z) + \frac{1}{4\eta}(\beta + i\alpha)z = i\gamma,
\tag{5.12}
$$

其中 γ 为实常数. 从 (5.11) 进一步可得

$$
\begin{cases}
\varphi_1(z) = \dfrac{1}{4\eta}[\chi(z) - i\alpha z] + a, \\
\varphi_2(z) = \dfrac{1}{4\eta}[i\chi(z) - i\beta z] + b,
\end{cases}
\tag{5.13}
$$

其中 a 和 b 为复常数. 将 (5.13) 代入 (5.12) 得

$$\chi(z) = -2\eta[\psi_1'(z) + i\psi_2'(z)] + 2\eta(ib + i\gamma - a). \tag{5.14}$$

设

$$\tilde{\varphi}(z) = \frac{1}{2}[\psi_1(z) + i\psi_2(z)],$$

$$\tilde{\psi}(z) = \frac{1}{2}[-\psi_1(z) + i\psi_2(z)],$$

结合 (5.14) 与 (5.13), 便有

$$\psi_1(z) = \tilde{\varphi}(z) - \tilde{\psi}(z),$$

$$\psi_2(z) = -i[\tilde{\varphi}(z) + \tilde{\psi}(z)],$$

$$\chi(z) = -4\eta\tilde{\varphi}'(z) + 2\eta(ib + i\gamma - a),$$

$$\varphi_1(z) = -\tilde{\varphi}'(z) - i\frac{\alpha}{4\eta}z + \frac{1}{2}(ib + i\gamma + a),$$

$$\varphi_2(z) = -i\tilde{\varphi}'(z) - i\frac{\beta}{4\eta}z + \frac{1}{2}(b - \gamma - ia).$$

于是由 (5.9) 可得

$$\begin{cases} u_1(x,y) = \mathrm{Re}\left[-\tilde{\varphi}'(z)\bar{z} + \tilde{\varphi}(z) - \tilde{\psi}(z) + \frac{1}{2}(\bar{a} - i\bar{b} - i\gamma)z\right], \\[2mm] u_2(x,y) = \mathrm{Im}\left[\tilde{\varphi}'(z)\bar{z} + \tilde{\varphi}(z) + \tilde{\psi}(z) + \frac{1}{2}(i\bar{b} - \bar{a} - i\gamma)z\right], \\[2mm] p(x,y) = -4\eta\mathrm{Re}\left[\tilde{\varphi}'(z) - \frac{1}{2}(ib - a)\right]. \end{cases} \tag{5.15}$$

最后令

$$\varphi(z) = \tilde{\varphi}(z) + \left[\frac{1}{2}\mathrm{Re}(a - ib) - \frac{1}{4}\gamma\right]z,$$

$$\psi(z) = \tilde{\phi}(z) - \frac{1}{2}(\bar{a} - i\bar{b})z,$$

显然 $\varphi(z)$ 及 $\psi(z)$ 仍为 Ω 上的解析函数. 以此代入 (5.15) 即得

$$\begin{cases} u_1(x,y) = \mathrm{Re}\left[-\varphi'(z)\bar{z} + \varphi(z) - \psi(z)\right], \\[2mm] u_2(x,y) = \mathrm{Im}\left[\varphi'(z)\bar{z} + \varphi(z) + \psi(z)\right], \\[2mm] p(x,y) = -4\eta\mathrm{Re}\varphi'(z). \end{cases}$$

由此可见,Stokes 方程组 (5.5) 的解 (u_1, u_2, p) 可以由 Ω 上的两个解析函数 $\varphi(z)$ 及 $\psi(z)$ 的上述组合来表示. 反之, 只需将式 (5.8) 代入原方程组 (5.5), 容易证明由式 (5.8) 所表示的 (u, p) 必为 Stokes 方程组 (5.5) 的解. 定理证毕.

由式 (5.8) 根据张力张量与流速及压力的关系 (5.3), 还可进一步得到:

$$\begin{cases} \sigma_{11}(x,y) = 2\eta \mathrm{Re}\left[2\varphi'(z) - \varphi''(z)\bar{z} - \psi'(z)\right], \\ \sigma_{22}(x,y) = 2\eta \mathrm{Re}\left[2\varphi'(z) + \varphi''(z)\bar{z} + \psi'(z)\right], \\ \sigma_{12}(x,y) = \sigma_{21}(x,y) = 2\eta \mathrm{Im}\left[\varphi''(z)\bar{z} + \psi'(z)\right]. \end{cases} \tag{5.16}$$

将 (5.8) 及 (5.16) 与 (4.14) 及 (4.15) 相比较, 可以看出, Stokes 方程组的解及张力张量与平面弹性方程组的解及应力张量有非常类似的复变函数表示式.

5.2.2 简单应用实例

Stokes 方程组的解的复变函数表示有很多应用, 今仅举若干简单例子如下.

1. 利用定理 5.1 可随意构造 Stokes 方程组的解析解. 例如, 考虑有界区域 Ω, 此时复变函数表达式 (5.8) 中的 $\varphi(z)$ 及 $\psi(z)$ 均可取为 z 的多项式, 因为在有界区域内,z 的所有复系数多项式都是解析函数. 最简单的一些情况为

(1) 取 $\varphi(z) = z, \psi(z) = 0$, 由 (5.8) 可得

$$(u_1, u_2, p) = (0, 0, -4\eta);$$

(2) 取 $\varphi(z) = iz, \psi(z) = 0$, 则有

$$(u_1, u_2, p) = (-2y, 2x, 0);$$

(3) 取 $\varphi(z) = 0, \psi(z) = z$, 由 (5.8) 可得

$$(u_1, u_2, p) = (-x, y, 0);$$

(4) 取 $\varphi(z) = 0, \psi(z) = iz$, 则有

$$(u_1, u_2, p) = (y, x, 0);$$

(5) 取 $\varphi(z) = z^2, \psi(z) = 0$, 由 (5.8) 可得

$$(u_1, u_2, p) = (-x^2 - 3y^2, 2xy, -8\eta x);$$

(6) 取 $\varphi(z) = iz^2, \psi(z) = 0$, 则有

$$(u_1, u_2, p) = (-2xy, 3x^2 + y^2, 8\eta y);$$

(7) 取 $\varphi(z) = 0, \psi(z) = z^2$, 由 (5.8) 可得

$$(u_1, u_2, p) = (y^2 - x^2, 2xy, 0);$$

(8) 取 $\varphi(z) = 0, \psi(z) = iz^2$, 则有

$$(u_1, u_2, p) = (2xy, x^2 - y^2, 0);$$

等等. 容易验证, 上述诸解为 Stokes 方程组 (5.5) 的一些互相独立的解. 由于该方程组是线性的, 这些解的任意线性组合仍是 (5.5) 的解, 如

$$(u_1, u_2, p) = (x^2 + y^2, -2xy, 4\eta x),$$
$$(u_1, u_2, p) = (-2xy, x^2 + y^2, 4\eta y), \cdots,$$

等等.

2. 在计算数学研究中, 为了检验某种计算方法, 常需要构造已知解析解的边值问题, 以便将计算得到的近似解与准确解作比较. 利用定理 5.1 我们能很容易地构造这样的 Stokes 问题. 例如取单位正方形区域

$$\Omega = \{(x, y)|_{0 \leqslant x \leqslant 1, 0 \leqslant y \leqslant 1}\}.$$

先利用定理 5.1 构造一组准确解, 如

$$(u_1, u_2, p) = (x^2 + y^2, -2xy, 4\eta x),$$

然后便容易写出如下 Stokes 方程组的第一边值问题:

$$\begin{cases} -\eta \Delta u + \mathrm{grad}\, p = 0, & \Omega内, \\ \mathrm{div} u = 0, & \Omega内, \\ u = (x^2, 0), & \Gamma_1 = \{(x, 0)|_{0 \leqslant x \leqslant 1}\}上, \\ u = (y^2 + 1, -2y), & \Gamma_2 = \{(1, y)|_{0 \leqslant y \leqslant 1}\}上, \\ u = (x^2 + 1, -2x), & \Gamma_3 = \{(x, 1)|_{0 \leqslant x \leqslant 1}\}上, \\ u = (y^2, 0), & \Gamma_4 = \{(0, y)|_{0 \leqslant y \leqslant 1}\}上. \end{cases}$$

对于含坐标原点在内的有界区域的外部区域上的边值问题, 由于 $\dfrac{1}{z}$ 的任意复系数多项式均为此外区域上的解析函数, 便可据此构造外区域上 Stokes 方程组的解及构造已知准确解的边值问题.

3. 为构造在给定点 (x_0, y_0) 有指定奇异性的 Stokes 方程组的解, 例如要求速

度 u 有 $\dfrac{1}{r}$ 阶奇异性, 可取 (x_0, y_0) 为极坐标的极点, 然后分别取

(1) $\varphi(z) = \dfrac{1}{z}$, $\psi(z) = 0$;

(2) $\varphi(z) = \dfrac{i}{z}$, $\psi(z) = 0$;

(3) $\varphi(z) = 0$, $\psi(z) = -\dfrac{1}{z}$;

(4) $\varphi(z) = 0$, $\psi(z) = \dfrac{i}{z}$;

便可由复变函数表达式 (5.8) 得到在极点有 $\dfrac{1}{r}$ 阶奇异性的 Stokes 方程组的四组独立解:

(1) $u_1 = \dfrac{1}{r}(\cos\theta + \cos 3\theta)$, $u_2 = \dfrac{1}{r}(-\sin\theta + \sin 3\theta)$, $p = \dfrac{4\eta}{r^2}\cos 2\theta$;

(2) $u_1 = \dfrac{1}{r}(\sin\theta + \sin 3\theta)$, $u_2 = \dfrac{1}{r}(\cos\theta - \cos 3\theta)$, $p = \dfrac{4\eta}{r^2}\sin 2\theta$;

(3) $u_1 = \dfrac{1}{r}\cos\theta$, $u_2 = \dfrac{1}{r}\sin\theta$, $p = 0$;

(4) $u_1 = -\dfrac{1}{r}\sin\theta$, $u_2 = \dfrac{1}{r}\cos\theta$, $p = 0$.

同样可以得到 u 有 $\dfrac{1}{r^2}$ 阶奇异性的该方程组的四组独立解:

(1) $u_1 = \dfrac{1}{r^2}(2\cos 4\theta + \cos 2\theta)$, $u_2 = \dfrac{1}{r^2}(2\sin 4\theta - \sin 2\theta)$, $p = \dfrac{8\eta}{r^3}\cos 3\theta$;

(2) $u_1 = \dfrac{1}{r^2}(2\sin 4\theta + \sin 2\theta)$, $u_2 = \dfrac{1}{r^2}(-2\cos 4\theta + \cos 2\theta)$, $p = \dfrac{8\eta}{r^3}\sin 3\theta$;

(3) $u_1 = \dfrac{1}{r^2}\cos 2\theta$, $u_2 = \dfrac{1}{r^2}\sin 2\theta$, $p = 0$;

(4) $u_1 = -\dfrac{1}{r^2}\sin 2\theta$, $u_2 = \dfrac{1}{r^2}\cos 2\theta$, $p = 0$;

及 u 有 $\dfrac{1}{r^3}$ 阶奇异性的相应结果:

(1) $u_1 = \dfrac{1}{r^3}(3\cos 5\theta + \cos 3\theta)$, $u_2 = \dfrac{1}{r^3}(3\sin 5\theta - \sin 3\theta)$, $p = \dfrac{12\eta}{r^4}\cos 4\theta$;

(2) $u_1 = \dfrac{1}{r^3}(3\sin 5\theta + \sin 3\theta)$, $u_2 = \dfrac{1}{r^3}(-3\cos 5\theta + \cos 3\theta)$, $p = \dfrac{12\eta}{r^4}\sin 4\theta$;

(3) $u_1 = \dfrac{1}{r^3}\cos 3\theta$, $u_2 = \dfrac{1}{r^3}\sin 3\theta$, $p = 0$;

(4) $u_1 = -\dfrac{1}{r^3}\sin 3\theta$, $u_2 = \dfrac{1}{r^3}\cos 3\theta$, $p = 0$.

这些结果已被应用于推求 Stokes 问题的解各阶导数的近似值的提取公式 (参见文献 [153]).

4. 解的复变函数表示对于求解 Stokes 问题本身及发展相应的数值方法也有重要意义, 这里不再详述.

在 5.4 节中, 定理 5.1 将被应用于推导典型区域上 Stokes 问题的自然积分方程及 Poisson 积分公式. 对于本书来说, 这当然是 Stokes 方程组的解的复变函数表示公式的最重要的应用.

5.3 自然边界归化原理

考察有光滑边界 Γ 的平面区域 Ω 上的 Stokes 方程组的第一边值问题

$$
\begin{cases}
-\eta\Delta u + \operatorname{grad} p = 0, & \Omega内, \\
\operatorname{div} u = 0, & \Omega内, \\
u = u_0, & \Gamma上,
\end{cases}
\tag{5.17}
$$

及第二边值问题

$$
\begin{cases}
-\eta\Delta u + \operatorname{grad} p = 0, & \Omega内, \\
\operatorname{div} u = 0, & \Omega内, \\
t = g, & \Gamma上,
\end{cases}
\tag{5.18}
$$

其中未知量 u 及 p 为区域 Ω 内的流体速度及压力, u_0 及 g 为边界 Γ 上给定函数, $\eta > 0$ 为流体的动力黏滞系数, $(u,p) \in W \times Q, Q = L^2(\Omega)$. 当 Ω 为有界区域时, $W = H^1(\Omega)^2$; 当 Ω 为无界区域时, $W = (W_0^1(\Omega))^2$, 其中

$$
W_0^1(\Omega) = \left\{ \frac{u}{\sqrt{1+r^2}\ln(2+r^2)} \in L^2(\Omega), \ \frac{\partial u}{\partial x_i} \in L^2(\Omega), \right.
$$
$$
\left. i = 1,2, r = \sqrt{x_1^2 + x_2^2} \right\},
$$

$$
\varepsilon_{ij}(u) = \frac{1}{2}\left(\frac{\partial u_i}{\partial x_j} + \frac{\partial u_j}{\partial x_i} \right), \quad i,j = 1,2,
\tag{5.19}
$$

$$
\sigma_{ij}(u,p) = -\delta_{ij}p + 2\eta\varepsilon_{ij}(u), \quad i,j = 1,2,
\tag{5.20}
$$

$$
t_i = \sum_{j=1}^{2} \sigma_{ij}(u,p)n_j, \quad i = 1,2,
\tag{5.21}
$$

$n = (n_1, n_2)$ 为 Γ 上外法线方向单位矢量.

关于 Stokes 方程组边值问题的解的存在唯一性可参见有关专著, 例如文献 [189] 及文献 [192].

5.3.1　Green 公式

与前面三章讨论的三类边值问题相同, 对Stokes问题, 也可给出其 Green 公式.

引理 5.2　在条件 $\mathrm{div}u = 0$ 下, 如下 Green 公式成立:

$$2\eta \sum_{i,j=1}^{2} \int_{\Omega} \varepsilon_{ij}(u)\varepsilon_{ij}(v)dx + \int_{\Omega} (\eta\Delta u - \mathrm{grad}p) \cdot vdx - \int_{\Omega} p\mathrm{div}vdx$$

$$= \int_{r} t(v) \cdot vds, \tag{5.22}$$

其中 $\varepsilon_{ij}(\cdot)$ 及 $t(\cdot)$ 由 (5.19) 及 (5.21) 给出, u, v 及 p 均为 Ω 上函数且有足够的光滑性.

证　由通常的 Green 公式

$$\int_{\Omega} u\frac{\partial v}{\partial x_i}dx = -\int_{\Omega} \frac{\partial u}{\partial x_i}vdx + \int_{r} uvn_ids$$

可得

$$\int_{\Omega} \varepsilon_{ij}(u)\frac{\partial v_i}{\partial x_j}dx = -\int_{\Omega} v_i\frac{\partial}{\partial x_j}\varepsilon_{ij}(u)dx + \int_{\Gamma} \varepsilon_{ij}(u)v_in_jds$$

及

$$\int_{\Omega} \varepsilon_{ij}(u)\frac{\partial v_j}{\partial x_i}dx = -\int_{\Omega} v_j\frac{\partial}{\partial x_i}\varepsilon_{ij}(u)dx + \int_{\Gamma} \varepsilon_{ij}(u)v_jn_ids.$$

两式相加得

$$2\int_{\Omega} \varepsilon_{ij}(u)\varepsilon_{ij}(v)dx + \int_{\Omega} \left\{ v_i\frac{\partial}{\partial x_j}\varepsilon_{ij}(u) + v_j\frac{\partial}{\partial x_i}\varepsilon_{ij}(u) \right\} dx$$

$$= \int_{\Gamma} \varepsilon_{ij}(u)(v_jn_i + v_in_j)ds.$$

对 i,j 求和并注意到对称性 $\varepsilon_{ij} = \varepsilon_{ji}$, 便有

$$2\sum_{i,j=1}^{2} \int_{\Omega} \varepsilon_{ij}(u)\varepsilon_{ij}(v)dx + 2\sum_{i,j=1}^{2} \int_{\Omega} v_i\frac{\partial}{\partial x_j}\varepsilon_{ij}(u)dx$$

$$= 2\sum_{i,j=1}^{2} \int_{\Gamma} \varepsilon_{ij}(u)n_jv_ids.$$

于是

$$2\eta \sum_{i,j=1}^{2} \int_{\Omega} \varepsilon_{ij}(u)\varepsilon_{ij}(v)dx + 2\eta\sum_{i,j=1}^{2} \int_{\Omega} v_i\frac{\partial}{\partial x_j}\varepsilon_{ij}(u)dx - \sum_{i=1}^{2} \int_{\Gamma} pv_in_ids$$

$$= \sum_{i,j=1}^{2} \int_{\Gamma} [2\eta\varepsilon_{ij}(u) - \delta_{ij}p]n_jv_ids.$$

以

$$\int_{\Gamma} pv_in_ids = \int_{\Omega} \frac{\partial p}{\partial x_i}v_idx + \int_{\Omega} \frac{\partial v_i}{\partial x_i}pdx$$

及 $\sigma_{ij}(u,p)$ 的表达式 (5.20) 代入上式, 即得

$$2\eta\sum_{i,j=1}^{2} \int_{\Omega} \varepsilon_{ij}(u)\varepsilon_{ij}(v)dx + 2\eta\sum_{i,j=1}^{2} \int_{\Omega} v_i\frac{\partial}{\partial x_i}\varepsilon_{ij}(u)dx$$

$$- \sum_{i=1}^{2} \int_{\Omega} \frac{\partial p}{\partial x_i}v_idx - \sum_{i=1}^{2} \int_{\Omega} p\frac{\partial v_i}{\partial x_i}dx$$

$$= \sum_{i,j=1}^{2} \int_{\Gamma} \sigma_{ij}(u,p)n_jv_ids.$$

注意到由于 divu=0,

$$2\sum_{j=1}^{2} \int_{\Omega} v_i\frac{\partial}{\partial x_j}\varepsilon_{ij}(u)dx = \sum_{j=1}^{2} \int_{\Omega} \left(\frac{\partial^2 u_i}{\partial x_j^2} + \frac{\partial^2 u_j}{\partial x_i\partial x_j} \right)v_idx$$

$$= \int_{\Omega} \left(\Delta u_i + \frac{\partial}{\partial x_i}\text{div}u \right)v_idx = \int_{\Omega} v_i\Delta u_idx,$$

便得到

$$2\eta\sum_{i,j=1}^{2} \int_{\Omega} \varepsilon_{ij}(u)\varepsilon_{ij}(v)dx + \sum_{i=1}^{2} \int_{\Omega} \left(\eta\Delta u_i - \frac{\partial p}{\partial x_i} \right)v_idx - \eta\sum_{i=1}^{2} \int_{\Omega} p\frac{\partial v_i}{\partial x_i}dx$$

$$= \sum_{i,j=1}^{2} \int_{\Gamma} \sigma_{ij}(u,p)n_jv_ids.$$

定理证毕.

如果 Ω 上函数 u,v,p,q 有足够的光滑性, 且满足 div $u = 0$ 及 div $v = 0$, 则由 Green 公式可得 Green, 第二公式

$$\int_{\Omega} [(\eta\Delta u - \text{grad}p)\cdot v - (\eta\Delta u - \text{grad}q)\cdot u]dx$$

$$= \int_{\tau} [t(u,p)\cdot v - t(v,p)\cdot u]ds. \tag{5.23}$$

若在 Green 第二公式中取 (u,p) 为 Stokes 第一边值问题 (5.17) 的解, 并取 $v = 0, q = 1$, 可得

$$\int_{\Gamma} u_0\cdot nds = 0. \tag{5.24}$$

此即 Stokes 第一边值问题的相容性条件. 若在式 (5.23) 中取 (u,p) 为 Stokes 第二边值问题 (5.18) 的解, 取 $q = 0$, 并分别取 $v = (1,0), v = (0,1)$ 及 $v = (-x_2, x_1)$, 可得

$$\begin{cases} \displaystyle\int_\Gamma g\,ds = 0, \\ \displaystyle\int_\Gamma (x_1 g_2 - x_2 g_1)\,ds = 0. \end{cases} \tag{5.25}$$

此即 Stokes 第二边值问题的相容性条件. 如果 Stokes 流的运动方程是非齐次的, 即

$$-\eta\Delta u + \mathrm{grad}\, p = f,$$

这里 f 为外力, 则 Stokes 第二边值问题的相容性条件为

$$\begin{cases} \displaystyle\int_\Gamma g\,ds + \iint_\Omega f\,dx_1 dx_2 = 0, \\ \displaystyle\int_\Gamma (x_1 g_2 - x_2 g_1)\,ds + \iint_\Omega (x_1 f_2 - x_2 f_1)\,dx_1 dx_2 = 0. \end{cases}$$

这里需要注意的是, 对于无界区域上的 Stokes 问题, 由于 $q = 1 \notin L^2(\Omega)$, 及 $v = (-x_2, x_1)$ 不满足在无穷远有界的条件, 故其第一边值问题不必满足条件 (5.24), 而其第二边值问题的相容性条件也仅为

$$\int_\Gamma g\,ds = 0 \quad \text{或} \quad \int_\Gamma g\,ds + \iint_\Omega f\,dx_1 dx_2 = 0.$$

5.3.2 自然边界归化及等价变分问题

定义区域 Ω 上 Stokes 问题的 Green 函数 $G_{ij}(x, x')$ 及 $Q_i(x, x')(i, j = 1, 2)$ 为满足如下条件的函数组:

$$\begin{cases} -\eta\Delta G_{ij}(x, x') + \dfrac{\partial}{\partial x_j} Q_i(x, x') = \delta_{ij}\delta(x - x'), \quad i, j = 1, 2, \\ \displaystyle\sum_{j=1}^2 \dfrac{\partial}{\partial x_j} G_{ij}(x, x') = 0, \quad i = 1, 2, \\ G_{ij}(x, x')|_{x\in\Gamma} = 0, \quad i, j = 1, 2, \end{cases} \tag{5.26}$$

其中 $x = (x_1, x_2), x' = (x'_1, x'_2), \delta(\cdot)$ 为 Dirac δ 函数. 在 Green 第二公式 (5.23) 中, 取 $(u(x), p(x))$ 为 Stokes 问题的解, 分别取 $(v, q) = (G_i(x, x'), Q_i(x, x')), i = 1, 2$, 其中 $\vec{G}_i = (G_{i1}, G_{i2}), i = 1, 2$, 可得 Ω 中 Stokes 问题的 Poisson 积分公式

$$u = -\int_\Gamma \begin{bmatrix} t(G_1, Q_1)^{\mathrm{T}} \\ t(G_2, Q_2)^{\mathrm{T}} \end{bmatrix} u_0\,ds, \tag{5.27}$$

其中

$$t(G_i, Q_i) = \begin{bmatrix} \sigma_{11}(G_i, Q_i) & \sigma_{12}(G_i, Q_i) \\ \sigma_{21}(G_i, Q_i) & \sigma_{22}(G_i, Q_i) \end{bmatrix} \begin{bmatrix} n_1 \\ n_2 \end{bmatrix}_\Gamma, \quad i = 1, 2.$$

为写出关于 p 的 Poisson 积分公式, 定义 Green 函数 $G_{0i}(x, x')$, $i = 1, 2$, 及 $Q_0(x, x')$ 满足

$$\begin{cases} -\eta \Delta G_{0i}(x, x') + \dfrac{\partial}{\partial x_i} Q_0(x, x') = 0, \quad i = 1, 2, \\[2mm] -\displaystyle\sum_{i=1}^{2} \dfrac{\partial}{\partial x_i} G_{0i}(x, x') = \delta(x - x'), \\[2mm] G_{0i}(x, x')|_{x \in \Gamma} = 0, \quad i = 1, 2. \end{cases}$$

于是在 Green 第二公式中, 取 (u, p) 为 Stokes 问题的解, 并取 $(v, p) = (G_0, Q_0)$, 其中 $G_0 = (G_{01}, G_{02})$, 即可得到

$$p = -\int_\Gamma t(G, Q_0) \cdot u_0 ds. \tag{5.28}$$

由 Poisson 积分公式可得 Stokes 方程组第二边值即 Neumann 边值 g 与第一边值即 Dirichlet 边值 u_0 之间的关系

$$g = \mathscr{K} u_0, \tag{5.29}$$

此即自然积分方程. 在下节将对若干典型区域通过其他途径得到自然积分方程的具体表达式. Stokes 方程组第一边值问题 (5.17) 的解由 Poisson 积分公式 (5.27) 及 (5.28) 给出, 而其第二边值问题 (5.18) 则归化为边界上的自然积分方程 (5.29).

设

$$D(u, v) = 2\eta \sum_{i,j=1}^{2} \iint_\Omega \varepsilon_{ij}(u) \varepsilon_{ij}(v) dx_1 dx_2,$$

$$\hat{D}(u_0, v_0) = \int_\Gamma v_0 \cdot \mathscr{K} u_0 ds.$$

由 Green 公式 (5.22) 立即得如下重要等式:

$$\hat{D}(u_0, v_0) = D(u, v) - \iint_\Omega p \, \mathrm{div} \, v dx_1 dx_2, \tag{5.30}$$

其中 $u_0 = u|_\Gamma, v_0 = v|_\Gamma, (u, p)$ 满足 Stokes 方程组. 此即 Stokes 问题自然边界归化的能量不变性. 在这里必须注意, 除非 $\mathrm{div} v = 0$, 一般并没有等式

$$\hat{D}(u_0, v_0) = D(u, v).$$

已知利用 Green 公式 (5.22) 可得第二边值问题 (5.18) 等价于如下变分问题 [189]:

$$\begin{cases} \text{求 } (u,p) \in W \times Q, \text{ 使得} \\ D(u,v) - (p, \text{div}v) = \int_\Gamma g \cdot v ds, \quad \forall v \in W, \\ (q, \text{div } u) = 0, \quad \forall q \in Q, \end{cases} \tag{5.31}$$

或

$$\begin{cases} \text{求 } (u,p) \in W_0 \times Q, \text{ 使得} \\ D(u,v) = \int_\Gamma g \cdot v ds, \forall v \in W_0, \end{cases} \tag{5.32}$$

其中

$$W_0 = \{v \in W | \text{div}v = 0\}.$$

于是通过自然边界归化, 边值问题 (5.18) 又等价于自然积分方程 (5.29) 及相应的边界 Γ 上的变分问题:

$$\begin{cases} \text{求 } u_0 \in H^{\frac{1}{2}}(\Gamma)^2, \text{ 使得} \\ \hat{D}(u,v) = \int_\Gamma g \cdot v_0 ds, \forall v_0 \in H^{\frac{1}{2}}(\Gamma)^2 \end{cases} \tag{5.33}$$

这一边界上的变分问题仅以 u 的边值 u_0 为未知量而不含未知量 p. 原边值问题的解 u 及 p 都可利用 Poisson 积分公式由 u_0 求出. 上述结果可以归结为如下定理.

定理 5.2 区域 Ω 上的 Stokes 方程组的第二边值问题 (5.18) 等价于区域上的变分问题 (5.31) 或 (5.32), 也等价于相应的边界上的变分问题 (5.33).

对于非齐次 Stokes 方程组的边值问题, 同样可作自然边界归化. 考察如下第一边值问题:

$$\begin{cases} -\eta\Delta u + \text{grad}p = f, & \Omega \text{内}, \\ \text{div}u = 0, & \Omega \text{内}, \\ u = u_0, & \Gamma \text{上}, \end{cases}$$

及第二边值问题:

$$\begin{cases} -\eta\Delta u + \text{grad}p = f, & \Omega \text{内}, \\ \text{div}u = 0, & \Omega \text{内}, \\ t = g, & \Gamma \text{上}. \end{cases}$$

由 Green 第二公式 (5.23) 可得

$$\begin{cases} u = -\int_\Gamma \begin{bmatrix} t(G_1, Q_1) \cdot u_0 \\ t(G_2, Q_2) \cdot u_0 \end{bmatrix} ds + \iint_\Omega \begin{bmatrix} G_1 \cdot f \\ G_2 \cdot f \end{bmatrix} dx_1 dx_2, \\ p = -\int_\Gamma t(G_0, Q_0) \cdot u_0 ds + \iint_\Omega G_0 \cdot f dx_1 dx_2. \end{cases} \tag{5.34}$$

此即 Poisson 积分公式. 至于自然积分方程则为

$$g - t \left(\iint_\Omega G_1 \cdot f dx_1 dx_2, \iint_\Omega G_2 \cdot f dx_1 dx_2; \iint_\Omega G_0 \cdot f dx_1 dx_2 \right) = \mathscr{K} u_0, \quad (5.35)$$

即与齐次 Stokes 方程组的边值问题有相同的自然积分算子, 只是左端已知项有所改变.

以后将只讨论齐次 Stokes 方程组的边值问题的自然边界归化.

5.4　典型域上的自然积分方程及 Poisson 积分公式

下面将通过 Fourier 变换或 Fourier 级数展开法及复变函数论方法等途径得出上半平面、圆外区域及圆内区域的 Stokes 问题的自然积分方程及 Poisson 积分公式.

5.4.1　Ω 为上半平面

此时边界 Γ 即 x 轴, 即直线 $y = 0$, Γ 上的外法线单位向量 $n = (0, -1)$.

1. Fourier 变换法

对 $x \to \xi$ 取 Fourier 变换, 并设

$$U_i(\xi, y) = \mathscr{F}[u_i(x, y)], \quad i = 1, 2,$$

$$P(\xi, y) = \mathscr{F}[p(x, y)],$$

则方程组 (5.5) 变为

$$\begin{cases} \dfrac{d^2}{dy^2} U_1 - \xi^2 U_1 - i\xi \dfrac{P}{\eta} = 0, \\[2mm] \dfrac{d^2}{dy^2} U_2 - \xi^2 U_2 - \dfrac{1}{\eta} \dfrac{dP}{dy} = 0, \\[2mm] i\xi U_1 + \dfrac{dU_2}{dy} = 0. \end{cases}$$

解此带参数 ξ 的常微分方程组, 注意到 $y > 0$, 得

$$\begin{cases} U_1(\xi, y) = \dfrac{i}{\xi} \{\beta(\xi) - |\xi| [\alpha(\xi) + \beta(\xi) y]\} e^{-|\xi| y}, \\[2mm] U_2(\xi, y) = [\alpha(\xi) + \beta(\xi) y] e^{-|\xi| y}, \\[2mm] P(\xi, y) = 2\eta\beta(\xi) e^{-|\xi| y}, \end{cases} \quad (5.36)$$

其中 $\alpha(\xi)$ 和 $\beta(\xi)$ 待定. 以 $y = 0$ 代入, 解得

$$\begin{cases} \alpha(\xi) = U_2(\xi, 0), \\ \beta(\xi) = -i\xi U_1(\xi, 0) + |\xi| U_2(\xi, 0). \end{cases} \quad (5.37)$$

于是

$$\begin{cases} U_1(\xi, y) = [U_1(\xi, 0) - |\xi|y U_1(\xi, 0) - i\xi y U_2(\xi, 0)] e^{-|\xi|y}, \\ U_2(\xi, y) = [-i\xi y U_1(\xi, 0) + U_2(\xi, 0) + |\xi|y U_2(\xi, 0)] e^{-|\xi|y}, \\ P(\xi, y) = 2\eta \left[-i\xi U_1(\xi, 0) + |\xi| U_2(\xi, 0) \right] e^{-|\xi|y}. \end{cases} \tag{5.38}$$

利用 Fourier 变换公式

$$\begin{cases} \mathscr{F}\left[\dfrac{y}{\pi(x^2 + y^2)} \right] = e^{-|\xi|y}, \\[3mm] \mathscr{F}\left[-\dfrac{2xy}{\pi(x^2 + y^2)^2} \right] = i\xi e^{-|\xi|y}, \\[3mm] \mathscr{F}\left[\dfrac{x^2 - y^2}{\pi(x^2 + y^2)^2} \right] = -|\xi| e^{-|\xi|y}, \end{cases} \tag{5.39}$$

对式 (5.38) 取 Fourier 逆变换, 立即得到 Poisson 积分公式

$$\begin{cases} u_1(x, y) = \dfrac{2x^2 y}{\pi(x^2 + y^2)^2} * u_1(x, 0) + \dfrac{2xy^2}{\pi(x^2 + y^2)^2} * u_2(x, 0), \\[3mm] u_2(x, y) = \dfrac{2xy^2}{\pi(x^2 + y^2)^2} * u_1(x, 0) + \dfrac{2y^3}{\pi(x^2 + y^2)^2} * u_2(x, 0), \\[3mm] p(x, y) = 2\eta \left[\dfrac{2xy}{\pi(x^2 + y^2)^2} * u_1(x, 0) \right. \\[3mm] \qquad\qquad \left. + \dfrac{y^2 - x^2}{\pi(x^2 + y^2)^2} * u_2(x, 0) \right], \quad y > 0. \end{cases} \tag{5.40}$$

进一步注意到

$$\begin{bmatrix} t_1(x) \\ t_2(x) \end{bmatrix} = \begin{bmatrix} \sigma_{11} & \sigma_{12} \\ \sigma_{21} & \sigma_{22} \end{bmatrix} \begin{bmatrix} 0 \\ -1 \end{bmatrix}_\Gamma = \begin{bmatrix} -\eta \left(\dfrac{\partial u_1}{\partial y} + \dfrac{\partial u_2}{\partial x} \right) \\[3mm] p - 2\eta \dfrac{\partial u_2}{\partial y} \end{bmatrix}_\Gamma, \tag{5.41}$$

取其 Fourier 变换并将式 (5.38) 代入可得

$$\begin{bmatrix} \mathscr{F}[t_1] \\ \mathscr{F}[t_2] \end{bmatrix} = 2\eta \begin{bmatrix} |\xi| U_1(\xi, 0) \\ |\xi| U_2(\xi, 0) \end{bmatrix}. \tag{5.42}$$

利用 Fourier 变换公式

$$\mathscr{F}\left[-\frac{1}{\pi x^2} \right] = |\xi|, \tag{5.43}$$

取式 (5.42) 的 Fourier 逆变换, 并将边界条件 $t = g$ 代入, 便得到 $\varGamma$ 上的自然积分
方程

$$
\begin{bmatrix} g_1(x) \\ g_2(x) \end{bmatrix} = 2\eta \begin{bmatrix} -\dfrac{1}{\pi x^2} & 0 \\ 0 & -\dfrac{1}{\pi x^2} \end{bmatrix} * \begin{bmatrix} u_1(x,0) \\ u_2(x,0) \end{bmatrix}. \tag{5.44}
$$

我们也可将 Poisson 积分公式 (5.40) 代入 (5.41) 并利用当 $y \to 0_+$ 时的广义函数
极限公式得到式 (5.44)

$$
\begin{aligned}
g_1(x) &= \lim_{y \to 0_+} \left[-\eta \left(\frac{\partial u_1}{\partial y} + \frac{\partial u_2}{\partial x} \right) \right] \\
&= -\eta \lim_{y \to 0_+} \left\{ \left[\frac{2(x^2 - y^2)}{\pi(x^2 + y^2)^2} + \frac{4y(y^3 - 3x^2 y)}{\pi(x^2 + y^2)^3} \right] * u_1(x,0) \right. \\
&\quad \left. + \frac{4y(x^3 - 3xy^2)}{\pi(x^2 + y^2)^3} * u_2(x,0) \right\} \\
&= -\eta \left\{ \left[\frac{2}{\pi x^2} + \lim_{y \to 0_+} \frac{4y}{\pi} \left(-\frac{\pi}{2} \delta''(x) \right) \right] * u_1(x,0) \right. \\
&\quad \left. + \left[\lim_{y \to 0_+} \left(\frac{4y}{\pi} \right) \frac{1}{x^3} \right] * u_2(x,0) \right\} = -\frac{2\eta}{\pi x^2} * u_1(x,0), \\
g_2(x) &= \lim_{y \to 0+} \left(p - 2\eta \frac{\partial u_2}{\partial y} \right) \\
&= 2\eta \lim_{y \to 0+} \left\{ \left[\left(-\frac{2y}{\pi} \right) \frac{x^3 - 3xy^2}{(x^2 + y^2)^3} \right] * u_1(x,0) \right. \\
&\quad \left. + \left[\frac{y^2 - x^2}{\pi(x^2 + y^2)^2} + \left(\frac{2y}{\pi} \right) \frac{y^3 - 3x^2 y}{(x^2 + y^2)^3} \right] * u_2(x,0) \right\} \\
&= 2\eta \left\{ \left[\lim_{y \to 0+} \left(-\frac{2y}{\pi} \right) \frac{1}{x^3} \right] * u_1(x,0) \right. \\
&\quad \left. + \left[-\frac{1}{\pi x^2} + \lim_{y \to 0+} \left(\frac{2y}{\pi} \right) \left(-\frac{\pi}{2} \delta''(x) \right) \right] * u_2(x,0) \right\} \\
&= -\frac{2\eta}{\pi x^2} * u_2(x,0).
\end{aligned}
$$

2. 复变函数论方法

5.2 节中已给出了 Stokes 方程组的解的复变函数表示式 (5.8). 今利用这一表
示式推出上半平面 Stokes 问题的自然积分方程. 将 $y = 0$ 代入 (5.8) 得到

$$\begin{cases} u_1(x,0) = \text{Re}\left[-\varphi'(x)x + \varphi(x) - \psi(x)\right] = \text{Re}F(z)|_{y=0}, \\ u_2(x,0) = \text{Im}\left[\varphi'(x)x + \varphi(x) + \psi(x)\right] = \text{Im}G(z)|_{y=0}, \\ p(x,0) = -4\eta\text{Re}\varphi'(x), \end{cases} \tag{5.45}$$

其中 $\varphi(z)$ 及 $\psi(z)$ 为 Ω 上解析函数,

$$F(z) = -\varphi'(z)z + \varphi(z) - \psi(z),$$

$$G(z) = \varphi'(z)z + \varphi(z) + \psi(z).$$

另一方面, 利用张力张量的复变函数表示公式 (5.16) 可得

$$\begin{cases} g_1(x) = -\sigma_{12}(x,0) = -2\eta\text{Im}\left[\varphi''(x)x + \psi'(x)\right], \\ g_2(x) = -\sigma_{22}(x,0) = -2\eta\text{Re}\left[\varphi''(x)x + 2\varphi'(x) + \psi'(x)\right]. \end{cases} \tag{5.46}$$

因为 $F(z)$ 和 $G(z)$ 仍为 Ω 上的解析函数, 可利用调和问题的自然积分方程 (参见 2.4 节) 由 (5.45) 得到

$$-\frac{1}{\pi x^2} * u_1(x,0) = \left[\frac{\partial}{\partial n}\text{Re}F(z)\right]_{y=0}$$

$$= -\text{Re}\frac{\partial}{\partial y}F(z)\Big|_{y=0} = -\text{Re}iF'(z)\Big|_{y=0} = \text{Im}F'(z)\Big|_{y=0}$$

$$= -\text{Im}\left[\varphi''(x)x + \psi'(x)\right],$$

及

$$-\frac{1}{\pi x_2} * u_2(x,0) = \left[\frac{\partial}{\partial n}\text{Im}G(z)\right]_{y=0}$$

$$= -\left[\frac{\partial}{\partial y}\text{Im}G(z)\right]_{y=0} = -\left[\frac{\partial}{\partial x}\text{Re}G(z)\right]_{y=0}$$

$$= -\text{Re}\frac{\partial}{\partial x}G(z)|_{y=0} = -\text{Re}G'(z)\Big|_{y=0}$$

$$= -\text{Re}\left[\varphi''(x)x + 2\varphi'(x) + \psi'(x)\right],$$

其中利用了解析函数的 Cauchy-Riemann 方程. 将此二式与式 (5.46) 比较即得

$$\begin{cases} g_1(x) = -\dfrac{2\eta}{\pi x^2} * u_1(x,0), \\ g_2(x) = -\dfrac{2\eta}{\pi x^2} * u_2(x,0). \end{cases}$$

此即式 (5.44). 由此式可见, 上半平面 Stokes 问题的自然积分方程有相当简单的表达式, 除了相差一个常数倍数外, 它仅为一对互相独立的调和方程边值问题的自然积分方程.

· 322 ·   第 5 章   Stokes 问题

5.4.2 Ω 为圆外区域

为简单起见, 先设圆半径为 1, 即 Ω 为单位圆外区域.

1. Fourier 展开法

由 5.2 节已知, 单位圆外 Stokes 方程组的解 (u, p) 具有复变函数表示 (5.8), 其中 $\varphi(z)$ 和 $\psi(z)$ 为单位圆外区域的解析函数. 设

$$
\begin{cases}
\varphi(z) = \sum_{0}^{\infty} \alpha_{-n} z^{-n}, \\
\psi(z) = \sum_{0}^{\infty} \beta_{-n} z^{-n},
\end{cases}
\tag{5.47}
$$

$\alpha_n = \bar{\alpha}_{-n}, \beta_n = \bar{\beta}_{-n}, n = 1, 2, \cdots$, 其中 α_{-n} 及 β_{-n} 为复系数. 将 (5.47) 代入 (5.8) 可得

$$
\begin{cases}
u_1(r, \theta) = \operatorname{Re}(\alpha_0 - \beta_0) + \dfrac{1}{2r}[(\alpha_{-1} - \beta_{-1})e^{-i\theta} \\
\qquad + (\alpha_1 - \beta_1)e^{i\theta}] + \dfrac{1}{2} \sum_{\substack{-\infty \\ n \neq 0, \pm 1}}^{\infty} [(|n| - 2)\alpha_{(|n|-2)\operatorname{sgn}n} r^2 \\
\qquad + (\alpha_n - \beta_n)] r^{-|n|} e^{in\theta}, \\
u_2(r, \theta) = \operatorname{Im}(\alpha_0 + \beta_0) + \dfrac{i}{2r}[(\alpha_1 + \beta_1)e^{i\theta} - (a_{-1} + \beta_{-1})e^{-i\theta}] \\
\qquad + \dfrac{i}{2} \sum_{\substack{-\infty \\ n \neq 0, \pm 1}}^{\infty} [(2 - |n|)\alpha_{(|n|-2)\operatorname{sgn}n} r^2 \\
\qquad + \alpha_n + \beta_n](\operatorname{sgn}n) r^{-|n|} e^{i\theta}, \\
p(r, \theta) = 2\eta \sum_{\substack{-\infty \\ n \neq 0}}^{\infty} (|n| - 1)\alpha_{(|n|-1)\operatorname{sgn}n} r^{-|n|} e^{in\theta}.
\end{cases}
\tag{5.48}
$$

于是

$$
\begin{cases}
u_1(1, \theta) = \operatorname{Re}(\alpha_0 - \beta_0) + \dfrac{1}{2}[(\alpha_{-1} - \beta_{-1})e^{-i\theta} + (\alpha_1 - \beta_1)e^{i\theta}] \\
\qquad + \sum_{\substack{-\infty \\ n \neq 0, \pm 1}}^{\infty} \dfrac{1}{2}[(|n| - 2)a_{(|n|-2)\operatorname{sgn}n} + \alpha_n - \beta_n]e^{in\theta}, \\
u_2(1, \theta) = \operatorname{Im}(\alpha_0 + \beta_0) + \dfrac{i}{2}[(\alpha_1 + \beta_1)e^{i\theta} - (\alpha_{-1} + \beta_{-1})e^{-i\theta}] \\
\qquad + \sum_{\substack{-\infty \\ n \neq, \pm 1}}^{\infty} \dfrac{i}{2}\operatorname{sgn}n[(2 - |n|)a_{(|n|-2)\operatorname{sgn}n} + \alpha_n + \beta_n]e^{in\theta}.
\end{cases}
\tag{5.49}
$$

再将 (5.47) 代入 (5.16) 并注意到单位圆外区域在边界上的外法线方向为 $n = (-\cos\theta, -\sin\theta)$, 便有

$$
\begin{cases}
g_1(\theta) = \eta\bigg\{ \left[(\alpha_{-1} - \beta_{-1})e^{-i\theta} + (\alpha_1 - \beta_1)e^{i\theta}\right] \\
\qquad + \displaystyle\sum_{\substack{-\infty \\ n\neq 0,\pm 1}}^{\infty} |n|\left[(|n|-2)a_{(|n|-2)\mathrm{sgn}n} + \alpha_n - \beta_n\right]e^{in\theta} \bigg\}, \\
g_2(\theta) = i\eta\bigg\{ \left[(\alpha_1 + \beta_1)e^{i\theta} - (\alpha_{-1} + \beta_{-1})e^{-i\theta}\right] \\
\qquad + \displaystyle\sum_{\substack{-\infty \\ n\neq 0,\pm 1}}^{\infty} n\left[(2-|n|)a_{(|n|-2)\mathrm{sgn}n} + \alpha_n + \beta_n\right]e^{in\theta} \bigg\}.
\end{cases}
$$

将此式与式 (5.49) 相比较, 便得到单位圆周上的自然积分方程:

$$
\begin{bmatrix} g_1(\theta) \\ g_2(\theta) \end{bmatrix} = 2\eta \begin{bmatrix} -\dfrac{1}{4\pi\sin^2\dfrac{\theta}{2}} & 0 \\ 0 & -\dfrac{1}{4\pi\sin^2\dfrac{\theta}{2}} \end{bmatrix} * \begin{bmatrix} u_1(1,\theta) \\ u_2(1,\theta) \end{bmatrix}. \tag{5.50}
$$

此外, 设

$$
u_1(1,\theta) = \sum_{-\infty}^{\infty} a_n e^{in\theta}, \quad a_{-n} = \bar{a}_n,
$$

$$
u_2(1,\theta) = \sum_{-\infty}^{\infty} b_n e^{in\theta}, \quad b_{-n} = \bar{b}_n,
$$

其中 a_0, b_0 为实数, $a_i, b_i (i \neq 0)$ 为复数. 与 (5.49) 比较, 便有

$$
\mathrm{Re}(\alpha_0 - \beta_0) = a_0, \quad \mathrm{Im}(\alpha_0 + \beta_0) = b_0,
$$

$$
\alpha_1 = a_1 - ib_1, \quad \beta_1 = -(a_1 + ib_1),
$$

$$
\alpha_n = a_n - ib_n,
$$

$$
\beta_n = [(n-2)a_{n-2} - a_n] - i[b_n + (n-2)b_{n-2}],
$$

其中 $n = 2, 3, \cdots$. 代入 (5.48) 可得

$$
\left\{
\begin{aligned}
u_1(r,\theta) &= \sum_{-\infty}^{\infty} a_n r^{-|n|} e^{in\theta} \\
&\quad + \left(1 - \frac{1}{r^2}\right)\left\{\frac{1}{2}\cos2\theta \sum_{-\infty}^{\infty}\left(|n|a_n - inb_n\right) r^{-|n|} e^{in\theta}\right. \\
&\quad \left. + \frac{1}{2}\sin2\theta \sum_{-\infty}^{\infty}(ina_n + |n|b_n)r^{-|n|}e^{in\theta}\right\}, \\
u_2(r,\theta) &= \sum_{-\infty}^{\infty} b_n r^{-|n|} e^{in\theta} \\
&\quad + \left(1 - \frac{1}{r^2}\right)\left\{\frac{1}{2}\sin2\theta \sum_{-\infty}^{\infty}\left(|n|a_n - inb_n\right) r^{-|n|} e^{in\theta}\right. \\
&\quad \left. - \frac{1}{2}\cos2\theta \sum_{-\infty}^{\infty}\left(ina_n + |n|b_n\right) r^{-|n|} e^{in\theta}\right\}, \\
p(r,\theta) &= \frac{2\eta}{r}\left\{\cos\theta \sum_{-\infty}^{\infty}(|n|a_n - inb_n)r^{-|n|}e^{in\theta}\right. \\
&\quad \left. + \sin\theta \sum_{-\infty}^{\infty}(ina_n + |n|b_n)r^{-|n|}e^{in\theta}\right\}.
\end{aligned}
\right.
\tag{5.51}
$$

最后利用公式

$$
\frac{1}{2\pi}\sum_{-\infty}^{\infty} r^{-|n|} e^{in\theta} = \frac{r^2 - 1}{2\pi(1 + r^2 - 2r\cos\theta)}
$$
$$
\equiv P(r,\theta), \quad r > 1,
\tag{5.52}
$$

其中 $P(r,\theta - \theta')$ 正是单位圆外区域调和方程的 Poisson 积分核, 即得单位圆外区域 Stokes 问题的 Poisson 积分公式

$$
\left\{
\begin{aligned}
u_1(r,\theta) &= P(r,\theta) * u_1(1,\theta) + \frac{r^2 - 1}{2r^2}\left\{\cos2\theta\left[\left(-r\frac{\partial}{\partial r}\right.\right.\right. \\
&\quad \left.\left. \times P(r,\theta)\right) * u_1(1,\theta) - \frac{\partial}{\partial\theta}P(r\theta) * u_2(1,\theta)\right] \\
&\quad + \sin2\theta\left[\frac{\partial}{\partial\theta}P(r,\theta) * u_1(1,\theta)\right. \\
&\quad \left.\left. + \left(-r\frac{\partial}{\partial r}P(r,\theta)\right) * u_2(1,\theta)\right]\right\},
\end{aligned}
\right.
$$

$$\begin{cases} u_2(r,\theta) = P(r,\theta) * u_2(1,\theta) + \dfrac{r^2-1}{2r^2}\Bigg\{\sin 2\theta\Bigg[\Big(-r\dfrac{\partial}{\partial r} \\ \qquad\qquad \times P(r,\theta)\Big) * u_1(1,\theta) - \dfrac{\partial}{\partial\theta}P(r,\theta) * u_2(1,\theta)\Bigg] \\ \qquad\qquad -\cos 2\theta\Bigg[\dfrac{\partial}{\partial\theta}P(r,\theta) * u_1(1,\theta) \\ \qquad\qquad +\Big(-r\dfrac{\partial}{\partial r}P(r,\theta)\Big) * u_2(1,\theta)\Bigg]\Bigg\}, \\ p(r,\theta) = \dfrac{2\eta}{r}\Bigg\{\cos\theta\Bigg[\Big(-r\dfrac{\partial}{\partial r}P(r,\theta)\Big) * u_1(1,\theta) \\ \qquad\qquad -\dfrac{\partial}{\partial\theta}P(r,\theta) * u_2(1,\theta)\Bigg] + \sin\theta\Bigg[\dfrac{\partial}{\partial\theta}P(r,\theta) \\ \qquad\qquad * u_1(1,\theta) + \Big(-r\dfrac{\partial}{\partial r}P(r,\theta)\Big) * u_2(1,\theta)\Bigg]\Bigg\}. \end{cases} \tag{5.53}$$

2. 复变函数论方法

从 Stokes 方程组的解的复变函数表示 (5.8) 可得

$$\begin{cases} u_1(1,\theta) = \mathrm{Re}\Big\{-\varphi'(e^{i\theta})e^{-i\theta} + \varphi(e^{i\theta}) - \psi(e^{i\theta})\Big\} \\ \qquad\quad = \mathrm{Re}F(z)|_{r=1}, \\ u_2(1,\theta) = \mathrm{Im}\Big\{\varphi'(e^{i\theta})e^{-i\theta} + \varphi(e^{i\theta}) + \psi(e^{i\theta})\Big\} \\ \qquad\quad = \mathrm{Im}G(z)|_{r=1}, \\ p(1,\theta) \ = -4\eta\mathrm{Re}\varphi'(e^{i\theta}), \end{cases}$$

其中

$$F(z) = -\varphi'(z)\frac{1}{z} + \varphi(z) - \psi(z),$$

$$G(z) = \varphi'(z)\frac{1}{z} + \varphi(z) + \psi(z).$$

另一方面, 由 (5.16) 并注意到 $\vec{n} = (-\cos\theta, -\sin\theta)$ 有

$$\begin{cases} g_1(\theta) = 2\eta\mathrm{Re}[\varphi''(e^{i\theta}) - e^{-i\theta}\varphi'(e^{i\theta}) \\ \qquad\qquad -e^{i\theta}\varphi'(e^{i\theta}) + e^{i\theta}\psi'(e^{i\theta})], \\ g_2(\theta) = -2\eta\mathrm{Im}[\varphi''(e^{i\theta}) - e^{-i\theta}\varphi'(e^{i\theta}) \\ \qquad\qquad +e^{i\theta}\varphi'(e^{i\theta}) + e^{i\theta}\psi'(e^{i\theta})]. \end{cases} \tag{5.54}$$

因为 $\varphi(z)$ 及 $\psi(z)$ 为 Ω 内解析函数, 故 $F(z)$ 及 $G(z)$ 仍为 Ω 内解析函数, 利用第 2 章中给出的单位圆外区域调和方程边值问题的自然积分方程便得

$$-\frac{1}{4\pi\sin^2\dfrac{\theta}{2}} * u_1(1,\theta) = -\frac{\partial}{\partial r}\mathrm{Re}F(z)\Big|_{r=1}$$

$$= -\mathrm{Re}\frac{\partial}{\partial r}F(z)\Big|_{r=1} = -\mathrm{Re}[e^{i\theta}F'(z)]_{r=1}$$

$$= \mathrm{Re}[\varphi''(e^{i\theta}) - e^{-i\theta}\varphi'(e^{i\theta}) - e^{i\theta}\varphi'(e^{i\theta}) + e^{i\theta}\psi'(e^{i\theta})],$$

及

$$-\frac{1}{4\pi\sin^2\dfrac{\theta}{2}} * u_2(1,\theta) = -\frac{\partial}{\partial r}\mathrm{Im}G(z)\Big|_{r=1}$$

$$= -\mathrm{Im}\frac{\partial}{\partial r}G(z)\Big|_{r=1} = -\mathrm{Im}[e^{i\theta}G'(z)]_{r=1}$$

$$= -\mathrm{Im}\left[\varphi''(e^{i\theta}) - e^{-i\theta}\varphi'(e^{i\theta}) + e^{i\theta}\varphi'(e^{i\theta}) + e^{i\theta}\psi'(e^{i\theta})\right].$$

将此结果与式 (5.54) 相比较, 立即得到自然积分方程 (5.50):

$$\begin{cases} g_1(\theta) = -\dfrac{2\eta}{4\pi\sin^2\dfrac{\theta}{2}} * u_1(1,\theta), \\[4mm] g_2(\theta) = -\dfrac{2\eta}{4\pi\sin^2\dfrac{\theta}{2}} * u_2(1,\theta). \end{cases}$$

由此式可见, 单位圆外区域 Stokes 问题的自然积分方程, 除了相差 2η 倍外, 仅为一对互相独立的同一区域上调和方程边值问题的自然积分方程.

3. 半径为 R 时的结果

由关于单位圆外区域的自然积分方程 (5.50) 及 Poisson 积分公式 (5.53), 利用简单的坐标变换, 容易得到关于半径为 R 的圆外区域 Ω 的相应结果. 圆周上的自然积分方程为

$$\begin{bmatrix} g_1(\theta) \\ g_2(\theta) \end{bmatrix} = \frac{2\eta}{R}\begin{bmatrix} -\dfrac{1}{4\pi\sin^2\dfrac{\theta}{2}} & 0 \\[4mm] 0 & -\dfrac{1}{4\pi\sin^2\dfrac{\theta}{2}} \end{bmatrix} * \begin{bmatrix} u_1(R,\theta) \\ u_2(R,\theta) \end{bmatrix}. \tag{5.55}$$

相应的 Poisson 积分公式为

$$
\begin{cases}
u_1(r,\theta) = P(r,\theta) * u_1(R,\theta) + \dfrac{r^2 - R^2}{2r^2}\Bigg\{\cos2\theta\bigg[\Big(-r\dfrac{\partial}{\partial r} \\
\qquad\times P(r,\theta)\Big) * u_1(R,\theta) - \dfrac{\partial}{\partial\theta}P(r,\theta) * u_2(R,\theta)\bigg] \\
\qquad + \sin2\theta\bigg[\dfrac{\partial}{\partial\theta}P(r,\theta) * u_1(R,\theta) \\
\qquad + \Big(-r\dfrac{\partial}{\partial r}P(r,\theta)\Big) * u_2(R,\theta)\bigg]\Bigg\}, \\[4pt]
u_2(r,\theta) = P(r,\theta) * u_2(R,\theta) + \dfrac{r^2 - R^2}{2r^2}\Bigg\{\sin2\theta\bigg[\Big(-r\dfrac{\partial}{\partial r} \\
\qquad\times P(r,\theta)\Big) * u_1(R,\theta) - \dfrac{\partial}{\partial\theta}P(r,\theta) * u_2(R,\theta)\bigg] \\
\qquad - \cos2\theta\bigg[\dfrac{\partial}{\partial\theta}P(r,\theta) * u_1(R,\theta) \\
\qquad + \Big(-r\dfrac{\partial}{\partial r}P(r,\theta)\Big) * u_2(R,\theta)\bigg]\Bigg\}, \\[4pt]
p(r,\theta) = \dfrac{2\eta}{r}\Bigg\{\cos\theta\bigg[\Big(-r\dfrac{\partial}{\partial r}P(r,\theta)\Big) * u_1(R,\theta) \\
\qquad - \dfrac{\partial}{\partial\theta}P(r,\theta) * u_2(R,\theta)\bigg] \\
\qquad + \sin\theta\times\bigg[\dfrac{\partial}{\partial\theta}P(r,\theta) * u_1(R,\theta) \\
\qquad + \Big(-r\dfrac{\partial}{\partial r}P(r,\theta)\Big) * u_2(R,\theta)\bigg]\Bigg\},
\end{cases}
\tag{5.56}
$$

其中

$$
P(r,\theta) = \frac{r^2 - R^2}{2\pi(R^2 + r^2 - 2rR\cos\theta)}, \quad r > R.
$$

4. 极坐标分解下的结果

在上述结果中, u 和 g 是按标准直角坐标写成两个分量的. 若 u 和 g 按极坐标分解, 即设

$$
u = u_1 e_x + u_2 e_y = u_r e_r + u_\theta e_\theta,
$$

$$g = g_1 e_x + g_2 e_y = g_r e_r + g_\theta e_\theta.$$

利用坐标变换公式

$$\begin{cases} u_r = u_1\cos\theta + u_2\sin\theta, \\ u_\theta = -u_1\sin\theta + u_2\cos\theta, \end{cases}$$

$$\begin{cases} u_1 = u_r\cos\theta - u_\theta\sin\theta, \\ u_2 = u_r\sin\theta + u_\theta\cos\theta, \end{cases}$$

及

$$\begin{cases} g_r = g_1\cos\theta + u_2\sin\theta, \\ g_\theta = -g_1\sin\theta + g_2\cos\theta, \end{cases}$$

容易从直角坐标分解下的自然积分方程 (5.55) 得到极坐标分解下的相应结果. 设

$$K(\theta) = -\frac{1}{4\pi\sin^2\dfrac{\theta}{2}},$$

可得

$$\begin{aligned}
g_r(\theta) =& \frac{2\eta}{R}\{[K(\theta)*u_1(R,\theta)]\cos\theta + [K(\theta)*u_2(R,\theta)]\sin\theta\} \\
=& \frac{2\eta}{R}\{[K(\theta)*(u_r(R,\theta)\cos\theta - u_\theta(R,\theta)\sin\theta)]\cos\theta \\
& + [K(\theta)*(u_r(R,\theta)\sin\theta + u_\theta(R,\theta)\cos\theta)]\sin\theta\} \\
=& \frac{2\eta}{R}\{[\cos\theta K(\theta)]*u_r(R,\theta) + [\sin\theta K(\theta)]*u_\theta(R,\theta)\}, \\
g_\theta(\theta) =& \frac{2\eta}{R}\{-[K(\theta)*u_1(R,\theta)]\sin\theta + [K(\theta)*u_2(R,\theta)]\cos\theta\} \\
=& \frac{2\eta}{R}\{-[K(\theta)*(u_r(R,\theta)\cos\theta - u_\theta(R,\theta)\sin\theta)]\sin\theta \\
& + [K(\theta)*(u_r(R,\theta)\sin\theta + u_\theta(R,\theta)\cos\theta)]\cos\theta\} \\
=& \frac{2\eta}{R}\{-[\sin\theta K(\theta)]*u_r(R,\theta) + [\cos\theta K(\theta)]*u_\theta(R,\theta)\},
\end{aligned}$$

也即

$$\begin{bmatrix} g_r(\theta) \\ g_\theta(\theta) \end{bmatrix} = \frac{2\eta}{R} \begin{bmatrix} -\dfrac{1}{4\pi\sin^2\dfrac{\theta}{2}} + \dfrac{1}{2\pi} & -\dfrac{1}{2\pi}\cot\dfrac{\theta}{2} \\ \dfrac{1}{2\pi}\cot\dfrac{\theta}{2} & -\dfrac{1}{4\pi\sin^2\dfrac{\theta}{2}} + \dfrac{1}{2\pi} \end{bmatrix} * \begin{bmatrix} u_r(R,\theta) \\ u_\theta(R,\theta) \end{bmatrix}, \quad (5.57)$$

同样, 由直角坐标分解下的 Poisson 积分公式 (5.56) 可得极坐标分解下的如下结果:

$$
\left\{
\begin{aligned}
u_r(r,\theta) =& \left\{ \cos\theta P(r,\theta) + \frac{r^2 - R^2}{2r^2}\left[\cos\theta\left(-r\frac{\partial}{\partial r}P(r,\theta) \right) \right.\right. \\
& \left.\left. + \sin\theta\frac{\partial}{\partial\theta}P(r,\theta) \right] \right\} * u_r(R,\theta) \\
& + \left\{ \sin\theta P(r,\theta) + \frac{r^2 - R^2}{2r^2}\left[\sin\theta\left(-r\frac{\partial}{\partial r}P(r,\theta) \right) \right.\right. \\
& \left.\left. - \cos\theta\frac{\partial}{\partial\theta}P(r,\theta) \right] \right\} * u_\theta(R,\theta), \\
u_\theta(r,\theta) =& \left\{ -\sin\theta P(r,\theta) + \frac{r^2 - R^2}{2r^2}\left[\sin\theta\left(-r\frac{\partial}{\partial r}P(r,\theta) \right) \right.\right. \\
& \left.\left. - \cos\theta\frac{\partial}{\partial\theta}P(r,\theta) \right] \right\} * u_r(R,\theta) \\
& + \left\{ \cos\theta P(r,\theta) + \frac{r^2 - R^2}{2r^2}\left[\cos\theta\left(-r\frac{\partial}{\partial r}P(r,\theta) \right) \right.\right. \\
& \left.\left. + \sin\theta\frac{\partial}{\partial\theta}P(r,\theta) \right] \right\} * u_\theta(R,\theta), \\
p(r,\theta) =& \frac{2\eta}{r}\left\{ \left[\cos\theta\left(-r\frac{\partial}{\partial r}P(r,\theta) \right) + \sin\theta\frac{\partial}{\partial\theta}P(r,\theta) \right] \right. \\
& * u_r(R,\theta) + \left[\sin\theta\left(-r\frac{\partial}{\partial r}P(r,\theta) \right) \right. \\
& \left.\left. - \cos\theta\frac{\partial}{\partial\theta}P(r,\theta) \right] * u_\theta(R,\theta) \right\},
\end{aligned}
\right.
\tag{5.58}
$$

其中

$$
P(r,\theta) = \frac{r^2 - R^2}{2\pi(R^2 + r^2 - 2rR\cos\theta)}, \quad r > R.
$$

$P(r,\theta - \theta')$ 正是半径为 R 的圆外区域调和方程的 Poisson 积分核.

5.4.3 Ω 为圆内区域

利用 5.4.2 小节使用过的 Fourier 展开法或复变函数论方法, 同样可得关于半径为 R 的圆内区域的如下结果.

1. 直角坐标分解下的结果

$$
\left[\begin{array}{c} g_1(\theta) \\ g_2(\theta) \end{array} \right] = \frac{2\eta}{R}\left[\begin{array}{cc} -\dfrac{1}{4\pi\sin^2\dfrac{\theta}{2}} & 0 \\ 0 & -\dfrac{1}{4\pi\sin^2\dfrac{\theta}{2}} \end{array} \right] * \left[\begin{array}{c} u_1(R,\theta) \\ u_2(R,\theta) \end{array} \right]
$$

$$
+ \left[\begin{array}{c} \dfrac{\eta\sin\theta}{R\pi}\displaystyle\int_0^{2\pi}[-u_1(R,\theta)\sin\theta + u_2(R,\theta)\cos\theta]d\theta - \dfrac{\cos\theta}{2\pi}\displaystyle\int_0^{2\pi}p(R,\theta)d\theta \\ \dfrac{\eta\cos\theta}{R\pi}\displaystyle\int_0^{2\pi}[u_1(R,\theta)\sin\theta - u_2(R,\theta)\cos\theta]d\theta - \dfrac{\sin\theta}{2\pi}\displaystyle\int_0^{2\pi}p(R,\theta)d\theta \end{array} \right], \tag{5.59}
$$

$$
\begin{aligned}
u_1(r,\theta) = {} & P(r,\theta) * u_1(R,\theta) + \frac{R^2 - r^2}{2r^2}\left\{\cos2\theta\left[\left(r\frac{\partial}{\partial r}P(r,\theta)\right)\right.\right. \\
& \left. *u_1(R,\theta) + \frac{\partial}{\partial\theta}P(r,\theta) * u_2(R,\theta)\right] \\
& + \sin2\theta\left[-\frac{\partial}{\partial\theta}P(r,\theta) * u_1(R,\theta)\right. \\
& \left.\left. + \left(r\frac{\partial}{\partial r}P(r,\theta)\right) * u_2(R,\theta)\right]\right\} \\
& - \frac{R^2 - r^2}{2\pi Rr}\int_0^{2\pi}[u_1(R,\theta')\cos(\theta + \theta') \\
& + u_2(R,\theta')\sin(\theta + \theta')]d\theta', \\
u_2(r,\theta) = {} & P(r,\theta) * u_2(R,\theta) + \frac{R^2 - r^2}{2r^2}\left\{\sin2\theta\left[\left(r\frac{\partial}{\partial r}P(r,\theta)\right)\right.\right. \\
& \left. *u_1(R,\theta) + \frac{\partial}{\partial\theta}P(r,\theta) * u_2(R,\theta)\right] \\
& - \cos2\theta\left[-\frac{\partial}{\partial\theta}P(r,\theta) * u_1(R,\theta)\right. \\
& \left.\left. + \left(r\frac{\partial}{\partial r}P(r,\theta)\right) * u_2(R,\theta)\right]\right\} \\
& + \frac{R^2 - r^2}{2\pi Rr}\int_0^{2\pi}[-u_1(R,\theta')\sin(\theta + \theta') \\
& + u_2(R,\theta')\cos(\theta + \theta')]d\theta', \\
p(r,\theta) = {} & -2\frac{\eta}{r}\left\{\cos\theta\left[\left(r\frac{\partial}{\partial r}P(r,\theta)\right) * u_1(R,\theta)\right.\right. \\
& \left. + \frac{\partial}{\partial\theta}P(r,\theta) * u_2(R,\theta)\right] + \sin\theta\left[-\frac{\partial}{\partial\theta}P(r,\theta)\right. \\
& \left.\left. *u_1(R,\theta) + \left(r\frac{\partial}{\partial r}P(r,\theta)\right) * u_2(R,\theta)\right]\right\} \\
& + \frac{1}{2\pi}\int_0^{2\pi}p(R,\theta)d\theta,
\end{aligned}
\tag{5.60}
$$

其中

$$P(r,\theta) = \frac{R^2 - r^2}{2\pi(R^2 + r^2 - 2Rr\cos\theta)}, \quad 0 \leqslant r < R. \tag{5.61}$$

$P(r,\theta - \theta')$ 正是半径为 R 的圆内区域调和方程的 Poisson 积分核.

2. 极坐标分解下的结果

$$
\begin{bmatrix} g_r(\theta) \\ g_\theta(\theta) \end{bmatrix} = \frac{2\eta}{R}
\begin{bmatrix}
-\dfrac{1}{4\pi\sin^2\dfrac{\theta}{2}} + \dfrac{1}{2\pi} & -\dfrac{1}{2\pi}\cot\dfrac{\theta}{2} \\[3mm]
\dfrac{1}{2\pi}\cot\dfrac{\theta}{2} & -\dfrac{1}{4\pi\sin^2\dfrac{\theta}{2}}
\end{bmatrix}
* \begin{bmatrix} u_r(R,\theta) \\ u_\theta(R,\theta) \end{bmatrix}
$$
$$
- \begin{bmatrix} \dfrac{1}{2\pi}\displaystyle\int_0^{2\pi} p(R,\theta)d\theta \\[3mm] 0 \end{bmatrix}, \tag{5.62}
$$

$$
\left\{
\begin{aligned}
u_r(r,\theta) =& \left\{ \cos\theta P(r,\theta) + \frac{R^2 - r^2}{2r^2}\left[\cos\theta\left(r\frac{\partial}{\partial r}P(r,\theta) \right) \right.\right. \\
& \left.\left. -\sin\theta\frac{\partial}{\partial\theta}P(r,\theta) \right] - \frac{R^2 - r^2}{2\pi Rr} \right\} * u_r(R,\theta) \\
& + \left\{ \sin\theta P(r,\theta) + \frac{R^2 - r^2}{2r^2}\left[\sin\theta\left(r\frac{\partial}{\partial r}P(r,\theta) \right) \right.\right. \\
& \left.\left. +\cos\theta\frac{\partial}{\partial\theta}P(r,\theta) \right] \right\} * u_\theta(R,\theta), \\
u_\theta(r,\theta) =& \left\{ -\sin\theta P(r,\theta) + \frac{R^2 - r^2}{2r^2}\left[\sin\theta\left(r\frac{\partial}{\partial r}P(r,\theta) \right) \right.\right. \\
& \left.\left. +\cos\theta\frac{\partial}{\partial\theta}P(r,\theta) \right] \right\} * u_r(R,\theta) \\
& + \left\{ \cos\theta P(r,\theta) - \frac{R^2 - r^2}{2r^2}\left[\cos\theta\left(r\frac{\partial}{\partial r}P(r,\theta) \right) \right.\right. \\
& \left.\left. -\sin\theta\frac{\partial}{\partial\theta}P(r,\theta) \right] + \frac{R^2 - r^2}{2\pi Rr} \right\} * u_\theta(R,\theta), \\
p(r,\theta) =& -\frac{2\eta}{r}\left\{ \left[\cos\theta\left(r\frac{\partial}{\partial r}P(r,\theta) \right) - \sin\theta\frac{\partial}{\partial\theta}P(r,\theta) \right] \right. \\
& *u_r(R,\theta) + \left[\sin\theta\left(r\frac{\partial}{\partial r}P(r,\theta) \right) + \cos\theta\frac{\partial}{\partial\theta}P(r,\theta) \right] \\
& \left. *u_\theta(R,\theta) \right\} + \frac{1}{2\pi}\int_0^{2\pi} p(R,\theta)d\theta,
\end{aligned}
\right. \tag{5.63}
$$

其中 $P(r,\theta)$ 仍由式 (5.61) 给出.

由上述公式的推导过程可知, 与 Ω 为圆外区域的情况不同, 当 Ω 为圆内区域时, $u_1(R,\theta)$ 及 $u_2(R,\theta)$ 的 Fourier 展开系数 a_1 及 b_1 必须满足如下关系:

$$\mathrm{Re}a_1 = \mathrm{Im}b_1.$$

由于

$$\mathrm{Re}a_1 = \int_0^{2\pi} u_1(R,\theta)\cos\theta d\theta, \quad \mathrm{Im}b_1 = -\int_0^{2\pi} u_2(R,\theta)\sin\theta d\theta,$$

上述关系即为

$$\int_0^{2\pi} u_r(R,\theta)d\theta = \int_0^{2\pi} [u_1(R,\theta)\cos\theta + u_2(R,\theta)\sin\theta]d\theta = 0,$$

这正是平面 Stokes 方程组第一边值内问题的相容性条件 (5.24):

$$\int_\Gamma u_0 \cdot n ds = 0.$$

而对圆外区域问题则并不需要满足此条件.

5.4.4　几个简单例子

应用 5.2 节给出的 Stokes 方程组的解的复变函数表示, 可以构造已知准确解的 Stokes 问题, 从而容易得到下面一些例子, 通过简单演算便可对这些例子验证相应的自然积分方程及 Poisson 积分公式.

例 5.1　设 Ω 为单位圆外区域. 易验证

$$\begin{cases} u_1 = -\dfrac{\sin\theta}{r} = -\dfrac{y}{x^2+y^2}, \\ u_2 = \dfrac{\cos\theta}{r} = \dfrac{x}{x^2+y^2}, \\ p = 0 \end{cases}$$

满足 Stokes 方程组

$$\begin{cases} -\eta\Delta u_1 + \dfrac{\partial p}{\partial x} = -\eta\Delta\left(\mathrm{Im}\dfrac{1}{z}\right) = 0, \\ -\eta\Delta u_2 + \dfrac{\partial p}{\partial y} = -\eta\Delta\left(\mathrm{Re}\dfrac{1}{z}\right) = 0, \\ \dfrac{\partial u_1}{\partial x} + \dfrac{\partial u_2}{\partial y} = \dfrac{2xy}{(x^2+y^2)^2} - \dfrac{2xy}{(x^2+y^2)^2} = 0. \end{cases}$$

此解相应于一个半径为 $R = 1$ 的无限长圆柱在不可压缩黏性流体中以角速度 $\omega = 1$ 绕其中心轴均匀转动时的流体的速度及压力. 此时速度有解析表达式

$$u = \frac{\omega R^2}{r} = \frac{1}{r}.$$

将 $r = 1$ 代入解 $u(r, \theta)$ 即得

$$u_1(1, \theta) = -\sin\theta, \quad u_2(1, \theta) = \cos\theta.$$

由定义又可算得

$$\sigma_{11} = -p + 2\eta\frac{\partial u_1}{\partial x} = \frac{4\eta xy}{(x^2 + y^2)^2} = \frac{4\eta\cos\theta\sin\theta}{r^2},$$

$$\sigma_{12} = \sigma_{21} = \eta\left(\frac{\partial u_1}{\partial y} + \frac{\partial u_2}{\partial x}\right) = \frac{2\eta(y^2 - x^2)}{(x^2 + y^2)^2}$$

$$= \frac{2\eta(\sin^2\theta - \cos^2\theta)}{r^2},$$

$$\sigma_{22} = -p + 2\eta\frac{\partial u_2}{\partial y} = -\frac{4\eta xy}{(x^2 + y^2)^2} = -\frac{4\eta\cos\theta\sin\theta}{r^2},$$

从而得

$$\left[\begin{array}{c} g_1(\theta) \\ g_2(\theta) \end{array}\right] = \left[\begin{array}{cc} \sigma_{11} & \sigma_{12} \\ \sigma_{21} & \sigma_{22} \end{array}\right]\left[\begin{array}{c} -\cos\theta \\ -\sin\theta \end{array}\right]_{r=1} = 2\eta\left[\begin{array}{c} -\sin\theta \\ \cos\theta \end{array}\right].$$

而利用自然积分方程 (5.50) 也可得到同样的结果:

$$\left[\begin{array}{c} g_1(\theta) \\ g_2(\theta) \end{array}\right] = 2\eta\left[\begin{array}{cc} -\dfrac{1}{4\pi\sin^2\dfrac{\theta}{2}} & 0 \\ 0 & -\dfrac{1}{4\pi\sin^2\dfrac{\theta}{2}} \end{array}\right] * \left[\begin{array}{c} u_1(1, \theta) \\ u_2(1, \theta) \end{array}\right]$$

$$= 2\eta\left[\begin{array}{cc} -\dfrac{1}{4\pi\sin^2\dfrac{\theta}{2}} & 0 \\ 0 & -\dfrac{1}{4\pi\sin^2\dfrac{\theta}{2}} \end{array}\right] * \left[\begin{array}{c} -\sin\theta \\ \cos\theta \end{array}\right]$$

$$= 2\eta\left[\begin{array}{c} -\sin\theta \\ \cos\theta \end{array}\right].$$

这正说明此解的 Dirichlet 边值与 Neumann 边值确实满足自然积分方程 (5.50). 此外, 根据 Poisson 积分公式 (5.53) 及

$$P(r, \theta) * u_1(1, \theta) = P(r, \theta) * (-\sin\theta) = -\frac{\sin\theta}{r},$$

$$P(r,\theta) * u_2(1,\theta) = P(r,\theta) * \cos\theta = \frac{\cos\theta}{r},$$

$$\left[-r\frac{\partial}{\partial r}P(r,\theta)\right] * u_1(1,\theta) = -r\frac{\partial}{\partial r}[P(r,\theta) * u_1(1,\theta)]$$

$$= -r\frac{\partial}{\partial r}\left(-\frac{\sin\theta}{r}\right) = -\frac{\sin\theta}{r},$$

$$\left[\frac{\partial}{\partial\theta}P(r,\theta)\right] * u_2(1,\theta) = P(r,\theta) * \frac{\partial}{\partial\theta}u_2(1,\theta)$$

$$= P(r,\theta) * (-\sin\theta) = -\frac{\sin\theta}{r},$$

$$\left[\frac{\partial}{\partial\theta}P(r,\theta)\right] * u_1(1,\theta) = P(r,\theta) * \frac{\partial}{\partial\theta}u_1(1,\theta)$$

$$= P(r,\theta) * (-\cos\theta) = -\frac{\cos\theta}{r},$$

$$\left[-r\frac{\partial}{\partial r}P(r,\theta)\right] * u_2(1,\theta) = -r\frac{\partial}{\partial r}[P(r,\theta) * u_2(1,\theta)]$$

$$= -r\frac{\partial}{\partial r}\left(\frac{\cos\theta}{r}\right) = \frac{\cos\theta}{r},$$

其中

$$P(r,\theta) = \frac{r^2 - 1}{2\pi(r^2 + 1 - 2r\cos\theta)}, \quad r > 1,$$

即可由 Dirichlet 边值 $u_1(1,\theta)$ 及 $u_2(1,\theta)$ 得到

$$\begin{cases} u_1(r,\theta) = -\dfrac{\sin\theta}{r}, \\[2mm] u_2(r,\theta) = \dfrac{\cos\theta}{r}, \\[2mm] p(r,\theta) = 0. \end{cases}$$

这正是要求的问题的解. 于是 Poisson 积分公式也获得验证.

  例 5.2 仍设 Ω 为单位圆外区域. 易验证

$$\begin{cases} u_1(r,\theta) = \dfrac{1}{r}(\cos 3\theta + \cos\theta) = \dfrac{2x^3 - 2xy^2}{(x^2 + y^2)^2}, \\[3mm] u_2(r,\theta) = \dfrac{1}{r}(\sin 3\theta - \sin\theta) = \dfrac{2x^2 y - 2y^3}{(x^2 + y^2)^2}, \\[3mm] p(r,\theta) = \dfrac{4\eta}{r^2}\cos 2\theta = 4\eta\dfrac{x^2 - y^2}{(x^2 + y^2)^2} \end{cases}$$

满足 Stokes 方程组

$$
\begin{cases}
-\eta\Delta u_1 + \dfrac{\partial p}{\partial x} = -\eta\left(-8\dfrac{1}{r^3}\cos3\theta\right) - \dfrac{8\eta}{r^3}\cos3\theta = 0, \\[3mm]
-\eta\Delta u_2 + \dfrac{\partial p}{\partial y} = 8\eta\left(\dfrac{1}{r^3}\sin3\theta\right) - \dfrac{8\eta}{r^3}\sin3\theta = 0, \\[3mm]
\dfrac{\partial u_1}{\partial x} + \dfrac{\partial u_2}{\partial y} = -\dfrac{2}{r^2}\cos4\theta + \dfrac{2}{r^2}\cos4\theta = 0.
\end{cases}
$$

将 $r=1$ 代入解 $u(r,\theta)$ 即得

$$
\begin{cases}
u_1(1,\theta) = \cos3\theta + \cos\theta, \\
u_2(1,\theta) = \sin3\theta - \sin\theta.
\end{cases}
$$

由定义又可算得

$$
\begin{aligned}
\sigma_{11} &= -p + 2\eta\frac{\partial u_1}{\partial x} = 8\eta\frac{x^2(3y^2 - x^2)}{(x^2 + y^2)^3} \\
&= 8\eta\frac{\cos^2\theta(3\sin^2\theta - \cos^2\theta)}{r^2}, \\
\sigma_{12} = \sigma_{21} &= \eta\left(\frac{\partial u_1}{\partial y} + \frac{\partial u_2}{\partial x}\right) = \frac{16\eta xy(y^2 - x^2)}{(x^2 + y^2)^3} \\
&= \frac{16\eta\cos\theta\sin\theta(\sin^2\theta - \cos^2\theta)}{r^2}, \\
\sigma_{22} &= -p + 2\eta\frac{\partial u_2}{\partial y} = 8\eta\frac{y^2(y^2 - 3x^2)}{(x^2 + y^2)^3} \\
&= 8\eta\frac{\sin^2\theta(\sin^2\theta - 3\cos^2\theta)}{r^2},
\end{aligned}
$$

从而得

$$
\begin{aligned}
\begin{bmatrix} g_1(\theta) \\ g_2(\theta) \end{bmatrix} &= \begin{bmatrix} \sigma_{11} & \sigma_{12} \\ \sigma_{21} & \sigma_{22} \end{bmatrix}\begin{bmatrix} -\cos\theta \\ -\sin\theta \end{bmatrix}_{r=1} \\
&= 2\eta\begin{bmatrix} 3\cos3\theta + \cos\theta \\ 3\sin3\theta - \sin\theta \end{bmatrix}.
\end{aligned}
$$

而利用自然积分方程 (5.50) 也可得到同样的结果:

$$
\begin{bmatrix} g_1(\theta) \\ g_2(\theta) \end{bmatrix} = 2\eta\begin{bmatrix} -\dfrac{1}{4\pi\sin^2\dfrac{\theta}{2}} & 0 \\[4mm] 0 & -\dfrac{1}{4\pi\sin^2\dfrac{\theta}{2}} \end{bmatrix} * \begin{bmatrix} u_1(1,\theta) \\ u_2(1,\theta) \end{bmatrix}
$$

$$= 2\eta \begin{bmatrix} -\dfrac{1}{4\pi\sin^2\dfrac{\theta}{2}} & 0 \\ 0 & -\dfrac{1}{4\pi\sin^2\dfrac{\theta}{2}} \end{bmatrix} * \begin{bmatrix} \cos3\theta + \cos\theta \\ \sin3\theta - \sin\theta \end{bmatrix}$$

$$= 2\eta \begin{bmatrix} 3\cos3\theta + \cos\theta \\ 3\sin3\theta - \sin\theta \end{bmatrix}.$$

这正说明此解的 Dirichlet 边值与 Neumann 边值确实满足自然积分方程 (5.50). 此外, 根据 Poisson 积分公式 (5.53) 及

$$P(r,\theta) * u_1(1,\theta) = P(r,\theta) * (\cos3\theta + \cos\theta)$$
$$= \frac{1}{r^3}\cos3\theta + \frac{1}{r}\cos\theta,$$

$$P(r,\theta) * u_2(1,\theta) = P(r,\theta) * (\sin3\theta - \sin\theta)$$
$$= \frac{1}{r^3}\sin3\theta - \frac{1}{r}\sin\theta,$$

$$\left[-r\frac{\partial}{\partial r}P(r,\theta)\right] * u_1(1,\theta) = -r\frac{\partial}{\partial r}\left[P(r,\theta) * u_1(1,\theta)\right]$$
$$= \frac{3}{r^3}\cos3\theta + \frac{1}{r}\cos\theta,$$

$$\left[\frac{\partial}{\partial\theta}P(r,\theta)\right] * u_2(1,\theta) = P(r,\theta) * \frac{\partial}{\partial\theta}u_2(1,\theta)$$
$$= \frac{3}{r^3}\cos3\theta - \frac{1}{r}\cos\theta,$$

$$\left[\frac{\partial}{\partial\theta}P(r,\theta)\right] * u_1(1,\theta) = P(r,\theta) * \frac{\partial}{\partial\theta}u_1(1,\theta)$$
$$= -\frac{3}{r^3}\sin3\theta - \frac{1}{r}\sin\theta,$$

$$\left[-r\frac{\partial}{\partial r}P(r,\theta)\right] * u_2(1,\theta) = -r\frac{\partial}{\partial r}\left[P(r,\theta) * u_2(1,\theta)\right]$$
$$= \frac{3}{r^3}\sin3\theta - \frac{1}{r}\sin\theta,$$

即可由 Dirichlet 边值 $u_1(1,\theta)$ 及 $u_2(1,\theta)$ 得到

$$u_1(r,\theta) = \frac{1}{r^3}\cos3\theta + \frac{1}{r}\cos\theta + \frac{1}{2}\left(1 - \frac{1}{r^2}\right)\left\{\cos2\theta\left[\left(\frac{3}{r^3}\cos3\theta + \frac{1}{r}\cos\theta\right)\right.\right.$$
$$\left.- \left(\frac{3}{r^3}\cos3\theta - \frac{1}{r}\cos\theta\right)\right] + \sin2\theta\left[\left(-\frac{3}{r^3}\sin3\theta - \frac{1}{r}\sin\theta\right)\right.$$

$$+ \left(\frac{3}{r^3}\sin3\theta - \frac{1}{r}\sin\theta \right) \Big] \Big\}$$

$$= \frac{1}{r}(\cos3\theta + \cos\theta),$$

$$u_2(r,\theta) = \frac{1}{r^3}\sin3\theta - \frac{1}{r}\sin\theta + \frac{1}{2}\left(1 - \frac{1}{r^2} \right)$$

$$\times \left\{ \sin2\theta\left(\frac{2}{r}\cos\theta \right) - \cos2\theta\left(-\frac{2}{r}\sin\theta \right) \right\}$$

$$= \frac{1}{r}(\sin3\theta - \sin\theta),$$

$$p(r,\theta) = \frac{2\eta}{r}\left[\cos\theta\left(\frac{2}{r}\cos\theta \right) + \sin\theta\left(-\frac{2}{r}\sin\theta \right) \right]$$

$$= \frac{4\eta}{r^2}\cos2\theta.$$

这正是要求的问题的解. 于是 Poisson 积分公式也获得验证.

5.5 自然积分算子及其逆算子

由 5.3 节已知, 对 Stokes 问题作自然边界归化得到的自然积分算子为 1 阶拟微分算子, $\mathscr{K}: H^{\frac{1}{2}}(\Gamma)^2 \to H^{-\frac{1}{2}}(\Gamma)^2$. 在 5.4 节又给出了相应于典型区域上 Stokes 问题的自然积分算子的具体表达式. 本节将由这些具体表达式出发直接研究其性质, 并导出这些自然积分方程的反演公式.

5.5.1 上半平面自然积分算子

上半平面 Stokes 问题的自然积分算子已在上节给出, 其表达式为

$$\mathscr{K} = \begin{bmatrix} -\dfrac{2\eta}{\pi x^2} & 0 \\ 0 & -\dfrac{2\eta}{\pi x^2} \end{bmatrix} *,$$

或记作

$$\mathscr{K} = \begin{bmatrix} 2\eta|D| & 0 \\ 0 & 2\eta|D| \end{bmatrix}, \tag{5.64}$$

其中

$$|D| = -\frac{1}{\pi x^2} * .$$

已知 $|D|$ 为 1 阶拟微分算子. 由此易得上半平面 Stokes 问题的自然积分算子 $\mathscr{K}$ 的如下性质.

(1) $\mathcal{K}$ 为

$$\begin{bmatrix} 1 & -\infty \\ -\infty & 1 \end{bmatrix}$$

阶拟微分算子, $\mathcal{K}\colon H^{\frac{1}{2}}(\Gamma)^2 \to H^{-\frac{1}{2}}(\Gamma)^2$.

(2) 矩阵

$$\begin{bmatrix} 2\eta|\xi| & 0 \\ 0 & 2\eta|\xi| \end{bmatrix}$$

对称正定, 其行列式

$$\begin{bmatrix} 2\eta|\xi| & 0 \\ 0 & 2\eta|\xi| \end{bmatrix} = 4\eta^2\xi^2 \geqslant 0,$$

且等号当且仅当 $\xi = 0$ 时成立, 于是 $\mathcal{K}$ 为强椭圆型拟微分算子.

(3) 由于 $|D|$ 为拟局部算子, 故 $\mathcal{K}$ 为拟局部算子.

(4) $\mathcal{K}$ 的逆算子为

$$\mathcal{K}^{-1} = \begin{bmatrix} \dfrac{1}{2\eta|D|} & 0 \\ 0 & \dfrac{1}{2\eta|D|} \end{bmatrix}, \tag{6.65}$$

其中

$$\frac{1}{|D|} = \left(-\frac{1}{\pi}\ln|x|\right) *.$$

从而上半平面 Stokes 问题的自然积分方程 (5.44) 的反演公式为

$$\begin{bmatrix} u_1(x,0) \\ u_2(x,0) \end{bmatrix} = \frac{1}{2\eta} \begin{bmatrix} -\dfrac{1}{\pi}\ln|x| & 0 \\ 0 & -\dfrac{1}{\pi}\ln|x| \end{bmatrix} * \begin{bmatrix} g_1(x) \\ g_2(x) \end{bmatrix}. \tag{5.66}$$

由于广义函数 $\dfrac{1}{|\xi|}$ 包含了一个 $\delta(\xi)$ 的任意倍的附加量, 从而其 Fourier 逆变换包含了一个任意常数, 于是 $\mathcal{K}^{-1}$ 的表达式中 $\ln|x|$ 可附加一任意常数. 但由于 Stokes 问题的第二边值必须满足的相容性条件 (5.25) 的第一式:

$$\int_\Gamma g_i ds = 0, \quad i = 1, 2,$$

从而 $C * g_i = 0, i = 1, 2$, 其中 C 为任意常数. 于是 $\mathcal{K}^{-1}$ 作为

$$\left[H^{-\frac{1}{2}}(\Gamma)^2\right]_0 = \left\{ f \in H^{-\frac{1}{2}}(\Gamma)^2 \,\middle|\, \int_\Gamma f ds = 0 \right\}$$

上的拟微分算子是确定的, 在 (5.66) 中添加任意常数 C 也是不必要的.

5.5.2 圆外区域自然积分算子

令

$$-\frac{1}{4\pi\sin^2\dfrac{\theta}{2}}* = K,$$

$$\frac{1}{2\pi}\cot\frac{\theta}{2}* = H.$$

由第 2 章及第 4 章知. 卷积算子 K 为 1 阶拟微分算子, 卷积算子 H 为 0 阶拟微分算子. 于是在直角坐标分解下的圆外区域 Stokes 问题的自然积分算子可以写作

$$\mathscr{K} = \frac{2\eta}{R}\left[\begin{array}{cc} K & 0 \\ 0 & K \end{array}\right], \tag{5.67}$$

而在极坐标分解下则为

$$\mathscr{K} = \frac{2\eta}{R}\left[\begin{array}{cc} K+\dfrac{1}{2\pi}* & -H \\ H & K+\dfrac{1}{2\pi}* \end{array}\right]. \tag{5.68}$$

它们分别为

$$\left[\begin{array}{cc} 1 & -\infty \\ -\infty & 1 \end{array}\right] \text{ 及 } \left[\begin{array}{cc} 1 & 0 \\ 0 & 1 \end{array}\right]$$

阶拟微分算子.

为了得到自然积分方程

$$g_i(\theta) = \frac{2\eta}{R}\left(-\frac{1}{4\pi\sin^2\dfrac{\theta}{2}}\right)* u_i(R,\theta), \quad i = 1,2 \tag{5.69}$$

的反演公式, 对 (5.69) 取 Fourier 级数展开的系数, 得到

$$\mathscr{F}_k[g_i(\theta)] = \frac{2\eta}{R}|k|\mathscr{F}_k[u_i(R,\theta)], \quad i = 1,2.$$

当 $k \neq 0$ 时解得

$$\mathscr{F}_k[u_i(R,\theta)] = \frac{R}{2\eta|k|}\mathscr{F}_k[g_i(\theta)], \quad i = 1,2.$$

当 $k = 0$ 时则可取

$$\mathscr{F}_0[u_i(R,\theta)] = C_i, \quad i = 1,2,$$

C_1 及 C_2 为任意实常数, 而 $g_i(\theta)$ 则必须满足

$$\mathscr{F}_0[g_i(\theta)] = 0, \quad i = 1,2,$$

于是在相容性条件

$$\int_0^{2\pi} g_i(\theta)d\theta = 0, \quad i = 1, 2 \tag{5.70}$$

被满足时, (5.69) 的反演公式为

$$u_i(R,\theta) = \left(-\frac{R}{2\eta\pi}\ln\left|2\sin\frac{\theta}{2}\right|\right) * g_i(\theta)$$

$$+ \frac{1}{2\pi}\int_0^{2\pi} u_i(R,\theta)d\theta, \quad i = 1, 2. \tag{5.71}$$

现在再考察极坐标分解下的自然积分方程

$$\begin{cases} g_r(\theta) = \dfrac{2\eta}{R}\left(-\dfrac{1}{4\pi\sin^2\dfrac{\theta}{2}} + \dfrac{1}{2\pi}\right) * u_r(R,\theta) \\[4mm] \qquad\quad - \dfrac{2\eta}{2\pi R}\cot\dfrac{\theta}{2} * u_\theta(R,\theta), \\[4mm] g_\theta(\theta) = \dfrac{2\eta}{2\pi R}\cot\dfrac{\theta}{2} * u_r(R,\theta) \\[4mm] \qquad\quad + \dfrac{2\eta}{R}\left(-\dfrac{1}{4\pi\sin^2\dfrac{\theta}{2}} + \dfrac{1}{2\pi}\right) * u_\theta(R,\theta). \end{cases} \tag{5.72}$$

对 (5.72) 取 Fourier 级数展开的系数, 当 $k \neq 0$ 时得

$$\begin{cases} \mathscr{F}_k[g_r(\theta)] = \dfrac{2\eta}{R}|k|\mathscr{F}_k[u_r(R,\theta)] \\[4mm] \qquad\qquad + \dfrac{2\eta}{R}(i\,\mathrm{sgn}\,k)\mathscr{F}_k[u_\theta(R,\theta)], \\[4mm] \mathscr{F}_k[g_\theta(\theta)] = -\dfrac{2\eta}{R}(i\,\mathrm{sgn}\,k)\mathscr{F}_k[u_r(R,\theta)] \\[4mm] \qquad\qquad + \dfrac{2\eta}{R}|k|\mathscr{F}_k[u_\theta(R,\theta)], \end{cases} \tag{5.73}$$

当 $k = 0$ 时则有

$$\begin{cases} \mathscr{F}_0[g_r(\theta)] = \dfrac{2\eta}{R}\mathscr{F}_0[u_r(R,\theta)], \\[4mm] \mathscr{F}_0[g_\theta(\theta)] = \dfrac{2\eta}{R}\mathscr{F}_0[u_\theta(R,\theta)]. \end{cases}$$

于是当 $k \neq 0, k \neq \pm 1$ 时解得

$$
\begin{cases}
\mathscr{F}_k[u_r(R,\theta)] = \dfrac{R}{2\eta(k^2-1)}\{|k|\mathscr{F}_k[g_r(\theta)] \\
\qquad\qquad\qquad -i\mathrm{sgn}k\mathscr{F}_k[g_\theta(\theta)]\}, \\
\mathscr{F}_k[u_\theta(R,\theta)] = \dfrac{R}{2\eta(k^2-1)}\{i\mathrm{sgn}k\mathscr{F}_k[g_r(\theta)] \\
\qquad\qquad\qquad +|k|\mathscr{F}_k[g_\theta(\theta)]\},
\end{cases}
$$

$k = 0$ 时有

$$
\begin{cases}
\mathscr{F}_0[u_r(R,\theta)] = \dfrac{R}{2\eta}\mathscr{F}_0[g_r(\theta)], \\
\mathscr{F}_0[u_\theta(R,\theta)] = \dfrac{R}{2\eta}\mathscr{F}_0[g_\theta(\theta)].
\end{cases}
$$

而当 $k = 1$ 及 $k = -1$ 时, (5.73) 化为

$$
\begin{cases}
\mathscr{F}_1[g_r(\theta)] = \dfrac{2\eta}{R}\mathscr{F}_1[u_r(R,\theta)] + \dfrac{2\eta}{R}i\mathscr{F}_1[u_\theta(R,\theta)], \\
\mathscr{F}_1[g_\theta(\theta)] = -\dfrac{2\eta}{R}i\mathscr{F}_1[u_r(R,\theta)] + \dfrac{2\eta}{R}\mathscr{F}_1[u_\theta(R,\theta)],
\end{cases}
$$

及

$$
\begin{cases}
\mathscr{F}_{-1}[g_r(\theta)] = \dfrac{2\eta}{R}\mathscr{F}_{-1}[u_r(R,\theta)] - \dfrac{2\eta}{R}i\mathscr{F}_{-1}[u_\theta(R,\theta)], \\
\mathscr{F}_{-1}[g_\theta(\theta)] = \dfrac{2\eta}{R}i\mathscr{F}_{-1}[u_r(R,\theta)] + \dfrac{2\eta}{R}\mathscr{F}_{-1}[u_\theta(R,\theta)],
\end{cases}
$$

此两式有解的充要条件为

$$
\begin{cases}
\mathscr{F}_1[g_r(\theta)] - i\mathscr{F}_1[g_\theta(\theta)] = 0, \\
\mathscr{F}_{-1}[g_r(\theta)] + i\mathscr{F}_{-1}[g_\theta(\theta)] = 0,
\end{cases}
$$

也即

$$
\begin{cases}
\displaystyle\int_0^{2\pi} [g_r(\theta)\cos\theta - g_\theta(\theta)\sin\theta]d\theta = 0, \\
\displaystyle\int_0^{2\pi} [g_r(\theta)\sin\theta + g_\theta(\theta)\cos\theta]d\theta = 0.
\end{cases}
\tag{5.74}
$$

注意到

$$
\begin{cases}
g_r(\theta)\cos\theta - g_\theta(\theta)\sin\theta = g_1(\theta), \\
g_r(\theta)\sin\theta + g_\theta(\theta)\cos\theta = g_2(\theta),
\end{cases}
$$

这正是 Stokes 方程第二边值问题所应满足的相容性条件

$$
\int_\Gamma g_i ds = 0, \quad i = 1, 2.
$$

在此条件下有

$$
\begin{cases}
\mathscr{F}_1[u_r(R,\theta)] + i\mathscr{F}_1[u_\theta(R,\theta)] = \dfrac{R}{2\eta}\mathscr{F}_1[g_r(\theta)], \\[2mm]
\mathscr{F}_{-1}[u_r(R,\theta)] - i\mathscr{F}_{-1}[u_\theta(R,\theta)] = \dfrac{R}{2\eta}\mathscr{F}_{-1}[g_r(\theta)].
\end{cases}
$$

由此可得

$$
\frac{1}{2\pi}\sum_{k=0,\pm 1}\mathscr{F}_k[u_r(R,\theta)]e^{ik\theta}
$$

$$
\begin{aligned}
={}&\frac{1}{2\pi}\left\{\frac{R}{2\eta}\int_0^{2\pi}g_r(\theta)d\theta\right. \\
&+\left[\frac{R}{2\eta}\int_0^{2\pi}g_r(\theta')e^{-i\theta'}d\theta' - i\int_0^{2\pi}u_\theta(R,\theta')e^{-i\theta'}d\theta'\right]e^{i\theta} \\
&\left.+\left[\frac{R}{2\eta}\int_0^{2\pi}g_r(\theta')e^{i\theta'}d\theta' + i\int_0^{2\pi}u_\theta(R,\theta')e^{i\theta'}d\theta'\right]e^{-i\theta}\right\} \\
={}&\frac{R}{4\pi\eta}*g_r(\theta) + \frac{R}{2\pi\eta}\cos\theta*g_r(\theta) + \frac{1}{\pi}\sin\theta*u_\theta(R,\theta),
\end{aligned}
$$

及

$$
\frac{1}{2\pi}\sum_{k=0,\pm 1}\mathscr{F}_k[u_\theta(R,\theta)]e^{ik\theta}
$$

$$
\begin{aligned}
={}&\frac{1}{2\pi}\left\{\frac{R}{2\eta}\int_0^{2\pi}g_\theta(\theta)d\theta\right. \\
&\left.+\int_0^{2\pi}u_\theta(R,\theta')e^{-i\theta'}d\theta'e^{i\theta} + \int_0^{2\pi}u_\theta(R,\theta')e^{i\theta'}d\theta'e^{-i\theta}\right\} \\
={}&\frac{R}{4\pi\eta}*g_\theta(\theta) + \frac{1}{\pi}\cos\theta*u_\theta(R,\theta).
\end{aligned}
$$

于是

$$
\begin{cases}
u_r(R,\theta) = \left[H_1(\theta) + \dfrac{R}{2\pi\eta}\cos\theta + \dfrac{R}{4\pi\eta}\right]*g_r(\theta) \\[3mm]
\qquad\qquad -H_2(\theta)*g_\theta + \dfrac{1}{\pi}\sin\theta*u_\theta(R,\theta), \\[3mm]
u_\theta(R,\theta) = H_2(\theta)*g_r(\theta) + \left[H_1(\theta) + \dfrac{R}{2\pi\eta}\right]*g_\theta(\theta) \\[3mm]
\qquad\qquad +\dfrac{1}{\pi}\cos\theta*u_\theta(R,\theta),
\end{cases}
$$

其中

$$H_1(\theta) = \sum_{\substack{-\infty \\ k\neq 0,\pm 1}}^{\infty} \frac{|k|R}{4\pi\eta(k^2-1)} e^{ik\theta}$$

$$= \frac{R}{2\eta}\left(-\frac{1}{\pi}\cos\theta \ln\left|2\sin\frac{\theta}{2}\right| - \frac{1}{4\pi}\cos\theta - \frac{1}{2\pi}\right),$$

$$H_2(\theta) = \sum_{\substack{-\infty \\ k\neq 0,\pm 1}}^{\infty} \frac{i(\mathrm{sgn}k)R}{4\pi\eta(k^2-1)} e^{ik\theta}$$

$$= \frac{R}{2\eta}\left(\frac{1}{\pi}\sin\theta \ln\left|2\sin\frac{\theta}{2}\right| - \frac{1}{4\pi}\sin\theta\right).$$

以此代入上式便得自然积分方程 (5.72) 的反演公式

$$\begin{cases} u_r(R,\theta) = \dfrac{R}{2\eta}\left[-\dfrac{1}{\pi}\cos\theta \ln\left|2\sin\dfrac{\theta}{2}\right| + \dfrac{3}{4\pi}\cos\theta\right] * g_r(\theta) \\[3mm] \qquad\quad - \dfrac{R}{2\eta}\left[\dfrac{1}{\pi}\sin\theta \ln\left|2\sin\dfrac{\theta}{2}\right| - \dfrac{1}{4\pi}\sin\theta\right] * g_\theta(\theta) \\[3mm] \qquad\quad + \dfrac{1}{\pi}\sin\theta * u_\theta(R,\theta), \\[3mm] u_\theta(R,\theta) = \dfrac{R}{2\eta}\left[\dfrac{1}{\pi}\sin\theta \ln\left|2\sin\dfrac{\theta}{2}\right| - \dfrac{1}{4\pi}\sin\theta\right] * g_r(\theta) \\[3mm] \qquad\quad + \dfrac{R}{2\eta}\left[-\dfrac{1}{\pi}\cos\theta \ln\left|2\sin\dfrac{\theta}{2}\right| - \dfrac{1}{4\pi}\cos\theta\right] * g_\theta(\theta) \\[3mm] \qquad\quad + \dfrac{1}{\pi}\cos\theta * u_\theta(R,\theta), \end{cases} \quad (5.75)$$

其中 $g_r(\theta)$ 及 $g_\theta(\theta)$ 应满足相应性条件 (5.74).

式 (5.75) 右端的两个附加量正是当 $g_r(\theta) = g_\theta(\theta) \equiv 0$ 时自然积分方程 (5.72) 的解. 若令

$$-\frac{1}{\pi}\int_0^{2\pi} u_\theta(R,\theta)\sin\theta d\theta = C_1, \quad \frac{1}{\pi}\int_0^{2\pi} u_\theta(R,\theta)\cos\theta d\theta = C_2$$

为两个任意实常数, 则

$$\frac{1}{\pi}\sin\theta * u_\theta(R,\theta) = C_1\cos\theta + C_2\sin\theta,$$

$$\frac{1}{\pi}\cos\theta * u_\theta(R,\theta) = C_2\cos\theta - C_1\sin\theta.$$

这就是说, 当 $g(\theta) \equiv 0$ 时自然积分方程 (5.72) 的解空间为

$$\mathscr{R}(\Gamma) = \{(C_1\cos\theta + C_2\sin\theta, C_2\cos\theta - C_1\sin\theta)\,|_{C_1, C_2 \in \mathbb{R}}\}.$$

5.5.3   圆内区域自然积分算子

由圆内区域 Stokes 问题的自然积分方程的直角坐标分解下的表达式 (5.59) 及极坐标分解下的表达式 (5.62) 可见, 其相应的自然积分算子也是

$$\begin{bmatrix} 1 & -\infty \\ -\infty & 1 \end{bmatrix} \text{ 或 } \begin{bmatrix} 1 & 0 \\ 0 & 1 \end{bmatrix}$$

阶拟微分算子. 同样可得自然积分方程 (5.59) 及 (5.62) 的反演公式.

考察直角坐标分解下的自然积分方程

$$\begin{cases} g_1(\theta) = -\dfrac{2\eta}{4\pi R\sin^2\dfrac{\theta}{2}} * u_1(R, \theta) + \dfrac{\eta\sin\theta}{R\pi} \\[3mm] \qquad\quad \times \displaystyle\int_0^{2\pi} [-u_1(R, \theta)\sin\theta + u_2(R, \theta)\cos\theta]d\theta \\[3mm] \qquad\quad - \dfrac{\cos\theta}{2\pi}\displaystyle\int_0^{2\pi} p(R, \theta)d\theta, \\[3mm] g_2(\theta) = -\dfrac{2\eta}{4\pi R\sin^2\dfrac{\theta}{2}} * u_2(R, \theta) + \dfrac{\eta\cos\theta}{R\pi} \\[3mm] \qquad\quad \times \displaystyle\int_0^{2\pi} [u_1(R, \theta)\sin\theta - u_2(R, \theta)\cos\theta]d\theta \\[3mm] \qquad\quad - \dfrac{\sin\theta}{2\pi}\displaystyle\int_0^{2\pi} p(R, \theta)d\theta. \end{cases} \tag{5.76}$$

取其 Fourier 级数展开的系数, 得到当 $k \neq 0, \pm 1$ 时,

$$\begin{cases} \mathscr{F}_k[g_1(\theta)] = \dfrac{2\eta}{R}|k|\mathscr{F}_k[u_1(R, \theta)], \\[3mm] \mathscr{F}_k[g_2(\theta)] = \dfrac{2\eta}{R}|k|\mathscr{F}_k[u_2(R, \theta)], \end{cases}$$

可解得

$$\begin{cases} \mathscr{F}_k[u_1(R, \theta)] = \dfrac{R}{2\eta|k|}\mathscr{F}_k[g_1(\theta)], \\[3mm] \mathscr{F}_k[u_2(R, \theta)] = \dfrac{R}{2\eta|k|}\mathscr{F}_k[g_2(\theta)], \end{cases}$$

当 $k = 0$ 时,

$$\begin{cases} \mathscr{F}_0[g_1(\theta)] = 0, \\ \mathscr{F}_0[g_2(\theta)] = 0, \end{cases}$$

此即相容性条件

$$\int_\Gamma g_i ds = 0, \quad i = 1, 2. \tag{5.77}$$

当此条件被满足时,

$$\mathscr{F}_0[u_1(R, \theta)] = C_1, \quad \mathscr{F}_0[u_2(R, \theta)] = C_2$$

可取任意常数. 当 $k = \pm 1$ 时, 由

$$\begin{cases} \mathscr{F}_1[g_1(\theta)] = \dfrac{2\eta}{R}\mathscr{F}_1[u_1(R, \theta)] + \dfrac{\eta}{2R}\{\mathscr{F}_{-1}[u_1(R, \theta)] \\ \qquad -\mathscr{F}_1[u_1(R, \theta)] - i\mathscr{F}_{-1}[u_2(R, \theta)] \\ \qquad -i\mathscr{F}_1[u_2(R, \theta)]\} - \dfrac{1}{2}\mathscr{F}_0[p(R, \theta)], \\[4pt] \mathscr{F}_1[g_2(\theta)] = \dfrac{2\eta}{R}\mathscr{F}_1[u_2(R, \theta)] + \dfrac{\eta}{2R}\{-i\mathscr{F}_{-1}[u_1(R, \theta)] \\ \qquad +i\mathscr{F}_1[u_1(R, \theta)] - \mathscr{F}_{-1}[u_2(R, \theta)] \\ \qquad -\mathscr{F}_1[u_2(R, \theta)]\} + \dfrac{i}{2}\mathscr{F}_0[p(R, \theta)], \\[4pt] \mathscr{F}_{-1}[g_1(\theta)] = \dfrac{2\eta}{R}\mathscr{F}_{-1}[u_1(R, \theta)] + \dfrac{\eta}{2R}\{-\mathscr{F}_{-1}[u_1(R, \theta)] \\ \qquad +\mathscr{F}_1[u_1(R, \theta)] + i\mathscr{F}_{-1}[u_2(R, \theta)] \\ \qquad +i\mathscr{F}_1[u_2(R, \theta)]\} - \dfrac{1}{2}\mathscr{F}_0[p(R, \theta)], \\[4pt] \mathscr{F}_{-1}[g_2(\theta)] = \dfrac{2\eta}{R}\mathscr{F}_{-1}[u_2(R, \theta)] + \dfrac{\eta}{2R}\{-i\mathscr{F}_{-1}[u_1(R, \theta)] \\ \qquad +i\mathscr{F}_1[u_1(R, \theta)] - \mathscr{F}_{-1}[u_2(R, \theta)] \\ \qquad -\mathscr{F}_1[u_2(R, \theta)]\} - \dfrac{i}{2}\mathscr{F}_0[p(R, \theta)], \end{cases}$$

得

$$
\begin{cases}
3\mathscr{F}_1[u_1(R,\theta)] - i\mathscr{F}_1[u_2(R,\theta)] + \mathscr{F}_{-1}[u_1(R,\theta)] - i\mathscr{F}_{-1}[u_2(R,\theta)] \\[2mm]
= \dfrac{2R}{\eta}\left\{\mathscr{F}_1[g_1(\theta)] + \dfrac{1}{2}\mathscr{F}_0[p(R,\theta)]\right\}, \\[3mm]
i\mathscr{F}_1[u_1(R,\theta)] + 3\mathscr{F}_1[u_2(R,\theta)] - i\mathscr{F}_{-1}[u_1(R,\theta)] - \mathscr{F}_{-1}[u_2(R,\theta)] \\[2mm]
= \dfrac{2R}{\eta}\left\{\mathscr{F}_1[g_2(\theta)] - \dfrac{i}{2}\mathscr{F}_0[p(R,\theta)]\right\}, \\[3mm]
\mathscr{F}_1[u_1(R,\theta)] + i\mathscr{F}_1[u_2(R,\theta)] + 3\mathscr{F}_{-1}[u_1(R,\theta)] + i\mathscr{F}_{-1}[u_2(R,\theta)] \\[2mm]
= \dfrac{2R}{\eta}\left\{\mathscr{F}_{-1}[g_1(\theta)] + \dfrac{1}{2}\mathscr{F}_0[p(R,\theta)]\right\}, \\[3mm]
i\mathscr{F}_1[u_1(R,\theta)] - \mathscr{F}_1[u_2(R,\theta)] - i\mathscr{F}_{-1}[u_1(R,\theta)] + 3\mathscr{F}_{-1}[u_2(R,\theta)] \\[2mm]
= \dfrac{2R}{\eta}\left\{\mathscr{F}_{-1}[g_2(\theta)] + \dfrac{i}{2}\mathscr{F}_0[p(R,\theta)]\right\}.
\end{cases}
$$

由此可得

$$
\mathscr{F}_1[g_1(\theta)] + i\mathscr{F}_1[g_2(\theta)] - \mathscr{F}_{-1}[g_1(\theta)] + i\mathscr{F}_{-1}[g_2(\theta)] = 0,
$$

即

$$
\int_0^{2\pi}[g_2(\theta)\cos\theta - g_1(\theta)\sin\theta]d\theta = 0. \tag{5.78}
$$

于是圆内区域 Stokes 问题除应满足相容性条件 (5.77) 外, 还必须满足相容性条件 (5.78). 这正与式 (5.25) 相一致. 在 (5.78) 被满足时, 可解得

$$
\begin{cases}
\mathscr{F}_1[u_1(R,\theta)] = \dfrac{R}{4\eta}\{\mathscr{F}_1[g_1(\theta)] + \mathscr{F}_{-1}[g_1(\theta)] + \mathscr{F}_0[p(R,\theta)]\} + iC, \\[3mm]
\mathscr{F}_{-1}[u_1(R,\theta)] = \dfrac{R}{4\eta}\{\mathscr{F}_1[g_1(\theta)] + \mathscr{F}_{-1}[g_1(\theta)] + \mathscr{F}_0[p(R,\theta)]\} - iC, \\[3mm]
\mathscr{F}_1[u_2(R,\theta)] = \dfrac{R}{4\eta}\{3\mathscr{F}_1[g_2(\theta)] + \mathscr{F}_{-1}[g_2(\theta)] - i\mathscr{F}_0[p(R,\theta)]\} + C, \\[3mm]
\mathscr{F}_{-1}[u_2(R,\theta)] = \dfrac{R}{4\eta}\{\mathscr{F}_1[g_2(\theta)] + 3\mathscr{F}_{-1}[g_2(\theta)] + i\mathscr{F}_0[p(R,\theta)]\} + C,
\end{cases}
$$

其中

$$
C = \dfrac{1}{2i}\{\mathscr{F}_1[u_1(R,\theta)] - \mathscr{F}_{-1}[u_1(R,\theta)]\}
$$

$$= -\int_0^{2\pi} u_1(R,\theta)\sin\theta d\theta$$

为任意实常数. 从而可得

$$
\begin{aligned}
u_1(R,\theta) =& \frac{R}{2\eta}\sum_{\substack{-\infty \\ k\neq 0,\pm 1}}^{\infty}\frac{1}{2\pi|k|}e^{ik\theta}*g_1(\theta) + \frac{1}{\pi}\mathrm{Re}\{\mathscr{F}_1[u_1(R,\theta)]e^{i\theta}\} + \frac{1}{2\pi}*u_1(R,\theta) \\
=& \frac{R}{2\eta}\left(-\frac{1}{\pi}\ln\left|2\sin\frac{\theta}{2}\right| - \frac{1}{\pi}\cos\theta\right)*g_1(\theta) + \frac{1}{\pi}\left\{\frac{R}{4\eta}\left(\mathscr{F}_1[g_1(\theta)] + \mathscr{R}_{-1}[g_1(\theta)]\right.\right. \\
& + \mathscr{F}_0[p(R,\theta)]\Big)\cos\theta - C\sin\theta\Big\} + \frac{1}{2\pi}*u_1(R,\theta) \\
=& \frac{R}{2\eta}\left\{\left(-\frac{1}{\pi}\ln\left|2\sin\frac{\theta}{2}\right|\right)*g_1(\theta) + \frac{1}{\pi}\sin\theta\int_0^{2\pi}g_1(\theta)\sin\theta d\theta\right. \\
& + \frac{1}{2\pi}\cos\theta\int_0^{2\pi}p(R,\theta)d\theta\Big\} + \frac{1}{\pi}\sin\theta\int_0^{2\pi}u_1(R,\theta)\sin\theta d\theta \\
& + \frac{1}{2\pi}\int_0^{2\pi}u_1(R,\theta)d\theta,
\end{aligned}
$$

$$
\begin{aligned}
u_2(R,\theta) =& \frac{R}{2\eta}\sum_{\substack{-\infty \\ k\neq 0,\pm 1}}^{\infty}\frac{1}{2\pi|k|}e^{ik\theta}*g_2(\theta) + \frac{1}{\pi}\mathrm{Re}\{\mathscr{F}_1[u_2(R,\theta)]e^{i\theta}\} + \frac{1}{2\pi}*u_2(R,\theta) \\
=& \frac{R}{2\eta}\left(-\frac{1}{\pi}\ln\left|2\sin\frac{\theta}{2}\right| - \frac{1}{\pi}\cos\theta\right)*g_2(\theta) + \frac{1}{\pi}\left\{\frac{R}{\eta}\cos\theta\int_0^{2\pi}g_2(\theta)\cos\theta d\theta\right. \\
& + \frac{R}{2\eta}\sin\theta\int_0^{2\pi}g_2(\theta)\sin\theta d\theta + \frac{R}{4\eta}\sin\theta \\
& \times\int_0^{2\pi}p(R,\theta)d\theta + C\cos\theta\Big\} + \frac{1}{2\pi}*u_2(R,\theta) \\
=& \frac{R}{2\eta}\left\{\left(-\frac{1}{\pi}\ln\left|2\sin\frac{\theta}{2}\right|\right)*g_2(\theta)\right. \\
& + \frac{1}{\pi}\cos\theta\int_0^{2\pi}g_2(\theta)\cos\theta d\theta + \frac{1}{2\pi}\sin\theta\int_0^{2\pi}p(R,\theta)d\theta\Big\} \\
& - \frac{1}{\pi}\cos\theta\int_0^{2\pi}u_1(R,\theta)\sin\theta d\theta + \frac{1}{2\pi}\int_0^{2\pi}u_2(R,\theta)d\theta,
\end{aligned}
$$

即

$$
\left\{
\begin{aligned}
u_1(R,\theta) =& \frac{R}{2\eta}\left\{\left(-\frac{1}{\pi}\ln\left|2\sin\frac{\theta}{2}\right|\right)*g_1(\theta)+\frac{1}{\pi}\sin\theta\int_0^{2\pi}g_1(\theta)\sin\theta d\theta\right.\\
&\left.+\frac{1}{2\pi}\cos\theta\int_0^{2\pi}p(R,\theta)d\theta\right\}+\frac{1}{\pi}\sin\theta\int_0^{2\pi}u_1(R,\theta)\sin\theta d\theta\\
&+\frac{1}{2\pi}\int_0^{2\pi}u_1(R,\theta)d\theta,\\
u_2(R,\theta) =& \frac{R}{2\eta}\left\{\left(-\frac{1}{\pi}\ln\left|2\sin\frac{\theta}{2}\right|\right)*g_2(\theta)+\frac{1}{\pi}\cos\theta\int_0^{2\pi}g_2(\theta)\cos\theta d\theta\right.\\
&\left.+\frac{1}{2\pi}\sin\theta\int_0^{2\pi}p(R,\theta)d\theta\right\}-\frac{1}{\pi}\cos\theta\int_0^{2\pi}u_1(R,\theta)\sin\theta d\theta\\
&+\frac{1}{2\pi}\int_0^{2\pi}u_2(R,\theta)d(\theta).
\end{aligned}
\right.
\tag{5.79}
$$

此即自然积分方程 (5.76) 的反演公式, 其中 $g_1(\theta)$ 及 $g_2(\theta)$ 应满足相容性条件 (5.77) 及式 (5.78)、式 (5.79) 右端附加项中的三个实常数

$$
C_1=\frac{1}{2\pi}\int_0^{2\pi}u_1(R,\theta)d\theta,\quad C_2=\frac{1}{2\pi}\int_0^{2\pi}u_2(R,\theta)d\theta,
$$

$$
C_3=-\frac{1}{\pi}\int_0^{2\pi}u_1(R,\theta)\sin\theta d\theta
$$

恰好反映了圆内区域 Stokes 方程组第二边值问题的解的三个自由度,

$$
\mathscr{R}(\Gamma)=\{(C_1-C_3\sin\theta, C_2+C_3\cos\theta)\,|_{C_1,C_2,C_3\in\mathbb{R}}\}
$$

正是当 $g_1(\theta)+p_0\cos\theta=g_2(\theta)+p_0\sin\theta\equiv 0$ 时, 其中

$$
p_0=\frac{1}{2\pi}\int_0^{2\pi}p(R,\theta)d\theta,
$$

自然积分方程 (5.76) 的解的全体.

现在再考察极坐标分解下的自然积分方程

$$
\left\{
\begin{aligned}
g_r(\theta)=&\frac{2\eta}{R}\left(-\frac{1}{4\pi\sin^2\dfrac{\theta}{2}}+\frac{1}{2\pi}\right)*u_r(R,\theta)-\frac{2\eta}{R}\\
&\times\left(\frac{1}{2\pi}\cot\frac{\theta}{2}\right)*u_\theta(R,\theta)-\frac{1}{2\pi}\int_0^{2\pi}p(R,\theta)d\theta,\\
g_\theta(\theta)=&\frac{2\eta}{R}\left(\frac{1}{2\pi}\cot\frac{\theta}{2}\right)*u_r(R,\theta)\\
&+\frac{2\eta}{R}\left(-\frac{1}{4\pi\sin^2\dfrac{\theta}{2}}\right)*u_\theta(R,\theta).
\end{aligned}
\right.
\tag{5.80}
$$

取其 Fourier 级数展开的系数, 得当 $k \neq 0$ 时,

$$
\begin{cases}
\mathscr{F}_k[g_r(\theta)] = \dfrac{2\eta}{R}|k|\mathscr{F}_k[u_r(R,\theta)] - \dfrac{2\eta}{R}(-i\mathrm{sgn}k)\mathscr{F}_k[u_\theta(R,\theta)], \\[3mm]
\mathscr{F}_k[g_\theta(\theta)] = \dfrac{2\eta}{R}(-i\mathrm{sgn}k)\mathscr{F}_k[u_r(R,\theta)] + \dfrac{2\eta}{R}|k|\mathscr{F}_k[u_\theta(R,\theta)],
\end{cases}
$$

当 $k = 0$ 时

$$
\begin{cases}
\mathscr{F}_0[g_r(\theta)] = \dfrac{2\eta}{R}\mathscr{F}_0[u_r(R,\theta)] - \mathscr{F}_0[P(R,\theta)], \\[3mm]
\mathscr{F}_0[g_\theta(\theta)] = 0.
\end{cases}
$$

于是当 $k \neq 0, \pm1$ 时, 可解得

$$
\begin{cases}
\mathscr{F}_k[u_r(R,\theta)] = \dfrac{R}{2\eta(k^2-1)}\{|k|\mathscr{F}_k[g_r(\theta)] - i\,\mathrm{sgn}k\mathscr{F}_k[g_\theta(\theta)]\}, \\[3mm]
\mathscr{F}_k[u_\theta(R,\theta)] = \dfrac{R}{2\eta(k^2-1)}\{i\,\mathrm{sgn}k\mathscr{F}_k[g_r(\theta)] + |k|\mathscr{F}_k[g_\theta(\theta)]\};
\end{cases}
$$

当 $k = \pm1$ 时, 在相容性条件

$$
\begin{cases}
\displaystyle\int_0^{2\pi}[g_r(\theta)\cos\theta - g_\theta(\theta)\sin\theta]d\theta = 0, \\[3mm]
\displaystyle\int_0^{2\pi}[g_r(\theta)\sin\theta + g_\theta(\theta)\cos\theta]d\theta = 0
\end{cases}
\tag{5.81}
$$

被满足时可解得

$$
\begin{cases}
\mathscr{F}_1[u_r(R,\theta)] = \dfrac{R}{2\eta}\mathscr{F}_1[g_r(\theta)] - i\mathscr{F}_1[u_\theta(R,\theta)], \\[3mm]
\mathscr{F}_{-1}[u_r(R,\theta)] = \dfrac{R}{2\eta}\mathscr{F}_{-1}[g_r(\theta)] + i\mathscr{F}_{-1}[u_\theta(R,\theta)];
\end{cases}
$$

而当 $k = 0$ 时, 在满足相容性条件

$$
\int_0^{2\pi} g_\theta(\theta)d\theta = 0
\tag{5.82}
$$

时, 有

$$
\begin{cases}
\mathscr{F}_0[u_r(R,\theta)] = \dfrac{R}{2\eta}\{\mathscr{F}_0[g_r(\theta)] + \mathscr{F}_0[p(R,\theta)]\}, \\[3mm]
\mathscr{F}_0[u_\theta(R,\theta)] = C_3,
\end{cases}
$$

其中 C_3 为任意实常数. 于是可得自然积分方程 (5.80) 的反演公式

$$
\left\{
\begin{aligned}
u_r(R,\theta) &= \frac{R}{2\eta}\left[-\frac{1}{\pi}\cos\theta\,\ln\left|2\sin\frac{\theta}{2}\right| + \frac{3}{4\pi}\cos\theta\right]*g_r(\theta) \\
&\quad -\frac{R}{2\eta}\left[\frac{1}{\pi}\sin\theta\,\ln\left|2\sin\frac{\theta}{2}\right| - \frac{1}{4\pi}\sin\theta\right]*g_\theta(\theta) \\
&\quad +\frac{1}{\pi}\sin\theta*u_\theta(R,\theta) + \frac{R}{4\pi\eta}*p(R,\theta), \\
u_\theta(R,\theta) &= \frac{R}{2\eta}\left[\frac{1}{\pi}\sin\theta\,\ln\left|2\sin\frac{\theta}{2}\right| - \frac{1}{4\pi}\sin\theta\right]*g_r(\theta) \\
&\quad +\frac{R}{2\eta}\left[-\frac{1}{\pi}\cos\theta\,\ln\left|2\sin\frac{\theta}{2}\right| - \frac{1}{4\pi}\cos\theta - \frac{1}{2\pi}\right]*g_\theta(\theta) \\
&\quad +\left(\frac{1}{\pi}\cos\theta + \frac{1}{2\pi}\right)*u_\theta(R,\theta),
\end{aligned}
\right.
\tag{5.83}
$$

其中 $g_r(\theta)$ 及 $g_\theta(\theta)$ 应满足相容性条件 (5.81) 及 (5.82). 式 (5.83) 右端含三个附加量, 若令

$$
C_1 = -\frac{1}{\pi}\int_0^{2\pi} u_\theta(\theta)\sin\theta d\theta, \quad C_2 = \frac{1}{\pi}\int_0^{2\pi} u_\theta(\theta)\cos\theta d\theta,
$$

$$
C_3 = \frac{1}{2\pi}\int_0^{2\pi} u_\theta(R,\theta)d\theta
$$

为三个任意实常数, 即得当

$$
g_r(\theta) + p_0 = g_\theta(\theta) \equiv 0
$$

时, 其中

$$
p_0 = \frac{1}{2\pi}\int_0^{2\pi} p(R,\theta)d\theta,
$$

自然积分方程 (5.80) 的解的全体为

$$
\mathscr{R}(\Gamma) = \left\{ C_1\cos\theta + C_2\sin\theta, C_2\cos\theta - C_1\sin\theta + C_3)\,|_{c_1,c_2,c_3\in\mathbb{R}} \right\}.
$$

5.6　自然积分方程的直接研究

本节将不借助于对原微分方程边值问题及其变分问题研究得到的既有成果, 而直接研究典型域上 Stokes 问题的自然积分方程, 特别是关于圆内、外区域的自然积分方程及其变分问题的解的存在唯一性及正则性.

5.6.1 上半平面自然积分方程

已知上半平面 Stokes 问题的自然积分方程为

$$g(x) = 2\eta \begin{bmatrix} -\dfrac{1}{\pi x^2} & 0 \\ 0 & -\dfrac{1}{\pi x^2} \end{bmatrix} * u(x,0) \equiv \mathscr{K} u_0.$$

由此易得如下结果.

命题 5.1 由上半平面 Stokes 问题的自然积分算子 $\mathscr{K}$ 导出的双线性型 $\hat{D}(u_0, \hat{v}_0)$ 为空间 $[H^{\frac{1}{2}}(\Gamma)]^2$ 上的对称正定、连续双线性型.

证 以 $\tilde{f}$ 表示 f 的 Fourier 变换, 有

$$\hat{D}(u_0, v_0) = \int_{-\infty}^{\infty} v_0 \cdot \mathscr{K} u_0 dx = \frac{1}{2\pi} \int_{-\infty}^{\infty} [2\eta|\xi|\tilde{u}_{10}(\xi)\bar{\tilde{v}}_{10}(\xi) + 2\eta|\xi|\tilde{u}_{20}(\xi)\bar{\tilde{v}}_{20}(\xi)]d\xi.$$

显然

$$\hat{D}(v_0, u_0) = \hat{D}(u_0, v_0).$$

特别取 $v_0 = u_0$, 得

$$\hat{D}(u_0, u_0) = \frac{1}{2\pi} \int_{-\infty}^{\infty} 2\eta|\xi|[|\tilde{u}_{10}(\xi)|^2 + |\tilde{u}_{20}(\xi)|^2]d\xi \geqslant 0,$$

等号当且仅当

$$\begin{cases} |\xi||\tilde{u}_{10}(\xi)|^2 = 0, \\ |\xi||\tilde{u}_{20}(\xi)|^2 = 0, \end{cases}$$

即

$$\begin{cases} \tilde{u}_{10}(\xi) = C_1\delta(\xi), \\ \tilde{u}_{20}(\xi) = C_2\delta(\xi), \end{cases}$$

也即

$$\begin{cases} u_{10}(x) = C_1, \\ u_{20}(x) = C_2 \end{cases}$$

时成立, 其中 C_1, C_2 为二任意实常数, 分别相应于 x 轴及 y 轴方向的流速. 若限制 $(C_1, C_2) \in H^{\frac{1}{2}}(\Gamma)^2 \subset L^2(\Gamma)^2$, 则必有 $C_1 = C_2 = 0$. 于是 $\hat{D}(u_0, v_0)$ 在空间 $H^{\frac{1}{2}}(\Gamma)^2$ 上对称正定, 此外, 连续性也易证:

$$|\hat{D}(u_0, v_0)| \leqslant \frac{1}{2\pi} \int_{-\infty}^{\infty} 2\eta|\xi|(|\tilde{u}_{10}||\tilde{v}_{10}| + |\tilde{u}_{20}||\tilde{v}_{20}|)d\xi$$

$$\leqslant \frac{1}{2\pi} \int_{-\infty}^{\infty} 2\eta(\xi^2 + 1)^{\frac{1}{2}}(|\tilde{u}_{10}|^2 + |\tilde{u}_{20}|^2)^{\frac{1}{2}}(|\tilde{v}_{10}|^2 + |\tilde{v}_{20}|^2)^{\frac{1}{2}}d\xi$$

$$\leqslant 2\eta \|u_0\|_{H^{\frac{1}{2}}(\Gamma)^2} \|v_0\|_{H^{\frac{1}{2}}(\Gamma)^2}.$$

证毕.

5.6.2 圆外区域自然积分方程

考察直角坐标分解下的自然积分方程

$$g(\theta) = \frac{2\eta}{R} \begin{bmatrix} -\dfrac{1}{4\pi\sin^2\dfrac{\theta}{2}} & 0 \\ 0 & -\dfrac{1}{4\pi\sin^2\dfrac{\theta}{2}} \end{bmatrix} * u(R,\theta) \equiv \mathscr{K}u_0,$$

易得如下引理.

引理 5.3 由圆外区域 Stokes 问题直角坐标分解下的自然积分算子 $\mathscr{K}$ 导出的双线性型 $\hat{D}(u_0, v_0)$ 为商空间 $V = H^{\frac{1}{2}}(\Gamma)^2/\mathscr{R}(\Gamma)$ 上的对称正定、V 椭圆、连续双线性型, 其中 $\mathscr{R}(\Gamma) = P_0(\Gamma)^2 = \{(C_1, C_2)|_{C_1, C_2 \in \mathbb{R}}\}$.

证 设

$$u_1(R,\theta) = \sum_{-\infty}^{\infty} a_n e^{in\theta}, \quad a_{-n} = \bar{a}_n,$$

$$u_2(R,\theta) = \sum_{-\infty}^{\infty} b_n e^{in\theta}, \quad b_{-n} = \bar{b}_n,$$

$$v_1(R,\theta) = \sum_{-\infty}^{\infty} c_n e^{in\theta}, \quad c_{-n} = \bar{c}_n,$$

$$v_2(R,\theta) = \sum_{-\infty}^{\infty} d_n e^{in\theta}, \quad d_{-n} = \bar{d}_n.$$

则有

$$\hat{D}(u_0, v_0) = \int_{\Gamma} v_0 \cdot \mathscr{K}u_0 \, ds$$

$$= R \int_0^{2\pi} v_0 \cdot \mathscr{K}u_0 \, d\theta$$

$$= 2\pi R \sum_{-\infty}^{\infty} [\bar{c}_n, \bar{d}_n] \begin{bmatrix} \dfrac{2\eta}{R}|n| & 0 \\ 0 & \dfrac{2\eta}{R}|n| \end{bmatrix} \begin{bmatrix} a_n \\ b_n \end{bmatrix}$$

$$= 4\pi\eta \sum_{-\infty}^{\infty} |n|(a_n\bar{c}_n + b_n\bar{d}_n).$$

由此即得

$$\hat{D}(v_0, u_0) = \hat{D}(u_0, v_0).$$

特别取 $v_0 = u_0$ 便有

$$\hat{D}(u_0, v_0) = 4\pi\eta \sum_{-\infty}^{\infty} |n|(|a_n|^2 + |b_n|^2) \geqslant 0,$$

且等号当且仅当

$$|n||a_n|^2 = |n||b_n|^2 = 0, \quad n = 0, \pm 1, \pm 2, \cdots$$

时成立, 此时应有

$$a_n = b_n = 0, \quad n \neq 0,$$

而 a_0 及 b_0 可为任意实常数, 也即 $u \in \mathscr{R}(\Gamma)$. 由此可知 $\hat{D}(u_0, v_0)$ 为商空间 V 上的对称正定双线性型. 又由

$$\hat{D}(u_0, u_0) = 4\pi\eta \sum_{\substack{-\infty \\ n\neq 0}}^{\infty} |n|(|a_n|^2 + |b_n|^2)$$

$$\geqslant 2\sqrt{2}\pi\eta \sum_{\substack{-\infty \\ n\neq 0}}^{\infty} \sqrt{1+n^2}(|a_n|^2 + |b_n|^2)$$

$$= \sqrt{2}\eta\|u_0\|^2_{H^{\frac{1}{2}}(\Gamma)^2/\mathscr{R}(\Gamma)}, \tag{5.84}$$

即得其 V 椭圆性. $\hat{D}(u_0, v_0)$ 的连续性也容易得到:

$$|\hat{D}(u_0, v_0)| = \left|4\pi\eta \sum_{-\infty}^{\infty} |n|(a_n\bar{c}_n + b_n\bar{d}_n)\right|$$

$$\leqslant 4\pi\eta \sum_{\substack{-\infty \\ n\neq 0}}^{\infty} (1+n^2)^{\frac{1}{2}}(|a_n||c_n| + |b_n||d_n|)$$

$$\leqslant 4\pi\eta \sum_{\substack{-\infty \\ n\neq 0}}^{\infty} (1+n^2)^{\frac{1}{2}}(|a_n|^2 + |b_n|^2)^{\frac{1}{2}}(|c_n|^2 + |d_n|^2)^{\frac{1}{2}}$$

$$\leqslant 2\eta\|u_0\|_{H^{\frac{1}{2}}(\Gamma)^2/\mathscr{R}(\Gamma)}\|v_0\|_{H^{\frac{1}{2}}(\Gamma)^2/\mathscr{R}(\Gamma)}. \tag{5.85}$$

证毕.

由此引理便可得如下定理.

定理 5.3 若边界载荷 $\vec{g} \in H^{-\frac{1}{2}}(\Gamma)^2$ 且满足相容性条件

$$\int_0^{2\pi} g_i d\theta = 0, \quad i = 1, 2,$$

则相应于圆外 Stokes 问题的自然积分方程 (5.55) 的变分问题

$$
\begin{cases}
求 u_0 \in H^{\frac{1}{2}}(\Gamma)^2, \quad 使得 \\
\hat{D}(u_0, v_0) = F(v_0), \quad \forall v_0 \in H^{\frac{1}{2}}(\Gamma)^2
\end{cases}
\tag{5.86}
$$

在商空间 $H^{\frac{1}{2}}(\Gamma)^2/\mathscr{R}(\Gamma)$ 中存在唯一解, 且解连续依赖于给定载荷 g, 其中 $\mathscr{R}(\Gamma) = P_0(\Gamma)^2$,

$$
F(v_0) = \int_\Gamma g \cdot v_0 ds.
$$

证　由于 g 满足相容性条件, 可在商空间 $H^{\frac{1}{2}}(\Gamma)^2/\mathscr{R}(\Gamma)$ 中考察变分问题 (5.86). 由引理 5.3 及 Lax-Milgram 定理, 即得该变分问题存在唯一解. 设 u_0 为其解, 则有

$$
\sqrt{2}\eta\|u_0\|^2_{H^{\frac{1}{2}}(\Gamma)^2/\mathscr{R}(\Gamma)} \leqslant \hat{D}(u_0, v_0) = F(u_0) = R\int_0^{2\pi} g \cdot u_0 d\theta
$$

$$
= R\inf_{v_0 \in \mathscr{R}(\Gamma)} \int_0^{2\pi} g \cdot (u_0 - v_0) d\theta
$$

$$
\leqslant R\|g\|_{H^{-\frac{1}{2}}(\Gamma)^2} \inf_{v_0 \in \mathscr{R}(\Gamma)} \|u_0 - v_0\|_{H^{1/2}(\Gamma)^2}
$$

$$
= R\|g\|_{H^{-1/2}(\Gamma)^2}\|u_0\|_{H^{1/2}(\Gamma)^2/\mathscr{R}(\Gamma)},
$$

这里利用了 g 满足相容性条件. 由此即得解对已知边值 g 的连续依赖性:

$$
\|u_0\|_{H^{1/2}(\Gamma)^2/\mathscr{R}(\Gamma)} \leqslant \frac{\sqrt{2}R}{2\eta}\|g\|_{H^{-1/2}(\Gamma)^2}.
\tag{5.87}
$$

证毕.

利用 Fourier 级数方法, 也可得如下正则性结果.

定理 5.4　若 u_0 为以满足相容性条件的 $g \in H^s(\Gamma)^2$ 为载荷边值的半径为 R 的圆外 Stokes 问题的自然积分方程 (5.55) 的解, 其中 $s \geqslant -\dfrac{1}{2}$ 为实数, 则 $u_0 \in H^{s+1}(\Gamma)^2$, 且

$$
\|u_0\|_{H^{s+1}(\Gamma)^2/\mathscr{R}(\Gamma)} \leqslant \frac{\sqrt{2}R}{2\eta}\|g\|_{H^s(\Gamma)^2}.
$$

证　仍设

$$
u_1(R, \theta) = \sum_{-\infty}^\infty a_n e^{in\theta}, \quad a_{-n} = \bar{a}_n,
$$

$$
u_2(R, \theta) = \sum_{-\infty}^\infty b_n e^{in\theta}, \quad b_{-n} = \bar{b}_n,
$$

则由自然积分方程 (5.55) 可得

$$g_1(\theta) = \frac{2\eta}{R} \sum_{-\infty}^{\infty} |n| a_n e^{in\theta},$$

$$g_2(\theta) = \frac{2\eta}{R} \sum_{-\infty}^{\infty} |n| b_n e^{in\theta}.$$

于是

$$\begin{aligned}
\|u_0\|^2_{H^{s+1}(\Gamma)^2/\mathscr{R}(\Gamma)} &= \inf_{\vec{v}_0 \in \mathscr{R}(\Gamma)} \|u_0 - v_0\|^2_{H^{s+1}(\Gamma)^2} \\
&= \inf_{C_1, C_2 \in \mathbb{R}} \|u_0 - (C_1, C_2)\|^2_{H^{s+1}(\Gamma)^2} \\
&= 2\pi \sum_{\substack{-\infty \\ n \neq 0}}^{\infty} (n^2+1)^{s+1} (|a_n|^2 + |b_n|^2) \\
&\quad + \inf_{C_1, C_2 \in \mathbb{R}} \{(a_0 - C_1)^2 + (b_0 - C_2)^2\} \\
&= 2\pi \sum_{\substack{-\infty \\ n \neq 0}}^{\infty} (n^2+1)^{s+1} (|a_n|^2 + |b_n|^2),
\end{aligned}$$

及

$$\begin{aligned}
\|g\|^2_{H^s(\Gamma)^2} &= 2\pi \sum_{-\infty}^{\infty} (n^2+1)^s \left(\frac{2\eta}{R}|n|\right)^2 (|a_n|^2 + |b_n|^2) \\
&= \left(\frac{2\eta}{R}\right)^2 2\pi \sum_{\substack{-\infty \\ n \neq 0}}^{\infty} n^2 (n^2+1)^s (|a_n|^2 + |b_n|^2) \\
&\geqslant \frac{2\eta^2}{R^2} 2\pi \sum_{\substack{-\infty \\ n \neq 0}}^{\infty} (n^2+1)^{s+1} (|a_n|^2 + |b_n|^2) \\
&= \frac{2\eta^2}{R^2} \|u_0\|^2_{H^{s+1}(\Gamma)^2/\mathscr{R}(\Gamma)}.
\end{aligned}$$

从而得到

$$\|u_0\|_{H^{s+1}(\Gamma)^2/\mathscr{R}(\Gamma)} \leqslant \frac{\sqrt{2}R}{2\eta} \|g\|_{H^s(\Gamma)^2}. \tag{5.88}$$

证毕.

当 $s = -\dfrac{1}{2}$ 时, (5.88) 正是 (5.87).

对于极坐标分解下的自然积分方程 (5.57), 同样可得如下类似结果.

引理 5.4　由圆外区域 Stokes 问题的极坐标分解下的自然积分算子 $\mathscr{K}$ 导出的双线性型 $\hat{D}(u_0, v_0)$ 为商空间 $V = H^{\frac{1}{2}}(\Gamma)^2/\mathscr{R}(\Gamma)$ 上的对称正定、V 椭圆、连续双线性型, 其中

$$\mathscr{R}(\Gamma) = \{(C_1\cos\theta + C_2\sin\theta, -C_1\sin\theta + C_2\cos\theta)|_{c_1, c_2 \in \mathbb{R}}\}.$$

证　设

$$u_r(R, \theta) = \sum_{-\infty}^{\infty} a_n e^{in\theta}, \quad a_{-n} = \bar{a}_n,$$

$$u_\theta(R, \theta) = \sum_{-\infty}^{\infty} b_n e^{in\theta}, \quad b_{-n} = \bar{b}_n,$$

$$v_r(R, \theta) = \sum_{-\infty}^{\infty} c_n e^{in\theta}, \quad c_{-n} = \bar{c}_n,$$

$$v_\theta(R, \theta) = \sum_{-\infty}^{\infty} d_n e^{in\theta}, \quad d_{-n} = \bar{d}_n.$$

则由

$$\mathscr{K} = \frac{2\eta}{R} \begin{bmatrix} -\dfrac{1}{4\pi\sin^2\dfrac{\theta}{2}} + \dfrac{1}{2\pi} & -\dfrac{1}{2\pi}\cot\dfrac{\theta}{2} \\[4mm] \dfrac{1}{2\pi}\cot\dfrac{\theta}{2} & -\dfrac{1}{4\pi\sin^2\dfrac{\theta}{2}} + \dfrac{1}{2\pi} \end{bmatrix} *$$

可得

$$\hat{D}(u_0, v_0) = \int_\Gamma v_0 \cdot \mathscr{K} u_0 ds = R\int_0^{2\pi} v_0 \cdot \mathscr{K} u_0 d\theta$$

$$= 2\eta\left\{ 2\pi \sum_{\substack{-\infty \\ n\neq 0}}^{\infty} [\bar{c}_n, \bar{d}_n] \begin{bmatrix} |n| & i\,\mathrm{sgn}n \\ -i\,\mathrm{sgn}n & |n| \end{bmatrix} \begin{bmatrix} a_n \\ b_n \end{bmatrix} \right.$$

$$\left. + 2\pi(a_0 c_0 + b_0 d_0) \right\}.$$

由右端的对称性立即可得 $\hat{D}(v_0, u_0) = \hat{D}(u_0, v_0)$. 特别取 $v_0 = u_0$, 便有

$$\hat{D}(u_0, u_0) = 2\eta \cdot 2\pi\left\{ \sum_{\substack{-\infty \\ n\neq 0}}^{\infty} [|n|(|a_n|^2 + |b_n|^2) \right.$$

$$\left. + i\,\mathrm{sgn}n(b_n\bar{a}_n - a_n\bar{b}_n)] + a_0^2 + b_0^2 \right\}$$

$$= 2\eta \cdot 2\pi \left\{ \sum_{\substack{-\infty \\ n \neq 0}}^{\infty} \left[|n| \left| a_n + i\frac{1}{n} b_n \right|^2 \right. \right.$$

$$\left. + \left(|n| - \frac{1}{|n|} \right) |b_n|^2 \right] + a_0^2 + b_0^2 \Bigg\} \geqslant 0,$$

等号当且仅当

$$\begin{cases} a_n = b_n = 0, & n \neq \pm 1, \\ a_1 + ib_1 = 0, & a_{-1} - ib_{-1} = 0 \end{cases}$$

时成立. 设

$$\operatorname{Re} a_1 = \operatorname{Im} b_1 = \frac{1}{2} C_1, \quad \operatorname{Re} b_1 = -\operatorname{Im} a_1 = \frac{1}{2} C_2,$$

此时

$$\begin{cases} u_1(R, \theta) = \dfrac{1}{2}(C_1 - iC_2)e^{i\theta} + \dfrac{1}{2}(C_1 + iC_2)e^{-i\theta} \\ \qquad\qquad = C_1 \cos\theta + C_2 \sin\theta, \\ u_2(R, \theta) = \dfrac{1}{2}(C_2 + iC_1)e^{i\theta} + \dfrac{1}{2}(C_2 - iC_1)e^{-i\theta} \\ \qquad\qquad = C_2 \cos\theta - C_1 \sin\theta, \end{cases}$$

也即 $u_0 \in \mathscr{R}(\Gamma)$. 于是 $\hat{D}(u_0, v_0)$ 为商空间 $H^{\frac{1}{2}}(\Gamma)^2 / \mathscr{R}(\Gamma)$ 上的对称正定双线性型. 又由

$$\begin{aligned} \|u_0\|^2_{H^{1/2}(\Gamma)^2/\mathscr{R}(\Gamma)} &= \inf_{v_0 \in \mathscr{R}(\Gamma)} \|u_0 - v_0\|^2_{H^{1/2}(\Gamma)^2} \\ &= \inf_{C_1, C_2 \in \mathbb{R}} \|u_0 - (C_1\cos\theta + C_2\sin\theta, -C_1\sin\theta \\ &\qquad + C_2\cos\theta)\|^2_{H^{1/2}(\Gamma)^2} \\ &= 2\pi \Bigg\{ \sum_{\substack{-\infty \\ n \neq \pm 1}}^{\infty} \sqrt{1 + n^2}(|a_n|^2 + |b_n|^2) \\ &\qquad + \inf_{C_1, C_2 \in \mathbb{R}} 2\sqrt{2} \left[\left| a_1 - \frac{1}{2}(C_1 - iC_2) \right|^2 \right. \\ &\qquad + \left. \left| b_1 - \frac{1}{2}(C_2 + iC_1) \right|^2 \right] \Bigg\} \\ &= 2\pi \Bigg\{ \sum_{\substack{-\infty \\ n \neq \pm 1}}^{\infty} \sqrt{1 + n^2}(|a_n|^2 + |b_n|^2) \\ &\qquad + 2\sqrt{2} \inf_{C_1, C_2 \in \mathbb{R}} \left[\left(\operatorname{Re} a_1 - \frac{1}{2}C_1 \right)^2 \right. \\ &\qquad + \left(\operatorname{Im} b_1 - \frac{1}{2}C_1 \right)^2 + \left(\operatorname{Im} a_1 + \frac{1}{2}C_2 \right)^2 \end{aligned}$$

$$
+ \left(\mathrm{Re} b_1 - \frac{1}{2} C_2 \right)^2 \Big] \Big\} \Big\}
$$

$$
= 2\pi \Big\{ \sum_{\substack{-\infty \\ n \neq \pm 1}}^{\infty} \sqrt{1 + n^2}(|a_n|^2 + |b_n|^2)
$$

$$
+ \sqrt{2}[(\mathrm{Re} a_1 - \mathrm{Im} b_1)^2 + (\mathrm{Re} b_1 + \mathrm{Im} a_1)^2] \Big\},
$$

可得 V 椭圆性:

$$
\hat{D}(u_0, u_0) = 2\eta \cdot 2\pi \Big\{ \sum_{\substack{-\infty \\ n \neq 0}}^{\infty} [(|n| - 1)(|a_n|^2 + |b_n|^2) + |a_n + i(\mathrm{sgn} n) b_n|^2] + a_0^2 + b_0^2 \Big\}
$$

$$
\geqslant 2\eta \cdot 2\pi \Big\{ \sum_{\substack{-\infty \\ n \neq 0, \pm 1}}^{\infty} (|n| - 1)\left(|a_n|^2 + |b_n|^2\right) + a_0^2
$$

$$
+ b_0^2 + 2\left[(\mathrm{Re} a_1 - \mathrm{Im} b_1)^2 + (\mathrm{Im} a_1 + \mathrm{Re} b_1)^2 \right] \Big\}
$$

$$
\geqslant \frac{2\eta}{\sqrt{5}} \|u_0\|_{H^{1/2}(\Gamma)^2/\mathscr{R}(\Gamma)}^2. \tag{5.89}
$$

$\hat{D}(u_0, v_0)$ 的连续性也容易得到:

$$
\hat{D}(u_0, v_0) = 2\eta \cdot 2\pi \Big\{ \sum_{\substack{-\infty \\ n \neq 0}}^{\infty} [|n|(a_n \bar{c}_n + b_n \bar{d}_n)
$$

$$
+ i \mathrm{sgn} n (b_n \bar{c}_n - a_n \bar{d}_n)] + a_0 c_0 + b_0 d_0 \Big\}
$$

$$
\leqslant 2\eta \cdot 2\pi \Big\{ \sum_{\substack{-\infty \\ n \neq 0, \pm 1}}^{\infty} [|n|\,(|a_n||c_n| + |b_n||d_n|) + (|b_n||c_n| + |a_n||d_n|)]
$$

$$
+ 2[(\mathrm{Re} a_1 - \mathrm{Im} b_1)(\mathrm{Re} c_1 - \mathrm{Im} d_1)
$$

$$
+ (\mathrm{Re} b_1 + \mathrm{Im} a_1)(\mathrm{Re} d_1 + \mathrm{Im} c_1)] + a_0 c_0 + b_0 d_0 \Big\}
$$

$$
\leqslant 2\eta \cdot 2\pi \Big\{ \sum_{\substack{-\infty \\ n \neq 0, \pm 1}}^{\infty} (|n| + 1)(|a_n|^2 + |b_n|^2)^{\frac{1}{2}} (|c_n|^2 + |d_n|^2)^{\frac{1}{2}}
$$

$$
+ (a + b_0^2)^{\frac{1}{2}} (c_0^2 + d_0^2)^{\frac{1}{2}} + 2[(\mathrm{Re} a_1 - \mathrm{Im} b_1)^2
$$

$$
+ (\mathrm{Re} b_1 + \mathrm{Im} a_1)^2]^{\frac{1}{2}} [(\mathrm{Re} c_1 - \mathrm{Im} d_1)^2
$$

$$
+ (\mathrm{Re} d_1 + \mathrm{Im} c_1)^2]^{\frac{1}{2}} \Big\}
$$

$$\leqslant 2\eta \cdot \max\left(\frac{3}{\sqrt{5}}, 1, \sqrt{2}\right) \|u_0\|_{H^{1/2}(\Gamma)^2/\mathscr{R}(\Gamma)} \|v_0\|_{H^{1/2}(\Gamma)^2/\mathscr{R}(\Gamma)}$$

$$= 2\sqrt{2}\eta\|u_0\|_{H^{1/2}(\Gamma)^2/\mathscr{R}(\Gamma)} \|v_0\|_{H^{1/2}(\Gamma)^2/\mathscr{R}(\Gamma)}. \tag{5.90}$$

证毕.

由此引理便可得如下定理.

定理 5.5 若边界载荷 $g \in H^{-\frac{1}{2}}(\Gamma)^2$ 满足相容性条件

$$\begin{cases} \displaystyle\int_0^{2\pi} [g_r(\theta)\cos\theta - g_\theta(\theta)\sin\theta]d\theta = 0, \\[2mm] \displaystyle\int_0^{2\pi} [g_r(\theta)\sin\theta + g_\theta(\theta)\cos\theta]d\theta = 0, \end{cases}$$

则相应于圆外区域 Stokes 问题的极坐标分解下的自然积分方程 (5.57) 的变分问题

$$\begin{cases} \text{求}\, u_0 \in H^{\frac{1}{2}}(\Gamma)^2, \text{使得} \\[2mm] \hat{D}(u_0, v_0) = F(v_0), \quad \forall v_0 \in H^{\frac{1}{2}}(\Gamma)^2 \end{cases}$$

在商空间 $H^{\frac{1}{2}}(\Gamma)^2/\mathscr{R}(\Gamma)$ 中存在唯一解, 其中 $\mathscr{R}(\Gamma)$ 由引理 5.4 给出, 且解连续依赖于给定载荷 g:

$$\|u_0\|_{H^{\frac{1}{2}}(\Gamma)^2/\mathscr{R}(\Gamma)} \leqslant \frac{\sqrt{5}R}{2\eta}\|g\|_{H^{-\frac{1}{2}}(\Gamma)^2}. \tag{5.91}$$

其证明与定理 5.3 的证明相同. 类似于定理 5.4, 同样可得相应的正则性结果:

$$\|u_0\|_{H^{s+1}(\Gamma)^2/\mathscr{R}(\Gamma)} \leqslant \frac{\sqrt{5}R}{2\eta}\|g\|_{H^s(\Gamma)^2}. \tag{5.92}$$

当 $s = -\dfrac{1}{2}$ 时, (5.92) 正是 (5.91).

5.6.3 圆内区域自然积分方程

对圆内区域的自然积分方程 (5.59) 也有相应结果. 由于对于 Stokes 内问题, 其第一边值必须满足相容性条件

$$\int_\Gamma u_0 \cdot nds = 0,$$

从而将限制在子空间

$$H(\Gamma) = \left\{ v_0 \in H^{\frac{1}{2}}(\Gamma)^2 \,\bigg|\, \int_\Gamma v \cdot nds = 0 \right\}$$

中讨论自然积分方程 (5.59).

引理 5.5   由圆内区域 Stokes 问题直角坐标分解下的自然积分算子导出的双线性型 $\hat{D}(u_0, v_0)$ 为商空间 $V = H(\varGamma)/\mathscr{R}(\varGamma)$ 上的对称正定、V 椭圆、连续双线性型，其中

$$\mathscr{R}(\varGamma) = \{(C_1 - C_3\sin\theta, C_2 + C_3\cos\theta)|_{C_1, C_2, C_3 \in \mathbb{R}}\}.$$

证   仍设 u_0, v_0 的展开式如引理 5.3 中所示，于是

$$\hat{D}(u_0, v_0) = \int_\varGamma v_0 \cdot \mathscr{K}u_0 ds = R \int_0^{2\pi} v_0 \cdot \mathscr{K}u_0 d\theta$$

$$= 2\eta \sum_{-\infty}^\infty 2\pi(\bar{c}_n, \bar{d}_n) \begin{bmatrix} |n| & 0 \\ 0 & |n| \end{bmatrix} \begin{bmatrix} a_n \\ b_n \end{bmatrix}$$

$$+ \frac{\eta}{\pi} \int_0^{2\pi} v_1(R, \theta)\sin\theta d\theta \int_0^{2\pi} \Big[-u_1(R, \theta)\sin\theta + u_2(R, \theta)\cos\theta\Big] d\theta$$

$$- \frac{R}{2\pi} \int_0^{2\pi} v_1(R, \theta)\cos\theta d\theta \int_0^{2\pi} p(R, \theta)d\theta$$

$$+ \frac{\eta}{\pi} \int_0^{2\pi} v_2(R, \theta)\cos\theta d\theta \int_0^{2\pi} \Big[u_1(R, \theta)\sin\theta - u_2(R, \theta)\cos\theta\Big] d\theta$$

$$- \frac{R}{2\pi} \int_0^{2\pi} v_2(R, \theta)\sin\theta d\theta \int_0^{2\pi} p(R, \theta)d\theta$$

$$= 2\eta \cdot 2\pi \sum_{-\infty}^\infty |n|(a_n\bar{c}_n + b_n\bar{d}_n) - 2\eta \cdot 2\pi(\mathrm{Im}a_1$$

$$+ \mathrm{Re}b_1)(\mathrm{Im}c_1 + \mathrm{Re}d_1) + 2\pi Rp_0(\mathrm{Im}d_1 - \mathrm{Re}c_1),$$

其中

$$p_0 = \frac{1}{2\pi} \int_0^{2\pi} p(R, \theta)d\theta.$$

由于 $v_0 \in H(\varGamma)$，则 $\mathrm{Re}c_1 = \mathrm{Im}d_1$，从而

$$\hat{D}(u_0, v_0) = 2\eta \cdot 2\pi \sum_{-\infty}^\infty |n|(a_n\bar{c}_n + b_n\bar{d}_n)$$

$$- 2\eta \cdot 2\pi(\mathrm{Im}a_1 + \mathrm{Re}b_1)(\mathrm{Im}c_1 + \mathrm{Re}d_1).$$

显然 $\hat{D}(v_0, u_0) = \hat{D}(u_0, v_0)$. 特别取 $v_0 = u_0$，便有

$$\hat{D}(u_0, u_0) = 2\eta\Bigg\{ \sum_{\substack{-\infty \\ n \neq 0, \pm 1}}^\infty 2\pi|n|(|a_n|^2 + |b_n|^2)$$

$$+ 2\pi[2|a_1|^2 + 2|b_1|^2 - (\mathrm{Im}a_1 + \mathrm{Re}b_1)^2]\Bigg\}$$

$$=2\eta\bigg\{\sum_{\substack{-\infty\\n\neq 0,\pm 1}}^{\infty}2\pi|n|(|a_n|^2+|b_n|^2)+2\pi[2(\mathrm{Re}a_1)^2$$

$$+2(\mathrm{Im}b_1)^2+(\mathrm{Im}a_1-\mathrm{Re}b_1)^2]\bigg\}$$

$$\geqslant 0,$$

等号当且仅当

$$\begin{cases} a_n=b_n=0, & n\neq 0,\pm 1,\\ \mathrm{Re}a_1=\mathrm{Im}b_1=\mathrm{Im}a_1-\mathrm{Re}b_1=0 \end{cases}$$

时成立, 令

$$a_0=C_1,\quad b_0=C_2,\quad \mathrm{Im}a_1=\mathrm{Re}b_1=\frac{1}{2}C_3$$

均为实常数, 此时

$$\begin{cases} u_1(R,\theta)=\dfrac{i}{2}C_3 e^{i\theta}-\dfrac{i}{2}C_3 e^{-i\theta}+C_1=C_1-C_3\sin\theta,\\ u_2(R,\theta)=\dfrac{1}{2}C_3 e^{i\theta}+\dfrac{1}{2}C_3 e^{-i\theta}+C_2=C_2+C_3\cos\theta, \end{cases}$$

也即当且仅当 $u_0\in\mathscr{R}(\Gamma)$ 时 $\hat{D}(u_0,v_0)=0$. 于是 $\hat{D}(u_0,v_0)$ 为 $H(\Gamma)/\mathscr{R}(\Gamma)$ 上对称正定双线性型. 又由

$$\|u_0\|_{H(\Gamma)/\mathscr{R}(\Gamma)}^2=\inf_{v_0\in\mathscr{R}(\Gamma)}\|u_0-v_0\|_{H^{\frac{1}{2}}(\Gamma)^2}^2$$

$$=2\pi\bigg\{\sum_{\substack{-\infty\\n\neq 0,\pm 1}}^{\infty}\sqrt{1+n^2}(|a_n|^2+|b_n|^2)$$

$$+\inf_{C_1,C_2,C_3\in\mathbb{R}}\Big[2\sqrt{2}\Big|a_1-\frac{i}{2}C_3\Big|^2+2\sqrt{2}\Big|b_1-\frac{1}{2}C_3\Big|^2$$

$$+(a_0-C_1)^2+(b_0-C_2)^2\Big]\bigg\}$$

$$=2\pi\bigg\{\sum_{\substack{-\infty\\n\neq 0,\pm 1}}^{\infty}\sqrt{1+n^2}(|a_n|^2+|b_n|^2)$$

$$+2\sqrt{2}\inf_{C_3\in\mathbb{R}}\Big[(\mathrm{Re}a_1)^2+(\mathrm{Im}b_1)^2$$

$$+\Big(\mathrm{Im}a_1-\frac{C_3}{2}\Big)^2+\Big(\mathrm{Re}b_1-\frac{C_3}{2}\Big)^2\Big]\bigg\}$$

$$=2\pi\bigg\{\sum_{\substack{-\infty\\n\neq 0,\pm 1}}^{\infty}\sqrt{1+n^2}(|a_n|^2+|b_n|^2)$$

$$+ \sqrt{2}\Big[2(\mathrm{Re}a_1)^2 + 2(\mathrm{Im}b_1)^2 + (\mathrm{Im}a_1 - \mathrm{Re}b_1)^2 \Big]\Big\},$$

可得 V 椭圆性:

$$
\begin{aligned}
\hat{D}(u_0, v_0) =& 2\eta \cdot 2\pi \bigg\{ \sum_{\substack{-\infty \\ n \neq 0, \pm 1}}^{\infty} |n|(|a_n|^2 + |b_n|^2) \\
& + 2(\mathrm{Re}a_1)^2 + 2(\mathrm{Im}b_1)^2 + (\mathrm{Im}a_1 - \mathrm{Re}b_1)^2 \bigg\} \\
\geqslant& \sqrt{2}\eta \cdot 2\pi \bigg\{ \sum_{\substack{-\infty \\ n \neq 0, \pm 1}}^{\infty} \sqrt{1 + n^2}(|a_n|^2 + |b_n|^2) \\
& + \sqrt{2}[2(\mathrm{Re}a_1)^2 + 2(\mathrm{Im}b_1)^2 + (\mathrm{Im}a_1 - \mathrm{Re}b_1)^2] \bigg\} \\
=& \sqrt{2}\eta \|u_0\|_{H(\Gamma)/\mathscr{R}(\Gamma)}^2.
\end{aligned}
\tag{5.93}
$$

$\hat{D}(u_0, v_0)$ 的连续性也容易得到:

$$
\begin{aligned}
|\hat{D}(u_0, v_0)| =& 2\eta \left| \sum_{-\infty}^{\infty} 2\pi |n|(a_n \bar{c}_n + b_n \bar{d}_n) \right. \\
& \left. - 2\pi(\mathrm{Im}a_1 + \mathrm{Re}b_1)(\mathrm{Im}c_1 + \mathrm{Re}d_1) \right| \\
=& 2\eta \left| \sum_{\substack{-\infty \\ n \neq \pm 1}}^{\infty} 2\pi |n|(a_n \bar{c}_n + b_n \bar{d}_n) + 2\pi[2\mathrm{Re}a_1 \mathrm{Re}c_1 \right. \\
& \left. + 2\mathrm{Im}b_1 \mathrm{Im}d_1 + (\mathrm{Im}a_1 - \mathrm{Re}b_1)(\mathrm{Im}c_1 - \mathrm{Re}d_1)] \right| \\
\leqslant& 2\eta \cdot 2\pi \bigg\{ \sum_{\substack{-\infty \\ n \neq \pm 1, 0}}^{\infty} \sqrt{1 + n^2}(|a_n||c_n| + |b_n||d_n|) \\
& + [2(\mathrm{Re}a_1)^2 + 2(\mathrm{Im}b_1)^2 + (\mathrm{Im}a_1 - \mathrm{Re}b_1)^2]^{\frac{1}{2}} \\
& \cdot [2(\mathrm{Re}c_1)^2 + 2(\mathrm{Im}d_1)^2 + (\mathrm{Im}c_1 - \mathrm{Re}d_1)^2]^{\frac{1}{2}} \bigg\} \\
\leqslant& 2\eta \|u_0\|_{H(\Gamma)/\mathscr{R}(\Gamma)} \|v_0\|_{H(\Gamma)/\mathscr{R}(\Gamma)}.
\end{aligned}
\tag{5.94}
$$

证毕.

由此引理便可得如下定理.

定理 5.6 若边界载荷 $g \in H^{-\frac{1}{2}}(\Gamma)^2$ 满足相容性条件

$$\begin{cases} \displaystyle\int_0^{2\pi} g_i(\theta)d\theta = 0, \quad i = 1, 2, \\[4mm] \displaystyle\int_0^{2\pi} [g_2(\theta)\cos\theta - g_1(\theta)\sin\theta]d\theta = 0, \end{cases}$$

则相应于圆内 Stokes 问题的自然积分方程 (5.59) 的变分问题

$$\begin{cases} \text{求 } u_0 \in H(\Gamma), \quad \text{使得} \\[2mm] \hat{D}(u_0, v_0) = F(v_0), \quad \forall v_0 \in H(\Gamma) \end{cases} \tag{5.95}$$

在商空间 $H(\Gamma)^2/\mathscr{R}(\Gamma)$ 中存在唯一解, 且解连续依赖于给定载荷 g, 其中

$$F(v_0) = \int_\Gamma g \cdot v_0 ds.$$

$\mathscr{R}(\Gamma)$ 如引理 5.5 中所示.

证 由于 g 满足相容性条件, 可以在商空间 $H(\Gamma)/\mathscr{R}(\Gamma)$ 中考察变分问题 (5.95). 由引理 5.5 及 Lax-Milgram 定理, 即得该变分问题存在唯一解. 设 u_0 为其解, 则有

$$\begin{aligned} \sqrt{2}\eta\|u_0\|^2_{H(\Gamma)/\mathscr{R}(\Gamma)} &\leqslant \hat{D}(u_0, u_0) = F(u_0) = R\int_0^{2\pi} g \cdot u_0 d\theta \\ &= \inf_{v_0 \in \mathscr{R}(\Gamma)} R\int_0^{2\pi} g \cdot (u_0 - v_0)d\theta \\ &\leqslant R\|g\|_{H^{-\frac{1}{2}}(\Gamma)^2} \inf_{u_0 \in \mathscr{R}(\Gamma)} \|u_0 - v_0\|_{H^{\frac{1}{2}}(\Gamma)^2} \\ &= R\|g\|_{H^{-\frac{1}{2}}(\Gamma)^2} \|u_0\|_{H(\Gamma)/\mathscr{R}(\Gamma)}, \end{aligned}$$

这里利用了相容性条件:

$$\begin{aligned} &\int_0^{2\pi} [g_1(\theta)(C_1 - C_3\sin\theta) + g_2(\theta)(C_2 + C_3\cos\theta)]d\theta \\ =& C_1 \int_0^{2\pi} g_1(\theta)d\theta + C_2 \int_0^{2\pi} g_2(\theta)d\theta \\ &+ C_3 \int_0^{2\pi} [g_2(\theta)\cos\theta - g_1(\theta)\sin\theta]d\theta \\ =& 0. \end{aligned}$$

于是得到解对已知边值 g 的连续依赖性:

$$\|u\|_{H(\Gamma)/\mathscr{R}(\Gamma)} \leqslant \frac{\sqrt{2}R}{2\eta}\|g\|_{H^{-\frac{1}{2}}(\Gamma)^2}. \tag{5.96}$$

证毕.

同样可得如下正则性结果.

定理 5.7　若 $u_0 \in H(\Gamma)$ 为以满足相容性条件的 $g \in H^s(\Gamma)^2$ 为载荷边值的半径为 R 的圆内 Stokes 问题的自然积分方程 (5.59) 的解, 其中 $s \geqslant -1/2$ 为实数, 则 $u_0 \in H^{s+1}(\Gamma)^2$, 且

$$\|u_0\|_{H^{s+1}(\Gamma)^2/\mathscr{R}(\Gamma)} \leqslant \frac{\sqrt{2}R}{2\eta}\|g\|_{H^s(\Gamma)^2}$$

证　仍设

$$u_1(R,\theta) = \sum_{-\infty}^{\infty} a_n e^{in\theta}, \quad a_{-n} = \bar{a}_n,$$

$$u_2(R,\theta) = \sum_{-\infty}^{\infty} b_n e^{in\theta}, \quad b_{-n} = \bar{b}_n,$$

则由自然积分方程 (5.59), 可得

$$
\begin{aligned}
g_1(\theta) =& \frac{2\eta}{R}\sum_{-\infty}^{\infty}|n|a_n e^{in\theta} + \frac{\eta}{R\pi}\sin\theta\int_0^{2\pi}[-u_1(R,\theta)\sin\theta \\
& + u_2(R,\theta)\cos\theta]d\theta - \frac{\cos\theta}{2\pi}\int_0^{2\pi}p(R,\theta)d\theta \\
=& \frac{2\eta}{R}\sum_{-\infty}^{\infty}|n|a_n e^{in\theta} - \left[\frac{\eta}{R}i(\mathrm{Im}a_1 + \mathrm{Re}b_1) + \frac{p_0}{2}\right]e^{i\theta} \\
& + \left[\frac{\eta}{R}i(\mathrm{Im}a_1 + \mathrm{Re}b_1) - \frac{p_0}{2}\right]e^{-i\theta}, \\
g_2(\theta) =& \frac{2\eta}{R}\sum_{-\infty}^{\infty}|n|b_n e^{in\theta} + \frac{\eta}{R\pi}\cos\theta\int_0^{2\pi}[u_1(R,\theta)\sin\theta \\
& - u_2(R,\theta)\cos\theta]d\theta - \frac{\sin\theta}{2\pi}\int_0^{2\pi}p(R,\theta)d\theta \\
=& \frac{2\eta}{R}\sum_{-\infty}^{\infty}|n|b_n e^{in\theta} - \left[\frac{\eta}{R}(\mathrm{Im}a_1 + \mathrm{Re}b_1) - i\frac{p_0}{2}\right]e^{i\theta} \\
& - \left[\frac{\eta}{R}(\mathrm{Im}a_1 + \mathrm{Re}b_1) - i\frac{p_0}{2}\right]e^{-i\theta},
\end{aligned}
$$

其中

$$p_0 = \frac{1}{2\pi}\int_0^{2\pi}p(R,\theta)d\theta,$$

于是

$$\|u_0\|^2_{H^{s+1}(\Gamma)^2/\mathscr{R}(\Gamma)} = \inf_{C_1,C_2,C_3\in\mathbb{R}}\|u_0 - (C_1 - C_3\sin\theta, C_2 + C_3\cos\theta)\|^2_{H^{s+1}(\Gamma)^2}$$

$$=2\pi\sum_{\substack{-\infty\\n\neq0,\pm1}}^{\infty}(n^2+1)^{s+1}(|a_n|^2+|b_n|^2)$$

$$+\inf_{C_1,C_2,C_3\in\mathbb{R}}2\pi\left\{(a_0-C_1)^2+(b_0-C_2)^2\right.$$

$$\left.+2^{s+1}\left(2\left|a_1-\frac{i}{2}C_3\right|^2+2\left|b_1-\frac{1}{2}C_3\right|^2\right)\right\}$$

$$=2\pi\sum_{\substack{-\infty\\n\neq0,\pm1}}^{\infty}(n^2+1)^{s+1}(|a_n|^2+|b_n|^2)$$

$$+2\pi\cdot\inf_{C_3\in\mathbb{R}}\left\{2^{s+2}\left[(\mathrm{Re}a_1)^2+\left(\mathrm{Im}a_1-\frac{1}{2}C_3\right)^2\right.\right.$$

$$\left.\left.+\left(\mathrm{Re}b_1-\frac{1}{2}C_3\right)^2+(\mathrm{Im}b_1)^2\right]\right\}$$

$$=2\pi\left\{\sum_{\substack{-\infty\\n\neq0,\pm1}}^{\infty}(n^2+1)^{s+1}(|a_n|^2+|b_n|^2)\right.$$

$$\left.+2^{s+1}[2(\mathrm{Re}a_1)^2+2(\mathrm{Im}b_1)^2+(\mathrm{Im}a_1-\mathrm{Re}b_1)^2]\right\},$$

及

$$\|g\|_{H^s(\Gamma)^2}^2=2\pi\sum_{\substack{-\infty\\n\neq0,\pm1}}^{\infty}(n^2+1)^s\left(\frac{2\eta}{R}|n|\right)^2(|a_n|^2+|b_n|^2)$$

$$+2\pi\cdot2^s\left[2\left|\frac{2\eta}{R}a_1-\frac{\eta}{R}i(\mathrm{Im}a_1+\mathrm{Re}b_1)-\frac{p_0}{2}\right|^2\right.$$

$$\left.+\left|\frac{2\eta}{R}b_1-\frac{\eta}{R}(\mathrm{Im}a_1+\mathrm{Re}b_1)+i\frac{p_0}{2}\right|^2\right]$$

$$=2\pi\sum_{\substack{-\infty\\n\neq0,\pm1}}^{\infty}\frac{4\eta^2}{R}(n^2+1)^sn^2(|a_n|^2+|b_n|^2)$$

$$+2\pi\cdot2^{s+1}\left\{\left(\frac{2\eta}{R}\mathrm{Re}a_1-\frac{p_0}{2}\right)^2\right.$$

$$\left.+2\frac{\eta^2}{R^2}(\mathrm{Im}a_1-\mathrm{Re}b_1)^2+\left(\frac{2\eta}{R}\mathrm{Im}b_1+\frac{p_0}{2}\right)^2\right\},$$

注意到由于 $u_0\in H(\Gamma)$, 从而 $\mathrm{Re}a_1=\mathrm{Im}b_1$, 便有

$$\|g\|^2_{H^s(\Gamma)^2} = \frac{4\eta^2}{R^2} 2\pi \left\{ \sum_{\substack{-\infty \\ n \neq 0, \pm 1}}^{\infty} (n^2+1)^s n^2 (|a_n|^2 + |b_n|^2) \right.$$

$$\left. + 2^{s+1} \left[(\mathrm{Re}a_1)^2 + (\mathrm{Im}b_1)^2 + \frac{1}{2} (\mathrm{Im}a_1 - \mathrm{Re}b_1)^2 + \frac{R^2}{8\eta^2} p_0^2 \right] \right\}$$

$$\geqslant \frac{4\eta^2}{R^2} 2\pi \left\{ \frac{4}{5} \sum_{\substack{-\infty \\ n \neq 0, \pm 1}}^{\infty} (n^2+1)^{s+1} (|a_n|^2 + |b_n|^2) \right.$$

$$\left. + 2^s [2(\mathrm{Re}a_1)^2 + 2(\mathrm{Im}b_1)^2 + (\mathrm{Im}a_1 - \mathrm{Re}b_1)^2] \right\}$$

$$\geqslant \frac{2\eta^2}{R^2} 2\pi \left\{ \sum_{\substack{-\infty \\ n \neq 0, \pm 1}}^{\infty} (n^2+1)^{s+1} (|a_n|^2 + |b_n|^2) \right.$$

$$\left. + 2^{s+1} [2(\mathrm{Re}a_1)^2 + 2(\mathrm{Im}b_1)^2 + (\mathrm{Im}a_1 - \mathrm{Re}b_1)^2] \right\}$$

$$= \frac{2\eta^2}{R^2} \|u_0\|^2_{H^{s+1}(\Gamma)^2 / \mathscr{R}(\Gamma)}.$$

由此即得

$$\|u_0\|_{H^{s+1}(\alpha\Gamma)^2 / \mathscr{R}(\Gamma)} \leqslant \frac{\sqrt{2}R}{2\eta} \|g\|_{H^s(\Gamma)^2}. \tag{5.97}$$

证毕.

当 $s = -\dfrac{1}{2}$ 时, (5.97) 正是 (5.96).

由证明过程可以看出, 式 (5.97) 右端的系数是不能改进的. 例如取

$$\begin{cases} u_1(r, \theta) = \dfrac{r}{R} \cos\theta, \\ u_2(r, \theta) = -\dfrac{r}{R} \sin\theta, \\ p = 0, \end{cases}$$

其第一及第二边值分别为

$$\begin{cases} u_1(R, \theta) = \cos\theta, \\ u_2(R, \theta) = -\sin\theta, \end{cases}$$

及

$$\begin{cases} g_1(\theta) = \dfrac{2\eta}{R} \cos\theta, \\ g_2(\theta) = -\dfrac{2\eta}{R} \sin\theta. \end{cases}$$

易验证 (u,p) 满足圆内区域 Stokes 方程组, 且其边值满足自然积分方程 (5.59). 于是由

$$\|u_0\|^2_{H^{s+1}(\Gamma)^2/\mathscr{R}(\Gamma)} = 2^{s+2}\pi$$

及

$$\|g\|^2_{H^s(\Gamma)^2} = 2^{s+3}\frac{\pi\eta^2}{R^2}$$

可得

$$\|u_0\|_{H^{s+1}(\Gamma)^2/\mathscr{R}(\Gamma)} = \frac{\sqrt{2}R}{2\eta}\|g\|_{H^s(\Gamma)^2},$$

即不等式 (5.97) 中的等号是可以取到的. 用同样的方法也可以说明, 前面得到的不等式 (5.88) 及 (5.92) 中的等号也是可以取到的.

对于极坐标分解下的自然积分方程 (5.62), 则有如下结果.

引理 5.6 由圆内区域 Stokes 问题极坐标分解下的自然积分算子导出的双线性型 $\hat{D}(u_0, v_0)$ 为商空间 $V = H(\Gamma)/\mathscr{R}(\Gamma)$ 上的对称正定、V 椭圆、连续双线性型, 其中

$$H(\Gamma) = \left\{v_0 \in H^{\frac{1}{2}}(\Gamma)^2 \middle| \int_0^{2\pi} v_r(R,\theta)d\theta = 0\right\},$$
$$\mathscr{R}(\Gamma) = \{(C_1\cos\theta + C_2\sin\theta, -C_1\sin\theta + C_2\cos\theta + C_3)|_{C_1,C_2,C_3\in\mathbb{R}}\}.$$

证 仍设 $u_r(R,\theta), u_\theta(R,\theta), v_r(R,\theta), v_\theta(R,\theta)$ 如引理 5.4 中所示, 并注意到

$$\int_0^{2\pi} v_r(R,\theta)d\theta = 0,$$

可得

$$\hat{D}(u_0,v_0) = R\int_0^{2\pi} v_0\mathscr{K}u_0 d\theta$$
$$= 2\eta \cdot 2\pi\left\{\sum_{\substack{-\infty\\n\neq0}}^{\infty}[\bar{c}_n,\bar{d}_n]\begin{bmatrix}|n| & i\operatorname{sgn}n\\-i\operatorname{sgn}n & |n|\end{bmatrix}\begin{bmatrix}a_n\\b_n\end{bmatrix} + a_0c_0\right\}$$
$$- \frac{R}{2\pi}\int_0^{2\pi} p(R,\theta)d\theta\int_0^{2\pi} v_r(R,\theta)d\theta$$
$$= 2\eta \cdot 2\pi\left\{\sum_{\substack{-\infty\\n\neq0}}^{\infty}[|n|(a_n\bar{c}_n + b_n\bar{d}_n) + i\operatorname{sgn}n(b_n\bar{c}_n - a_n\bar{d}_n)] + a_0c_0\right\}.$$

显然 $\hat{D}(v_0,u_0) = \hat{D}(u_0,v_0)$, 且

$$\hat{D}(u_0,u_0) = 2\eta \cdot 2\pi\left\{\sum_{\substack{-\infty\\n\neq0}}^{\infty}[|n|(|a_n|^2 + |b_n|^2) + i\operatorname{sgn}n(b_n\bar{a}_n - a_n\bar{b}_n)] + a_0^2\right\}$$

$$=2\eta \cdot 2\pi \left\{ \sum_{\substack{-\infty \\ n\neq 0}}^{\infty} \left[|n| \left| a_n + i\frac{1}{n}b_n \right|^2 \right. \right.$$

$$\left. \left. + \left(|n| - \frac{1}{|n|} \right) |b_n|^2 \right] + a_0^2 \right\} \geqslant 0,$$

等号当且仅当

$$\begin{cases} a_n + i\dfrac{1}{n}b_n = 0, & n \neq 0, \\[2mm] b_n = 0, & n \neq 0, \pm 1, \\[2mm] a_0 = 0 \end{cases}$$

时成立, 此时

$$\mathrm{Re}a_1 = \mathrm{Im}b_1 = \frac{1}{2}C_1, \quad \mathrm{Re}b_1 = -\mathrm{Im}a_1 = \frac{1}{2}C_2, \quad b_0 = C_3$$

为任意实常数, 于是当且仅当 $u_0 \in \mathscr{R}(\Gamma)$ 时 $\hat{D}(u_0, u_0) = 0$. 从而 $\hat{D}(u_0, v_0)$ 为 $H(\Gamma)/\mathscr{R}(\Gamma)$ 上对称正定双线性型. 又由

$$\begin{aligned}
\|u_0\|^2_{H(\Gamma)/\mathscr{R}(\Gamma)} &= \inf_{C_1, C_2, C_3 \in \mathbb{R}} \|u_0 - (C_1\cos\theta + C_2\sin\theta, \\
&\qquad\qquad - C_1\sin\theta + C_2\cos\theta + C_3)\|^2_{H^{\frac{1}{2}}(\Gamma)^2} \\
&= 2\pi \left\{ \sum_{\substack{-\infty \\ n\neq 0, \pm 1}}^{\infty} \sqrt{1+n^2}(|a_n|^2 + |b_n|^2) \right. \\
&\qquad + \inf_{C_1, C_2 \in \mathbb{R}} 2\sqrt{2}\left[\left| a_1 - \frac{1}{2}(C_1 - iC_2) \right|^2 \right. \\
&\qquad \left. + \left| b_1 - \frac{1}{2}(C_2 + iC_1) \right|^2 \right] + \inf_{C_3 \in \mathbb{R}} |b_0 - C_3|^2 + a_0^2 \right\} \\
&= 2\pi \left\{ \sum_{\substack{-\infty \\ n\neq 0, \pm 1}}^{\infty} \sqrt{1+n^2}(|a_n|^2 + |b_n|^2) \right. \\
&\qquad \left. + \sqrt{2}[(\mathrm{Re}a_1 - \mathrm{Im}b_1)^2 + (\mathrm{Re}b_1 + \mathrm{Im}a_1)^2] + a_0^2 \right\}
\end{aligned}$$

可得 V 椭圆性:

$$\hat{D}(u_0, u_0) = 2\eta \cdot 2\pi \left\{ \sum_{\substack{-\infty \\ n\neq 0}}^{\infty} [(|n|-1)(|a_n|^2 + |b_n|^2)] \right.$$

$$+ |a_n + i(\text{sgn}n)b_n|^2] + a_0^2 \bigg\}$$

$$= 2\eta \cdot 2\pi \bigg\{ \sum_{\substack{-\infty \\ n \neq 0, \pm 1}}^{\infty} [(|n| - 1)(|a_n|^2 + |b_n|^2)]$$

$$+ 2[(\text{Re}a_1 - \text{Im}b_1)^2 + (\text{Im}a_1 + \text{Re}b_1)^2] + a_0^2 \bigg\}$$

$$\geqslant \frac{2\eta}{\sqrt{5}} \|u_0\|_{H(\Gamma)/\mathscr{R}(\Gamma)}^2. \tag{5.98}$$

$\hat{D}(u_0, u_0)$ 的连续性也容易得到:

$$\hat{D}(u_0, v_0) = 2\eta \cdot 2\pi \bigg\{ \sum_{\substack{-\infty \\ n \neq 0, \pm 1}}^{\infty} [|n|(a_n\bar{c}_n + b_n\bar{d}_n)$$

$$+ i\text{sgn}n(b_n\bar{c}_n - a_n\bar{d}_n)] + 2[(\text{Re}a_1 - \text{Im}b_1)(\text{Re}c_1$$

$$- \text{Im}d_1) + (\text{Re}b_1 + \text{Im}a_1)(\text{Re}d_1 + \text{Im}c_1)] + a_0c_0 \bigg\}$$

$$\leqslant 2\eta \cdot 2\pi \bigg\{ \sum_{\substack{-\infty \\ n \neq 0, \pm 1}}^{\infty} [(|n| + 1)(|a_n|^2 + |b_n|^2)^{\frac{1}{2}}(|c_n|^2 + |d_n|^2)^{\frac{1}{2}}$$

$$+ 2[(\text{Re}a_1 - \text{Im}b_1)^2 + (\text{Re}b_1 + \text{Im}a_1)^2]^{\frac{1}{2}}[(\text{Re}c_1 - \text{Im}d_1)^2$$

$$+ (\text{Re}d_1 + \text{Im}c_1)^2]^{\frac{1}{2}} + |a_0c_0| \bigg\}$$

$$\leqslant 2\eta\max\left(\frac{3}{\sqrt{5}}, \sqrt{2}, 1\right)\|u_0\|_{H(\Gamma)/\mathscr{R}(\Gamma)}\|v_0\|_{H(\Gamma)/\mathscr{R}(\Gamma)}$$

$$= 2\sqrt{2}\eta\|u_0\|_{H(\Gamma)/\mathscr{R}(\Gamma)}\|v_0\|_{H(\Gamma)/\mathscr{R}(\Gamma)}. \tag{5.99}$$

证毕.

由此引理便可得如下定理.

定理 5.8 若边界载荷 $g \in H^{-\frac{1}{2}}(\Gamma)^2$ 满足相容性条件

$$\begin{cases} \int_0^{2\pi} [g_r(\theta)\cos\theta - g_\theta(\theta)\sin\theta]d\theta = 0, \\ \int_0^{2\pi} [g_r(\theta)\sin\theta + g_\theta(\theta)\cos\theta]d\theta = 0, \\ \int_0^{2\pi} g_\theta(\theta)d\theta = 0, \end{cases}$$

则相应于圆内 Stokes 问题的极坐标分解下的自然积分方程 (5.62) 的变分问题

$$
\begin{cases}
\text{求 } u_0 \in H(\Gamma), \quad \text{使得} \\
\hat{D}(u_0, u_0) = F(v_0), \quad \forall v_0 \in H(\Gamma)
\end{cases}
$$

在商空间 $H(\Gamma)/\mathscr{R}(\Gamma)$ 中存在唯一解, 其中 $\mathscr{R}(\Gamma)$ 由引理 5.6 给出, 且解 u_0 连续依赖于给定载荷 g:

$$
\|u_0\|_{H(\Gamma)/\mathscr{R}(\Gamma)} \leqslant \frac{\sqrt{5}R}{2\eta}\|g\|_{H^{-\frac{1}{2}}(\Gamma)^2}. \tag{5.100}
$$

其证明与定理 5.6 的证明相同. 类似于定理 5.7, 也有相应的正规则性结果:

$$
\|u_0\|_{H^{s+1}(\Gamma)^2/\mathscr{R}(\Gamma)} \leqslant \frac{\sqrt{5}R}{2\eta}\|g\|_{H^s(\Gamma)^2}, \quad s \geqslant -\frac{1}{2}, \tag{5.101}
$$

且不等式右端的系数是不能改进的.

5.7   自然积分方程的数值解法

圆内或圆外区域的 Stokes 问题的自然积分方程也可用积分核级数展开法求解. 本节将首先给出采用分段线性单元时刚度矩阵的系数计算公式, 然后得到近似解的误差估计.

考察半径为 R 的圆外部区域 Ω 上的 Stokes 问题 (5.18), 它等价于区域上的变分问题 (5.31) 或 (5.32). 由 5.4 节已知, 这一问题还可归化为边界上的自然积分方程 (5.55), 即

$$
\begin{cases}
g_1(\theta) = -\dfrac{2\eta}{4\pi R\sin^2\dfrac{\theta}{2}} * u_1(R, \theta), \\[4mm]
g_2(\theta) = -\dfrac{2\eta}{4\pi R\sin^2\dfrac{\theta}{2}} * u_2(R, \theta),
\end{cases} \tag{5.102}
$$

其中给定载荷边值 $(g_1, g_2) \in H^{-\frac{1}{2}}(\Gamma)^2$ 并满足相容性条件

$$
\int_0^{2\pi} g_i(\theta)d\theta = 0, \quad i = 1, 2.
$$

由 5.6 节已知, 边界积分方程 (5.102) 在可差一 $\mathscr{R}(\Gamma)$ 中函数的意义下存在唯一解, 其中

$$
\mathscr{R}(\Gamma) = \{(C_1, C_2)|_{C_1, C_2 \in \mathbb{R}}\}.
$$

故为求得确定的解, 应附加条件以确定实常数 C_1 及 C_2. 与自然积分方程 (5.102) 相应的边界上的变分问题为

$$\begin{cases} \text{求 } u_0 \in H^{\frac{1}{2}}(\Gamma)^2, \text{使得} \\ \hat{D}(u_0, v_0) = \hat{F}(v_0), \quad \forall v_0 \in H^{\frac{1}{2}}(\Gamma)^2, \end{cases} \tag{5.103}$$

其中

$$\hat{D}(u_0, v_0) = R \int_0^{2\pi} v_0 \cdot \mathscr{K} u_0 d\theta,$$

$$\hat{F}(v_0) = R \int_0^{2\pi} g \cdot v_0 d\theta,$$

$\mathscr{K}$ 为由 (5.102) 定义的自然积分算子. 已知 $\hat{D}(u_0, v_0)$ 为商空间在 $H^{\frac{1}{2}}(\Gamma)^2/\mathscr{R}(\Gamma)$ 上的对称、连续、V 椭圆双线性型, 变分问题 (5.103) 在 $H^{\frac{1}{2}}(\Gamma)^2/\mathscr{R}(\Gamma)$ 中存在唯一解. 注意到 $R\mathscr{K}$ 恰为单位圆外 Stokes 问题的自然积分算子, 故 $\hat{D}(u_0, v_0)$ 的积分核实际上与 R 无关. 对于半径为 R 的圆内部区域, 也可由自然积分方程导出相应的变分问题, 并得到类似的结论.

值得注意的是, 在直角坐标分解下得到的相应于圆外区域的 Stokes 问题的自然积分方程 (5.102) 有特别简单的表达式, 除了差 2η 倍外, 它实际上只是一对互相独立的相应于圆外区域的调和边值问题的自然积分方程. 这就使得其数值求解极为简便.

5.7.1 刚度矩阵系数的计算公式

将边界 Γ 作 N 等分, 取关于此分割的 Γ 上的分段线性基函数族 $\{L_j(\theta)\}$(见 2.8 节), 显然 $\{L_j(\theta)\} \subset H^{\frac{1}{2}}(\Gamma)$. 设由 $\{L_j(\theta)\}$ 张成的 $H^{\frac{1}{2}}(\Gamma)$ 的子空间为 $S_h(\Gamma)$, 便得到变分问题 (5.103) 的近似变分问题

$$\begin{cases} \text{求 } u_0^h \in S_h(\Gamma)^2, \text{使得} \\ \hat{D}(u_0^h, v_0^h) = \hat{F}(v_0^h), \quad \forall v_0^h \in S_h(\Gamma)^2. \end{cases} \tag{5.104}$$

由于双线性型 $\hat{D}(u_0, v_0)$ 的性质及 $S_h(\Gamma) \subset H^{\frac{1}{2}}(\Gamma)$, Lax-Milgram 定理依然保证了变分问题 (5.104) 在商空间 $S_h(\Gamma)^2/\mathscr{R}(\Gamma)$ 中存在唯一解. 设

$$u_0^h = \left(\sum_{j=1}^N U_j L_j(\theta), \sum_{j=1}^N V_j L_j(\theta) \right),$$

其中 U_j 及 $V_j (j = 1, \cdots, N)$ 为待定系数. 于是由 (5.104) 可得线性代数方程组

$$\begin{bmatrix} Q_{11} & 0 \\ 0 & Q_{22} \end{bmatrix} \begin{bmatrix} U \\ V \end{bmatrix} = \begin{bmatrix} B \\ C \end{bmatrix}, \tag{5.105}$$

也即
$$\begin{cases} Q_{11}U = B, \\ Q_{22}V = C, \end{cases}$$

其中

$$U = (U_1, \cdots, U_N)^{\mathrm{T}}, \quad V = (V_1, \cdots, V_N)^{\mathrm{T}},$$

$$B = (b_1, \cdots, b_N)^{\mathrm{T}}, \quad C = (c_1, \cdots, c_N)^{\mathrm{T}},$$

$$Q_{kk} = [q_{ij}^{(kk)}]_{i,j=1,\cdots,N}, \quad k = 1, 2,$$

$$b_i = R \int_0^{2\pi} g_1(\theta) L_i(\theta) d\theta, \quad c_i = R \int_0^{2\pi} g_2(\theta) L_i(\theta) d\theta,$$

$$q_{ij}^{(11)} = \hat{D}(L_j, 0; L_i, 0), \quad q_{ij}^{(22)} = \hat{D}(0, L_j; 0, L_i),$$

$$i, j = 1, 2, \cdots, N.$$

利用第 1 章介绍的积分核级数展开法, 可得刚度矩阵

$$Q = \begin{bmatrix} Q_{11} & 0 \\ 0 & Q_{22} \end{bmatrix}$$

的如下计算公式:

$$Q_{11} = Q_{22} = 2\eta((a_0, a_1, \cdots, a_{N-1})), \tag{5.106}$$

其中 $((a_0, a_1, \cdots, a_{N-1}))$ 仍表示由 $a_0, a_1, \cdots, a_{N-1}$ 生成的循环矩阵,

$$a_k = \frac{4N^2}{\pi^3} \sum_{j=1}^{\infty} \frac{1}{j^3} \sin^4 \frac{j}{N} \pi \cos \frac{jk}{N} 2\pi, \quad k = 0, 1, \cdots, N-1, \tag{5.107}$$

与第 2 章的式 (2.86) 相同. 易见

$$a_i = a_{N-i}, \quad j = 1, \cdots, N-1,$$

从而 $Q_{11} = Q_{22}$ 为 $N-1$ 秩半正定对称循环矩阵, Q 为半正定对称矩阵. 由变分问题 (5.104) 在商空间 $S_h(\Gamma)^2/\mathscr{R}(\Gamma)$ 中存在唯一解可知线性代数方程组 (5.105) 在可差一

$$\left\{ \begin{bmatrix} U \\ V \end{bmatrix} \middle| U_1 = U_2 = \cdots = U_N, \ V_1 = V_2 = \cdots = V_N \right\}$$

中的向量的意义下存在唯一解. 原边值问题的相容性条件恰好保证了线性代数方程组 (5.105) 的相容性:

$$\sum_{i=1}^{N} b_i = R \int_0^{2\pi} g_1(\theta) \sum_{i=1}^{N} L_i(\theta) d\theta = R \int_0^{2\pi} g_1(\theta) d\theta = 0,$$

及

$$\sum_{i=1}^{N} c_i = R \int_0^{2\pi} g_2(\theta) \sum_{i=1}^{N} L_i(\theta) d\theta = R \int_0^{2\pi} g_2(\theta) d\theta = 0.$$

同样可以得到采用分段二次单元及分段三次 Hermite 单元时的刚度矩阵的计算公式. 这些公式显然也可由第 2 章中的相应公式直接得到而不必重新推导.

对于极坐标分解下的关于圆外或圆内区域的自然积分方程 (5.57) 或 (5.62), 也可写出其相应的变分问题及近似变分问题, 并得到相应的解的存在唯一性. 仍考虑 Ω 为半径为 R 的圆外区域的情况. 设

$$u_{r0}^h(\theta) = \sum_{j=1}^{N} U_j L_j(\theta), \quad u_{\theta 0}^h(\theta) = \sum_{j=1}^{N} V_j L_j(\theta),$$

其中 U_j 及 $V_j (j = 1, 2, \cdots, N)$ 为待定系数, 则由近似变分问题

$$\begin{cases} \text{求 } (u_{r0}^h, u_{\theta 0}^h) \in S_h(\Gamma)^2, \quad \text{使得} \\ \hat{D}(u_{r0}^h, u_{\theta 0}^h; v_{r0}^h, v_{\theta 0}^h) = \hat{F}(v_{r0}^h, v_{\theta 0}^h), \quad \forall (v_{r0}^h, v_{\theta 0}^h) \in S_h(\Gamma)^2, \end{cases} \tag{5.108}$$

可得线性代数方程组

$$\begin{bmatrix} Q_{11} & Q_{12} \\ Q_{21} & Q_{22} \end{bmatrix} \begin{bmatrix} U \\ V \end{bmatrix} = \begin{bmatrix} B \\ C \end{bmatrix}, \tag{5.109}$$

其中

$$\begin{aligned} & Q_{lm} = [q_{ij}^{(lm)}]_{ij=1,\cdots,N}, \quad l, m = 1, 2, \\ & q_{ij}^{(11)} = \hat{D}(L_j, 0; L_i, 0), \quad q_{ij}^{(12)} = \hat{D}(0, L_j; L_i, 0), \\ & q_{ij}^{(21)} = \hat{D}(L_j, 0; 0, L_i), \quad q_{ij}^{(22)} = \hat{D}(0, L_j; 0, L_i), \\ & b_i = R \int_0^{2\pi} g_r(\theta) L_i(\theta) d\theta, \quad c_i = R \int_0^{2\pi} g_\theta(\theta) L_i(\theta) d\theta, \\ & i, j = 1, 2, \cdots, N. \end{aligned}$$

利用积分核级数展开法同样可得刚度矩阵的如下计算公式:

$$\begin{cases} Q_{11} = Q_{22} = 2\eta((a_0, a_1, \cdots, a_{N-1})) + \dfrac{4\pi\eta}{N^2}((1, \cdots, 1)), \\ Q_{12} = -Q_{21} = 2\eta((0, d_1, \cdots, d_{N-1})), \end{cases} \tag{5.110}$$

其中

$$\begin{cases} a_k = \dfrac{4N^2}{\pi^3} \sum_{j=1}^{\infty} \dfrac{1}{j^3} \sin^4 \dfrac{j\pi}{N} \cos \dfrac{j\pi}{N} 2\pi, \\ \qquad\qquad\qquad\qquad\qquad k = 0, 1, \cdots, N-1, \\ d_k = \dfrac{4N^2}{\pi^3} \sum_{j=1}^{\infty} \dfrac{1}{j^4} \sin^4 \dfrac{j\pi}{N} \sin \dfrac{j\pi}{N} 2\pi, \end{cases} \tag{5.111}$$

与第 4 章的式 (4.94) 相同. 易见

$$a_i = a_{N-i}, \ d_i = -d_{N-i}, \quad i = 1, 2, \cdots, N-1,$$

从而 $Q_{11} = Q_{22}$ 为对称循环矩阵, $Q_{12} = -Q_{21}$ 为反对称循环矩阵, $Q = \begin{bmatrix} Q_{11} & Q_{12} \\ Q_{21} & Q_{22} \end{bmatrix}$ 为对称半正定矩阵. 线性代数方程组 (5.109) 在可差一

$$\left\{ \begin{bmatrix} U \\ V \end{bmatrix} \middle| \left(\sum_{j=1}^{N} U_j L_j(\theta), \sum_{j=1}^{N} V_j L_j(\theta) \right) \in \mathscr{R}(\varGamma) \right\}$$

中向量的意义下有唯一解, 其中

$$\mathscr{R}(\varGamma) = \{ (C_1 \cos\theta + C_2 \sin\theta, C_2 \cos\theta - C_1 \sin\theta) \, |_{C_1, C_2 \in \mathbb{R}} \}.$$

5.7.2   自然边界元解的误差估计

应用 1.5 节关于自然边界元解的误差估计的一般结果, 也可得 Stokes 问题的自然边界元解的误差估计.

设 u_0 为 Stokes 问题的自然积分方程之解, u_0^h 为其自然边界元解, 例如 u_0 及 u_0^h 分别为直角坐标分解下的变分问题 (5.103) 及其近似变分问题 (5.104) 之解, 或极坐标分解下的相应的变分问题及近似变分问题之解. 设 $\varPi : H^{\frac{1}{2}}(\varGamma) \to S_h(\varGamma)$ 为定义子空间 $S_h(\varGamma)$ 的插值算子, $\| \cdot \|_{\hat{D}}$ 为由双线性型 $\hat{D}(u_0, v_0)$ 导出的商空间 $H^{\frac{1}{2}}(\varGamma)^2 / \mathscr{R}(\varGamma)$ 上的能量模. 由于已知 1.5 节中各定理的条件均被满足, 故直接写出下面几个定理而不再加以证明. 各估计式中的 C 均为正常数,

$$h = \frac{2\pi}{N} R.$$

定理 5.9 (能量模估计)   若 $u_0 \in H^{k+1}(\varGamma)^2, k \geqslant 1$, 插值算子 $\varPi$ 满足

$$\|w - \varPi w\|_{s,\varGamma} \leqslant Ch^{k+1-s} |w|_{k+1,\varGamma}, \quad \forall w \in H^{k+1}(\varGamma), s = 0, 1,$$

则

$$\|u_0 - u_0^h\|_{\hat{D}} \leqslant Ch^{k+\frac{1}{2}} \|u_0\|_{k+1,\varGamma}. \tag{5.112}$$

这一估计是最优的. 特别对分段线性单元, $k = 1$, 有

$$\|u_0 - u_0^h\|_{\hat{D}} \leqslant Ch^{3/2} \|u_0\|_{2,\varGamma}.$$

定理 5.10 (L^2 模估计)   若定理 5.9 的条件被满足, 且

$$\int_\varGamma (u_0 - u_0^h) \cdot v_0 ds = 0, \quad \forall v_0 \in \mathscr{R}(\varGamma),$$

则

$$\|u_0 - u_0^h\|_{L^2(\Gamma)} \leqslant Ch^{k+1}\|u_0\|_{k+1,\Gamma}. \tag{5.113}$$

这一估计也是最优的. 特别对分段线性单元, $k = 1$, 有

$$\|u_0 - u_0^h\|_{L^2(\Gamma)} \leqslant Ch^2\|u_0\|_{2,\Gamma}.$$

定理 5.11 (L^∞ 模估计) 若 $S_h(\Gamma)$ 是由分片线性基函数张成的函数空间, $u_0 \in H^2(\Gamma)^2$, 且满足

$$\int_\Gamma (u_0 - u_0^h) \cdot v_0 ds = 0, \quad \forall v_0 \in \mathscr{R}(\Gamma),$$

则

$$\|u_0 - u_0^h\|_{L^\infty(\Gamma)} \leqslant Ch^{3/2}\|u_0\|_{2,\Gamma}. \tag{5.114}$$

此估计并非最优.

以上是边界上的误差分析. 若不计利用 Poisson 积分公式求区域内解函数时数值积分产生的误差, 也可由上述边界上的结果推得区域上的误差估计. 设 (u, p) 为原 Stokes 问题的解, (u^h, p^h) 为以自然边界元解 u_0^h 为 Dirichlet 边值的 Stokes 问题的解, 则有如下区域上的误差估计结果.

定理 5.12 若定理 5.9 的条件被满足, 则

$$\|u - u^h\|_{1,\Omega} + \|p - p^h\|_{0,\Omega} \leqslant Ch^{k+\frac{1}{2}}\|u_0\|_{k+1,\Gamma}. \tag{5.115}$$

证 由于 $(u - u^h, p - p^h)$ 为以 $u_0 - u_0^h$ 为 Dirichlet 边值的 Stokes 问题的解, 故利用 Stokes 问题的解对 Dirichlet 边值的连续依赖性 (见 [189] 第 I 章注 5.3), 可得

$$\|u - u^h\|_{1,\Omega} + \|p - p^h\|_{0,\Omega} \leqslant C\|u_0 - u_0^h\|_{\frac{1}{2},\Gamma}.$$

又由定理 5.9, 便有

$$\|u - u^h\|_{1,\Omega} + \|p - p^h\|_{0,\Omega} \leqslant C\|u_0 - u_0^h\|_{\hat{D}} \leqslant Ch^{k+\frac{1}{2}}\|u_0\|_{k+1,\Gamma}.$$

证毕.

特别对分段线性单元, $k = 1$, 有

$$\|u - u^h\|_{1,\Omega} + \|p - p^h\|_{0,\Omega} \leqslant Ch^{\frac{3}{2}}\|u_0\|_{2,\Gamma}.$$

从而其能量模误差由采用区域内线性有限元时的 $O(h)$ 降为 $O(h^{\frac{3}{2}})$.

5.7.3   数值例子

下面给出应用自然边界元法求解圆域上的 Stokes 问题的一个简单的数值例子.

例 5.3   设 Ω 为单位圆外区域, 取 $\eta = 1$, 解 Stokes 问题

$$\begin{cases} -\Delta u + \mathrm{grad}\, p = 0, & \Omega \text{内}, \\ \mathrm{div}\, u = 0, & \Omega \text{内}, \\ t = (-2\sin\theta, 2\cos\theta), & \Gamma \text{上}, \end{cases}$$

其中边界条件是在直角坐标分解下给出的. 该边值问题归化为边界上的自然积分方程

$$\begin{cases} -\dfrac{1}{2\pi\sin^2\dfrac{\theta}{2}} * u_1(1, \theta) = -2\sin\theta, \\ -\dfrac{1}{2\pi\sin^2\dfrac{\theta}{2}} * u_2(1, \theta) = 2\cos\theta. \end{cases}$$

这是 Γ 上两个互相独立的积分方程, 可以分别求解. 将圆周边界 Γ 作 N 等分, 采用分段线性单元, 其刚度矩阵由 (5.106) 及 (5.107) 计算得到. 将求得的近似解 u_0^h 与准确解 u_0 相比较, 得 Γ 上的 L^2 误差如表 5.1 所示.

表 5.1

节点数 N	L^2 误差	比例	备注
16	0.3096×10^{-1}		
		15.55	$\left(\dfrac{64}{16}\right)^2 = 16$
64	0.1991×10^{-2}		
		3.978	$\left(\dfrac{128}{64}\right)^2 = 4$
128	0.5005×10^{-3}		

计算结果表明 L^2 误差为 $O(h^2)$ 阶.

注   本例的准确解为

$$\begin{cases} u_1(r, \theta) = -\dfrac{1}{r}\sin\theta, \\ u_2(r, \theta) = \dfrac{1}{r}\cos\theta, \\ p(r, \theta) = 0, \end{cases}$$

其在单位圆周上的 Dirichlet 边值为

$$\begin{cases} u_1(1, \theta) = -\sin\theta, \\ u_2(1, \theta) = \cos\theta. \end{cases}$$

当然, 选取准确解的 $p(r, \theta)$ 非零的数值例子将更有代表性.

第6章 自然边界元与有限元耦合法

6.1 引 言

在前面四章中自然边界元法已被用于求解典型域上尤其是圆内或圆外区域的调和、重调和、平面弹性及 Stokes 方程的边值问题, 而对于一般区域的边值问题则可应用自然边界元与有限元耦合法.

自然边界元法与经典有限元法各有其优缺点. 自然边界元法不仅具有一般边界元法所共有的将问题降维处理从而使节点数大为减少, 即只需求解一个较低阶的线性代数方程组, 以及特别适宜于求解无界区域或断裂区域上的用经典有限元法往往难以有效求解的某些问题等优点, 而且由于刚度矩阵保持了原问题的对称正定性, 并有循环性或分块循环性, 使得系数的计算量大为减少, 从而具有更多的数值计算上的优点. 但自然边界元法的优点正是由自然边界归化的解析上的工作换来的. 由于对一般区域上的边值问题往往难以得到相应的 Green 函数, 也难以应用 Fourier 分析方法及复变函数论方法, 从而无法解析地求得自然积分方程和 Poisson 积分公式, 也就不能直接应用自然边界元法. 此外, 自然边界元法也和其他边界元法一样难以处理非线性问题及非均质问题. 而有限元法则适用于较任意的区域及更广泛的问题. 于是自然就想到将这两种方法结合起来, 也即将求解区域分成两个子区域, 在一个有限的、无奇性的子区域上问题可以是非线性、非均匀的, 在另一个可以是无限的、有奇性的、规则的子区域上问题则是线性的、均匀的. 我们在前一子区域上应用有限元法, 而在后一子区域上应用自然边界元法. 这就是自然边界元与有限元耦合法.

自然边界元与有限元耦合法吸取了有限元法能适应较任意区域的优点, 克服了自然边界归化对区域的限制, 大大拓广了其应用范围. 另一方面, 这一耦合法也保持了自然边界归化适于处理无穷区域及某些断裂、凹角区域上的边值问题的优点, 克服了通常有限元法在处理此类问题时精度将大大降低的缺点, 而能获得理想的计算结果.

由于自然边界归化完全保持了原椭圆边值问题的一些基本特性, 特别具有能量泛函不变性, 又由于自然边界元法和有限元法基于同样的变分原理, 故两者的耦合非常自然而直接, 并能简单地纳入有限元计算体系. 耦合法的总体刚度矩阵恰为分别由自然边界元法及有限元法得到的刚度矩阵之和. 这与通常为非直接的许多其他类型的边界元与有限元的耦合法相比要简单得多, 从而也更易于应用. 事实上, 实施自然边界归化的子区域正是有限元剖分中的一个 "大单元", 由于其内部不需要再作剖分, 使节点数大为减少, 从而得到的线性代数方程组的阶数大为降低. 而为此付出的代价只是插入一个计算自然边界元刚度矩阵的子程序. "大单元" 通常取作圆域, 相应的刚度矩阵有对称循环性, 故其计算量是很小的.

下面几节将分别阐述用自然边界元与有限元耦合法求解调和方程边值问题、重调和方程边值问题、平面弹性问题和 Stokes 问题. 而在最后一节中则介绍与耦合法有关的自然边界归化的一个重要应用, 即对无界区域边值问题的无穷远边界条件的一种近似方法.

6.2　耦合法解调和方程边值问题

本节将自然边界元与有限元耦合法应用于解断裂区域上及无界区域上的调和方程边值问题, 并得出收敛性和误差估计.

6.2.1　断裂区域问题

设 Ω 为由夹角为 $\alpha(\pi < \alpha \leqslant 2\pi)$ 的二直边 Γ_1 和 Γ_2 以及光滑曲线 Γ 围成的区域. 这里 α 为凹角. 特别当 $\alpha = 2\pi$ 时, 该区域为含裂缝区域. 考察边值问题

$$\begin{cases} \Delta u = 0, & \Omega\text{内}, \\ \dfrac{\partial u}{\partial n} = 0, & \Gamma_1 \cup \Gamma_2\text{上}, \\ \dfrac{\partial u}{\partial n} = g, & \Gamma\text{上}, \end{cases} \tag{6.1}$$

其中 $g \in H^{-\frac{1}{2}}(\Gamma)$ 满足相容性条件 $\displaystyle\int_\Gamma gds = 0$. 已知边值问题 (6.1) 在可差一任意常数的意义下在 $H^1(\Omega)$ 中存在唯一解. 设

$$D(u,v) = \iint\limits_\Omega \nabla u \cdot \nabla v dp,$$

其中 $dp = dxdy$, 则边值问题 (6.1) 等价于变分问题

$$\begin{cases} \text{求}u \in H^1(\Omega), \text{使得} \\ D(u,v) = \displaystyle\int_\Gamma gvds, \quad \forall v \in H^1(\Omega). \end{cases} \tag{6.2}$$

变分问题 (6.2) 在商空间 $H^1(\Omega)/P_0$ 中存在唯一解, 其中 P_0 为常数全体.

今取角 α 的顶点为坐标原点并置 Γ_1 于 x 轴上. 在 Ω 中画一圆弧 $\Gamma' = \{(R, \theta)|_{0 \leqslant \theta \leqslant \alpha}\}$. 它分 Ω 为 Ω_1 及 Ω_2, 其中子区域 Ω_2 为扇形 (图 6.1). 从而有

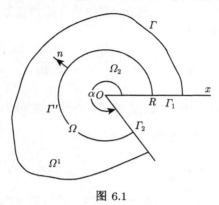

图 6.1

$$\iint_{\Omega} \nabla u \cdot \nabla v dp = \iint_{\Omega_1} \nabla u \cdot \nabla v dp + \iint_{\Omega_2} \nabla u \cdot \nabla v dp = \iint_{\Omega_1} \nabla u \cdot \nabla v dp + \int_{\Gamma'} v \frac{\partial}{\partial n} v ds,$$

其中 $\dfrac{\partial}{\partial n}$ 为 Γ' 上关于 Ω_2 的外法向导数. 又由第 2 章, Γ' 上的自然积分方程为

$$u_n(\theta) = -\frac{\pi}{4\alpha^2 R} \int_0^\alpha \left(\frac{1}{\sin^2 \dfrac{\theta - \theta'}{2\alpha}\pi} + \frac{1}{\sin^2 \dfrac{\theta + \theta'}{2\alpha}\pi} \right) u(R, \theta')d\theta', \quad 0 < \theta < \alpha.$$

于是边值问题 (6.1) 又等价于变分问题

$$\begin{cases} 求 u \in H^1(\Omega_1), 使得 \\ D_1(u, v) + \hat{D}_2(\gamma_u', \gamma_v') = \displaystyle\int_{\Gamma} gv ds, \quad \forall v \in H^1(\Omega_1), \end{cases} \qquad (6.3)$$

其中

$$D_1(u, v) = \iint_{\Omega_1} \nabla u \cdot \nabla v dp,$$

$$\hat{D}_2(u_0, v_0) = -\frac{\pi}{4\alpha^2} \int_0^\alpha \int_0^\alpha \left(\frac{1}{\sin^2 \dfrac{\theta - \theta'}{2\alpha}\pi} + \frac{1}{\sin^2 \dfrac{\theta + \theta'}{2\alpha}\pi} \right) u_0(\theta')v_0(\theta)d\theta' d\theta,$$

γ' 是 $H^1(\Omega) \to H^{\frac{1}{2}}(\Gamma')$ 上的迹算子.

从变分问题 (6.2) 的解的存在唯一性可得

命题 6.1　变分问题 (6.3) 在商空间 $H^1(\Omega_1)/P_0$ 中存在唯一解. 今将圆弧 Γ' 等分为 N_1 份并在 Ω_1 中进行有限元剖分, 使其在 Γ' 上的节点与 Γ' 的等分点重合. 设 $\{L_i(x,y)\}_{i=0}^{N_1+N_2} \subset H^1(\Omega_1)$ 为基函数, 例如分片线性函数. 此时它们在 Γ' 上的限制也可近似看作线性的. 令

$$u_h(x,y) = \sum_{i=0}^{N_1+N_2} U_i L_i(x,y),$$

其中下标 $i=0,1,\cdots,N_1$ 相应于 Γ' 上的节点. 于是由 (6.3) 的近似变分问题

$$\begin{cases} \text{求}u_h \in S_h(\Omega_1), \text{使得} \\ D_1(u_h,v_h) + \hat{D}_2(\gamma'u_h,\gamma'v_h) = \int_\Gamma gv_h ds, \quad \forall v_h \in S_h(\Omega_1), \end{cases} \tag{6.4}$$

其中 $S_h(\Omega_1) \subset H^1(\Omega_1)$ 为 Ω_1 上关联于上述剖分的有限元空间, 可得

$$\sum_{j=0}^{N_1+N_2} D_1(L_j,L_i)U_j + \sum_{j=0}^{N_1} \hat{D}_2(\gamma'L_j,\gamma'L_i)U_j = \int_\Gamma gL_i ds,$$
$$i=0,1,\cdots,N_1+N_2,$$

或简记作

$$QU = b,$$

其中

$$Q = [D_1(L_j,L_i)]_{(N_1+N_2+1)\times(N_1+N_2+1)}$$
$$+ \begin{bmatrix} [\hat{D}_2(\gamma'L_j,\gamma'L_i)]_{(N_1+1)\times(N_1+1)} & 0 \\ 0 & 0_{N_2\times N_2} \end{bmatrix}$$
$$\equiv [q_{ij}^{(1)}] + [q_{ij}^{(2)}]. \tag{6.5}$$

总体刚度矩阵 Q 的第一部分能由通常的有限元方法得到, 而其第二部分则由下列公式给出 (参见 2.9 节):

$$q_{00}^{(2)} = q_{N_1N_1}^{(2)} = \frac{1}{2}a_0, \quad q_{0N_1}^{(2)} = q_{N_10}^{(2)} = \frac{1}{2}a_{N_1},$$
$$q_{i0}^{(2)} = q_{0i}^{(2)} = a_i, \quad q_{iN_1}^{(2)} = q_{N_1i}^{(2)} = a_{N_1-i}, \quad i=1,\cdots,N_1-1,$$
$$q_{ij}^{(2)} = q_{ji}^{(2)} = a_{i-j} + a_{i+j}, \quad i,j=1,\cdots,N_1-1,$$

其中

$$a_k = \frac{16N_1^2}{\pi^3} \sum_{n=1}^\infty \frac{1}{n^3} \sin^4\frac{n\pi}{2N_1} \cos\frac{nk}{N_1}\pi, \quad k=0,1,\cdots,2N_1. \tag{6.6}$$

命题 6.2 由式 (6.5) 给出的刚度矩阵 Q 为 $N_1 + N_2$ 秩半正定对称矩阵. 线性代数方程组 $QU = b$ 在可差一常矢量 $C = (c, \cdots, c)^{\mathrm{T}}$ 的意义下存在唯一解, 其中 c 为常数.

证 从双线性型 $D_1(u, v) + \hat{D}_2(\gamma'u, \gamma'v)$ 在商空间 $H^1(\Omega)/P_0$ 上的对称正定性立即可得 Q 为 $N_1 + N_2$ 秩半正定对称矩阵. 此外, 相容性条件成立:

$$\sum_{i=0}^{N_1+N_2} b_i = \sum_{i=0}^{N_1+N_2} \int_\Gamma g L_i ds = \sum_{i \in N(\Gamma)} \int_\Gamma g L_i ds$$
$$= \int_\Gamma g \sum_{i \in N(\Gamma)} L_i ds = \int_\Gamma g ds = 0, \tag{6.7}$$

其中 $N(\Gamma)$ 为相应于 Γ 上的节点的下标集. 证毕.

为了保证线性代数方程组的解的唯一性, 在实际求解时通常附加一个条件, 例如取某个节点上的函数值为零.

下面将证明上述耦合法的收敛性并得出在能量模、L^2 模及 L^∞ 模下近似解的误差估计.

设 $S_{0h}(\Gamma') = \gamma' S_h(\Omega_1) \subset H^{\frac{1}{2}}(\Gamma')$ 为 Γ' 上的边界元空间, $\Pi: H^1(\Omega_1) \to S_h(\Omega_1)$ 及 $\Pi_0: H^{\frac{1}{2}}(\Gamma') \to S_{0h}(\Gamma')$ 为相协调的区域内及边界上的插值算子:

$$\gamma' \Pi v = \Pi_0 \gamma' v, \quad \forall v \in H^1(\Omega_1). \tag{6.8}$$

设 u 及 u_h 分别为变分问题 (6.3) 及近似变分问题 (6.4) 的解, $\|\cdot\|_{D_1}$ 及 $\|\cdot\|_{D_2}$ 分别为由 $D_1(u, v)$ 及 $\hat{D}_2(u_0, v_0)$ 导出的商空间 $H^1(\Omega_1)/P_0$ 及 $H^{\frac{1}{2}}(\Gamma')/P_0$ 上的能量模. 先证明如下引理.

引理 6.1

$$D_1(u - u_h, v_h) + \hat{D}_2(\gamma'(u - u_h), \gamma'v_h) = 0, \quad \forall v_h \in S_h(\Omega_1),$$

$$\|u - u_h\|_{D_1}^2 + \|\gamma'u - \gamma'u_h\|_{\hat{D}_2}^2 = \min_{v_h \in S_h(\Omega_1)} (\|u - v_h\|_{D_1}^2 + \|\gamma'u - \gamma'v_h\|_{\hat{D}_2}^2).$$

证 因为 $S_h(\Omega_1) \subset H^1(\Omega_1)$, 故可在

$$D_1(u, v) + \hat{D}_2(\gamma'u, \gamma'v) = \int_\Gamma g v ds, \quad \forall v \in H^1(\Omega_1)$$

中取 $v = v_h \in S_h(\Omega_1)$, 并与

$$D_1(u_h, v_h) + \hat{D}_2(\gamma'u_h, \gamma'v_h) = \int_\Gamma g v_h ds, \quad \forall v_h \in S_h(\Omega_1)$$

相减, 从而得到

$$D_1(u - u_h, v_h) + \hat{D}_2(\gamma'(u - u_h), \gamma' v_h) = 0, \quad \forall v_h \in S_h(\Omega_1).$$

此外, 由 $D_1(u, v) + \hat{D}_2(\gamma' u, \gamma' v)$ 的半正定对称性,

$$\begin{aligned}
&D_1(u - u_h, u - u_h) + \hat{D}_2(\gamma'(u - u_h), \gamma'(u - u_h)) \\
=&D_1(u - v_h, u - v_h) + \hat{D}_2(\gamma'(u - v_h), \gamma'(u - v_h)) \\
&- D_1(u_h - v_h, u_h - v_h) - \hat{D}_2(\gamma'(u_h - v_h), \gamma'(u_h - v_h)) \\
\leqslant&D_1(u - v_h, u - v_h) + \hat{D}_2(\gamma'(u - v_h), \gamma'(u - v_h)), \quad \forall v_h \in S_2(\Omega_1).
\end{aligned}$$

但 $u_h \in S_h(\Omega_1)$, 故

$$\|u - u_h\|_{D_1}^2 + \|\gamma' u - \gamma' u_h\|_{\hat{D}_2}^2 = \min_{v_h \in S_h(\Omega_1)} (\|u - v_h\|_{D_1}^2 + \|\gamma' u - \gamma' v_h\|_{\hat{D}_2}^2).$$

证毕.

由此可证明下述收敛性及误差估计.

定理 6.1 (收敛性)　若插值算子 Π 满足

$$\lim_{h \to 0} \|v - \Pi v\|_{H_1(\Omega_1)} = 0, \quad \forall v \in C^\infty(\bar{\Omega}_1),$$

则

$$\lim_{h \to 0} \{\|u - u_h\|_{D_1}^2 + \|\gamma' u - \gamma' u_h\|_{\hat{D}_2}^2\}^{\frac{1}{2}} = 0. \tag{6.9}$$

证　因为模 $\|\cdot\|_{D_1}$ 及 $\|\cdot\|_{\hat{D}_2}$ 分别与模 $\|\cdot\|_{H^1(\Omega)/P_0}$ 及 $\|\cdot\|_{H^{\frac{1}{2}}(\Gamma')/P_0}$ 等价, 故存在常数 K 和 K_0, 使得

$$\|v\|_{D_1} \leqslant K\|v\|_{H^1(\Omega_1)}, \quad \forall v \in H^1(\Omega_1),$$

$$\|v_0\|_{\hat{D}_2} \leqslant K_0\|v_0\|_{H^{\frac{1}{2}}(\Gamma')}, \quad \forall v_0 \in H^{\frac{1}{2}}(\Gamma').$$

又由 $\Gamma' \subset \partial \Omega_1$ 及迹定理, 存在常数 K', 使得

$$\|\gamma' v\|_{H^{\frac{1}{2}}(\Gamma')} \leqslant K'\|v\|_{H^1(\Omega_1)}, \quad \forall v \in H^1(\Omega_1).$$

因为 $u \in H^1(\Omega_1)$, 则对任意给定的 $\varepsilon > 0$, 存在 $\tilde{u} \in C^\infty(\bar{\Omega}_1)$, 使得

$$\|u - \tilde{u}\|_{H^1(\Omega_1)} < \frac{\varepsilon}{2\sqrt{K^2 + K_0^2 K'^2}}.$$

于是对固定的 $\tilde{u}$, 存在 $h_0 > 0$, 使得当 $0 < h < h_0$ 时,

$$\|\tilde{u} - \Pi \tilde{u}\|_{H^1(\Omega_1)} < \frac{\varepsilon}{2\sqrt{K^2 + K_0^2 K'^2}}.$$

利用引理 6.1 便得到

$$
\begin{aligned}
&\|u - u_h\|_{D_1}^2 + \|\gamma'u - \gamma'u_h\|_{\hat{D}_2}^2 \\
&= \inf_{v_h \in S_h(\Omega_1)} (\|u - v_h\|_{D_1}^2 + \|\gamma'u - \gamma'v_h\|_{\hat{D}_2}^2) \\
&\leqslant (K^2 + K_0^2 K'^2)(\|u - \tilde{u}\|_{H^1(\Omega_1)} + \|\tilde{u} - \Pi\tilde{u}\|_{H^1(\Omega_1)})^2 \\
&< \varepsilon^2,
\end{aligned}
$$

即

$$
(\|u - u_h\|_{D_1}^2 + \|\gamma'u - \gamma'u_h\|_{\hat{D}_2}^2)^{\frac{1}{2}} < \varepsilon.
$$

证毕.

定理 6.2 (能量模估计) 若 $u \in H^{k+1}(\Omega_1), k \geqslant 1$, 插值算子 Π 满足

$$
\|v - \Pi v\|_{H^1(\Omega_1)} \leqslant Ch^j \|v\|_{j+1,\Omega_1}, \quad \forall v \in H^{j+1}(\Omega_1), \ j = 1, \cdots, k,
$$

则

$$
(\|u - u_h\|_{D_1}^2 + \|\gamma'u - \gamma'u_h\|_{\hat{D}_2}^2)^{\frac{1}{2}} \leqslant Ch^k \|u\|_{k+1,\Omega_1}, \tag{6.10}
$$

其中 C 为与 h 及 u 均无关的正常数.

证 由引理 6.1 便有

$$
\begin{aligned}
\|u - u_h\|_{D_1}^2 + \|\gamma'u - \gamma'u_h\|_{\hat{D}_2}^2 &\leqslant \inf_{v_h \in S_h(\Omega_1)} C\|u - v_h\|_{H^1(\Omega_1)}^2 \\
&\leqslant C\|u - \Pi u\|_{H^1(\Omega_1)}^2 \leqslant Ch^{2k}\|u\|_{k+1,\Omega_1}^2,
\end{aligned}
$$

也即

$$
(\|u - u_h\|_{D_1}^2 + \|\gamma'u - \gamma'u_h\|_{\hat{D}_2}^2)^{\frac{1}{2}} \leqslant Ch^k \|u\|_{k+1,\Omega_1}.
$$

证毕.

这一估计是最优的.

定理 6.3 (L^2 模估计) 若 $u \in H^{k+1}(\Omega_1), k \geqslant 1$, 插值算子 Π 满足定理 6.2 的条件, 且 $\iint\limits_{\Omega_1}(u - u_h)dp = 0$, 则

$$
\|u - u_h\|_{L^2(\Omega_1)} \leqslant Ch^{k+1}\|u\|_{k+1,\Omega_1}. \tag{6.11}
$$

证 设 w 为如下边值问题:

$$
\begin{cases}
-\Delta w = f, & \Omega_1 \text{内}, \\
\dfrac{\partial w}{\partial n} = 0, & \partial\Omega_1 \text{上}
\end{cases}
$$

的解, 其中 $\partial\Omega_1$ 为 Ω_1 的边界, $f = u - u_h$. 由于此边值问题满足相容性条件

$$\iint_{\Omega_1} f \, dp = \iint_{\Omega_1} (u - u_h) dp = 0,$$

故其解存在. 因为 $f = u - u_h \in H^1(\Omega_1) \subset L^2(\Omega_1)$, 且 Ω_1 的边界分段光滑、不含凹角, 故由 Poisson 方程边值问题的解的正则性定理 [197], 有 $w \in H^2(\Omega_1)$, 且

$$\|w\|_{H^2(\Omega_1)/P_0} \leqslant C\|f\|_{L^2(\Omega_1)} = C\|u - u_h\|_{L^2(\Omega_1)}.$$

又由

$$\begin{aligned}
\iint_{\Omega_1} (u - u_h) v \, dp &= \iint_{\Omega_1} (-\Delta w) v \, dp = \int_{\partial\Omega_1} v \frac{\partial w}{\partial n} ds + D_1(w, v) \\
&= D_1(w, v) + \hat{D}_2(\gamma' w, \gamma' v), \quad \forall v \in H^1(\Omega_1),
\end{aligned}$$

取 $v = u - u_h$, 并利用引理 6.1、迹定理及上述正则性结果, 便有

$$\begin{aligned}
\|u - u_h\|^2_{L^2(\Omega_1)} &= D_1(w, u - u_h) + \hat{D}_2(\gamma' w, \gamma'(u - u_h)) \\
&= D_1(w - \Pi w, u - u_h) + \hat{D}_2(\gamma' w - \gamma' \Pi w, \gamma' u - \gamma' u_h) \\
&\leqslant C\|w - \Pi w\|_{H^1(\Omega)/P_0}\|u - u_h\|_{D_1} \\
&\leqslant Ch\|w\|_{H^2(\Omega_1)/P_0}\|u - u_h\|_{D_1} \\
&\leqslant Ch\|u - u_h\|_{L^2(\Omega_1)}\|u - u_h\|_{D_1},
\end{aligned}$$

即

$$\|u - u_h\|_{L^2(\Omega_1)} \leqslant Ch\|u - u_h\|_{D_1}.$$

再利用定理 6.2 即得

$$\|u - u_h\|_{L^2(\Omega_1)} \leqslant Ch^{k+1}\|u\|_{k+1, \Omega_1}.$$

证毕

这一估计也是最优的.

由于对近似解作 L^∞ 模估计要比作能量模或 L^2 模估计困难得多, 故为简单起见, 仅考虑三角形线性单元, 且只得到并非最优的 L^∞ 模估计. 为此, 引用文献 [197] 中的如下引理.

引理 6.2　设 S_h 为关联于三角形单元剖分的分片线性基函数所张成的空间, Δ_e 表示三角形单元 e 的面积, $v \in S_h$, 则有

$$\|v\|_{L^\infty(e)} \leqslant \sqrt{12} \Delta_e^{-\frac{1}{2}} \|v\|_{L^2(e)}.$$

定理 6.4 (L^∞ 模估计) 设 $\Pi : H^1(\Omega_1) \to S_h$ 为关联于三角形单元的分片线性插值算子, $u \in H^2(\Omega_1)$, 且 $\displaystyle\iint_{\Omega_1} (u - u_h) dp = 0$, 则

$$\|u - u_h\|_{L^\infty(\Omega_1)} \leqslant Ch\|u\|_{2,\Omega_1}. \tag{6.12}$$

证 设把剖分 $\Omega_1 = \displaystyle\bigcup_{i=1}^{N} e_j^{(0)}$ 的每个单元继续细分为四个全等的三角形, 便得一串三角形剖分

$$\Omega_1 = \bigcup_{i=1}^{N} e_i^{(0)} = \bigcup_{i=1}^{4N} e_i^{(1)} = \bigcup_{i=1}^{4^2 N} e_i^{(2)} = \cdots.$$

显然 $h_j = \left(\dfrac{1}{2}\right)^j h$. 设对应于每一剖分的近似解为 $V^{(j)}$, 则 $V^{(0)} = u_h$. 由引理 6.2,

$$\|V^{(i)} - V^{(j-1)}\|_{L^\infty(e_i^{(j)})}$$
$$\leqslant \sqrt{12}[\Delta_{e_i^{(j)}}]^{-\frac{1}{2}}\|V^{(j)} - V^{(j-1)}\|_{L^2(e_i^{(j)})}$$
$$\leqslant \sqrt{12}[\Delta_{e_i^{(j)}}]^{-\frac{1}{2}}\|V^{(j)} - V^{(j-1)}\|_{L^2(\Omega_1)},$$

从而

$$\|V^{(j)} - V^{(j-1)}\|_{L^\infty(\Omega_1)} \leqslant Ch_j^{-1}\|V^{(j)} - V^{(j-1)}\|_{L^2_{(\Omega_1)}}$$
$$\leqslant Ch_j^{-1}\left(\|u - V^{(j)}\|_{L^2_{(\Omega_1)}} + \|u - V^{(j-1)}\|_{L^2(\Omega_1)}\right).$$

利用定理 6.3 可得

$$\|V^{(j)} - V^{(j-1)}\|_{L^\infty(\Omega_1)} \leqslant Ch_j^{-1}(h_j^2\|u\|_{2,\Omega_1} + h_{j-1}^2\|u\|_{2,\Omega_1})$$
$$\leqslant Ch_j\|u\|_{2,\Omega_1} = C2^{-j}h\|u\|_{2\Omega_1}.$$

由于级数 $\displaystyle\sum_{j=1}^{\infty} 2^{-j} < \infty$, 故序列

$$V^{(n)} = \sum_{j=1}^{n}(V^{(j)} - V^{(j-1)}) + u_h$$

在 Ω_1 上一致收敛. 但已知 $V^{(n)}$ 按 L^2 模收敛于 u, 故 $V^{(n)}$ 在 Ω_1 上一致收敛于 u, 即

$$u = \sum_{j=1}^{\infty}(V^{(j)} - V^{(j-1)}) + u_h$$

一致收敛. 从而

$$\|u - u_h\|_{L^\infty(\Omega_1)} \leqslant \sum_{j=1}^{\infty} \|V^{(j)} - V^{(j-1)}\|_{L^\infty(\Omega_1)} \leqslant Ch\|u\|_{2,\Omega_1} \sum_{j=1}^{\infty} 2^{-j} = Ch\|u\|_{2,\Omega_1}.$$

证毕.

6.2.2　无界区域问题

　　自然边界元与有限元耦合法在求解无界区域问题时尤其显示其优越性. 由于有限元法往往难以处理无界区域问题, 故在工程计算中常引入人工边界, 以割去区域的无界部分而仅在剩下的有界区域中求解. 这样为获得足够的精度, 必须取相当大的求解区域, 而计算一个相当大的区域上的边值问题的数值解依然是很困难的. 自然边界元与有限元耦合法则可克服这一困难. 通常取圆周为人工边界, 即将区域分为圆周外部区域及剩下的有界区域. 对圆外区域应用自然边界归化. 于是原边值问题化为一有界区域上的等价变分问题, 然后用自然边界元与有限元直接耦合数值求解之. 这样可得到与求解有界区域问题相同的收敛速率.

　　设 Γ 为包围原点的充分光滑的有界闭曲线, Ω 为其外部区域, Γ' 为包围 Γ 的以原点为圆心以 R 为半径的圆周. Γ' 分 Ω 为有界区域 Ω_1 及无界的圆外区域 Ω_2. 考察调和方程边值问题

$$\begin{cases} \Delta u = 0, & \Omega \text{内}, \\[2mm] \dfrac{\partial u}{\partial n} = g, & \Gamma \text{上}, \end{cases} \tag{6.13}$$

其中 $g \in H^{-\frac{1}{2}}(\Gamma)$ 并满足相容性条件, u 满足适当的无穷远条件.

　　设

$$D(u,v) = \iint\limits_{\Omega} \nabla u \cdot \nabla v \, dx dy,$$

则边值问题 (6.13) 等价于变分问题

$$\begin{cases} \text{求} u \in W_0^1(\Omega), \text{ 使得} \\[2mm] D(u,v) = \displaystyle\int_{\Gamma} gv ds, \ \forall v \in W_0^1(\Omega), \end{cases} \tag{6.14}$$

其中

$$W_0^1(\Omega) = \left\{ u \ \middle| \ \frac{u}{\sqrt{1+r^2}\ln(2+r^2)}, \ \frac{\partial u}{\partial x_i} \in L^2(\Omega), i = 1, 2, r = \sqrt{x_1^2 + x_2^2} \right\}.$$

　　由 (6.14) 的离散化便导致有限元法. 但由于 Ω 为无界区域, 直接应用有限元法求解难以得到满意的结果, 故利用人工边界 Γ' 将区域分为两部分 (图 6.2), 将自

然边界归化应用于半径为 R 的圆外区域 Ω_2, 而在剩下的有界区域 Ω_1 内应用有限元逼近. 由第 2 章已知, Γ' 上的自然积分方程为

$$\frac{\partial u}{\partial n} = -\frac{1}{4\pi R \sin^2 \dfrac{\theta}{2}} * u(R, \theta),$$

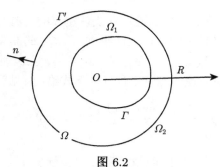

图 6.2

其中 n 为 Ω_2 的外法线方向. 于是有

$$
\begin{aligned}
D(u, v) &= \iint_\Omega \nabla u \cdot \nabla v \, dx dy \\
&= \iint_{\Omega_1} \nabla u \cdot \nabla v \, dx dy + \iint_{\Omega_2} \nabla u \cdot \nabla v \, dx dy \\
&= D_1(u, v) + D_2(u, v) \\
&= D_1(u, v) + \hat{D}_2(\gamma' u, \gamma' v),
\end{aligned}
$$

其中

$$\hat{D}_2(u_0, v_0) = \int_0^{2\pi} \int_0^{2\pi} \left(-\frac{1}{4\pi \sin^2 \dfrac{\theta - \theta'}{2}} \right) u_0(\theta') v_0(\theta) d\theta' d\theta,$$

$$\gamma' u = u|_{\Gamma'}, \qquad \gamma' v = v|_{\Gamma'}.$$

从而变分问题 (6.14) 等价于

$$
\begin{cases}
求 u \in H^1(\Omega_1), \quad 使得 \\
D_1(u, v) + \hat{D}_2(\gamma' u, \gamma' v) = \displaystyle\int_\Gamma g v ds, \quad \forall v \in H^1(\Omega_1).
\end{cases}
\tag{6.15}
$$

变分问题 (6.15) 在商空间 $H^1(\Omega_1)/P_0$ 中存在唯一解, 其中 P_0 为 Ω_1 上零次多项式全体. 相应于 (6.15) 的离散问题为

$$
\begin{cases}
求 u_h \in S_h(\Omega_1), 使得 \\
D_1(u_h, v_h) + \hat{D}_2(\gamma' u_h, \gamma' v_h) = \displaystyle\int_\Gamma g v_h ds, \quad \forall v_h \in S_h(\Omega_1),
\end{cases}
\tag{6.16}
$$

其中 $S_h(\Omega_1) \subset H^1(\Omega_1)$ 为 Ω_1 上的有限元解空间, 如基函数可取为子区域 Ω_1 上的分片线性函数. 可以这样作 Ω_1 上的有限元剖分, 使其在人工边界 Γ' 上的节点为 Γ' 的等分点. 于是由近似变分问题 (6.16) 出发可得线性代数方程组

$$QU = b,$$

其中 $Q = Q_1 + Q_2, Q_1$ 及 Q_2 分别通过双线性型 $D_1(u,v)$ 及 $\hat{D}_2(u_0,v_0)$ 求出, 也即 Q_1 可由通常的有界区域上的有限元法得到, 而 Q_2 的非零子矩阵正是圆外区域自然边界元刚度矩阵 $[q_{ij}^{(2)}]_{N_1 \times N_1}$, 它是由 $a_0, a_1, \cdots, a_{N_1-1}$ 所生成的对称循环矩阵, 其系数与人工边界 Γ' 的半径 R 无关, 且可由下式给出 (见第 2 章):

$$a_k = \frac{4N_1^2}{\pi^3} \sum_{n=1}^{\infty} \frac{1}{n^3} \sin^4 \frac{n\pi}{N_1} \cos \frac{nk}{N_1} 2\pi, \quad k = 0, 1, \cdots, N_1 - 1, \tag{6.17}$$

其中 N_1 为 Γ' 上的节点数. 由于对称循环性, 只要计算 $\left[\dfrac{N_1}{2}\right] + 1$ 个 a_k 便得到 Q_2 的 N_1^2 个非零系数

$$q_{ij}^{(2)} = a_{|i-j|}, \qquad i, j = 1, 2, \cdots, N_1,$$

这些系数完全可事先计算好储存起来.

与断裂区域问题相类似, 无界区域问题的自然边界元与有限元耦合法的近似解有如下误差估计. 其中 u 及 u_h 分别为变分问题 (6.15) 及近似变分问题 (6.16) 的解, $\Pi: H^1(\Omega_1) \to S_h(\Omega_1)$ 为插值算子.

定理 6.5 (收敛性)　若插值算子 Π 满足

$$\lim_{h \to 0} \|v - \Pi v\|_{1,\Omega_1} = 0, \quad \forall v \in C^\infty(\bar{\Omega}_1),$$

则

$$\lim_{h \to 0} \{\|u - u_h\|_{D_1}^2 + \|\gamma' u - \gamma' u_h\|_{\hat{D}_2}^2\}^{\frac{1}{2}} = 0.$$

定理 6.6 (能量模估计)　若 $u \in H^{k+1}(\Omega_1)$, $k \geqslant 1$, 插值算子 Π 满足

$$\|v - \Pi v\|_{1,\Omega_1} \leqslant Ch^j \|v\|_{j+1,\Omega_1}, \quad \forall v \in H^{j+1}(\Omega_1), \quad j = 1, \cdots, k,$$

则

$$(\|u - u_h\|_{D_1}^2 + \|\gamma' u - \gamma' u_h\|_{\hat{D}_2}^2)^{\frac{1}{2}} \leqslant Ch^k \|u\|_{k+1,\Omega_1}. \tag{6.18}$$

定理 6.7 (L^2 模估计)　若 $u \in H^{k+1}(\Omega_1)$, $k \geqslant 1$, 插值算子 Π 满足定理 6.6 的条件, 且 $\iint\limits_{\Omega_1} (u - u_h) dp = 0$, 则

$$\|u - u_h\|_{L^2(\Omega_1)} \leqslant Ch^{k+1} \|u\|_{k+1,\Omega_1}. \tag{6.19}$$

定理 6.8 (L^∞ 模估计) 设 $\Pi: H^1(\Omega_1) \to S_h(\Omega_1)$ 为关联于三角形单元的分片线性插值算子, $u \in H^2(\Omega_1)$, 且 $\displaystyle\iint\limits_{\Omega_1}(u - u_h)dp = 0$, 则

$$\|u - u_h\|_{L^\infty(\Omega_1)} \leqslant Ch\|u\|_{2,\Omega_1}. \tag{6.20}$$

上述定理的证明与上一小节中相应定理的证明完全类似, 这里不再赘述.

估计式 (6.18) 及 (6.19) 是最优的, 估计式 (6.20) 并非最优. 式 (6.18)~(6.20) 中的 C 均为与 h 及 u 无关的正常数.

6.2.3 数值例子

设 $\Omega = \{(x,y)|~|x|,|y| < 1\}\backslash\{(x,0)|0 \leqslant x < 1\}$ 为带裂缝的正方形区域, Γ 为正方形的边界, Γ_1 及 Γ_2 分别为裂缝的上、下边 (图 6.3). 解边值问题

$$\begin{cases} \Delta u = 0, & \Omega\text{内}, \\ \dfrac{\partial u}{\partial n}(x,+0) = \dfrac{\partial u}{\partial n}(x,-0) = 0, & 0 < x < 1, \\ \dfrac{\partial u}{\partial n} = g, & \Gamma\text{上}, \end{cases}$$

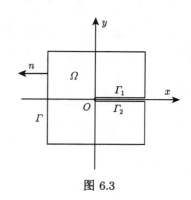

图 6.3

其中

$$g(1,y) = \sqrt{\frac{1+\sqrt{1+y^2}}{2(1+y^2)}}\mathrm{sgn}y, \quad |y| < 1, y \neq 0,$$

$$g(-1,y) = -\sqrt{\frac{\sqrt{y^2+1}-1}{2(y^2+1)}}\mathrm{sgn}y, \quad |y| < 1,$$

$$g(x,1) = \frac{1}{\sqrt{2(x^2+1)(x+\sqrt{x^2+1})}}), \quad |x| < 1,$$

$$g(x,-1) = -\frac{1}{\sqrt{2(x^2+1)(x+\sqrt{x^2+1})}}, \quad |x| < 1,$$

$$\mathrm{sgn}y = \begin{cases} 1, & y > 0, \\ 0, & y = 0, \\ -1, & y < 0. \end{cases}$$

分别取 $R = 0.5$ 及 0.8, 用自然边界元与有限元耦合法数值求解上述边值问题并将结果与用通常的有限元法得到的结果相比较. 节点分布分别见图 6.4 及图 6.5, 前者为有限元法节点分布 ((a): $N_1 = 8, 19$ 节点; (b): $N_1 = 16, 69$ 节点), 后者为耦合法节点分布 ((a): $N_1 = 8, 18$ 节点; (b): $N_1 = 16, 51$ 节点). 计算时采用分片线性三角形单元及分段线性边界元. 图 6.4 及图 6.5 中的 (b) 图分别为相应的 (a) 图的细分.

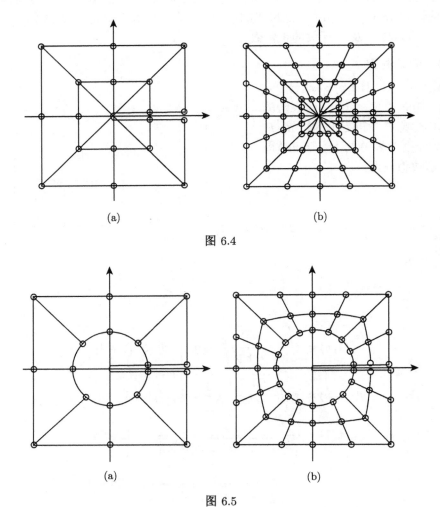

　　　　(a)　　　　　　　　　　　　　　　(b)

图 6.4

　　　　(a)　　　　　　　　　　　　　　　(b)

图 6.5

今将计算结果列表比较如下 (表 6.1~表 6.3).

由表 6.1 可见, 自然边界元与有限元耦合法近似解的 L^2 误差为 $O(h^2)$ 阶, 而有限元近似解的 L^2 误差却大于 $O(h)$, 且误差值也大很多. 表 6.1 中采用 $N_1 = 16$

及 69 节点的有限元法得到的结果还不如采用 $N_1 = 8$ 及 18 节点的自然边界元与有限元耦合法的结果好.

表 6.1　L^2 误差

方法		圆周等分数 N_1	节点数	L^2 误差	比例	备注
有限元法		8	19	0.4756699	1.6977872	$\left(\dfrac{16}{8}\right)^2 = 4$
		16	69	0.2801705		
自然边界元与有限元耦合法	$R = 0.5$	8	18	0.1766993	3.8216168	$\left(\dfrac{16}{8}\right)^2 = 4$
		16	51	0.4623679×10^{-1}		
	$R = 0.8$	8	18	0.1020263	4.2170489	$\left(\dfrac{16}{8}\right)^2 = 4$
		16	51	0.2419377×10^{-1}		

由上述计算结果可见, 由于断裂区域的解含奇异性, 用通常有限元法得到的近似解只有很低的精度, 特别在奇点附近, 近似解完全不能反映准确解的性态. 自然边界元与有限元耦合法则克服了这一困难. 利用这一耦合法得到的计算结果不但比有限元解好得多, 而且直至非常接近奇点仍保持理想的精度. 此外, 为减少节点、提高计算精度, 应使实现自然边界归化的区域尽可能大些. 例如在上面的算例中, 取 $R = 0.8$ 得到的结果就比取 $R = 0.5$ 得到的结果更好一些.

对于无界区域问题, 用自然边界元与有限元耦合法求解也有类似的优越性.

表 6.2　裂缝上的跃度

方法	节点数	x	1.00	0.75	0.50
有限元法	19	$u_h(x, +0) - u_h(x, -0)$	3.24017620	2.66844702	2.09671783
		相对误差	0.18995595	0.22968574	0.25869810
	69	$u_h(x, +0) - u_h(x, -0)$	3.64538860	3.11208820	2.46181011
		相对误差	0.08865285	0.10161757	0.12961845
自然边界元与有限元耦合法 $R = 0.5$	18	$u_h(x, +0) - u_h(x, -0)$	3.74924565	3.20859575	2.66794586
		相对误差	0.06268859	0.07375824	0.05673844
	51	$u_h(x, +0) - u_h(x, -0)$	3.93803215	3.41174126	2.78799343
		相对误差	0.01549196	0.01511518	0.01429520
跃度准确值 $u(x, +0) - u(x, -0)$			4.00000000	3.46410180	2.82842636
方法	节点数	x	1.00	0.90	0.80
自然边界元与有限元耦合法 $R = 0.8$	18	$u_h(x, +0) - u_h(x, -0)$	3.84728718	3.64854097	3.44979477
		相对误差	0.03817821	0.03852499	0.03575316
	51	$u_h(x, +0) - u_h(x, -0)$	3.96574307	3.76294517	3.54844093
		相对误差	0.00856423	0.00837684	0.00818073
跃度准确值 $u(x, +0) - u(x, -0)$			4.00000000	3.79473304	3.57770920

表 6.3   奇点附近裂缝上的跃度

方法	节点数	x	0.1	0.01	0.001	0.0001
有限元法	19	$u_h(x,+0) - u_h(x,-0)$	0.41934365	0.04193436	0.00419344	0.00041934
		相对误差	0.66847951	0.89516430	0.96684820	0.98951650
	69	$u_h(x,+0) - u_h(x,-0)$	0.63291341	0.06329134	0.00632913	0.00063291
		相对误差	0.49963825	0.84177158	0.94996386	0.98417725
耦合法 $R = 0.5$	18	$u_h(x,+0) - u_h(x,-0)$	1.20084095	0.37975490	0.12008911	0.03797540
		相对误差	0.05065231	0.05061275	0.05061270	0.05061500
	51	$u_h(x,+0) - u_h(x,-0)$	1.24850368	0.39481878	0.12485290	0.03948190
		相对误差	0.01297163	0.01295309	0.01295165	0.01295250
耦合法 $R = 0.8$	18	$u_h(x,+0) - u_h(x,-0)$	1.22803402	0.38834321	0.12280506	0.03883439
		相对误差	0.02915431	0.02914197	0.02914124	0.02914025
	51	$u_h(x,+0) - u_h(x,-0)$	1.25573349	0.39709890	0.12557393	0.03970994
		相对误差	0.00725597	0.00725275	0.00725142	0.00725150
跃度准确值 $u(x,+0) - u(x,-0)$			1.26491165	0.40000000	0.12649117	0.04000000

6.3   耦合法解重调和方程边值问题

自然边界元与有限元耦合法同样适用于求解重调和方程边值问题. 今以无界区域为例说明之.

6.3.1   耦合法原理

仍设 Γ 为包围原点的有界光滑闭曲线, Ω 为其外部区域. 解 Ω 上重调和方程的如下边值问题:

$$
\begin{cases}
\Delta^2 u = 0, & \Omega \text{内}, \\
(Tu, Mu) = (t, m), & \Gamma \text{上},
\end{cases}
\tag{6.21}
$$

其中所有记号的意义与第 3 章中相同,

$$
(t, m) \in [H^{-\frac{3}{2}}(\Gamma) \times H^{-\frac{1}{2}}(\Gamma)]_0.
$$

已知边值问题 (6.21) 在商空间 $W_0^2(\Omega)/P_1(\Omega)$ 中存在唯一解. 设

$$
D(u, v) = \iint\limits_{\Omega} \left\{ \Delta u \Delta v - (1-\nu) \left[\frac{\partial^2 u}{\partial x^2} \frac{\partial^2 v}{\partial y^2} + \frac{\partial^2 v}{\partial x^2} \frac{\partial^2 u}{\partial y^2} - 2 \frac{\partial^2 u}{\partial x \partial y} \frac{\partial^2 v}{\partial x \partial y} \right] \right\} dx dy,
$$

$$
F(v) = \int_{\Gamma} \left(tv + m \frac{\partial v}{\partial n} \right) ds,
$$

则边值问题 (6.21) 等价于变分问题

$$
\begin{cases}
\text{求} u \in W_0^2(\Omega), \text{使得} \\
D(u, v) = F(v), \quad \forall v \in W_0^2(\Omega).
\end{cases}
\tag{6.22}
$$

作圆周 Γ' 为人工边界包围 Γ, 其半径为 $R.\Gamma'$ 分 Ω 为 Ω_1 及 Ω_2 两部分, 其中 Ω_2 为圆外区域 (图 6.2). 于是

$$D(u,v) = D_1(u,v) + D_2(u,v),$$

其中 $D_i(u,v)$ 为将 $D(u,v)$ 定义中的积分区域 Ω 换为 Ω_i 得到的双线性型, $i=1,2$. 再将自然边界归化应用于 Ω_2, 并设 $\mathscr{K}$ 为关于半径为 R 的圆外区域的重调和自然积分算子, $\begin{bmatrix} K_{00} & K_{01} \\ K_{10} & K_{11} \end{bmatrix}$ 为相应的自然积分方程的积分核, 便有如下能量不变性:

$$D_2(u,v) = \hat{D}_2(\gamma'_0 u, \gamma'_1 u; \gamma'_0 v, \gamma'_1 v)$$

对在 Ω_2 内满足 $\Delta^2 u = 0$ 的 u 成立, 其中

$$\begin{aligned}
\hat{D}_2(u_0, u_n; v_0, v_n) &= (\mathscr{K}(u_0, u_n), (v_0, v_n)) \\
&= \int_{\Gamma'} \left\{ v_0 \left[\int_{\Gamma'} (K_{00}u_0 + K_{01}u_n)ds' \right] \right. \\
&\quad\left. + v_n \left[\int_{\Gamma'} (K_{10}u_0 + K_{11}u_1)ds' \right] \right\} ds,
\end{aligned}$$

$$\gamma'_0 w = w|_{\Gamma'}, \qquad \gamma'_1 w = \left.\frac{\partial w}{\partial n}\right|_{\Gamma'}.$$

于是变分问题 (6.22) 又等价于如下变分问题:

$$\begin{cases} \text{求} u \in H^2(\Omega_1), \text{使得} \\ D_1(u,v) + \hat{D}_2(\gamma'_0 u, \gamma'_1 u; \gamma'_0 v, \gamma'_1 v) = F(v), \quad \forall v \in H^2(\Omega_1). \end{cases} \tag{6.23}$$

由变分问题 (6.22) 的解的存在唯一性立即可得

命题 6.3 变分问题 (6.23) 在商空间 $H^2(\Omega_1)/P_1(\Omega_1)$ 中存在唯一解.

今将圆周 Γ' 等分并在 Ω_1 中进行有限元剖分, 使其在 Γ' 上的节点与 Γ' 的等分点重合. 设 $S_h(\Omega_1) \subset H^2(\Omega_1)$ 为 Ω_1 上关联于上述剖分的有限元解空间, 便得如下近似变分问题:

$$\begin{cases} \text{求} u_h \in S_h(\Omega_1), \text{使得} \\ D_1(u_h, v_h) + \hat{D}_2(\gamma'_0 u_h, \gamma'_1 u_h; \gamma'_0 v_h, \gamma'_1 v_h) = F(v_h), \quad \forall v_h \in S_h(\Omega_1). \end{cases} \tag{6.24}$$

将 Lax-Milgram 定理应用于子空间 $S_h(\Omega)$ 即得

命题 6.4 变分问题 (6.24) 在商空间 $S_h/(\Omega_1)/P_1(\Omega_1)$ 中存在唯一解.

将 u_h 用有限元基函数的线性组合表示并代入 (6.24) 便导出相应的线性代数方程组

$$QU = b,$$

其中 $Q = Q_1 + Q_2, Q_1$ 及 Q_2 分别通过双线性型 $D_1(u, v)$ 及 $\hat{D}_2(u_0, u_n; v_0, v_n)$ 求出, 前者是通常的有限元刚度矩阵, 后者则是自然边界元刚度矩阵, 可以使它只在左上角子块中非零.

6.3.2　收敛性与误差估计

下面将证明上述耦合法的收敛性并得到其误差估计.

设 u 为变分问题 (6.23) 的解而 u_h 为近似边分问题 (6.24) 的解, $\Pi : H^2(\Omega_1) \to S_h(\Omega_1)$ 为插值算子, $\|\cdot\|_{D_1}$ 及 $\|\cdot\|_{\hat{D}_2}$ 分别为由 $D_1(u, v)$ 及 $\hat{D}_2(u_0, u_n, v_0, v_n)$ 导出的商空间 $H^2(\Omega_1)/P_1(\Omega_1)$ 及 $[H^{\frac{3}{2}}(\Gamma') \times H^{\frac{1}{2}}(\Gamma')]/P_1(\Gamma')$ 上的能量模. 易得如下:

引理 6.3

$$D_1(u - u_h, v_h) + \hat{D}_2(\gamma_0'(u - u_h), \gamma_1'(u - u_h); \gamma_0' v_h, \gamma_1' v_h) = 0, \quad \forall v_h \in S_h(\Omega_1),$$

$$\|u - u_h\|_{D_1}^2 + \|(\gamma_0'(u - u_h), \gamma_1'(u - u_h))\|_{\hat{D}_2}^2$$
$$= \min_{v_h \in s_h(\Omega_1)} \left[\|u - v_h\|_{D_1}^2 + \|(\gamma_0'(u - v_h), \gamma_1'(u - v_h))\|_{\hat{D}_2}^2 \right].$$

由此即可证明如下定理.

定理 6.9 (收敛性)　若 Π 满足

$$\lim_{h \to 0} \|v - \Pi v\|_{H^2(\Omega_1)} = 0, \quad \forall v \in C^\infty(\bar{\Omega}_1),$$

则

$$\min_{h \to 0} \{ \|u - u_h\|_{D_1}^2 + \|(\gamma_0'(u - u_h), \gamma_1'(u - u_h))\|_{\hat{D}_2}^2 \}^{\frac{1}{2}} = 0.$$

证　因为模 $\|\cdot\|_{D_1}$ 和 $\|\cdot\|_{H^2(\Omega_1)/P_1(\Omega_1)}$ 等价, 模 $\|\cdot\|_{\hat{D}_2}$ 和 $\|\cdot\|_{[H^{\frac{3}{2}}(\Gamma') \times H^{\frac{1}{2}}(\Gamma')]/P_1(\Gamma')}$ 等价, 故存在常数 K 和 K_0, 使得

$$\|v\|_{D_1} \leqslant K \|v\|_{H^2(\Omega)}, \quad \forall v \in H^2(\Omega),$$
$$\|(v_0, v_n)\|_{\hat{D}_2} \leqslant K_0 \|(v_0, v_n)\|_{H^{\frac{3}{2}}(\Gamma') \times H^{\frac{1}{2}}(\Gamma')},$$
$$\forall (v_0, v_n) \in H^{\frac{3}{2}}(\Gamma') \times H^{\frac{1}{2}}(\Gamma').$$

又因为 $\Gamma' \subset \partial \Omega_1$ 及迹定理, 故存在常数 T_0 使得

$$\|(\gamma_0' v, \gamma_1' v)\|_{H^{\frac{3}{2}}(\Gamma') \times H^{\frac{1}{2}}(\Gamma')} \leqslant T_0 \|v\|_{H^2(\Omega_1)}, \quad \forall v \in H^2(\Omega_1).$$

由于 $u \in H^2(\Omega_1)$, 则对任意给定的 $\varepsilon > 0$, 存在 $\tilde{u} \in C^\infty(\bar{\Omega})$, 使得

$$\|u - \tilde{u}\|_{H^2(\Omega_1)} < \frac{\varepsilon}{2\sqrt{K^2 + K_0^2 T_0^2}}.$$

于是对固定的 $\tilde{u}$, 存在 h_0, 使得当 $0 < h < h_0$ 时,

$$\|\tilde{u} - \Pi\tilde{u}\|_{H^2(\Omega_1)} < \frac{\varepsilon}{2\sqrt{K^2 + K_0^2 T_0^2}}.$$

利用引理 6.3, 便得到

$$\|u - u_h\|_{D_1}^2 + \|(\gamma_0'(u - u_h), \gamma_1'(u - u_n))\|_{\hat{D}_2}^2$$
$$\leqslant \|u - \Pi\tilde{u}\|_{D_1}^2 + \|(\gamma_0'(u - \Pi\tilde{u}), (\gamma_1'(u - \Pi\tilde{u}))\|_{\hat{D}_2}^2$$
$$\leqslant (K^2 + K_0^2 T_0^2)(\|u - \tilde{u}\|_{H^2(\Omega_1)} + \|\tilde{u} - \Pi\tilde{u}\|_{H^2(\Omega_1)})^2$$
$$< \varepsilon^2,$$

即

$$[\|u - u_h\|_{D_1}^2 + \|(\gamma_0'(u - u_h), \gamma_1'(u - u_h))\|_{\hat{D}_2}^2]^{\frac{1}{2}} < \varepsilon.$$

证毕.

定理 6.10 (能量模估计) 若 $u \in H^{k+1}(\Omega_1), k \geqslant 2, \Pi$ 满足

$$\|v - \Pi v\|_{H^2(\Omega_1)} \leqslant Ch^j\|v\|_{j+2,\Omega_1}, \quad \forall v \in H^{j+2}(\Omega_1), j = 1, 2, \cdots, k - 1,$$

则

$$[\|u - u_h\|_{D_1}^2 + \|(\gamma_0'(u - u_h), \gamma_1'(u - u_h))\|_{\hat{D}_2}^2]^{\frac{1}{2}} \leqslant Ch^{k-1}\|u\|_{k+1,\Omega_1}. \tag{6.25}$$

证 由引理 6.3 可得

$$\|u - u_h\|_{D_1}^2 + \|(\gamma_0'(u - u_h), \gamma'(u - u_h))\|_{\hat{D}_2}^2$$
$$\leqslant C \inf_{v_h \in S_h(\Omega_1)} \|u - v_h\|_{2,\Omega_1}^2 \leqslant C\|u - \Pi u\|_{2,\Omega_1}^2$$
$$\leqslant Ch^{2k-2}\|u\|_{k+1,\Omega_1}^2,$$

也即式 (6.25). 证毕.

定理 6.11 (L^2 模估计) 若 $u \in H^{k+1}(\Omega_1)$, $k \geqslant 3, \Pi$ 满足定理 6.10 的条件, 且

$$\iint\limits_{\Omega_1} p(u - u_h)dxdy = 0, \ \forall p \in P_1(\Omega),$$

则

$$\|u - u_h\|_{L^2(\Omega_1)} \leqslant Ch^{k+1}\|u\|_{k+1,\Omega_1}. \tag{6.26}$$

证 设 w 为如下边值问题:

$$\begin{cases} \Delta^2 w = f, & \Omega_1 \text{内}, \\ (Tw, Mw) = (0, 0), & \Gamma \cup \Gamma' \text{上} \end{cases}$$

的解, 其中 $f = u - u_h$. 由于此边值问题满足相容性条件, 故其解存在. 因为 $f = u - u_h \in H^2(\Omega_1) \subset L^2(\Omega_1)$, 且区域 Ω_1 的边界充分光滑, 故根据重调和方程边值问题的解的正规性定理, 有 $w \in H^4(\Omega_1)$, 且

$$\|w\|_{H^4(\Omega_1)/P_1(\Omega_1)} \leqslant C\|g\|_{L^2(\Omega_1)} = C\|u - u_h\|_{L^2(\Omega_1)}.$$

因为

$$\iint_{\Omega_1}(u - u_h)v\,dp = \iint_{\Omega_1} v\Delta^2 w\,dp = D_1(w, v) - \int_{\partial\Omega_1}\left(\frac{\partial v}{\partial n}Mw + vTw\right)ds$$

$$= D_1(w, v) - \int_{\Gamma'}\left(\frac{\partial v}{\partial n}Mw + vTw\right)ds$$

$$= D_1(w, v) + \hat{D}_2(\gamma_0' w, \gamma_1' w; \gamma_0' v, \gamma_1' v),$$

其中 n 为关于 $\partial\Omega_1$ 的外法向, 从而为关于 $\partial\Omega_2$ 的内法向, 故取 $v = u - u_h \in H^2(\Omega_1)$ 并利用引理 6.3 和迹定理, 便可得到

$$\|u - u_h\|^2_{L^2(\Omega_1)} = D_1(w, u - u_h) + \hat{D}_2(\gamma_0' w, \gamma_1' w; \gamma_0'(u - u_h),$$

$$\gamma_1'(u - u_h)) = D_1(w - \Pi w, u - u_h)$$

$$+ \hat{D}_2(\gamma_0'(w - \Pi w), \gamma_1'(w - \Pi w); \gamma_0'(u - u_h), \gamma_1'(u - u_h))$$

$$\leqslant C\|w - \Pi w\|_{H^2(\Omega_1)/P_1(\Omega_1)}\|u - u_h\|_{D_1}$$

$$\leqslant Ch^2\|w\|_{H^4(\Omega_1)/P_1(\Omega_1)}\|u - u_h\|_{D_1}.$$

这里用到了 $k \geqslant 3$ 再利用关于 w 的正则性结果, 便有

$$\|u - u_h\|^2_{L^2(\Omega_1)} \leqslant Ch^2\|u - u_h\|_{L^2(\Omega_1)}\|u - u_h\|_{D_1},$$

即

$$\|u - u_h\|^2_{L^2(\Omega_1)} \leqslant Ch^2\|u - u_h\|_{D_1}.$$

从而由定理 6.10 即得

$$\|u - u_h\|^2_{L^2(\Omega_1)} \leqslant Ch^{k+1}\|u\|_{k+1,\Omega_1}.$$

证毕.

估计式 (6.25) 及 (6.26) 是最佳的, 其中 C 为与 u 及 h 无关的正常数.

6.4 耦合法解平面弹性问题

本节研究用自然边界元与有限元耦合法解平面弹性问题, 仍以无界区域为例说明之.

6.4.1 耦合法原理

设 Γ 为包围原点的有界光滑闭曲线, Ω 为其外部区域. 解 Ω 上如下平面弹性问题:

$$\begin{cases} \mu\Delta u + (\lambda+\mu)\mathrm{grad}\,\mathrm{div}u = 0, & \Omega \text{ 内}, \\ \sum_{j=1}^{2}\sigma_{ij}n_j = g_i, i=1,2, & \Gamma \text{ 上}. \end{cases} \tag{6.27}$$

由第 4 章已知, 此边值问题等价于变分问题

$$\begin{cases} \text{求}u \in W_0^1(\Omega)^2, \text{使得} \\ D(u,v) = F(v), \quad \forall v \in W_0^1(\Omega)^2, \end{cases} \tag{6.28}$$

其中 $W_0^1(\Omega)$ 如第 2 章中所定义,

$$D(u,v) = \iint_{\Omega}\sum_{i,j=1}^{2}\sigma_{ij}(u)\varepsilon_{ij}(\vec{v})dp, \quad F(\vec{v}) = \int_{\Gamma}\vec{g}\cdot\vec{v}ds.$$

已知变分问题 (6.28) 在商空间 $W_0^1(\Omega)^2/\mathscr{R}$ 中存在唯一解, 其中

$$\mathscr{R} = \{(C_1,C_2)|_{C_1,C_2\in\mathbb{R}}\} = P_0(\Omega)^2.$$

作圆周 Γ' 包围 Γ, 其半径为 R. Γ' 分 Ω 为 Ω_1 及 Ω_2 两部分, 其中 Ω_2 为圆外区域 (参见图 6.2). 将双线性型 $D(u,v)$ 的定义中的积分区域改为 Ω_i 则得到新的双线性型并记作 $D_i(u,v), i=1,2$. 于是

$$D(u,v) = D_1(u,v) + D_2(u,v).$$

对区域 Ω_2 应用自然边界归化, 并设 $\mathscr{K}$ 为关于半径为 R 的圆外区域的平面弹性自然积分算子. 令

$$\hat{D}_2(u_0,v_0) = \int_{\Gamma'}v_0\cdot\mathscr{K}u_0ds,$$

便有

$$D_2(u,v) = \hat{D}_2(\gamma'u,\gamma'v)$$

当 u 在 Ω_2 中满足平面弹性方程时成立. 于是变分问题 (6.28) 又等价于如下变分问题:

$$\begin{cases} \text{求}u \in H^1(\Omega_1)^2, \quad \text{使得} \\ D_1(u,v) + \hat{D}_2(\gamma'u, \gamma'v) = F(v), \quad \forall v \in H^1(\Omega_1)^2. \end{cases} \quad (6.29)$$

由变分问题 (6.28) 的解的存在唯一性立即可得

命题 6.5　变分问题 (6.29) 在商空间 $H^1(\Omega_1)^2/\mathscr{R}(\Omega_1)$ 中存在唯一解, 其中 $\mathscr{R}(\Omega_1) = \{(C_1 - C_3 y, C_2 + C_3 x)|_{C_1,C_2,C_3 \in \mathbb{R}}\}$.

今将圆周 Γ' 等分并在 Ω_1 中进行有限元剖分, 使其在 Γ' 上的节点与 Γ' 的等分点重合. 设 $S_h(\Omega_1)^2 \subset H^1(\Omega_1)^2$ 为 Ω_1 上关联于上述剖分的有限元解空间, 便得如下近似变分问题:

$$\begin{cases} \text{求}u_h \in S_h(\Omega_1)^2, \text{使得} \\ D_1(u_h, v_h) + \hat{D}_2(\gamma'u_h, \gamma'v_h) = F(v_h), \quad \forall v_h \in S_h(\Omega_1)^2. \end{cases} \quad (6.30)$$

将 Lax-Milgram 定理应用于子空间 $S_h(\Omega_1)^2$, 即得

命题 6.6　变分问题 (6.30) 在商空间 $S_h(\Omega_1)^2/\mathscr{R}(\Omega_1)$ 中存在唯一解.

将 u_h 用有限元基函数的线性组合表示并代入 (6.30), 便可导出相应的线性代数方程组

$$QU = b,$$

其中 $Q = Q_1 + Q_2, Q_1$ 及 Q_2 分别通过双线性型 $D_1(u,v)$ 及 $\hat{D}_2(u_0,v_0)$ 求出, 前者是通常的有限元刚度矩阵, 后者则相应于自然边界元刚度矩阵, 只要节点顺序排列适当, 可以使它只在左上子块中非零.

6.4.2　收敛性与误差估计

下面给出收敛性定理并得到误差估计.

设 u 为变分问题 (6.29) 的解而 u_h 为近似变分问题 (6.30) 的解, $\Pi: H^1(\Omega_1)^2 \to S_h(\Omega_1)^2$ 为插值算子, $\|\cdot\|_{D_1}$ 及 $\|\cdot\|_{\hat{D}_2}$ 为分别由 $D_1(u,v)$ 及 $\hat{D}_2(u_0,v_0)$ 导出的商空间 $H_1(\Omega_1)^2/\mathscr{R}$ 及 $H^{\frac{1}{2}}(\Gamma')^2/\mathscr{R}(\Gamma')$ 上的能量模. 易得如下:

引理 6.4

$$D_1(u - u_h, v_h) + \hat{D}_2(\gamma'(u - u_h), \gamma'v_h) = 0, \quad \forall v_h \in S_h(\Omega_1)^2,$$

$$\|(u - u_h)\|_{D_1}^2 + \|(\gamma'(u - u_h)\|_{\hat{D}_2}^2 = \min_{v_h \in S_h(\Omega_1)^2}[\|u - v_h\|_{D_1}^2 + \|\gamma'(u - v_h)\|_{\hat{D}_2}^2].$$

用与前面两节用过的同样的方法, 可得

定理 6.12 (收敛性)　若插值算子 Π 满足

$$\lim_{h \to 0} \|v - \Pi v\|_{1,\Omega_1} = 0, \quad \forall v \in C^\infty(\bar{\Omega}_1)^2,$$

则

$$\lim_{h \to 0} \{\|u - u_h\|_{D_1}^2 + \|\gamma'(u - u_h\|_{\hat{D}_2}^2\}^{\frac{1}{2}} = 0.$$

若变分问题 (6.29) 的解 u 有更高的光滑性, 还可得如下误差估计.

定理 6.13 (能量模估计)   若 $u \in H^{k+1}(\Omega_1)^2, k \geqslant 1, \Pi$ 满足

$$\|v - \Pi v\|_{1,\Omega_1} \leqslant Ch^j \|v\|_{j+1,\Omega_1}, \quad \forall v \in H^{j+1}(\Omega_1)^2, \quad j = 1, \cdots, k,$$

则

$$(\|u - u_h\|_{D_1}^2 + \|\gamma'(u - u_h)\|_{\hat{D}_2}^2)^{\frac{1}{2}} \leqslant Ch^k \|u\|_{k+1,\Omega_1}. \tag{6.31}$$

证   由引理 6.4 可得

$$\|u - u_h\|_{D_1}^2 + \|\gamma'(u - u_h)\|_{\hat{D}_2}^2 \leqslant C \inf_{v_h \in S_h(\Omega_1)^2} \|u - v_h\|_{1,\Omega_1}^2$$
$$\leqslant C \|u - \Pi u\|_{1,\Omega_1}^2 \leqslant Ch^{2k} \|u\|_{k+1,\Omega_1}^2,$$

此即式 (6.31). 证毕.

定理 6.14 (L^2 模估计)   若 $u \in H^{k+1}(\Omega_1)^2, k \geqslant 1, \Pi$ 满足定理 6.13 的条件, 且

$$\iint_{\Omega_1} (u - u_h) \cdot v dx dy = 0, \quad \forall v \in \mathscr{R}(\Omega_1),$$

则

$$\|u - u_h\|_{L^2(\Omega_1)^2} \leqslant Ch^{k+1} \|u\|_{k+1,\Omega_1}. \tag{6.32}$$

证   设 w 为如下边值问题:

$$\begin{cases} -Lw = f, & \Omega_1 \ 内, \\ \beta w = 0, & L \cup \Gamma' \ 上 \end{cases}$$

的解, 其中 L 及 β 为平面弹性应力边值问题的微分算子及微分边值算子 (见第 4 章), $f = u - u_h$, 由于此边值问题满足相容性条件, 故其解存在. 因为 $f = u - u_h \in H^1(\Omega_1)^2 \subset L^2(\Omega_1)^2$, 且 Ω_1 的边界充分光滑, 故有 $w \in H^2(\Omega)^2$, 且

$$\|w\|_{H^2(\Omega_1)^2/\mathscr{R}} \leqslant C\|g\|_{L^2(\Omega_1)^2} = C\|u - u_h\|_{L^2(\Omega_1)^2}.$$

从而在

$$\iint_{\Omega_1} (u - u_h)v dp = \iint_{\Omega_1} (-Lw)v dp = D_1(w, v) - \int_{\partial \Omega_1} v\beta w ds$$
$$= D_1(w, v) - \int_{\Gamma'} v\beta w ds = D_1(w, v) + \hat{D}_2(\gamma' w, \gamma' v)$$

中取 $v = u - u_h$ 并利用引理 6.4 和迹定理, 便得到

$$\|u - u_h\|^2_{L^2(\Omega_1)^2} = D_1(w, u - u_h) + \hat{D}(\gamma'w, \gamma'(u - u_h))$$

$$= D_1(w - \Pi w, u - u_h) + \hat{D}_2(\gamma'w - \gamma'\Pi w, \gamma'u - \gamma'u_h)$$

$$\leqslant C\|w - \Pi w\|_{H^1(\Omega)^2/\mathscr{R}}\|u - u_h\|_{D_1} \leqslant Ch\|w\|_{H^2(\Omega_1)^2/\mathscr{R}}\|u - u_h\|_{D_1}.$$

再利用刚才得到的正则性结果, 便有

$$\|u - u_h\|^2_{L^2(\Omega_1)^2} \leqslant Ch\|u - u_h\|_{L^2(\Omega_1)^2}\|u - u_h\|_{D_1},$$

即

$$\|u - u_h\|_{L^2(\Omega_1)^2} \leqslant Ch\|u - u_h\|_{D_1}.$$

最后由定理 6.13 即得式 (6.32). 证毕.

定理 6.15 (L^∞ 模估计)　设 $\Pi : H^1(\Omega_1)^2 \to S_h(\Omega_1)^2$ 为关联于三角形单元的分片线性插值算子, $u \in H^2(\Omega_1)^2$, 且

$$\iint\limits_{\Omega_1} (u - u_h)vdp = 0, \quad \forall v \in \mathscr{R}(\Omega_1),$$

则

$$\|u - u_h\|_{L^\infty(\Omega_1)^2} \leqslant Ch\|u\|_{2,\Omega_1}. \tag{6.33}$$

其证明与定理 6.4 的证明类似, 故不再赘述.

估计式 (6.31)~(6.33) 中的 C 均为与 h 及 u 无关的正常数. (6.31) 及 (6.32) 为最优估计, 但 (6.33) 却并非最优估计.

6.5　耦合法解 Stokes 问题

对于用有限元法求解平面有界区域上的 Stokes 问题, 国内外已有大量工作, 例如可见 [199]、[189] 及其所引文献. 但对无界区域上的这一问题, 区域的无界性便给有限元法带来了困难, 而本节介绍的自然边界元与有限元耦合法则适于求解无界区域问题.

6.5.1　耦合法原理

考察有光滑边界 Γ 的平面无界区域 Ω 上的 Stokes 问题

$$\begin{cases} -\eta\Delta u + \mathrm{grad}p = 0, & \Omega \text{ 内}, \\ \mathrm{div}u = 0, & \Omega \text{ 内}, \\ t = g, & \Gamma \text{ 上}, \end{cases} \tag{6.34}$$

其中 $u = (u_1, u_2)$, $t = (t_1, t_2)$,

$$t_i = \sum_{j=1}^{2} \sigma_{ij}(u, p)n_j, \quad i = 1, 2,$$

$g = (g_1, g_2) \in H^{-\frac{1}{2}}(\Gamma)^2$ 并满足相容性条件 (见第 5 章). 设

$$D(u, v) = 2\eta \sum_{i,j=1}^{2} \iint_{\Omega} \varepsilon_{ij}(u)\varepsilon_{ij}(v)dxdy, \quad F(v) = \int_{\Gamma} g \cdot vds,$$

则边值问题 (6.34) 等价于变分问题

$$\begin{cases} 求(u, p) \in W_0^1(\Omega)^2 \times L^2(\Omega), 使得 \\[2mm] D(u, v) - \iint_{\Omega} p\mathrm{div}vdxdy = F(v), \quad \forall v \in W_0^1(\Omega)^2, \\[4mm] \iint_{\Omega} q\mathrm{div}udxdy = 0, \qquad\qquad \forall q \in L^2(\Omega). \end{cases} \tag{6.35}$$

利用人工边界 Γ' 将区域 Ω 分成两部分, 其中 Ω_2 为半径为 R 的圆外区域 (参见图 6.2). 将自然边界归化应用于 Ω_2, 并设 $\mathscr{K}$ 为关于 Ω_2 的 Stokes 问题的自然积分算子. 令

$$\hat{D}_2(u_0, v_0) = \int_{\Gamma'} v_0 \cdot \mathscr{K} u_0 ds.$$

则由第 5 章中 $\mathscr{K}$ 的具体表达式可得

$$\hat{D}_2(u_0, v_0) = \int_0^{2\pi} \int_0^{2\pi} \left(-\frac{\eta}{2\pi\sin^2\dfrac{\theta - \theta'}{2}} \right) u_0(\theta') \cdot v_0(\theta)d\theta'd\theta.$$

于是有如下能量不变性:

$$D_2(u, v) - \iint_{\Omega} p\mathrm{div}vdxdy = \hat{D}_2(\gamma'u, \gamma'v) \tag{6.36}$$

对满足 Stokes 方程组的 u 及 p 成立. 从而变分问题 (6.35) 等价于有界区域 Ω_1 上的变分问题

$$\begin{cases} 求(u, p) \in H^1(\Omega_1)^2 \times L^2(\Omega_1), 使得 \\[2mm] D_1(u, v) + \hat{D}_2(\gamma'u, \gamma'v) - \iint_{\Omega_1} p\mathrm{div}vdxdy = F(v), \quad \forall v \in H^1(\Omega_1)^2, \\[4mm] \iint_{\Omega_1} q\mathrm{div}udxdy = 0, \quad \forall q \in L^2(\Omega_1), \end{cases} \tag{6.37}$$

或

$$
\begin{cases}
求 u \in W(\Omega_1), \quad 使得 \\
D_1(u,v) + \hat{D}_2(\gamma'u, \gamma'v) = F(v), \quad \forall v \in W(\Omega_1),
\end{cases}
\tag{6.38}
$$

其中 $W(\Omega_1) = \{v \in H^1(\Omega_1)^2 | \mathrm{div} v = 0\}$.

为得到变分问题 (6.37) 的解的存在唯一性, 先给出如下一些引理.

引理 6.5　$D_1(u,v)$ 是 $[H^1(\Omega_1)/P_0] \times [H^1(\Omega_1)/P_0]$ 上对称、连续、V 椭圆双线性型.

证　对称性及连续性显然, V 椭圆性则可由 Korn 不等式得之.

引理 6.6　$\hat{D}_2(u_0, v_0)$ 是 $[H^{\frac{1}{2}}(\Gamma')/P_0] \times [H^{\frac{1}{2}}(\Gamma')/P_0]$ 上对称、连续、V 椭圆双线性型.

证　由定义, 对称性显然. 又设 u_0 及 v_0 各分量的 Fourier 展开为

$$
u_{01}(\theta) = \sum_{-\infty}^{\infty} a_n e^{in\theta}, \quad a_{-n} = \bar{a}_n,
$$

$$
u_{02}(\theta) = \sum_{-\infty}^{\infty} b_n e^{in\theta}, \quad b_{-n} = \bar{b}_n,
$$

$$
v_{01}(\theta) = \sum_{-\infty}^{\infty} c_n e^{in\theta}, \quad c_{-n} = \bar{c}_n,
$$

$$
v_{02}(\theta) = \sum_{-\infty}^{\infty} d_n e^{in\theta}, \quad d_{-n} = \bar{d}_n,
$$

则由

$$
\hat{D}_2(u_0, v_0) = \int_0^{2\pi} \int_0^{2\pi} \left(-\frac{\eta}{2\pi \sin^2 \dfrac{\theta - \theta'}{2}} \right) u_0(\theta') \cdot v_0(\theta) d\theta' d\theta
$$

及广义函数论中的公式

$$
-\frac{1}{4\pi \sin^2 \dfrac{\theta}{2}} = \frac{1}{2\pi} \sum_{-\infty}^{\infty} |n| e^{in\theta},
$$

即得

$$
\hat{D}_2(u_0, u_0) = 2\eta \sum_{-\infty}^{\infty} 2\pi |n| (|a_n|^2 + |b_n|^2) \geqslant \sqrt{2} \eta 2\pi \sum_{\substack{-\infty \\ n \neq 0}}^{\infty} \sqrt{n^2 + 1}(|a_n|^2 + |b_n|^2)
$$

$$
= \sqrt{2}\eta \|u_0\|^2_{[H^{\frac{1}{2}}(\Gamma')/P_0]^2},
$$

以及

$$
\begin{aligned}
|\hat{D}_2(u_0, v_0)| =&\, 2\eta \left| \sum_{-\infty}^{\infty} 2\pi|n|(a_n\bar{c}_n + b_n\bar{d}_n) \right| \\
\leqslant&\, 2\eta \sum_{\substack{-\infty \\ n\neq 0}}^{\infty} 2\pi\sqrt{n^2+1}(|a_n||c_n| + |b_n||d_n|) \\
\leqslant&\, 2\eta \{ \|u_{01}\|_{H^{\frac{1}{2}}(\Gamma')/P_0} \|v_{01}\|_{H^{\frac{1}{2}}(\Gamma')/P_0} \\
&\, + \|u_{02}\|_{H^{\frac{1}{2}}(\Gamma')/P_0} \|v_{02}\|_{H^{\frac{1}{2}}(\Gamma')/P_0} \} \\
\leqslant&\, 2\eta \|u_0\|_{[H^{\frac{1}{2}}(\Gamma')/P_0]^2} \|v_0\|_{[H^{\frac{1}{2}}(\Gamma')/P_0]^2}.
\end{aligned}
$$

证毕.

引理 6.7　设

$$
b(v, q) = -\iint\limits_{\Omega_1} q\,\mathrm{div}v\,dxdy,
$$

则存在常数 $\beta > 0$, 使得

$$
\sup_{v\in H^1(\Omega_1)^2} \frac{b(v, q)}{\|v\|_{H^1(\Omega_1)^2}} \geqslant \beta\|q\|_{L_0^2(\Omega_1)}, \quad \forall q \in L_0^2(\Omega_1).
$$

其证明可见文献 [189], 其中 $L_0^2(\Omega_1) = \left\{ q \in L^2(\Omega_1) \middle| \iint\limits_{\Omega_1} qdxdy = 0 \right\}$.

由上述三引理并应用文献 [189] 之推论 I 4.1 便可得如下定理.

定理 6.16　若 $g \in H^{-\frac{1}{2}}(\Gamma)^2$ 满足相容性条件 $\int_{\Gamma} gds = 0$, 则变分问题 (6.37) 存在唯一解 $(u, p) \in [H^1(\Omega_1)/P_0]^2 \times L_0^2(\Omega_1)$.

上述耦合法同样适用于如下非齐次 Stokes 方程的混合边值问题:

$$
\begin{cases}
-\eta\Delta u + \mathrm{grad}p = f, & \Omega \text{ 内}, \\
\mathrm{div}u = 0, & \Omega \text{ 内}, \\
u = 0, & \Gamma_0 \text{ 上}, \\
t = g, & \Gamma_1 \text{ 上}.
\end{cases}
$$

有关内容可见文献 [20].

6.5.2 收敛性与误差估计

设 $S_h(\Omega_1) \subset H^1(\Omega_1), L_h(\Omega_1) \subset L_0^2(\Omega_1), S_h(\Omega_1)^2 \times L_h(\Omega_1)$ 为满足适当条件的有

限元解空间, 则相应于变分问题 (6.37) 的离散问题为

$$
\begin{cases}
求\,(u_h, p_h) \in S_h(\Omega_1)^2 \times L_h(\Omega_1), \quad 使得 \\
D_1(u_h, v_h) + \hat{D}_2(\gamma' u_h, \gamma' v_h) - \iint\limits_{\Omega_1} p_h \mathrm{div} v_h dx dy \\
= F(v_h), \quad \forall v_h \in S_h(\Omega_1)^2, \\
\iint\limits_{\Omega_1} q_h \mathrm{div} u_h dx dy = 0, \quad \forall q_h \in L_h(\Omega_1).
\end{cases}
\tag{6.39}
$$

将 [189] 的推论 I 4.1 应用于子空间 $S_h(\Omega_1)^2 \times L_h(\Omega_1)$, 立即可得近似变分问题 (6.39) 在 $[S_h(\Omega_1)/P_0]^2 \times L_h(\Omega_1)$ 中存在唯一解.

　　注意到自然边界元与有限元耦合法的变分问题 (6.37) 与单纯在 Ω_1 上的 Stokes 问题的变分问题的差别仅在于以双线性型 $D_1(u, v) + \hat{D}_2(\gamma' u, \gamma' v)$ 代替 $D_1(u, v)$, 而前者依然为 $[H^1(\Omega_1)/P_0]^2$ 上的对称、连续、V 椭圆双线性型, 于是在用有限元法求解 Stokes 问题的经典理论中用以获得误差估计的方法在这里依然有效, 从而可得如下收敛性及误差估计.

　　定理 6.17 (收敛性及能量模估计)　若近似解空间 $S_h(\Omega_1)$ 及 $L_h(\Omega_1)$ 满足文献 [189] 第二章 §1 中的假设 H_1, H_2 及 H_3, 则近似变分问题 (6.39) 在 $[S_h(\Omega_1)/P_0]^2 \times L_h(\Omega_1)$ 中有唯一解 (u_h, p_h), 且 (u_h, p_h) 趋向于变分问题 (6.37) 的解 (u, p):

$$
\lim_{h \to 0} \{ |u_h - u|_{1, \Omega_1} + \|p_h - p\|_{0, \Omega_1} \} = 0.
$$

进一步, 当 $(u, p) \in H^{k+1}(\Omega_1)^2 \times [H^k(\Omega_1) \cap L_0^2(\Omega_1)], k \geqslant 1$, 则有误差估计.

$$
|u - u_h|_{1, \Omega_1} + \|p - p_h\|_{0, \Omega_1} \leqslant Ch^k (\|u\|_{k+1, \Omega_1} + \|p\|_{k. \Omega_1}).
\tag{6.40}
$$

　　注　假设 H_1 及 H_2 分别为插值算子 $\Pi_1 : H^1(\Omega_1)^2 \to S_h(\Omega_1)^2$ 及 $\Pi_2 : L_0^2(\Omega_1) \to L_h(\Omega_1)$ 满足的逼近性

$$
\|v - \Pi_1 v\|_{1, \Omega_1} \leqslant Ch^j \|v\|_{j+1, \Omega_1}, \quad \forall v \in H^{j+1}(\Omega_1)^2, j = 1, \cdots, k,
$$

及

$$
\|q - \Pi_2 q\|_{0, \Omega_1} \leqslant Ch^j \|q\|_{j, \Omega_1}, \quad \forall q \in H^j(\Omega_1), j = 1, \cdots, k.
$$

假设 H_3 则为一致 inf-sup 条件.

　　定理 6.18 (L^2 模估计)　若近似解空间 $S_h(Q_1)$ 及 $L_h(\Omega_1)$ 满足上述假设 H_1, H_2 及 H_3, 变分问题 (6.37) 的解

$$
(u, p) \in H^{k+1}(\Omega_1)^2 \times [H^k(\Omega_1) \cap L_0^2(\Omega_1)], \quad k \geqslant 1,
$$

则有如下误差估计

$$\| u - u_h \|_{0,\Omega_1} \leqslant Ch^{k+1}(\| u \|_{k+1,\Omega_1} + \| p \|_{k,\Omega_1}). \tag{6.41}$$

定理 6.17 及定理 6.18 的证明完全类似于文献 [189] 中定理 II1.8 及 II1.9 的证明, 这里不再赘述. 估计式 (6.40) 及 (6.41) 都是最优的, 其中 C 为与 h, u 及 p 均无关的常数.

6.6　无穷远边界条件的近似

用经典有限元方法求解无界区域上的椭圆边值问题时会碰到区域的无界性这一困难. 简单地以一较大的有界区域来代替无界区域进行近似求解自然很难达到要求的经度. 于是便产生出无限元方法及边界元方法等不同类型的方法以克服这一困难. 本章前几节所述自然边界元与有限元耦合法便提供了解决这一问题的一条很好的途径.

在无界区域内作一圆周作为人工边界, 在此圆周的外部区域进行自然边界归化, 便得到人工边界上的准确的边界条件. 这是一个积分边界条件. 由此出发可进一步得到人工边界上的近似积分边界条件及近似微分边界条件. 于是, 在此有界区域内用有限元法求解时在人工边界上加上这样的近似边界条件, 当然也可以期望比简单地置人工边界外部的解为零得到更好的结果.

6.6.1　积分边界条件的近似

为简单起见, 仍以调和方程边值问题为例. 设 Ω 为光滑闭曲线 Γ 的外部区域. 考察如下调和方程的 Neumann 外边值问题

$$\begin{cases} -\Delta u = 0, & \Omega内, \\ \dfrac{\partial u}{\partial n} = g, & \Gamma上, \end{cases} \tag{6.42}$$

其中 $g \in H^{-\frac{1}{2}}(\Gamma)$ 满足相容性条件 $\displaystyle\int_{\Gamma} g\,ds = 0$, 解 u 在无穷远有界. 以 R 为半径作圆周 Γ_R 包围 Γ. Γ_R 分 Ω 为 Ω_i 及 Ω_e, 这里 Ω_e 为圆周 Γ_R 的外部区域 (图 6.6). 通过对 Ω_e 上调和方程边值问题的自然边界归化得到的 Γ_R 上的自然积分方程正是原边值问题在人工边界 Γ_R 上的准确的边界条件, 也即边值问题 (6.42) 等价于有界区域 Ω_i 上带准确人工边界条件的边值问题

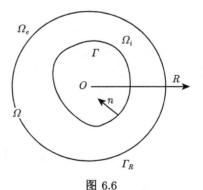

图 6.6

$$\begin{cases} -\Delta u = 0, & \Omega_i \text{内}, \\ \dfrac{\partial u}{\partial n} = g, & \Gamma \text{上}, \\ \dfrac{\partial u}{\partial r}(R, \theta) = \dfrac{1}{4\pi R \sin^2 \dfrac{\theta}{2}} * u(R, \theta), & \Gamma_R \text{上}. \end{cases} \tag{6.43}$$

因为

$$-\frac{1}{4\pi R \sin^2 \dfrac{\theta}{2}} = \frac{1}{2\pi R} \sum_{-\infty}^{\infty} |n| e^{in\theta} = \frac{1}{\pi R} \sum_{n=1}^{\infty} n \cos n\theta,$$

故 (6.43) 在 Γ_R 上的积分边界条件可写作

$$\frac{\partial u}{\partial r}(R, \theta) = -\frac{1}{\pi R} \sum_{n=1}^{\infty} n \int_0^{2\pi} u(R, \theta') \cos n(\theta - \theta') d\theta. \tag{6.44}$$

显然这是一个非局部的边界条件, 且其积分核是超奇异的. 为了简化这一边界条件以便于应用, 可取如下近似积分边界条件:

$$\frac{\partial u}{\partial r}(R, \theta) = -\frac{1}{\pi R} \sum_{n=1}^{N} n \int_0^{2\pi} u(R, \theta') \cos n(\theta - \theta') d\theta', \tag{6.45}$$

其中 N 为正整数, 其积分核是非奇异的. 特别当 $u(R, \theta)$ 的 Fourier 级数展开仅包含前 N 项时, 这一边界条件正可化为一个局部边界条件

$$\frac{\partial u}{\partial r}(R, \theta) = \frac{1}{R} \sum_{k=1}^{N} a_k \frac{\partial^{2k}}{\partial \theta^{2k}} u(R, \theta), \tag{6.46}$$

其中 $a_k(k = 1, 2, \cdots, N)$ 为方程组

$$\sum_{k=1}^{N} (-n^2)^k a_k = -n, \quad n = 1, 2, \cdots, N$$

的解. 近似边界条件 (6.45) 及 (6.46) 分别为边界条件 (6.44) 的 N 阶近似积分边界条件及 N 阶近似微分边界条件. 前几个近似微分边界条件如下:

$$N = 1: \ \frac{\partial u}{\partial r} = \frac{1}{R} \frac{\partial^2 u}{\partial \theta^2}, \tag{6.47}$$

$$N = 2: \ \frac{\partial u}{\partial r} = \frac{1}{R} \left(\frac{7}{6} \frac{\partial^2 u}{\partial \theta^2} + \frac{1}{6} \frac{\partial^4 u}{\partial \theta^4} \right), \tag{6.48}$$

$$N = 3: \ \frac{\partial u}{\partial r} = \frac{1}{R} \left(\frac{74}{60} \frac{\partial^2 u}{\partial \theta^2} + \frac{15}{60} \frac{\partial^4 u}{\partial \theta^4} + \frac{1}{60} \frac{\partial^6 u}{\partial \theta^6} \right), \tag{6.49}$$

$$N = 4 : \quad \frac{\partial u}{\partial r} = \frac{1}{R}\left(\frac{533}{420}\frac{\partial^2 u}{\partial \theta^2} + \frac{43}{144}\frac{\partial^4 u}{\partial \theta^4} + \frac{11}{360}\frac{\partial^6 u}{\partial \theta^6} + \frac{1}{1008}\frac{\partial^8 u}{\partial \theta^8} \right), \tag{6.50}$$

等等. 设

$$D_1(u,v) = \iint\limits_{\Omega_i} \nabla u \cdot \nabla v \, dx dy,$$

$$\hat{D}(u,v) = \frac{1}{\pi}\int_0^{2\pi}\int_0^{2\pi}\sum_{n=1}^{\infty} n\cos(\theta - \theta')u(R,\theta')v(R,\theta)d\theta' d\theta,$$

$$\hat{D}^N(u,v) = \frac{1}{\pi}\int_0^{2\pi}\int_0^{2\pi}\sum_{n=1}^{N} n\cos(\theta - \theta')u(R,\theta')v(R,\theta)d\theta' d\theta,$$

$$\tilde{D}^N(u,v) = \int_0^{2\pi}\sum_{k=1}^{N}(-1)^{k-1}a_k\frac{\partial^k}{\partial \theta^k}u(R,\theta)\frac{\partial^k}{\partial \theta^k}v(R,\theta)d\theta,$$

$$f(v) = \int_\Gamma gv ds.$$

于是边值问题 (6.43) 等价于变分问题

$$\begin{cases} \text{求} u \in H^1(\Omega_i), \text{使得} \\ D_1(u,v) + \hat{D}(u,v) = f(v), \quad \forall v \in H^1(\Omega_i), \end{cases} \tag{6.51}$$

而相应的以近似积分边界条件 (6.45) 或近似微分边界条件 (6.46) 代替边界条件 (6.44) 的边值问题则等价于变分问题

$$\begin{cases} \text{求} u^N \in H^1(\Omega_i), \text{使得} \\ D_1(u^N,v) + \hat{D}^N(u^N,v) = f(v), \quad \forall v \in H^1(\Omega_i) \end{cases} \tag{6.52}$$

或

$$\begin{cases} \text{求} \tilde{u}^N \in H^1(\Omega_i) \cap H^N(\Gamma_R), \text{使得} \\ D_1(\tilde{u}^N,v) + \tilde{D}^N(\tilde{u}^N,v) = f(v), \quad \forall v \in H^1(\Omega_i) \cap H^N(\Gamma_R). \end{cases} \tag{6.53}$$

命题 6.7 若 $a_N > 0$, 则 $\tilde{D}^N(u,v)$ 当 N 为正奇数时为半正定对称双线性型, 而当 N 为正偶数时却不是半正定的.

证 若 N 为正奇数, 因为多项式

$$P_{2N}(x) - x = \sum_{k=1}^{N}(-1)^{k-1}a_k x^{2k} - x$$

至多有 $N+1$ 个不同的非负实根, 且已知 $x = 0, 1, \cdots, N$ 均为其根, 以及 $(-1)^{N-1}a_N > 0$, 故有 $P_{2N}(x) > N > 0$ 对 $x > N$ 成立. 于是

$$\tilde{D}^N(\cos n\theta, \cos n\theta) = \tilde{D}^N(\sin n\theta, \sin n\theta) = \sum_{k=1}^{N}(-1)^{k-1}a_k n^{2k}\pi$$
$$\geqslant 0, \quad n = 0, 1, \cdots.$$

从而

$$\tilde{D}^N(v, v) \geqslant 0, \quad \forall v \in H^1(\Omega_i).$$

若 N 为正偶数, 则 $(-1)^{N-1}a_N < 0$. 设 x_M 为 $P_{2N}(x)$ 的最大实根, 则对 $x > x_M$ 有 $P_{2N}(x) < 0$. 因此 $\tilde{D}^N(u, v)$ 不是半正定的. 证毕.

推论 6.1　　关联于边界条件 (6.47) 及 (6.49) 的对称双线性型 $\tilde{D}^1(u, v)$ 及 $\tilde{D}^3(u, v)$ 是半正定的, 而关联于边界条件 (6.48) 及 (6.50) 的对称双线性型 $\tilde{D}^2(u, v)$ 及 $\tilde{D}^4(u, v)$ 不是半正定的.

今再考察另一系列的近似微分边界条件

$$\frac{\partial u}{\partial r}(R, \theta) = \frac{1}{R}\sum_{k=0}^{N-1}\beta_k \frac{\partial^{2k}}{\partial\theta^{2k}}u(R, \theta), \tag{6.54}$$

其中 $\beta_k(k = 0, 1, \cdots, N-1)$ 为方程组

$$\sum_{k=0}^{N-1}(-n^2)^k\beta_k = -n, \quad n = 1, 2, \cdots, N$$

的解, 且 u 满足 $\displaystyle\int_0^{2\pi}u(R, \theta)d\theta = 0$. 因为原边值问题 (6.42) 的解是在可差一常数的意义下唯一, 故可附加这一条件, 当 $u(R, \theta)$ 的 Fourier 级数仅含前 N 项时, (6.54) 也等价于 (6.45). (6.54) 型的近似微分边界条件的前几个是

$$N = 1: \quad \frac{\partial u}{\partial r} = -\frac{1}{R}u, \tag{6.55}$$

$$N = 2: \quad \frac{\partial u}{\partial r} = \frac{1}{R}\left(-\frac{2}{3}u + \frac{1}{3}\frac{\partial^2 u}{\partial\theta^2}\right), \tag{6.56}$$

$$N = 3: \quad \frac{\partial u}{\partial r} = \frac{1}{R}\left(-\frac{3}{5}u + \frac{5}{12}\frac{\partial^2 u}{\partial\theta^2} + \frac{1}{60}\frac{\partial^4 u}{\partial\theta^4}\right), \tag{6.57}$$

$$N = 4: \quad \frac{\partial u}{\partial r} = \frac{1}{R}\left(-\frac{4}{7}u + \frac{41}{90}\frac{\partial^2 u}{\partial\theta^2} + \frac{1}{36}\frac{\partial^4 u}{\partial\theta^4} + \frac{1}{1260}\frac{\partial^6 u}{\partial\theta^6}\right), \tag{6.58}$$

等等. 设

$$\tilde{D}^N(u,v) = \int_0^{2\pi} \sum_{k=0}^{N-1} (-1)^{k-1} \beta_k \frac{\partial^k u}{\partial \theta^k}(R,\theta) \frac{\partial^k v}{\partial \theta^k}(R,\theta) d\theta.$$

利用同样的方法可证明

命题 6.8 若 $\beta_{N-1} > 0$, 则 $\tilde{D}^N(u,v)$ 当 N 为正偶数时是半正定对称双线性型, 而当 N 为正奇数时却不是半正定的.

推论 6.2 关联于边界条件 (6.56) 及 (6.58) 的对称双线性型 $\tilde{D}^2(u,v)$ 及 $\tilde{D}^4(u,v)$ 是半正定的, 而关联于边界条件 (6.57) 的对称双线性型 $\tilde{D}^3(u,v)$ 不是半正定的.

容易看出, 关联于边界条件 (6.55) 的对称双线性型 $\tilde{D}^N(u,v)$ 是半正定的:

$$\tilde{D}^1(u,v) = \int_0^{2\pi} [u(R,\theta)]^2 d\theta \geqslant 0.$$

因此, 为了保持双线性型的半正定对称性, 可以这样使用近似微分边界条件, 即对 $N=1$, 使用 (6.47) 或 (6.55) 对 $N=2$, 使用 (6.56), 对 $N=3$, 使用 (6.49), 对 $N=4$, 使用 (6.58), 等等.

6.6.2 误差估计

考察在人工边界 Γ_R 上带 N 阶近似积分边界条件 (6.45) 的如下边值问题:

$$\begin{cases} -\Delta u = 0, & \Omega_i \text{内}, \\ \dfrac{\partial u}{\partial n} = g, & \Gamma \text{上}, \\ \dfrac{\partial u}{\partial r} = -\dfrac{1}{\pi R} \sum_{n=1}^N n \cos n\theta * u(R,\theta), & \Gamma_R \text{上} \end{cases} \tag{6.59}$$

及其等价变分问题 (6.52). 今证明其解的存在唯一性, 并给出此解作为边值问题 (6.43) 或相应变分问题 (6.51) 的解的逼近的误差估计.

引理 6.8 $\hat{D}(u_0,v_0)$ 及 $\hat{D}^N(u_0,v_0)$ 均为 $H^{\frac{1}{2}}(\Gamma_R)$ 上半正定对称连续双线性型.

证 设

$$u_0 = \sum_{-\infty}^{\infty} a_n e^{in\theta}, \quad a_{-n} = \bar{a}_n,$$

$$v_0 = \sum_{-\infty}^{\infty} b_n e^{in\theta}, \quad b_{-n} = \bar{b}_n,$$

则有

$$\hat{D}(u_0,v_0) = 2\pi \sum_{-\infty}^{\infty} |n| a_n \bar{b}_n \leqslant \left(2\pi \sum_{-\infty}^{\infty} |n| |a_n|^2 \right)^{\frac{1}{2}} \left(2\pi \sum_{-\infty}^{\infty} |n| |b_n|^2 \right)^{\frac{1}{2}}$$

$$\leqslant \frac{1}{R}\left[2\pi R\sum_{-\infty}^{\infty}(1+n^2)^{\frac{1}{2}}|a_n|^2\right]^{\frac{1}{2}}\left[2\pi R\sum_{-\infty}^{\infty}(1+n^2)^{\frac{1}{2}}|b_n|^2\right]^{\frac{1}{2}}$$

$$= \frac{1}{R}\|u_0\|_{\frac{1}{2},\Gamma_R}\|v_0\|_{\frac{1}{2},\Gamma_R},$$

$$\hat{D}^N(u_0,v_0) = 2\pi\sum_{-N}^{N}|n|a_n\bar{b}_n \leqslant \left(2\pi\sum_{-N}^{N}|n||a_n|^2\right)^{\frac{1}{2}}\left(2\pi\sum_{-N}^{N}|n||b_n|^2\right)^{\frac{1}{2}}$$

$$\leqslant \frac{1}{R}\left[2\pi R\sum_{-N}^{N}(1+n^2)^{\frac{1}{2}}|a_n|^2\right]^{\frac{1}{2}}\left[2\pi R\sum_{-N}^{N}(1+n^2)^{\frac{1}{2}}|b_n|^2\right]^{\frac{1}{2}}$$

$$\leqslant \frac{1}{R}\|u_0\|_{\frac{1}{2},\Gamma_R}\|v_0\|_{\frac{1}{2},\Gamma_R},$$

以及

$$\hat{D}(u_0,u_0) = 2\pi\sum_{-\infty}^{\infty}|n||a_n|^2 \geqslant 0,$$

$$\hat{D}^N(u_0,u_0) = 2\pi\sum_{-N}^{N}|n||a_n|^2 \geqslant 0.$$

证毕.

容易看出, 上述在 $H^{\frac{1}{2}}(\Gamma_R)$ 上的连续性可进一步加强为在商空间 $H^{\frac{1}{2}}(\Gamma_R)/P_0$ 上的连续性. 此外,

$$\hat{D}(u_0,u_0) = 2\pi\sum_{-\infty}^{\infty}|n||a_n|^2 \geqslant \frac{2\pi R}{\sqrt{2R}}\sum_{\substack{-\infty\\n\neq 0}}^{\infty}(1+n^2)^{\frac{1}{2}}|a_n|^2$$

$$= \frac{1}{\sqrt{2R}}\|u_0\|^2_{H^{\frac{1}{2}}(\Gamma_R)/P_0},$$

即 $\hat{D}(u_0,v_0)$ 在 $H^{\frac{1}{2}}(\Gamma_R)/P_0$ 上是 V 椭圆的.

定理 6.19　变分问题 (6.51) 及 (6.52) 在商空间 $H^1(\Omega_i)/P_0$ 中均存在唯一解.

证　因为 g 满足相容性条件, 故可在商空间 $H^1(\Omega_i)/P_0$ 中考察变分问题 (6.51) 及 (6.52).

由 $D_1(u,v)$ 在 $H^1(\Omega_i)/P_0$ 中的对称连续 V 椭圆性, 以及引理 6.8, 并利用迹定理, 可得 $D_1(u,v)+\hat{D}(u,v)$ 及 $D_1(u,v)+\hat{D}^N(u,v)$ 均为 $H^1(\Omega_i)/P_0$ 上的对称连续 V 椭圆双线性型. 此外, $f(v)$ 为 $H^1(\Omega_i)/P_0$ 上连续线性泛函. 于是根据 Lax-Milgram 定理, 变分问题 (6.51) 及 (6.52) 在商空间 $H^1(\Omega_i)/P_0$ 中均存在唯一解. 证毕.

仍设 u 及 u^N 分别为变分问题 (6.51) 及 (6.52) 的解. 为了得到 $u-u^N$ 在能量模下的估计, 先证明下面两个引理.

设 a 为包围 Γ 的最小圆周 Γ_a 的半径 (图 6.7). Γ_R 及 Γ_a 均以坐标原点 O 为圆心.

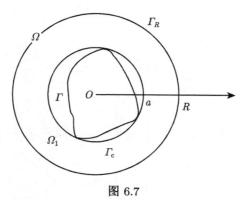

图 6.7

引理 6.9 若 $R \geqslant \sigma a, \sigma > 1, w \in H^1(\Omega_i)$ 为 Ω_i 内调和函数, 则有

$$[\hat{D}(w, w)]^{\frac{1}{2}} \leqslant \frac{\sqrt{2}\sigma}{\sqrt{\sigma^2 - 1}} |w|_{1,\Omega_i}. \tag{6.60}$$

证 因为 w 是 Ω_i 内调和函数, 当然也是 Γ_R 与 Γ_a 间的环域内的调和函数. 令

$$w = \sum_{\substack{-\infty \\ n \neq 0}}^{\infty} \left(\frac{b_n}{r^{|n|}} + c_n r^{|n|}\right) e^{in\theta} + c_0 + b_0 \ln r,$$

其中 $b_{-n} = \bar{b}_n, c_{-n} = \bar{c}_n, n = 0, 1, \cdots$. 于是由

$$|w|_{1,\Omega_i}^2 \geqslant \int_a^R \int_0^{2\pi} \left(\left|\frac{\partial w}{\partial r}\right|^2 + \frac{1}{r^2}\left|\frac{\partial w}{\partial \theta}\right|^2\right) r d\theta dr$$

$$= \int_a^R \int_0^{2\pi} \left\{ \sum_{\substack{-\infty \\ n \neq 0}}^{\infty} \left||n|c_n r^{|n|-1} - |n|\frac{b_n}{r^{|n|+1}}\right|^2 \right.$$

$$\left. + \left(\frac{b_0}{r}\right)^2 + \sum_{\substack{-\infty \\ n \neq 0}}^{\infty} \frac{n^2}{r^2}\left|c_n r^{|n|} + \frac{b_n}{r^{|n|}}\right|^2 \right\} r d\theta dr$$

$$\geqslant 4\pi \sum_{\substack{-\infty \\ n \neq 0}}^{\infty} n^2 \int_a^R \left\{\frac{|b_n|^2}{r^{2|n|+1}} + r^{2|n|-1}|c_n|^2\right\} dr$$

$$= 2\pi \sum_{\substack{-\infty \\ n \neq 0}}^{\infty} |n| \left\{\left(\frac{1}{a^{2|n|}} - \frac{1}{R^{2|n|}}\right)|b_n|^2 + (R^{2|n|} - a^{2|n|})|c_n|^2\right\},$$

及

$$\hat{D}(w,w) = 2\pi \sum_{\substack{-\infty \\ n\neq 0}}^{\infty} |n| \left| \frac{b_n}{R^{|n|}} + c_n R^{|n|} \right|^2$$

$$\leqslant 4\pi \sum_{\substack{-\infty \\ n\neq 0}}^{\infty} |n| \left(\frac{|b_n|^2}{R^{2|n|}} + |c_n|^2 R^{2|n|} \right)$$

$$\leqslant 4\pi \sum_{\substack{-\infty \\ n\neq 0}}^{\infty} |n| \left\{ \frac{a^2}{R^2-a^2} \left(\frac{1}{a^{2|n|}} - \frac{1}{R^{2|n|}} \right) |b_n|^2 \right.$$

$$\left. + \frac{R^2}{R^2-a^2} (R^{2|n|} - a^{2|n|}) |c_n|^2 \right\},$$

可得

$$\hat{D}(w,w) \leqslant \frac{2R^2}{R^2-a^2} |w|^2_{1,\Omega_i} \leqslant \frac{2\sigma^2}{\sigma^2-1} |w|^2_{1,\Omega_i},$$

即

$$[\hat{D}(w,w)]^{\frac{1}{2}} \leqslant \frac{\sqrt{2}\sigma}{\sqrt{\sigma^2-1}} |w|_{1,\Omega_i}.$$

证毕.

又由于 $\hat{D}(u_0, v_0)$ 的 $[H^{\frac{1}{2}}(\Gamma_R)/P_0]$ 椭圆性

$$\|w\|^2_{H^{\frac{1}{2}}(\Gamma_R)/P_0} \leqslant \sqrt{2} R \hat{D}(w,w),$$

可进一步得到

$$\|w\|_{H^{\frac{1}{2}}(\Gamma_R)/P_0} \leqslant \sqrt[4]{8} \frac{\sigma}{\sqrt{\sigma^2-1}} \sqrt{R} |w|_{1,\Omega_i}. \tag{6.61}$$

引理 6.10　设 $R \geqslant \sigma a, \sigma > 1$, 则

$$\iint_{\Omega_i} w^2 dxdy \leqslant \frac{1}{(2R)^2} \left(\iint_{\Omega_i} w dxdy \right)^2$$

$$+ M^2 (2R)^2 \iint_{\Omega_i} |\nabla w|^2 dxdy \quad \forall w \in H^1(\Omega_i), \tag{6.62}$$

其中 $M = M(\sigma)$ 为常数.

证　只需对所有连续可微函数证明即可. 通过零延拓可将 w 看作正方形 $[-R, R]^2$ 上的函数. 因为 $R \geqslant \sigma a, \sigma > 1$, 故 Ω_i 内任意两点能被 Ω_i 中至多由 $2M$ 段平行于

坐标轴的线段组成的折线相连, 其中 $M = M(\sigma)$ 为常数 (图 6.8). 于是

$$w(\xi_M, \eta_M) - w(\xi_0, \eta_0)$$
$$= \int_{\eta_0}^{\eta_1} \frac{\partial w}{\partial \eta}(\xi_0, \eta)d\eta + \int_{\xi_0}^{\xi_1} \frac{\partial w}{\partial \xi}(\xi, \eta_1)d\xi + \cdots + \int_{\xi_{M-1}}^{\xi_M} \frac{\partial w}{\partial \xi}(\xi, \eta_M)d\xi.$$

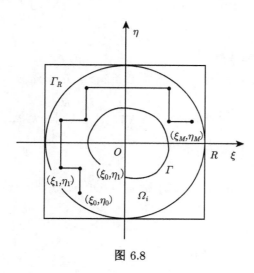

图 6.8

两边平方可得

$$w(\xi_M, \eta_M)^2 + w(\xi_0, \eta_0)^2 - 2w(\xi_M, \eta_M)w(\xi_0, \eta_0)$$
$$\leqslant 2M\left\{ \left[\int_{\eta_0}^{\eta_1} \frac{\partial w}{\partial \eta}(\xi_0, \eta)d\eta\right]^2 + \left[\int_{\xi_0}^{\xi_1} \frac{\partial w}{\partial \xi}(\xi, \eta_1)d\xi\right]^2 + \cdots \right.$$
$$+ \left.\left[\int_{\xi_{M-1}}^{\xi_M} \frac{\partial w}{\partial \xi}(\xi, \eta_M)d\xi\right]^2 \right\}$$
$$\leqslant 2M \cdot 2R\left\{ \int_{-R}^{R} \left[\frac{\partial w}{\partial \eta}(\xi_0, \eta)\right]^2 d\eta + \int_{-R}^{R} \left[\frac{\partial w}{\partial \xi}(\xi, \eta_1)\right]^2 d\xi \right.$$
$$+ \left.\cdots + \int_{-R}^{R} \left[\frac{\partial w}{\partial \xi}(\xi, \eta_M)\right]^2 d\xi \right\}.$$

逐次对 $\xi_0, \eta_0, \xi_1, \eta_1, \cdots, \xi_M$ 和 η_M 从 $-R$ 到 R 积分, 便有

$$(2R)^{2M}\left\{ 2\iint\limits_{\Omega_i} w^2 dxdy \right\} - 2(2R)^{2(M-1)}\left(\iint\limits_{\Omega_i} wdxdy\right)^2$$

$$\leqslant 2M^2(2R)^{2(M+1)} \iint\limits_{\Omega_i} |\nabla w|^2 dxdy,$$

也即

$$\iint\limits_{\Omega_i} w^2 dxdy \leqslant \frac{1}{(2R)^2} \left(\iint\limits_{\Omega_{ii}} wdxdy \right)^2 + M^2(2R)^2 \iint\limits_{\Omega_i} |\nabla w|^2 dxdy.$$

证毕.

现在可得本节主要结果.

定理 6.20 若 $u \in H^1(\Omega_i) \cap H^{k-\frac{1}{2}}(\Gamma_a), k \geqslant 1, R \geqslant \sigma a, \sigma > 1$ 为常数, 则

$$\|u - u^N\|_{H^1(\Omega_i)/P_0} \leqslant C \frac{1}{N^{k-1}} \left(\frac{a}{R} \right)^N \|u\|_{k-\frac{1}{2},\Gamma_a}, \tag{6.63}$$

其中 C 为与 N 及 R 无关的正常数.

证 设

$$\|w\|_{D^N} = [D_1(w,w) + \hat{D}^N(w,w)]^{\frac{1}{2}}.$$

由引理 6.10 有

$$\|w\|_{L^2(\Omega_i)/P_0}^2 = \inf_{c \in P_0} \|w - c\|_{L^2(\Omega_i)}^2$$

$$\leqslant \inf_{c \in P_0} \left\{ \frac{1}{(2R)^2} \left[\iint\limits_{\Omega_i} (w-c)dxdy \right]^2 + (2MR)^2 \iint\limits_{\Omega_i} |\nabla w|^2 dxdy \right\}$$

$$= (2MR)^2 |w|_{1,\Omega_i}^2, \quad \forall w \in H^1(\Omega_i).$$

于是

$$\|w\|_{H^1(\Omega_i)/P_0}^2 \leqslant (1 + 4M^2R^2)|w|_{1,\Omega_i}^2 \leqslant \left(\frac{1}{\sigma^2 a^2} + 4M^2 \right) R^2 \|w\|_{D^N}^2, \quad \forall w \in H^1(\Omega_i),$$

也即

$$\|w\|_{H^1(\Omega_i)/P_0} \leqslant C_0 R \|w\|_{D^N}, \quad \forall w \in H^1(\Omega_i),$$

其中

$$C_0 = \left(\frac{1}{\sigma^2 a^2} + 4M^2 \right)^{\frac{1}{2}}.$$

因为 u 是 Ω 内调和函数, 故可令

$$u(r,\theta) = \sum_{-\infty}^{\infty} a_n r^{-|n|} e^{in\theta}, \quad a_{-n} = \bar{a}_n, \quad n = 0, 1, 2, \cdots.$$

此外, 设

$$(u^N - u)_{\Gamma_R} = \sum_{-\infty}^{\infty} b_n e^{in\theta}, \ b_{-n} = \bar{b}_n, \quad n = 0, 1, 2, \cdots.$$

由 (6.51) 及 (6.52) 可得

$$D_1(u - u^N, v) + \hat{D}(u, v) - \hat{D}^N(u^N, v) = 0, \quad \forall v \in H^1(\Omega_i).$$

取 $v = u - u^N$, 便有

$$\begin{aligned}
\|u - u^N\|_{D^N}^2 &= D_1(u - u^N, u - u^N) + \hat{D}^N(u - u^N, u - u^N) \\
&= \hat{D}^N(u, u - u^N) - \hat{D}(u, u - u^N) \\
&= \frac{1}{\pi} \int_0^{2\pi} \int_0^{2\pi} \sum_{n=N+1}^{\infty} n\cos n(\theta - \theta') u(R, \theta')[u^N(R, \theta) - u(R, \theta)] d\theta' d\theta \\
&= 2\pi \sum_{|n| \geqslant N+1} |n| R^{-|n|} a_n \bar{b}_n \\
&\leqslant \left(2\pi \sum_{|n| \geqslant N+1} |n| R^{-2|n|} |a_n|^2 \right)^{\frac{1}{2}} [\hat{D}(u^N - u, u^N - u)]^{\frac{1}{2}}.
\end{aligned}$$

因为 $u^N - u$ 为 Ω_i 内调和函数, 利用引理 6.9 则有

$$\begin{aligned}
\|u^N - u\|_{D^N}^2 &\leqslant \frac{\sqrt{2}\sigma}{\sqrt{\sigma^2 - 1}} \left(2\pi \sum_{|n| \geqslant N+1} |n| R^{-2|n|} |a_n|^2 \right)^{\frac{1}{2}} |u^N - u|_{1,\Omega_i} \\
&\leqslant \frac{\sqrt{2}\sigma}{\sqrt{\sigma^2 - 1}} \left(2\pi \sum_{|n| \geqslant N+1} |n| R^{-2|n|} |a_n|^2 \right)^{\frac{1}{2}} |u^N - u|_{D^N}.
\end{aligned}$$

因此

$$\begin{aligned}
\|u - u^N\|_{H^1(\Omega_i)/P_0} &\leqslant C_0 R \|u - u^N\|_{D^N} \leqslant C_0 R \frac{\sqrt{2}\sigma}{\sqrt{\sigma^2 - 1}} \left(2\pi \sum_{|n| \geqslant N+1} |n| \frac{|a_n|^2}{R^{2|n|}} \right)^{\frac{1}{2}} \\
&\leqslant C_0 R \frac{\sqrt{2}\sigma}{\sqrt{\sigma^2 - 1}} \frac{1}{\sqrt{a} N^{k-1}} \left(\frac{a}{R} \right)^{N+1} \left(2\pi a \sum_{|n| \geqslant N+1} |n|^{2k-1} \frac{|a_n|^2}{a^{2|n|}} \right)^{\frac{1}{2}} \\
&\leqslant C_0 \frac{\sqrt{2a}\sigma}{\sqrt{\sigma^2 - 1}} \frac{1}{N^{k-1}} \left(\frac{a}{R} \right)^N \|u\|_{k-\frac{1}{2}, \Gamma_a},
\end{aligned}$$

也即

$$\|u - u^N\|_{H^1(\Omega_i)/P_0} \leqslant C \frac{1}{N^{k-1}} \left(\frac{a}{R} \right)^N \|u\|_{k-\frac{1}{2} \Gamma_a},$$

其中

$$C = \left[\frac{2(4a^2\sigma^2 M^2 + 1)}{a(\sigma^2 - 1)} \right]^{\frac{1}{2}} = C(a, \sigma)$$

为与 N 及 R 无关的常数. 证毕.

　　定理 6.20 揭示了用近似积分边界条件取代人工边界上的准确边界条件时解的误差与近似边界条件的阶 N 及人工边界的半径 R 之间的关系. 由估计式 (6.63) 可见, 只要 $R > a$, 此误差便将随着 N 的增大而急剧减小, R/a 越大, 这一减小也越快.

　　事实上, 近似积分边界条件 (6.45) 早已被隐含地用于自然边界元与有限元耦合法的计算中, 因为在用积分核级数展开法计算自然边界元刚度矩阵系数时, 总是只能计算级数的有限项之和. 在那里 N 常取较大的数, 例如 $N = 100$ 或 200, 以便使由于这一近似产生的误差小到可以忽略不计的程度. 当然, 有了定理 6.20 便可根据 R/a 来选择 N. 这就是说, 若 R 很接近于 a, 则 N 确应取较大数; 若 $R = 2a$, 则不必取太大的 N 便可使误差很小; 若 R 远大于 a, 则只要取较小的 N 便可使误差极小. 数值计算实践也证实了上述结论.

　　必须指出的是, 由于当 $u(R, \theta)$ 的 Fourier 级数展开包含相应于 $|n| > N$ 的某些高频项时, 近似积分边界条件 (6.45) 与近似微分边界条件 (6.46) 或 (6.54) 并不等价, 故定理 6.20 仅是关于边界条件 (6.45) 的解 u^N, 而不是关于边界条件 (6.46) 或 (6.54) 的解 $\tilde{u}^N$ 或 $\tilde{\tilde{u}}^N$, 作为原问题的解 u 的近似的误差估计. 而一旦近似积分边界条件 (6.45) 与近似微分边界条件 (6.46) 或 (6.54) 等价, 则它们均等价于准确边界条件 (6.44), 此时也就有 $u^N = u$, 即误差为零了.

　　至此本节已介绍了无界区域上调和方程边值问题的无穷远边界条件的近似方法. 这一方法同样可应用于无界区域上的重调和边值问题、平面弹性问题及 Stokes 问题 (例如见文献 [16]). 此外, 关于 Helmholtz 方程的无穷远边界条件, 即 Sommer- feld 辐射条件的近似方法则可见文献 [6].

第 7 章　基于自然边界归化的区域分解算法

7.1　引　　言

在科学和工程计算的许多领域, 需要数值求解无界区域上的偏微分方程边值问题. 而有限元方法、有限差分法等标准的数值方法即使对有界区域问题非常有效, 却难以有效求解这些无界区域问题. 关于有限元方法收敛性和误差估计的标准结果并不适合于无界区域问题. 当然可以将区域简单限制在某个有界子区域内再用有限元法求解, 但即使不断加密剖分, 有限元解也不会收敛到原问题的真解. 为了获得足够的计算精度, 必须取很大的有界子区域, 从而付出很高的计算代价. 于是近三十年来发展了许多求解无界区域问题的新方法, 如无限元方法 (见 [2, 193-195]), 边界元方法 (见 [203-211, 217-220, 258-275]), 有限元和边界元耦合方法 (见 [196, 223, 230, 251, 273]), 在人工边界上带近似人工边界条件的有限元方法, 也即人工边界方法 (见 [5,6,14,26,29-34,248]), 等等 (也见本书第 6 章). 特别地, 在本书第 6 章介绍的自然边界元与有限元耦合法, 与其他类型的耦合法相比有更多的优越性 (也见 1-5, 11, 14, 18, 20, 22]). 当然, 这些方法都有各自的优缺点, 而且与标准有限元法相比, 离散化后得到的线性代数方程组也要更复杂些.

区域分解算法是近年来得到快速发展的求解偏微分方程的一类重要方法 (例如见 [190,191,198,231,234,235,238,240,255]). 在这类方法中, 求解区域被分成若干个子区域, 一个困难而复杂的大问题被化为若干个简单且易解的小问题. 但至今这方面的理论分析和算法大多仍只适用于有界区域. 事实上, 发展无界区域问题的区域分解算法更为重要. 但当无界区域被划分为若干个子区域时, 至少仍然有一个子区域是无界区域. 在这种情况下, 只应用有限元方法是不够的, 还需要应用能有效处理无界区域问题的边界归化方法 (见 [103-115]).

冯康教授曾多次指出自然边界归化对区域分解算法的重要性. 大约在 1991～1992 年他曾这样强调自然边界归化的优点: "由于自然边界归化与区域上的变分原理完全相容, 这样便保证了归化了的边界积分方程与未归化的区域椭圆方程自然地兼容, 同时也保证了在计算方法上边界有限元与区域有限元自然地兼容. 由此形成一个有限元与边界元兼容并蓄而自然耦合的整体性系统, 能够灵活适用于大型复杂问题, 便于分解计算. 这是当前与并行计算相关而兴起的区域分解方法的先驱工作." 他又说: "求解边值问题的标准技术是有限元方法. 然而, 对无限区域, 以及包含断裂、凹角、交叉界面的区域, 有限元方法的计算代价会很高. 可以设想有限元与边界元耦合的一种求解方法. 边界归化有许多不同的途径. 自然边界归化看来是最好的: 利用第一种格林函数删除引起麻烦的子区域, 在人工边界上得到带 Hadamard 有限部分超奇异核的积分边界条件. 其真实价值在于: 第一, 边界归化保持变分泛函不变, 使得边界元和剩余区域上的有限元之间的耦合是直接而自然的. 第二, 超奇异性实际上意味着稳定性, 从而可以有效地求解该积分方程. 自然边界归化能直接用作区域分解及删除的变形, 也能间接用于预条件问题."(见 [121]) 正是这些话指导我们发展了基于自然边界归化的新的区域分解方法, 特别适用于求解无界区域及含断裂区域的问题.

对无界区域问题, 作者提出了基于自然边界归化的重叠型和非重叠型区域分解算法. 利用一个或两个圆周作为人工边界, 将一个以封闭曲线为边界的无界区域分为不重叠的或重叠的两个子区域. 在内部的有界子区域应用标准的有限元方法毫无困难. 而在圆周人工边界外部的区域, 则可以直接应用自然边界归化的结果. 于是作者发展了求解无界区域问题的两种区域分解算法, 即基于自然边界归化的 Schwarz 交替算法和 Dirichlet-Neumann 算法 (见 [103-115]). 特别, 对 Poisson 方程还给出了上述算法中压缩因子和收敛速率的精细估计. 理论分析和数值计算均表明这些算法收敛得很快.

因为在本书中也已经给出了关于重调和问题、平面弹性问题和 Stokes 问题的自然边界归化的许多结果, 因此, 对这些问题也可以发展无界区域上的区域分解算法 (见 [108,114,115,137]).

此外, 由于 Steklov-Poincaré 算子在区域分解算法中起重要作用 (见 [200,222]), 本章也研究其与自然积分算子间的关系, 而该算子的求逆公式则可利用 Green 函数得到 (见 [105, 257]).

近十余年来基于自然边界归化的区域分解算法也被应用于三维椭圆型问题、抛物型问题和一些其他问题, 为此可见 [117-120, 127-131, 135, 136].

7.2　基于自然边界归化的重叠型区域分解算法

本节讨论基于自然边界归化的重叠型区域分解算法. 该方法适于求解 2 维无界区域上的椭圆型边值问题. 将无界区域分为两个子区域. 一个是小的有界子区域, 在其中可以毫无困难地使用标准的有限元方法. 另一个是典型的无界区域, 例如圆外区域或半平面区域, 在这些区域上, 已有许多关于调和问题、重调和问题、平面弹性问题和 Stokes 问题的自然边界归化的结果可以应用 (见 [22]).

今设 Ω 是以闭曲线 Γ_0 为边界的无界区域. 作半径为 R_1 及 R_2 的同心圆周 Γ_1 及 Γ_2 包围 Γ_0, $R_1 > R_2 > 0$. 设 Ω_1 为 Γ_0 与 Γ_1 间的有界区域, Ω_2 为 Γ_2 外部的

无界区域. 于是原问题分解为两个有重叠部分的子区域 Ω_1 及 Ω_2 上的子问题. 在 Γ_1 上无妨取零值作初始边界条件, 结合 Γ_0 上的已知边界条件, 求解 Ω_1 上的边值问题, 得到 Γ_2 上的函数值后再求解 Ω_2 上的问题, 又得 Γ_1 上的函数值, 再求解 Ω_1 上的问题 $\cdots\cdots$ 如此进行 Schwarz 交替求解. 在 Ω_1 上可用标准有限元方法, 而在 Ω_2 上则可直接应用通过自然边界归化得到的 Poisson 积分公式 (图 7.1).

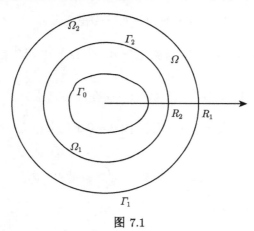

图 7.1

下面仅以调和方程边值问题为例说明之.

7.2.1 Schwarz 交替法及其收敛性

考察调和方程的外边值问题:

$$\begin{cases} -\Delta w = 0, & \Omega\text{内}, \\ w = g, & \Gamma_0\text{上}, \end{cases} \tag{7.1}$$

其中 Ω 为闭曲线 Γ_0 的外部区域. 此问题等价于

$$\begin{cases} -\Delta u = f, & \Omega\text{内}, \\ u = 0, & \Gamma_0\text{上}. \end{cases} \tag{7.2}$$

这只需将 g 延拓到 Ω 上并令 $f = \Delta g$, 再以 $w - g = u$ 作变量即可. 如前述作人工边界 Γ_1 及 Γ_2, 于是 $\Omega = \Omega_1 \cup \Omega_2$, $\Omega_1 \cap \Omega_2 \neq \varnothing$, $\partial\Omega_1 = \Gamma_0 \cup \Gamma_1$, $\partial\Omega_2 = \Gamma_2$. 记 $\Omega_{11} = \Omega_1 \cap \bar{\Omega}_2^c$, $\Omega_{22} = \Omega_2 \cap \bar{\Omega}_1^c$, $\Omega_{12} = \Omega_1 \cap \Omega_2$, 其中 $\bar{\Omega}_i^c$ 表示 $\bar{\Omega}_i$ 的补集. 定义如下 Schwarz 交替算法:

$$\begin{cases} -\Delta u_1^{(k)} = f, & \Omega_1\text{内}, \\ u_1^{(k)} = 0, & \Gamma_0\text{上}, \quad k = 1, 2, \cdots \\ u_1^{(k)} = u_2^{(k-1)}, & \Gamma_1\text{上}, \end{cases} \tag{7.3}$$

及

$$\begin{cases} -\Delta u_2^{(k)} = f, & \Omega_2 \text{内}, \\ u_2^{(k)} = u_1^{(k)}, & \Gamma_2 \text{上}, \end{cases} \quad k = 1, 2, \cdots, \tag{7.4}$$

其中 $u_2^{(0)} \in H^{\frac{1}{2}}(\Gamma_1)$ 任意给定, 例如可取 $u_2^{(0)} = 0$. 边值问题 (7.2) 的解函数空间为

$$V = \{v \in W_0^1(\Omega)|\, v = 0 \text{在} \Gamma_0 \text{上}\}.$$

其中 $W_0^1(\Omega)$ 的定义可见第 2 章. 函数 $u_1^{(k)} \in H^1(\Omega_1)$ 和 $u_2^{(k)} \in W_0^1(\Omega_2)$ 可延拓为 V 中的函数. 令

$$V_1 = \{v \in H^1(\Omega_1)|\, v = 0 \text{在} \Gamma_0 \cup \Gamma_1 \text{上}\},$$

$$V_2 = \{v \in W_0^1(\Omega_2)|\, v = 0 \text{在} \Gamma_2 \text{上}\},$$

则有

$$u_1^{(k)} - u_2^{(k-1)} \in V_1, \quad u_2^{(k)} - u_1^{(k)} \in V_2.$$

可视 V_1 和 V_2 为 V 的子空间.

定义双线性型

$$D(u, v) = \int_\Omega \nabla u \cdot \nabla v dx, \tag{7.5}$$

并由此定义内积 $(u, v)_1$ 及 V 上的范数 $\| \cdot \|_1$. 于是 (7.3) 及 (7.4) 分别等价于变分问题:

$$\begin{cases} \text{求} u_1^{(k)} \in V_1 + u_2^{(k-1)}, \text{使得} \\ D(u_1^{(k)} - u, v_1) = 0, \quad \forall v_1 \in V_1 \end{cases} \tag{7.6}$$

及

$$\begin{cases} \text{求} u_2^{(k)} \in V_2 + u_1^{(k)}, \text{使得} \\ D(u_2^{(k)} - u, v_2) = 0, \quad \forall v_2 \in V_2. \end{cases} \tag{7.7}$$

用 $P_{V_i} : V \to V_i$, $i = 1, 2$, 表示按内积 $(\cdot, \cdot)_1$ 的正投影, 则由 (7.6) 和 (7.7) 可得

$$\begin{cases} u_1^{(k)} - u_2^{(k-1)} = P_{V_1}(u - u_2^{(k-1)}), \\ u_2^{(k)} - u_1^{(k)} = P_{V_2}(u - u_1^{(k)}), \end{cases} \quad k = 1, 2, \cdots, \tag{7.8}$$

或等价地得到误差传播关系:

$$\begin{cases} u - u_1^{(k)} = P_{V_1^\perp}(u - u_2^{(k-1)}), \\ u - u_2^{(k)} = P_{V_2^\perp}(u - u_1^{(k)}), \end{cases} \quad k = 1, 2, \cdots, \tag{7.9}$$

其中 $V_i^\perp$ 是 V_i 在 V 中的正交补空间. 用

$$e_i^{(k)} = u - u_i^{(k)}, \quad i = 1, 2$$

表示误差, (7.9) 即

$$\begin{cases} e_1^{(k)} = P_{V_1^\perp} e_2^{(k-1)}, \\ e_2^{(k)} = P_{V_2^\perp} e_1^{(k)}, \end{cases} \quad k = 1, 2, \cdots. \tag{7.10}$$

从而

$$\begin{cases} e_1^{(k+1)} = P_{V_1^\perp} P_{V_2^\perp} e_1^{(k)}, & k = 1, 2, \cdots, \\ e_2^{(k+1)} = P_{V_2^\perp} P_{V_1^\perp} e_2^{(k)}, & k = 0, 1, \cdots. \end{cases} \tag{7.11}$$

(7.10) 蕴涵: 若 $\{e_i^{(k)}\}$, $i = 1, 2$, 收敛, 则必收敛到 $V_1^\perp \cap V_2^\perp$ 中.

引理 7.1

$$V = V_1 + V_2, \quad V_1^\perp \cap V_2^\perp = \{0\}.$$

证　作 LetΓ_1 的同心圆周 Γ_3, 其半径 $R_3 > R_1$. Ω_2 被分为 Ω_2' 及 Ω_2'' 两部分. 记 $\Omega_1 \cup \Omega_2' = \Omega'$. Ω' 为有界区域. 由于 $\mathrm{dist}(\Gamma_1, \Gamma_2) = R_1 - R_2 > 0$, 可应用文献 [198] 第 7 章中的引理 2.2, 即得对任何 $v \in H^1(\Omega')$ 皆存在 $v_1 \in H^1(\Omega_1)$ 及 $v_2 \in H^1(\Omega_2')$, 且在 Γ_1 上 $v_1 = 0$, 在 Γ_2 上 $v_2 = 0$, 使得 $v = v_1 + v_2$, 这里 v_1 及 v_2 通过零延拓视作 Ω' 上的函数. 于是对 $v \in V$, 由 $v|_{\Omega'} \in H^1(\Omega')$ 知, 存在 $v_1 \in V_1$ 及 $v_2 \in H^1(\Omega_2')$, 使得在 Ω' 内 $v = v_1 + v_2$, 且在 Γ_2 上 $v_2 = 0$. 又由于在 $\Omega_2' \cap \Omega_{22}$ 内 $v_1 = 0$, 从而在其中 $v_2 = v$, 它当然可延拓到 Ω_2''. 因此 $v_2 \in V_2$. 于是在 Ω 内成立 $v = v_1 + v_2$, 即得 $V = V_1 + V_2$.

又若 $v \in V_1^\perp \cap V_2^\perp$, 则由 $v = v_1 + v_2$, $v_i \in V_i$, $i = 1, 2$, 可得

$$\|v\|_1^2 = (v, v_1 + v_2)_1 = (v, v_1)_1 + (v, v_2)_1 = 0,$$

从而 $v = 0$. 引理证毕.

引理 7.2　若 $V = V_1 + V_2$, 则必存在正常数 C_0, 使得对所有 $v \in V$ 成立

$$\|v\|_1 \leqslant C_0(\|P_{V_1} v\|_1^2 + \|P_{V_2} v\|_1^2)^{\frac{1}{2}}. \tag{7.12}$$

此即文献 [198] 第 7 章中的引理 2.1.

应用上面两个引理便可证明如下定理.

定理 7.1

$$\lim_{k \to \infty} \|e_i^{(k)}\|_1 = 0, \quad i = 1, 2, \tag{7.13}$$

且存在常数 $\alpha \in [0, 1)$ 使得

$$\|P_{V_1^\perp} P_{V_2^\perp}\| \leqslant \alpha, \quad \|P_{V_2^\perp} P_{V_1^\perp}\| \leqslant \alpha, \tag{7.14}$$

并有

$$\|e_1^{(k)}\|_1 \leqslant \alpha^{k-1}\|e_1^{(1)}\|_1, \quad \|e_2^{(k)}\|_1 \leqslant \alpha^k\|e_2^{(0)}\|_1. \tag{7.15}$$

证 由 (7.10) 知, $\{\|e_1^{(k)}\|_1\}$ 及 $\{\|e_2^{(k)}\|_1\}$ 均为单调下降有下界序列,

$$\|e_1^{(k)}\|_1 \geqslant \|e_2^{(k)}\|_1 \geqslant \|e_1^{(k+1)}\|_1 \geqslant \|e_2^{(k+1)}\|_1 \geqslant 0,$$

必有极限. 这蕴涵

$$\lim_{k\to\infty} \|e_1^{(k)} - e_2^{(k)}\|_1 = 0, \quad \lim_{k\to\infty} \|e_2^{(k)} - e_1^{(k+1)}\|_1 = 0. \tag{7.16}$$

由自反 Banach 空间的局部弱列紧性 (见 [285,287]), $\{e_1^{(k)}\}$ 及 $\{e_2^{(k)}\}$ 均有弱收敛子列:

$$e_1^{(n')} \rightharpoonup v_1, \quad e_2^{(n')} \rightharpoonup v_2.$$

则 $v_i \in V_i^\perp$, $i = 1, 2$, 且由 (7.16) 及强收敛蕴涵弱收敛, 得 $v_1 = v_2 \in V_1^\perp \cap V_2^\perp$. 再由引理 7.1, 得 $v_1 = v_2 = 0$. 既然 $\{e_i^{(k)}\}$, $i = 1, 2$ 的任意弱收敛子列皆收敛于 0, 故

$$e_1^{(k)} \rightharpoonup 0, \quad e_2^{(k)} \rightharpoonup 0.$$

又由 (7.10) 及投影性质

$$(e_1^{(k)}, e_1^{(k)})_1 = (e_1^{(k+1)}, e_1^{(k-1)})_1 = \cdots = (e_1^{(2k-1)}, e_1^{(1)})_1 \to 0,$$

$$(e_2^{(k)}, e_2^{(k)})_1 = (e_2^{(k+1)}, e_2^{(k-1)})_1 = \cdots = (e_2^{(2k)}, e_2^{(0)})_1 \to 0,$$

便得 (7.13).

为证定理后半部分, 应用引理 7.2,

$$\|P_{V_1^\perp} v\|_1^2 \leqslant C_0^2 \|P_{V_2} P_{V_1^\perp} v\|_1^2,$$

其中 $C_0 \geqslant 1$, 从而

$$\begin{aligned} \|P_{V_1^\perp} v\|_1^2 &= \|P_{V_2^\perp} P_{V_1^\perp} v\|_1^2 + \|P_{V_2} P_{V_1^\perp} v\|_1^2 \\ &\geqslant \|P_{V_2^\perp} P_{V_1^\perp} v\|_1^2 + \frac{1}{C_0^2} \|P_{V_1^\perp} v\|_1^2. \end{aligned}$$

于是

$$\|P_{V_2^\perp} P_{V_1^\perp} v\|_1^2 \leqslant \left(1 - \frac{1}{C_0^2}\right) \|P_{V_1^\perp} v\|_1^2 \leqslant \left(1 - \frac{1}{C_0^2}\right) \|v\|_1^2.$$

取

$$\alpha = \sqrt{1 - \frac{1}{C_0^2}} \in [0, 1),$$

即得

$$\|P_{V_2^\perp}P_{V_1^\perp}v\|_1 \leqslant \alpha\|v\|_1, \quad \forall v \in V. \tag{7.17}$$

同样有

$$\|P_{V_1^\perp}P_{V_2^\perp}v\|_1 \leqslant \alpha\|v\|_1, \quad \forall v \in V. \tag{7.18}$$

由 (7.17) 及 (7.18) 便得 (7.14), 再由 (7.11) 可得 (7.15). 证毕.

定理 7.1 表明上述 Schwarz 交替算法几何收敛, 即呈指数收敛速度.

7.2.2 收敛速度分析

对一般无界区域 Ω, 定量地分析上述交替算法的收敛速度是困难的. 今设 Ω 为以原点为圆心, R_0 为半径的圆周 Γ_0 的外部区域, Γ_1 及 Γ_2 分别为与 Γ_0 同心的圆周, 其半径 R_1 和 R_2 满足 $R_0 < R_2 < R_1$.

引理 7.3 若 Ω_1 是 Γ_0 和 Γ_1 之间的环形区域, 则调和方程边值问题

$$\begin{cases} -\Delta u = 0, & \Omega_1 \text{内}, \\ u = g_1, & \Gamma_0 \text{上}, \\ u = g_2, & \Gamma_1 \text{上}, \end{cases} \tag{7.19}$$

其中

$$g_1 = \sum_{-\infty}^{\infty} a_n e^{in\theta} \in H^{\frac{1}{2}}(\Gamma_0), \quad a_{-n} = \overline{a_n}, \quad n = 0, 1, \cdots,$$

$$g_2 = \sum_{-\infty}^{\infty} b_n e^{in\theta} \in H^{\frac{1}{2}}(\Gamma_1), \quad b_{-n} = \overline{b_n}, \quad n = 0, 1, \cdots,$$

存在唯一解 $u \in H^1(\Omega_1)$, 且

$$\begin{aligned} u(r,\theta) = &\frac{1}{\ln(R_1/R_0)}[(a_0 \ln R_1 - b_0 \ln R_0) + (b_0 - a_0) \ln r] \\ &+ \sum_{\substack{-\infty \\ n \neq 0}}^{\infty} \frac{1}{R_1^{2|n|} - R_0^{2|n|}} \left[a_n R_0^{|n|} \left(\frac{R_1^{2|n|}}{r^{|n|}} - r^{|n|} \right) \right. \\ &\left. + b_n R_1^{|n|} \left(r^{|n|} - \frac{R_0^{2|n|}}{r^{|n|}} \right) \right] e^{in\theta}, \end{aligned} \tag{7.20}$$

其中 $R_0 \leqslant r \leqslant R_1, 0 \leqslant \theta < 2\pi$.

应用分离变量法求解 (7.19), 即可得此结果.

设 $\gamma' : W_0^1(\Omega_2) \to H^{\frac{1}{2}}(\Gamma_1)$ 及 $\gamma'' : H^1(\Omega_1) \to H^{\frac{1}{2}}(\Gamma_2)$ 均为 Dirichlet 迹算子, $P_1 : H^{\frac{1}{2}}(\Gamma_1) \to H_0^1(\Omega_1) = \{v \in H^1(\Omega_1) | v = 0 \text{在} \Gamma_0 \text{上}\}$ 及 $P_2 : H^{\frac{1}{2}}(\Gamma_2) \to W_0^1(\Omega_2)$ 均

为 Poisson 积分算子. 由于 Ω_1 上及 Ω_2 上的 Dirichlet 边值问题的解均存在且唯一, P_1 及 P_2 均有确切定义. 于是有

$$\gamma'' P_1 \gamma' P_2 : H^{\frac{1}{2}}(\Gamma_2) \to H^{\frac{1}{2}}(\Gamma_2),$$

$$\gamma' P_2 \gamma'' P_1 : H^{\frac{1}{2}}(\Gamma_1) \to H^{\frac{1}{2}}(\Gamma_1).$$

定理 7.2　$\gamma'' P_1 \gamma' P_2$ 及 $\gamma' P_2 \gamma'' P_1$ 均为收缩算子:

$$\|\gamma'' P_1 \gamma' P_2 f\|_{\frac{1}{2}, \Gamma_2} \leqslant \delta \|f\|_{\frac{1}{2}, \Gamma_2}, \quad \forall f \in H^{\frac{1}{2}}(\Gamma_2), \tag{7.21}$$

$$\|\gamma' P_2 \gamma'' P_1 g\|_{\frac{1}{2}, \Gamma_1} \leqslant \delta \|g\|_{\frac{1}{2}, \Gamma_1}, \quad \forall g \in H^{\frac{1}{2}}(\Gamma_1), \tag{7.22}$$

其收缩因子 δ 满足 $0 < \delta < 1$, 且可取

$$\delta = \max \left(\frac{\ln(R_2/R_0)}{\ln(R_1/R_0)}, \left(\frac{R_2}{R_1} \right)^2 \right). \tag{7.23}$$

证　设在 Γ_2 上 $(r = R_2)$,

$$f = \sum_{-\infty}^{\infty} \alpha_n e^{in\theta}, \quad \alpha_{-n} = \overline{\alpha_n}, \quad n = 0, 1, \cdots,$$

$\|f\|_{\frac{1}{2}, \Gamma_2} < \infty$. 则由圆外区域调和方程的 Poisson 积分公式, 可得在 Ω_2 上 $(r > R_2)$ 有

$$P_2 f = \sum_{-\infty}^{\infty} \left(\frac{R_2}{r} \right)^{|n|} \alpha_n e^{in\theta}.$$

于是在 Γ_1 上 $(r = R_1 > R_2)$ 有

$$\gamma' P_2 f = \sum_{-\infty}^{\infty} \left(\frac{R_2}{R_1} \right)^{|n|} \alpha_n e^{in\theta}.$$

应用引理 7.3, 得到在环形区域 Ω_1 上 $(R_0 < r < R_1)$ 有

$$P_1 \gamma' P_2 f = \frac{\alpha_0}{\ln(R_1/R_0)} \ln \left(\frac{r}{R_0} \right) + \sum_{\substack{-\infty \\ n \neq 0}}^{\infty} \alpha_n \frac{R_2^{|n|}}{R_1^{2|n|} - R_0^{2|n|}} \left(r^{|n|} - \frac{R_0^{2|n|}}{r^{|n|}} \right) e^{in\theta},$$

从而在 Γ_2 上 $(r = R_2)$ 有

$$\gamma'' P_1 \gamma' P_2 f = \frac{\ln(R_2/R_0)}{\ln(R_1/R_0)} \alpha_0 + \sum_{\substack{-\infty \\ n \neq 0}}^{\infty} \frac{R_2^{2|n|} - R_0^{2|n|}}{R_1^{2|n|} - R_0^{2|n|}} \alpha_n e^{in\theta}. \tag{7.24}$$

设

$$\gamma'' P_1 \gamma' P_2 f = \sum_{-\infty}^{\infty} \alpha_n^* e^{in\theta},$$

于是由

$$0 < \frac{R_2^{2|n|} - R_0^{2|n|}}{R_1^{2|n|} - R_0^{2|n|}} < \left(\frac{R_2}{R_1}\right)^{2|n|} \leqslant \left(\frac{R_2}{R_1}\right)^2, \quad n = \pm 1, \pm 2, \cdots,$$

可得

$$|\alpha_n^*| \leqslant \delta |\alpha_n|, \quad n = 0, \pm 1, \cdots, \tag{7.25}$$

其中

$$\delta = \max\left(\ln \frac{R_2}{R_0} \Big/ \ln \frac{R_1}{R_0}, \left(\frac{R_2}{R_1}\right)^2\right).$$

显然, $0 < \delta < 1$. 由 (7.25) 即得

$$\|\gamma'' P_1 \gamma' P_2 f\|_{\frac{1}{2}, \Gamma_2}^2 = 2\pi R_2 \sum_{-\infty}^{\infty} (n^2+1)^{\frac{1}{2}} |\alpha_n^*|^2$$

$$\leqslant \delta^2 2\pi R_2 \sum_{-\infty}^{\infty} (n^2+1)^{\frac{1}{2}} |\alpha_n|^2$$

$$= \delta^2 \|f\|_{\frac{1}{2}, \Gamma_2}^2.$$

此即 (7.21). 同样可得 (7.22). 证毕.

由定理 7.2 可见, 收缩因子 δ 仅与 R_0, R_1 及 R_2 相关, 且比例 R_1/R_2 越大, 也即重叠部分越大, 则因子 δ 越小. 由 (7.24) 还可见, 当 $R_2/R_0 \to 1$ 时, $\delta \to 0$, 以及

$$\frac{|\alpha_n^*|}{|\alpha_n|} = \frac{R_2^{2|n|} - R_0^{2|n|}}{R_1^{2|n|} - R_0^{2|n|}} \leqslant \left(\frac{R_2}{R_1}\right)^{2|n|}, \quad n = \pm 1, \pm 2, \cdots, \tag{7.26}$$

即收缩因子随频率增加而按指数衰减.

应用定理 7.2 于上一小节所述的交替算法, 便有当 $k \to \infty$ 时,

$$\begin{cases} \|\gamma'(u_2^{(k)} - u)\|_{\frac{1}{2}, \Gamma_1} \leqslant \delta^k \|\gamma'(u_2^{(0)} - u)\|_{\frac{1}{2}, \Gamma_1} \to 0, \\ \|\gamma''(u_1^{(k)} - u)\|_{\frac{1}{2}, \Gamma_2} \leqslant \delta^{k-1} \|\gamma''(u_1^{(1)} - u)\|_{\frac{1}{2}, \Gamma_2} \to 0, \end{cases} \tag{7.27}$$

再由调和方程的解对 Dirichlet 边值的连续依赖性, 即得当 $k \to \infty$ 时,

$$\begin{cases} \|u_2^{(k)} - u\|_{1, \Omega_2} \leqslant C\delta^k \to 0, \\ \|u_1^{(k)} - u\|_{1, \Omega_1} \leqslant C\delta^k \to 0, \end{cases} \tag{7.28}$$

其中 C 与 u, Ω_1, Ω_2 及在人工边界所取的初始边值有关而与 k 无关.

由于增大 R_1 将增加在 Ω_1 中用有限元法求解的工作量, 故 R_1 一般不宜取得很大, 而 R_2 则可取得小一些, 以便使中间的环形区域较大些.

7.2.3　若干例子

求解调和方程 Dirichlet 外问题, 边界 Γ_0 为单位圆周, $R_0 = 1$. 作人工边界 Γ_1 及 Γ_2 分别为以 $R_1 = 4$ 及 $R_2 = 2$ 为半径的圆周.

例 7.1　取真解 $u = r^{-1}\cos\theta$. 已知在 Γ_0 上的边值 $u_0 = u|_{\Gamma_0} = \alpha\cos\theta$, $\alpha = 1$, 则在 Γ_1 上的准确值 $u|_{\Gamma_1} = \beta\cos\theta$, $\beta = \dfrac{1}{4}$; 在 Γ_2 上的准确值 $u|_{\Gamma_2} = \gamma\cos\theta$, $\gamma = \dfrac{1}{2}$.

首先取 $\beta_0 = 0$, 按 Ω_1 上的初始边值为 0, Γ_0 上的边值为 $\cos\theta$, 在 Ω_1 上求解方程, 得 $u_1^{(1)}|_{\Gamma_2} = \gamma_1\cos\theta$. 再以 Γ_2 上的边值 $\gamma_1\cos\theta$ 在 Ω_2 上求解方程, 得 $u_2^{(1)}|_{\Gamma_1} = \beta_1\cos\theta$. 然后再结合 Γ_0 上的边值在 Ω_1 上求解方程, 得 $u_1^{(2)}|_{\Gamma_2} = \gamma_2\cos\theta$, …… 如此交替求解. 不考虑离散化及数值积分产生的误差, 由环形域内及圆外区域调和方程的解的公式可得

$$\begin{cases} \gamma_{k+1} = \dfrac{R_0(R_1^2 - R_2^2)}{R_2(R_1^2 - R_0^2)}\alpha + \dfrac{R_1(R_2^2 - R_0^2)}{R_2(R_1^2 - R_0^2)}\beta_k, \\ \beta_k = \dfrac{R_2}{R_1}\gamma_k. \end{cases}$$

以 $R_0 = 1, R_1 = 4, R_2 = 2$ 代入得

$$\begin{cases} \gamma_{k+1} = \dfrac{2}{5}(\alpha + \beta_k), \\ \beta_k = \dfrac{1}{2}\gamma_k. \end{cases}$$

从而

$$\begin{cases} \gamma_{k+1} - \gamma_k = \dfrac{1}{5}(\gamma_k - \gamma_{k-1}), \\ \beta_{k+1} - \beta_k = \dfrac{1}{5}(\beta_k - \beta_{k-1}). \end{cases}$$

由此易知 $\beta_k \to \beta$, $\gamma_k \to \gamma$, 且

$$\begin{cases} \beta_{k+1} - \beta = \dfrac{1}{5^k}(\beta_1 - \beta), \\ \gamma_{k+1} - \gamma = \dfrac{1}{5^k}(\gamma_1 - \gamma). \end{cases}$$

由 $\alpha = 1$, $\beta_0 = 0$ 出发, 应用上述交替算法所得的 β_k, γ_k 值, 相对误差 e_r 及收缩因子 δ 见表 7.1.

表 7.1　例 7.1 的相对误差和收缩因子

k	0	1	2	3	4	5
β_k	0	0.2	0.24	0.248	0.2496	0.24992
γ_k	\	0.4	0.48	0.496	0.4992	0.49984
e_r	1	0.2	0.4×10^{-1}	0.8×10^{-2}	0.16×10^{-2}	0.32×10^{-3}
δ	\	0.2	0.2	0.2	0.2	0.2

从表 7.1 可见, $\beta_k \to \beta = 0.25$, $\gamma_k \to \gamma = 0.5$, 收缩因子 $\delta = 0.2$. 收敛确实很快.

例 7.2 取真解 $u = r^{-2}\cos 2\theta$. 在 Γ_0 上给定边值 $u_0 = u|_{\Gamma_0} = \alpha \cos 2\theta$, $\alpha = 1$. 于是在 Γ_1 上的准确值为 $u|_{\Gamma_1} = \beta \cos 2\theta$, $\beta = \dfrac{1}{16}$; 而在 Γ_2 上的准确值为 $u|_{\Gamma_2} = \gamma \cos 2\theta$, $\gamma = \dfrac{1}{4}$.

仍按上述方法交替求解, 可得

$$
\begin{cases}
\gamma_{k+1} = \dfrac{R_0^2(R_1^4 - R_2^4)}{R_2^2(R_1^4 - R_0^4)}\alpha + \dfrac{R_1^2(R_2^4 - R_0^4)}{R_2^2(R_1^4 - R_0^4)}\beta_k, \\[3mm]
\beta_k = \left(\dfrac{R_2}{R_1}\right)^2 \gamma_k.
\end{cases}
$$

以 $R_0 = 1$, $R_1 = 4$, $R_2 = 2$ 代入得

$$
\begin{cases}
\gamma_{k+1} = \dfrac{4}{17}(\alpha + \beta_k), \\[3mm]
\beta_k = \dfrac{1}{4}\gamma_k.
\end{cases}
$$

从而

$$
\begin{cases}
\gamma_{k+1} - \gamma_k = \dfrac{1}{17}(\gamma_k - \gamma_{k-1}), \\[3mm]
\beta_{k+1} - \beta_k = \dfrac{1}{17}(\beta_k - \beta_{k-1}).
\end{cases}
$$

由此可知 $\beta_k \to \beta$, $\gamma_k \to \gamma$, 且

$$
\begin{cases}
\beta_{k+1} - \beta = \dfrac{1}{17^k}(\beta_1 - \beta), \\[3mm]
\gamma_{k+1} - \gamma = \dfrac{1}{17^k}(\gamma_1 - \gamma).
\end{cases}
$$

由 $\alpha = 1$, $\beta_0 = 0$ 出发算得的 β_k, γ_k 值, 相对误差 e_r 及收缩因子 δ 列于表 7.2.

表 7.2 例 7.2 的相对误差和收缩因子

k	1	2	3	4	5
β_k	0.0588235	0.0622837	0.0624873	0.0624993	0.0624999
γ_k	0.235294	0.249135	0.249949	0.249997	0.249999
$e_r(10^{-6})$	58820	3460	203.5	11.96	0.704
δ	0.05882	0.05882	0.05882	0.05877	0.05886

由表 7.2 可见 $\beta_k \to \beta = 0.0625$, $\gamma_k \to \gamma = 0.25$, 收缩因子 $\delta = 0.0588$. 与表 7.1 相比, 收敛得更快. 这正说明收缩因子随频率增加而减小.

重叠型区域分解算法也可应用于无界扇形区域及含半平面的无界区域, 相关算法及数值例子可见 [112, 113].

从上述例子可见, 本节提出的方法有如下一些优点.

(1) 该方法将通常仅适用于有界区域的区域分解算法推广到无界区域, 吸收了有限元法适用于带复杂边界的有界区域及自然边界元法适用于规则的无界区域的优点, 而克服了各自的缺点.

(2) Ω_1 通常可取得较小, 只需要分为较少的单元, 从而在 Ω_1 上用有限元法求解子问题的工作量也小. 而 Ω_2 尽管为无界区域, 但已有自然边界归化的结果可直接应用, 根本不必再求解方程组.

(3) 应用 Poisson 积分公式由 Γ_2 上的节点值求 Γ_1 上的节点值时, 各点的值可相互独立地计算, 这与用有限元法求解需要解方程组完全不同, 这样不仅大大节省计算量, 而且可实现完全并行的计算.

(4) 需要用有限元法求解的仅是有界子区域 Ω_1 上的边值问题, 每次改变的仅是 Γ_1 上的边值, 可以应用现有的有限元计算程序, 而应用有限元与边界元耦合法则需要改造程序并求解一个系数矩阵局部满的方程组.

理论分析及数值计算均表明, 此法可行且收敛很快. 其收敛速度不仅与反映子区域重叠程度的人工边界半径比 R_1/R_2 有关, 也与原问题解的 Fourier 展开的频率有关. 半径比 R_1/R_2 越大, 收敛得越快, 真解 Fourier 展开的频率越高, 也收敛得越快.

7.3　基于自然边界归化的非重叠型区域分解算法

无界区域上区域分解算法的关键在于如何减少无界子区域上的计算量. 在 7.2 节提出的基于自然边界归化的重叠型区域分解算法中 (也见 [104]), 在内子区域应用有限元方法, 在外部的无界区域则应用自然边界归化, 并实施 Schwartz 交替法进行迭代计算. 本节则介绍另一类基于自然边界归化的区域分解算法 (见 [107, 110, 111]). 与上节介绍的重叠型区域分解算法不同, 在 [107] 提出了一种非重叠型的区域分解算法, 即 Dirichlet–Neumann 交替法.

7.3.1　Dirichlet-Neumann 交替法及其收敛性

在二维无界区域 Ω 考察如下 Poisson 方程的 Dirichlet 边值问题:

$$\begin{cases} -\Delta u = f, & \Omega 内, \\ u = g, & \Gamma_0 上, \end{cases} \tag{7.29}$$

其中闭曲线 Γ_0 为区域 Ω 的边界, $g \in H^{1/2}(\Gamma_0)$ 为 Γ_0 上的 Dirichlet 边界条件. 附加 u 在无穷远有界这一条件, (7.29) 存在唯一解. 为简单起见, 假定已知函数 f 的支集是有限的.

为应用区域分解算法来求解这一外边值问题，首先将该无界区域分为两个子区域，如图 7.2 所示.

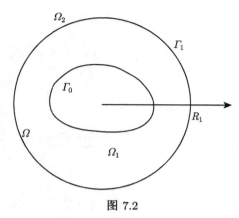

图 7.2

$$\overline{\Omega_1} \cup \overline{\Omega_2} = \overline{\Omega}, \quad \Omega_1 \cap \Omega_2 = \varnothing.$$

这里人工边界 Γ_1 为包围 Γ_0 的以 R_1 为半径的圆周, 满足

$$\text{dist}(\Gamma_0, \Gamma_1) > 0.$$

于是可构造如下 D-N 交替的区域分解算法来求解边值问题 (7.29):

$$\begin{cases} -\Delta u_2^n = f, & \Omega_2 \text{内}, \\ u_2^n = \lambda^n, & \Gamma_1 \text{上}, \end{cases} \tag{7.30}$$

$$\begin{cases} -\Delta u_1^n = f, & \Omega_1 \text{内}, \\ u_1^n = g, & \Gamma_0 \text{上}, \\ \dfrac{\partial u_1^n}{\partial n_1} = -\dfrac{\partial u_2^n}{\partial n_2}, & \Gamma_1 \text{上}, \end{cases} \tag{7.31}$$

及

$$\lambda^{n+1} = \theta_n u_1^n + (1 - \theta_n)\lambda^n, \tag{7.32}$$

其中 u_1^n 及 u_2^n 分别为子区域 Ω_1 及 Ω_2 中的第 n 次近似解, n_1 及 n_2 分别为边界 Γ_1 对 Ω_1 及 Ω_2 的外法线向量, θ_n 为在第 n 次计算中选取的线性松弛因子, 而 λ^n 的初始值 λ^0 则可在 $H^{1/2}(\Gamma_0)$ 中任意选取.

注意到方程 (7.30) 是圆外区域 Ω_2 上的 Dirichlet 边值问题, 可以应用基于自然边界归化理论得到的 Poisson 积分公式得到

$$u_2^n(r, \varphi) = \frac{r^2 - R_1^2}{2\pi} \int_0^{2\pi} \frac{\lambda^n(\varphi')}{R_1^2 + r^2 - 2R_1 r \cos(\varphi - \varphi')} d\varphi'$$

$$+ \iint_{\Omega_2} G(p, p') f(p') dp', \tag{7.33}$$

从而 $\partial u_2^n / \partial n_2$ 的边值满足如下自然边界积分公式:

$$\frac{\partial u_2^n}{\partial n_2}(\varphi) = -\frac{1}{4\pi R_1} \int_0^{2\pi} \frac{\lambda^n(\varphi')}{\sin^2 \dfrac{\varphi - \varphi'}{2}} d\varphi' + \iint_{\Omega_2} \left[\frac{\partial}{\partial n} G(p, p') \right] f(p') dp', \tag{7.34}$$

其中无界区域 Ω_2 上的 Green 函数定义为

$$G(p, p') = \frac{1}{4\pi} \ln \frac{R_1^4 + r^2 r'^2 - 2rr' R_1^2 \cos(\varphi - \varphi')}{R_1^2 [r^2 + r'^2 - 2rr' \cos(\varphi - \varphi')]},$$

这里 (r, φ) 及 (r', φ') 分别为 p 及 p' 的极坐标.

　　为了求解 Ω_1 中的方程 (7.31), 只需要法向导数 $\partial u_2^n / \partial n_2$ 的边值, 它可利用积分公式 (7.34) 从 λ^n 直接得到. 于是根本不必在无界区域 Ω_2 完整求得 (7.30) 的解 u_2^n, 从而显著减少了 D-N 交替算法的计算量. 由于数值积分计算的工作量较小, D-N 交替算法的主要工作量便在于用标准有限元法求解 Ω_1 内的混合边值问题 (7.31). 而 Ω_1 是一个较小的有界区域, 应用标准的有限元程序求解并无困难. 当然也可将 Ω_1 再分为若干子区域, 实施标准的有界区域分解算法. 但对外子区域 Ω_2 则绝无再分解的必要. 此外, 松弛因子 θ_n 的选择也很重要, 在计算中常取 $\theta_n = 0.5$.

　　由于积分公式 (7.34) 中包含超奇异积分核, 因此如何有效计算超奇异积分值也是一个关键问题. 这一问题在本书第 1 章中曾经全面讨论过, 近十余年来也已发展了许多新的有效计算方法 (见 [10, 89-102, 122, 124, 126]).

　　根据区域分解算法的标准理论 (见 [191, 198, 240]), D-N 交替法等价于相关的预条件 Richardson 迭代法. 其收敛性分析则可等价地转化为算子 $S_1^{-1} S$ 的特征值估计, 也即如下比值的上下界估计:

$$\frac{(S\lambda, \lambda)}{(S_1 \lambda, \lambda)} = 1 + \frac{(S_2 \lambda, \lambda)}{(S_1 \lambda, \lambda)} = 1 + \frac{a_2(H_2 \lambda, H_2 \lambda)}{a_1(H_1 \lambda, H_1 \lambda)}, \tag{7.35}$$

其中算子 H_1 及 H_2 为定义在 Γ_1 上的函数分别到子区域 Ω_1 及 Ω_2 上的调和延拓, S_1 及 S_2 由 $S_i = (\partial/\partial n_i)(H_i \cdot)$, i=1,2, 定义, Γ_1 上的 Steklov–Poincaré 算子为 $S = S_1 + S_2$ (见 [105, 200]), 而双线性型 $a_1(\cdot, \cdot)$ 及 $a_2(\cdot, \cdot)$ 则定义为

$$a_i(u, v) = \iint_{\Omega_i} \nabla u \nabla v \, dx dy, \quad i = 1, 2. \tag{7.36}$$

　　在本节中我们首先分析 Ω 是以 $R_0 (R_0 < R_1)$ 为半径的圆外区域这一最简单的情况.

引理 7.4 若函数 $\lambda(\phi)$ 定义在任意边界 Γ_0 上:

$$\lambda(\phi) = \sum_{k=-\infty}^{+\infty} b_k e^{ik\varphi} \in H^{1/2}(\Gamma_1), \tag{7.37}$$

其中的系数 b_k 满足 $b_0 = 0$, $b_{-k} = \bar{b}_k$, $k=1,2,\cdots$, 则有

$$a_1(H_1\lambda, H_1\lambda) = 2\pi \sum_{k\neq 0} |k| |b_k|^2 \frac{R_1^{2|k|} + R_0^{2|k|}}{R_1^{2|k|} - R_0^{2|k|}}, \tag{7.38}$$

且

$$a_2(H_2\lambda, H_2\lambda) = 2\pi \sum_{k\neq 0} |k| |b_k|^2. \tag{7.39}$$

其证明可见 [296].

定理 7.3 在引理 7.4 的假设下, 若 $0 < \theta < 1$, 则 N-D 交替法 $(7.30)\sim(7.32)$ 及相关的预条件 Richardson 迭代均收敛.

其证明可见 [296].

此外, D-N 交替算法的条件数由下式给出:

$$\text{cond}(S_1^{-1}S) = \frac{R_1^2 + R_0^2}{R_1^2} = 1 + \left(\frac{R_0}{R_1}\right)^2. \tag{7.40}$$

特别若松弛因子取为

$$\theta = \frac{2}{\dfrac{2R_1^2}{R_1^2 + R_0^2} + 2} = \frac{R_1^2 + R_0^2}{2R_1^2 + R_0^2}, \tag{7.41}$$

则 Richardson 迭代过程的收缩比为

$$\delta = \frac{2 - \dfrac{2R_1^2}{R_1^2 + R_0^2}}{2 + \dfrac{2R_1^2}{R_1^2 + R_0^2}} = \frac{R_0^2}{2R_1^2 + R_0^2}. \tag{7.42}$$

于是收敛速率可以通过下式估计:

$$-\ln\delta = \ln\frac{2R_1^2 + R_0^2}{R_0^2} = \ln\left[2\left(\frac{R_0}{R_1}\right)^2 + 1\right]. \tag{7.43}$$

下面直接得到定理 7.3 的结果. 设

$$e_i^n = u - u_i^n, \quad i = 1, 2,$$

$$\mu^n = u|_{\Gamma_1} - \lambda^n,$$

则误差 e_1^n 和 e_2^n 分别满足

$$\begin{cases} -\Delta e_2^n = 0, & \Omega_2 \text{内}, \\ e_2^n = \mu^n, & \Gamma_1 \text{上}, \end{cases} \tag{7.44}$$

$$\begin{cases} -\Delta e_1^n = 0, & \Omega_1 \text{内}, \\ e_1^n = 0, & \Gamma_0 \text{上}, \\ \dfrac{\partial e_1^n}{\partial n_1} = -\dfrac{\partial e_2^n}{\partial n_2}, & \Gamma_1 \text{上}. \end{cases} \tag{7.45}$$

设 μ^n 在 Γ_1 上定义为

$$\mu^n = \sum_{k=-\infty}^{+\infty} b_k^n e^{ik\varphi}, \tag{7.46}$$

其中 $b_{-k}^n = \bar{b}_k^n$, $k=0,1,\cdots$. 基于 μ^n 在 Ω_2 上的调和延拓以及自然边界积分方程 (见第 2 章), 可得

$$\frac{\partial e_2^n}{\partial n_2} = \sum_{k=-\infty}^{+\infty} \frac{|k|}{R_1} b_k^n e^{ik\varphi}.$$

注意在上面的展开式中, 系数 b_0 为零. 这正是在引理 7.4 中假定 $b_0 = 0$ 为零的理由. 从而方程 (7.45) 化为

$$\begin{cases} -\Delta e_1^n = 0, & \Omega_1 \text{内}, \\ e_1^n = 0, & \Gamma_0 \text{上}, \\ \dfrac{\partial e_1^n}{\partial n_1} = -\displaystyle\sum_{k\neq 0} \dfrac{|k|}{R_1} b_k^n e^{ik\varphi}, & \Gamma_1 \text{上}. \end{cases}$$

于是

$$e_1^n(R_1, \phi) = -\sum_{k\neq 0} b_k^n \frac{R_1^{2|k|} - R_0^{2|k|}}{R_1^{2|k|} + R_0^{2|k|}} e^{ik\varphi}.$$

由 (7.32), 可取 u 的第 $n+1$ 次逼近为

$$\mu^{n+1} = \theta e_1^n(R_1, \phi) + (1-\theta)\mu^n = \sum_{k=-\infty}^{+\infty} \delta_k b_k^n e^{ik\varphi},$$

其中

$$\delta_k = 1 - \frac{2R_1^{2|k|}}{R_1^{2|k|} + R_0^{2|k|}} \theta. \tag{7.47}$$

易见若 $0 < \theta < 1$, 则

$$|\delta_k| \leqslant \delta = \max\left\{2\theta - 1, 1 - \frac{2R_1^2}{R_1^2 + R_0^2}\theta\right\} < 1.$$

因此当 $0 < \theta < 1$ 时, D-N 交替算法收敛. 为得到最小收缩因子 $|\delta_k|$, 应取

$$2\theta - 1 = 1 - \frac{2R_1^2}{R_1^2 + R_0^2}\theta,$$

即

$$\theta = \frac{R_1^2 + R_0^2}{2R_1^2 + R_0^2}.$$

将 θ 代入式 (7.47), 便得到最佳收缩速率 δ_{opt}, 即

$$\delta_{\text{opt}} = 1 - \frac{2R_1^2}{R_1^2 + R_0^2}\theta = \frac{R_0^2}{2R_1^2 + R_0^2}.$$

这些结果和前面从 Richardson 迭代法导出的式 (7.41) 及 (7.42) 完全相同.

今推广上述结果到一般区域 Ω. 设 $\Gamma_0{}'$ 为在 Γ_0 和 Γ_1 之间的半径为 $R_0{}'$ 的圆周 $(R_0{}' < R_1)$, 而 $\Gamma_0{}''$ 为在 Γ_0 内部的半径为 R_0'' 的圆周. 特别可选取 Γ_0' 及 Γ_0'' 使得

$$\text{dist}(\Gamma_0{}', \Gamma_0) = \text{dist}(\Gamma_0{}'', \Gamma_0) = 0,$$

见图 7.3.

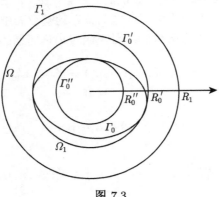

图 7.3

记 Ω_1' 为 Γ_0' 和 Γ_1 之间的区域, Ω_1'' 为 Γ_0'' 和 Γ_1 之间的区域. 于是可知

$$\Omega_1'' \supset \Omega_1 \supset \Omega_1'.$$

设 u_1, u_1' 及 u_1'' 分别为在区域 Ω_1, Ω_1' 及 Ω_1'' 中的如下 Dirichlet 边值问题的解:

$$\begin{cases} -\Delta u_1 = 0, & \Omega_1 内, \\ u_1 = \lambda, & \Gamma_1 上, \\ u_1 = 0, & \Gamma_0 上, \end{cases} \tag{7.48}$$

$$\begin{cases} -\Delta u_1' = 0, & \Omega_1' 内, \\ u_1' = \lambda, & \Gamma_1 上, \\ u_1' = 0, & \Gamma_0' 上, \end{cases} \tag{7.49}$$

以及

$$\begin{cases} -\Delta u_1'' = 0, & \Omega_1'' 内, \\ u_1'' = \lambda, & \Gamma_1 上, \\ u_1'' = 0, & \Gamma_0'' 上. \end{cases} \tag{7.50}$$

也就是说 $u_1 = H_1\lambda$, $u_1' = H_1'\lambda$, $u_1'' = H_1''\lambda$, 其中算子 H_1' 和 H_1'' 分别为定义在 Γ_1 上的函数到区域 Ω_1' 和 Ω_1'' 的调和延拓. 今考察由

$$a_1'(u, v) = \iint_{\Omega'} \nabla u \, \nabla v \, dxdy$$

及

$$a_1''(u, v) = \iint_{\Omega''} \nabla u \nabla v \, dxdy$$

定义的双线性型 $a_1'(\cdot, \cdot)$ 及 $a_2'(\cdot, \cdot)$. 注意到在 (7.48)~(7.50) 中方程是齐次的, 而且在 Γ_0, Γ_0' 及 Γ_0'' 上的边界条件也是齐次的, 于是只要 u_1' 在区域 $\Omega_1 \backslash \Omega_1'$ 作零延拓, 边值问题 (7.49) 的解 u_1' 可作为边值问题 (7.48) 的解空间中的函数. 又注意到边值问题 (7.48) 的解 u_1 也是与之等价的能量泛函极小化问题的解, 因此有

$$a_1(u_1, u_1) \leqslant a_1(u_1', u_1') = a_1'(u_1', u_1').$$

类似可得

$$a_1''(u_1'', u_1'') \leqslant a_1(u_1, u_1).$$

上述讨论导致

$$a_1''(u_1'', u_1'') \leqslant a_1(u_1, u_1) \leqslant a_1'(u_1', u_1'). \tag{7.51}$$

从而得到如下定理.

定理 7.4　若 λ 是定义在 Γ_1 上的函数, 且

$$\lambda \in H_0^{1/2}(\Gamma_1) = \left\{ \mu \in H^{1/2}(\Gamma_1) \, \middle| \, \int_{\Gamma_1} \mu ds = 0 \right\},$$

则有

$$a_2(H_2\lambda, H_2\lambda) \leqslant a_1(H_1\lambda, H_1\lambda) \leqslant C^{-1}a_2(H_2\lambda, H_2\lambda), \tag{7.52}$$

$$\frac{1}{\sqrt{2}}\|\lambda\|_{\frac{1}{2},\Gamma_1}^2 \leqslant a_1(H_1\lambda, H_1\lambda) \leqslant C^{-1}\|\lambda\|_{\frac{1}{2},\Gamma_1}^2, \tag{7.53}$$

以及

$$\frac{1}{\sqrt{2}}\|\lambda\|_{\frac{1}{2},\Gamma_1}^2 \leqslant a_2(H_2\lambda, H_2\lambda) \leqslant \|\lambda\|_{\frac{1}{2},\Gamma_1}^2, \tag{7.54}$$

其中 $C = (R_1^2 - (R_0')^2)/(R_1^2 + (R_0')^2)$.

证明可见 [296].

定理 7.5　假定引理 7.4 和定理 7.4 的条件均满足, 若 $0 < \theta < 1$, 则 N-D 交替法 (7.30)~(7.32), 以及与之相关的预条件 Richardson 迭代均收敛. 若松弛因子 θ_n 取为

$$\theta_n = \theta = \frac{R_1^2 + (R_0')^2}{2R_1^2 + (R_0')^2}, \tag{7.55}$$

则迭代收缩比为

$$\delta = \frac{(R_0')^2}{2R_1^2 + (R_0')^2}, \tag{7.56}$$

而收敛速率可以被下式估计:

$$-\ln\delta = \ln\left[2\left(\frac{R_1}{R_0'}\right)^2 + 1\right]. \tag{7.57}$$

这里 R_1 和 R_0' 的定义同上.

其证明也见 [296].

7.3.2　离散化及其收敛性

仍考察以 Γ_0 为边界的无界区域 Ω 上的 Dirichlet 问题 (7.29). 作半径为 R_1 的圆周 Γ_1 包围 Γ_0, $\mathrm{dist}(\Gamma_1,\Gamma_0) > 0$, 则人工边界 Γ_1 将 Ω 分为内子区域 Ω_1 及外子区域 Ω_2. 于是可提出如下 Dirichlet-Neumann 交替的区域分解算法.

第 1 步. 选初始 $\lambda^0 \in H^{\frac{1}{2}}(\Gamma_1)$, $n = 0$.

第 2 步. 在 Ω_2 内解 Dirichlet 问题

$$\begin{cases} -\Delta u_2^n = f, & \Omega_2\text{内}, \\ u_2^n = \lambda^n, & \Gamma_1\text{上}. \end{cases} \tag{7.58}$$

第 3 步. 在 Ω_1 内解混合边值问题

$$\begin{cases} -\Delta u_1^n = f, & \Omega_1\text{内}, \\ \dfrac{\partial u_1^n}{\partial n_1} = -\dfrac{\partial u_2^n}{\partial n_2}, & \Gamma_1\text{上}, \\ u_1^n = g, & \Gamma_0\text{上}. \end{cases} \tag{7.59}$$

第 4 步. 置 $\lambda^{n+1} = \theta_n u_1^n + (1-\theta_n)\lambda^n$, Γ_1 上.

第 5 步. 令 $n = n+1$, 转第 2 步.

注意到根据自然边界归化理论, 边值问题 (7.58) 的解可由 Poisson 积分公式 (7.33) 给出, 而在第 3 步中只需要已知该解在 Γ_1 上的法向导数, 于是根本不必求解边值问题 (7.58), 而只要应用 Γ_1 上的自然积分方程 (7.34), 其中 $G(p, p')$ 是关于区域 Ω_2 的 Green 函数. $\partial u_2^n / \partial n_2$ 在 Γ_1 上的值可以直接从 λ^n 由 (7.34) 得到. 这只是一个超奇异积分的数值计算问题, 其计算量很小. 主要的工作量在第 3 步, 用标准的有限元方法求解 Ω_1 内的混合边值问题. 由于 Ω_1 是较小的有界区域, 应用标准的有限元程序求解并无困难. 当然也可将 Ω_1 再分为若干子区域, 实施标准的有界区域分解算法, 这里不再赘述. 但对外子区域 Ω_2 则绝无再分的必要. 此外, 适当选择松弛因子 θ_n 也很重要, 通常取 $\theta_n = 0.5$.

关于上述连续问题迭代的收敛性分析, 包括松弛因子 θ_n 的选取、收缩因子及收敛速度与人工边界半径的关系的精细估计, 已经在上一小节中讨论. 这里直接讨论算法的离散问题.

为便于理论分析, 不失一般性, 无妨将原边值问题 (7.29) 中的 Γ_0 上的边值 g 取为 0. 根据自然边界归化理论, 该边值问题等价于耦合变分问题:

$$\begin{cases} \text{求} u \in \widetilde{H}^1(\Omega_1), \text{使得} \\ D_1(u, v) + \widehat{D}_2(u, v) = \iint_{\Omega_1} fv\, dp, \quad \forall v \in \widetilde{H}^1(\Omega_1), \end{cases} \tag{7.60}$$

其中

$$\widetilde{H}^1(\Omega_1) = \{v \in H^1(\Omega_1) \,|\, v = 0 \text{在} \Gamma_0 \text{上}\},$$

$$D_1(u, v) = \iint_{\Omega_1} \nabla u \cdot \nabla v\, dp,$$

$$\widehat{D}_2(u, v) = \int_{\Gamma_1} v \mathcal{K}_2 u\, ds + \int_{\Gamma_1} v \left[\iint_{\Omega_2} G_n f\, dp\right] ds,$$

$\mathcal{K}_2$ 为关于圆外区域 Ω_2 的自然积分算子.

将人工边界 Γ_1 作 m 等分, 同时在 Ω_1 内作三角形或四边形有限元剖分, 使得 Γ_1 上的有限元节点与等分点相一致. 设 $S_h \subset \widetilde{H}^1(\Omega_1)$ 为相应的有限元函数空间. 于是由相应于 (7.60) 的离散变分问题

$$\begin{cases} \text{求} u_h \in S_h, \text{使得} \\ D_1(u_h, v_h) + \widehat{D}_2(u_h, v_h) = \iint_{\Omega_1} fv_h\, dp, \quad \forall v_h \in S_h, \end{cases} \tag{7.61}$$

可得线性代数方程组

$$\begin{bmatrix} A_{11} & A_{12} \\ A_{12}^T & A_{22} + K_h \end{bmatrix} \begin{bmatrix} U \\ V \end{bmatrix} = \begin{bmatrix} b_1 \\ b_2 \end{bmatrix}, \tag{7.62}$$

其中 U 和 V 分别为 Ω_1 内部及 Γ_1 上的节点函数值向量, 矩阵

$$A = \begin{bmatrix} A_{11} & A_{12} \\ A_{12}^{\mathrm{T}} & A_{22} \end{bmatrix}$$

由 Ω_1 上的有限元离散化得到, K_h 则由 Γ_1 上的自然边界元得到.

再看 D-N 交替法的离散化. 其迭代过程正是将 (7.62) 写为

$$\begin{bmatrix} A_{11} & A_{12} \\ A_{12}^{\mathrm{T}} & A_{22} \end{bmatrix} \begin{bmatrix} U \\ V \end{bmatrix} = \begin{bmatrix} b_1 \\ b_2 - K_h V \end{bmatrix}, \tag{7.63}$$

然后作如下迭代:

$$\begin{bmatrix} A_{11} & A_{12} \\ A_{12}^{\mathrm{T}} & A_{22} \end{bmatrix} \begin{bmatrix} U_n \\ V_n \end{bmatrix} = \begin{bmatrix} b_1 \\ b_2 - K_h \Lambda_n \end{bmatrix}, \tag{7.64}$$

以及

$$\Lambda_{n+1} = \theta_n V_n + (1 - \theta_n)\Lambda_n, \quad n = 0, 1, \cdots. \tag{7.65}$$

注意到 (7.64) 的系数矩阵为带状稀疏矩阵, 而 (7.62) 的系数矩阵为局部满矩阵, 便可见此方法与耦合法相比的优越性.

由于 A 是对称正定矩阵, A_{11}^{-1} 存在, 由 (7.62) 可得

$$(A_{22} - A_{12}^{\mathrm{T}} A_{11}^{-1} A_{12} + K_h)V = b_2 - A_{12}^{\mathrm{T}} A_{11}^{-1} b_1. \tag{7.66}$$

记

$$b_2 - A_{12}^{\mathrm{T}} A_{11}^{-1} b_1 = \bar{b}_2, \quad A_{22} - A_{12}^{\mathrm{T}} A_{11}^{-1} A_{12} = S_h^{(1)}, \quad S_h = S_h^{(1)} + K_h,$$

则式 (7.66) 便可写作

$$S_h V = \bar{b}_2. \tag{7.67}$$

S_h 便是 Γ_1 上 Steklov-Poincaré 算子的离散模拟. 由此出发构造预处理 Richardson 迭代法如下:

$$S_h^{(1)}(\Lambda_{n+1} - \Lambda_n) = \theta_n(\bar{b}_2 - S_h \Lambda_n). \tag{7.68}$$

定理 7.6 离散 D-N 交替法 (7.64), (7.65) 与迭代法 (7.68) 等价.

证　由 (7.63) 及 (7.64) 得

$$\begin{bmatrix} A_{11} & A_{12} \\ A_{12}^{\mathrm{T}} & A_{22} \end{bmatrix} \begin{bmatrix} U - U_n \\ V - V_n \end{bmatrix} = \begin{bmatrix} 0 \\ K_h(\Lambda_n - V) \end{bmatrix},$$

从而

$$(A_{22} - A_{12}^{\mathrm{T}} A_{11}^{-1} A_{12})(V - V_n) = K_h(\Lambda_n - V),$$

即

$$S_h^{(1)}(V - V_n) = K_h(\Lambda_n - V).$$

又由 (7.65) 得

$$\Lambda_{n+1} - \Lambda_n = \theta_n(V_n - \Lambda_n).$$

于是

$$\begin{aligned} S_h^{(1)}(\Lambda_{n+1} - \Lambda_n) &= \theta_n S_h^{(1)}(V_n - \Lambda_n) \\ &= \theta_n[S_h^{(1)}(V_n - V) + S_h^{(1)}(V - \Lambda_n)] \\ &= \theta_n(K_h + S_h^{(1)})(V - \Lambda_n) = \theta_n S_h(V - \Lambda_n) \\ &= \theta_n(\bar{b}_2 - S_h \Lambda_n). \end{aligned}$$

此即 (7.68). 证毕.

定理 7.7　离散 D-N 交替法 (7.64), (7.65) 的迭代矩阵 $[S_h^{(1)}]^{-1} S_h$ 的条件数与有限元网格参数 h 无关.

证　设 Λ 是 λ 在 Γ_1 上的节点值组成的向量, $\langle \cdot, \cdot \rangle$ 表示向量的欧氏内积, $H^{(1)}$ 及 $H^{(2)}$ 分别为 Γ_1 到 Ω_1 及 Ω_2 上的调和延拓算子, $H_h^{(1)}$ 为 Γ_1 到 Ω_1 上的离散调和延拓算子, $\Phi_h = \{ v_h|_{\Gamma_1} : v_h \in S_h \}$ 为 Γ_1 上边界元函数空间. 由自然边界归化原理知,

$$0 \leqslant \widehat{D}_2(\lambda, \lambda) = D_2(H^{(2)}\lambda, H^{(2)}\lambda) \leqslant D_1(H^{(1)}\lambda, H^{(1)}\lambda).$$

但 $H^{(1)}\lambda$ 是以下二次泛函极小值问题的解:

$$\min_{v \in \widetilde{H}^1(\Omega_1), v|_{\Gamma_1} = \lambda} D_1(v, v) = D_1(H^{(1)}\lambda, H^{(1)}\lambda),$$

从而

$$D_1(H^{(1)}\lambda, H^{(1)}\lambda) \leqslant D_1(H_h^{(1)}\lambda, H_h^{(1)}\lambda),$$

即得

$$0 \leqslant \widehat{D}_2(\lambda, \lambda) \leqslant D_1(H_h^{(1)}\lambda, H_h^{(1)}\lambda).$$

于是由

$$\langle S_h \Lambda, \Lambda \rangle = \langle S_h^{(1)} \Lambda, \Lambda \rangle + \langle K_h \Lambda, \Lambda \rangle$$
$$= D_1(H_h^{(1)}\lambda, H_h^{(1)}\lambda) + \widehat{D}_2(\lambda, \lambda), \quad \forall \lambda \in \Phi_h$$

知

$$1 \leqslant \frac{\langle S_h \Lambda, \Lambda \rangle}{\langle S_h^{(1)} \Lambda, \Lambda \rangle} = 1 + \frac{\widehat{D}_2(\lambda, \lambda)}{D_1(H_h^{(1)}\lambda, H_h^{(1)}\lambda)} \leqslant 2, \tag{7.69}$$

即 S_h 与 $S_h^{(1)}$ 谱等价，也即 $[S_h^{(1)}]^{-1}S_h$ 的条件数与 h 无关. 证毕.

定理 7.8 当 $0 < \min\theta_n \leqslant \max\theta_n < 1$ 时，离散 D-N 交替法 (7.64), (7.65) 收敛，且收敛速度与 h 无关.

证 由定理 7.6，

$$\Lambda_n - V = (I - \theta_n[S_h^{(1)}]^{-1}S_h)(\Lambda_{n-1} - V)$$
$$= \prod_{k=1}^{n}(I - \theta_k[S_h^{(1)}]^{-1}S_h)(\Lambda_0 - V).$$

又由 (7.69) 知 $[S_h^{(1)}]^{-1}S_h$ 的特征值均在区间 $[1,2]$ 中. 于是

$$\|\Lambda_n - V\| \leqslant \delta^n \|\Lambda_0 - V\|, \tag{7.70}$$

其中 $\|\cdot\|$ 为向量的欧氏范数，

$$\delta = \max(1 - \min\theta_n, 2\max\theta_n - 1) < 1. \tag{7.71}$$

由此便得

$$\lim_{n\to\infty} \|\Lambda_n - V\| = 0,$$

从而

$$\lim_{n\to\infty} \|V_n - V\| = 0.$$

其收敛速度与 h 无关也是定理 7.7 的直接结论.

注 (1) 由 (7.71) 可见，

$$\delta = \frac{1}{3} < 1, \quad \text{当 } \theta_n = \frac{2}{3},$$

及

$$\delta = \frac{1}{2} < 1, \quad \text{当 } \theta_n = \frac{1}{2}.$$

(2) 对有界区域问题，式 (7.69) 右端的 2 应换作某正常数 C，而定理 7.8 中对 θ_n 的限制也将不同.

7.3.3　数值例子

在 D-N 算法第 2 步中用下述方法计算超奇异积分:

$$u_n(\varphi) = -\frac{1}{4\pi R_1} \int_0^{2\pi} \frac{\lambda(\varphi')}{\sin^2 \dfrac{\varphi - \varphi'}{2}} d\varphi'. \tag{7.72}$$

设

$$\lambda(\varphi') = \sum_{j=1}^m \lambda_j L_j(\varphi')$$

已知, 其中 $\{L_j(\varphi)\}_{j=1,\cdots,m}$ 为圆周上分段线性基函数. 设

$$u_n(\varphi) = \sum_{j=1}^m \mu_j L_j(\varphi),$$

$\mu_j(j = 1,\cdots,m)$, 待定. 从而由

$$\sum_{j=1}^m \mu_j L_j(\varphi) = \sum_{j=1}^m \lambda_j \left[-\frac{1}{4\pi R_1} \int_0^{2\pi} \frac{L_j(\varphi')}{\sin^2 \dfrac{\varphi - \varphi'}{2}} d\varphi' \right]$$

可得

$$MX = \frac{1}{R_1} Q\Lambda, \tag{7.73}$$

其中

$$X = (\mu_1, \cdots, \mu_m)^{\mathrm{T}},$$

$$\Lambda = (\lambda_1, \cdots, \lambda_m)^{\mathrm{T}},$$

$$M = \frac{\pi}{3m} \begin{bmatrix} 4 & 1 & \cdots & 0 & 1 \\ 1 & 4 & \cdots & 0 & 0 \\ \vdots & \vdots & \ddots & \vdots & \vdots \\ 0 & 0 & \cdots & 4 & 1 \\ 1 & 0 & \cdots & 1 & 4 \end{bmatrix} \tag{7.74}$$

为三对角线对称循环矩阵,

$$Q = \begin{bmatrix} a_0 & a_1 & \cdots & a_{N-2} & a_{N-1} \\ a_{N-1} & a_0 & \cdots & a_{N-3} & a_{N-2} \\ \vdots & \vdots & \ddots & \vdots & \vdots \\ a_2 & a_3 & \cdots & a_0 & a_1 \\ a_1 & a_2 & \cdots & a_{N-1} & a_0 \end{bmatrix} \tag{7.75}$$

为满的对称循环矩阵,

$$a_k = \frac{4m^2}{\pi^3} \sum_{j=1}^{\infty} \frac{1}{j^3} \sin^4 \frac{j\pi}{m} \cos \frac{jk}{m} 2\pi, \quad k = 0, 1, \cdots, N-1, \tag{7.76}$$

其中 $\sum_{j=1}^{\infty}$ 可用 $\sum_{j=1}^{l}$ 代替, 且 l 不必取很大. 由于边界节点数远少于区域节点数, 求解 (7.73) 的计算量与第 3 步用有限元法求解 Ω_1 上的边值问题相比几乎可忽略不计. 数值计算实践也完全证实了这一点.

为了在数值试验中便于将数值解 u_h 与准确解 u 相比较, 先给出调和函数 u. 然后在方程 (7.29) 中假定 $f = 0$, 其在 Γ_0 上的边界条件 g 则从已知的准确解 u 通过计算得到.

设 Ω 为边长为 $2a_0$ 的正方形外部, 人工边界 Γ_1 为半径为 R_1 的圆周, $R_1 > \sqrt{2}a_0$. 将 Γ_1 分为 m 等分, 同时在 Ω_1 内作三角形剖分, 其单元数为 N(图 7.4). 用本节提出的 D-N 交替法计算. 在 Ω_1 内用线性有限元, 取 $\theta_n = \theta = 0.5, \Lambda_0 = 0$. 显然, 当迭代次数为 0 时, 该方法正是在 Γ_1 上取 Neumann 零边值的标准有限元法.

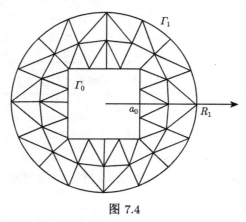

图 7.4

例 7.3 求解 Ω 上调和方程的 Dirichlet 问题. 其真解为 $u = x/(x^2 + y^2)$. 计算结果见表 7.3~表 7.5.

表 7.3 $a_0 = 1, R_1 = 2$ 时最大节点误差

m	N	$k=0$	$k=1$	$k=2$	$k=3$	$k=4$	$k=5$	$k=6$
16	64	0.2858	0.0904	0.0377	0.0236	0.0230	0.0230	0.0232
32	256	0.2656	0.0731	0.0225	0.0092	0.0069	0.0066	0.0066
64	1024	0.2614	0.0687	0.0187	0.0057	0.0023	0.0018	0.0017
128	4096	0.2606	0.0676	0.0177	0.0048	0.0014	0.0006	0.0005

表 7.4　$a_0 = 1$, $R_1 = 4$ 时最大节点误差

m	N	$k = 0$	$k = 1$	$k = 2$	$k = 3$	$k = 4$	$k = 5$	$k = 6$
16	64	0.2639	0.0581	0.0495	0.0523	0.0559	0.0594	0.0635
32	256	0.2228	0.0272	0.0146	0.0153	0.0167	0.0180	0.0192
64	1024	0.2130	0.0195	0.0046	0.0049	0.0050	0.0050	0.0053

表 7.5　$a_0 = 1$, $R_1 = 10$ 时最大节点误差

m	N	$k = 0$	$k = 1$	$k = 2$	$k = 3$	$k = 4$	$k = 5$	$k = 6$
16	64	0.2094	0.0893	0.0881	0.0896	0.0975	0.1071	0.1167
32	256	0.1346	0.0511	0.0506	0.0506	0.0506	0.0505	0.0505
64	1024	0.1079	0.0233	0.0231	0.0231	0.0231	0.0231	0.0231

其中 k 为迭代次数

例 7.4　求解 Ω 上调和方程的 Dirichlet 问题. 真解为 $u = (x^2 - y^2)/[(x^2 + y^2)^2] + x/(x^2 + y^2)$.

计算结果见表 7.6~表 7.9.

表 7.6　$a_0 = 1$, $R_1 = 2$ 时最大节点误差

m	N	$k = 0$	$k = 1$	$k = 2$	$k = 3$	$k = 4$
16	64	0.56730	0.13266	0.11901	0.13486	0.15882
32	256	0.49541	0.08260	0.03910	0.03459	0.03664
64	1024	0.47902	0.07565	0.01901	0.01091	0.00949

表 7.7　$a_0 = 1$, $R_1 = 4$ 时最大节点误差

m	N	$k = 0$	$k = 1$	$k = 2$	$k = 3$	$k = 4$
16	64	0.39183	0.14486	0.16853	0.20649	0.24670
32	256	0.30162	0.04628	0.04215	0.04723	0.05503
64	1024	0.27918	0.02279	0.01508	0.01493	0.01520

表 7.8　$a_0 = 1$, $R_1 = 10$ 时最大节点误差

m	N	$k = 0$	$k = 1$	$k = 2$	$k = 3$	$k = 4$
16	64	0.27097	0.15403	0.15304	0.18067	0.21021
32	256	0.15977	0.10988	0.10937	0.10936	0.10935
64	1024	0.12264	0.06605	0.06582	0.06582	0.06582

表 7.9　D-N 方法和标准有限元法的 e_∞ 比较

R_1	FEM(m, N) (128,4096)	k	D–N(m, N) (16,64)	(32,256)	(64,1024)
1.5	5.0071×10^{-1}	6	3.7377×10^{-2}	1.0114×10^{-2}	3.0964×10^{-3}
2	4.7524×10^{-1}	3	1.3486×10^{-1}	3.4589×10^{-2}	1.0906×10^{-2}
4	2.7391×10^{-1}	2	1.6853×10^{-1}	4.2149×10^{-2}	1.5080×10^{-2}
10	1.1117×10^{-1}	1	1.5403×10^{-1}	1.0988×10^{-1}	6.6052×10^{-2}

注: e_∞ 为最大节点误差, k 为迭代次数

例 7.5 求解 Ω 上调和方程的 Dirichlet 问题, 真解为 $u(r,\theta) = \cos(\theta)/r$. 计算结果见表 7.10~表 7.12.

表 7.10 采用不同松弛因子时收敛速率比较

θ_n	0.1	0.2	0.3	0.4	0.5	0.6	0.7	0.8	0.9
迭代次数	26	12	7	5	3	2	3	5	9

注: $a_0 = 0.5$, $R_0' = 0.5\sqrt{2}$, $R_1 = 1.0$, $\|u - u_h\|_\infty \approx 10^{-2}$

表 7.11 取不同比例 R_1/R_0' 时收敛速率的比较

R_1/R_0'	2.0	2.5	3.0	3.5	4.0	5.0	6.0
FEM 误差	0.258	0.233	0.205	0.184	0.167	0.140	0.122
D–N 误差	0.003	0.002	0.003	0.005	0.007	0.011	0.016
迭代次数	5	4	4	3	2	2	2
网格尺寸	0.25	0.25	0.25	0.3125	0.375	0.50	0.625

注: $a_0 = 1.0$, $R_0' = \sqrt{2}$, $\theta_{\mathrm{opt}} = \dfrac{R_1^2 + (R_0')^2}{2R_1^2 + (R_0')^2}$

表 7.12 不同网格下的计算误差

网格尺寸	1/4	1/6	1/8	1/12	1/16
$\|u - u_h\|_\infty (\times 10^{-2})$	2.62	1.16	0.65	0.29	0.16
$\|u_n - u_n^h\|_\infty (\times 10^{-2})$	5.90	2.55	1.60	0.72	0.40

注: $a_0 = 0.5$, $R_0' = 0.5\sqrt{2}$, $R_1 = 1.0$, $\theta_{\mathrm{opt}} = \dfrac{R_1^2 + (R_0')^2}{2R_1^2 + (R_0')^2} = 0.6$, iteration $= 8$

表 7.10 显示了松弛因子 θ 对 D-N 交替法的影响. 计算结果表明, 选择松弛因子 θ 是非常重要的. 另一方面, 在式 (7.55) 给出的最佳松弛因子 θ_{opt} 附近, 松弛因子 θ 对收敛速率的影响并不敏感, 这里

$$\theta_{\mathrm{opt}} = \frac{R_1^2 + (R_0')^2}{2R_1^2 + (R_0')^2} = 0.6.$$

表 7.10 的数值结果也支持这一论断.

表 7.11 比较了取不同比例 R_1/R_0' 时的收敛速率. 注意到标准有限元方法的 L_∞ 模误差随着人工边界 Γ_1 的半径 R_1 的增大而缓慢减小, 而 D-N 交替法则只需少数次迭代便可得到好得多的结果.

表 7.12 的数值结果支持了定理 7.5 的分析. 若网格尺寸 h 趋向零, 则 D-N 交替法收敛. 应该注意导数 u_n 和函数 u 具有相同的收敛阶.

例 7.6 表 7.13 说明 D-N 交替法的收敛速率, 其中真解为 $u(r,\theta) = \cos(\theta)/r + 2\cos(2\theta)/r^2$.

数值计算很好支持了本节的理论分析, 并说明基于 D-N 交替法的计算是稳定的.

表 7.13　D-N 交替法的收敛速率

迭代次数	0	1	2	3
$\|u - u_h\|_\infty$	2.26	0.22	0.043	0.010
$\|u_n - u_n^h\|_\infty$	4.15	0.39	0.108	0.033
迭代次数	4	5	6	7
$\|u - u_h\|_\infty$	0.012	0.011	0.011	0.011
$\|u_n - u_n^h\|_\infty$	0.043	0.041	0.041	0.041

注: $a_0 = 0.5$, $R_0' = 0.5\sqrt{2}$, $R_1 = 1.0$, $\theta_{\mathrm{opt}} = \dfrac{R_1^2 + (R_0')^2}{2R_1^2 + (R_0')^2} = 0.6$

这样无界区域上的 Poisson 方程边值问题被分解为一个有界区域内的混合边值问题, 以及圆外区域的一个 Dirichlet 边值问题. 前者可以用标准有限元法求解, 而对后者则可应用自然边界归化. 在该区域分解算法中, 对后者根本不做数值求解, 因为求解前者只要用到人工边界上的 Neumann 边界条件, 而这只需对圆外区域的自然积分方程中包含的超奇异积分进行数值计算即可. 于是在迭代过程中并不包含无界子区域问题的数值求解, 计算量主要在有界区域. 另一方面, 在有界子区域中得到的有限元刚度矩阵在迭代过程中完全保持不变, 即保持带状稀疏结构, 这与有限元和边界元耦合法得到的刚度矩阵完全不同. 有限元刚度矩阵和边界元 D-N 转换矩阵在迭代过程中均保持相同形式. 因此若应用直接法求解线性方程组, 主要的计算量化为有界区域中有限元刚度矩阵的分解. D-N 交替法的数值试验证实了仅需很少次迭代便可达到离散化误差的精度要求.

从理论分析及数值例子还可见:

(1) 基于自然边界归化的无界区域 D-N 交替算法对适当选取的松弛因子 θ_n, 例如在例 7.3 及例 7.4 中, $\theta_n = \theta = 0.5$, 收敛极快, 且收敛速度与有限元网格粗细无关.

(2) 收敛速度与人工边界 Γ_1 的半径 R_1 有关, R_1 越大, 收敛越快.

(3) 对相同的 Γ_1 上的边界单元数和 Ω_1 内的区域单元数, R_1 越小, 计算结果越好, 当然迭代次数要稍多些. 通常取 R_1/a_0 在 1.5 与 2 之间为宜.

(4) 对无界区域问题, 应用标准有限元法求解精度极低, 即使网格不断加密, 也收效甚微. 而本节的方法却非常有效. 例如由表 7.9 可见, 用本方法计算, 取 $R_1 = 1.5$, $m = 64$, $N = 1024$, $k = 6$, 最大节点误差仅为 3.0964×10^{-3}. 即使只取 $m = 16$, $N = 64$, 最大节点误差也只有 3.7377×10^{-2}. 而用标准有限元法计算, 取 $R_1 = 10$, $m = 128$, $N = 4096$, 最大节点误差还有 1.1117×10^{-1} 之多. 由其有限单元数之比 $4096/64 = 64$ 便可知两者计算量之比更要大得多.

由于在前几章已经系统发展了 D-N 算子即自然积分算子的理论 (见 [22]), 因此将本节介绍的 D-N 交替法推广到无界区域上的线性弹性问题、Stokes 问题及重调和问题并无显著困难. 注意到在上述 D-N 交替法中只需要用到标准的有限元方法, 故可直接应用现有的标准程序来实现迭代过程中的有限元计算.

7.3.4 对平面弹性问题的应用

本小节讨论应用基于自然边界归化的区域分解算法求解平面弹性外问题. 其迭代收敛且收敛速率与网格尺寸无关 (见 [115]). 与 [234, 235] 及 [240] 中介绍的方法相比较, 本方法有若干优越性. 这一方法同样可应用于重调和问题和 Stokes 问题.

考察平面弹性问题

$$\begin{cases} Lu = \mu\Delta u + (\lambda + \mu)\mathrm{grad\ div\ } u = f, & \Omega\text{内}, \\ u = 0, & \Gamma_{\mathrm{D}}\text{上}, \\ t = g, & \Gamma_{\mathrm{N}}\text{上}, \end{cases} \tag{7.77}$$

其中 $\Gamma = \Gamma_{\mathrm{D}} \cup \Gamma_{\mathrm{N}}$ 为包围原点的足够光滑的有界闭曲线, Ω 为其外部区域, $t = (t_1, t_2)$,

$$t_i = \sum_{j=1}^{2} \sigma_{ij}(u) n_j, \quad i = 1, 2,$$

σ_{ij} 为应力张量, (n_1, n_2) 为 Γ 上关于 Ω 的外法线方向, λ 和 μ 为 Lamé 常数. 已知只要 $\mathrm{meas\ }\Gamma_{\mathrm{D}} \neq 0$, 并满足适当的无穷远边界条件, 问题 (7.77) 有唯一解. 此问题也等价于如下变分问题:

$$\begin{cases} \text{求}u \in \widetilde{W}_1^0(\Omega)^2, & \text{使得} \\ D(u,v) = F(v), & \forall v \in \widetilde{W}_0^1(\Omega)^2, \end{cases} \tag{7.78}$$

其中

$$W_0^1 = \{\varphi \in W_0^1(\Omega) | \varphi = 0\text{在}\Gamma_{\mathrm{D}}\text{上}\},$$

$$D(u,v) = \iint_{\Omega} \sum_{i,j=1}^{2} \sigma_{ij}(u)\epsilon_{ij}(v)dp,$$

$$F(v) = \iint_{\Omega} fv dp + \int_{\Gamma_{\mathrm{N}}} gv ds,$$

ϵ_{ij} 为应变张量. 问题 (7.78) 在空间 $\widetilde{W}_0^1(\Omega)^2$ 中有唯一解 (见第 4 章).

今讨论其区域分解算法. 取人工边界 Γ' 包围 Γ. Γ' 将区域 Ω 分为子区域 Ω_1 及 Ω_2, 其中 Ω_2 为 Γ' 的外区域. 为简单起见, 下面假定 $\mathrm{supp\ } f \subset \Omega_1$, 并设 Γ' 是半径为 R 的圆周. 令

$$D_i(u,v) = \iint_{\Omega_i} \sum_{i,j=1}^{2} \sigma_{ij}(u)\epsilon_{ij}(v)dp,$$

则

$$D(u,v) = D_1(u,v) + D_2(u,v). \tag{7.79}$$

应用自然边界归化于子区域 Ω_2, 并设 $\mathcal{K}$ 为平面弹性问题的自然积分算子, 即 Dirichlet-Neumann 算子. 令

$$\widehat{D}(u_0, v_0) = \int_{\Gamma'} v_0 \mathcal{K} u_0 ds, \tag{7.80}$$

便得

$$D_2(u,v) = \widehat{D}_2(\gamma' u, \gamma' v) \tag{7.81}$$

对在 Ω_2 中满足 $Lu = 0$ 的 u 成立, 其中 γ' 是在 Γ' 上的 Dirichlet 边界算子. 于是问题 (7.78) 等价于

$$\begin{cases} \text{求} u \in \widetilde{H}^1(\Omega_1)^2, \text{使得} \\ D_1(u,v) + \widehat{D}_2(\gamma' u, \gamma' v) = F(v), \quad \forall v \in \widetilde{H}^1(\Omega_1)^2, \end{cases} \tag{7.82}$$

其中

$$\widetilde{H}^1(\Omega_1) = \{\varphi \in H^1(\Omega_1) | \varphi = 0, \text{在} \Gamma_D \text{上}\}.$$

问题 (7.82) 在 $\widetilde{H}^1(\Omega_1)^2$ 中有唯一解. 设 $S_h(\Omega_1)^2 \subset \widetilde{H}^1(\Omega_1)^2$ 为 Ω_1 上的有限元解空间, 则近似变分问题

$$\begin{cases} \text{求} u_h \in S_h(\Omega_1)^2, \text{使得} \\ D_1(u_h, v_h) + \widehat{D}_2(\gamma' u_h, \gamma' v_h) = F(v_h), \quad \forall v_h \in S_h(\Omega_1)^2 \end{cases} \tag{7.83}$$

在 $S_h(\Omega_1)^2$ 中有唯一解. 这正是有限元与自然边界元的耦合法 (见本书第 6 章).

　　基于外子区域的自然边界归化, 有如下非重叠型区域分解算法, 也即 Dirichlet-Neumann 交替算法:

第 1 步. 选初始 $w^0 \in H^{\frac{1}{2}}(\Gamma')^2$, $n = 0$;

第 2 步. 计算

$$t_{II}^n = \mathcal{K} w^n \quad \Gamma' \text{上}; \tag{7.84}$$

第 3 步. 求解子区域 Ω_1 中的混合边值问题:

$$\begin{cases} Lu_I^n = f, & \Omega_1 \text{内}, \\ u_I^n = 0, & \Gamma_D \text{上}, \\ t_I^n = g, & \Gamma_N \text{上}, \\ t_I^n = -t_{II}^n, & \Gamma' \text{上}; \end{cases} \tag{7.85}$$

第 4 步. 若解有足够精度, 则停止计算; 否则取

$$w^{n+1} = \theta_n u_I^n + (1 - \theta_n) w^n, \quad \Gamma' \text{上}; \tag{7.86}$$

第 5 步. 令 $n := n + 1$, 转第 2 步.

值得注意的是, 本方法与标准的 D–N 算法相比有显著的不同 (见 [198, 240]), 因为在第 2 步中实际上并不需要真的求解无界子区域 Ω_2 中的 Dirichlet 问题, 只要直接应用自然积分算子, 即 Dirichlet–Neumann 映射即可. 而在标准的有限元方法中, 求解无界区域问题本是一项困难的工作. 由第 6 章可知, Γ' 上的平面弹性问题的自然积分算子有如下显式表达式:

$$\mathcal{K}u_{\Gamma'} = \frac{1}{R} \left[\begin{array}{cc} -\dfrac{ab}{2\pi(a+b)\sin^2 \dfrac{\varphi}{2}} & \dfrac{2b^2}{a+b}\delta'(\varphi) \\[3mm] -\dfrac{2b^2}{a+b}\delta'(\varphi) & -\dfrac{ab}{2\pi(a+b)\sin^2 \dfrac{\varphi}{2}} \end{array} \right] * \left[\begin{array}{c} u_1(R,\varphi) \\[2mm] u_2(R,\varphi) \end{array} \right], \quad (7.87)$$

其中 $*$ 为卷积, $a = \lambda + 2\mu$, $b = \mu$.

于是本方法的主要工作是在第 3 步, 也即应用标准有限元方法求解较小的有界子区域中的混合边值问题. 而在第 2 步中则只需应用自然边界归化, 其计算量几乎可以忽略不计. 与基于有限元方法的标准区域分解算法相比较, 本方法显然大大简化了计算, 并提高了计算效率.

此外, 选择适当的松弛因子 θ_n 非常重要. 若 θ_n 选择不当, 则迭代可能不收敛. 通常取 θ 为 0.5 或稍大些.

设人工边界上的 Steklov–Poincaré 算子

$$S = S_1 + S_2.$$

(见 [105, 198]) 因为 Ω_1 中的混合边值问题有唯一解, 故存在 S_1 的逆算子 S_1^{-1}. 从而上述算法的迭代是

$$u_I^n = w^n + S_1^{-1}S(u - w^n), \quad \Gamma' \text{上} \qquad (7.88)$$

以及 (7.86). 令 $e_n = w^n - u$, 便得

$$e_{n+1} = (I - \theta S_1^{-1}S)e_n \equiv Be_n. \qquad (7.89)$$

于是可以证明如下结果.

引理 7.5 存在正常数 σ 及 τ, 使得

$$\|\eta\|_1^2 \leqslant \sigma\|\eta\|_2^2, \quad \|\eta\|_2^2 \leqslant \tau\|\eta\|_1^2, \quad \forall \eta \in H^{\frac{1}{2}}(\Gamma'),$$

其中

$$\|\eta\|_i^2 \equiv \langle S_i\eta, \eta \rangle_{\Gamma'}, \quad i = 1, 2.$$

因为 S_i, $i = 1, 2$, 是正定算子, 故 $\| \cdot \|_i (i = 1, 2)$, 是范数.

定理 7.9　存在正常数 $\theta^* \in (0, 1]$, 使得 $\forall \theta \in (0, \theta^*)$, 则由 (7.89) 定义的算子 B 为收缩算子, 且上述 D-N 算法收敛.

证　从

$$B\eta = (1 - \theta S_1^{-1} S)\eta = (1 - \theta)\eta - \theta S_1^{-1} S_2 \eta$$

可得

$$\begin{aligned}
\|B\eta\|_1^2 &= \langle S_1[(1 - \theta)\eta - \theta S_1^{-1} S_2 \eta], (1 - \theta)\eta - \theta S_1^{-1} S_2 \eta \rangle \\
&= \theta^2 \|S_1^{-1} S_2 \eta\|_1^2 - 2\theta(1 - \theta)\|\eta\|_2^2 + (1 - \theta)^2 \|\eta\|_1^2.
\end{aligned}$$

应用引理 7.5 便有

$$\begin{aligned}
\|S_1^{-1} S_2 \eta\|_2^2 &\leqslant \tau \|S_1^{-1} S_2 \eta\|_1^2 = \tau \langle S_2 \eta, S_1^{-1} S_2 \eta \rangle \\
&\leqslant \tau \|\eta\|_2 \|S_1^{-1} S_2 \eta\|_2,
\end{aligned}$$

即

$$\|S_1^{-1} S_2 \eta\|_2 \leqslant \tau \|\eta\|_2.$$

于是

$$\begin{aligned}
\|S_1^{-1} S_2 \eta\|_1^2 &= \langle S_2 \eta, S_1^{-1} S_2 \eta \rangle \leqslant \|\eta\|_2 \|S_1^{-1} S_2 \eta\|_2 \\
&\leqslant \tau \|\eta\|_2^2 \leqslant \tau^2 \|\eta\|_1^2.
\end{aligned}$$

此外, 注意到

$$\|\eta\|_2^2 \geqslant \frac{1}{\sigma} \|\eta\|_1^2$$

及 $0 < \theta < 1$, 可得

$$\begin{aligned}
\|B\eta\|_1^2 &\leqslant \left(\tau^2 \theta^2 - \frac{2}{\sigma} \theta(1 - \theta) + (1 - \theta)^2 \right) \|\eta\|_1^2 \\
&= \frac{1}{\sigma} [(\tau^2 \sigma + \sigma + 2)\theta^2 - 2(\sigma + 1)\theta + \sigma] \|\eta\|_1^2 \\
&= \delta(\theta)^2 \|\eta\|_1^2,
\end{aligned}$$

其中

$$\delta(\theta) = \left[\frac{(\tau^2 + \sigma + 2)\theta^2 - 2(\sigma + 1)\theta + \sigma}{\sigma} \right]^{\frac{1}{2}}.$$

类似地有

$$\|B\eta\|_2^2 \leqslant \delta(\theta)^2 \|\eta\|_2^2.$$

因此,

$$\|B\eta\|_i \leqslant \delta(\theta)\|\eta\|_i, \quad i = 1, 2,$$

取

$$\theta^* = \min\left(1, \frac{2(\sigma+1)}{\tau^2\sigma+\sigma+2}\right)$$

即得

$$\delta(\theta) < 1, \quad \forall \theta \in (0, \theta^*).$$

这就是说, B 是收缩算子. 证毕.

从上面的证明可见

$$\theta_{\text{opt}} = \frac{\sigma+1}{\tau^2\sigma+\sigma+2}, \tag{7.90}$$

且

$$\delta_{\text{opt}} = \left[\frac{\tau^2\sigma^2-1}{\sigma(\tau^2\sigma+\sigma+2)}\right]^{\frac{1}{2}}. \tag{7.91}$$

这些结果与 [240] 中关于 Laplace 方程的结果相同. 当然, 由于这里用到了 Steklov–Poincaré 算子, 其证明便变得更加简洁明了.

定理 7.10 上述算法的离散化收敛, 其收敛速率及迭代矩阵的条件数均与 Ω_1 中的有限元网格尺寸无关.

其证明类似于关于 Poisson 方程的相应证明, 这里不再赘述.

从证明可见, 收缩因子

$$\delta \leqslant \delta_0 = \max\left\{\left|1 - \left(1 + \frac{1}{\sigma}\right)\theta\right|, |(1+\tau)\theta - 1|\right\}, \tag{7.92}$$

于是

$$\frac{\tau - \dfrac{1}{\sigma}}{2 + \tau + \dfrac{1}{\sigma}} \leqslant \delta_0 < 1, \quad 0 < \theta < \frac{2}{\tau+1},$$

且当

$$\theta = \theta_{\text{opt}} = \frac{2}{2 + \tau + \dfrac{1}{\sigma}} = \frac{2\sigma}{(2+\tau)\sigma+1}, \tag{7.93}$$

可得

$$\delta_0 = \delta_{\text{opt}} = \frac{\tau - \dfrac{1}{\sigma}}{2 + \tau + \dfrac{1}{\sigma}} = \frac{\sigma\tau - 1}{(2+\tau)\sigma+1}. \tag{7.94}$$

为简单起见, 也可以 0 取代 $1/\sigma$, 得到

$$\delta^* = \frac{\tau}{2+\tau} > \delta_{\mathrm{opt}}, \quad \theta^* = \frac{2}{2+\tau}.$$

注　对 Poisson 方程, 若在式 (7.92) 中分别取 $\tau = 1$ 和 $\frac{1}{\sigma} = 0$, 正好得到式 (7.71), 以及 7.3.2 小节的注 (1), 也即

$$\text{若} \theta = \frac{2}{3}, \quad \text{则} \delta_0 = \frac{1}{3}.$$

最佳松弛因子 θ_{opt} 的选择公式也类似于 7.3.2 小节对于 Poisson 方程给出的公式.

设 u_h^k 是在 Ω_1 中采用分片线性元的 D–N 算法迭代得到的第 k 个近似解, 则有如下误差估计.

定理 7.11　若 $u \in H^2(\Omega_1)$, 则存在与 h 和 k 均无关的正常数 C_1 和 C_2, 使得

$$\|u_h^k - u\|_{L^2(\Omega_1)} \leqslant C_1 h^2 + C_2 \delta^k, \tag{7.95}$$

其中 $\delta = \delta(\theta) \leqslant \delta_0$ 由定理 7.10 给出.

证明从略.

今讨论自然积分算子的离散化.

在算法的第 2 步中, 式 (7.84) 右端的超奇异积分算子 $\mathcal{K}$ 由式 (7.87) 给出, 其离散化可按照下法实现. 设

$$w(\varphi) \approx \left(\sum_{j=1}^m w_{1j} L_j(\varphi), \sum_{j=1}^m w_{2j} L_j(\varphi) \right)^{\mathrm{T}},$$

$$t_{II}(\varphi) \approx \left(\sum_{j=1}^m t_{1j} L_j(\varphi), \sum_{j=1}^m t_{2j} L_j(\varphi) \right)^{\mathrm{T}},$$

其中 $t_{kj}(k = 1, 2, j = 1, \cdots, m)$ 待定, $\{L_j(\varphi)\}$ 为 Γ' 上均匀网格分片线性基函数集合. 于是由式 (7.87) 可得

$$\begin{bmatrix} M & O \\ O & M \end{bmatrix} \begin{bmatrix} T_1 \\ T_2 \end{bmatrix} = \frac{1}{R} \begin{bmatrix} \dfrac{2ab}{a+b}Q & \dfrac{2b^2}{a+b}P \\ -\dfrac{2b^2}{a+b}P & \dfrac{2ab}{a+b}Q \end{bmatrix} \begin{bmatrix} W_1 \\ W_2 \end{bmatrix}, \tag{7.96}$$

其中

$$T_i = (t_{i1}, \cdots, t_{im})^{\mathrm{T}}, \quad W_i = (w_{i1}, \cdots, w_{im})^{\mathrm{T}}, \quad i = 1, 2,$$

$$M = \frac{\pi}{3m} \begin{bmatrix} 4 & 1 & \cdots & \cdots & 0 & 1 \\ 1 & 4 & \ddots & \ddots & 0 & 0 \\ \vdots & \ddots & \ddots & \ddots & \ddots & \vdots \\ \vdots & \ddots & \ddots & \ddots & \ddots & \vdots \\ 0 & 0 & \ddots & \ddots & 4 & 1 \\ 1 & 0 & \cdots & \cdots & 1 & 4 \end{bmatrix}, \tag{7.97}$$

$$P = \frac{1}{2} \begin{bmatrix} 0 & 1 & \cdots & \cdots & 0 & -1 \\ -1 & 0 & \ddots & \ddots & 0 & 0 \\ \vdots & \ddots & \ddots & \ddots & \ddots & \vdots \\ \vdots & \ddots & \ddots & \ddots & \ddots & \vdots \\ 0 & 0 & \ddots & \ddots & 0 & 1 \\ 1 & 0 & \cdots & \cdots & -1 & 0 \end{bmatrix}, \tag{7.98}$$

$$Q = \begin{bmatrix} a_0 & a_1 & \cdots & \cdots & a_{N-2} & a_{N-1} \\ a_{N-1} & a_0 & \ddots & \ddots & a_{N-3} & a_{N-2} \\ \vdots & \ddots & \ddots & \ddots & \ddots & \vdots \\ \vdots & \ddots & \ddots & \ddots & \ddots & \vdots \\ a_2 & a_3 & \ddots & \ddots & a_0 & a_1 \\ a_1 & a_2 & \cdots & \cdots & a_{N-1} & a_0 \end{bmatrix}, \tag{7.99}$$

M 是稀疏对称循环矩阵, O 是零矩阵, P 是稀疏反对称矩阵, Q 是对称循环的满矩阵, 即单位圆内调和问题的自然积分算子的离散化 (见第 2 章), 其中

$$a_k = \frac{4m^2}{\pi^3} \sum_{j=1}^{\infty} \frac{1}{j^3} \sin^4 \frac{j\pi}{m} \cos \frac{jk}{m} 2\pi, \quad k = 0, 1, \cdots, N-1. \tag{7.100}$$

显然, 从 (7.96) 易解得 T_1, T_2, 因为 (7.96) 的右端只是块循环矩阵与已知向量的积, 而其左边的 M 是稀疏对称循环矩阵, 正是一维有限元的标准刚度矩阵.

参考文献 [115] 给出了若干数值例子.

与基于经典有限元方法的区域分解算法或传统的边界元方法 (见 [198, 234, 235, 240]) 相比, 本方法有如下一些显著的优点:

(1) 适于求解无界区域问题, 特别是外边值问题.

(2) 在较小的内子区域应用标准有限元方法, 而在外子区域不必用有限元法或边界元法求解.

(3) 在人工边界上应用自然积分算子进行简单计算的工作量几乎可以忽略.

(4) 给出了松弛因子的选择规则及简单的计算公式, 得到了迭代收缩因子及迭代矩阵条件数的显式估计.

7.4　Steklov-Poincaré 算子及其逆算子

在区域分解算法中, 子区域交界线上的 Steklov–Poincaré 算子起着非常重要的作用 (见 [198, 200]). 研究这一算子并给出其逆算子的表达式对发展区域分解算法显然很有意义.

对调和方程边值问题而言, Steklov–Poincaré 算子反映了交界线上函数值与其向两侧作调和扩张后函数法向导数在交界线上的跃度间的关系 (见 [198]), 而本书讨论的自然积分算子, 也即 Dirichlet–Neumann 算子, 则给出了调和函数在边界上的函数值与法向导数值之间的关系. 于是这两者间也应有密切联系.

本节首先对二阶椭圆边值问题给出这一关系, 并通过 Green 函数给出 Steklov–Poincaré 算子的逆算子的表达式, 然后又对重调和方程边值问题、平面弹性问题及 Stokes 问题得到相应结果.

7.4.1　二阶椭圆边值问题

考虑二阶椭圆型偏微分方程的 Dirichlet 边值问题:

$$\begin{cases} Lu = f, & \Omega 内, \\ u = 0, & \partial\Omega 上, \end{cases} \tag{7.101}$$

其中 $\Omega \subset \mathbb{R}^2$ 为带分片光滑边界的开集,

$$Lu = -\sum_{i,j=1}^{2} \frac{\partial}{\partial x_i}\left(a_{ij}\frac{\partial u}{\partial x_j}\right) + a_0 u,$$

$a_0 \geqslant 0$, $[a_{ij}]$ 是对称一致正定矩阵. 将 Ω 分为 Ω_1 及 Ω_2 两个子区域, 交界线为 Γ_0. 记 $\lambda = u|_{\Gamma_0}$, 则 $u_k = u|_{\Omega_k}$, $k = 1, 2$, 分别满足

$$\begin{cases} Lu_k = f, & \Omega_k 内, \\ u_k = 0, & \partial\Omega_k \cap \partial\Omega 上, \quad k = 1, 2, \\ u_k = \lambda, & \Gamma_0 上, \end{cases} \tag{7.102}$$

其中 λ 应满足条件

$$\frac{\partial u_1}{\partial n_1} + \frac{\partial u_2}{\partial n_2} = 0, \quad \Gamma_0 上, \tag{7.103}$$

这里

$$\frac{\partial u_k}{\partial n_k} = \sum_{i,j=1}^{2} a_{ij} \frac{\partial u_k}{\partial x_j} \nu_i^{(k)},$$

$(\nu_1^{(k)}, \nu_2^{(k)})$ 为 Γ_0 上关于 Ω_k 的外法线方向单位向量. 特别当 $L = -\Delta$ 时, $\partial/\partial n_k = \partial/\partial \nu_k$. 由叠加原理, (7.102) 的解可表示为

$$u_k = v_k + w_k, \quad k = 1, 2, \tag{7.104}$$

其中 w_k 满足

$$\begin{cases} Lw_k = f, & \Omega_k\text{内}, \\ w_k = 0, & \partial\Omega_k\text{上}, \end{cases} \quad k = 1, 2, \tag{7.105}$$

而 $v_k = R_k\lambda$, $k = 1, 2$, 为 λ 的 L 调和扩张, 即满足

$$\begin{cases} Lv_k = 0, & \Omega_k\text{内}, \\ v_k = 0, & \partial\Omega_k\backslash\Gamma_0\text{上}, \quad k = 1, 2. \\ v_k = \lambda, & \Gamma_0\text{上}, \end{cases} \tag{7.106}$$

把 (7.104) 代入 (7.103) 得

$$\frac{\partial}{\partial n_1}(v_1 - v_2) = \frac{\partial}{\partial n_1}(w_2 - w_1), \quad \Gamma_0\text{上}. \tag{7.107}$$

其右端是与 λ 无关的函数, 可以通过独立求解子区域上的问题 (7.105) 得到. 于是 (7.107) 等价于

$$S\lambda = g, \tag{7.108}$$

其中 $S = S_1 + S_2$,

$$S_k = \frac{\partial}{\partial n_k}(R_k\cdot), \quad k = 1, 2,$$

$$g = \frac{\partial}{\partial n_1}(w_2 - w_1).$$

称 S 为 Steklov–Poincaré算子.

定理 7.12 若由 Ω_k 上的微分算子 L 通过边界归化得到的自然积分算子为 $\mathscr{K}_k$, $k = 1, 2$, 则

$$S = (\mathscr{K}_1 + \mathscr{K}_2)_{\Gamma_0}. \tag{7.109}$$

证 由自然边界归化理论, Ω_k 上的边值问题 (7.106) 等价于 $\partial\Omega_k$ 上的自然积分方程:

$$\frac{\partial v_k}{\partial n_k} = \mathscr{K}_k v_k, \quad k = 1, 2. \tag{7.110}$$

注意到在 $\partial\Omega_k\backslash\Gamma_0$ 上 $v_k=0$ 及在 Γ_0 上 $v_k=\lambda$, 便有

$$S_k = \mathscr{K}_k|_{\Gamma_0}, \quad k=1,2.$$

从而得 (7.109). 证毕.

若已知 $G_k(p,p')$ 为算子 L 关于 Ω_k 的 Green 函数, 则

$$\mathscr{K}_k v_k = -\int_{\partial\Omega_k} \frac{\partial^2 G_k(p,p')}{\partial n_k \partial n_k'} v_k(p')ds'. \tag{7.111}$$

由自然积分算子 $\mathscr{K}_1$ 及 $\mathscr{K}_2$ 的性质, 立即可得如下推论.

推论 7.1　$S: H_{00}^{\frac{1}{2}}(\Gamma_0) \to H^{-\frac{1}{2}}(\Gamma_0)$ 为对称正定算子.

由于区域分解算法往往对 Steklov–Poincaré 算子的逆算子更感兴趣, 于是希望得到 S^{-1} 的表达式. 文献 [198] 曾指出:"一般来说, 求 S 的逆很难".

定理 7.13　若 $G(p,p')$ 为算子 L 关于区域 Ω 的 Green 函数, 则 Steklov–Poincaré 算子 S 的逆算子由下式给出:

$$\lambda(p) = \int_{\Gamma_0} G(p,p')\left[\frac{\partial v_1}{\partial n_1}(p') + \frac{\partial v_2}{\partial n_2}(p')\right]ds', \quad p\in\Gamma_0. \tag{7.112}$$

证　由定义,

$$S\lambda = \left(\frac{\partial v_1}{\partial n_1} + \frac{\partial v_2}{\partial n_2}\right)_{\Gamma_0},$$

其中 $v_k = R_k\lambda$, $k=1,2$. 在 Green 第二公式

$$\iint_{\Omega_k}(wLv - vLw)dp = -\int_{\partial\Omega_k}\left(w\frac{\partial v}{\partial n_k} - v\frac{\partial w}{\partial n_k}\right)ds \tag{7.113}$$

中, 取 $v = G(p,p')$ 满足

$$\begin{cases} LG(p,p') = \delta(p-p'), \\ G(p,p')|_{\partial\Omega} = 0, \end{cases}$$

并取 $w = v_k$, 则在 Γ_0 上有

$$\frac{1}{2}\lambda(p) = \int_{\Gamma_0}\left[G(p,p')\frac{\partial v_k}{\partial n_k} - v_k\frac{\partial G(p,p')}{\partial n_k'}\right]ds', \quad k=1,2. \tag{7.114}$$

将两式相加, 注意到 $\partial/\partial n_2 = -\partial/\partial n_1$, 便得 (7.112). 证毕.

例 7.7　$L = -\Delta$, $\Omega = \{(x,y)|x^2+y^2<1\}$ 为单位圆内区域, $\Gamma_0 = \{(x,0)|-1< x<1\}$ 为位于 x 轴上的直径, 于是 Ω 被分为上、下两个半圆 Ω_1 及 Ω_2. 由定理 7.12 及定理 7.13 可得 Γ_0 上的 Steklov–Poincaré 算子及其逆算子的表达式:

$$g(x) = S\lambda(x) = -\frac{2(1-x^2)}{\pi}\int_{-1}^{1}\frac{1-x'^2}{(1-xx')^2(x-x')^2}\lambda(x')dx' \tag{7.115}$$

及

$$\lambda(x) = S^{-1}g(x) = \frac{1}{2\pi} \int_{-1}^{1} \left(\ln \frac{1 - xx'}{|x - x'|} \right) g(x')dx'. \tag{7.116}$$

7.4.2 重调和边值问题

考虑重调和方程的 Dirichlet 问题

$$\begin{cases} \Delta^2 u = f, & \Omega\text{内}, \\ u = \dfrac{\partial u}{\partial n} = 0, & \partial\Omega\text{上}. \end{cases} \tag{7.117}$$

仍设 Γ_0 分 Ω 为 Ω_1 及 Ω_2, $\Gamma_k = \partial\Omega_k \cap \partial\Omega$. 于是 (7.117) 分解为两个子问题:

$$\begin{cases} \Delta^2 u_k = f, & \Omega_k\text{内}, \\ u_k = \dfrac{\partial u_k}{\partial n_k} = 0, & \Gamma_k\text{上}, \quad k = 1, 2, \\ u_k = \lambda, \dfrac{\partial u_k}{\partial n_1} = \mu, & \Gamma_0\text{上}, \end{cases} \tag{7.118}$$

要求其中的 λ 及 μ 满足关系

$$\begin{cases} \Delta u_1 = \Delta u_2, \\ \dfrac{\partial}{\partial n_1}\Delta u_1 = -\dfrac{\partial}{\partial n_2}\Delta u_2, & \Gamma_0\text{上}. \end{cases} \tag{7.119}$$

应用叠加原理, 设

$$u_k = v_k + w_k, \quad k = 1, 2, \tag{7.120}$$

其中 w_k 满足

$$\begin{cases} \Delta^2 w_k = f, & \Omega_k\text{内}, \\ w_k = \dfrac{\partial w_k}{\partial n_k} = 0, & \partial\Omega_k\text{上}, \end{cases} \quad k = 1, 2, \tag{7.121}$$

而 $v_k = R_k(\lambda, \mu)$ 为 (λ, μ) 的重调和扩张, 即满足

$$\begin{cases} \Delta^2 v_k = 0, & \Omega_k\text{内}, \\ v_k = \dfrac{\partial v_k}{\partial n_k} = 0, & \Gamma_k\text{上}, \quad k = 1, 2. \\ v_k = \lambda, \dfrac{\partial v_k}{\partial n_1} = \mu, & \Gamma_0\text{上}, \end{cases} \tag{7.122}$$

把 (7.120) 代入 (7.119) 得

$$\begin{cases} -\left(\dfrac{\partial}{\partial n_1}\Delta v_1 + \dfrac{\partial}{\partial n_2}\Delta v_2 \right) = \dfrac{\partial}{\partial n_1}\Delta w_1 + \dfrac{\partial}{\partial n_2}\Delta w_2 \equiv \varphi, & \Gamma_0\text{上}. \\ \Delta v_1 - \Delta v_2 = \Delta w_2 - \Delta w_1 \equiv \psi, \end{cases} \tag{7.123}$$

其右端通过求解 (7.121) 可得, 并不依赖于 λ 及 μ, 于是

$$S \left\{ \begin{array}{c} \lambda \\ \mu \end{array} \right\} \equiv \left[\begin{array}{c} -\left[\dfrac{\partial}{\partial n_1} \Delta R_1(\lambda,\mu) + \dfrac{\partial}{\partial n_2} \Delta R_2(\lambda,\mu) \right] \\ \Delta R_1(\lambda,\mu) - \Delta R_2(\lambda,\mu) \end{array} \right]_{\Gamma_0} = \left[\begin{array}{c} \varphi \\ \psi \end{array} \right]. \qquad (7.124)$$

称 S 为重调和 Steklov–Poincaré算子.

定理 7.14　若 $\partial\Omega_k$ 上的重调和自然积分算子为

$$\mathscr{K}_k = \left[\begin{array}{cc} \mathscr{K}_k^{(11)} & \mathscr{K}_k^{(12)} \\ \mathscr{K}_k^{(21)} & \mathscr{K}_k^{(22)} \end{array} \right], \quad k = 1, 2,$$

则

$$S = \left[\begin{array}{cc} \mathscr{K}_1^{(11)} + \mathscr{K}_2^{(11)} & \mathscr{K}_1^{(12)} - \mathscr{K}_2^{(12)} \\ \mathscr{K}_1^{(21)} - \mathscr{K}_2^{(21)} & \mathscr{K}_1^{(22)} + \mathscr{K}_2^{(22)} \end{array} \right]_{\Gamma_0}. \qquad (7.125)$$

证　由自然边界归化理论, 注意到 (7.122) 的边界条件, 可得在 Γ_0 上有

$$\left\{ \begin{array}{l} -\dfrac{\partial}{\partial n_1} \Delta v_1 = \mathscr{K}_1^{(11)} \lambda + \mathscr{K}_1^{(12)} \mu, \\[2mm] \Delta v_1 = \mathscr{K}_1^{(21)} \lambda + \mathscr{K}_1^{(22)} \mu, \end{array} \right.$$

及

$$\left\{ \begin{array}{l} -\dfrac{\partial}{\partial n_2} \Delta v_2 = \mathscr{K}_2^{(11)} \lambda - \mathscr{K}_2^{(12)} \mu, \\[2mm] \Delta v_2 = \mathscr{K}_2^{(21)} \lambda - \mathscr{K}_2^{(22)} \mu. \end{array} \right.$$

将此二式代入 (7.124) 即得 (7.125). 证毕.

由自然积分算子 $\mathscr{K}_1$ 及 $\mathscr{K}_2$ 的性质, 立即可得如下推论.

推论 7.2　重调和 Steklov–Poincaré 算子

$$S : H_{00}^{\frac{3}{2}}(\Gamma_0) \times H_{00}^{\frac{1}{2}}(\Gamma_0) \to H^{-\frac{3}{2}}(\Gamma_0) \times H^{-\frac{1}{2}}(\Gamma_0)$$

是对称正定算子.

若已知子区域 Ω_1 及 Ω_2 上的 Green 函数, 则算子 S 的表达式便可写出. 反之, 若已知区域 Ω 上的 Green 函数, 则可得其逆算子 S^{-1} 的表达式.

定理 7.15　若 $G(p, p')$ 为重调和算子关于区域 Ω 的 Green 函数, 则重调和 Steklov–Poincaré 算子 S 的逆算子由下式给出:

$$\left\{ \begin{array}{l} \lambda(p) = \displaystyle\int_{\Gamma_0} \left[G(p, p')\varphi(p') + \dfrac{\partial}{\partial n_1'} G(p, p')\psi(p') \right] ds', \\[4mm] \mu(p) = \displaystyle\int_{\Gamma_0} \left[\dfrac{\partial}{\partial n_1} G(p, p')\varphi(p') + \dfrac{\partial^2}{\partial n_1 \partial n_1'} G(p, p')\psi(p') \right] ds', \end{array} \right. \quad p \in \Gamma_0. \quad (7.126)$$

证 将 Green 第二公式

$$\iint_{\Omega}(v\Delta^2 u - u\Delta^2 v)dp = \int_{\partial\Omega}\left(v\frac{\partial\Delta u}{\partial n} - \frac{\partial v}{\partial n}\Delta u + \frac{\partial u}{\partial n}\Delta v - u\frac{\partial\Delta v}{\partial n}\right)ds \qquad (7.127)$$

分别应用于 Ω_k, $k=1,2$, 其中取 $v = v_k$, $u = G(p,p')$ 满足

$$\begin{cases} \Delta^2 G(p,p') = \delta(p-p'), \\ G(p,p')\Big|_{\Gamma} = \frac{\partial}{\partial n}G(p,p')\Big|_{\Gamma} = 0, \end{cases} \qquad (7.128)$$

注意到在 Γ_k 上 $v_k = \partial v_k/\partial n = 0$, $G = \partial G/\partial n = 0$, 可得在 Ω_k 内,

$$v_k = \int_{\Gamma_0}\left(v_k\frac{\partial\Delta G}{\partial n_k'} - \frac{\partial v_k}{\partial n_k'}\Delta G + \frac{\partial G}{\partial n_k'}\Delta v_k - G\frac{\partial\Delta v_k}{\partial n_k'}\right)ds', \quad k=1,2, \qquad (7.129)$$

以及在 Γ_0 上,

$$\frac{1}{2}v_k = \int_{\Gamma_0}\left(v_k\frac{\partial\Delta G}{\partial n_k'} - \frac{\partial v_k}{\partial n_k'}\Delta G + \frac{\partial G}{\partial n_k'}\Delta v_k - G\frac{\partial\Delta v_k}{\partial n_k'}\right)ds', \quad k=1,2. \qquad (7.130)$$

由于在 Γ_0 上,

$$v_1 = v_2 = \lambda, \quad \frac{\partial v_1}{\partial n_1} = -\frac{\partial v_2}{\partial n_2} = \mu, \quad \frac{\partial}{\partial n_1} = -\frac{\partial}{\partial n_2},$$

将 (7.130) 的两个式子相加得

$$\lambda = \int_{\Gamma_0}\left[\frac{\partial G}{\partial n_1'}(\Delta v_1 - \Delta v_2) - G\left(\frac{\partial\Delta v_1}{\partial n_1'} + \frac{\partial\Delta v_2}{\partial n_2'}\right)\right]ds',$$

即

$$\lambda = \int_{\Gamma_0}\left(G\varphi + \frac{\partial G}{\partial n_1'}\psi\right)ds', \quad \Gamma_0 上.$$

再对 (7.129) 取 Γ_0 上的法向导数, 注意到积分核 $\partial\Delta G/\partial n$ 的奇异性产生的跳跃, 可得在 Γ_0 上,

$$\frac{1}{2}\mu = \int_{\Gamma_0}\left(\lambda\frac{\partial^2\Delta G}{\partial n_1\partial n_1'} - \mu\frac{\partial\Delta G}{\partial n_1} + \frac{\partial^2 G}{\partial n_1\partial n_1'}\Delta v_1 - \frac{\partial G}{\partial n_1}\frac{\partial\Delta v_1}{\partial n_1'}\right)ds'$$

及

$$-\frac{1}{2}\mu = \int_{\Gamma_0}\left(\lambda\frac{\partial^2\Delta G}{\partial n_2\partial n_2'} + \mu\frac{\partial\Delta G}{\partial n_2} + \frac{\partial^2 G}{\partial n_2\partial n_2'}\Delta v_2 - \frac{\partial G}{\partial n_2}\frac{\partial\Delta v_2}{\partial n_2'}\right)ds'.$$

两式相减得

$$\mu = \int_{\Gamma_0}\left[\frac{\partial^2 G}{\partial n_1\partial n_1'}(\Delta v_1 - \Delta v_2) - \frac{\partial G}{\partial n_1}\left(\frac{\partial}{\partial n_1'}\Delta v_1 + \frac{\partial}{\partial n_2'}\Delta v_2\right)\right]ds',$$

即

$$\mu = \int_{\Gamma_0} \left(\frac{\partial G}{\partial n_1} \varphi + \frac{\partial^2 G}{\partial n_1 \partial n_1'} \psi \right) ds', \quad \Gamma_0 上.$$

证毕.

7.4.3　平面弹性问题

考虑平面弹性问题

$$\begin{cases} \beta \Delta u + (\alpha + \beta) \mathrm{grad}\, \mathrm{div}\, u = f, & \Omega 内, \\ u = 0, & \partial\Omega 上, \end{cases} \tag{7.131}$$

其中 α 及 β 为 Lamé常数. 将 (7.131) 分解为子区域上的边值问题:

$$\begin{cases} \beta \Delta u^{(k)} + (\alpha + \beta) \mathrm{grad}\, \mathrm{div}\, u^{(k)} = f, & \Omega_k 内, \\ u^{(k)} = 0, & \Gamma_k 上, \qquad k = 1, 2, \\ u^{(k)} = \lambda, & \Gamma_0 上, \end{cases} \tag{7.132}$$

其中 λ 要求满足关系

$$t^{(1)} = -t^{(2)}, \quad \Gamma_0 上, \tag{7.133}$$

这里

$$t^{(k)} = (t_1^{(k)}, t_2^{(k)}), \quad t_i^{(k)} = \sum_{j=1}^{2} \sigma_{ij}^{(k)} n_j^{(k)}, \quad i = 1, 2,$$

$(n_1^{(k)}, n_2^{(k)})$ 为 Γ_0 上关于 Ω_k 的单位外法向向量. 应用叠加原理, 设

$$u^{(k)} = v^{(k)} + w^{(k)}, \quad k = 1, 2, \tag{7.134}$$

其中 $w^{(k)}$ 满足

$$\begin{cases} \beta \Delta w^{(k)} + (\alpha + \beta) \mathrm{grad}\, \mathrm{div}\, w^{(k)} = f, & \Omega_k 内, \\ w^{(k)} = 0, & \partial\Omega_k 上, \end{cases} \quad k = 1, 2, \tag{7.135}$$

而 $v^{(k)} = R_k \lambda$ 为 λ 的平面弹性扩张, 即满足

$$\begin{cases} \beta \Delta v^{(k)} + (\alpha + \beta) \mathrm{grad}\, \mathrm{div}\, v^{(k)} = 0, & \Omega_k 内, \\ v^{(k)} = 0, & \Gamma_k 上, \qquad k = 1, 2. \\ v^{(k)} = \lambda, & \Gamma_0 上, \end{cases} \tag{7.136}$$

将 (7.134) 代入 (7.133) 得

$$t(v^{(1)}) + t(v^{(2)}) = -[t(w^{(1)}) + t(w^{(2)})] \equiv \varphi, \quad \Gamma_0 上. \tag{7.137}$$

其右端通过求解 (7.135) 可得, 并不依赖于 λ. 于是

$$S\lambda \equiv t(R_1\lambda) + t(R_2\lambda) = \varphi. \tag{7.138}$$

称 S 为平面弹性问题的 Steklov–Poincaré算子.

定理 7.16 若 $\partial\Omega_k$ 上的平面弹性自然积分算子为 $\mathscr{K}_k$, $k = 1, 2$, 则

$$S = (\mathscr{K}_1 + \mathscr{K}_2)_{\Gamma_0}. \tag{7.139}$$

证 由自然边界归化理论, 注意到 (7.136) 的边界条件, 在 Γ_0 上有

$$t(R_k\lambda) = \mathscr{K}_k\lambda, \quad k = 1, 2.$$

代入 (7.138) 即得 (7.139). 证毕.

推论 7.3 平面弹性问题的 Steklov–Poincaré算子 $S : [H_{00}^{\frac{1}{2}}(\Gamma_0)]^2 \to [H^{-\frac{1}{2}}(\Gamma_0)]^2$ 为对称正定算子.

定理 7.17 若

$$G(p, p') = \begin{bmatrix} G_{11} & G_{12} \\ G_{21} & G_{22} \end{bmatrix}$$

为直角坐标分解下的平面弹性算子关于区域 Ω 的 Green 函数矩阵, 则由 (7.138) 定义的 Steklov–Poincaré算子的逆算子由下式给出:

$$\lambda(p) = - \int_{\Gamma_0} G(p, p')\varphi(p')ds', \quad p \in \Gamma_0. \tag{7.140}$$

证 在直角坐标分解下, 平面弹性算子为

$$L = \begin{bmatrix} (\alpha + 2\beta)\dfrac{\partial^2}{\partial x^2} + \beta\dfrac{\partial^2}{\partial y^2} & (\alpha + \beta)\dfrac{\partial^2}{\partial x\partial y} \\ (\alpha + \beta)\dfrac{\partial^2}{\partial x\partial y} & \beta\dfrac{\partial^2}{\partial x^2} + (\alpha + 2\beta)\dfrac{\partial^2}{\partial y^2} \end{bmatrix},$$

于是

$$\begin{cases} LG(p, p') = \begin{bmatrix} \delta(p - p') & 0 \\ 0 & \delta(p - p') \end{bmatrix}, \\ G(p, p')|_{p \in \partial\Omega} = 0. \end{cases} \tag{7.141}$$

将 Green 第二公式

$$\iint\limits_{\Omega} (Lu \cdot v - u \cdot Lv)dp = \int_{\partial\Omega} [t(u) \cdot v - u \cdot t(v)]ds \tag{7.142}$$

应用于 Ω_k, $k = 1, 2$, 其中取 $v = v^{(k)}$, $u = G_i = (G_{i1}, G_{i2})$, $i = 1, 2$, 可得在 Γ_0 上,

$$\frac{1}{2}\lambda = \int_{\Gamma_0} \left\{ \begin{bmatrix} t_1^{(k)}(G_1) & t_2^{(k)}(G_1) \\ t_1^{(k)}(G_2) & T_2^{(k)}(G_2) \end{bmatrix} \lambda - G t^{(k)}(v_k) \right\} ds, \quad k = 1, 2.$$

两式相加, 注意到在 Γ_0 上 $t^{(1)}(G_i) + t^{(2)}(G_i) = 0$, $i = 1, 2$, 便得 (7.140). 证毕.

7.4.4　Stokes 问题

考虑 Stokes 问题

$$\begin{cases} -\eta\Delta u + \operatorname{grad} p = f, & \Omega 内, \\ \operatorname{div} u = 0, & \Omega 内, \\ u = 0, & \partial\Omega 上, \end{cases} \tag{7.143}$$

其中 η 为黏滞系数. 将 (7.143) 分解为子区域上的边值问题:

$$\begin{cases} -\eta\Delta u^{(k)} + \operatorname{grad} p^{(k)} = f, & \Omega_k 内, \\ \operatorname{div} u^{(k)} = 0, & \Omega_k 内, \\ u^{(k)} = 0, & \Gamma_k 上, \\ u^{(k)} = \lambda, & \Gamma_0 上, \end{cases} \quad k = 1, 2, \tag{7.144}$$

其中 λ 要求满足关系

$$t^{(1)} = -t^{(2)}, \quad \Gamma_0 上, \tag{7.145}$$

这里

$$t_i^{(k)} = \sum_{j=1}^2 \sigma_{ij}^{(k)} n_j^{(k)}, \quad \sigma_{ij}^{(k)} = -p^{(k)}\delta_{ij} + \eta\left(\frac{\partial u_i}{\partial x_j} + \frac{\partial u_j}{\partial x_i}\right), \quad i, j = 1, 2,$$

$(n_1^{(k)}, n_2^{(k)})$ 为 Γ_0 上关于 Ω_k 的单位外法向向量. 应用叠加原理, 设

$$u^{(k)} = v^{(k)} + w^{(k)}, \quad p^{(k)} = q^{(k)} + l^{(k)}, \quad k = 1, 2, \tag{7.146}$$

其中 $(w^{(k)}, l^{(k)})$ 满足

$$\begin{cases} -\eta\Delta w^{(k)} + \operatorname{grad} l^{(k)} = f, & \Omega_k 内, \\ \operatorname{div} w^{(k)} = 0, & \Omega_k 内, \\ w^{(k)} = 0, & \partial\Omega_k 上, \end{cases} \quad k = 1, 2, \tag{7.147}$$

而 $(v^{(k)}, q^{(k)}) = R_k\lambda$ 为 λ 在 Ω_k 的 Stokes 扩张, 即满足

$$\begin{cases} -\eta\Delta v^{(k)} + \operatorname{grad} q^{(k)} = 0, & \Omega_k 内, \\ \operatorname{div} v^{(k)} = 0, & \Omega_k 内, \\ v^{(k)} = 0, & \Gamma_k 上, \\ v^{(k)} = \lambda, & \Gamma_0 上, \end{cases} \quad k = 1, 2. \tag{7.148}$$

将 (7.146) 代入 (7.145) 得

$$t(v^{(1)}, q^{(1)}) + t(v^{(2)}, q^{(2)}) = -[t(w^{(1)}, l^{(1)}) + t(w^{(2)}, l^{(2)}] \equiv \varphi, \quad \Gamma_0 \text{上}. \tag{7.149}$$

其右端通过求解 (7.147) 可得, 并不依赖于 λ. 于是

$$S\lambda \equiv t(R_1\lambda) + t(R_2\lambda) = \varphi. \tag{7.150}$$

称 S 为 Stokes 问题的 Steklov–Poincaré算子.

定理 7.18 若 $\partial\Omega_k$ 上的 Stokes 问题的自然积分算子为 $\mathscr{K}_k$, $k = 1, 2$, 则

$$S = (\mathscr{K}_1 + \mathscr{K}_2)_{\Gamma_0}. \tag{7.151}$$

证 由 Stokes 问题的自然边界归化及 (7.148) 的边界条件即得 (7.151).

推论 7.4 Stokes 问题的 Steklov–Poincaré算子 $S : [H_{00}^{\frac{1}{2}}(\Gamma_0)]^2 \to [H^{-\frac{1}{2}}(\Gamma_0)]^2$ 为对称正定算子.

定理 7.19 若 Ω 上的 Stokes 问题的 Green 函数为 $G_{ij}(x, x')$, $Q_i(x, x')$, $i, j = 1, 2$, 满足

$$\begin{cases} -\eta\Delta G_{ij}(x, x') + \dfrac{\partial}{\partial x_j} Q_i(x, x') = \delta_{ij}\delta(x - x'), & i, j = 1, 2, \\[2mm] \displaystyle\sum_{j=1}^{2} \dfrac{\partial}{\partial x_j} G_{ij}(x, x') = 0, & i = 1, 2, \\[2mm] G_{ij}(x, x')|_{x \in \partial\Omega} = 0, & i, j = 1, 2, \end{cases} \tag{7.152}$$

其中 $x = (x_1, x_2)$, $x' = (x_1', x_2')$, 则由 (7.150) 定义的 Steklov–Poincaré算子的逆算子由下式给出:

$$\lambda(x) = \int_{\Gamma_0} G(x, x')\varphi(x')ds', \quad x \in \Gamma_0, \tag{7.153}$$

其中

$$G = \begin{bmatrix} G_{11} & G_{12} \\ G_{21} & G_{22} \end{bmatrix}.$$

证 将 Stokes 问题的 Green 第二公式

$$\iint_{\Omega} [(\eta\Delta u - \mathrm{grad}\, p) \cdot v - (\eta\Delta v - \mathrm{grad}\, q) \cdot u]dx$$

$$- \iint_{\Omega} (p\,\mathrm{div}\, v - q\,\mathrm{div}\, u)dx$$

$$= \int_{\Gamma} [t(u, p) \cdot v - t(v, q) \cdot u]ds \tag{7.154}$$

应用于 Ω_k, 其中取 $(v,q) = (v^{(k)}, q^{(k)})$, $(u,p) = (G_i, Q_i)$, $G_i = (G_{i1}, G_{i2})$, $i = 1, 2$,
可得在 Γ_0 上,

$$\frac{1}{2}\lambda = \int_{\Gamma_0} \left\{ Gt(v^{(k)}, q^{(k)}) - \begin{bmatrix} t_1^{(k)}(G_1, Q_1) & T_2^{(k)}(G_1, Q_1) \\ t_1^{(k)}(G_2, Q_2) & t_2^{(k)}(G_2, Q_2) \end{bmatrix} \lambda \right\} ds,$$

$k = 1, 2.$ 两式相加, 注意到在 Γ_0 上 $t^{(1)}(G_i, Q_i) + t^{(2)}(G_i, Q_i) = 0$, $i = 1, 2$, 即得
(7.153). 证毕.

注　在定理 7.13、定理 7.15、定理 7.17 及定理 7.19 的证明中, 假定了 Γ_0 是光滑曲线. 这一条件可改为 Γ_0 是分段光滑曲线而不影响结果. 例如在定理 7.13 的证明中, 当 p 为 Γ_0 上的角点时, 设 θ 为在 p 点 Γ_0 的两条切线在 Ω_1 内的夹角的弧度数, 则将 Green 第二公式分别应用于 Ω_1 及 Ω_2 时, 得到的 Γ_0 上的式 (7.114) 的左端对 $k = 1$ 及 $k = 2$ 分别为 $[\theta/(2\pi)]\lambda(p)$ 及 $[(2\pi - \theta)/(2\pi)]\lambda(p)$, 但两式相加后, 式 (7.112) 仍保持不变. 在定理 7.15、定理 7.17 及定理 7.19 的证明中也有类似情况.

7.4.5　预条件 Steklov-Poincaré 算子

已故中国科学院院士冯康教授在 20 世纪 90 年代初就已指出, 自然边界归化可直接应用于区域分解及删除, 也可间接应用于预条件问题 (见 [1]). 这一思想具有现实指导意义. 在 7.2 节及 7.3 节中讨论的那些方法正是自然边界归化的直接应用 (也见参考文献 [103, 104, 106-115, 296]). 但对其间接应用, 迄今还只有少量工作, 例如, 本节所述的 Steklov-Poincaré算子和自然积分算子间的关系, 及 Steklov-Poincaré算子的逆算子用 Green 函数给出表达式 (也见 [105]). 另一个重要的工作则是在文献 [257] 中应用圆内区域的 Green 函数, 提出了求解 Poisson 方程边值问题的新的预条件方法. 正是本节的公式 (7.116) 在这一新方法中起了关键的作用.

如所周知, Steklov-Poincaré 算子在非重叠型区域分解算法中起了重要作用. 因此如何有效地对该算子进行预条件处理在理论上和实践中都很有意义. 预条件这类算子通常有两个基本途径, 一是应用快速 Fourier 变换, 另一是利用多重网格预条件子 (见 [257]). 然而应用这些方法有时并不方便. 文献 [257] 便提出了一种完全不同的预条件 Steklov-Poincaré算子的方法. 它给出的方法可能更好. 该方法可以与已有的区域分解算法相结合. 其优越性还包括: 对网格结构没有太多的要求, 可自然地应用于带交叉点的区域分解, 且易于实施. 有关详情可见文献 [257].

这一方向的研究显然还刚刚开始, 相关方法还需要进一步完善和发展.

参 考 文 献

[1] 冯康. 冯康文集. 北京：国防工业出版社，1994.

[2] 冯康. 论微分与积分方程及有限与无限元. 计算数学, 1980, 2(1):100-105.

[3] Feng K. Canonical boundary reduction and finite element method. Proceedings of International Invitational Symposium on the Finite Element Method (1981, Hefei). Beijing: Science Press, 1982: 330-352.

[4] Feng K, Yu D H. Canonical integral equations of elliptic boundary value problems and their numerical solutions. Proceedings of China-France Symposium on the Finite Element Method (1982,Beijing). Beijing: Science Press, 1983: 211-252.

[5] Feng K. Finite element method and natural boundary reduction. Proceedings of the International Congress of Mathematicians, Warszawa, 1983: 1439-1453.

[6] Feng K. Asymptotic radiation conditions for reduced wave equation. J Comp Math, 1984, 2(2): 130-138.

[7] 余德浩. 重调和椭圆边值问题的正则积分方程. 计算数学, 1982, 4(3)：330-336.

[8] 余德浩. 正则边界归化与正则边界元方法. 中国科学院计算中心博士学位论文, 1984.

[9] 余德浩. 断裂及凹角扇形域上调和正则积分方程的数值解. 数值计算与计算机应用, 1983, 4(3): 183-188.

[10] Yu D H. Numerical solutions of harmonic and biharmonic canonical integral equations in interior or exterior circular domains. J Comp Math, 1983, 1(1): 52-62.

[11] Yu D H. Coupling canonical boundary element method with FEM to solve harmonic problem over cracked domain. J Comp Math, 1983, 1(3): 195-202.

[12] Yu D H. Canonical boundary element method for plane elasticity problems. J Comp Math, 1984, 2(2): 180-189.

[13] Yu D H. Error estimates for the canonical boundary element method. Proceedings of the 1984 Beijing Symposium on Differential Geometry and Differential Equations. Feng K ed. Beijing: Science Press, 1985: 343-348.

[14] Yu D H. Approximation of boundary conditions at infinity for a harmonic equation. J Comp Math, 1985, 3(3): 219-227.

[15] Yu D H. Canonical integral equations of Stokes problem. J Comp Math, 1986, 4(1): 62-73.

[16] Yu D H. A system of plane elasticity canonical integral equations and its application. J Comp Math, 1986, 4(3): 200-211.

[17] 余德浩. 边界元数学理论的某些新发展. 全国第一届解析与数值结合法会议论文集, 李家

宝主编. 长沙：湖南大学出版社, 1990：228-232.

[18]　Yu D H. A direct and natural coupling of BEM and FEM. Boundary Elements XIII, Brebbia C A, Gipson G S eds, Southampton: Computational Mechanics Publications, 1991: 995-1004.

[19]　Yu D H. The approximate computation of hypersingular integrals on interval. Numer Math J Chinese Univ, 1992, 1(1): 114-127.

[20]　余德浩. 无界区域上 Stokes 问题的自然边界元与有限元耦合法. 计算数学, 1992, 14(3): 371-378.

[21]　余德浩. 边界元法中超奇异积分的数值计算. 第三届全国有限元会议论文集, 1992: 7-10.

[22]　余德浩. 自然边界元方法的数学理论. 北京：科学出版社, 1993.

[23]　韩厚德, 应隆安. 大单元和局部有限元方法. 应用数学学报, 1980, 3(3): 237-249.

[24]　韩厚德. 椭圆型边值问题的边界积分-微分方程和它们的数值解. 中国科学, A 辑, 1988, 2: 136-145.

[25]　Han H D, Wu X N. The mixed finite element method for Stokes equations on unbounded domains. J Sys Sci and Math Sci, 1985, 5(2): 121-132.

[26]　Han H D, Wu X N. Approximation of infinite boundary condition and its application to finite element methods. J Comp Math, 1985, 3(2): 179-192.

[27]　Han H D. A new class of variational formulations for the coupling of finite and boundary element methods. J Comp Math, 1990, 8(3): 223-232.

[28]　Han H N, Wu X N. The approximation of the exact boundary conditions at an artificial boundary for linear elastic equations and its application. Math of Comp, 1992, 59(199): 21-37.

[29]　Keller J B, Givoli D. Exact no-reflecting boundary conditions. J Comp Physics, 1989, 82: 172-192.

[30]　Ben-Porat G, Givoli D. Solution of unbounded domain problems using elliptic artificial boundaries. Com in Numer Meth in Engrg, 1995, 11: 735-741.

[31]　Givoli D. Book Review. Appl Mech Rev, 2003, 56(5): B65.

[32]　Fujita H, Saito N, Sazuki T. Operator Theory and Numerical Methods. Elsevier Science, 2001.

[33]　Ying L A. Numerical Methods for Exterior Problems. Singapore: World Scientific, 2006.

[34]　韩厚德, 巫孝南. 人工边界方法 —— 无界区域上的偏微分方程数值解. 北京：清华大学出版社, 2009.

[35]　祝家麟, 袁政强. 边界元分析. 北京：科学出版社, 2009.

[36]　彭维红, 董正筑. 自然边界元法在力学中的应用. 杭州：浙江大学出版社, 2010.

[37]　吴正鹏等. 自然边界元在非线性问题及电磁场中的应用. 合肥：安徽大学出版社, 2011.

[38] 李顺才，董正筑，赵慧明. 弹性薄板弯曲及平面问题的自然边界元方法. 北京：科学出版社，2011.

[39] Yu D H. Natural Boundary Integral Method and Its Applications. Dordrecht: Kluwer Academic Publishers，2002.

[40] 余德浩，汤华中. 微分方程数值解法. 北京：科学出版社, 2003.

[41] Hu Q Y, Yu D H. A preconditioner for coupling system of natural boundary element and composite grid finite element. J Comp Math, 2002, 20(2): 165-174.

[42] 余德浩. 计算数学与科学工程计算及其在中国的若干发展. 数学进展, 2002, 31(1): 1, 1-6.

[43] Du Q K, Yu D H. Natural boundary element method for elliptic boundary value problems in domain with concave angle. J of Marine Science and Technology, 2001, 9(2): 75-83.

[44] 康彤, 余德浩. 一阶双曲问题的间断流线扩散法的后验误差估计. 应用数学和力学, 2002, 23(6): 653-660; Kang T, Yu D H. A posteriori error estimate of the DSD method for first-order hyperbolic equations. Applied Mathematics and Mechanics, 2002, 23(6): 732-740.

[45] Kang T, Yu D H. Some a posteriori error estimates of the finite-difference streamline-diffusion method for convection-dominated diffusion equations. Advances in computational Mathematics, 2001, 15: 193-218.

[46] Du Q K, Yu D H. A domain decomposition method based on natural boundary reduction for nonlinear time-dependent exterior wave problems. Computing, 2002, 68: 111-129.

[47] 余德浩, 贾祖朋. 椭圆边界上的自然积分算子及各向异性外问题的耦合算法. 计算数学, 2002, 24(3): 375-384; Yu D H, Jia Z P. Natural integral operator on elliptic boundary and the coupling method for an anisotropic problem. Chinese J Numer Math and Appl, 2002, 24(4): 95-107.

[48] Du Q K, Yu D H. Dirichlet-Neumann alternating algorithm based on the natural boundary reduction for the time-dependent problems over an unbounded domain. Applied Numerical Mathematics, 2003, 44: 471-486.

[49] 杜其奎, 余德浩. 凹角型区域椭圆边值问题的自然边界归化. 计算数学, 2003, 25(1): 85-98; Du Q K, Yu D H. The natural boundary reduction for some elliptic boundary value problems with concave angle domains. Chinese J Numer Math and Appl, 2003, 25(2): 10-27.

[50] Chen H B, Yu D H, Schnack E. A simple a-posteriori error estimation for adaptive BEM in elasticity. Computational Mechanics, 2003, 30: 343-354.

[51] Yu D H, Du Q K. The coupling of natural boundary element and finite element method for 2D hyperbolic equations. J Comp Math, 2003, 21(5): 585-594.

[52] Yu D H. Natural boundary integral method and its new development. J Comp Math, 2004, 22(2): 309-318.

[53] 吴正朋, 余德浩. 解一类半线性外边值问题的自然边界元与有限元耦合法. 计算数学, 2004, 26(2): 237-246; Wu Z P, Yu D H. The coupling of natural boundary element and finite element for semilinear boundary value problems. Chinese J Numer Math and Appl, 2004, 26(3): 86-95.

[54] Du Q K, Yu D H. Schwarz alternating method based on natural boundary reduction for time-dependent problems on unbounded domains. Comm Numer Meth Engrg, 2004, 20: 363-378.

[55] Yu D H, Zhao L H. Natural boundary integral method and related numerical methods. Engrg Anal with BE, 2004, 28(8): 937-944.

[56] 余德浩. 自然边界积分方程及相关计算方法. 燕山大学学报, 2004, 28(2): 111-113.

[57] Wu Z P, Kang T, Yu D H. On the coupled NBEM and FEM for a class of nonlinear exterior Dirichlet problem in R^2. Science in China, Series A, Mathematics, 2004, 47 Supp: 181-189.

[58] Hu Q Y, Shi Z C, Yu D H. Efficient solvers for saddle-point problems arising from domain decompositions with Lagrange multipliers. SIAM J Numer Anal, 2004, 42(3): 905-933.

[59] Kang T, Wu Z P, Yu D H. An H-based A-ϕ method with a nonmatching grid for eddy current problem with discontinuous coefficients. J Comp Math, 2004, 22(6): 881- 894.

[60] 吴正朋, 余德浩. 一类各向异性半线性椭圆方程自然边界元与有限元耦合法. 计算物理, 2004, 21(6): 477-483.

[61] Yu D H, Zhao L H. Boundary integral equations and a posteriori error estimates. Tsinghua Science and Technology, 2005, 10(1): 35-42.

[62] 董正筑, 李顺才, 余德浩. 圆内平面弹性问题的边界积分公式. 应用数学和力学, 2005, 26(5): 556-560; Dong Z Z, Li S C, Yu D H. Boundary integral formula of elastic problems in circle plane. Applied Mathematics and Mechanics, 2005, 26(5): 604-608.

[63] Yang J E, Hu Q Y, Yu D H. Domain decomposition with non-matching grids for coupling of FEM and natural BEM. J. of Systems Science and Complexity, 2005, 18(4): 529-542.

[64] Chen H B, Guo X F, Yu D H. Regularized hyper-singular boundary integral equations for error estimation and adaptive mesh refinement. Building Research Journal, 2005, 53(1): 33-44.

[65] Hu Q Y, Yu D H. Iteratively solving a kind of Signorini transmission problem in a unbounded domain. ESIAM: Math Model And Numer Anal, 2005, 39(4): 715-726.

[66] Zhang S, Yu D H. A mortar element method for coupling natural boundary element method and finite element method for unbounded domain problem. Contemporary Mathematics, 383, Recent Advances in Adaptive Computation, Shi Z C et al eds, American Mathematical Society, 2005, 361-374.

[67] Huang H Y, Yu D H. Natural boundary element method for three dimensional exterior harmonic problem with an inner prolate spheroid boundary. J Comp Math, 2006, 24(2):

193-208.

[68] Yang J E, Yu D H. Domain decomposition with nonmatching grids for exterior transmission problems via FEM and DtN mapping. J Comp Math, 2006, 24(3): 323-342.

[69] 董正筑，李顺才，余德浩. 圆外平面弹性问题的边界积分公式. 应用数学和力学，2006，27(7):867-873; Dong Z Z, Li S C, Yu D H. Boundary integral formula for the elastic plane problem of exterior circular domain. Applied Mathematics and Mechanics, 2006, 27(7): 993-1000.

[70] Zhang S, Yu D H. Multigrid algorithm for the coupling system of natural boundary element method and finite element method for unbounded domain problems. J Comp Math, 2007, 25(1): 13-26.

[71] Liu D J, Yu D H. The coupling method of natural boundary element and finite element for KPZ equation in unbounded domains. J of Univ of Sci and Tech of China, 2007, 37(11): 1363-1368.

[72] Liu Y, Hu Q Y, Yu D H. A non-overlapping domain decomposition for low-frequency time-harmonic Maxwell's equations in unbounded domains. Adv in Comp Math, 2008, 28(4): 355-382.

[73] Liu D J, Yu D H. A FEM-BEM formulation for an exterior quasilinear elliptic problem in the plane. J Comp Math, 2008, 26(3): 378-389.

[74] Yu D H, Huang H Y. The artificial boundary method for a nonlinear interface problem on unbounded domain. CMES: Computer Modeling in Engineering and Sciences, 2008, 35(3): 227-252.

[75] Zhou Y T, Li X, Yu D H. Integral method for contact problem of bonded plane material with arbitrary cracks. CMES: Computer Modeling in Engineering and Sciences, 2008, 36(2): 147-172.

[76] Liu D J, Yu D H. The coupling method of natural boundary element and mixed finite element for stationary N-S equation in unbounded domains. CMES: Computer Modeling in Engineering and Sciences, 2008, 37(3): 305-330.

[77] Huang H Y, Yu D H. The ellipsoid artificial boundary method for some problems in 3D unbounded domains. J Comp Math, 2009, 27(2-3): 196-214.

[78] Huang H Y, Liu D J, Yu D H. Solution of exterior problem using ellipsoidal artificial boundary. J of Comp and Appl Math, 2009, 231: 434-446.

[79] Zhou Y T, Li X, Yu D H. Transient thermal response of a partially insulated crack in an orthotropic functionally graded strip under convective heat supply. CMES: Computer Modeling in Engineering and Sciences, 2009, 43(3): 191-221.

[80] Zhou Y T, Li X, Yu D H. Integral methods for smooth contact problem of bounded plane material with cracks. Recent Studied in Meshless Methods, 2009, 143-151.

[81] Zhou Y T, Li X, Yu D H. A partially insulated interface crack between an orthotropic graded coating and an orthotropic homogeneous substrade under heat flux supply. Inter

J of Solids and Structures. 2010, 47: 768-778.

[82] 郑权，王冲冲，余德浩. 无界区域 Stokes 问题非重叠型区域分解算法及其收敛性. 计算数学, 2010, 32(2)：113-124.

[83] Hu Q Y, Yu D H. A preconditioner for a kind of coupled FEM-BEM variational inequality. Science China, Mathematics, 2010, 53(11): 2811-2830.

[84] Yang J E, Yu D H. The coupling FEM and natural BEM for a certain nonlinear interface problem with non-matching grids. CMES: Computer, Modeling in Engineering and Sciences, 2011, 73(3): 311-330.

[85] Zhou Y T, Li J, Yu D H, Lee K Y. Numerical solution of hypersingular equation using recursive wavelet on invariant set. Applied Mathematics and Computation, 2010, 217: 861-868.

[86] Huang H Y, Yang J E, Yu D H. A coupling of local discontinuous Galerkin and natural boundary element method for exterior problems. J Sci Comp, 2012, 53: 512-527.

[87] Yang J E, Huang H Y, Yu D H. A domain decomposition method based on natural BEM and mixed FEM for stationary Stokes equations on unbounded domains. CMES: Computer, Modeling in Engineering and Sciences, 2012, 85(4): 347-366.

[88] 杜其奎，陈金如. 发展方程边界元法及其应用. 北京：科学出版社，2013.

[89] 邬吉明，余德浩. 区间上超奇异积分的一种近似计算方法. 数值计算与计算机应用, 1998, 19(2): 118-126.

[90] Zhang X P, Wu J M，Yu D H. Superconvergence of the composite Simpson's rule for a certain finite-part integral and its applications. J Comp and Appl Math, 2009, 223(2): 598-613.

[91] Li J, Wu J M, Yu D H. Extrapolation for computation of hypersingular integrals in boundary element methods. CMES: Computer Modeling in Engineering and Sciences, 2009, 42(2): 151-175.

[92] Zhang X P, Wu J M, Yu D H. The superconvergence of composite Newton-Cotes rules for Hadamard finite-part integral on a circle. Computing, 2009, 85: 219-244.

[93] Zhang X P, Wu J M, Yu D H. The superconvergence of composite trapezoidal rule for Hadamard finite-part integral on a circle and its application. Inter J Comp Math, 2009, 87(4): 855-876.

[94] Li j, Zhang X P, Yu D H. Superconvergence and ultraconvergence of Newton-Cotes rules for supersingular integrals. J of Comp and Appl Math, 2010, 233: 2841-2854.

[95] Liu D J, Wu J M, Yu D H. The supconvergence of the Newton-Cotes rule for Cauchy principal value integrals. J of Comp and Appl Math, 2010, 235: 696-707.

[96] 李金，余德浩. 牛顿–科茨公式计算超奇异积分的误差估计. 计算数学, 2011, 33(1): 77-86.

[97] Li J, Yu D H. The superconvergence of certain two-dimensional Cauchy principal value integrals. CMES: Computer, Modeling in Engineering and Sciences, 2011, 71(4): 331-346.

[98] Li J, Yu D H. The superconvergence of certain two-dimensional Hilbert singular integrals. CMES: Computer, Modeling in Engineering and Sciences, 2011, 82(4): 233-252.

[99] Li J, Zhang X P, Yu D H. Extrapolation methods to compute hypersingular integral in boundary element methods. Science China Mathematics, 2013, 56(8): 1647-1660.

[100] Li J, Yu D H. Error Expansion of Classical Trapezoidal Rule for Computing Cauchy Principal Value Integral. CMES: Computer, Modeling in Engineering and Sciences, 2013, 93(1): 47-67.

[101] Li J, Yang J E, Yu D H. Error expansion of classical mid-point rectangle rule for computing Cauchy principal value integrals on an interval. Inter J Of Computer Mathematics, 2014, 91(10): 2294-2306.

[102] Li J, Rui H X, Yu D H. Composite Simpson's rule for computing supersingular integral on circle. CMES: Computer, Modeling in Engineering and Sciences, 2014, 97(6): 463-481.

[103] Yu D H. The domain decomposition method of alternative FEM and natural BEM over unbounded domain. Proc of the 6th China-Japan Symposium on Boundary Element Methods, Beijing: International Academic Publishers, 1994: 3-8.

[104] 余德浩. 无界区域上基于自然边界归化的一种区域分解算法. 计算数学, 1994, 16(4): 448-459; Chinese J Num Math and Appl, 1995, 17(1): 95-105.

[105] 余德浩. Steklov-Poincare 算子与自然积分算子及 Green 函数间的关系. 计算数学, 1995, 17(3): 331-341; Chinese J Numer Math and Appl, 1995, 17(4): 95-106.

[106] Yu D H. Domain decomposition methods for unbounded domains. Proc of 8th Inter Conf on DDM (1995, Beijing), Glowinski R, Periaux J, Shi Z C, Windlund O eds. New York: John Wiley & Sons Ltd, 1997, 125-132.

[107] 余德浩. 无界区域非重叠区域分解算法的离散化及其收敛性. 计算数学, 1996, 18(3): 328-336; Chinese J Numer Math and Appl, 1996, 18(4): 93-102.

[108] Yu D H. Domain decomposition method based on NBIE for plane elasticity problem in infinite domain. Proc of 3rd China-Japan Symposium on Computational Mathematics (Dalian, 1996), Shi Z C, Mori M eds. Beijing: Science Press, 1998: 170-179.

[109] Yu D H. Applications of natural boundary integral operators to domain decomposition methods for elliptic boundary value problems. Proc of 4th Conference of CSIAM, Shanghai: Fudan University Press, 1996: 21-26.

[110] 余德浩. 无界区域 D-N 区域分解算法的松弛因子选取与收敛速率. 计算物理, 1998, 15(1): 53-57.

[111] Yu D H. D-N domain decomposition method based on natural boundary reduction and its relaxation factor. Proc of the 8th China-Japan Symp on BEM, Yao Z H, Tanaka eds. Inter Academic Publishers, 1998: 6-10.

[112] 郑权, 余德浩. 基于半平面上自然边界归化的无界区域的 Schwarz 交替法及其离散化. 计算数学, 1997, 19(2): 205-218; Chinese J Numer Math and Appl, 1997, 19(3): 78-93.

[113] 郑权, 余德浩. 无穷扇形区域调和边值问题的重叠型区域分解法. 数值计算与计算机应用, 1998, 19(1): 64-73.

[114] 郑权, 余德浩. 无界区域上基于自然边界归化的双调和方程的一种重叠型区域分解算法. 计算数学, 1997, 19(4): 438-448; Chinese J Numer Math and Appl, 1998, 20(1): 89-101.

[115] 郑权, 余德浩. 平面弹性方程外问题的非重叠区域分解算法. 数值计算与计算机应用, 2000, 21(1): 11-21; Chinese J Numer Math and Appl, 2000, 22(3): 12-24.

[116] 冯康, 余德浩. 关于调和方程自然积分算子的一个定理. 计算数学, 1994, 16(2): 221-226.

[117] Wu J M, Yu D H. An overlapping domain decomposition method and its discretization for harmonic equation over exterior 3-D domain. Proc of the 8th China-Japan Symp on BEM, Yao Z H, Tanaka eds. Inter Academic Publishers, 1998, 17-22.

[118] 邬吉明, 余德浩. 三维调和问题的自然积分方程及其数值解. 计算数学, 1998, 20(4): 419-430; Chinese J Numer Math and Appl, 1999, 21(1): 73-85.

[119] 邬吉明, 余德浩. 三维 Helmholtz 方程外问题的自然积分方程及其数值解. 计算物理, 1999, 16(5): 449-456.

[120] Wu J M, Yu D H. An overlapping domain decomposition method for harmonic equation over exterior 3-D domain. J Comp Math, 2000, 18(1): 83-94.

[121] 冯康, 余德浩. 自然边界归化与区域分解. 冯康文集, 北京: 国防工业出版社, 1994: 367-371.

[122] Yu D H. The numerical evaluation of hypersingular integrals in boundary element methods. Proc of the 3rd Conf on FEM in China, Hunan, 1992: 7-10.

[123] Yu D H. A-posteriori local error estimates for some finite and boundary element methods. Advances in Engineering Software, Special issue on accuracy estimate and adaptive meshes for FEM/BEM, 1992, 15: 175-179.

[124] Yu D H. The numerical computation of hypersingular integrals and its application in BEM. Advances in Engineering Software, 1993, 18: 103-109.

[125] Yu D H. Natural boundary element method and adaptive boundary element method—Some new developments in the boundary element methods in China. Contemporary Mathematics, 163, Computational Mathematics in China, Shi Z C, Yang C C eds. American Mathematical Society, 1994, 185-204.

[126] Yu D H. The computation of hypersingular integrals on circle and its error estimates. Numer Math J Chinese Univ, 1994, 16(4): 332-339.

[127] 杜其奎, 余德浩. 抛物型初边值问题的自然积分方程及其数值解法. 计算数学, 1999, 21(4): 495-506; Chinese J Numer Math and Appl, 2000, 22(1): 88-101.

[128] 杜其奎, 余德浩. 抛物方程基于自然边界归化的耦合法. 计算物理, 2000, 17(6): 593-601.

[129] 杜其奎, 余德浩. 关于二维双曲型初边值问题的自然积分方程. 应用数学学报, 2001, 24(1): 17-26.

[130] Hu Q Y, Yu D H. Solving singularity problems in unbounded domains by coupling of natural BEM and composite grid FEM. Applied Numer Math, 2001, 37: 127-143.

[131] Hu Q Y, Yu D H. A solution method for a certain nonlinear interface problem in unbounded domains. Computing, 2001, 67: 119-140.

[132] 胡齐芽, 余德浩. Signorini 传输问题的有限元–边界元耦合. 中国科学, A 辑, 2001, 31(2): 124-135; A coupling of FEM–BEM for a kind of Signorini contact problem. Science in China (Series A), 2001, 44(7): 895-906.

[133] 邬吉明, 余德浩. 椭圆外区域上的自然边界元法. 计算数学, 2000, 22(3): 355-368; Chinese J Numer Math and Appl, 2000, 22(4): 91-104.

[134] Yu D H. Some developments of the natural boundary element method. Boundary Elements XXII, Brebbia C A, Power H eds, Southampton: WIT Press, 2000, 481-490.

[135] 余德浩, 贾祖朋. 二维 Helmholtz 方程外问题基于自然边界归化的非重叠型区域分解算法. 计算数学, 2000, 22(2): 227–240; Chinese J Numer Math and Appl, 2000, 22(3): 55-72.

[136] Yu D H, Wu J M. A nonoverlapping domain decomposition method for exterior 3-D problem. J Comp Math, 2001, 19(1): 77-86.

[137] 郑权, 余德浩. 利用自然边界归化求解平面弹性方程外边值问题的 Schwarz 算法. 高等学校计算数学学报, 2000, 22(3): 222-231.

[138] 杜其奎, 余德浩. 抛物型初边值问题的有限元与边界积分耦合的离散化及其误差分析. 计算数学, 1999, 21(2): 199-208.

[139] Du Q K, Yu D H. On a class of coupled variational formulations for a nonlinear parabolic equation. Northeast Math J, 1999, 15(3): 332-340.

[140] 杜其奎, 余德浩. 非线性抛物方程耦合的离散化及其误差分析. 高等学校计算数学学报, 2000, 22(2): 159-168.

[141] 杜其奎, 余德浩. 扩散问题的一种非重叠型区域分解算法. 重庆建筑大学学报, 2000, 22(6): 7-11.

[142] 贾祖朋, 邬吉明, 余德浩. 三维 Helmholtz 方程外问题的自然边界元与有限元耦合法. 计算数学, 2001, 23(3): 357-368; Jia Z P, Wu J M, Yu D H. The coupling natural boundary–finite element method for solving 3-D exterior Helmholtz problem. Chinese J Numer Math and Appl, 2001, 23(4): 79-93.

[143] 杜其奎, 余德浩. 波动方程基于自然边界归化的区域分解算法. 计算物理, 2001, 18(5): 417-422.

[144] 贾祖朋, 余德浩. 二维 Helmholtz 方程外问题基于自然边界归化的重叠型区域分解算法. 数值计算与计算机应用, 2001, 22(4): 241-253; Jia Z P, Yu D H. The overlapping DDM based on natural boundary reduction for 2-D exterior Helmholtz problem. Chinese J Numer Math and Appl, 2002, 24(1): 1-15.

[145] 余德浩. 有限元、自然边界元与辛几何算法. 高等数学研究, 2001, 4(4): 5-10.

[146] Babuska I, Yu D H. Asymptotically exact a-posteriori error estimator for biquadratic elements. Finite Elements in Analysis and Design, 1987, 3: 341-354.

[147] Yu D H. Self-adaptive boundary element methods. ZAMM, 1988, 68(5): 435-437.

[148] Wendland W L, Yu D H. Adaptive boundary element methods for strongly elliptic integral equations. Numerische Mathematik, 1988, 53: 539-558.

[149] Yu D H. Mathematical foundation of adaptive boundary element methods. Lectures on the 2nd World Congress on Computational Mechanics, Stuttgart, 1990, 308-311; Comp Meth in Appl Mech and Engrg, 1991, 91: 1237-1243.

[150] 余德浩. 双偶次有限元的渐近准确后验误差估计. 计算数学, 1991, 13(1): 89-101; Yu D H. Asymptotically exact a-posteriori error estimator for elements of bi-even degree. Chinese J of Numer Math and Appl, 1991, 13(2): 64-78.

[151] 余德浩. 双奇次有限元的渐近准确后验误差估计. 计算数学, 1991, 13(3): 307-314; Yu D H. Asymptotically exact a-posteriori error estimator for elements of bi-odd degree. Chinese J of Numer Math and Appl, 1991, 13(4): 82-90.

[152] 余德浩. 泊松方程及平面弹性问题有限元方法中求高阶导数的提取法. 计算数学, 1992, 14(1): 107-117.

[153] 余德浩. Stokes 问题有限元逼近中求导数的提取法. 计算数学, 1992, 14(2): 184-193.

[154] Wendland W L, Yu D H. A-posteriori local error estimates of boundary element methods with some pseudo-differential equations on closed curves. J Comp Math, 1992, 10(3): 273-289.

[155] 余德浩. 有限元及边界元计算中的自适应方法. 自然科学进展, 1994, 4(2): 142-148; Adaptive methods in finite and boundary element computations. Progress in Natural Science, 1994, 4(2): 137-146.

[156] 蔚喜军, 余德浩, 包玉珍. 自适应有限元方法和后验误差估计. 计算物理, 1998, 15(5): 513-530.

[157] 康彤, 余德浩. 发展型对流占优扩散方程的 FD-SD 法的后验误差估计及空间网格调节技术. 数值计算与计算机应用, 2000, 21(3): 194-207; Kang T, Yu D H. A posteriori error estimate of FD–SD method for time-dependent convection–dominated diffusion equation and adjustment technique of space mesh. Chinese J Numer Math and Appl, 2000, 22(4):76-90.

[158] 康彤, 余德浩. 二维发展型对流占优扩散方程的 FD-SD 法的后验误差估计. 计算数学, 2000, 22(4): 487-500; Kang T, Yu D H. A posteriori error estimate of FD–SD method for two-dimensional time-dependent convection-dominated diffusion equation. Chinese J Numer Math and Appl, 2001, 23(1): 93-107.

[159] 康彤, 余德浩. 一维 Burgers 方程的 FD-SD 法的后验误差估计及空间网格调节技术. 工程数学学报, 2001, 18(4): 49-54.

[160] 冯康, 石钟慈. 弹性结构的数学伦理. 北京: 科学出版社, 1981.

[161] 齐民友. 广义函数与数学物理方程. 北京: 高等教育出版社, 1989.

[162] 姜礼尚, 陈亚浙. 数学物理方程讲义. 北京: 高等教育出版社, 1989.

[163] 复旦大学数学系. 数学物理方程. 北京: 人民教育出版社, 1979.

[164] 朗道, 栗弗席兹. 连续介质力学. 彭旭麟译. 北京: 人民教育出版社, 1958.

[165] 曹昌祺. 电动力学. 北京：人民教育出版社, 1962.

[166] 柯朗, 希尔伯特. 数学物理方法. 钱敏, 郭敦仁, 熊振翔, 杨应辰译. 北京：科学出版社, 1981.

[167] Landau L D, Lifchitz E M. Theory of Elasticity, Oxford: Pergamon, 1970.

[168] Courant R, Hilbert D. Methods of Mathematical Physics I. New York: Interscience, 1953.

[169] Courant R, Hilbert D. Methods of Mathematical Physics II. New York: Interscience, 1962.

[170] Hadamard J. Lecons sur le Calcul des Variations. Paris: Hermann et fils, 1910.

[171] Hadamard J. Lectures on Cauchy problem in linear partial differential equations. New Haven: Yale Uni. Press, 1923.

[172] Hilbert D. Integralgleichungen. Berlin: Teubner, 1912.

[173] Bergman S, Schiffer M. Kernel Functions and Elliptic Differential Equations in Mathematical Physics. New York: Academic Press, 1953.

[174] Birkhoff G. Albedo functions for elliptic equations. Boundary Problems in Differential Equations, Langer R ed. Madison: Univ. of Wisconsin Press, 1960.

[175] Duvaut G, Lions J L. Inequalities in Mechanic and Physics. Berlin: Springer-Verlag, 1976.

[176] Kohn J J, Nirenberg L. Algebra of pseudo-differential operators. Com Pure Appl Math, 1965, 18: 269-305.

[177] Lions J L, Magenes E. Non-Homogeneous Boundary Value Problems and Application. Berlin: Springer-Verlag, 1972.

[178] Muskhelishvili N I. Some Basic Problems of the Mathematical Theory of Elasticity. Noordhoff: Groningen, 1953.

[179] Taylor M E. Pseudo-differential Operators. Princeton: Princeton University Press, 1981.

[180] Treves F. Introduction to Pseudodifferential and Fourier Integral Operators. New York: Plenum Press, 1980.

[181] Kress R. Linear Integral Equations. Berlin: Springer-Verlag, 1989.

[182] 胡海昌. 弹性力学中一类新的边界积分方程. 中国科学, A 辑, 1986, 11: 1170-1174; Hu H C. A new type of boundary integral equation in elasticity. Scientia Sinica, Series A, 1987, 30(4): 385–390.

[183] 胡海昌. 调和函数边界积分方程的充要条件. 固体力学学报, 1989, 2: 99-103.

[184] Aziz A K, Babuska I. Survey lectures on the mathematical foundations of the finite element method. The Mathematical Foundations of the Finite Element Method with Application to Partial Differential Equations, Aziz A K ed. New York: Academic Press, 1972.

[185] Babuska I, Miller A. The post-processing approach in the finite element method. Int J Numer Meth Engrg, 1984, 20: 1085-1109, 1111-1129, 2311-2324.

[186] Babuska I, Miller A. A feedback finite element method with a posteriori error estimation. Comp Meth Appl Mech Engrg, 1987, 61: 1-40.

[187] Ciarlet P C. The Finite Element Method for Elliptic Problems. Amsterdam: North-Holland, 1978.

[188] Dautray R, Lions J L. Mathematical Analysis and Numerical Methods for Science and Technology. Berlin: Springer-Verlag, 1990.

[189] Girault V, Raviart P A. Finite Element Methods for Navier-Stokes Equations. Berlin: Springer-Verlag, 1986.

[190] Glowinski R. Numerical solution of partial differential equation problems by domain decomposition. Proc Intern Symp Applied Mathematics and Information Science, Kyoto University, 1982.

[191] Glowinski R, Golub G H, Meurant G A, Periaux J eds. Proc First Intern Symp Domain Decomposition Methods for Partial Differential Equations, SIAM, Philadelphia, 1988.

[192] Teman R. Theory and Numerical Analysis of the Navier-Stokes Equations. Amsterdam: North-Holland, 1977.

[193] Thatcher R W. On the finite element for unbounded regions. SIAM J Numer Anal, 1978, 15(3): 466-477.

[194] Ungless R F, Anderson D L. Infinite finite elements. Int Symp on Innovative Numerical Analysis in Applied Engineering Science, Versailles, 1977.

[195] Ying L A. The infinite similar element method for calculating stress intensity factors. Scientia Sinica, 1978, 21(1): 19-43.

[196] Zienkiewicz O C, Kelly D W, Bettess P. The coupling of the finite element method and boundary solution procedures. Int J for Numer Methods in Engrg, 1977, 11: 355-375.

[197] 姜礼尚, 庞之垣. 有限元方法及其理论基础. 北京: 人民教育出版社, 1979.

[198] 吕涛, 石济民, 林振宝. 区域分解算法. 北京: 科学出版社, 1992.

[199] 应隆安. 粘性不可压缩流体运动的有限元法. 数学进展, 1983, 12(2): 124-132.

[200] Agoshkov V I. Poincaré–Steklov operators and domain decomposition methods in finite dimensional spaces. Proc First Inter Symp Domain Decomposition Methods for PDE, Glowinski R et al eds. SIAM, Philadelphia, 1988: 73-112.

[201] Arnold D N, Wendland W L. On the asymptotic convergence of collocation methods. Math Comp, 1983, 41: 349-381.

[202] Arnold D N, Wendland W L. The convergence of spline collocation for strongly elliptic equations on curves. Numer Math, 1985, 47: 317-341.

[203] Brebbia C A. Recent Advances in Boundary Element Methods. London: Pentech press, 1978.

[204] Brebbia C A. New Developments in Boundary Element Methods. Southampton: CML Publications, 1980.

[205] Brebbia C A. Boundary Element Methods. Berlin: Springer-Verlag, 1981.

[206] Brebbia C A. Boundary Element Method in Engineering. Berlin: Springer-Verlag, 1982.

[207] Brebbia C A, Telles J C F, Wrobel L C. Boundary Element Techniques: Theory and Applications in Engineering, Berlin: Springer-Verlag, 1984.

[208] Brebbia C A, Wendland W L, Kuhn G. Boundary Elements IX. Berlin: Springer-Verlag, 1987.

[209] Brebbia C A. Boundary Elements X. Berlin: Springer-Verlag, 1988.

[210] Carstensen C. Efficiency of a posteriori BEM-error estimates for first-kind integral equations on quasi-uniform meshes. Mathematics of Computation, 1996, 65(213): 69-84.

[211] Costabel M. Principles of boundary element methods. Computer Physics Reports, 1987, 6: 243-274.

[212] Cruse T A, Rizzo F J. A direct formulation and numerical solution of the general transient elastodynamic problem. J Math Analysis Appl, 1968, 22.

[213] Davis P J, Rabinowitz P. Methods of Numerical Integration. New York: Academic Press, 1984.

[214] Demkowicz L, Oden J T. Extraction methods for second derivatives in finite element approximations of linear elasticity problems. Communications in Applied Numerical Methods, 1985, 1: 137-139.

[215] Demkowicz L, Oden J T, Ainsworth M, Geng P. Solution of elastic scattering problems in linear acoustics using h-p boundary element methods. J Comp Appl Math, 1991, 36: 29-63.

[216] Demkowicz L, Oden J T. Application of hp-adaptive BE/FE methods to elastic scattering. Comput Methods Appl Mech Engrg, 1996, 133: 287–317.

[217] Du Q H, Yao Z H. One decade of engineering research on BIE-BEM in China. Boundary Elements X, Brebbia C A ed, Heidelberg: Springer-Verlag, 1988: 621-630.

[218] 杜庆华. 边界积分方程方法 —— 边界元法. 北京: 高等教育出版社, 1989.

[219] 杜庆华. 第一届工程中边界元法会议论文集, 1985.

[220] 杜庆华, 姚振汉. 边界积分方程边界元法的基本理论及其在弹性力学方面的若干工程应用. 固体力学学报, 1982, 1: 1-22.

[221] Ervin V J, Kieser R, Wendland W L. Numerical approximation of the solution for a model 2-D hypersingular integral equation. Universität Stuttgart Math Institut A, Bericht Nr 26, 1990.

[222] Fujita H. Remarks on the domain-dependence of convergence rate of iterations in a certain domain decomposition method — Analysis by the Steklov-Poincaré operator. Proc of 3rd China-Japan Symposium on Computational Mathematics, Dalian, 1996.

[223] Gatica G N, Hsiao G C. The coupling of boundary element and finite element methods for a nonlinear exterior boundary value problem. Zeitschr Anal Anw, 1989, 28: 377-387.

[224] Gatica G N, Wendland W L. Coupling of mixed finite elements and boundary elements for linear and nonlinear elliptic problems. Preprint 95-17, Mathematisches Institut A,

Univ Stuttgart, 1995.

[225] Giroire J, Nedelec J C. Numerical solution of an exterior Neumann problem using a double layer potential. Math of Comp, 1978, 32(144): 973-990.

[226] Giroire J, Nedelec J C. A new system of boundary integral equations for plates with free edges. Mathematical Methods in the Applied Sciences, 1995, 18: 755-772.

[227] Hsiao G C, Wendland W L. A finite element method for some integral equations of the first kind. J Math Anal Appl, 1977, 58(3): 449-481.

[228] Hsiao G C, Wendland W L. The Aubin-Nitsche lemma for integral equations. J Integral Equations, 1981, 3: 299-315.

[229] Hsiao G C, Kopp P, Wendland W L. Some applications of a Galerkin-collocation method for boundary integral equations of the first kind. Math Meth in the Appl Sci, 1984, 6: 280-325.

[230] Hsiao G C. The coupling of BEM and FEM—a brief review. Boundary Elements X, 1988, Vol.1: 431-446.

[231] Hsiao G C, Khoromskij B N, Wendland W L. Boundary integral operators and domain decomposition. Preprint 94-11, Math Institut A, Univ Stuttgart, 1994.

[232] Hsiao G C, Schnack E, Wendland W L. A hybrid coupled finite–boundary element method, Preprint 95-11, Mathematisches Institut A, Univ Stuttgart, 1995.

[233] Hsiao G C, Wendland W L. On a boundary integral method for some exterior problems in elasticity. Proc Tbilisi University UDK 539.3, Math Mech Astron, 1985, 257: 31-60.

[234] Hsiao G C, Wendland W L. Domain decomposition in boundary element methods. Proc Fourth Intern Symp Domain Decomposition Methods for PDE, Glowingski R et al eds. SIAM, Philadelphia, 1991: 41-49.

[235] Hsiao G C, Wendland W L. Domain decomposition via boundary element methods. Numerical Methods in Engineering and Applied Sciences, Alder H et al eds, CIMNE, Barcelona, 1992, 198-207.

[236] 霍同如, 姚振汉. 基于边界元法的弹性结构边界点和近边界点力学量的计算. 数值计算与计算机应用, 1993, 14(1): 38-47.

[237] Katz C. The use of Green's functions in the numerical analysis of potential elastic and plate bending problems. Boundary Element Methods, Brebbia C A, ed. Berlin: Springer-Verlag, 1981.

[238] Khoromskij B N, Wendland W L. Spectrally equivalent preconditioners for boundary equations in substructuring techniques. East-West J Muner Math, 1992, 1(1): 1-26.

[239] Margulies M. Exact treatment of the exterior problem in the combined FEM-BEM. New Development in Boundary Element Methods, Brebbia C A ed. Southampton: CML Publications, 1980.

[240] Marini L D, Quarteroni A. A relaxation procedure for domain decomposition methods using finite elements. Numer Math, 1989, 55: 575-598.

[241] Nedelec J C. Approximation des Equations Integrales en Mecaique et en physique. Lecture Notes, Centre de Mathematiques Appliquees, Ecole Polytechnique, Palaiseau, 1977.

[242] Nedelec J C. Resolution par potential de double couche du probleme de Neumann exterieur. C R Acad Sci Paris, Ser A, 1978, 286: 103-106.

[243] Nedelec J C. Integral equations with nonintegrable kernels. Integral Equations and Operator Theory, 1982, 5(4): 562-572.

[244] Oden J T, Demkowicz L, Stroulis T, devloo P. Adaptive methods for problems in solid and fluid mechanics. Accuracy estimates and adaptive reffnements in finite element computations, Babuska I, Zienkiewicz O C, Gago J, de A Oliveira E R eds. New York: John Wiley and Sons Ltd, 1986: 249-280.

[245] Saranen J, Wendland W L. Local residual-type error estimates for adaptive boundary element methods on closed curves. Applicable Analysis, 1993, 48: 37-50.

[246] Sequeira A. The coupling of boundary integral and finite element methods for the bidimensional exterior steady Stokes problem. Math Meth in the Appl Sci, 1983, 5(3): 356-375.

[247] Stephan E P, Wendland W L. A hypersingular boundary integral method for two-dimensional screen and crack problems. Bericht Nr 2, Math Institut A, Univ Stuttgart, 1988.

[248] Ushijima T, Ajiro A, Yokomatsu D. A finite element method for the Poisson equation in a planar exterior domain. Proc of the Inter Conf on Computation of Differential Equations and Dynamical Systems (Beijing, 1992), Feng K, Shi Z C eds, World Scientific, Singapore, 1993: 76-90.

[249] Wendland W L. Boundary element methods and their asymptotic convergence. Theoretical Acoustics and Numerical Techniques, Filippi P ed, CISM Courses and Lectures 277. New York: Springer-Verlag, 1983: 135-216.

[250] Wendland W L. On some mathematical aspects of boundary element methods for elliptic problems. The Mathematics of Finite Elements and Applications V, Whiteman J R ed. London: Academic Press, 1985: 193-277.

[251] Wendland W L. On asymptotic error estimates for the combined BEM and FEM. Innovative Numerical Methods in Engrg, 1986, 88: 55-70.

[252] Wendland W L. Strongly elliptic boundary integral equations. The State of the Art in Numerical Analysis, Iserles A, Powell M J D eds. Oxford: Clarendon-Press, 1987: 511-562.

[253] Wendland W L. On asymptotic error estimates for combined BEM and FEM. Finite Element and Boundary Element Techniques from Mathematical and Engineering Point of View, Stein E, Wendland W L eds, CISM courses and Lectures 301. New York: Springer-Verlag, 1988, 75-100.

[254] Widlund O B. Iterative substructuring methods: Algorithms and theory for elliptic problems in the plane. Proc First Inter Symp Domain Decomposition Methods for PDE, Glowinski R et al eds. SIAM, Philadelphia, 1988: 113-128.

[255] Widlund O B et al. Some domain decomposition algorithms for elliptic problems. Iterative Methods for Large Linear Systems. San Diego: Academic Press, 1989.

[256] 武际可, 邵秀民. 循环矩形及其在结构计算中的应用. 计算数学, 1979, 1(2).

[257] Xu J C, Zhang S. Preconditioning the Poincare–Steklov operator by using Green's function. Mathematics of Computation, 1997, 66(217): 125-138.

[258] 祝家麟. 用边界积分方程法通过流函数解二维 Stokes 问题. 重庆建筑工程学院学报特刊, 1982: 182-189.

[259] 祝家麟. 用边界积分方程法解平面双调和方程的 Dirichlet 问题. 计算数学, 1984, 6(3): 278-288.

[260] 祝家麟. 边界元方法及其进展, 重庆建筑工程学院学报, 1984, 4: 52-65.

[261] 祝家麟. 三维定常流 Stokes 问题的边界积分法. 计算数学, 1985, 7(1): 40-49.

[262] 祝家麟. 边界元方法 —— 一个老而新的发展中的数值方法. 数学的实践与认识, 1985, 3: 44-48.

[263] 祝家麟. 定常 Stokes 问题的边界积分方程法. 计算数学, 1986, 8(3): 281-289.

[264] 祝家麟. 边界元方法的数学分析. 数学的实践与认识, 1989, 1: 67-76.

[265] 祝家麟. 边界元方法中的奇异性. 中国计算数学会第三届理事会上的报告, 1990.

[266] 祝家麟. 椭圆边值问题的边界元分析. 科学出版社, 1991.

[267] Zhu J L. The boundary integral equation method for solving Stationary Stokes problems. Proceedings of the 1984 Beijing Symposium on Differential Geometry and Differential Equations, Feng Kang ed. Beijin: Science Press, 1985: 374-377.

[268] Zhu J L. Integral equation solutions for finite and infinite plate. Boundary Elements Ⅶ, Vol. 4, Brebbia C A, Maier G eds. Berlin: Springer-Verlag, 1985: 103-112.

[269] Zhu J L. An indirect boundary element method in the solution of the diffusion equation. Boundary Elements Ⅷ, Tanaka M, Brebbia C A eds. Berlin: Springer-Verlag, 1986: 707-714.

[270] Zhu J L. On the mathematical foundation of the boundary element methods. Boundary Elements, Du Q H ed. Oxford: Pergamon Press, 1986: 135-142.

[271] Zhu J L. Asymptotic error estimates of BEM for two-dimensional flow problems. Theory and Applications of Boundary Element Methods, Tanaka M, Du Q H eds. Oxford: Pergamon Press, 1987: 295-304.

[272] Zhu J L, Jin C. Boundary element approximation of Stokes equation with slip boundary condition. Boundary Elements X, Vol.2, Brebbia C A ed. Berlin: Springer-Verlag, 1988: 301-308.

[273] Zhu J L, Yuan Z Q. A boundary element method for steady Oseen flow. Theory and Application of Boundary Element Methods, Du Q H, Tanaka M eds. Beijing: Tsinghua

University Press, 1988: 213-220.

[274] Zhu J L. The boundary integral equation method for incompressible viscous flow with slip boundary condition. ZAMM, 1990, 70(6): 717-719.

[275] Zhu J L. Singularities in the boundary element method. J. of Chongqing Institute of Architectural Engineering, 1991, 13(2): 90-102.

[276] Gelfand I M, Shilov G E. Generalized Functions. New York: Academic Press, 1964.

[277] Huang Q, Cruse T A. Some notes on singular integral techniques in boundary element analysis. Inter J for Numerical Methods in Engineering, 1993, 36: 2643-2659.

[278] Kaya A C, Erdogan F. On the solution of integral equations with strongly singular kernels. Q Appl Math, 1987, XLV: 105-122.

[279] Kutt H R. The numerical evaluation of principal value integrals by finitepart integration. Numer Math, 1975, 24: 205-210.

[280] Linz P. On the approximate computation of certain strongly singular integrals. Computing, 1985, 35: 345-353.

[281] Martin P A, Rizzo F J, Gonsalves I R. On hypersingular boundary integral equations for certain problems in mechanics. Mech Ressarch Comm, 1989, 16: 65-71.

[282] Ninham B W. Generalised functions and divergent integrals. Numer Math, 1966, 8: 444-457.

[283] Paulino G H, Gray L J, Zarikian V. Hypersingular residuals — a new approach for error estimation in the boundary element method. Inter J for Numerical Methods in Engineering, 1996, 39: 2005-2029.

[284] Stolle H W, Strauss R. On the numerical integration of certain singular integrals. Computing, 1992, 48: 177-189.

[285] 关肇直, 张恭庆, 冯德兴. 线性泛函分析入门. 上海: 上海科学技术出版社, 1979.

[286] Levy P. Problemes Concrete d'Analyse Fonctionelle. Paris: Gauthier-Villars, 1951.

[287] Yosida K. Functional Analysis. Berlin: Springer-Verlag, 1978.

[288] Adams R A. Sobolev Spaces. New York: Academic Press, 1975.

[289] 余家荣. 复变函数. 北京: 人民教育出版社, 1979.

[290] Ahlfors L V. Complex Analysis. New York: McGraw-Hill Book Company, 1979.

[291] Lighthill M J. Introduction to Fourier Analysis and Generalised Functions. Cambridge: Cambridge University Press, 1958.

[292] Treves F. Introduction to Pseudodifferential and Fourier Integral Operators. New York: Plenum Press, 1980.

[293] 数学手册编写组. 数学手册. 北京: 人民教育出版社, 1979.

[294] 王元. 数学大辞典. 北京: 科学出版社, 2010.

[295] 吴大任. 微分几何讲义. 北京: 高等教育出版社, 1965.

[296] Yu D H, Xue W M, Huang H C. A Dirichlet-Neumann alternating method in infinite

domain: algorithm and convergence analysis. Research Report, ICM-95-31, CAS; Technical Report, Math-092, Hong Kong Baptist University, 1995.

索　引

《现代数学基础丛书》已出版书目

（按出版时间排序）